THIS IS OSAKA

THIS IS OSAKA

초판 1쇄 발행 2017년 6월 30일
개정 1판 1쇄 발행 2018년 3월 5일
개정 2판 1쇄 발행 2019년 5월 22일
개정 3판 1쇄 발행 2022년 11월 21일
개정 4판 1쇄 발행 2023년 5월 22일
개정 5판 1쇄 발행 2024년 2월 5일
개정 6판 1쇄 발행 2025년 1월 2일

지은이 호밀씨

발행인 박성아
편집 김민정
디자인 & 지도 일러스트 the Cube
경영 기획·제작 총괄 홍사여리
마케팅·영업 총괄 유양현

펴낸 곳 테라(TERRA)
주소 03925 서울시 마포구 월드컵북로 400, 서울경제진흥원 2층(상암동)
전화 02 332 6976
팩스 02 332 6978
이메일 travel@terrabooks.co.kr
인스타그램 @terrabooks
등록 제2009-000244호
ISBN 979-11-92767-22-2 13980
값 19,800원

THIS IS
디스이즈오사카
OSAKA

오사카 교토 고베 나라

글·사진 호밀씨

TERRA

About <THIS IS OSAKA>

<디스 이즈 오사카>를 소개합니다

➜ 지금 당장 떠나도 문제없다! 완벽한 추천 일정

이 책에 소개된 간사이 베스트 코스는 장소별 평균 소요 시간은 물론, 이동 시간까지 꼼꼼히 계산된 것입니다. 어디부터 어떻게 가야 할 지 감이 오지 않는 초보 여행자들에게 자신 있게 권합니다

➜ 관광지 순서는 여행자를 배려한 동선으로 나열

지역별 추천 관광지를 여행자의 이동 동선에서 가까운 순서대로 나열해 누구나 어려움 없이 최적의 동선으로 나만의 여행 코스를 설계할 수 있습니다.

➜ 재미난 일본 문화 이야기와 풍부한 현지 여행 팁

실용적인 여행 정보는 물론, 일본 문화와 명소에 관한 재밌고 풍부한 이야깃거리를 곳곳에 실어 '읽는 즐거움'을 더했습니다. 언제 어디서든 가볍게 펼쳐보세요.

➜ 혼자만 알기 아까운 현지인 '찐' 맛집 대방출!

일본에서 제일가는 맛의 고장인 간사이의 식문화를 A부터 Z까지 제대로 즐길 수 있도록, 현지 맛집과 이용법을 자세하게 소개했습니다.

➜ 복잡한 현지 교통 정보가 머릿속에 쏙!

<디스 이즈> 시리즈의 최대 강점 중 하나는 압도적으로 친절한 교통 정보입니다. 다양한 이동수단이 발달한 간사이의 각 도시를 헤매지 않고 여행할 수 있도록 핵심 교통수단을 짚어주고, 알기 쉬운 도표와 사진과 함께 이동 방법을 소개합니다.

➜ 일본 여행서 중 최고! 지도 앱보다 강력한 상세 지도

지도 앱에서 잘 보이지 않는 작은 길 하나까지도 놓치지 않고 정확하게 만든 <디스 이즈 오사카>의 상세 지도는 일본 여행서 중 단연 최고입니다.

➜ 용도에 따라 활용해요! 2가지 버전의 지도

현지에서 가볍게 들고 다닐 수 있는 맵북, 관광지와 맛집, 상점의 위치를 한눈에 파악할 수 있는 본책 내 구역별 개념도를 제공해 동선을 짜고 방향 감각을 익힐 수 있도록 돕습니다.

HOW TO USE

<디스 이즈 오사카>를 효율적으로 읽는 방법

- 이 책에 수록된 요금 및 영업시간, 교통 패스, 스케줄 등의 정보는 현지 사정에 따라 수시로 변동될 수 있습니다. 여행에 불편함이 없도록 방문 전 공식 홈페이지 또는 현장에서 다시 확인하길 권합니다.

- 일본어 표기는 국립국어원이 정한 외래어 표기법에 따랐으나, 우리에게 익숙하거나 이미 굳어진 관광지명, 상호, 음식명 등은 독자의 이해와 인터넷 검색을 돕기 위해 로마자 표기법에 따랐습니다.

  예) 구시카쓰 (X) 쿠시카츠 (O), 다코야키(X) 타코야키(O)

- 이 책에 수록된 연령 기준은 우리나라와 마찬가지로 만 나이입니다. 초등학생, 중학생, 고등학생 요금이 책정된 경우는 각 학생 신분에 해당하는 나이로 계산하며, 학생증이나 여권 등의 증명을 요구할 수 있습니다.

- 이 책에 나오는 교통 요금 중 '성인의 반값'이라고 표기된 초등학생 요금은 간사이 교통 요금 체계에 따라 끝자리가 1엔 단위일 경우 10엔 단위로 올림해 계산합니다. 예를 들어, 일반 요금이 210엔일 때 210엔의 반값은 105엔이지만, 110엔을 지불해야 합니다.

- 이 책에 소개한 명소와 맛집, 상점에는 구글맵(Google maps)의 검색어를 넣어 독자들이 지도를 쉽게 검색할 수 있도록 도왔습니다. 한국어 또는 영어로 검색할 수 없는 곳의 검색어는 구글맵에서 제공하는 '플러스 코드(Plus Codes)'로 표기했습니다. 플러스 코드는 'MG92+JG 오사카'와 같이 알파벳(대소문자 구분 없음)과 숫자로 이루어진 6~7개의 문자와 '+' 기호, 도시명으로 이루어져 있습니다. 현재 내 위치가 있는 도시에서 장소를 검색할 경우 도시명은 생략해도 됩니다.

- 이 책에서 **MAP ❶~㉑**은 맵북(별책부록)의 지도 번호를 의미합니다.

- 교통 및 도보 소요 시간은 대략적인 것으로, 현지 사정에 따라 다를 수 있습니다.

Contents

YOKOSO! KANSAI
간사이 여행하기

간사이 음식 & 쇼핑
탐구일기

간사이
추천 일정

LET'S GO! KANSAI
간사이 여행법

오사카

大阪

교토

京都

고베

神戸

나라

奈良

YOKOSO! KANSAI

간사이 여행하기

ピップ
Aug.10.2023
すこやかな毎日、
ゆたかな人生
glico
グリコ
日商工
雪印メグミルク
毎日骨太
30周年
ありがとう
まいにちほねぶと
毎日骨太
MBP
明日を、元気に!
LOTTERIA
08:45～22:30
MGM RESORTS - 大阪に新しいエンターテイメントを -
JAPAN

Kansai Overview

예부터 사계절 온화한 기후, 산과 바다에 둘러싸인 풍요로운 자연조건을 발판으로 성장해온 간사이(関西) 지방은 일본 고유의 문화를 탄생시킨 일본 정치·경제·문화의 뿌리다. 도쿄에 이어 일본에서 두 번째로 큰 상업 도시이자 '천하의 부엌'이라 불릴 만큼 식문화가 발달한 오사카, 오랜 역사와 전통을 간직한 교토와 나라, 동서양의 매력이 한자리에 모인 항구도시 고베 등 간사이 주요 도시들은 전 세계 어느 도시와 견주어도 대체 불가한 매력을 지녔다.

우리나라에서 간사이까지

비행기

인천 → 오사카 간사이 국제공항: 1시간 40~50분

부산 → 오사카 간사이 국제공항: 1시간 10~30분

페리

부산국제여객터미널 → 오사카 국제페리터미널: 약 19시간(1박)

오사카 大阪 Osaka

2023년 '세계에서 가장 살기 좋은 아시아 도시 1위'에 빛나는 오사카! 밤늦게까지 화려하게 불 밝힌 거리마다, 맛있는 냄새로 코를 자극하는 식당과 주점마다 흥겨운 웃음소리가 끊이지 않는 오사카는 365일 아드레날린 뿜뿜인 흥부자들의 도시다. 2025년 오사카 엑스포 개최와 더불어 세계적인 관광 도시로 한층 거듭나게 됐다.

→ 129p

교토 京都 Kyoto

일본인이 손꼽는 '혼자 여행하고 싶은 도시 1위'. 산으로 빙 둘러싸인 아늑한 분지에 천 년 역사의 고찰과 신사가 빼곡하게 자리 잡고 있다. 오래된 골목과 동네 구석구석 졸졸졸 귀를 간지럽히는 실개천 변을 거닐다 보면, 꿈길을 걷는 듯 아련한 기분에 빠져든다.

→ 303p

고베 神戸 Kobe

낭만으로 출렁이는 항구도시. 예부터 동서양의 무역항으로 번성한 도시답게 갓 구운 유럽식 빵과 과자, 향긋한 커피, 살살 녹는 고베규가 미식가의 입맛을 사로잡고, 반짝반짝 빛나는 야경과 귓불을 간지럽히는 살랑바람에 연인들의 사랑도 한층 무르익어간다.

→ 457p

나라 奈良 Nara

천여 마리의 순하고 귀여운 야생 사슴이 사람들과 자연스레 어우러지는 도시. 세계에서 가장 큰 청동 불상과 우리 조상의 숨결이 깃든 사찰을 산책하다 보면, 어느새 시간이 멈춘 듯 여유로운 카페와 비밀스런 잡화점과 맞닥뜨린다.

→ 525p

와카야마 和歌山 Wakayama

간사이 최남단 지역. 따스한 항구 도시 와카야마시, 수백 년 된 삼나무가 늘어선 고야산 순례길, 바닷가 온천 휴양지 시라하마가 기다린다.

→ 292p

오하라 大原 Ohara

굽이굽이 산고개를 넘어 마주하는 시골 마을. 폭신한 이끼로 뒤덮인 고찰과 숨 막힐 듯 아름다운 정원이 손짓한다.

→ 442p

우지 宇治 Uji

초록빛 말차와 별을 헤이던 시인 윤동주의 도시. 싱그러운 신록과 굽이쳐 흐르는 강이 있는 고요한 이 도시는 최근 닌텐도 뮤지엄이 문을 열면서 핫플로 떠올랐다.

→ 432p

비와코 琵琶湖 Biwako

온천마을의 노천탕과 산꼭대기 테라스 전망대에서 바다처럼 넓은 호수를 품어보자.

→ 448p

아리마 온천 有馬温泉 Arimaonsen

일본에서 가장 오래된 3대 온천 중 하나. 온천마을의 낭만과 맛있는 먹거리들에 오감이 행복하다.

→ 510p

히메지 姫路 Himeji

모든 것이 400년 전 모습 그대로, 일본에서 가장 고고하고 아름다운 히메지성을 만나자.

→ 520p

보는 순간 떠나고 싶어지는

간사이 뷰 포인트

본격적으로 책을 살펴보기 전, 꼭 알아야 할 간사이의 베스트 명소를 훑어볼 시간.
최신 쇼핑 아이템과 먹거리로 꽉 찬 도시 여행부터 천 년 고도 탐험과 산중 온천 여행까지,
내딛는 걸음걸음마다 분위기가 180도 달라지는 버라이어티한 이곳! 바로 간사이다.

도톤보리

오사카에 도착하면 제일 먼저 달려가야 할 곳.
글리코 사인 앞에서 두 팔 벌려 인증샷을 찍는
여행자들로 일 년 내내 에너지가 넘친다.

162p

오사카성

400년 넘게 오사카를 지켜온 웅장한 성.
봄마다 활짝 피는 수천 그루의 벚나무 공원,
시원하게 물살을 가르는 유람선을 품은
도심 속 힐링 명소. 238p

우메다 스카이 빌딩 공중 정원

가운데가 뻥 뚫려 스펙터클한
옥외 전망대가 압권!
오사카의 환상적인 야경에
푹 빠져보자. 216p

헵 파이브

빌딩숲 한복판에서 빙글빙글
돌아가는 새빨간 관람차.
일상을 즐기는 '엔터테인먼트
오사카'의 상징이다. 217p

그랜드 그린 오사카

2025년 오사카의 새로운 핫플레이스.
다채로운 휴식 공간과 숍들이
속속 들어서는 JR 오사카역 일대는
오늘도 진화 중이다.
217p

하루카스 300

오사카 덴노지에 있는, 일본에서 제일 높고 화려한 전망대.
지상 300m 높이인 이곳에 서면 온 세상이 내 발아래에 있다. 254p

신세카이

휘황찬란하게 번쩍이는 대형 쿠시카츠 식당 간판들, 그 사이로 더욱 화려하게 빛을 뿜는 쓰텐카쿠 전망대가 비현실적인 풍경을 만들어낸다. 256p

유니버설 스튜디오 재팬

아시아에선 싱가포르와 더불어 단 2곳뿐! 핫하디핫한 어트랙션을 몽땅 섭렵하며 하얗게 불태울 시간이다. 여름엔 시원한 물 폭탄 쇼, 겨울엔 크리스마스 이벤트를 즐겨보자. 270p

고야산

해발 900m에 자리 잡은 일본 불교의 성지. 피톤치드 가득한 삼림욕을 즐기고, 정갈한 사찰 음식을 맛보며 몸과 마음을 치유하자. 300p

시라하마

간사이 남쪽 끝에 자리한 바닷가 휴양지. 아리마 온천과 함께 3대 고탕(古湯)으로 꼽히는 온천을 즐기고 백사장을 거닐어보자.
298p

기요미즈데라

교토에서 딱 한 곳만 간다면 바로 이곳이다. 언덕길을 꼬불꼬불 오르다
절벽 위에서 내려다본 본당과 탑은 감동 그 자체!
인기가 절정에 달하는 시기는 벚꽃과 단풍 시즌이다. 344p

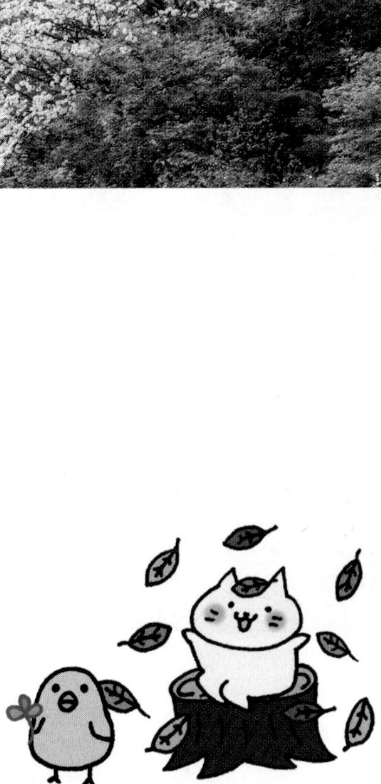

산넨자카 & 니넨자카

교토에서 제일 예쁜 언덕길.
전통 가옥이 옹기종기 지붕을 맞대고 늘어선 길 위에
예쁜 기념품점과 맛있는 먹거리가 줄줄이~ 347p

킨카쿠지

금박을 입혀 번쩍번쩍 빛을 내는 황금 누각.
보는 순간 탄성이 절로 새어 나온다. 401p

아라시야마

단풍으로 붉게 물든 산세와 굽이쳐 흐르는 강,
온천, 먹거리, 울창한 대숲까지!
교토 사람들이 제일로 손꼽는 나들이 명소. 407p

우지

푸른 강과 산세에 홀딱 반하는 교토 남부 휴양 도시. 말차 카페와 강변 산책만으로도 즐거운데, 닌텐도 뮤지엄까지 등장! 432p

후시미 이나리 타이샤

교토 남부 이나리산 정상까지 끝없이 이어지는 1만 개 이상의 붉은 도리이가 그야말로 장관! 일본인의 간절한 소망이 모여 이뤄진 놀라운 결과물이다. 430p

하버랜드

고베 여행의 하이라이트는 첫째도 둘째도 야경!
불빛으로 일렁이는 바다를 안고 데크를 거닐어보자. 487p

기타노이진칸

예쁜 유럽풍 건축물과
베이커리 카페가
옹기종기 모인 언덕.
걷다 보면 어느새
세계 여행 떠난 기분이다.
495p

아리마 온천

롯코산 자락에 자리 잡은
마을 여기저기서 온천수가 콸콸~
일본 3대 고탕(古湯) 중 하나인
아리마 온천에서 즐기는
여유로운 입욕 타임. 510p

롯코산

아찔한 케이블카 타고 고베 북쪽 산속으로! 숲의 소리와 오르골 연주 감상,
로맨틱한 야경까지, 완벽한 힐링 코스를 선물한다. 502p

나라 공원

1100여 마리의 귀여운 야생 사슴이 자유롭게 노니는 공원.
오직 이곳에서만 볼 수 있는 사랑스러운 풍경이다. 534p

도다이지

세계에서 제일 큰 청동 불상이 있는 사찰.
백제 기술자들이 주도해 만들었기에
더욱 경이롭다. 539p

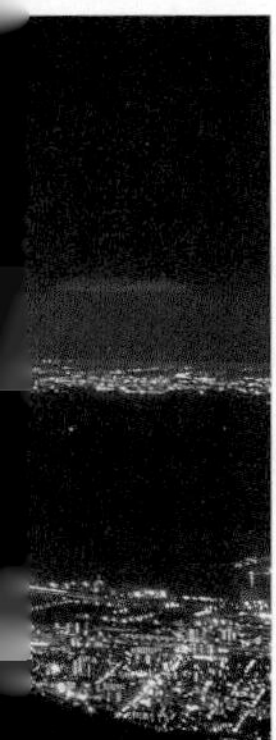

<디스 이즈 오사카>가 픽한
계절별 추천 명소

히메지성

기온 마츠리

나라 등화회

봄

오사카성 성 주변 공원은 3000여 그루의 벚나무가 꽃을 피우는 벚꽃놀이 명소다. 해 진 후 조명이 켜진 모습도 포토 포인트. **오사카, 238p**

히메지성 연분홍빛 벚꽃 물결 뒤로 새하얀 백로의 성이 고개를 내민다. 순간의 미학이란 이런 것. **히메지, 520p**

마루야마 공원 '기온의 밤 벚꽃'이란 애칭으로 불리는 흥겨운 밤 벚꽃의 향연. **교토, 350p**

철학의 길 청량하게 흐르는 비와호 수로를 따라 벚꽃 잎이 흩날리는 산책길을 걸어보자. **교토, 390p**

여름

기온 7월 한 달간 간사이 최대 축제 기온 마츠리가 펼쳐진다. 가마 행렬과 보행자 천국을 즐겨볼 시간. **교토, 351p**

가모강 유난히 더운 여름을 나는 교토인의 납량(納涼, 노료) 특집! 5~9월 강변에 평상을 친 식당들의 가모가와 노료유카(鴨川納涼床)에 주목하자. **교토, 352p**

우지 솔솔 부는 강바람과 산바람, 시원한 말차 빙수가 여름을 날린다. **교토, 432p**

고야산 케이블카가 해발 900m 정상으로 올라갈수록 뼛속까지 서늘해진다. **고야산, 300p**

나라 공원 8월 초순 펼쳐지는 한여름밤의 등화회가 로맨틱하다. **나라, 534p**

오하라 산젠인

고베 루미나리에

오사카 빛의 향연

가을

산젠인 초록색 이끼 정원과 새빨간 단풍의 강렬한 색채 대비! **오하라, 442p**

에이칸도 '단풍은 에이칸도!' 도후쿠지(429p)와 함께 교토의 단풍 명소 1, 2위를 다투는 곳. **교토, 389p**

반파쿠 기념공원 오사카 근교 최고의 단풍 명소. 1만 그루의 단풍나무가 붉은 물결을 이룬다. **오사카, 291p**

롯코산 케이블카를 타고 붉게 물든 산에 오르면, 간사이 최고의 전망이 눈앞에! **고베, 502p**

겨울

구거류지 매년 겨울 약 10일간 열리는 고베 루미나리에! 간사의 최대 겨울 축제다. **고베, 474p**

나카노시마 공원·미도스지 거리 11월 중순~1월 초에 열리는 도심 일루미네이션 축제, 오사카 빛의 향연(大阪·光の饗宴). **오사카, 233p**

아라시야마 한겨울에도 초록으로 뒤덮인 대숲이 계절감을 잊게 만든다. **교토, 407p**

아리마 온천 뜨끈한 노천탕에 몸을 담그고 겨울의 차가운 공기를 즐기자. **고베, 510p**

여행이 재밌어지는 간사이 안내서

개성이 뚜렷한 여러 도시를 한 번에 둘러보는 재미가 있는 간사이 여행! 특히 3대 도시인 오사카·교토·고베의 특징, 도쿄를 중심으로 한 간토(関東) 지방과의 차이를 알고 가면 여행이 훨씬 풍부해진다.

달라도 너~무 달라! 지역별 특색이 천차만별

오사카, 교토, 고베는 엎어지면 코 닿을 거리에 붙어 있는데도 역사적 배경이 서로 다른 탓에 지역색이 다르다. 예부터 먹고 마시는 데 진심인 오사카 사람들은 먹다 망하고(食い倒れ), 기모노 문화와 품위를 중요시하는 교토 사람들은 입다 망하고(着倒れ), 머리부터 발끝까지 패션에 민감한 고베 사람들은 신다 망한다(履き倒れ)는 우스갯소리도 있다. 다음은 재미로 살펴보는 오사카, 교토, 고베 사람들의 특징이다.

극강의 파워 E!

오사카 사람

간사이 여행 중 표범무늬 옷에 빨간 립스틱, 대담한 액세서리, 머리카락을 밝게 염색한 아주머니를 만났다면 오사카 출신일 확률 99.9%! 오사카 사람들은 화려한 외모만큼 성격도 밝고 사교적이지만, 돌직구에 기분파여서 대화 도중 오해를 사기도 한다. 참견을 좋아해서 모르는 걸 물어보면 적극적으로 알려주며, 타지역 일본인보다 외국인 여행자와 쉽게 친해지는 타입. 일본 개그 일번지에 사는 만큼 오사카 사람들에게 "재밌다"는 말은 최고의 칭찬! "재미없다"는 말을 들으면 상처받는다.

교양과 품격의 아이콘

교토 사람

100년된 가게쯤은 '신상'. 200~300년은 돼야 노포로 인정하는 교토 사람들은 전통과 역사에 대한 자부심이 남다르고 인내심과 자존심도 세다. 먼지 한 톨 없이 정갈한 도시 분위기처럼 약점을 잘 보이지 않고, 속내를 잘 드러내지 않아서 초면에 쉽게 친해지기는 어렵지만, 일본 대표 관광도시인 만큼 서비스 의식이 좋고 시민 의식도 높아서 외국인 여행자와 원활하게 소통할 수 있다.

감각 있고 세련된 나

고베 사람

도시적이고 세련된 이미지로 대표되며, 미식에 진심이다. 1868년 개항해 일본의 손꼽히는 국제 무역 도시로 발달하면서 서양식 패션, 잡화, 스테이크, 빵 등을 간사이에서 가장 먼저 받아들였기 때문이다. 또한 바다와 산에 둘러싸여 있고 기후가 온화해 야외 활동을 즐기는 편. 오사카, 교토보다 관광객이 적은 데다 언덕 주택가에 조용히 사는 사람들이 많아서 외국인 여행자를 응대할 때 다소 무뚝뚝한 인상을 풍길 수 있다.

여행에서 활용하기 좋은 간사이 방언

간사이 방언은 독특하고 재미있기로 유명해서 일본 SNS에서 밈으로 유행하기도 한다. 여행 중 현지인과 센스 있게 소통하기 좋은 간사이 방언 몇 가지를 소개한다.

- **난데야넨**(何でやねん) "뭐라는겨?!" "뭐라카노?!"와 비슷한 뉘앙스의 오사카 방언. 농담을 친근하게 되받아칠 때 자주 사용한다.
- **오모로이**(おもろい) '오모시로이(面白い: 재밌다)'의 간사이 방언.
- **멧차**(めっちゃ) '무척' '매우'라는 뜻. 비슷한 뜻으로 혼마(ほんま)가 있다. '멧차(혼마) 오모로이(진짜 재밌어)' 등으로 현지에서 활용할 수 있다.
- **오오키니**(おおきに) '대단히 고맙습니다'의 줄임말. 주로 단골이 많은 노포 식당에서 주로 쓴다.
- **마이도**(まいど) '매번 신세집니다'의 줄임말. 노포 식당에서 점원과 손님이 주고받는 인사말이다.
- **마케테**(まけて) '깎아줘요'라는 뜻. 상인의 도시 오사카의 플리마켓이나 오래된 상점가에서 쓸 수 있다.
- **호나**(ほな) '그럼 이만', '자, 그럼'이라는 뜻. 오사카 사람과 헤어질 때는 "호나, 마타(그럼 다음에 또)"라며 친근한 인사를 건네보자.

간사이 음식 vs 간토 음식

간사이(関西: 오사카를 중심으로 한 관서 지방, 서일본) 음식은 간토(関東: 도쿄를 중심으로 한 관동 지방, 동일본)와 다른 면이 많다. 오사카와 도쿄 음식의 차이를 알아보고, 여행 중 일본 음식을 더욱 깊이 있게 즐겨보자.

- **장어 요리:** 간사이에서는 장어의 배를 가르고 대가리째 양념해 불판에 바싹 조리면서 구워낸다. 반대로 간토 지방은 대가리를 자른 장어의 등을 가르고 한 번 찐 다음 구워낸다. 이 때문에 간사이 장어는 바삭하고 풍미가 살아 있으며, 간토 장어는 뼈까지 부드럽게 씹힌다.
- **우동 육수:** 간사이는 예부터 간토보다 다시마를 쉽게 구할 수 있었던 덕분에 '다시(出汁)'라고 부르는 육수 맛이 좋다. 그래서 우동 육수를 만들 때 도쿄는 가쓰오부시 베이스에 진한 간장으로 간을 하지만, 오사카는 다시마 베이스에 연한 간장으로 간을 해서 육수의 깊은 맛을 최대한 끌어낸다.
- **달걀 요리:** 육수 문화가 발달한 간사이에서는 달걀 요리에도 육수를 적극 활용한다. 특히 교토의 달걀말이가 유명하며, 간사이 카페의 샌드위치들은 마요네즈에 버무린 으깬 달걀 대신 달걀말이를 통째 넣는 곳이 많다.
- **주먹밥:** 간토에서는 주먹밥을 '오니기리(おにぎり)'라고 하지만, 간사이에서는 '오무스비(おむすび)라고 부른다. 또한, 간이 센 것을 선호하는 간사이 지방에서는 편의점 삼각김밥 김도 간간한 편. '아지츠케노리(味付けのり)'라고 쓰여 있다면 '간을 한 김'이라는 뜻이다.
- **각종 소스:** 달콤하고 진한 맛을 선호하는 간사이에서는 간토보다 우스터 소스, 오코노미야키 소스, 타코야키 소스, 돈카츠 소스, 폰즈 등 소스류가 훨씬 발달했다. 마트에 가면 어마어마한 소스류를 구경할 수 있다.

머물다, 바라보다, 스며들다,
은유가 있는 사찰의 정원

나무 한 그루, 돌 한 개, 풀 한 포기에 신이 깃들어져 있다고 믿는 일본은 치밀하게 계산된 조형미로 사찰의 정원을 완성했다. 저마다 숨겨진 코드로 자연을 은유하는 사찰의 정원이 느리게 걷는 여행길에 상상의 재미를 부추긴다.

가레산스이 정원(고산수정원) 枯山水庭園

물 없이 오직 백색 모래, 돌, 자갈 등으로만 이루어진 정원. 마음을 비우고 좌선하는 일본 불교의 한 종파인 선종의 가르침을 따른 것으로, 무로마치 시대(1336~1573년)에 크게 유행해 선종 사찰에서 흔히 볼 수 있다. 무늬는 갈퀴를 이용해 정기적으로 다듬으며, 비바람이 몰아친 후라면 어김없이 다시 만드는 수고를 거친다.

➔ 료안지 404p, 고다이지 349p, 도후쿠지 429p

+MORE+

정원 감상은 사찰 입장료와 별도

정원 입장료는 대부분 사찰 입장료와 별도다. 특별히 정원의 밤 분위기를 만끽하고 싶다면 봄·가을 특별 야간 라이트 업 때를 노려보자. 교토에서는 전통 카페나 료칸 등에서도 정원의 느긋함을 누릴 수 있다.

: WRITER'S PICK :

사찰에 뭐가 있는데요?

관광 목적에 충실한 간사이의 일부 사찰에서는 다양한 체험도 즐길 수 있다. 절에 머물며 코스 요리를 대접받는 고야산 슈쿠보 체험, 정원에 있는 다실에서 말차 한 잔과 함께 쉬어가는 호센인(445p), 고즈넉한 붓코지 안에 자리한 카페 겸 레스토랑 디앤디파트먼트 교토(380p) 등 색다른 사찰의 매력에 푹 빠져보자.

지천회유식 정원 池泉回遊式庭園

산과 강, 바다 등 자연 경관을 축소해 나타낸 정원 양식이다. 연못을 가운데 두고 산책로가 빙 둘러싸고, 징검다리를 놓거나 정자 또는 다실을 두어 여유롭게 거닐며 감상하도록 만든다. 가레산스이 정원처럼 돌의 모양이나 개수를 감안해 다양한 풍광을 연출하는 '이시쿠미(石組)'에 공을 들인다.

➔ 니조성 371p, 덴류지 384p, 고다이지 349p, 난젠지 387p

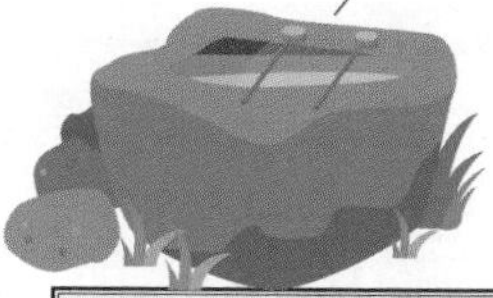

차경 정원 借景庭園

산이나 강 등 주변의 자연경관을 구성 요소 중 하나로 끌어들인 정원.

➔ 킨카쿠지 401p, 슈가쿠인리큐 425p

액자 정원 額縁庭園

기둥과 기둥 사이의 공간을 액자로 여기고 감상하는 정원. 웅장한 고목이나 화려한 단풍 등이 거장의 작품을 보는 듯 시선을 압도한다.

➔ 호센인 445p, 엔코지 424p, 시센도 424p

: WRITER'S PICK :

사찰 여행의 꽃, 선종

일본 불교 종파는 천태종과 진언종 등 여럿이 있지만, 아름다운 절로 손꼽히는 사찰은 대부분 선종이다. 사찰이나 신자 수는 적지만 와비(わび)와 사비(さび), 다도, 정원 문화 등 일본을 대표하는 문화가 모두 선종에서 기원했다. 무로마치 시대에 번성한 선종은 복잡한 불교 교리를 부정하고 좌선을 통한 명상에 초점을 두어 인간과 자연이 하나 됨을 강조한다.

붉은 도리이 건너에 신이 산다네, 일본의 신사神社 이야기

신도(神道)를 빼면 일본은 없다. 고대 일본이 탄생할 때부터 존재해온 토속신앙, 신도는 오늘날까지도 일본을 이끄는 가장 강력한 힘이다. 일본 전역에 신사만 8만여 곳. 이들 신사에서 모시는 고유의 신만 800만에 이르니, 간사이 여행 중에도 붉은 도리이(鳥居)와 시시때때로 마주하게 된다.

일본의 국민 신앙, 신도

일본인은 신에게 그야말로 온갖 것을 빈다. 새해 첫날 신년의 행복이나 대학의 합격을 기원하는 것은 물론, 성인식과 결혼식도 이곳에서 행해 그들의 일생에서 신사는 떼려야 뗄 수 없는 장소다. 커다란 종을 맨 굵은 밧줄을 딸랑딸랑 흔들곤 손뼉을 치며 진지하게 기도하는 일본인의 모습과 머리에 관을 쓰고 한 손에는 부채를 든 채 의식을 행하는 신관의 모습, 빨간 전통 치마를 입고 부적을 판매하는 미코(巫女)의 모습은 모두 이색적인 볼거리다. 신사는 격식과 규모에 따라 명칭이 달라서, 일반 신사 외에도 왕족과 관계가 깊은 신궁(神宮, 진구), 지역 신앙의 중심이 되는 대사(大社, 타이샤) 등으로 나뉜다.

+MORE+

일왕도 신도 문화에서 출발했다!

신도가 일본만의 독특한 종교로 오늘날까지 발전해온 이유는 무엇일까. 일본은 고대부터 지진, 화산, 태풍 등 자연재해가 유독 잦던 탓에 재앙을 막고 복을 가져다준다는 '태왕의 여신' 아마테라스 오미카미(天照大神)를 조상신으로 섬기며 최고신으로 추앙했다. 오늘날까지도 일왕을 비롯한 왕족을 아마테라스 오미카미의 혈통이라 여기며 신격화하고 있는데, 이것이 바로 일본이 오랜 세월 흔들림 없이 일왕 국가를 유지할 수 있는 이유다.

일본인의 배전 참배 순서

새전함에 동전을 넣는다. → 참배 왔다는 것을 신에게 알리기 위해 밧줄에 매달린 방울을 울린다. → 정면을 바라보고 90°로 2번 절한다. → 소리 내며 박수를 2번 친다. → 눈을 감고 속으로 기도한 후 마지막으로 1번 절한다.

+MORE+

신사의 기본 구조를 알아보자!

신사 관람은 입구에 세워진 붉은 도리이를 들어서면서 시작된다. 도리이 바로 근처에는 손과 입을 씻는 조즈야가 있고, 배전과 본전까지 참배길인 산도가 이어진다. 본전에는 신이 모셔져 있으며, 일반적인 기도나 행사는 배전에서 이루어진다. 신사의 여러 건물을 일컬어 샤덴(社殿)이라고 하는데, 신사마다 구성은 다양한 편이다. 아래는 그중 가장 일반적인 신사의 구조다.

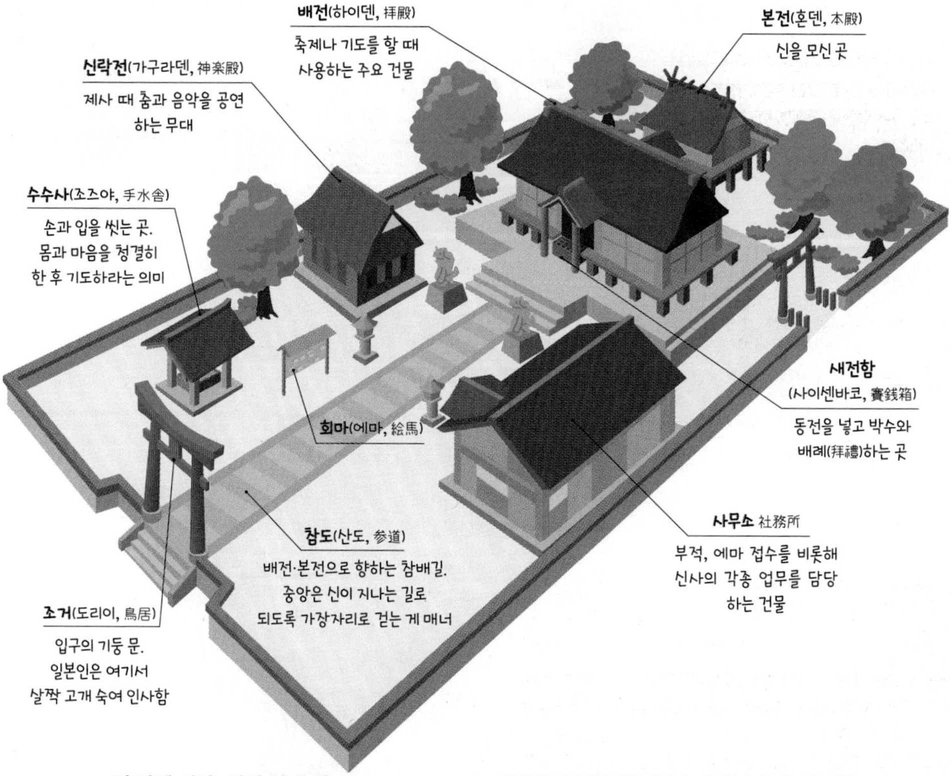

절 안에 신사, 신사 안에 절

일본에서는 절과 신사가 하나의 경내에 지어진 형태를 자주 볼 수 있다. 이것은 과거 신도와 불교는 하나라는 신불습합(神佛習合) 사상이 널리 퍼졌을 때 생긴 관습이다. 1868년 메이지 신정부가 신도와 불교를 떼어 놓는 신불분리령을 행하면서 수많은 절과 신사가 분리되었지만, 지금도 여전히 그 모습이 많이 남아 있다.

오늘날에도 일본인은 토착 신앙인 신도를 유지하면서 의례와 의식은 불교식을 따르는 경우가 많다. 이러한 일본인의 관습을 흔히 '태어날 땐 신사에서, 죽을 땐 절에서'라고 말하기도 한다.

신사에 간다면 한 번쯤? 재미난 신사 아이템

에마 絵馬
신사나 절에 봉납하는 나무 액자. 500~1000엔 정도면 에마에 소원을 적고 신사에 걸어둘 수 있다.

오마모리 お守り
신사나 절에서 판매하는 조그마한 부적. 효험과 디자인이 다양해 기념품으로도 인기다.

오미쿠지 おみくじ
운을 점쳐보는 종이. 좋은 점괘가 나오면 가져가고, 그렇지 않으면 신사에 묶어둔다.

간사이 음식

탐구일기

삼시 세끼로는 부족해!
맛있는 간사이

이건 꼭 먹어보자

간사이 명물 요리

간사이 여행자의 바른 마음가짐은 뭐니뭐니해도 음식을 향한 강한 의지! '천하의 부엌', '구이다오레(食い倒れ, 먹다 망한다)'란 수식어를 단 오사카, 신도와 불교 문화가 혼합돼 갖가지 재례 음식이 발달한 교토, 1868년 개항과 함께 전해진 서양 요리와 중화 요리가 발달한 고베. 간사이 여행은 시작부터 끝까지 먹는 데만 집중해도 시간이 부족하다.

오사카, 초밥

저렴한 가격에 원 없이 먹는
신선한 초밥

오사카, 오코노미야키

양배추와 고기, 해산물이
철판에서 지글지글~

오사카, 우동

일본 제일의 우동 순례지!
따라갈 수 없는 육수의 맛

오사카, 쿠시카츠

바삭바삭 참을 수 없는
꼬치 튀김의 유혹

교토, 우나동

푹신하게 부풀어 오른 장어가
입에서 살살 녹네!

교토, 오반자이

제철 재료와 다시 국물로 만든
밥반찬과 술안주들

교토, 스키야키

달짝지근하게 구워서 맛보는
간사이풍 스키야키의 신세계

교토, 말차 소바

향긋한 우지산 말차가루로 만든
온·냉 메밀면

고베, 고베규 스테이크

지방과 살코기의 황금 비율!
살살 녹는 고기란 바로 이런 것

양식에
'와和'를 더하니
맛도 모양도 두 배

간사이풍 양식

메이지 유신으로 서양의 문화를 받아들인 일본.
주로 메이지 시대(1868~1912) 이후 건너온 서양 요리 중 조미료나 레시피를
일본인의 입맛에 맞게 변형한 음식을 요쇼쿠(洋食)라 한다.
맛의 천국 간사이에선 오랜 세월 독자적인 레시피를 선보이며
인기를 끈 양식 & 디저트의 명가가 줄을 잇는다.

규카츠 牛カツ

소고기에 밀가루, 달걀물, 빵가루를
묻혀 튀겨낸 비프커틀릿의 변형.
원조는 데미글라스소스에
푹 적셔 먹는 비프카츠.

➔ 교토, 가츠규 340p

스테이크동 ステーキ丼

고소한 스테이크와 '단짠단짠'
일본식 간장소스가 어우러졌다.

➔ 교토, 아라시야마 키주로 416p

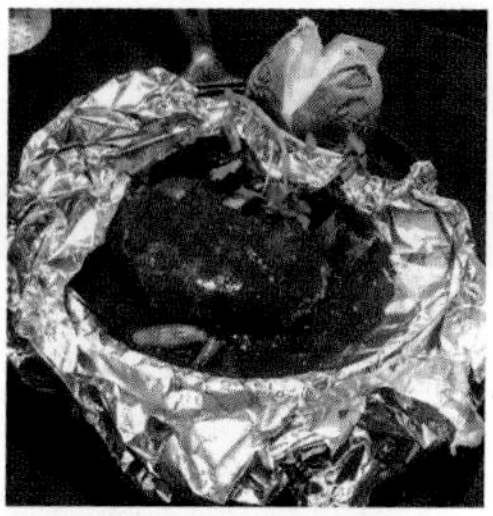

함박스테이크 ハンバーグ

독일 함부르크에서 출발해
일본을 대표하는 가정식의 자리를
꿰찼다.

➔ 교토, 그릴 캐피탈 도요테이 331p

오므라이스 オムライス

서양식 오믈렛 안에 밥을 넣고
데미그라스소스를 뿌린 오므라이스.
1925년 오사카 홋쿄쿠세이에서
최초로 개발했다.

➔ 오사카, 홋쿄쿠세이 202p

카레 カレー

향신료는 줄이고 밀가루를 버터에
볶아 만든 '루'를 사용한다.
달콤하고 진한 소스와
아삭한 양배추 피클의 만남.

➔ 오사카, 인디안 카레 224p

롤캬베츠 ロールキャベツ

돼지고기를 여러 겹의 양배추로
돌돌 말아 프랑스식 육수,
부용(Bouillon)으로 푹 익힌
양배추(캬베츠) 롤.

➔ 오사카, 그릴 마루요시 263p

하루 종일
입이 즐거워

간사이 추천 간식

타코야키로 대표되는 갖가지 '코나몬(粉もん, 밀가루 음식)'이 자랑거리인 오사카, 전국의 빵과 케이크 장인이 모이는 고베, 말차와 떡, 화과자의 고장 교토까지, 간사이의 간식 세계는 광활하다.

오사카, 타코야키

도톤보리를 걸을 때
타코야키가 빠질 순 없지!

오사카, 왕만두

촉촉한 빵 안에
육즙 가득 고기가 듬뿍

오사카, 치즈케이크

폭신하고 말랑한 식감에
고소한 치즈 향까지 ♡

오사카, 고자소로

오사카인이 자부하는 정통 간식!
크고 앙금도 듬뿍인데 단돈 110엔

오사카, 달걀샌드위치

으깬 달걀 대신 달걀말이가 쏙!
오사카식 카페 푸드의 정석

오사카, 믹스 주스

바나나, 우유, 과일 넣고 '쉐킷쉐킷'
오사카 사람들의 소울 음료

오사카, 크림 소다

탄산음료에 아이스크림이 퐁당,
빛깔 좋고 달콤한 복고풍 음료

오사카, 크레페

얇디얇고 쫀득한 크레페는
간사이 길거리 간식의 대명사

오사카, 팬케이크

밀가루 요리에 진심인지라
팬케이크도 놀랄 만큼 폭신폭신!

오사카, USJ 간식

좋아하는 캐릭터로 당 충전까지!
USJ 간식은 못 참지

교토, 미타라시 당고

따끈하게 구운 찹쌀 경단에
달콤한 간장 소스를 '찹찹'

교토, 말차 파르페·빙수

교토에서 디저트는 역시
예쁘고 맛도 좋은 말차 시리즈로!

교토, 와라비모치

한 번도 느껴본 적 없는
고사리 전분의 말캉한 식감

교토, 야쓰하시

투명하고 야들야들한 삼각형 떡!
계속 생각 나는 맛

고베, 길거리 간식

차이나타운에서 즐기는
중화 만두와 달콤한 디저트

고베, 케이크 & 구움과자

150년 전 서양에서 전해온
제빵 레시피의 무한한 변신

고베, 온천 간식

온천 김에 찐 따끈한 찐빵과
톡 쏘는 탄산수 사이다의 조합

나라, 명물 찹쌀떡

나라 공원 산책과 함께
맛보는 따끈따끈 찹쌀떡들

노릇노릇
기름 냄새에
강제 소환각

일본의 술

알코올 도수도, 맛도, 향도 모두 제각각인 일본의 술.
과연 내 입맛에 맞는 술을 고르려면 어떻게 해야 할까?
음식점, 주점, 편의점, 마트에서 즐기는 다양한 일본 술의
세계를 들여다보자.

맥주 ビール

일본은 발효주 중 맥아의 비율이 50% 이상일 때 맥주라고 정의한다. 맥아는 당질이 많아 그 비율이 높을수록 맛이 풍부해진다(참고로 우리나라는 10% 이상, 독일은 100%일 때 맥주로 본다). 국내에 들어와 있는 브랜드가 많으므로, 우리나라 미출시 제품이나 계절 한정판, 신제품, 간사이 지역 맥주를 공략하자. 가격은 편의점 기준 350ml에 230~350엔. 슈퍼마켓에서 사면 20% 정도 더 저렴하다.

아사히 쇼쿠사이(食彩)

초히트작인 아사히 슈퍼드라이 생맥주에 이어 출시된 2탄. 캔 뚜껑 전체가 열리며, 5개 홉을 블렌딩해 풍부한 맛.

삿포로 블랙 라벨

크리미한 거품과 청량함으로 맥주 본연의 맛을 한껏 살렸다. 삿포로 캔맥주 시리즈 중 인기 No.1.

기린 하레카제(晴れ風)

100% 맥아와 감귤향이 나는 일본산 희귀 홉으로만 만든 기린의 새로운 야심작.

요나요나 에일

수제 에일 맥주 전문 회사 요호 브루잉의 간판 스타.

교토 바쿠슈(麦酒)

교토를 대표하는 주류 기업 키자쿠라(Kizakura)의 페일 에일 맥주.

산토리 나마비루

'산토리 트리플 생맥주'라고 불리는 인기템. 산뜻한 과일 향에 호불호 없는 맛이다.

발포주 発泡酒·신장르 新ジャンル

발포주는 맥아 함량 비율이 맥주보다 적은 주류를 말하며, 신장르(제3의 맥주)는 맥아 대신 콩이나 옥수수 등의 곡류를 주원료로 한 제품 또는 발포주에 증류주와 탄산가스 등을 첨가한 주류다. 모두 색소와 알코올, 향료 등을 넣어 맥주와 비슷한 맛을 내며, 가격이 저렴하고 당질을 최소화해 칼로리가 낮은 것이 특징. 편의점 기준 350ml에 약 190엔.

하이볼 ハイボール

위스키에 탄산수나 탄산음료를 넣어 청량함을 더한 칵테일의 일종으로, 일본인들의 사랑을 듬뿍받는다. 레몬이나 라임을 첨가해 향을 내기도 한다. 알코올 도수는 7~9%로 맥주보다 높다. 술집에서는 얼음을 넣어 시원함을 더한다. 편의점 기준 350ml에 약 220엔.

아사히 스타일 프리

첫맛은 드라이, 뒷맛은 산뜻!

기린 탄레이 그린 라벨

풍부한 홉의 향과 상쾌함으로 일본 발포주 랭킹 1위!

산토리 킨무기

질 좋은 보리 맛에 당질 75% 저감.

산토리 가쿠 하이볼

불변의 판매 1위! 산토리 위스키의 하이볼.

산토리 토리스 하이볼

산토리 스테디셀러. 레몬과 위스키의 절묘한 배합.

기린 화이트호스

3년 이상 숙성한 스카치 위스키와 레몬 소다의 만남.

추하이 チューハイ

새콤달콤한 과실주인 추하이는 소주와 하이볼의 합성어로, 사와(サワー)라고도 부른다. 알코올 도수가 3~5% 정도로 낮아 주스처럼 마시기 좋은데, 7% 이상인 것들은 순식간에 취할 수 있으니 주의. 편의점 기준 350ml에 160~190엔.

산토리 호로요이

우리나라보다 저렴! 일본 한정판을 노려보자.

기린 효게쓰 (キリン氷結)

새콤달콤 추하이. 맛별로 마시다 보면 끝이 없다.

산토리 스트롱 제로

알코올 도수 9%, 강력한 탄산으로 추하이계 점령!

위스키 ウィスキー Whisky

일본 특유의 장인 정신으로 100여 년간 제조해온 일본산 위스키는 최근 한국인들에게도 큰 인기다. 대중적인 마트 제품부터 면세점 고급 위스키까지 다양한 가격대의 제품이 있다.

산토리 야마자키

부드럽고 섬세한 몰트 위스키. 숙성 기간에 따라 풍미가 다르다.

산토리 히비키

과일, 꽃, 아카시아 꿀의 조화. 몰트 위스키와 그레인 위스키를 블렌딩했다.

산토리 가쿠빈

산토리 위스키 중 가장 대중적인 제품. 하이볼을 만들어 먹기 좋다.

니혼슈 日本酒

니혼슈(일본주·사케)는 최근 일본의 젊은이들 사이에서 큰 인기를 끌고 있다. 알코올 도수는 대략 10~20%로 우리나라 청주와 비슷한 맛이다. 주점에서는 저마다 일본 각지의 고품질 니혼슈를 경쟁적으로 내놓고 있으며, 마트, 편의점, 돈키호테에서도 판매한다.

닷사이 23

77%까지 깎아낸 쌀로 만들어 부드러운 맛과 향을 자랑하는 니혼슈. 면세점 인기 품목이다.

쿠로키리시마

일본을 대표하는 고구마 소주. 흑누룩을 발효해 깊은 풍미를 지닌다.

쿠보타 만주

니혼슈 중 최고 등급인 쥰마이다이긴조슈(純米大吟醸). 선물용으로 인기다.

: WRITER'S PICK :

니혼슈 마시는 법

니혼슈의 음주법은 따끈하게 데워 마시는 칸(燗)과 얼음 통에 술병을 넣어 차갑게 마시는 히야(冷や)로 나뉜다. 칸으로는 혼조조슈, 히야로는 긴조슈가 제격이다. 니혼슈 1합(一合, 180ml)은 대개 1000엔 정도. 입구가 오목한 도자기 병인 돗쿠리(とっくり)에 담겨 나오며, 잔에 부어 마신다. 한 잔 가격은 700~800엔대로, 잔에 찰랑찰랑 넘칠 정도로 따라서 내준다. 간혹 유리잔이나 마스(枡, 되)에 담겨 나오기도 한다.

+MORE+

니혼슈, 양조 방법에 따라 천차만별?!

쌀과 쌀누룩을 물에 넣고 발효시킨 2000여 종의 니혼슈는 일본 전역의 양조장에서 저마다의 맛과 향으로 만들어진다.

❶ **긴조슈**(吟醸酒): 정미율 60% 이하, 저온에서 천천히 양조. 깔끔한 맛이 특징이다. 정미율 50% 이하인 다이긴조슈(大吟醸酒)와 쥰마이슈의 양조법이 혼합된 쥰마이다이긴조슈(純米大吟醸酒)가 최고급으로 분류된다.

❷ **쥰마이슈**(純米酒): 양조 알코올을 사용하지 않고 쌀과 누룩만으로 맛을 낸다.

❸ **혼조조슈**(本醸造酒): 쥰마이슈의 마지막 과정에서 양조 알코올을 첨가한다.

숙소에서 맛보는
가성비 음식

편의점 간식

일본 3대 편의점은 세븐일레븐, 로손, 패밀리마트다.
로손은 디저트, 세븐일레븐은 커피가 공식이지만,
어느 편의점이든 먹거리 수준이 높고 다양하니 취향껏 맛보자.

빵 & 케이크

일본 편의점의 빵과 케이크는 가격 대비 품질이 뛰어나다.
추천 메뉴는 커스터드 크림으로 속을 꽉 채운
슈크림 빵과 쫀득쫀득한 롤케이크.

➔ 세븐 일레븐, 커스터드 & 휘핑 슈크림 빵 181엔
로손, 모찌 식감 롤(もち食感ロール) 343엔

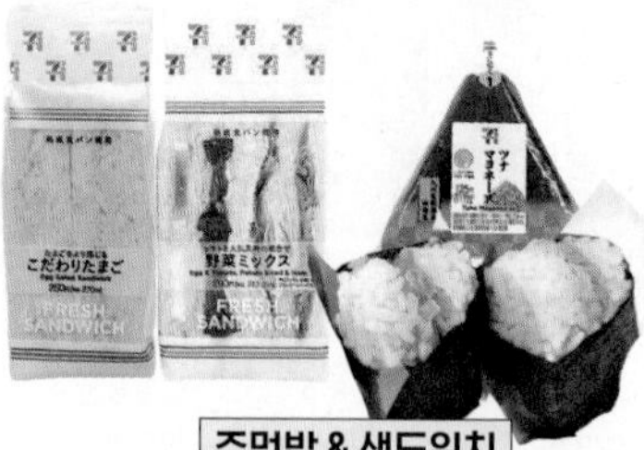

주먹밥 & 샌드위치

가벼운 아침 식사용으로 좋은 샌드위치와 주먹밥.
일본에서 공략할 제품은 달걀이 듬뿍 든 샌드위치,
연어나 명란, 참치를 넣은 주먹밥이다.

➔ 주먹밥 100엔대, 샌드위치 200~300엔대

푸딩 & 아이스크림

부드러운 푸딩과 홋카이도산 우유
아이스크림은 일본 편의점의 간판 디저트.
시즌마다 출시하는 신제품이나 편의점별
프리미엄 브랜드를 살피자.

➔ 100~300엔대

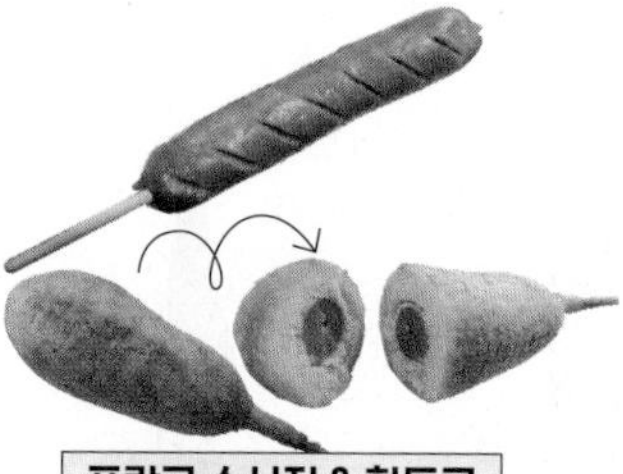

프랑크 소시지 & 핫도그

하나같이 커다랗고 두툼한
'뚱' 소시지와 핫도그들.
일본 편의점의 대표
가성비 간식이다.

➔ 프랑크 소시지 198엔, 핫도그 138엔

샐러드

숙소에서 비타민 보충하기 좋은 1끼
분량 샐러드 팩이 다양하다. 해조류,
명란젓, 샤부샤부 등 우리나라에선
드문 샐러드에 주목.

➔ 300~400엔대

치킨

두툼하고 야들야들한 순살 치킨은
일본에서도 인기 먹거리다.

➔ 로손, 카라아게군(からあげクン) 238엔
패밀리마트, 화미치키(ファミチキ) 220엔

어묵

동절기(9월 초~3월 초)에 등장하는
어묵. 뭘 먹어도 다 맛있다.

➔ 1개 110~140엔

PB 과자

편의점마다 경쟁적으로 출시하는
프리미엄 브랜드 과자. 맛은 물론
영양까지 챙긴다.

➔ 100~300엔대

일본 편의점 이용 팁

일본 편의점 3대장은 세븐일레븐, 로손, 패밀리마트로, 식음료 구매뿐 아니라
ATM 현금 인출, IC 카드 충전, 화장실 등 다양한 서비스를 제공한다.

□ 화장실 이용

일본 편의점엔 대부분 화장실이 딸려 있고 누구나 이용할 수 있어서 급할 때 유용하다. 단, 번화가에 있거나 규모가 작은 곳은 화장실이 없거나 사용 불가인 경우도 있으며, 매장에 따라 사용 여부를 표시해두기도 한다. 화장실 이용 시엔 미리 양해를 구하는 게 매너이며, "스미마셍, 토이레 카리테모 이이데스까?(すみません、トイレ借りてもいいですか, 실례합니다. 화장실 사용해도 될까요?)"라고 묻는다.

화장실 없음

화장실 사용 가능

□ 술·담배 구매

술이나 담배, 성인 잡지 등을 구매 시 연령을 확인한다. 계산대에 설치된 모니터에 '20세 이상입니까?(20歳以上ですか)'라는 문구가 뜨면 'はい(네)/Yes'를 터치한다.

□ 결제 방법

구매할 물건을 직원에게 직접 건넨 후 결제하거나, 계산대에 설치된 셀프 계산기에서 직원의 도움을 받아 결제한다. 현금, 신용카드, IC 카드 모두 사용 가능. IC 카드 충전을 원한다면, 직원에게 IC 카드를 내밀면서 "차지 오네가이시마스"라고 말한다.

□ 전자레인지 사용

전자레인지는 카운터 뒤에 설치돼 있어서 점원이 직접 데워준다. 도시락 구매 시 점원이 "오벤토 아타타메마스까?(お弁当温めますか?, 도시락 데워드릴까요?)"라고 물으면 아래와 같이 대답한다.

□ 젓가락/빨대/스푼

계산 시 점원이 "오하시/스토로/스푼 츠케마스까?(お箸/ストロー/スプーンつけますか, 젓가락/빨대/스푼 필요하신가요?)"라고 물으면 아래와 같이 대답한다.

□ 비닐봉지

일본의 편의점과 마트 비닐봉지는 유료(크기별로 1매당 3·5·7엔)다. 점원이 물건에 바코드를 찍으면서 "레지부쿠로와 고리요-데스까?(レジ袋はご利用ですか, 비닐봉지 필요하신가요?)"라고 물으면 아래와 같이 대답한다. 참고로 레지부쿠로는 비니루부쿠로(ビニル袋) 또는 후쿠로(袋)라고도 한다.

원할 경우: "하이, 오네가이시마스(はい、お願いします, 네, 부탁드립니다)"

원하지 않을 경우: "이이에, 다이조부데스(いいえ、大丈夫です, 아니오, 괜찮습니다)"

세븐일레븐마다 설치된 세븐뱅크 ATM

맛집은 가고 싶지만 줄 서기는 싫어

프랜차이즈 식당

전 세계 관광객이 찾아오는 오사카, 교토에서 식사 시간에 줄을 서지 않는 맛집은 찾기 어렵다. 어린아이를 동반한 가족 여행객, 빠르고 간편하게 한 끼를 해결하고 싶은 나 홀로 여행객은 부담 없이 먹기 좋은 프랜차이즈 식당을 체크해두자.

아침부터 밤까지 만만한 밥집

야요이켄 やよい軒

돈가스 정식, 치킨 정식, 돼지불고기 정식 등 각종 정식 메뉴와 덮밥을 700~1150엔(키즈 메뉴 450엔)에 선보인다. 가격 대비 신선한 재료와 맛을 지향하기 때문에 정식에 딸려 나오는 된장국과 윤기가 좌르르 흐르는 밥(무제한)까지 평균 이상. 접근성이 좋고 24시간 영업하는 지점이 많다.

BRANCH 오사카, 교토 외 간사이 주요 도시
OPEN 24시간/지점마다 조금씩 다름
WEB www.yayoiken.com

아이 입맛엔 역시 함박스테이크

빗쿠리 동키 びっくりどんき

함박스테이크 전문 체인. 함박스테이크와 밥, 샐러드가 한 그릇에 담겨 나오는 디쉬 메뉴는 150g, 200g, 300g 등 함박스테이크의 무게에 따라 770~1550엔(키즈 메뉴 520엔~)까지 다양하다. 모닝·런치 타임에 방문하면 된장국, 디저트 세트를 합리적인 가격에 맛볼 수 있다.

BRANCH 오사카, 교토 외 간사이 주요 도시
OPEN 08:00~24:00
WEB www.bikkuri-donkey.com

간사이 대표 라멘 체인

도톤보리 가무쿠라 どうとんぼり神座

1986년 도톤보리에서 시작된 라멘 프랜차이즈. 오사카 지점만 30개가 넘고 도쿄에도 진출했다. 프렌치 레스토랑 출신 셰프가 만든 특제 육수에 배추를 듬뿍 넣은 라멘(700~900엔대)은 한국인 입맛 저격! 가무쿠라의 사내 제도인 '수프 소믈리에'에 합격한 조리사만 비법 수프를 만들 수 있다고. 양식 유니폼 차림의 조리사들과 밝은 인테리어로 보너스 점수 획득.

BRANCH 오사카, 교토 외 간사이 주요 도시
OPEN 11:00~23:00/지점마다 조금씩 다름
WEB kamukura.co.jp

이치란 말고 나도 있지!

잇푸도 一風堂

돼지 뼈를 푹 고아 만드는 돈코츠 라멘 체인. 이치란 못지않게 유명한 후쿠오카 대표 라멘이지만, 오사카에서는 이치란의 인기가 너무 높은 탓에 줄을 서지 않고 편안하게 먹을 수 있다. 이치란보다 국물이 맑고 면이 조금 가는 것이 특징. 대부분 접근성이 좋은 곳에 자리한다.

BRANCH 오사카, 교토 외 간사이 주요 도시
OPEN 10:30~23:00/지점마다 조금씩 다름
WEB www.ippudo.com

'스벅' 말고 여기 어때?

산마르크 카페 サンマルクカフェ

일본인이 사랑하는 토종 커피 프랜차이즈. 커피 맛도 뛰어나지만, 진한 판초콜릿을 크루아상 생지에 끼워넣어 매장에서 직접 구운 초코 크로(Choco Cro, 220엔)가 시그니처 메뉴다. 초코 크로는 기본 맛부터 시즌별 한정 메뉴까지 다양하다. 그 외 푸짐한 핫도그나 샌드위치로 구성된 런치 세트(11:00~15:00)도 있다. 프랜차이즈 카페인 만큼 이른 아침 문을 연다.

BRANCH 오사카, 교토 외 간사이 주요 도시
OPEN 07:00~21:00/지점마다 조금씩 다름

쾌적한 '갓성비' 패밀리 레스토랑

사이제리야 Saizeriya

일본의 대형 패밀리 레스토랑 체인. 파스타, 피자, 함박스테이크 등 양식과 일식을 접목한 무난한 메뉴를 선보인다. 200엔을 내면 음료 무제한인 드링크 바와 널찍한 좌석, 고물가 시대에 굴하지 않는 400~600엔대 저렴하고 다양한 메뉴 구성이 장점. 쇼핑몰과 USJ 등 나들이 명소에 지점이 많고 늦은 시간까지 영업해서 젊은층과 가족 여행객이 즐겨 찾는다.

BRANCH 오사카, 교토 외 간사이 주요 도시
OPEN 11:00~23:00/지점마다 조금씩 다름

일본인이 사랑하는 면 체인 1위

마루가메 제면 丸亀製麺

오픈 키친에서 면 장인이 직접 밀가루를 반죽하고 면을 뽑아내는 시스템을 고수해 신뢰도가 높은 우동 체인. 쫄깃한 면발에 뜨끈한 육수를 부어 먹는 가케 우동을 기본으로 다양한 우동을 맛볼 수 있고, 새우튀김이나 야채튀김, 온천 달걀 등 추가 토핑을 취향에 따라 골라 담을 수 있다.

BRANCH 오사카, 교토 외 간사이 주요 도시
OPEN 10:00~22:00/지점마다 조금씩 다름

후회 없는 이자카야 체인

토리키조쿠 鳥貴族

닭꼬치구이가 메인인 일본의 대표적인 이자카야 체인. 신선한 일본산 닭고기와 특제 소스를 사용하며, 모든 메뉴가 370엔 균일가여서 인기가 높다. 지점이 매우 많아서 접근성이 좋고, 평준화된 서비스와 깔끔한 분위기, 합리적인 가격 덕분에 현지인과 외국인 모두 즐겨 찾는다.

BRANCH 오사카, 교토 외 간사이 주요 도시
OPEN 17:00~다음 날 01:00/지점마다 조금씩 다름

간사이 음식 탐구일기

GOURMET 1

OKONOMIYAKI

오코노미야키 お好み焼き

나만의 취향, 간사이만의 맛을 찾아서!

'취향'을 뜻하는 '오코노미(お好み)'에서 이름이 유래한 일본식 부침개 오코노미야키는 말 그대로 안에 들어가는 수십 가지 재료의 맛을 살려 취향껏 먹는 재미가 있다. 재료를 몽땅 섞은 후 철판에 올리느냐, 철판에 반죽을 얇게 편 다음 재료를 올리느냐에 따라 간사이풍과 히로시마풍으로 나뉘며, 간사이에서는 화끈한 전자의 방법을 따른다.

오코노미야키에도 종류가 있다고?

믹스 야키(ミックス焼き), 모던 야키(モダン焼き), 야마이모야키(山芋焼き)가 간사이풍 대표 메뉴다. 어떤 재료를 주문할지 고민될 땐 돼지고기, 오징어, 새우 등을 몽땅 넣은 믹스 야키를 택하자. 모던 야키는 오코노미야키에 야키소바를 넣은 것으로, 삼겹살 기름에 꼬들꼬들하게 익은 면이 고소한 맛을 더한다. 야마이모 야키는 참마가루를 사용해 밀가루보다 씹는 맛이 좋다.

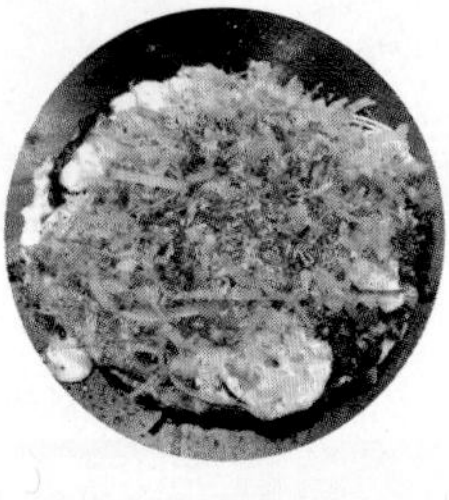

돼지고기+오징어+새우+α
=
믹스 야키

by 유카리 222p

오코노미야키+야키소바
=
모던 야키

by 야키젠 176p

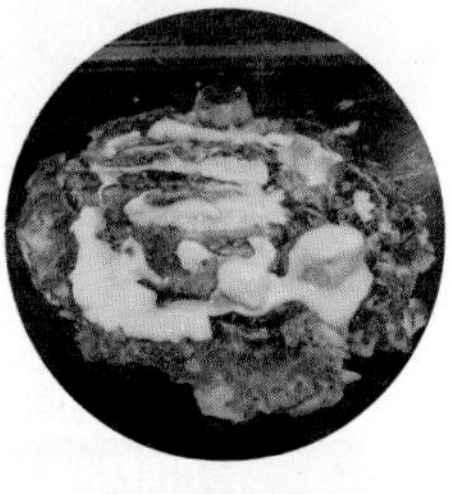

참마 반죽 100%
=
야마이모야키

by 미즈노 176p

+MORE+

맛을 결정짓는 3대 포인트

- **돼지고기** 오코노미야키 맛의 비결은 지방이 많은 삼겹살에 있다. 돼지고기와 양배추만 넣은 부타(豚)는 기본 중의 기본 메뉴. 여기에 해산물을 믹스하면 보다 풍부한 맛을 즐길 수 있고, 떡, 야키소바, 모짜렐라 치즈, 김치 등을 토핑하기도 한다.
- **특제 소스** 서양 요리에 주로 사용하는 우스터소스를 쓴다. 양파, 토마토 등을 우린 육수에 향신료를 첨가하여 숙성한 것으로, 달고 신 맛이 강한 것이 특징. 여기에 식당마다 고안한 비법 재료가 첨가된다.

- **육수** 가다랑어포, 다시마, 채소 등으로 우려낸 다시(出汁)도 간사이풍 오코노미야키의 맛을 좌우하는 포인트다.

직접 맛보고 쓴 오코노미야키 맛집 레시피

재료

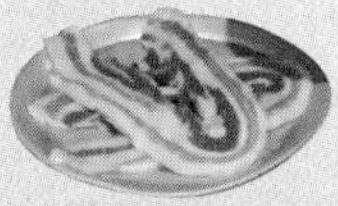

오코노미야키의 기본!
지방 많은 삼겹살로 고소함 UP

단맛을 내는 양배추는
소화를 도와주는 필수 재료다.

반죽에 취향대로 재료를
섞으면 누가 만들어도 꿀맛!

달고 신 맛이 강한 우스터소스에
가게마다 비법 소스를 첨가한다.
가다랑어포와 파래 가루도 필수.

마무리는 고소한 마요네즈
찹찹 뿌리기. 가게에 따라
넣을지 말지 물어보기도 한다.

시원한 생맥주는
오코노미야키와
떼려야 뗄 수 없는 관계!

만들기 시작!

기름을 살짝 두른 철판에
재료를 골고루 섞은 반죽을
올린다. 이때 돼지고기는
한 면만 미리 익혀둔다.

반죽 모양을 둥글게 잡은 다음
돼지고기를 올린다.

돼지고기가 익을 때쯤 한 번
뒤집고, 이후 3분간 뒤집기를
한두 번 반복하다가 돼지고기가
있는 면이 위로 오도록 놓는다.

특제 소스를 골고루 바른다.
달걀 프라이를 해두었다가
얹어도 맛있다.

마요네즈를 뿌린다.

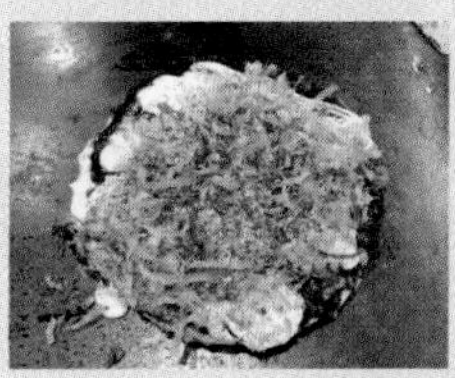

가다랑어포와 파래를 뿌리면
드디어 완성!

GOURMET 2 SUSHI

초밥(스시) 寿司(すし)

바다 내음 가득!

일본 최초로 회전초밥 시스템을 고안하고 발전시킨 오사카. 대중적인 분위기에서 저렴하고 맛있는 초밥을 실컷 맛보고 싶다면 도쿄가 아닌 오사카로 향해야 한다.

다양한 초밥의 모양

니기리즈시 握りずし

손으로 쥐어 만든 초밥. 오늘날 전 세계인이 즐겨 먹는 기본형 초밥이다.

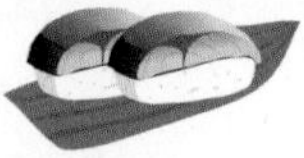

하코즈시 箱寿司

네모난 상자 속에 밥을 담고, 그 위에 각종 어패류를 올려 눌러 만든 것. 오사카가 원조로, 니기리즈시의 원형이다.

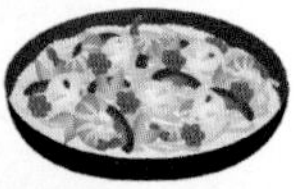

지라시즈시 チラシずし

식초로 간을 한 밥 위에 생선과 채소 등을 흩뿌려 넣은 것. 가장자리부터 망가지지 않게 먹는다.

데마키즈시 手巻きずし

초밥과 재료를 김에 싸서 고깔 모양으로 말아 놓은 것.

마키즈시 巻きずし

김밥처럼 초밥과 재료를 김에 싸서 먹는 것.

이나리즈시 稲荷ずし

유부초밥. 간사이에선 신의 사자인 여우가 유부를 즐긴대서 여우 귀처럼 삼각형이다.

가키노하즈시 柿の葉寿司

감잎에 고등어나 연어를 감싼 초밥. 특히 나라 지방에서 발달했다.

초밥의 맛을 더하는 요소들

간장

초밥의 감칠맛을 배로 하는 기본 소스. 밥알에 찍으면 짜고 부서지기 쉬우니 생선에만 살짝 찍는다. 간장을 찍기 어려운 모양이라면, 초생강에 간장을 묻혀 함께 먹는 센스!

고추냉이

자칫 느끼하거나 비릿할 수 있는 초밥의 맛을 산뜻하게 바꿔준다. 간장에 풀어서 먹으면 고유의 풍미가 사라지므로, 생선 살에만 살짝 발라 먹는 게 올바른 방법!

초생강

다음 초밥을 먹기 전 초생강으로 입안을 정돈하면 종류별 초밥의 맛을 오롯이 느낄 수 있다.

가루녹차

테이블에 놓인 가루녹차를 뜨거운 물에 1스푼 타서 초밥을 먹는 중간중간 입 안을 헹구면 차의 떫은맛이 생선 냄새를 없애준다.

+MORE+

헷갈리는 참치 용어 총정리

- **아카미** 赤身 붉은색을 띠고 지방이 적은 게 특징. 참치에서 가장 많은 부위를 차지해 가격이 저렴하다. 초밥집에 따라 '마구로(まぐろ)'로 표기하기도 한다.
- **토로** トロ 연붉은색 참치 뱃살. 지방이 가장 많고 비싼 대뱃살은 오토로(大トロ), 이보다 저렴한 옆구리 부위는 주토로(中トロ)라고 한다. 지방이 적은 생선을 즐겼던 에도 시대에는 '고양이도 먹지 않는 음식(猫またぎ)'이라며 버려졌었다.
- **빈토로** ビントロ 100엔대 회전초밥집에서 주로 판매하는 저렴한 참치. 이름 때문에 뱃살이라 오인하기 쉽지만, 참치류 중 길이가 1m 정도인 날개다랑어(鬢長, 빈나가)를 말한다.

누구나 실패 없이 즐기는 기본 초밥 30pcs.

흰살생선

타이(たい) 도미

참치

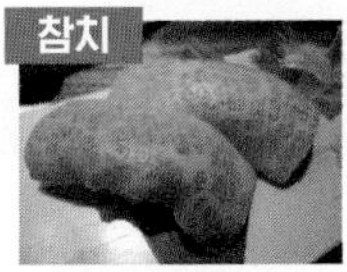

오토로(大トロ) 참치 대뱃살

등푸른생선

사바(さば) 고등어

새우 & 게

에비(えび) 새우

군함말이

우니(うに) 성게알

하마치(はまち)
방어의 중치

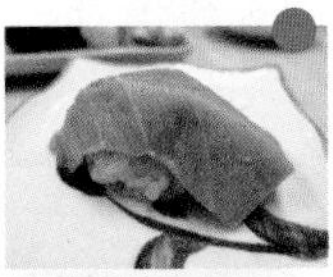

주토로(中トロ)
참치 중뱃살

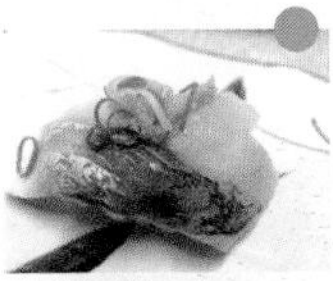

아지(あじ)
전갱이

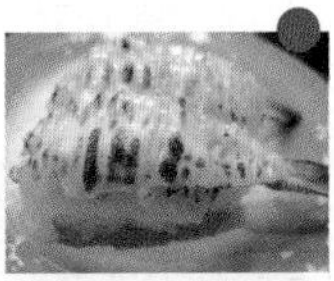

아카에비(赤えび)
보리새우

네기토로(ねぎとろ)
다진 참치 위에 파를 얹은 것

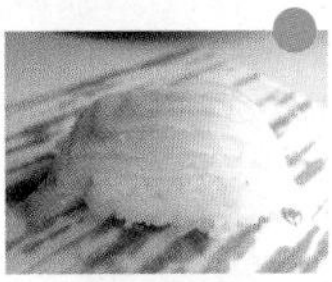

히라메(ひらめ)
광어

아카미(赤身)
참치 등살

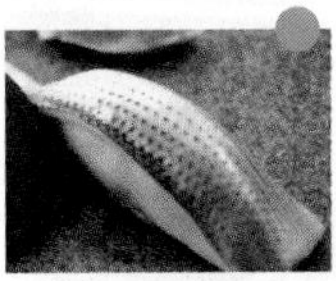

코하다(こはだ)
전어

아마에비(あまえび)
꽃새우/단새우

이쿠라(イクラ)
연어알

엔가와(えんがわ)
광어지느러미

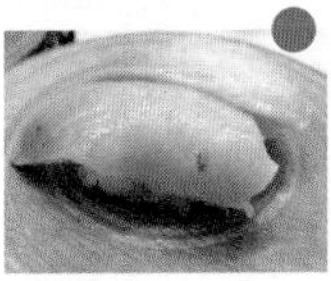

빈토로(びんとろ)
작은 참치의 모든 부위

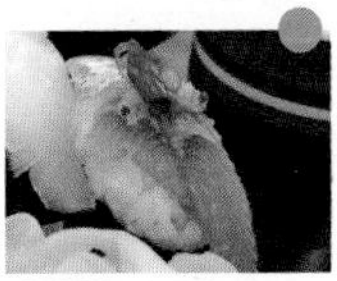

이와시(いわし)
정어리

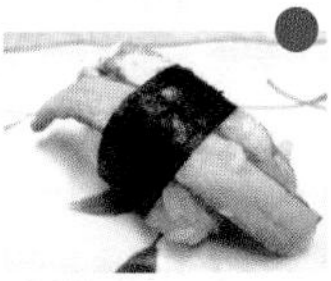

가니(かに)
게

도빗코(とびっこ)
날치알

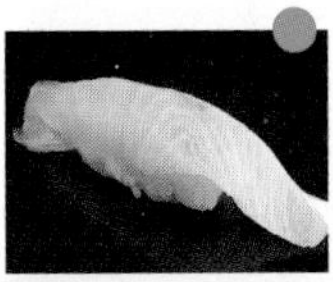

간파치(かんぱち)
잿방어

오징어 & 문어

이카(いか, 오징어)

조개류

호타테가이(帆立貝)
가리비

아카가이(赤貝) 피조개

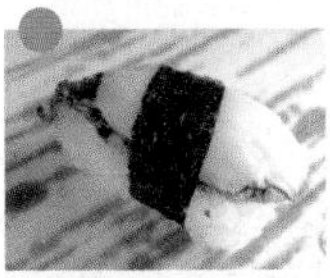

아와비(あわび) 전복

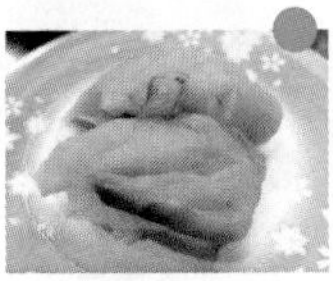

사와라(さわら) 삼치

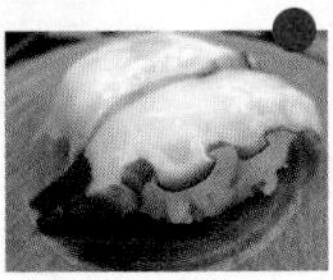

타코(たこ, 문어)

기타

사케/사몬
(さけ/サーモン) 연어

다마고(卵) 달걀

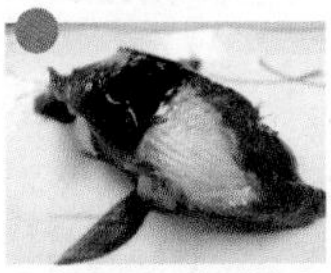

우나기(うなぎ) 뱀장어

: WRITER'S PICK :
초밥 맛있게 먹는 순서

담백하고 순한 맛의 조개류나 흰살생선 ⋯› 맛의 강도를 더한 등푸른생선 ⋯› 붉고 기름진 참치 또는 장어 ⋯› 깔끔한 달걀말이로 마무리! 생선 맛이 혀에 먼저 느껴지도록 뒤집어서 입에 넣는다.

GOURMET 3

UDON & RAMEN & SOBA

우동 & 라멘 & 소바

うどん & ラーメン & そば

쫄깃한 면발과 시원한 육수의 환상 케미!

미식가의 고장 간사이에서는 그 흔한 면 요리도 대강 만드는 법이 없다. 뒷골목 후미진 식당조차 비법 레시피를 간직하고 있으니, 생애 최고의 한 그릇을 찾아 여행을 떠나보자.

우동

'아침엔 우동, 감기엔 우동'이라고 할 정도로 우동 사랑이 남다른 오사카에는 우동집만 2000여 곳에 달한다(오코노미야키집의 2배, 타코야키집의 5배!). 여기에 교토 역시 우동 명가를 손꼽으라면 절대 오사카에 뒤지지 않는 수준. 이것이 간사이 여행 중 적어도 하루 한 끼는 우동을 맛봐야 할 이유다.

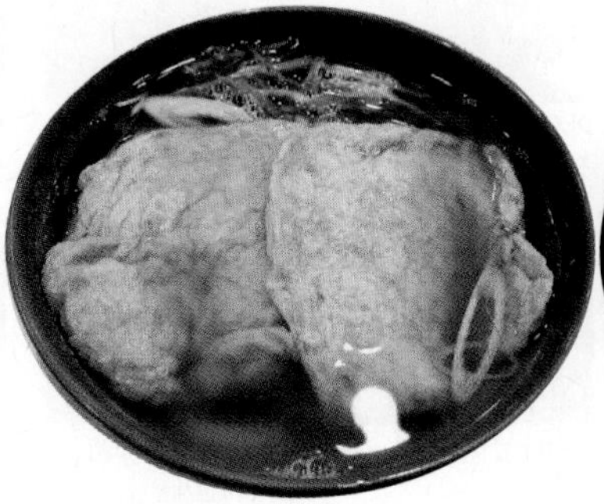

1 키츠네 우동의 원조 **유부 우동**

오사카가 원조인 유부(키츠네, きつね) 우동. 달짝지근하고 푹식푹신한 유부와 시원한 육수가 맛의 퀄리티를 높인다.

➔ **오사카, 도톤보리 이마이** 180p

2 고깃국에 우동이 퐁당 **소고기 우동**

구수하고 깊은 맛이 특징인 소고기 육수에 부드럽고 얇게 저민 소고기 고명을 얹어 먹는 우동. 메뉴판에서 '니쿠(肉)'가 들어간 우동을 찾자.

➔ **오사카, 츠루동탄** 180p

3 씹고 맛보고 즐기는 **튀김 우동**

'초딩 입맛'이라면, 우동엔 역시 튀김을 얹어야 제맛. 원하는 튀김은 뭐든 다 있다.

➔ **오사카, 우동야 키스케** 224p

4 윤기가 좌르르 **자루 우동**

찬물에 헹궈내 탱탱하고 시원한 면발을 짭조름한 츠유에 적셔 먹다 보면, 어느새 한 그릇 '순삭'.

➔ **교토, 오멘** 396p

5 우리 입맛에 착 붙는 **매운 우동**

칼칼하고 빨간 국물에 고소한 떡 튀김까지 들었다. 교토에서 맛보는 인생 우동 한 그릇.

➔ **교토, 야마모토 멘조** 396p

라멘

가게마다 오랜 시간 심혈을 기울여 고안한 비법 육수가 라멘집의 성패를 가른다. 여기에 소금, 간장, 된장 중 어떤 간을 하느냐도 맛을 좌우하는 중요한 포인트다.

1 녹진한 국물 맛이 일품
돈코츠 라멘

돼지 뼈(돈코츠, 豚骨)를 골수까지 빠져나올 정도로 장시간 센 불로 우려내 탁하고 뽀얀 색을 띠는 후쿠오카식 라멘.

➔ **오사카, 이치란** 181p

2 담백한 감칠맛의 진수
닭 육수 라멘

닭 뼈(토리가라, 鶏がら)를 우려낸 육수 맛이 깔끔한 라멘. 가게에 따라 해산물이나 돼지 뼈, 간장 등을 추가해 맛을 증폭시킨다.

➔ **오사카, 무기토 멘스케** 223p

3 시원한 바다의 맛
해산물 라멘

굴, 조개, 멸치, 새우 등 해산물로 맛을 낸 라멘은 느끼하지 않고 감칠맛이 풍부하다.

➔ **오사카, 넥스트 시카쿠** 181p

4 짭조름한 국물에 면발 콕!
츠케멘

간간하고 진한 고기 육수에 면을 '찍먹'하는 라멘. 한 번도 안 먹어본 사람은 있어도 한 번만 먹어본 사람은 없다는 마성의 맛.

➔ **오사카, 츠케멘 스즈메** 203p

소바

간사이에서는 일본의 국민 건강식인 소바를 더욱 맛있게 즐길 수 있다.

1 초록빛 자연의 향이 가득
말차 소바

소바 반죽에 말차(抹茶)를 함께 넣어 치댄 것. 특히 냉소바를 채반에 담아 다시마, 가다랑어포, 간장 등으로 만든 츠유에 찍어 먹는 자루(ざる)소바의 인기가 높다.

➔ **우지, 이토큐에몬** 441p

2 달짝지근 부드러운 청어 한입
니신 소바

따끈한 소바 위에 말린 청어(니신, にしん)를 올려 먹는 교토의 전통 요리. 말린 청어는 훈연한 후 간장과 미림 등의 양념으로 달콤짭조름하게 조려 내 비린내가 없고 맛있다.

➔ **교토, 소혼케 니신소바 마츠바** 361p

: WRITER'S PICK :

취향에 맞는 라멘 주문하기

❶ **면의 양**을 선택하자: **쇼**小(적은 양), **나미**並(보통), **오모리**大盛(곱빼기)
❷ **면의 두께**를 선택하자: **호소멘** 細麺(가는 면), **후토멘**太麺(두꺼운 면)
❸ **토핑**을 선택하자: **차슈**チャーシュー(간장으로 조린 돼지고기 수육), **멘마**メンマ(죽순을 데쳐서 발효시킨 후 건조 또는 염장한 것), **한주쿠 타마고**半熟卵(반숙 달걀), **네기**ネギ(쪽파), **닌니쿠**にんにく(마늘)

GOURMET 4

TAKOYAKI

타코야키 たこ焼き

오사카에서 탄생한 국민 간식

간사이 효고현 아카시 지역에서 팔던 아카시야키(明石焼き)를 소스에 찍어 먹는 방식으로 변형한 타코야키는 1935년 오사카의 아이즈야(会津屋)라는 식당에서 개발돼 순식간에 국민 간식으로 발전했다. 특히 타코야키와 인생을 함께 해온 오사카 사람들은 가게마다 독특한 비법 소스와 레시피를 사용해 맛도 느낌도 가지가지. 여기저기 순례하며 몇 번을 먹어도 질리지 않는다.

바삭바삭 입안에서 춤추는 타코야키 맛집 3

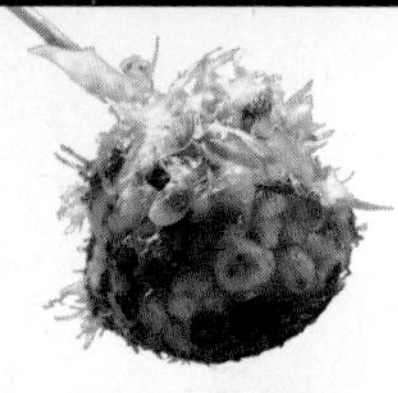

타코야키 주하치방

도톤보리 타코야키의 대표주자.

→ 오사카 186p

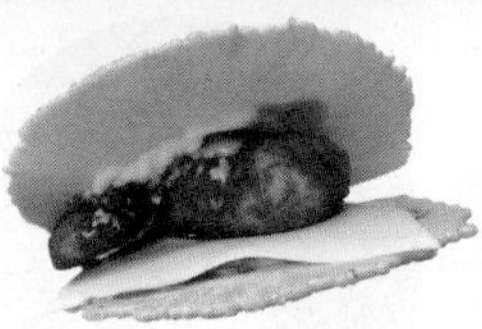

타코야키 도라쿠 와나카

센베 안에 타코야키를 끼워 먹는 타코 센베의 원조.

→ 오사카 186p

고가류

타코야키 위에 마요네즈를 뿌려 먹은 건 우리가 처음!

→ 오사카 197p

타코야키 맛의 3대 포인트

1 반죽

밀가루, 달걀, 간장 외에 가게마다 다양한 비법 재료를 첨가한다. 가다랑어포나 다시마, 채소로 우린 육수를 차갑게 식히고, 여기에 물 대신 우유를 넣거나 과일을 갈아 넣는 등 저마다 감칠맛을 살리는 장치들이 있다.

2 소스

우스터소스와 마요네즈를 첨가해 달콤하고 고소한 맛을 더하는 게 기본. 그 외 폰즈·생강·간장·소금·칠리소스 등 입맛대로 다양한 토핑을 선택할 수 있다.

3 먹는 방법

타코야키는 이쑤시개 2개로 푹 찍어 한입에 통째로 먹어야 모든 재료의 조화를 한 번에 느낄 수 있다. 단, 데이지 않게 일단 입에 넣은 뒤 혀로 굴려 가며 식혀 먹는 게 포인트.

GOURMET

5

KUSHIKATSU

쿠시카츠 串カツ

오사카인 최애 안주

시작은 고급 요리에 가까운 도쿄의 꼬치 튀김 '쿠시아게(串揚げ)'에서 비롯됐지만, 1929년 쿠시카츠 다루마(261p)가 특제 소스를 찍어 먹는 꼬치 튀김을 내놓으면서 오사카 고유의 쿠시카츠가 발달했다.

쿠시카츠 야무지게 주문하기

가게마다 쏟아지는 다양한 쿠시카츠를 두고 선택장애에 빠진다면, 호불호 없는 인기 쿠시카츠부터 도전해보자. 대표 메뉴 3종은 소고기(牛), 돼지고기(豚), 새우(エビ). 그 외에는 닭고기를 잘게 다져 경단으로 만든 츠쿠네(つくね)와 관자, 떡, 치즈도 우리 입맛에 잘 맞는다.

쿠시카츠는 일반 튀김보다 저온에서 튀겨내 조리 시간이 오래 걸리므로, 오사카 사람들은 기다리는 동안 도테야키(どて焼き)를 먼저 주문해서 먹는다. 소 힘줄을 하얀 된장인 시로미소(白味噌)에 조려낸 도테야키 역시 오사카의 대표 술안주다.

도테야키

쿠시카츠 더욱 맛있게 먹는 법

1 소스

새콤달콤한 쿠시카츠 소스는 아낌없이 듬뿍 찍어먹는다. 우스터소스와 비슷한 맛이지만, 염도는 그보다 낮아서 짜지 않게 즐길 수 있다.

2 양배추

달콤하고 아삭한 양배추는 기름진 쿠시카츠의 느끼함을 없애는 동시에 위를 보호하고 소화를 돕는 역할까지 한다. 대개 손으로 집어먹는다. 양배추로 소스를 떠서 접시에 덜어놓고 먹는 것도 좋다.

3 생맥주

우리나라에 '치맥'이 있다면, 오사카에는 '쿠맥'이 있다. 손 가는 대로 한 개씩 쏙쏙 빼먹는 쿠시카츠를 먹다 보면 술이 약한 사람도 생맥주가 절로 당긴다.

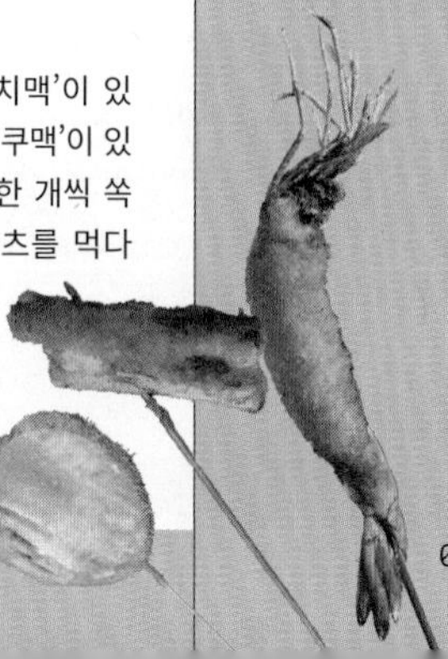

간사이 쇼핑 탐구일기

MERRY CHRISTMAS

간사이 쇼핑 탐구일기

SHOPPING 1
DRUG STORE

드럭스토어

ドラッグストア

일본 길거리 쇼핑의 꽃

기본 의약품은 물론이고 각종 건강 식품과 뷰티 제품, 여행 기념품까지 구매 가능한 드럭스토어. 요즘 일본인들에게 인기 있고 효과적인 아이템이 무엇인지 궁금하다면 여행 내내 재방문이 필요하다.

드럭스토어 쇼핑 팁

같은 제품이어도 매장마다 가격이 조금씩 다르지만, 여러 품목을 구매할 경우엔 총금액의 차이가 거의 없기 때문에 귀국 전날 한꺼번에 사는 게 시간상 효율적이다. 입구에 '면세(TAX FREE)'라고 적힌 드럭스토어에서는 총구매액이 5000엔 이상(세금 제외)일 때 8~10% 소비세를 면해주며, 일정 금액 이상 구매 시 최대 8%까지 추가 할인되는 매장도 있다. 방문 전에 온라인에서 발급하는 각종 할인 쿠폰도 잘 챙겨두자. 여권은 필수 지참! 자세한 면세 정보는 070p참고.

마쓰모토키요시

マツモトキヨシ

'마쓰키요'라고 불리는 대표 드럭스토어.
매장 분위기가 깔끔하고 품목이 다양하다.

선 드럭

サンドラッグ

도쿄에 본사를 둔 드럭스토어.
난바에 매장이 집중돼 있다.

쓰루하 드럭

ツルハドラッグ

드럭스토어 매출 1, 2위를 다투는 브랜드.
의약품 종류가 매우 많다.

다이코쿠 드럭

ダイコクドラック

오사카에 본사를 둔 드럭스토어.
박리다매 전략으로 특가 제품이 많다.

일본 드럭스토어 대세템 체크

오쿠치 레몬

SNS에서 화제인 휴대용 무알코올 가글액. 1포씩 입에 넣고 헹구면 입 속 찌꺼기가 상쾌하게 빠져나온다.
5포, 240엔선.

메구리즘 증기 핫 아이마스크

피로한 눈에 효과적인 마스크. 붙이는 순간 약 40°C의 증기가 10분간 눈을 뜨끈하게 마사지한다.
12매,
900엔선.

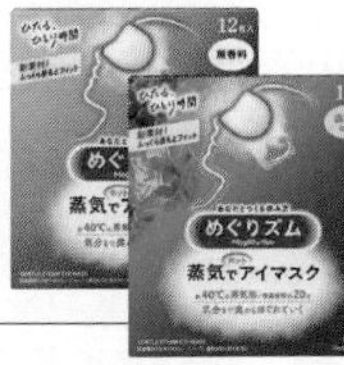

다이쇼A

사용법이 간편하고 효능도 뛰어난 구내염 치료제. 동그란 패치를 환부에 착 붙이기만 하면 끝. 10개, 1000엔선.

오로나인 연고

뾰루지, 가벼운 화상 및 동상, 습진 등에 바르는 일본 만능 연고.
11g, 330엔선.

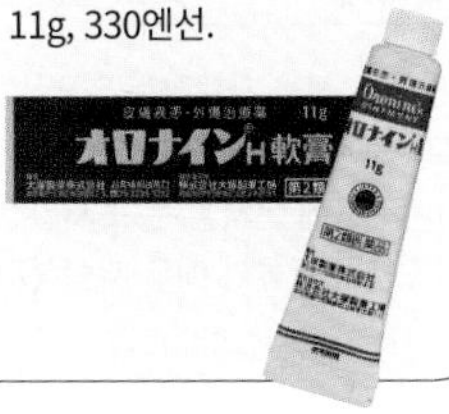

로토 리세 안약

충혈된 눈, 눈병 예방, 콘택트렌즈 착용 시 불쾌감 등에 효능이 좋기로 소문난 안약. 8ml, 550엔선.

무히

벌레 물린 데 바르는 약 중 일본에서 가장 많이 팔린다. 아기용도 있어서 유용한 아이템.
50ml, 500엔선
(베이비 40ml,
800엔선).

사롱 파스 Ae

피부 자극을 억제하여 염증과 통증을 가라앉히는 파스. 혈액순환에 효과가 좋다.
120매,
1550엔선.

캬베진코와 α

과식, 소화불량, 속 쓰림 등에 효과가 좋기로 소문난 위장약. 소화에 좋은 양배추 성분이 함유돼 있다.
300정,
2200엔선.

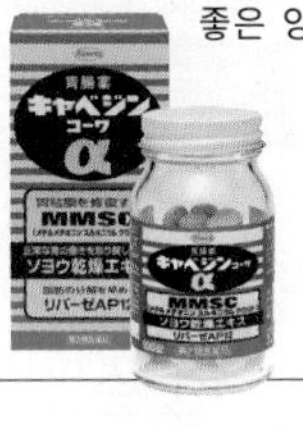

오타이산

캬베진코와와 어깨를 나란히 하는 일본의 대표적인 위장약. 낱개 포장된 형태가 편리하다. 16포,
550엔선.

DHC 립크림

보습 효과가 탁월해 입소문 난 립크림. 무향료·무착색·천연 성분 배합. 1.5g, 680엔선.

멜라노 CC 딥클리어

로토 제약의 인기 클렌징폼. 비타민C가 함유된 효소 세안제로, 모공 속까지 깨끗하게 닦아낸다. 산뜻한 감귤향.
130g, 720엔선.

비오레 선 미스트

얼굴과 몸에 뿌리기만 하면 자외선 철벽 방어. 스프레이 타입이라는 간편함과 산뜻한 밀착력으로 인기몰이 중. SPF 50, 60ml,
1080엔선.

SHOPPING 2 SUPER MARKET

간사이의 마트 & 슈퍼마켓

진열장을 털어라!

マート&スーパーマーケット

간사이 사람들의 식탁을 책임지는 식료품은 물론이고 각종 생필품과 주류가 가득한 마트 & 슈퍼마켓! 여행자들이 방문하기 편리한 매장과 방문 전 알아둬야 할 꿀정보를 담았다.

여행자를 위한 간사이 마트 & 슈퍼마켓 TOP 8

1

라이프 LIFE

일본 전역에 자리한 대형 슈퍼마켓 체인. 도시락과 초밥이 맛있고 진열이 깔끔하다. 오사카 난바의 센트럴스퀘어 매장 등 일부 매장은 24시간 운영하고 면세 가능.

OPEN 09:30~24:00/지점에 따라 다름

2

슈퍼 타마데 スーパー玉出

노란색 간판이 시선을 사로잡는 일명 '옥출 마트'. 오사카 서민들의 생활 터전인 니시나리구에 본사를 둔 초저가 슈퍼마켓으로, 도시락 종류가 매우 저렴하다.

OPEN 24시간/지점에 따라 다름

3

이온 푸드 스타일 Aeon Food Style

세련된 도심형 슈퍼마켓. 오사카 신사이바시 주변에 2개 매장이 있으며, 중심부를 벗어나면 이보다 규모가 큰 이온 스타일과 이온몰이 있다. 면세 가능.

OPEN 24시간/
지점에 따라 다름

4

하베스 HARVES

오사카 링크스 우메다 쇼핑몰, 교토역, 덴노지역에 입점한 대형 슈퍼마켓. 관광객에게 인기 높은 일본 과자, 주류, 퀄리티가 뛰어난 도시락, 샐러드팩 구성이 돋보인다.

OPEN 09:30~22:00/
지점에 따라 다름

5

로피아 LOPIA

현지인들이 가성비 최고로 손꼽는 할인 마트. 신용카드 사용과 면세가 불가능한 대신 식료품 가격이 현저히 저렴하다. 오사카 베이타워점, 교토 요도바시카메라점 등이 있다.

OPEN 09:00~20:00/
지점에 따라 다름

6

프레스코 FRESO

신선식품 유통에 초점을 둔 슈퍼마켓 체인. 주로 교토에 매장이 많으며, 도심의 주요 매장은 대부분 24시간 영업한다.

OPEN 08:00~23:00/ 지점에 따라 다름

7

돈키호테 ドン·キホーテ

여행자에게 특히 인기인 잡화와 식료품이 한데 모인 24시간 할인 매장. 드럭스토어와 마트를 합친 버전으로, 대형 매장인 메가돈키호테는 신선 식품도 취급한다. 자세한 정보는 166p.

OPEN 24시간

8

로손 스토어 100 Lawson Store 100

일본 대표 편의점인 로손에서 24시간 운영하는 100엔숍. 마트나 편의점보다 식료품이 저렴하고 도심 곳곳에 있어서 가볍게 들르기 좋다.

OPEN 24시간

현지인처럼 마트에서 장 보는 방법

일본 마트는 그 자체로 하나의 여행 코스이니 시간 여유를 충분히 두고 구경하자. 관광지 근처의 드럭스토어나 돈키호테에서 볼 수 없거나, 그보다 저렴한 제품도 마트에 많다. 이른 아침이나 늦은 저녁 시간을 활용해서 둘러본다면 효율적이다.

1 물건 고르기

일본 마트에서는 도시락, 초밥, 샐러드팩 등 간편식의 퀄리티가 높다. 폐점 2~3시간 전부터 20~30% 할인이 붙기 시작하고, 폐점 1시간여를 앞두고는 반값이 되기도 한다. 합리적인 가격의 PB 상품도 체크! 신선 식품 구매 시엔 스마트폰 번역 기능을 활용해 원산지를 확인하고, 간사이 지방 인근에서 재배된 제철 식재료 위주로 담아보자. 숙소에서 조리가 가능하다면 한국보다 저렴하고 종류가 다양한 두부, 낫토, 소고기가 단백질 섭취용으로 좋고, 야채는 파프리카, 양상추, 브로콜리, 마 등이 먹기 편하고 저렴하다. 과일과 토마토는 한국보다 비싸다.

2 계산하기

현금과 신용카드 모두 사용 가능하며, 셀프 계산대도 별도 운영한다. 카운터에서 계산 시 점원이 비닐봉지를 구매할지, 젓가락이 필요한지, 포인트 카드를 사용할지 등을 일본어로 물으니 미리 대답을 준비한다. 대화 예시는 043p에서 확인.

현금 결제는 카운터 옆에 따로 마련된 현금 전용 계산대를 이용하는 곳도 있다.

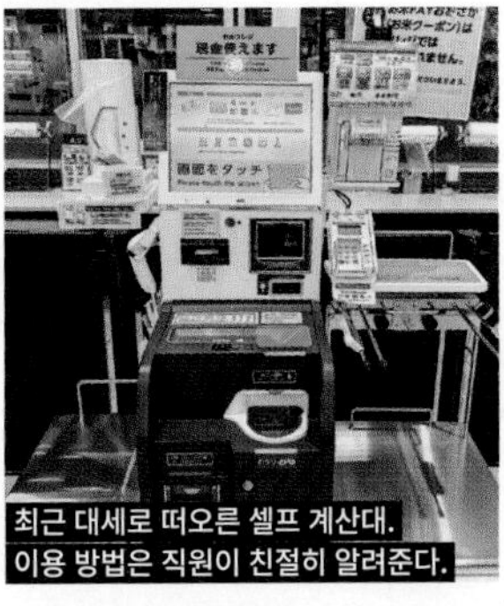
최근 대세로 떠오른 셀프 계산대. 이용 방법은 직원이 친절히 알려준다.

도시락을 데울 수 있도록 마련된 전자레인지

간사이 마트 한정 특급 아이템

간사이 여행을 기념할 특별한 로컬 아이템을 찾는다면 아래 리스트를 살펴보자. 오사카에서 탄생한 소스, 과자, 음료들! 간사이를 벗어나면 찾아보기 어려운 것들이 대부분이다.

아사히 폰즈 旭ポンズ

오사카의 대표 폰즈 브랜드. 폰즈란 과즙, 식초, 간장, 다시마로 만드는 소스로, 오사카인에겐 초밥, 타코야키, 스키야키 등 어느 음식에나 뿌려 먹는 만능 소스로 통한다. 360ml, 800엔선.

파인 아메 パインアメ

에도 시대 설탕 집결지여서 사탕이 발달했던 오사카! 그중 대표주자는 파인애플 맛과 모양을 지닌 파인 아메다. 인기 캐릭터와 컬래버 제품도 다양하다. 110g, 170엔선.

란란보로 卵卵ぼーろ

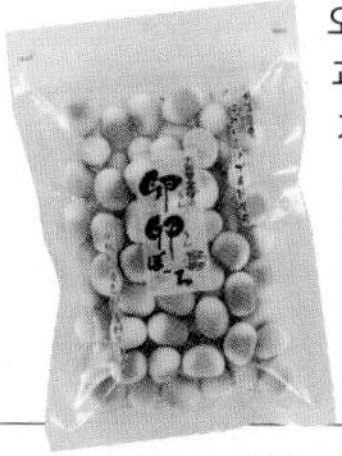

오사카 마에다 제과에서 만드는 과자. 밀가루 대신 감자 전분, 쌀가루를 사용하고, 튀기지 않아서 아기들도 먹을 수 있다. 타사 제품보다 알이 크고 바삭하다. 115g, 210엔선.

삼미 サンミー

오사카의 고베야 제과에서 내놓은 50년 역사의 빵. 부드러운 빵, 크림, 초콜릿 3가지가 완벽한 조화를 이룬다. 1개, 96엔선.

만게쓰폰 満月ポン

'보름달'이란 뜻의 동그란 전병. 달콤하고 매콤한 간장 맛에 자꾸만 손이 가는 과자로, 1958년 오사카에서 탄생했다. 90g, 180엔선.

아와오코시 粟おこし(岩おこし)

오사카 명물 쌀강정. 단단한 식감에 고소한 참깨 맛, 알싸한 생강 향이 감돈다. 오사카 내 여러 업체에서 다양한 버전으로 출시한다. 110g, 220엔선.

히야시아메 ひやし飴

교토를 비롯한 간사이 사람들이 메이지 시대부터 마셔온 여름 음료. 물에 설탕, 생강 또는 생강즙을 첨가한 심플한 맛으로, 컵, 병, 캔 등 다양한 형태가 있다. 190g, 110엔선.

타코신 タコシン

동그란 모양은 물론이고 부드러운 식감, 새콤달콤 짭짤한 맛이 타코야키를 쏙 빼닮았다. 과자명은 '타코야키의 신세계'의 줄임말. 33g, 230엔선.

일본 마트 쇼핑 추천 아이템

일본 여행에서 꼭 사야 할 귀국 기념품이나 숙소에서 맛봐야 할 먹거리를 소개한다.
현지인도, 한국인도 입을 모아 강력 추천하는 제품들이다.

베르데 갈릭 토스트 스프레드

빵에 발라 구워 먹으면 일품인 마늘 스프레드. 쉬림프, 명란젓, 슈거 버터 등 여러 종류가 있다. 100g, 400엔선.

큐피 빵공방 참치 마요 & 콘 마요

일본 마요네즈의 대명사인 큐피에서 출시한 스프레드. 참치, 콘, 마요네즈의 배합이 참을 수 없는 맛! 150g, 220엔선.

오리히로 곤약 젤리

한국인에게 너무나 유명한 곤약 젤리! 한정판이나 신제품에 주목하자. 국내 반입은 컵형이 아닌 튜브형 제품만 되니 주의. 432g, 430엔선

닛신 돈베이 우동

일본 컵라면계의 베스트셀러. 감칠맛 제대로인 국물과 쫄깃한 면발에서 헤어 나올 수 없다. 키츠네 우동이 가장 인기! 1개, 254엔선.

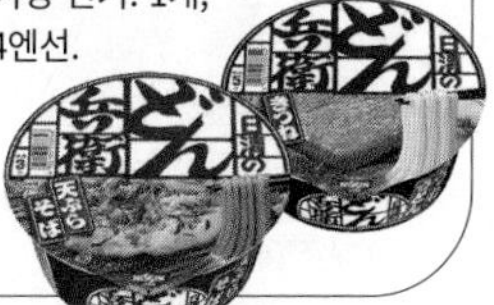

폿카 키레토 레몬

레몬 1개분 과즙이 담긴 상큼한 음료. 비타민C 1350mg 함량이어서 여행 중 피곤할 때 마시면 제격이다. 155ml, 150엔선

부르봉 알포트

중독성 강한 한입 크기 초콜릿 비스킷. 한국보다 훨씬 저렴한 가격으로 기간 한정 상품을 득템할 수 있다. 1개, 130엔선.

두유

한국보다 두유 종류가 훨씬 다양한 일본! 과즙이나 견과류는 물론, 민트초코나 초코바나나 등 상상 이상의 맛을 선보인다. 1개, 100엔선

식빵

베이커리 못지않게 고소하고 쫄깃한 마트 식빵은 아침 식사용으로 제격. 3장부터 6장까지 크기도 다양하다.
1봉,
160엔~.

도시락, 초밥

일본 마트 도시락과 초밥의 퀄리티는 웬만한 식당을 넘어서는 수준. 다양한 맛의 영양밥이나 반찬을 여러 팩 조합해도 맛있는 한 끼! 초밥 500엔~, 도시락 400엔~.

: WRITER'S PICK :

간사이 자판기 한정 음료를 찾아라!

산토리의 캔커피 브랜드 보스(BOSS)에서 출시한 토로케루 카페오레(とろけるカフェオレ)는 간사이 자판기 한정 음료다. 일반 커피(185g)보다 대용량(250g)에 우유와 설탕도 듬뿍 든 이 음료는, 유난히 가성비에 민감하고 단맛을 좋아하는 오사카 사람들의 성향을 분석해서 내놓았다.

일본의 대형 잡화점 & 저가 잡화점

이것만 알면 쇼핑은 게임 끝!

大型雑貨店 & プチプラショップ

간사이에서 맛집 다음으로 중요한 잡화 쇼핑! 백화점과 쇼핑몰 이상의 매력을 가진 대형 잡화점부터 치밀한 전략과 경쟁을 펼치며 나날이 성장 중인 100엔숍과 300엔숍까지 두루 체크해두자.

일본을 대표하는 대형 잡화 체인점 TOP 3

무인양품
無印良品

MUJI 無印良品

일본인이 추구하는 심플하고 실용적인 라이프스타일을 한눈에 볼 수 있는 곳. 한국보다 식료품을 비롯한 아이템이 다양하고 세련된 인테리어를 구경하는 재미도 있다. 면세 가능.

WEB www.muji.com/jp/ja/store
BRANCH 그랜드 프론트 오사카, 루쿠아, 난바 시티, 파르코 신사이바시점 등

로프트
Loft

LoFt

일본 젊은층의 문화 아이콘인 잡화 쇼핑몰. 여행·미용·패션·인테리어·주방·리빙·취미·문구 등 전 분야를 다루며, 디자인과 실용성이 뛰어나면서 합리적인 가격대의 제품을 엄선한다.

WEB loft.co.jp
BRANCH 난바 파크스, 덴노지 미오, 교토점, 고베점 등

핸즈
HANDS

HANDS

일본의 신박한 최신 아이템이 궁금하다면 가장 먼저 달려가야 할 곳. 미용·건강·문구·인테리어·DIY를 중심으로 한 온갖 신상품이 쏟아져 나온다. 2022년 도큐핸즈에서 핸즈로 바뀌었다.

WEB hands.net
BRANCH 파르코 신사이바시점, 다이마루 백화점 우메다점, 링크스 우메다, 아베노 큐스 몰 등

천원이면 싹 가능! 저가 잡화 체인점 TOP 8

세리아 Seria

현지에서는 다이소의 인기를 능가하는 100엔숍. 알짜배기 일본제 아이템이 많아서 마니아 층이 두텁다.

WEB www.seria-group.com
BRANCH 우메다 첼시마켓점(대형), 난바 마루이 백화점, 난바 시티, 덴포잔 마켓 플레이스 등

다이소 Daiso

일본 100엔숍의 대표주자. 한국과 다르게 대부분 제품이 100엔 균일가이며, 가성비가 뛰어난 제품이 많다.

WEB www.daiso-sangyo.co.jp
BRANCH 신사이바시점, 난바워크점, 링크스 우메다점, 우메다 DT타워점, 아베노 큐스 몰 등

스탠더드 프로덕트
Standard Products

다이소가 2021년 론칭한 500~1000엔대숍. 유통 마진을 줄여 일본제 고급 브랜드 상품도 저렴하게 판매한다.

WEB standardproducts.jp
BRANCH 우메다 에스트점, 우메다 DT타워점, 라라포트 엑스포 시티, 교토 시조도리 등

쓰리 코인즈
3Coins

300엔대의 저렴한 가격, 트렌디한 상품, 풍부한 구성으로 승부한다. 일부 대형 매장은 '쓰리 코인즈 플러스'란 이름으로 1000엔대까지 더 다양한 제품을 판매한다.

WEB 3coins.jp
BRANCH 난바 시티, 루쿠아, 링크스 우메다, 교토 포르타, 고베 우미에점(초대형점) 등

캔두 Can☆Do

도쿄에서 온 100엔숍 체인. 인테리어 잡화, 문구, 주방용품, 패션 액세서리 등 실용적이면서 깜찍한 아이템이 주를 이룬다. 일본식 발음으로는 '캰두'라고 부른다.

WEB www.cando-web.co.jp
BRANCH 아베노 하루카스 긴테쓰 백화점(대형), 난바워크점 및 대형 마트 내 입점

쓰리피 THREEPPY

'쓰리(Three)'와 '해피(Happy)'를 합친 뜻의 300엔숍. 쓰리 코인즈를 겨냥해 2018년 다이소에서 론칭했다. 100엔숍 제품보다 뛰어난 품질과 디자인을 지향한다.

WEB www.threeppy.jp
BRANCH 우메다 에스트점, 우메다 DT타워점, 아베노 큐스 몰, 이온몰 교토 등

내추럴 키친 Natural Kitchen

주방용품 전문숍. 모노톤의 색상과 군더더기 없는 디자인이 특징이다. 법랑 용기 등 식기류가 인기. 자매 브랜드로 1000엔대 제품까지 갖춘 '내추럴 키친 앤드'가 있다.

WEB natural-kitchen.jp
BRANCH 난바 시티, 루쿠아 1100, 화이티우메다, 덴노지 미오 등

땡큐 마트 THANK YOU MART

인기 만화 캐릭터와의 통통 튀는 컬래버 제품이 주를 이루는 390엔숍. 땡큐의 일본식 발음인 상큐는 각각 3과 9를 뜻한다.

WEB thankyoumart.jp
BRANCH 헵파이브, 아메리카무라 빅 스텝, 라라포트 엑스포시티 등

SHOPPING 4 CHARACTER STORE

여기가 바로 굿즈 맛집!

간사이 캐릭터 굿즈 숍 총집합

キャラクターショップ

귀여운 캐릭터 잡화나 일본 만화를 좋아한다면 이 페이지를 주목하자. 오사카와 교토, 고베의 대형 백화점과 쇼핑몰마다 입점한 캐릭터 숍은 며칠 동안 돌아봐도 부족할 만큼 무궁무진하다.

닌텐도 오사카·교토

Nintendo OSAKA·KYOTO

닌텐도의 게임과 주변기기, 캐릭터 굿즈 판매점. 포켓몬, 슈퍼 마리오, 젤다의 전설, 스플래툰 등 닌텐도의 인기 게임을 체험해볼 수 있다.

WEB www.nintendo.com/jp/officialstore/
BRANCH 다이마루 백화점(우메다), 교토 다카시마야 백화점

포켓몬 센터

Pokemon Center

포켓몬 굿즈라면 피규어, 인형, 문구 등 없는 게 없고 지역별 한정판도 판매한다. 포켓몬의 세계관을 체험해보는 포토존과 게임존을 비롯해 일부 지점은 테마 카페도 병설돼 있다.

WEB pokemon.co.jp/shop/
BRANCH 다이마루 백화점(신사이바시), 다이마루 백화점(우메다), 교토점

동구리 공화국

どんぐり共和国

스튜디오 지브리의 캐릭터 굿즈라면 없는 게 없다. 루쿠아 백화점의 <마녀 배달부 키키> 포토존, 파르코 신사이바시점의 <센과 치히로의 행방불명> 포토존도 체크!

WEB benelic.com/donguri/
BRANCH 루쿠아 백화점, 파르코 신사이바시점, 한큐 3번가, 덴노지 미오, 라라포트 엑스포 시티, 교토 니넨자카점, 고베 하버랜드 우미에점 등

산리오

Sanrio

산리오 캐릭터 기념품숍. 시즌 한정판이나 컬래버 제품도 다양하다. 매장 컨셉에 따라 산리오 외에도 산리오 기프트 게이트, 산리오 비비틱스 등으로 운영한다.

WEB www.sanrio.co.jp
BRANCH 난바 에비스바시점, 한큐 백화점, 다이마루 백화점(우메다), 헵 파이브, 루쿠아 1100 등

치이카와 랜드

ちいかわらんど

치이카와 팬이라면 무조건 가야 할 곳. 우리나라에서보다 훨씬 더 많은 치이카와 캐릭터 굿즈를 만나볼 수 있다.

WEB chiikawa-info.jp/chiikawaland/osaka/
BRANCH 한큐 3번가, 파르코 신사이바시점

키디랜드

KIDDY LAND

헬로키티, 리락쿠마, 슈퍼마리오, 스누피, 미피, 치이카와 등 일본 인기 캐릭터 굿즈가 한자리에 모인 캐릭터숍. 아기자기한 기념품을 구매하기에 최적의 장소다.

WEB www.kiddyland.co.jp
BRANCH 한큐 3번가, 파르코 신사이바시점, 라라포트 엑스포시티점, 고베 하버랜드 우미에점, 산노미야점 등

점프숍

Jump Shop

원피스, 스파이 패밀리, 나루토, 귀멸의 칼날, 주술회전, 하이큐 등 일본 만화 잡지 <주간 소년 점프> 연재물의 공식 굿즈 판매숍. 만화 팬들이라면 놓칠 수 없는 곳이다.

WEB benelic.com/jumpshop/shop/
BRANCH 다이마루 백화점(우메다), 다이마루 백화점(신사이바시), 덴노지 미오 등

조신 슈퍼 키즈랜드 본점

Joshin Super Kids Land

피규어, 프라모델, 자동차, 기차 덕후들이 모이는 곳. 1층부터 5층까지 온갖 아이템들이 꽉 들어찼다. 특가 상품이나 희귀 아이템을 노려보자.

WEB shop.joshin.co.jp
BRANCH 덴덴타운

애니메이트

ANIMATE

애니메이션 관련 캐릭터 굿즈와 서적을 판매하는 대형 체인. 층별로 장르별 굿즈를 총망라한 곳으로, 일본에서 가장 많은 지점을 보유하고 있다.

WEB www.animate.co.jp
BRANCH 닛폰바시점(덴덴타운), 우메다점, 교토점

커비 카페 오사카 Kirby Café OSAKA

닌텐도의 인기 게임 캐릭터 커비의 테마 카페. 식음료부터 인테리어까지 몽땅 커비! 한정판 굿즈도 판매한다. 공식 홈페이지를 통한 예약은 선택이 아닌 필수.

WEB kirbycafe.jp
BRANCH 다이마루 백화점(신사이바시), 덴노지 미오(테이크아웃 전문)

전자 제품 쇼핑몰

요도바시 카메라, 에디온, 빅카메라 구경에서 빼놓을 수 없는 건 역시 장난감과 피규어 코너! 넓고 쾌적해서 한 번에 둘러보기 좋다.

WEB 요도바시 카메라 yodobashi.com
에디온 www.edion.co.jp
빅카메라 www.biccamera.co.jp
BRANCH 요도바시 우메다, 요도바시 교토, 에디온 난바, 에디온 교토, 빅카메라 난바 등

USJ 기념품숍

유니버설 스튜디오 내 기념품숍의 퀄리티는 두말하면 잔소리. 일본 만화 캐릭터는 물론이고 해리 포터와 슈퍼 마리오 등 영화와 게임 굿즈도 다양하다. 면세 가능.

: WRITER'S PICK :

오사카는 캡슐토이 천국!

귀여운 굿즈를 좋아한다면 오사카 곳곳에 설치된 캡슐토이의 유혹에서 헤어나올 수 없다. 무려 1000여 대의 캡슐토이 기기가 설치된 아래 장소들을 체크해두자.

쇼핑몰 헵 파이브 9층, 빅 스텝 1층 , 요도바시 우메다 5층
단독 매장 신사이바시스지 상점가 C플라 플러스(C-pla+), 덴덴타운(170p) 가챠가챠노 모리(ガチャガチャの森)

SHOPPING 5
DEPARTMENT STORE

간사이의 백화점·쇼핑몰·아웃렛

걸음걸음 펼쳐지는 쇼핑의 유혹

デパート·ショッピングモール·アウトレット

엎어지면 코 닿을 거리에 빽빽하게 들어선 간사이의 대형 쇼핑몰과 백화점. 얼핏 보면 서로 비슷해 보이지만, 살아남기 위한 치열한 경쟁으로 입점 브랜드와 개성이 제각각이라는 사실! 과연 내 스타일에 맞는 쇼핑 스폿은 어느 곳일지 알아보자.

같은 듯 전혀 다른 대형 백화점 & 쇼핑몰

쇼핑 스타일	지역	백화점 & 쇼핑몰
두루두루 무난하게, 기념품 쇼핑의 정석	오사카	난바 파크스(172p), 난바 시티(173p), 다이마루 백화점(196p), 한큐 백화점(218p), 한큐 3번가(219p)
	교토	후지이 다이마루(379p), 이온몰 교토(339p)
	고베	고베 하버랜드 우미에(488p)
체크 체크! 오늘자 트렌드 근황	오사카	그랜드 프론트 오사카(214p), 루쿠아·루쿠아 1100(219p), 헵 파이브(217p), 파르코 신사이바시(196p), 누차야마치·누차야마치 플러스(220p)
	교토	신푸칸(377p), 교토 발(378p)

난바 파크스

그랜드 프론트 오사카

교토 발

고베 하버랜드 우미에

+MORE+

백화점의 소비세 환급 서비스

간사이 대형 백화점에서는 외국인 관광객에게만 주어지는 5% 할인 쿠폰, 면세 혜택 등을 활용하면 알뜰하게 쇼핑할 수 있다. 할인 쿠폰은 대개 고객 응대 카운터에서, 면세 서비스는 면세 전용 카운터에서 받을 수 있다. 단, 면세는 세금 제외 5000엔 이상 구매 시 가능하며, 소비세 8~10% 중 1.5~2%(백화점마다 다름)의 수수료를 제외한 금액으로 환급받을 수 있다.

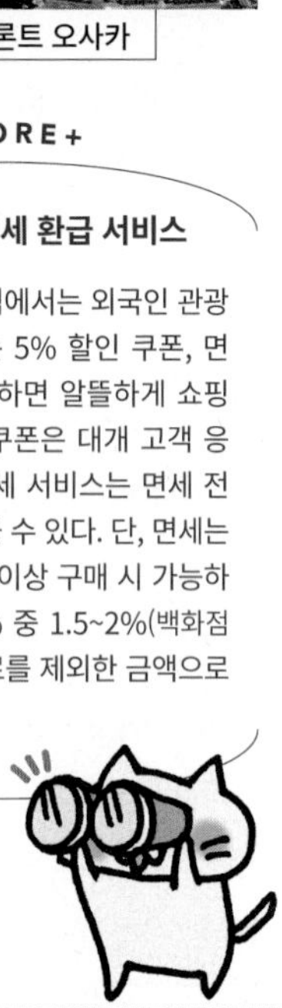

쇼핑과 관광을 한 번에! 쇼핑 스트리트

날씨 좋은 날, 신선한 공기를 마시며 쇼핑 스트리트와 아케이드 상점가를 누비는 즐거움은 간사이 쇼퍼들의 특권. 주요 쇼핑몰과 백화점 몇 군데를 둘러봤다면, 이제 밖으로 나와 좀 더 본격적인 아이템 발굴에 나서보자.

지역	쇼핑 스트리트	특징	추천 연령대
오사카	신사이바시스지 상점가(195p)	관광객에게 최적화된 대규모 아케이드 상점가	전 연령대
	아메리카무라(197p)	중고 의류점, 패션숍, 카페가 밀집한 자유분방하고 젊은 분위기	10~20대
	호리에(198p)	세련되고 감각적인 라이프스타일 숍과 편집숍 위주	20~30대
	미나미센바(199p)	하이퀄리티 편집숍과 카페, 레스토랑이 여유롭게 분포	30~40대
교토	산조도리(364p)	교토의 트렌디한 잡화점, 카페 밀집 지구	전 연령대
	데라마치쿄고쿠·신쿄고쿠 상점가(366p)	교토 최대 아케이드 상점가	전 연령대
고베	산노미야 센터 가이(471p)	고베 최대 아케이드 상점가	전 연령대
	사카에마치(476p)	수입 잡화와 패션숍, 카페 밀집 지구	20~40대

오사카 신사이바시스지 상점가

오사카 아메리카무라

귀국 길에 잠시 들러볼까? 아웃렛

간사이 국제공항 건너편에는 서일본 최대 규모의 린쿠 프리미엄 아웃렛이 있다. 2층짜리 낮고 널찍한 건물 안에 패션 및 생활 잡화 브랜드 250여 곳이 입점했다. 공항과 아웃렛 간 스카이 셔틀버스(300엔, 6~11세 150엔, 10:00~19:00경, 1시간 간격 운행)로 약 15분 거리이며, 1층 인포메이션 센터에서 여권 제시 후 외국인 관광객 전용 QR 코드를 스캔하고 e쿠폰을 발급받으면 각종 할인 혜택이 주어진다. 가고 싶은 매장을 미리 체크하고 동선을 짜두면 시간을 아낄 수 있다.

GOOGLE MAPS 린쿠 프리미엄 아울렛
ADD 3-28, RinkuOurai Minami, Izumisano-Shi
OPEN 10:00~20:00(2월 ~19:00, 레스토랑 20:00)/2월 셋째 목요일 휴무
ACCESS JR·난카이 전철 린쿠타운역 2번 출구에서 도보 약 6분(육교로 연결)
WEB www.premiumoutlets.co.jp/kor/rinku/

: WRITER'S PICK :

린쿠 프리미엄 아웃렛 티켓

난카이 전철 난바역~린쿠 프리미엄 아웃렛~간사이 국제공항을 오가는 왕복 할인 승차권과 아웃렛 쇼핑 1000엔 교환권을 결합한 디지털 티켓으로, 홈페이지에서 구매할 수 있다.

PRICE 2110엔(난바역 기준)
WEB www.howto-osaka.com/kr/ticket/rinku/

SHOPPING
6
DUTY FREE SHOP

간사이 공항 추천 기념품

지금 핫한 공항템, 딱 짚어준다!

간사이 공항 기념품숍은 제1 터미널 2~4층, 제1·2 터미널을 연결하는 에어로 플라자, 제2 터미널, 국제선 탑승 게이트에 골고루 입점했다. 보안 검색대 통과 전에 있는 일반 기념품숍은 보통 07:00~20:00경, 국제선 탑승 게이트 기념품숍은 08:00~23:00경 문을 연다. 단, 인기 품목은 일찍 동나거나 긴 줄을 설 수 있으니, 쇼핑은 시내에서 대부분 마치고 오는 걸 추천. 공항 면세점 홈페이지 사전 예약은 073p 참고.

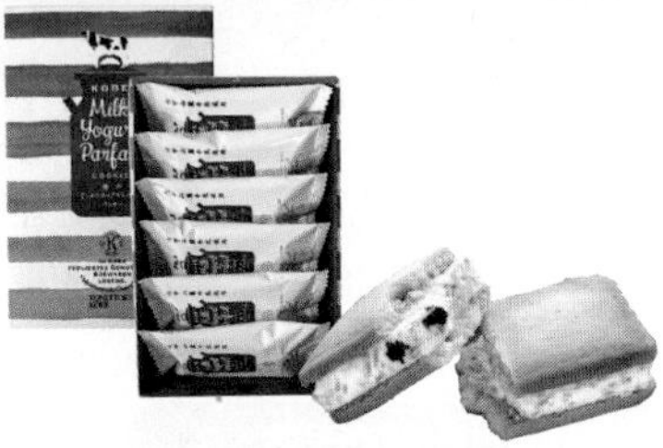

고베 밀크 요거트 파르페

Kobe Milk Yogurt Parfait

고베 롯코산 목장의 우유로 만든 바삭한 쿠키 사이에 요거트 맛이 나는 화이트초콜릿에 딸기, 라즈베리, 블루베리 등 베리 3종과 콘플레이크까지 야무지게 넣었다.

¥ 12개입 1700엔

쿠보미 くぼ美

우유가 듬뿍 든 화이트 생초콜릿을 우지산 말차를 넣은 사브레 반죽으로 감싸 촉촉함과 바삭함이 동시에 느껴진다. 1892년 창업한 화과자점 무카신(むか新)에서 내놓은 히트작.

¥ 8개입 1275엔

오사카 애플리코 大阪アップリコ

두툼한 사과 과육이 제대로 씹히는 애플 파이. 바삭한 파이 위에 사과잼을 덧발라 달콤함을 더욱 살렸다. 화려한 꽃무늬 패키지로도 시선 강탈.

¥ 5개입 745엔

차노카 茶の菓

교토의 인기 제과 브랜드 말브랑슈의 대표 아이템. 우지산 고급 말차가루로 반죽한 쿠키와 부드러운 화이트초콜릿이 잘 어우러진다.

¥ 12개입 1800엔

교바아무 京ばあむ

우지산 말차와 교토산 두유를 독일 전통 스펀지케이크 바움쿠헨에 접목했다. 일본산 밀가루로 만들어 폭신폭신한 식감과 말차 향이 잘 어울린다.

¥ 1개입(두께 3.5cm) 1500엔

프란츠 Frantz

고베 대표 과자점 프란츠의 딸기 트뤼프 초콜릿은 간사이 공항 기념품에서 빠질 수 없는 스테디셀러. 화이트 초콜릿 안에 동결 건조한 딸기를 넣어서 맛도 모양도 좋다.

¥ 90g 1100엔

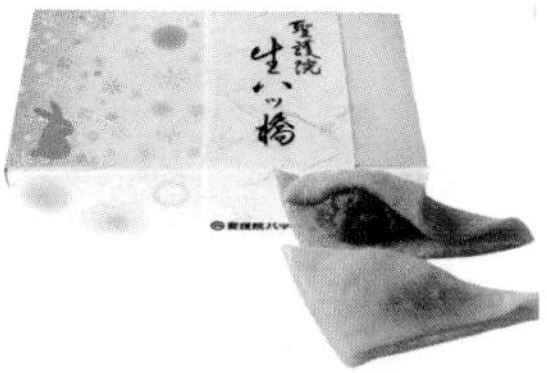

야츠하시 八つ橋

야들야들하고 투명한 쌀가루 반죽에 팥소를 넣은 교토의 전통 떡. 야츠하시 명가 쇼고인(聖護院)에서 말차 맛, 유자 맛 등 다양한 맛을 선보인다.

¥ 4개입 630엔

도쿄 바나나 미니언 東京ばな奈ミニオン

일본 여행 베스트셀러 기념품 도쿄 바나나에 미니언 캐릭터를 그려 넣은 간사이 공항 한정판. 폭신폭신한 스폰지케이크 안에 바나나 커스터드 크림과 초콜릿 크림이 든 '초콜릿 바나나 케이크'를 추천.

¥ 4개입 740엔

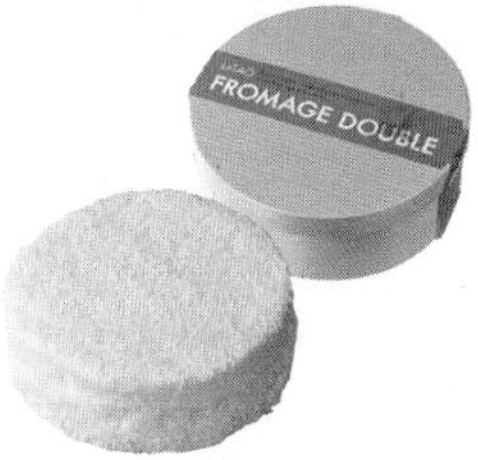

르타오 더블 프로마주 Fromage Double

홋카이도의 베이커리 브랜드 르타오가 자랑하는 치즈케이크. 마스카르포네 레어 치즈와 베이크드 치즈를 2단으로 쌓았다. 11시간 이동 가능한 보냉팩 포장.

¥ 직경 12cm 2400엔

오사카 하치미쓰 콰트로 포르마지 大阪はちまつ Quattro Formaggi

블루·고다·까망베르·마스카르포네 치즈 4종 파우더를 넣어 짭조름하게 반죽한 다음, 오사카산 벌꿀, 크림을 넣고 화이트 초콜릿을 코팅한 다채로운 맛!

¥ 8개입 1250엔

시로이 코이비토 白い恋人

홋카이도의 대표 과자. 홋카이도산 버터, 우유, 달걀로 만들어 쿠크다스 맛이 나는 프랑스 과자 랑그도샤 사이에 화이트초콜릿을 샌드했다.

¥ 12개입 960엔

로이스 초콜릿 Royce'

초콜릿 반죽에 홋카이도산 생크림과 양주를 넣고, 포슬포슬하게 초콜릿 가루를 뿌려낸 생초콜릿. 감자칩에 초콜릿을 입힌 포테이토칩 초콜릿도 인기 품목.

¥ 생초콜릿 20개입·포테이토칩 초콜릿 800엔

비아 카스텔라 Via Castella

도쿄 지유가오카의 양과자점 구로후네(黒船)에서 출시한 간사이 공항 한정판 카스텔라. 부드럽고 향긋한 카스텔라를 고급스러운 포장지에 담아냈다.

¥ 小(8등분) 1300엔

면세부터 할인 팁까지

일본 쇼핑 노하우

트렌디한 패션과 잡화의 도시 오사카, 아기자기한 전통 기념품의 고장 교토와 나라, 세계 각지의 핸드메이드 소품이 모이는 고베까지. 간사이는 쇼핑도 지역마다 특징이 너무나 뚜렷해서 물욕을 참기 어렵다. 한 푼이라도 알뜰하게 쇼핑하기 위한 면세 방법과 할인 팁을 알아보자.

1 일본에서 면세 혜택받기

일본에서는 'Tax Free' 마크가 있는 곳이라면 어디서든 구매 물품에서 8~10%의 소비세가 면세된다. 공항뿐 아니라 대형 백화점과 쇼핑몰, 아웃렛, 가전제품 양판점, 돈키호테, 드럭스토어 등에서 면세 혜택을 받을 수 있으며, 소규모 상점에서도 마크가 붙어 있다면 면세가 가능하다. 단, 입국 6개월 미만의 외국인 관광객 등 일시 체류자를 대상으로 하며, 면세품은 반드시 일본 내에서 소비하지 않고 국외에 가지고 돌아갈 목적으로 구매해야 한다. 출국 시 면세품을 소지하지 않은 경우 세관에서 소비세를 징수한다.

☐ 대상 물품별 면세 제도

	종류	대상 금액	주의 사항
일반 물품	가전, 가방, 신발, 시계, 보석, 의류, 공예품	세금 제외 5000엔 이상 구매	일본 내에서 사용되지 않게 포장 시 소모품과 합산 가능. 이 경우 소모품과 같은 요건이 된다.
소모품	화장품, 식품, 음료, 술, 약품, 담배	세금 제외 5000엔 이상, 50만엔 이하 구매	일본 내에서 사용되지 않게 포장한다. 개봉하면 출국 시 과세할 수 있다.

여행자 휴대품 예상 세액 조회
WEB www.customs.go.kr/kcs/ad/tax/ItemTaxCalculation.do

□ 면세받는 방법

면세는 같은 날 한 매장에서 구매한 물품일 경우에만 받을 수 있고, 구매 시 반드시 여권을 제시해야 한다. 중소 규모 상점에서는 일반 카운터에서 소비세를 제한 금액으로 결제할 수 있지만, 백화점이나 쇼핑몰 등 대형 매장에서는 여러 매장에서 구매한 물품을 합산해 소비세를 일괄 면세해주는 면세 수속 카운터가 따로 있으므로, 그곳에서 여권과 구매 물품, 영수증을 제시 후 소비세를 환불받는다. 단, 이때는 소비세 중 1.5~2%의 수수료가 붙을 수 있다. 또한, 신용카드 구매 시 여권 이름과 다른 타인 명의의 신용카드를 사용하면 면세 혜택을 받을 수 없다.

□ 출국 전까지 유의 사항

면세품은 밀봉된 그대로 공항으로 가져가고, 출국 심사를 받기 전 여권에 부착된 구매 기록표를 세관에 제시한다. 면세품을 기내로 가져가지 않고 수하물로 부칠 경우 공항 체크인 카운터에서 신고한다. 참고로 면세 적용 범위는 미화 $800 이하까지다.

인천본부세관 홈페이지

WEB www.customs.go.kr/incheon/

□ 공항 내 면세점 정보

제1 터미널 이용객은 윙셔틀을 타거나 걸어서 탑승 게이트로 이동한다. 이때 탑승 게이트 쪽 면세점은 규모가 작으니, 쇼핑은 윙셔틀을 타기 전에 마치는 게 팁. 제2 터미널 면세점은 규모는 작지만 웬만한 건 다 갖췄다. 드럭스토어는 면세를 받더라도 시내 가격보다 비싼 편이다.

Japan. Tax-free Shop

백화점 면세 카운터

셀프 면세기

공항 면세점

2 알뜰 쇼핑을 위한 팁

□ 할인 쿠폰 & 이벤트 활용하기

백화점 안내 카운터에서 제공하는 5% 할인 쿠폰, 쇼핑몰 안내 카운터나 홈페이지에서 제공하는 500엔 할인 쿠폰을 미리 받아두면, 기준 금액 이상 결제 시 면세와 별도로 추가 혜택까지 챙길 수 있다(여권 제시 필수, 일부 품목 제외). 그 외 돈키호테나 드럭스토어 온라인 할인 쿠폰이나 각종 페이 결제 프로모션도 있으니, 출국 전 인터넷 검색을 통해 정보를 챙겨두자.

5% 할인 쿠폰 제공 백화점
다카시야마 백화점, 한큐 백화점, 한신 백화점, 다이마루 백화점, 긴테쓰 백화점, 이세탄 백화점

다카시야마 백화점 쇼퍼즈 카드

한큐백화점 5% 할인쿠폰

500엔 할인 쿠폰 제공 쇼핑몰
한큐 3번가, 헵 파이브, 그랜드 프론트 오사카, 그랜드 그린 오사카, 누차야마치, 누차야마치 플러스, 디아모르 오사카, 허비스 플라자, 허비스 플라자 엔트

우메다 쇼핑몰 공통 할인 쿠폰
WEB umeda-sc.jp/ko/coupons/

□ 세일 기간 활용하기

연중 다양한 할인 행사가 이어지지만, 최대 세일 기간은 여름(7월 초~8월 초)과 겨울(12월 초~2월)이다. 이때는 일본의 거의 모든 상점에서 30~70% 할인된 제품을 판매한다. 그 외 골든위크(4월 말~5월 초), 핼러윈(10월 말), 블랙프라이데이(11월 중순~말) 등에도 할인 행사가 펼쳐진다.

□ 득템 타이밍 맞추기

일본에선 특정 요일이나 시간대에 '타임 세일(Time Sale)'을 열 때가 많다. 연말연시에는 우리나라의 럭키박스와 같은 '후쿠부쿠로(福袋, 복주머니)'의 가성비가 높기로 유명해서, 미리 예약하지 않으면 사기 어려울 정도로 인기가 높다.

3 그 외 쇼핑 시 알아둘 점

□ 소비세 포함 금액 확인

일본 가격표에는 세금(소비세)을 제외한 가격과 세금이 포함된 가격이 함께 표시돼 있다. 실제로 내야 할 금액은 8~10% 소비세가 포함된 가격이니, 신중히 확인하고 구매하자.

예: ¥850(税込 ¥935) → 세금 제외 850엔, 세금 포함 935엔

□ 카드 결제 시 통화 선택

호텔, 면세점 등에서 신용카드 결제 시 간혹 달러, 현지 통화(엔화), 원화 결제 중 하나를 선택하라고 물을 수 있다. 이때 현지 통화로 선택해야 이중 수수료를 막을 수 있다.

□ 입국 시 반입 금지 품목

육류 및 육가공품(식육, 육포, 장조림, 순대, 햄, 소시지, 베이컨, 통조림, 만두, 육류가 든 카레 등), 유가공품(우유, 치즈, 버터 등), 알가공품(알, 난백 등), 살아있는 수산생물(어패류, 갑각류), 냉장·냉동 전복류·굴·새우류, 살아있는 식물, 생과일, 생채소, 조리되지 않은 견과류, 임산물, 화훼류, 한약재, 컵형 곤약젤리 등은 우리나라로 반입이 금지돼 있거나 검역 관리 대상 품목이다.

4 면세점 예약제 활용하기

간사이 공항 면세점 홈페이지의 사전 예약 시스템(한국어)을 활용하면, 각종 인기 기념품을 온라인 구매한 후 탑승 구역 내 면세점에서 픽업할 수 있다. 공항에서의 시간을 최대한 아끼고 싶다면 활용해보자. 단, 제2 터미널 탑승객은 이용 불가.

WEB www.kixdutyfree.jp/en

5 우리나라 vs 일본 사이즈표

우리나라와 일본의 사이즈 표기법은 대체로 비슷해서 알아보기 쉽다. 단, 같은 사이즈의 의류여도 우리나라보다 한 치수 더 작을 수 있음을 알아두자(예: 우리나라 S = 일본 M). 또한, 일부 남성 의류는 우리나라와 표기법이 완전히 다른 것도 있다.

의류	XS	S	M	L	XL
우리나라(여성/남성)	80(44)/80~85	85(44)/85~90	90(55)/90~95	95(66)/100	100(77)/105
일본(여성/남성)	44(5)/36	55(7)/38	66(9)/40	77(11)/42	88L(13)/44

신발									
우리나라	230	235	240	245	...	270	275	280	...
일본	23	23.5	24	24.5	...	27	27.5	28	...

간사이

추천 일정

추천 일정

● 오사카와 근교 지역 ● 교토와 근교 지역 ● 고베와 근교 지역 ● 나라와 근교 지역 ● 와카야마와 근교 지역

COURSE 1

오사카+교토+고베+나라 4박 5일

기본에 충실! 꽉 찬 첫 간사이

발 빠르게 이동하면 오사카, 교토, 고베, 나라 네 지역의 꼭 가봐야 할 핵심 명소를 알차게 돌아볼 수 있는 일정이다. 짐을 갖고 이리저리 옮겨 다니지 말고 숙소는 오사카 한 군데로 정해두자.

DAY 1 오사카 난바·우메다 발도장 꾹!

추천 패스: 없음

10:00 간사이 국제공항 입국

↓ 공항급행·특급 라피트·하루카·리무진 버스 등 40분~1시간

12:30 오사카 도착 후 숙소로 이동. 짐 맡기고 출발!

↓ 지하철 or 도보

13:00 여행의 시작은 도톤보리! 맛집에서 점심 먹기 162p

↓ 도보 5분

14:00 활기찬 신사이바시스지 상점가 구경 195p

↓ 도보 10분

15:00 아메리카무라 산책. 카페 타임! 197p

↓ 지하철+도보 30분

16:30 쇼핑도 하고 빨간 관람차도 타고! 헵파이브 217p

↓ 도보 20분

18:00 우메다 스카이 빌딩 전망대 야경에 취하기 216p

↓ 지하철 or 도보

19:30 우메다 or 난바 맛집·주점가에서 즐기는 저녁 222p, 176p

DAY 2 사뿐사뿐 교토 나들이

추천 패스: 간사이 미니 패스

08:00 오사카에서 출발!

↓ JR or 한큐 전철 30분

08:30 교토 도착(JR 교토역 or 교토카와라마치역)

↓ 시 버스 20~30분+도보 10분

09:30 교토 관광 No.1 기요미즈데라 둘러보기 344p

↓ 도보 3분

10:30 어딜 봐도 예쁜 산넨자카 & 니넨자카 구경 347p

12:00 교토 최대 번화가 기온 걷기 & 시조카와라마치에서 점심 먹기 351p, 364p

↓ JR or 한큐 전철 약 20분

14:00 아라시야마 도착

아름다운 경치 즐기며 미니 휴양 & 카페 타임 407p

↓ 한큐 전철 약 20분

17:00 JR 교토역 or 교토카와라마치역 도착. 저녁 식사 & 기념품 쇼핑

↓ JR or 한큐 전철 약 30분

20:00 오사카 도착

DAY 3 신남 주의! 눈과 입이 즐거운 고베

추천 패스: 고베 1-day 루프 버스 티켓, 간사이 미니 패스

09:00 오사카에서 출발

↓ 한신 전철 30~40분

09:40 고베 도착(고베산노미야역)

↓ 루프 버스 or 도보 10~20분

10:00 유럽 여행 온 기분! 기타노이진칸 나들이 495p

↓ 루프 버스 or 도보 10~20분

12:00 입에서 사르르 녹는 고베규 맛보기 478p

고베의 달콤한 케이크 & 빵 타임 481p

↓ 도보 15분

14:00 길거리 간식 입에 물고 차이나타운 탐방 473p

↓ 도보 5분

15:00 사카에마치에서 잡화 쇼핑 & 카페 타임 476p

↓ 도보 10분

16:30 바다가 보인다! 메리켄 파크 거닐기 485p

↓ 도보 10분

17:30 고베 하버랜드에서 쇼핑 & 엔터테인먼트 & 식사까지 한방에! 487p

해 질 무렵 아름다운 고베의 야경 감상

↓ 루프 버스 or 도보+한신 전철 30~40분

20:00 오사카 도착

DAY 4 까만 눈동자의 사슴과 데이트! 나라 & 오사카

추천 패스: 간사이 미니 패스

09:00 오사카에서 출발

↓ 긴테쓰 전철 약 40분

09:40 나라 도착(긴테쓰나라역)

↓ 도보 20분

10:00 나라 공원에서 사슴 먹이 주기 534p

도다이지에서 대불 구경하기 539p

↓ 도보 10분

12:00 숲속 삼림욕하며 가스가 타이샤 둘러보기 543p

↓ 도보 20분

13:00 예쁜 나라마치에서 점심 먹기 546p

나라마치 상점가 & 수공예 잡화 쇼핑 547p

↓ 도보 10분

14:30 오사카로 출발(긴테쓰나라역)

↓ 긴테쓰 전철 40분

15:10 오사카 도착(긴테쓰닛폰바시역)

↓ 도보 5분

15:15 구로몬 시장에서 길거리 간식 맛보기 171p

↓ 도보 5분

16:00 덴덴타운에서 캐릭터 굿즈 쇼핑! 170p

↓ 도보 10분

18:00 신세카이에서 쿠시카츠로 저녁 식사 260p

↓ 지하철 2분 or 도보 15분

20:00 하루카스 300에서 야경 보며 하루 마무리 254p

DAY 5 오사카 기념품 쇼핑하고 공항으로!

추천 패스: 없음

09:00 난바역 or 오사카역 도착. 짐 맡기기

09:30 난바 파크스 or 한큐 3번가에서 기념품 쇼핑 172p, 219p

미리 찍어둔 맛집에서 점심 먹기

12:30 역에서 짐 찾고 공항으로 출발!

↓ 난바에서 공항급행·특급 라피트 또는 우메다에서 하루카·공항쾌속·리무진 버스 40분~1시간

14:30 공항 도착. 귀국 비행기 탑승

COURSE 2

오사카만 오롯이 2박 3일

콤팩트한 일정이라면!

짧지만 설레는 첫 오사카 여행! 2박 3일 정도의 일정이라면 오사카 대표 명소만 집중 공략하는 게 비용과 시간, 체력 면에서 효율적이다. 몇 군데 명소만 가더라도 개별 교통·입장권보다는 오사카 주유 패스나 e패스를 사는 게 이득일 수 있다.

DAY 1 난바의 볼거리를 몽땅 품는 날!

추천 패스: 없음

10:00 간사이 국제공항 입국

↓ 공항급행·특급 라피트·하루카·리무진 버스 등 40분~1시간

12:30 오사카 도착 후 숙소로 이동. 짐 맡기고 출발!

↓ 지하철 or 도보

13:00 여행의 시작은 도톤보리! 맛집에서 점심 먹기 176p

*톤보리 리버크루즈를 타고 싶다면 저녁 승선권 미리 예매하기

↓ 도보 10분

14:00 신사이바시스지 상점가 195p
다이마루 백화점 196p
파르코 백화점 기념품 쇼핑 190p

↓ 도보 10분

16:00 아메리카무라 산책. 카페 or 식사 타임! 197p

↓ 도보 20분

18:00 톤보리 리버크루즈 or 원더크루즈 타고 도톤보리 야경 즐기기 167p

↓ 도보 10분

19:00 인기 주점가 우라난바에서 맥주 한잔! 190p

DAY 2 오사카성부터 우메다까지!

추천 패스: 오사카 e패스 1일권, 오사카 주유 패스 1일권

09:00 신선한 아침 공기를 쐬며 오사카성 오르기 238p

*주유 패스나 e패스로 아쿠아라이너 무료 승선도 추천! 245p

↓ 도보 20분+지하철 4분

10:30 기모노 입고 일본 옛 거리 체험! 오사카 주택박물관 249p

↓ 도보 5분

12:00 로컬 감성 충만한 덴진바시스지 상점가에서 길거리 간식 250p

↓ 도보+지하철+도보 25분

13:00 우메다 맛집에서 점심 먹고 카페 타임 222p

↓ 도보 15분

15:30 우메다 스카이 빌딩 전망대 오르기 216p

↓ 도보 20분

17:00 도심 속 핫플! 헵 파이브에서 관람차 타기 217p

↓ 도보 5분

18:00 우메다 맛집에서 저녁 먹기 222p

↓ 도보 5분

19:00 우메다 대형 백화점·쇼핑몰에서 쇼핑 즐기기 218p

근처 주점가에서 맥주 한잔! 226p

DAY 3

마지막은 덴노지로 정했다!

추천 패스: 없음

09:00 신이마미야역 or 덴노지역 도착. 짐 맡기기
덴노지 동물원 & 카페 타임 256p

↓ 도보 5분

10:30 가슴이 웅장해지는 하루카스 300 전망대! 254p

↓ 도보 5분

11:30 덴노지 대형 백화점 & 쇼핑몰에서
기념품 쇼핑 & 점심 먹기 259p

↓ 도보 5분

13:00 신이마미야역 or 덴노지역에서 짐 찾고
공항으로 출발!

↓ 신이마미야역 출발: 난카이 전철 공항급행·특급 라피트 35분~40분
덴노지역 출발: JR 특급 하루카 33분, 공항쾌속 47분

14:00 공항 도착. 귀국 비행기 탑승

西 West

오사카 주유 패스 & e패스 본전 뽑기

무려 40여 곳의 관광시설을 무료 이용할 수 있는 오사카 e패스(105p), 이에 더해 대중교통 무제한 탑승까지 추가된 오사카 주유 패스(105p). 이 2가지 패스는하루 동안 핵심 명소를 빠르게 돌아보고 싶을 때 활용하기 좋다. 혜택을 최대한 누리려면 입장 대기 시간이 적은 평일 오전을 공략하는 게 포인트다.

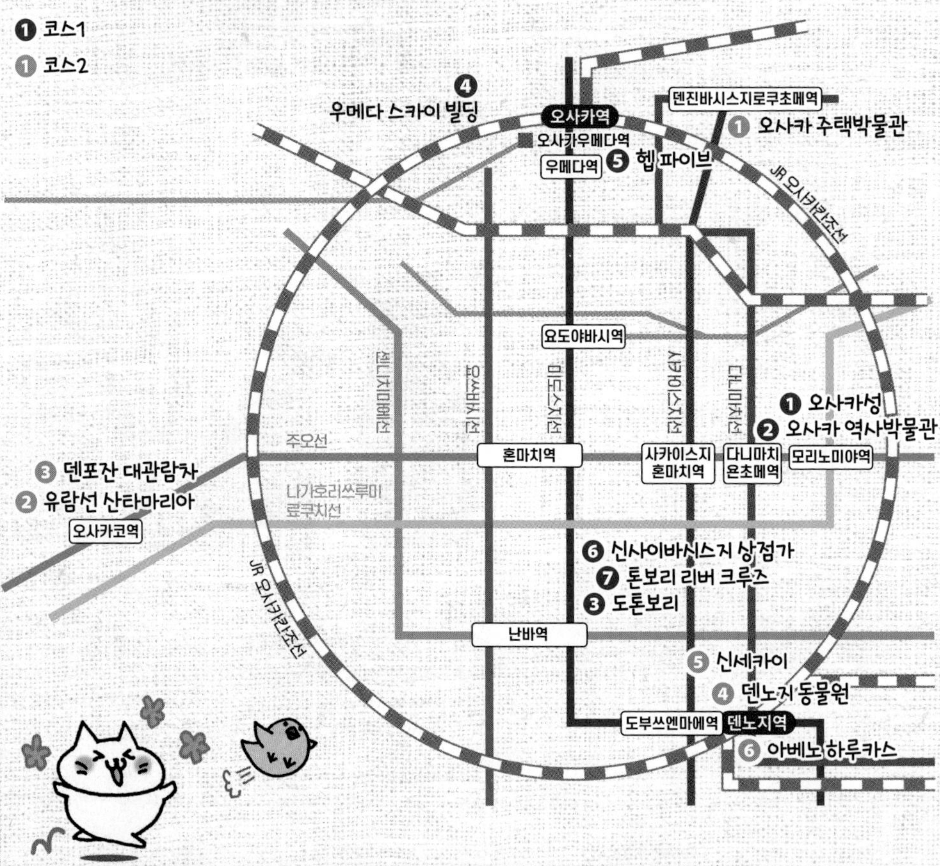

: WRITER'S PICK :

이용 여부를 꼭 확인 후 방문하자

일본 관광지는 시즌과 정책에 따라 영업시간을 단축하거나 임시 휴업하는 경우가 잦은 편이니, 방문 전 반드시 시설 이용 여부를 각 홈페이지에서 확인하길 권한다.

WEB 오사카 주유 패스 osaka-amazing-pass.com/kr/
오사카 e패스 www.e-pass.osaka-info.jp/kr/

아이와 함께 다닐 땐?

오사카 주유 패스와 e패스는 어린이용이 따로 없다. 따라서 6~11세는 각종 할인 혜택이 포함된 엔조이 에코 카드를 구매하고 입장료를 별도 지급하는 게 저렴하다. 만약 어른과 어린이 모두 패스를 사더라도 본전을 뽑을 것 같다거나, 일일이 어린이용 입장권을 끊기 번거롭다면 어른용을 똑같이 구매한다.

아침부터 저녁까지 제대로 '뽕' 뽑는 오사카 주유 패스 or e패스 1일권 추천 코스 2가지

교통비 혜택은 주유 패스만 해당! (e패스 사용 불가)

COURSE 1 주요 관광지를 빠르게 돌아보는 오사카 핵심 코스:

오전에는 오사카성, 오후에는 우메다, 저녁은 도톤보리에서 하루 일정을 마무리하는 정통 코스! 대기 시간을 최대한 줄이려면 체력과 민첩함이 필요하다.

숙소

↓ 지하철, 190엔~ 패스 사용

09:00 모리노미야역 도착 도착

❶ **오사카성 238p**
천수각 600엔 패스 사용
카이요도 피규어 뮤지엄 1000엔 패스 사용
[e패스는 사용 불가이니 건너뛰기]
고자부네 놀잇배 1500엔 패스 사용

❷ **오사카 역사박물관 244p**
입장료 600엔 패스 사용

12:00 다니마치욘초메역 출발

↓ 지하철 11분, 240엔 패스 사용

12:20 난바역 도착

❸ **도톤보리 162p**
[톤보리 리버크루즈 저녁 운항편 예약] **+ 점심 식사**

14:00 난바역 출발

↓ 지하철 15분, 240엔 패스 사용

14:20 우메다역 도착

❹ **우메다 스카이 빌딩 216p**
입장료 2000엔 패스 사용
[15:00 이전은 무료입장, 이후는 20% 할인]

❺ **헵 파이브 217p**
관람차 800엔 패스 사용 **+ 우메다 쇼핑 & 카페 타임**

18:00 우메다역 출발

↓ 지하철 10분, 240엔 패스 사용

18:10 ❻ **신사이바시스지 상점가 195p**
+ 저녁 식사

❼ **톤보리 리버크루즈 167p**
승선료 1500엔 패스 사용 **+ 비어 타임**

오사카 핵심 코스 총 비용

- 오사카 주유 패스 : 패스비 3300엔+교통비 0엔+ 시설 7개 이용료 0엔=3300엔(패스 미구매 시 8910엔)
- 오사카 e패스 : 패스비 2400엔+교통비 910엔+ 시설 6개 이용료 0엔=3310엔(패스 미구매 시 7910엔)

COURSE 2 어질어질, 아찔한 체험이 기다리는 오사카 엔터테인먼트 코스:

오사카 옛 거리로 타임슬립해보고, 유람선과 대관람차도 타고, 동물원이랑 전망대 구경까지! 베이 지역과 덴노지를 중심으로 한 본격 엔터테인먼트 코스를 즐겨보자.

숙소

↓ 지하철 190엔~ 패스 사용

09:30 덴진바시로쿠초메역 도착

❶ **오사카 주택박물관 249p**
입장료 600엔 패스 사용
[기모노 체험(요금 별도) 시 오픈런 권장]
+ 점심 식사 & 디저트 타임

12:00 덴진바시로쿠초메역 출발

↓ 지하철 20분, 290엔 패스 사용

12:20 오사카코역 도착

❷ **유람선 산타마리아 284p**
승선료 1800엔 패스 사용

❸ **덴포잔 대관람차 283p**
탑승료 900엔 패스 사용 **+ 디저트 타임**

15:00 오사카코역 출발

↓ 지하철 25분, 290엔 패스 사용

15:30 덴노지역 도착

❹ **덴노지 동물원 256p**
입장료 500엔 패스 사용

❺ **신세카이 256p, 257p**
쓰텐카쿠 전망대 1000엔 패스 사용
타워 슬라이더 1000엔 패스 사용 [평일만 무료]
+ 쿠시카츠 거리에서 저녁 식사

19:00 도부쓰엔마에역 출발

↓ 지하철1분, 190엔 패스 사용

19:05 덴노지역 도착

❻ **아베노 하루카스 253p**
전망대 입장료 2000엔 패스 사용
[주유 패스 사용 시 10% 할인/e패스 사용 불가]

오사카 엔터테인먼트 코스 총 비용

- 오사카 주유 패스 : 패스비 3300엔+교통비 0엔+ 시설 7개 이용료 1800엔=5100엔(패스 미구매 시 7800엔)
- 오사카 e패스 : 패스비 2400엔+교통비 960엔+ 시설 7개 이용료 2000엔=5360엔(패스 미구매 시 7800엔)

*예시 비용 중 숙소 위치에 따라 역 또는 명소에서 숙소까지 교통 요금이 추가되거나 도보권인 경우 생략 가능

COURSE 3

오사카+교토 3박 4일

혼이 쏙 빠지는 엔터테인먼트 여행

간사이에서 정신이 쏙 빠질 정도로 신나게 놀고 싶다면 아래 일정을 참고해보자. 3박 4일 일정이라면 굵직한 즐길 거리가 있는 오사카에서 주로 시간을 보내고 하루 정도 교토를, 4박 5일 일정이라면 밤바다와 쇼핑몰로 유명한 고베 하버랜드, 아찔한 케이블카를 타고 산정에 오르는 누노비키 허브 정원과 롯코산, 아리마 온천을 추천!

DAY 1 오사카 스카이라인 섭렵!

추천 패스: 오사카 주유 패스 1일권

10:00 간사이 국제공항 입국

↓ 공항급행·특급 라피트·하루카·리무진 버스 등 40분~1시간

12:30 오사카 도착 후 숙소로 이동. 짐 맡기고 출발!

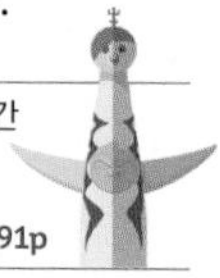

↓ 지하철+오사카 모노레일 1시간

13:30 반파쿠 기념공원 태양의 탑 앞에서 인증샷! 291p

↓ 도보 5분

14:30 엑스포 시티 엔터테인먼트 여행 290p

라라포트 엑스포 시티에서 식사 & 쇼핑

신비로운 실내 동물원 니후레루

일본에서 제일 높은 관람차 오사카 휠

↓ 도보+지하철+오사카 모노레일 총 1시간

19:00 우메다역 도착 후 저녁 식사 222p

↓ 도보 15분

20:00 우메다 스카이 빌딩에서 환상적인 야경 감상 216p

DAY 2 해리포터와 닌텐도 월드

추천 패스: 유니버설 스튜디오 패스(+익스프레스 패스)

08:00 JR 유니버설시티역 도착

↓ 도보 5분

08:05 유니버설 스튜디오 오픈런! 270p

↓ 도보 5분

19:00 JR 유니버설시티역 도착

↓ JR or 지하철 약 10분

20:00 우메다 or 도톤보리에서 비어 타임

● 오사카와 근교 지역
● 교토와 근교 지역

DAY 3 반짝이는 교토의 모든 순간

추천 패스: 도롯코 열차 왕복권

08:30 오사카에서 출발(오사카우메다역)
↓ 한큐 전철 50분(가쓰라역 환승)
09:20 아라시야마 도착(한큐아라시야마역)
↓ 도보 10분
09:30 도게쓰교 건너며 경치 즐기기 414p
↓ 도보 10분
10:00 귀여운 도롯코 열차 타고 산속으로 출발!
(도롯코사가역) 415p
↓ 도롯코 열차 왕복 1시간
11:00 도롯코아라시야마역 도착 후
하늘을 가린 울창한 대숲(치쿠린) **로드 산책** 412p
↓ 도보 10분
12:00 아라시야마 맛집에서 식사 & 카페 타임
↓ 도보 10분
13:30 아라시야마 당일 온천에서 뜨끈뜨끈 입욕 타임 414p
↓ 도보 10분
15:00 한큐 전철 아라시야마역 출발
↓ 한큐 전철 30분
15:30 한큐 전철 교토카와라마치역 도착 후
시조카와라마치 & 기온 산책 364p, 351p
↓ 도보 10분
17:00 어여쁜 산넨자카 & 니넨자카에서 찰칵! 상점 구경 347p
↓ 도보 10분
18:00 기요미즈데라 야간 라이트 업 감상 344p
*봄·가을 특별 기간 한정 325p
↓ 도보+시 버스 30분
19:30 산조도리 or 가모강변에서 저녁 식사
↓ 도보 20분
20:30 오사카로 출발!(교토카와라마치역)

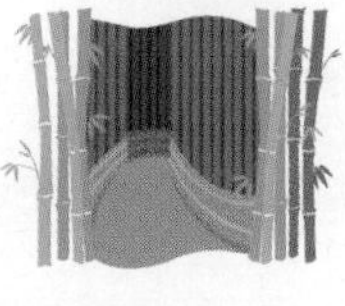

DAY 4 마지막 날까지 노는 데 진심!

추천 패스: 없음

09:00 베이 지역 도착(오사카코역)**. 역에 짐 맡기고 출발**
↓ 도보 5분
09:10 가이유칸에서 고래상어와 임금펭귄 만나기 282p
↓ 도보 3분
11:00 덴포잔 대관람차 타고 탁 트인 전망 즐기기 283p
↓ 도보 1분
11:30 덴포잔 마켓 플레이스에서 점심 먹기 283p
↓ 도보 5분
12:30 오사카코역 도착. 짐 찾아서 공항으로 출발
↓ 지하철 25분(사카이스지혼마치역 환승)
13:00 덴가차야역 도착. 공항행 열차 탑승!
↓ 난카이 전철 공항급행 or 특급 라피트 35분
14:00 공항 도착. 귀국 비행기 탑승

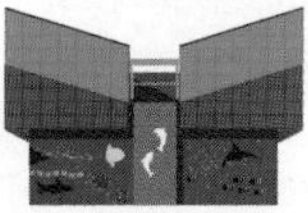

COURSE 4

교토 마음챙김 3박 4일

나 홀로 타박타박 힐링 여행

복잡한 일상을 벗어나 잠시 숨을 고르고 싶다면 교토로 향하자. 오롯이 나를 위한 시간으로 채워줄 장소들을 소개한다. 패스를 활용해 부지런히 다니기보다는 자연과 함께하며 오래된 골목마다 자리한 카페와 소품을 찾아다니는 힐링 코스!

DAY 1 교토에서 가장 편안한 시간

추천 패스: JR 특급 하루카 편도 티켓

10:00 간사이 국제공항 입국

↓ JR 특급 하루카 1시간 20분

12:00 교토역 도착

↓ 지하철 or 도보

12:30 숙소 도착, 짐 맡기고 점심 식사

↓ 시 버스

13:30 은은한 아름다움, 긴카쿠지 둘러보기 391p

↓ 도보 5분

14:30 철학의 길 따라 산책 & 카페 타임 390p

↓ 도보 15분

16:00 난젠지 정원에서 기분 좋은 휴식 387p

↓ 도보 10분 + 시 버스 30분

18:00 시조카와라마치에서 저녁 식사 & 카페 or 혼술 타임 364p

DAY 2 노면전차 타고 감성 여행

추천 패스: 에이잔 전철 1일 승차권

09:00 숙소에서 출발

↓ 버스 or 지하철 or 사철+에이잔 전철

10:00 덜컹덜컹 노면전차 타고 이치조지 여행 423p

↓ 에이잔 전철 20분+버스 4분

13:00 깊은 산속 아름다운 그곳, 기후네 신사 탐험 426p

↓ 버스 4분+에이잔 전철 26분

16:00 도시샤 대학 캠퍼스 거닐며 시인 윤동주의 발자취 좇기 436p

↓ 시 버스 16분+도보 10분

17:00 헤이안 신궁 앞 미술관, 서점, 카페 투어 395p

↓ 시 버스

19:00 숙소 근처에서 저녁 식사

● 오사카와 근교 지역
● 교토와 근교 지역

DAY 3 호숫가 온천에서 여유롭게 1박

추천 패스: 없음

09:00 교토역 출발
↓ JR 40분
10:00 시가역 도착. 짐 맡기고 출발
↓ 버스 15분+로프웨이 5분
10:30 비와코 테라스에서 신선놀음하며
식사 & 카페 타임 451p
↓ JR 40분+버스15분+로프웨이 5분
13:30 시가역 도착. 짐 찾아서 출발
↓ JR 15분
14:00 오고토온센역 도착.
송영 버스 타고 예약해둔 온천여관으로!
↓ 송영 버스 10분
14:30 온천여관 체크인 후 뜨끈하게 몸 풀고 저녁 식사

*3일째는 기노사키 온천(453p)도 추천

DAY 4 말차 향 머금고 돌아갈 시간

추천 패스: JR 특급 하루카 편도 티켓

08:00 시가역 출발
↓ JR 40분
09:00 교토역 도착. 짐 맡기고 출발
↓ JR 18분
09:30 우지역 도착
강바람 솔솔 부는 우지 산책 432p
노포 찻집에서 말차로 만든 디저트 타임 440p
↓ 도보+JR 18분
12:30 교토역 도착. 역 근처에서 점심 식사 후
짐 찾아서 공항으로 출발
↓ JR 특급 하루카 1시간 20분
15:00 공항 도착. 귀국 비행기 탑승

COURSE 5

오사카+교토+아리마 온천 3박 4일

부모님과 함께 효도 여행

부모님과 함께하는 여행 일정은 부모님의 여행 스타일과 건강을 최우선으로 고려해 결정한다. 오사카에서만 머무르기보다는 교토의 료칸이나 호텔에서 푹 쉬어가는 온천 코스를 추천. 제아무리 맛집이라도 식사 때 줄 서는 곳은 피하고, 일정은 최대한 여유롭게 잡는 것이 좋다.

DAY 1 유람선 타고 느긋하게 오사카

추천 패스: 없음

10:00 간사이 국제공항 입국

↓ 공항급행·특급 라피트·하루카·리무진 버스 등 40분~1시간

12:30 오사카 도착 후 숙소로 이동. 짐 맡기고 근처에서 점심 식사

↓ 지하철

14:00 오사카성 둘러보기 238p

↓ 도보 15분

15:00 아쿠아라이너 타고 물 위의 오사카 즐기기 245p

↓ 도보 2분

16:30 조 테라스 오사카에서 카페 타임 239p

↓ JR 12분

17:30 하루카스 300 전망대 오르기 254p

↓ 도보 5분

18:30 긴테쓰 백화점에서 저녁 식사 259p

DAY 2 온천에서 피로를 싹!

추천 패스: 없음

10:00 오사카에서 느긋하게 아침 먹고 출발

↓ 한큐 고속버스 1시간

11:00 아리마 온천 도착. 예약해둔 온천 여관(료칸)에 짐 맡기기

↓ 도보 5분

11:30 유모토자카에서 점심 식사 & 간식 먹기 514p

↓ 도보 10~20분

13:30 피톤치드 가득한 온천마을을 산책하며 삼림욕 즐기기

↓ 도보 10~20분

14:00 황금빛 킨노유에서 온천욕 즐기기 515p

↓ 도보

15:00 온천 여관 체크인 후 휴식

● 오사카와 근교 지역
● 교토와 근교 지역
● 고베와 근교 지역

DAY 3 어르신들 엄지 척! 교토 명소 탐방

추천 패스: 없음

10:00 아리마 온천에서 출발

↓ 한큐·게이한 고속버스 1시간 20분

11:20 교토 도착(JR 교토역)

↓ 도보 or 시 버스

12:00 숙소 도착 후 짐 맡기고 출발

↓ 도보 or 시 버스

12:30 시조카와라마치에서 전통 잡화 쇼핑 & 점심 식사 364p

↓ 도보

14:00 교토 제일의 재래시장 니시키 시장 구경 369p

↓ 시 버스 15분+도보 10분

15:30 교토 명소 No.1! 기요미즈데라 둘러보기 344p
산넨자카 & 니넨자카 산책 & 카페 타임 347p

↓ 도보 20분

18:00 기온에서 저녁 식사 360p

DAY 4 도리이 터널에 아쉬움 묻고 굿바이, 교토

추천 패스: JR 특급 하루카 편도 티켓

09:30 교토역에서 짐 맡기고 출발

↓ JR 5분

10:00 후시미 이나리 타이샤의 도리이 터널 속으로! 430p

↓ JR 5분

12:00 교토역에서 점심 식사와 기념품 쇼핑!
짐 찾고 공항으로 출발

↓ JR 특급 하루카 1시간 20분

15:00 공항 도착. 귀국 비행기 탑승

: WRITER'S PICK :

편리한 관광버스 투어

연로한 부모님과 함께라면 시 버스나 지하철을 타고 이동하는 것보다 관광버스가 나을 수 있다. 오픈탑 버스를 타고 교토 주요 명소를 도는 스카이 홉 버스 교토(317p), 국내에서 미리 예매할 수 있는 각종 버스 투어 프로그램도 다양하다.

COURSE 6

오사카+나라 3박 4일

꺄르르~ 아이와 함께 재미난 추억 여행

짧은 일정에 여러 도시를 넣거나 복잡한 도심 속 쇼핑 스폿을 선택하기보다는 아이와 어른 둘 다 즐길 수 있는 엔터테인먼트형 명소를 골라보자. 놀이 시설 위주의 관광지는 평일에 방문해 기다리는 시간을 줄이고, 숙소는 한 군데로만 정하는 것이 포인트. 아래 일정은 초등학생 기준이며, 낯선 환경에 적응하는 시간이 필요한 영유아는 이보다 넉넉한 일정이 필요하다.

DAY 1 신나는 거리 분위기 즐기기

추천 패스: 없음

10:00 간사이 국제공항 입국

↓ 공항급행·특급 라피트·하루카·리무진 버스 등 40분~1시간

12:30 오사카 도착 후 숙소로 이동. 짐 맡기고 출발!

↓ 지하철 or 도보

13:30 신사이바시 도착(신사이바시역)

다이마루 백화점에서 점심 먹기 196p

*도착 후 첫 끼는 줄 서는 맛집보다 백화점이나 쇼핑몰의 쾌적한 식당가를 추천

다이마루 백화점 포켓몬 센터 & 카페 가기 196p

파르코 백화점 캐릭터숍 체크 196p

↓ 도보 10분

15:00 도톤보리 도착. 글리코 사인 앞에서 가족 사진 찰칵! 163p

타코야키 입에 물고 거리 분위기 즐기기 186p

↓ 도보 20분

16:30 덴덴타운에서 맘에 드는 캐릭터 굿즈 탐색 & 게임 즐기기 170p

↓ 도보 5분

18:00 난바 파크스에서 여유롭게 저녁 식사 & 쇼핑 172p

DAY 2 꽉 찬 엔터테인먼트 & 쇼핑!

추천 패스: 오사카 주유 패스 1일권

09:00 숙소에서 출발

↓ 지하철 or 도보+한큐 전철 20분

10:00 이케다역 도착

↓ 도보 5분

10:10 컵누들 뮤지엄에서 세상에 하나뿐인 컵라면 만들기 289p

도보 5분+한큐 전철 20분

11:30 오사카우메다역 도착

도보 5~10분

11:40 우메다에서 점심 식사

↓ 도보 10~15분

13:00 우메다 스카이 빌딩 전망 즐기기 216p

*주유 패스 소지 시 15:00 이전 무료입장, 이후 20% 할인

↓ 도보 15분

15:00 헵 파이브 대관람차 타기 217p

도보 1분

16:00 한큐 3번가에서 탐나는 잡화 쇼핑 219p

↓ 도보 5분+지하철 8분

17:30 난바역 도착

↓ 도보 1분

18:00 난바 파크스에서 저녁 식사 172p

도보 15분 or 지하철 1분

19:00 원더크루즈 타고 야경 즐기기 167p

*인터넷 사전 예약 필수

: WRITER'S PICK :

유니버설 스튜디오 재팬 가기

초등학생 이상의 아이와 함께라면 최고의 엔터테인먼트 명소는 단연 유니버설 스튜디오 재팬(USJ)일 것이다. 위의 일정 중 하루쯤 빼거나 늘려서 USJ에 하루를 몽땅 투자해보자. USJ 내 호텔에서 숙박하면 더욱 편하게 즐길 수 있다.

● 오사카와 근교 지역
● 나라와 근교 지역

DAY 3 귀여운 사슴 만나러 Go! Go!

추천 패스: 긴테쓰 레일 패스 1일권

09:00 **오사카에서 출발!**(오사카난바역)

↓ 지하철 or 도보+긴테쓰 전철 40분

10:00 **나라 도착**(긴테쓰나라역)

↓ 도보 10분

10:10 **나라 공원에서 사슴에게 센베 주기** 534p

도다이지 대불 보기 539p

↓ 도보 20분

12:00 **나라마치에서 맛있는 점심 식사 & 산책** 548p

↓ 도보 20분

14:00 **오사카로 출발!**(긴테쓰나라역)

↓ 긴테쓰 전철 1시간 10분(이코마역 환승)

15:30 **고래상어 보러 가이유칸으로!**(오사카코역) 282p

덴포잔 대관람차 타고 빙글빙글 283p

↓ 지하철

18:00 **시내에서 저녁 식사하며 하루 마무리**

DAY 4 오사카성 뱃놀이하고 공항으로!

추천 패스: 없음

09:00 **숙소에 짐 맡기고 출발**

↓ 지하철

09:30 **오사카성 둘러보며 아침 공기 마시기** 238p

*도착하자마자 고자부네 놀잇배 탑승권 예매하기

강물 따라 출렁출렁~ 고자부네 놀잇배 타기 245p

↓ 지하철

12:30 **숙소 도착. 짐 찾고 점심 식사**

↓ 난바에서 공항급행·특급 라피트 또는 우메다에서 하루카·공항쾌속·리무진 버스 40분~1시간

14:30 **공항 도착. 귀국 비행기 탑승**

LET´S GO! KANSAI

간사이 여행법

교토의 노면전차, 에이덴 えいでん

간사이 IN & OUT

간사이 IN

우리나라에서 간사이까지는 비행기와 페리로 갈 수 있다. 비행기는 인천 국제공항을 비롯해 김포·김해·대구·청주·무안·제주 등 전국의 7개 공항에서 출발한다. 간사이 국제공항까지의 소요 시간은 인천 기준 1시간 40~50분, 김해 기준 1시간 10~30분. 페리는 부산국제여객터미널에서 출발해 약 19시간 뒤(1박) 오사카 국제페리터미널에 도착한다.

➔ 일본 입국 전 준비 사항

Step 1 비지트 재팬 웹 등록하기

출국일이 확정되면 비지트 재팬 웹에 접속해 계정을 만들고 입국·세관 정보를 등록한다. 필수는 아니지만, 기내 또는 공항에서 종이로 된 입국 카드와 세관 신고서를 기재하는 대신 QR 코드 제시로 입국할 수 있어서 편리하다. 페리 이용객은 입국 및 세관 신고 모두 종이 신고서 작성만 가능해서 비지트 재팬 웹 등록이 필요 없다(2024년 12월 기준).

WEB services.digital.go.jp/ko/visit-japan-web/

***비지트 재팬 웹 등록 방법과 유의점**

❶ 회원 가입 후 본인 및 동반 가족 정보 등록

90일까지 무비자 입국이 가능하다. VISA 필요 여부 확인 시 '필요 없음'에 체크.

↓

❷ 입국·귀국 정보 등록

입국·귀국 정보 인용 선택 시 무비자 여행자나 신규 등록자는 '인용하지 않고 등록 진행'을 선택한다.

↓

❸ 입국 심사 및 세관 신고 등록

'입국·귀국 예정 등록' 목록에서 방금 등록한 여행명을 선택해 '입국 심사 및 세관 신고'를 등록하고 QR 코드를 발급받는다(캡처 가능).

Step 2 모바일 체크인하기

모바일(온라인) 체크인을 지원하는 항공사 이용 시 출국 48시간~1시간 전(항공사마다 다름)에 좌석을 지정하고 모바일 탑승권을 발급받을 수 있다. 위탁 수하물이 없다면 카운터에 들르지 않고 출국장으로 곧장 갈 수 있다.

Step 3 스마트패스 or 바이오 정보 등록하기

인천 공항 이용객이라면 스마트패스 앱에서 여권, 안면 정보, 탑승권 등을 사전 등록하면 여권과 탑승권을 꺼낼 필요 없이 얼굴 인증만으로 출국장을 통과할 수 있다. 김포·김해·청주 공항 등 타공항 이용객은 공항의 셀프 등록대에서 여권 정보와 정맥을 등록하면 전용 통로로 빠르게 출국할 수 있다.

WEB 인천공항 www.airport.kr, 김해공항 www.airport.co.kr/gimhae

: WRITER'S PICK :

여권 발급 및 만료 기간 체크!

해외여행 시 여권의 만료 기간은 6개월 이상 남아있어야 하지만, 일본은 여권의 잔여 유효 기간을 따로 규정하고 있지 않다. 단, 입국 시 체류 예정 기간보다 유효 기간이 더 많이 남아 있는 여권으로 입국해야 한다.

WEB www.passport.go.kr

수하물 규정 체크!

수하물의 크기와 요금, 준비 방법에 관한 항공사별 수하물 규정은 이용 예정인 항공사의 홈페이지에서 확인하고, 액체류나 배터리 반입 기준 등 기내·위탁 수하물 규정은 항공안전 호루라기 홈페이지를 참고한다.

WEB www.whistle.or.kr

반입 금지 물품 체크!

일본은 귀금속 밀수 대책 강화로 금제품 반입 심사를 엄격하게 시행하고 있다. 고가의 금제품은 착용하지 않길 권하며, 금제품 반입 시 반드시 세관에 신고한다. 구제역과 아프리카 돼지열병으로 육류 반입도 철저히 금지돼 있다.

➔ 입국 심사

간사이 국제공항 제1 터미널에 도착했다면 도보 또는 무인 열차(3분 간격 운행, 약 1분 소요)를 타고 제1 터미널 본관으로 간다. 지문 인식기 구역에서 지문을 스캔하고 얼굴 사진을 찍은 후, 입국 심사대로 이동해 여권과 함께 입국 카드 또는 비지트 웹 재팬 QR 코드를 스캔하면 통과. 위탁 수하물이 있다면 수하물 수취대에서 찾고, 세관 검사대에서 세관 신고서 제출 또는 QR 코드 스캔을 하면 입국 완료다. 단, 우리나라 공항에서 일본 입국 심사를 미리 하는 사전입국심사제가 2025년도 내 시행될 경우, 현지 공항에서의 입국 과정이 훨씬 간편해질 예정. 제2 터미널 이용객은 제2 터미널 내에서 입국 심사와 세관 신고를 모두 마친다. 페리로 오사카 국제페리터미널에 도착했다면 배에서 내린 후 입국 심사장으로 이동, 위의 절차대로 심사를 마친다.

간사이 국제공항

오사카 국제페리터미널

간사이 OUT

간사이 국제공항에 도착한 제1 터미널 이용객은 4층 국제선 출발층으로 올라가고, 제2 터미널 이용객은 한글 표지판을 따라 무료 셔틀버스를 타고 제2 터미널로 간다(제2 터미널행 리무진 버스 이용객 제외). 항공사 카운터로 가서 체크인하고 짐을 맡긴 뒤 여권과 탑승권을 가지고 출국 심사대를 통과, 보안 검색을 마친 후 지정된 게이트에서 비행기에 탑승한다. 이때 모바일 체크인으로 미리 탑승권을 발급받으면 더욱 빠르게 출국 수속을 마칠 수 있다.
세관 신고 대상 물품이 있다면 기내에서 승무원이 나눠주는 여행자 휴대품 신고서(세관 신고서)를 작성한 다음, 한국에 도착해 세관원에게 건넨다(신고 대상 물품이 없다면 작성할 필요 없음). '여행자 세관신고앱'을 통해 모바일 세관 신고를 미리 해두면 한층 편리하다.

자동화 시스템으로 리뉴얼한 출국 심사대

출국장 풍경

스카이뷰에서 바라본 공항 전경

+MORE+

너무 일찍 도착해서 시간이 남는다면?

출발 시간이 넉넉하다면 간사이 국제공항 전망홀 스카이뷰(Sky View)에 가보자. 이탈리아 건축가 렌조 피아노가 설계한 공항 전경과 함께, 엄청난 굉음을 내며 발착하는 비행기들을 생생하게 볼 수 있다. 그 외 공항 뮤지엄과 카페, 기념품점 등이 있다.

OPEN 10:00~17:00

WALK 제1 터미널 앞 리무진 버스 정류장 1번에서 공항 내 무료 순환버스를 타고 약 6분

스카이뷰 야외 데크

간사이 교통 길라잡이

간사이는 각 도시를 연결하는 JR과 사철, 도시 내에서 이용하는 지하철과 버스 등 다양한 교통수단이 자정까지 활발하게 운영한다. 철도는 여러 운수회사가 노선을 달리해 운행하는 탓에 꽤 복잡하므로, 여행 전 간단한 개요 정도를 숙지하고 가면 도움이 된다.

편리하고 다양한 대중교통 시스템

간사이는 일본 전역에 노선망을 갖추고 있는 철도 JR을 비롯해 민간철도 회사에서 운영하는 사철과 시영 또는 민영 지하철, 버스, 노면전차, 모노레일, 케이블카 등 다양한 교통수단이 발달해 여행자를 어디든지 데려다준다. 오사카, 교토, 고베의 주요 역은 대부분 JR과 사철, 지하철이 지하상가나 지상 통로로 연결돼 있어서 환승하기 편리하며, 종이 티켓이나 IC 카드 없이 컨택리스 카드로 통과 가능한 역도 많다.

열차는 속도에 따라 보통·준급·급행·쾌속·쾌속급행·특급 등 다양하게 분류되며, 앞차와의 운행 간격이 매우 짧아서 대부분 5~10분 이내로 탑승할 수 있다. 단, 출퇴근 시간에 오사카, 교토와 같은 대도시에서는 서울 못지않은 '지옥철'을 경험하게 되니 되도록 이 시간대는 피하는 게 상책이다.

JR 신쾌속과 보통 열차

JR

주요 역: 간사이공항역(関西空港), 오사카역(大阪), 교토역(京都), 산노미야역(三ノ宮), 나라역(奈良)

일본 전역을 연결하는 대표 열차로, 총연장 거리가 5000km에 달한다. 간사이를 담당하는 JR 서일본을 비롯해 JR 동일본·도카이·시코쿠·규슈·홋카이도·가모쓰 등 7개 그룹에서 신칸센 열차 노선과 JR선 2가지를 운영한다. 1987년 민영화되었으나, 사철이라고 부르지 않는다. 장거리 여행 시 유용하며, JR 패스가 있다면 효율적으로 다닐 수 있다.

사철

JR을 제외한 모든 민간 기업에서 운영하는 열차를 말한다. 대형 사철 기업 16곳을 필두로 전국 곳곳에 중소 규모의 사철이 경쟁하듯 노선을 이어가고 있다. 특히 간사이는 한큐·한신·난카이·게이한·긴키(긴테쓰)와 같은 대형 사철 노선이 곳곳으로 뻗어 있어서 '사철왕국'이라 불린다. 사철에는 일반 열차뿐 아니라 모노레일이나 노면전차도 포함된다. JR보다 요금이 저렴하고, 차량 종류와 디자인이 다양하며, 간사이 구석구석을 좀 더 촘촘히 연결한다.

JR 오사카역

한큐 전철 교토카와라마치역

간사이 5대 사철

*사철에 관한 추가 정보는 148p 참고

HK 한큐 전철 阪急(Hankyu)

주요 역: 오사카우메다역(梅田), 고베산노미야역(神戸三宮), 교토카와라마치역(京都河原町)

오사카와 교토를 오갈 때 특히 유용하다. 오사카우메다역을 기점으로 교토, 고베, 다카라즈카를 각각 잇는 3개 노선이 운행한다. 짙은 와인색 차량과 목조로 된 내장 등 클래식한 디자인이 차별점이며, 인기 캐릭터로 랩핑한 차량도 자주 운행한다.

HS 한신 전철 阪神(Hanshin)

주요 역: 오사카우메다역(梅田), 오사카난바역(大阪難波), 고베산노미야역(神戸三宮)

오사카와 고베를 연결하는 대표 노선. 산요 전철, 긴테쓰 전철과 상호 직통운행(운영 회사가 다른 두 노선이 특정 구간에서 운임과 열차를 공유해 승객이 열차에 탑승한 채 자동 환승하는 제도)을 통해 히메지와 나라로도 이동할 수 있다.

NK 난카이 전철 南海(Nankai)

주요 역: 간사이공항역(関西空港), 난바역(難波), 신이마미야역(新今宮), 와카야마시역(和歌山市)

간사이 공항과 오사카 시내를 잇는 인기 노선인 공항선을 보유하고 있다. 그 외 사카이, 와카야마 등 남부 지방 도시들을 중점적으로 연결한다.

KT 긴테쓰 전철 近鉄(Kintetsu)

주요 역: 오사카난바역(大阪難波), 오사카아베노바시역(大阪阿部野橋), 교토역(京都), 나라역(奈良), 나고야역(名古屋)

사철 중 장거리 노선이 가장 많아서 오사카, 나라, 교토, 미에를 거쳐 동북부의 나고야까지 연결한다. 한신 전철, 교토 지하철 가라스마선과 상호 직통운행. 교토, 나라 등 주변 지역을 갈 때 주로 이용한다.

KH 게이한 전철 京阪(Keihan)

주요 역: 요도야바시역(淀屋橋), 산조역(三条), 데마치야나기역(出町柳), 우지(宇治), 후시미이나리역(伏見稲荷駅)

교토 내에서 이동하거나, 오사카~교토 왕복 시 활용도가 높다. 오사카 요도야바시역을 기점으로 교토 중심부와 북쪽 비와호까지 연결하며, 남쪽의 우지와 후시미 이나리 타이샤로 갈 때도 유용하다.

그 외 이용 빈도가 높은 간사이 사철

란덴

란덴 嵐電 & 에이덴 えいでん

교토 시내는 물론, 서쪽의 아라시야마 또는 북쪽의 히에이산까지 연결하는 2개의 노면전차. 란덴은 게이후쿠 전철(京福), 에이덴은 에이잔 전철(叡山電車)이라고도 부른다.

고베 전철 神戸電鉄

고베와 아리마 온천을 오갈 때 이용하는 열차.

오사카 모노레일 大阪モノレール

오사카 도심~오사카 공항(이타미 공항), 오사카 도심~반파쿠 기념공원·엑스포 시티를 연결하는 2개 노선으로 이루어져 있다.

열차의 종류별 구분법

일본에서는 어떤 열차를 타느냐에 따라 소요 시간의 차이가 크다. 만약 목적지를 그냥 통과하는 열차에 탔다면, 중간에 내려서 다른 열차로 갈아타자. 차종은 열차 앞부분과 플랫폼에 설치된 전광판에 일본어와 영어로 표시된다.

JR 쾌속

한큐 전철 쾌속급행

JR 나라선 보통

❶ **통근특급** 通勤特急, Commuters Limited Express
한큐 전철에서 통근시간에만 운영하는 특급 열차. 정차역이 적고 속도도 매우 빠르다.

❷ **특급** 特急, Limited Express
대형 역에만 정차하는 열차. JR과 사철 모두 대부분 지정석제로, 승차권 외 특급권도 구매해야 한다. 단, 전석 자유석인 일부 특급(한큐·한신 전철 특급) 이용 시엔 승차권만 구매하면 된다.

❸ **급행** 急行, Express
특급보다 정차 역은 많지만 속도가 비교적 빠른 열차. 노선에 따라 쾌속급행(快速急行, Rapid Exp.)이라고도 한다.

❹ **준급행(준급)** 準急行(準急), Semi Express
급행보다 정차 역이 좀 더 많은 열차다.

❺ **쾌속** 快速, Rapid / **신쾌속** 新快速, Special Rapid
급행·준급행보다는 정차 역이 많지만, 보통보다는 적다. JR 일부 구간에서 운행하는 신쾌속은 쾌속보다 정차 역이 더 적고 빠르다.

❻ **보통** 普通, Local 또는 **각역정차** 各駅停車, Local
모든 역에 정차하는 가장 느린 열차. '각역정차'는 줄여서 '카쿠테(各停, 각정)'라고도 한다.

간사이 내 주요 철도 & 지하철 노선

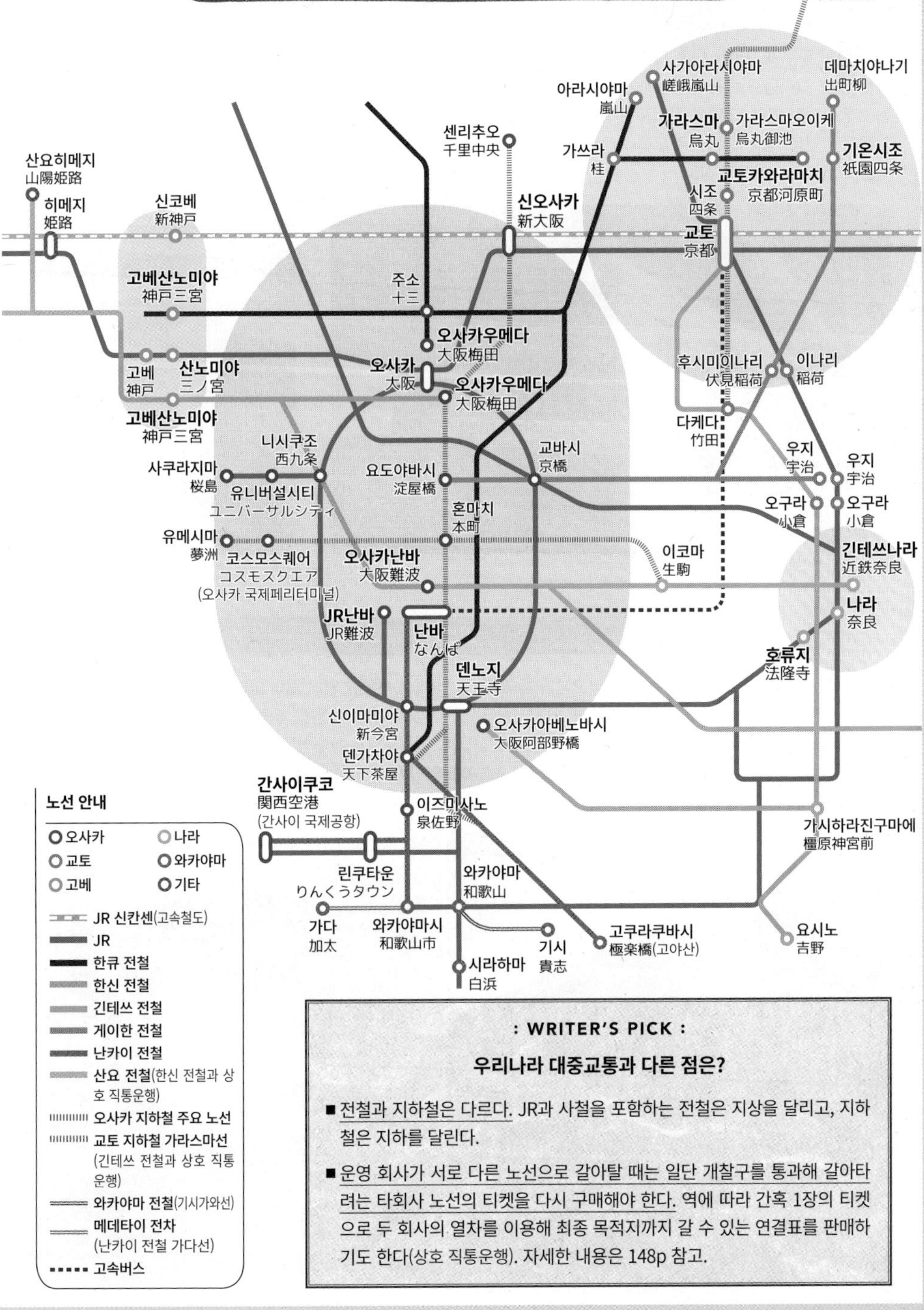

: WRITER'S PICK :

우리나라 대중교통과 다른 점은?

- 전철과 지하철은 다르다. JR과 사철을 포함하는 전철은 지상을 달리고, 지하철은 지하를 달린다.
- 운영 회사가 서로 다른 노선으로 갈아탈 때는 일단 개찰구를 통과해 갈아타려는 타회사 노선의 티켓을 다시 구매해야 한다. 역에 따라 간혹 1장의 티켓으로 두 회사의 열차를 이용해 최종 목적지까지 갈 수 있는 연결표를 판매하기도 한다(상호 직통운행). 자세한 내용은 148p 참고.

지하철

간사이 주요 도시에서 지하철을 이용할 수 있다. 9개 노선이 도심 전역에 빈틈없이 뻗어 있는 오사카는 다른 대중교통에 비해 지하철의 이용 빈도가 압도적으로 높다. 그다음으로 자주 이용하게 될 도시는 교토이며, 동서남북을 연결하는 2개 노선이 있다. 고베를 동서로 잇는 2개 노선은 다른 도시보다 단조롭고 이용도가 낮다. 승하차 방법은 우리나라와 같다. 티켓 구매 등 자세한 이용 방법은 도시별 시내교통편 참고.

주요 노선은 한국어 안내도 나온다.

오사카 지하철역 승강장

버스

교토에서는 시 버스가 주된 교통수단이고, 오사카 시내에서는 버스를 이용할 일이 거의 없다. 고베와 나라에서는 관광지 위주로 순환하는 버스 위주로 이용한다. 승차는 대부분 뒷문으로 하며, 내릴 때 운전석 옆 카드 단말기에 IC 카드 또는 컨택리스 카드(일부 버스만 가능)를 터치하거나 요금함에 현금을 넣고 앞문으로 하차한다.
고속버스는 오사카역 한큐 버스터미널과 JR 버스터미널, 교토역 JR 버스터미널 등에서 출발·도착해 일본 전역을 오간다. 티켓 구매 등 자세한 이용 방법은 도시별 시내교통편 참고.

교토 시 버스

나라 시내 순환 버스

고속버스

택시

역과 호텔, 거리 곳곳에 'TAXI タクシー'라고 적힌 팻말이 있는 택시 승강장에서 탑승하거나, 택시 호출 앱(택시 사업자에 따라 호출비 무료 또는 200~500엔 발생)을 이용한다. 길에서 손을 들어 '빈 차(空車)'라고 적힌 표시등이 들어온 택시를 잡아타도 된다. 기본 요금은 보통차 기준 오사카 600엔(1.3km), 교토 500엔(1km). 지하철과 사철이 발달한 오사카에선 굳이 택시를 탈 일이 없지만, 볼거리가 많고 관광지 간 거리가 떨어져 있는 교토를 가족 단위로 여행할 땐 택시가 유용할 수 있다.

: WRITER'S PICK :

추천! 택시 호출 앱

■ **카카오T** 일본 택시 어플 앱 '고(GO)'와 연결돼 우리나라에서 쓰던 앱 그대로 현지에서 사용할 수 있다. 한국에서 사전에 카카오페이 가입 및 신용카드 등록을 마친 후 사용한다.

■ **디디** DiDi 일본에서 가장 널리 사용되는 택시 호출 서비스. 할인 쿠폰을 쓰면 저렴하게 이용할 수 있다.

■ **우버 택시** Uber Taxi 전 세계에서 가장 많이 이용하는 택시 호출 서비스. 일본에서는 정식 등록된 택시 회사만 안내하므로 안심하고 이용할 수 있다.

+MORE+

렌터카 여행을 계획해볼까?

오사카와 교토 시내는 차량 정체가 심하지만, 어린이나 노약자를 동반하고 교외로 이동 시엔 렌터카 이용도 고려할 수 있다. 주차료 및 고속도로 통행료는 한국보다 비싼 편이고 연료비는 한국과 비슷하다. 유아는 별도 신청을 통한 카시트 장착 필수. 내비게이션은 한국어 선택이 되지만 목적지 검색은 전화번호나 영문 입력이 정확하다. 렌터카 예약은 국내 대행업체나 일본 현지 렌터카 사이트를 통해 진행하며, 홈페이지에서 할인 쿠폰을 발급받으면 좀 더 저렴하다.

일본 렌터카 예약 사이트

자란넷 jalan.net/rentacar
토요타 rent.toyota.co.jp/ko/
타비라이 en.tabirai.net/car/
라쿠텐트래블 travel.rakuten.co.jp/cars

간사이 교통 패스 총정리

간사이에는 JR을 비롯해 사철, 지하철, 버스 등 각각의 교통수단에 특화한 여행자용 교통 패스가 다양하다. 주요 관광지의 무료입장이나 할인에 집중한 패스도 있어서 요령껏 다니면 실제 가격보다 훨씬 저렴하게 여행할 수 있다.

알뜰 패스를 활용해 추천 일정 짜기

어떤 패스를 쓰느냐에 따라 여행의 만족도가 달라지는 간사이! 아래 내용을 토대로 내 스타일에 맞는 패스는 무엇인지 찾아보자. 단, 일본의 패스 종류와 사용 방법, 요금 정책은 분기별로 변동될 수 있으니, 정확한 최신 패스 정보는 현지 방문에 앞서 국내 취급 여행사 및 각 공식 홈페이지에서 한 번 더 체크하길 권한다.

Step 1 가고 싶은 도시 ··· 세부 관광지 ··· 일정 순으로 계획 짜기

어느 곳에 가느냐에 따라 각 패스의 효율성은 달라진다. 따라서 패스를 선택하기에 앞서, 가고 싶은 곳을 확실하게 정해둘 것. 먼저 지도에 가고 싶은 도시와 세부 관광지를 표시해 한눈에 알아보기 쉽게 동선을 정리하자. 그다음 가까운 곳끼리 묶어 대강의 일정을 짜는 것이다. 이때 반드시 가고 싶은 곳, 일정상 뺄 수도 있는 곳 등을 구분해놓는 것이 좋다.

Step 2 대표적인 패스부터 따져보기

인기 패스부터 순차적으로 살펴보고 일정에 대입한다. 4박 5일 이상 여행한다면 몇 가지 패스를 섞어서 이용할 수도 있다. 이때 패스별 관광·쇼핑·식당 할인 혜택도 함께 체크한다.

여행 스타일		공략할 패스
오사카, 교토, 고베, 나라, 와카야마를 3일 이상 구석구석 돌아다닐 예정이다.	→	JR 간사이 패스, JR 간사이 미니 패스, 간사이 레일웨이 패스, 간사이 조이 패스
오사카, 교토, 나라를 1~2일간 실속 있게 둘러보고 싶다.	→	긴테쓰 레일 패스
오사카 시내만 1~2일 동안 집중 공략할 예정이다.	→	오사카 주유 패스, 오사카 e패스, 오사카 1일 승차권
오사카와 교토를 오가면서 교토 교외 온천이나 명승지까지 가고 싶다.	→	JR 간사이·간사이 와이드 패스
히메지, 고야산, 시라하마 등 교외 지역까지 가고 싶다.	→	간사이 레일웨이 패스, JR 간사이 와이드 패스

Step 3 도시별 세부 패스 따져보기

간사이 주요 도시에서는 대중교통 무제한 패스를 판매한다. 오사카 1일 승차권(엔조이 에코 카드), 지하철·버스 1일권(교토), 고베 1day 루프버스 티켓 등이 바로 그것. 따라서 대표 패스와 세부 패스 중 하나만 선택할지, 혜택이 서로 겹치지 않는 패스들로 구매해 효율을 극대화할지 따져봐야 한다.

버스터미널을 방불케 하는 JR 교토역 앞 버스 정류장

간사이공항역

간사이공항역 개찰구

Step 4 최종 시뮬레이션을 통해 점검하기

패스는 교통비나 입장료 절약뿐 아니라 일일이 티켓 끊는 과정을 건너뛰고 개찰구를 쉽게 드나들 수 있다는 점, 초행길에 헷갈려서 열차나 버스를 잘못 탔더라도 추가 비용 없이 얼마든지 되돌아갈 수 있다는 점 등이 큰 장점이다. 이처럼 패스는 여행을 편하게 하기 위한 보조 수단이므로, 본전을 뽑기 위해 일정을 너무 무리하게 짜는 일이 없도록 최종 시뮬레이션을 통해 점검해보자.

Step 5 패스 & 공항~시내 교통 티켓 구매하기

패스는 국내 취급 여행사를 비롯해 간사이 국제공항과 시내 관광안내소, 지정 역 등에서 판매한다. 대부분 패스는 외국인 관광객 전용이어서 현지 구매 시 여권 제시 필수. 국내 발매 전용 패스인 경우 출국 전 미리 준비한다. 오사카 주유 패스나 오사카 e패스와 같은 일부 패스, 공항~시내 구간 특급 열차 라피트 티켓 등은 현지에서 바로 쓸 수 있는 QR 코드 방식이라서 편리하지만, 일부 패스는 국내 구매 시 지정된 현지 교환처에서 실물 패스로 교환해야 한다.

+MORE+

간사이 대중교통 기본 매너

- 오사카에서는 에스컬레이터를 탈 때 왼쪽을 비우고 오른쪽에 선다(도쿄는 이와 반대다).
- 지하철이나 사철에는 여성 전용 차량이 있다. 실수로 남성이 이 칸에 탑승했다면 다른 칸으로 이동하자.
- 버스가 완전히 정차할 때까지 좌석에서 일어나지 않는다.
- 대부분 버스는 뒤로 타고 앞으로 내린다. 요금은 내릴 때 지불하는 방식. 현금 결제 시 잔돈을 거슬러주지 않으니 내리기 전 동전을 정확히 준비해두거나 요금함 옆 동전교환기에서 교환 후 지불한다.
- 지하철이나 버스 안에서 대화할 때는 조용히. 화장을 하거나 휴대폰 통화도 금한다.
- 출퇴근 시간(07:00~09:00, 17:00~19:00) 등 차량 내부가 혼잡한 때에 탑승 시 백팩은 앞으로 멘다.
- 붐비는 열차나 버스에서 다급하게 내려야 할 때는 "스미마셍(すみません, 실례합니다)"이라고 말하며 내린다.

여성 전용 차량

지하철 내 유모차·휠체어 공간과 노약자석

도시 간 이동에 유용한 패스

*간사이 레일웨이 패스·난카이 올라인 2일권·게이한 패스를 제외한 나머지 패스는 모두 개시일부터 연속 사용하는 패스임
*24시간 기준이 아닌 첫차부터 막차까지를 하루로 간주하므로 아침 일찍부터 사용해야 이득!

	간사이 레일웨이 패스 Kansai Railway Pass	JR 간사이 패스 JR Kansai Area Pass	JR 간사이 와이드 패스 JR Kansai Wide Area Pass
사용 가능 지역	간사이 전 지역	오사카, 교토, 나라, 고베, 히메지, 와카야마 등 간사이 주요 도시	간사이 주요 도시, 오카야마, 키노사키 온천, 아마노 하시다테, 시라하마 온천 등 교외 지역까지 포함
사용 가능 교통편	간사이 전역의 지하철·사철(JR·란덴 및 일부 전철 제외) *버스 불포함	JR 열차, 간사이 공항~오사카~교토를 잇는 특급 하루카, 서일본 지역 내 일부 JR 버스(교토 지하철 1일권, 게이한 패스 1일권, 한큐 교토선 원데이 프리패스 교환권 별도 제공)	JR 열차, 특급 하루카 지정석, 산요 신칸센(신오사카~오카야마) 지정석, 와카야마 전철, 서일본 지역 내 일부 JR 버스 등
유효 기간 & 가격	2일권 5600엔(6~11세 2800엔) 3일권 7000엔(6~11세 3500엔)	1일권 2800엔(6~11세 1400엔) 2일권 4800엔(6~11세 2400엔) 3일권 5800엔(6~11세 2900엔) 4일권 7000엔(6~11세 3500엔)	5일권 1만2000엔(6~11세 6000엔)
추가 혜택	250여 개의 관광시설, 식당, 상점 할인 및 이용 특전	관광시설 할인 및 이용	관광시설 할인 및 이용
유의 사항	유효기간 내 비연속적으로 사용 가능(3일권은 월·수·금 등으로 나눠서 활용 가능)/좌석 지정 특급열차 이용 시 특급권 별도 구매	신칸센, 고속버스 제외 특급 열차는 간사이 공항 특급 하루카만(지정석 2회) 이용 가능 별도 제공하는 1일권들은 교환 장소가 각기 다름(JR 간사이 패스 유효 기간 내에만 교환 및 사용 가능)	고속버스 제외 전 차량 지정석 열차 이용 시 좌석 예약 필수(역 자동판매기, JR 창구에서 예약 가능/JR 서일본 홈페이지에서 패스 구매 시 온라인 예약 가능)
판매처	국내 취급 여행사 간사이 국제공항 관광안내소 난카이 전철 간사이공항역 티켓 오피스 오사카 시내 관광안내소 한큐 투어리스트 센터 등	국내 취급 여행사 JR 서일본 홈페이지 간사이 국제공항 관광안내소	국내 취급 여행사 JR 서일본 홈페이지 간사이 국제공항 관광안내소
홈페이지	www.surutto.com/kansai_rw/ko/	www.westjr.co.jp/global/kr/ticket/pass/kansai/	www.westjr.co.jp/global/kr/ticket/pass/kansai_wide/
비고	2024년 4월부터 단종된 간사이 스루 패스와 비슷한 기능(버스 불포함) 히메지, 고야산, 와카야마시, 시가 등 최대한 먼 지역을 부지런히 돌아야 본전	국내에서 e-티켓으로 구매 후 현장에서 실물 티켓 수령이 편리. 별도 제공하는 사철 1일권까지 활용하면 더욱 유용	국내에서 e-티켓으로 구매 후 현장에서 실물 티켓 수령

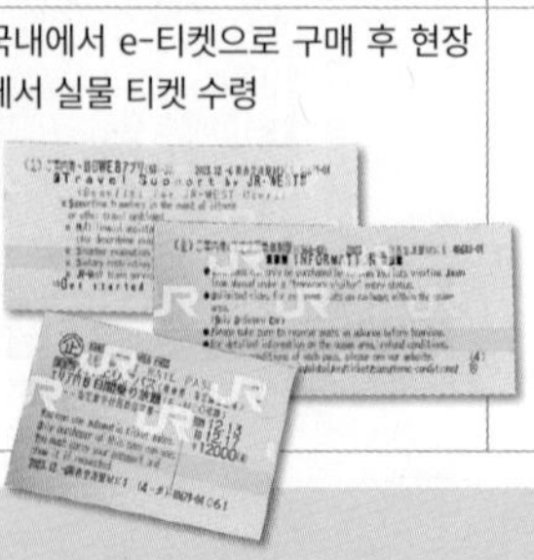

*패스 내용은 변동될 수 있으니 현지 방문 직전 국내 여행사 및 각 홈페이지 참고

*단기 체류하는 외국인 관광객용 패스들이므로 현지에서 구매 또는 교환 시 여권 제시 필수

JR 간사이 미니 패스 JR Kansai Mini Pass	JR 특급 하루카 편도 티켓 HARUKA	난카이 올라인 2일권 Nankai All Line 2day Pass	간사이 조이 패스 Kansai Joy Pass
오사카, 교토, 고베, 나라 등 여행자가 즐겨 찾는 핵심 지역	간사이 국제공항~오사카~교토 구간	오사카, 와카야마(고야산 포함) 지역	오사카, 교토, 고베
JR 열차 (신칸센 제외, 특급 하루카를 포함한 특급열차 이용 시 특급권 별도 구매)	외국인 관광객 전용 할인 편도 티켓(패스 아님, 왕복은 편도 티켓 2장 구매)	공항선을 포함한 난카이 전철 전 노선(센보쿠선 제외)	관광시설 패스(교통 패스 아님, 공중정원 전망대, 교토철도박물관, 원더 크루즈 등 관광시설 3곳 or 6곳 무료)
3일권 3000엔 (6~11세 1500엔)	공항~덴노지역 1300엔(6~11세 650엔) 공항~오사카역/신오사카역 1800엔(6~11세 900엔) 공항~교토역 2200엔(6~11세 1100엔)	2일권 2000엔 *현지 구매 시 100엔 추가 *어린이용은 없음	3곳(7일권) 3000엔 6곳(7일권) 5800엔
-	-	-	쇼핑몰, 식당 할인
e-티켓 구매 후 90일 이내까지만 사용 가능	e-티켓 구매 후 3개월 내 교환	비연속적으로 사용 가능. 특급 탑승 시 지정석 요금 별도	첫 번째 시설 이용일로부터 7일간 사용 가능. 단, 구매일로부터 90일 동안 유효
국내 취급 여행사를 통해서만 가능	국내 취급 여행사 JR 서일본 홈페이지 (일본 현지 구매 불가)	국내 취급 여행사 난카이 전철 홈페이지 간사이 국제공항 관광안내소 난카이 전철 간사이공항역 티켓 오피스 난카이 전철 난바역, 신이마미야역 등	국내 취급 여행사를 통해서만 가능
국내 취급 여행사	www.westjr.co.jp/global/kr/ticket/pass/one_way/haruka/	www.howto-osaka.com/kr/ticket/web-nankaiallline2daypass	www.travelcontentsapp.com
숙소가 JR 역 근처에 있을 때 유용 오사카 e패스와 함께 사용 시 더욱 유용	간사이 국제공항~오사카~교토 구간을 빠르고 쾌적하게 이동. 덴노지역, 오사카역, 교토역 근처 숙박 시 특히 유용	국내에서 e-티켓으로 구매 후 지정된 현지 교환처에서 실물 티켓 수령	오사카, 교토, 고베의 해당 관광시설을 2곳 이상 둘러볼 때 유용 현지에서 교환할 필요 없이 QR 코드 제시로 간편하게 입장 교통 티켓과 조합한 옵션도 있어서 선택의 폭이 넓음

	한큐 1day 패스 Hankyu 1day Pass	한큐·한신 1day 패스 Hankyu Hanshin 1day Pass	게이한 패스 Kyoto-Osaka Sightseeing Pass	긴테쓰 레일 패스 Kintetsu Rail Pass
사용 가능 지역	오사카~교토~고베	오사카~교토~고베	오사카~교토	오사카~교토~나라
사용 가능 교통편	한큐 전철	한큐 전철, 한신 전철	게이한 전철	긴테쓰 전철, 나라 교통 버스
유효 기간 & 가격	1일권 1300엔 *6~11세용은 없음	1일권 1600엔 *6~11세용은 없음	교토·오사카 1일권 1000엔 교토·오사카 2일권 1500엔 *현지 구매 시 100엔씩 추가	1일권 1800엔 (6~11세 900엔) 2일권 3000엔 (6~11세 1500엔)
추가 혜택	-	-	관광시설, 식당 등 할인	관광시설, 식당 등 할인
유의 사항	고베 고속선 제외	현지에서만 구매 가능	2일권은 비연속적으로 사용 가능(월·수요일 등으로 나눠서 활용 가능)	특급 탑승 시 추가 요금이 발생하니 주의. 2일권은 연속 사용만 가능
판매처	스룻토 쿠룻토 홈페이지	한큐 투어리스트 센터 한큐 교토 관광안내소 한큐 전철 서비스 센터	국내 취급 여행사 간사이 국제공항 관광안내소 오사카 시내 관광안내소 전철역(요도야바시역·기타하마역·덴마바시역·교바시역·산조역) 스룻토 쿠룻토 홈페이지 등	국내 취급 여행사 간사이 국제공항 관광안내소 오사카 시내 관광안내소 빅카메라 난바점 오사카난바역·교토역·긴테쓰나라역 등 주요 긴테쓰 전철역 창구
홈페이지	app.surutto-qrtto.com	enjoy-osaka-kyoto-kobe.com/ja/ticket/hankyu-hanshin-1day-pass/	www.keihan.co.jp/travel/kr app.surutto-qrtto.com	www.kintetsu.co.jp/foreign/korean/ticket/
비고	스마트폰을 통해 신용카드로 구매하는 디지털 티켓. 역내 QR 코드 전용 개찰기로 승하차 	간사이 지역 핵심 사철인 한큐·한신 전철 무제한 승하차 1일간 오사카, 교토, 고베 3개 도시를 최대한 부지런히 다녀야 본전 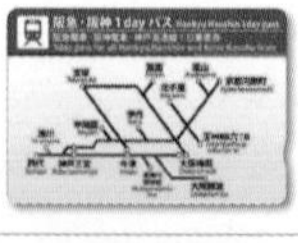	교토의 주요 명소를 모두 관통해 버스나 지하철 대신 이용하기에 효율적 오사카 요도야바시역 가까이에 숙소를 두고 교토(우지, 후시미 이나리 타이샤 등)를 왕복할 때 특히 유용 스룻토 쿠룻토 홈페이지에서 디지털 티켓 구매 시 현지 교환 불필요(1일권만 가능) 	빅카메라, 긴테쓰 백화점, 하루카스 300 전망대, 식당 등 다양한 할인 특전 제공 5일권, 5일권 플러스 구매 시 미에와 나고야 지역에서도 이용 가능 

오사카에서 유용한 패스

오사카 주유 패스 Osaka Amazing Pass

오사카 시내 지하철·뉴트램·버스와 주요 사철(한큐·한신·게이한·긴테쓰 전철 및 공항급행을 제외한 난카이 전철 포함)을 1일간 자유롭게 승하차할 수 있는 디지털 패스다. 온라인 구매 후 스마트폰에서 QR 코드를 활성화하면 오사카성 천수각, 쓰텐카쿠 전망대, 우메다 스카이 빌딩 공중정원 전망대 등 인기 관광시설 40여 곳이 무료다.

이용 기준은 개시 후 24시간이 아닌 첫차~막차 시간이며, 2일권은 개시일로부터 연속으로 사용해야 한다(사철은 이용 불가). 어린이용 패스는 따로 없다.

PRICE 1일권 3300엔, 2일권 5500엔
WHERE 국내 취급 여행사,
스룻토 쿠룻토 홈페이지(app.surutto-qrtto.com)
WEB osaka-amazing-pass.com/kr/

오사카 e패스 Osaka e-Pass

오사카 인기 관광시설 30여 곳을 무료입장할 수 있는 디지털 패스다. 1·2일권이 있으며, 온라인에서 원하는 날짜를 선택해 구매한다(2일권은 연속 이용). 이용 가능한 관광시설은 오사카 주유 패스와 비슷하지만, 오사카 주유 패스와 달리 대중교통 무료 이용 혜택이 포함돼 있지 않다. 따라서 대중교통 이용 시 1일 승차권(엔조이 에코 카드)과 조합하면 효용성이 높아진다. 어린이용 패스는 따로 없다.

PRICE 1일권 2400엔, 2일권 3000엔
WHERE 국내 취급 여행사
WEB www.e-pass.osaka-info.jp/kr/

1일 승차권 (엔조이 에코 카드) 1day Pass

오사카 지하철·뉴트램·버스 1일 승차권(JR, 사철 이용 불가). 1일간 대중교통을 3~4회 이상 이용 시 이득이며, 개시 당일에 한해 관광지 30여 곳의 할인 혜택이 주어진다. 현지 지하철역 자동판매기에서 티켓을 구매하거나, 스룻토 쿠룻토 홈페이지에서 디지털 티켓 구매(QR 코드 방식) 후 사용한다.

PRICE 평일 820엔, 토·일요일·공휴일 620엔(6~11세 310엔)
WHERE 오사카 지하철역 티켓 자동판매기, 정기권 발매소, 지하철역 구내 매점
WEB subway.osakametro.co.jp/guide/page/enjoy-eco.php

1일 승차권 평일권

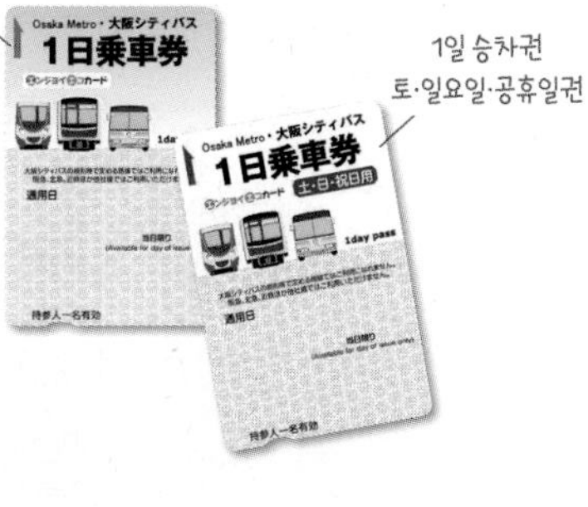

1일 승차권 토·일요일·공휴일권

오사카 메트로 패스 Osaka Metro 1·2day pass

1일 승차권(엔조이 에코 카드)과 기능이 똑같은 일본 국외 발매 전용 패스. 한국에서 온라인으로 미리 구매할 수 있으며, 2일권이 있다는 것이 장점이다. 단, 모바일 바우처로 전송받은 후 현지 교환처에서 실물 티켓으로 교환하는 번거로움이 있고 어린이용이 따로 없다. 간사이 국제공항에서도 구매할 수 있다(여권 제시 필수).

PRICE 1일권 820엔, 2일권 1500엔
WHERE 국내 취급 여행사,
간사이 국제공항 관광안내소
WEB metronine.osaka/ticket/ticket-b02/

+MORE+

그 밖의 오사카 여행 할인권

책에 소개한 공식 패스 외에도, 오사카의 관광지 할인 티켓과 대중교통 이용권, 패스와 열차 티켓이 한데 묶인 다양한 패키지 할인권을 판매하고 있다. 따라서 내가 가고 싶은 곳과 이용하고 싶은 교통수단부터 정한 다음, 그에 맞는 패스나 할인권을 구매하는 것이 좋다.

교토에서 유용한 패스

교토 1일 관광권
Kyoto Sightseeing Pass

교토 시내를 남북으로 관통하는 게이한 전철을 1일간 자유롭게 승하차할 수 있다. 교토 한복판에 자리한 기온시조역과 산조역을 중심으로 북부와 남부(우지)까지 골고루 둘러볼 때 유용하고, 버스보다 쾌적하고 빠르게 이동할 수 있다. 스룻토 쿠룻토 홈페이지에서 디지털 티켓으로도 구매 가능.

PRICE 800엔(국내 구매 시 700엔)
WHERE 국내 취급 여행사, 스룻토 쿠룻토 홈페이지, 간사이 국제공항 및 교토 관광안내소 등
WEB 게이한 전철: www.keihan.co.jp/travel/kr/
스룻토 쿠룻토: app.surutto-qrtto.com

지하철·버스 1일권
地下鉄·バス 1日券

관광특급버스를 포함한 시 버스 전 노선 및 교토 버스(고정 요금 구간 외 권역도 일부 포함), 게이한 버스 일부 구간을 1일간 자유롭게 승하차할 수 있는 패스다. 여러 지역에 흩어진 명소를 1일간 부지런히 둘러보거나, 오하라처럼 먼 곳으로 갈 때 효율적이다. 주요 명소의 입장료 할인 혜택과 지도도 받을 수 있다.

PRICE 1100엔(6~11세 550엔)
WHERE 버스티켓센터, 지하철 우즈마사텐진가와·기타오지·가라스마오이케역, 편의점, 관광
안내소, 정기권 발매소 등
WEB oneday-pass.kyoto

+MORE+

그 밖의 교토 교통 패스

교토는 일본 제일의 관광도시인 만큼 동서남북 곳곳의 관광지를 연결하는 20여 개의 교통 패스가 발달해 있다. 따라서 위에 소개한 대표적인 패스 외에도 지역별로 사철과 지하철, 버스가 결합된 1일 승차권 등을 판매한다. 보다 자세한 패스 정보는 교토 관광 정보 사이트(ja.kyoto.travel/okoshiyasu/joushaken.html)를 참고하자.

고베에서 유용한 패스

고베 관광 스마트 패스포트
Kobe Tourism Smart Passport

고베 시내 관광시설을 QR 코드 제시만으로 이용하는 디지털 패스. 기타노이진칸, 모자이크 대관람차, 아리마 온천 긴노유·킨노유 등 인기 관광시설 33곳을 이용할 수 있는 베이식 1·2일권과 48곳을 이용할 수 있는 프리미엄 1·2일권 4종류가 있다. 프리미엄엔 고베항 크루즈과 누노비키 허브 정원을 비롯해 롯코산과 마야산 왕복 케이블카, 롯코산 관광시설 이용도 포함돼 있다. 어린이용은 따로 없다.

PRICE 베이식: 1일권 2500엔, 2일권 3900엔/프리미엄: 1일권 4500엔, 2일권 7200엔
WHERE 국내 취급 여행사, 고베시 종합 안내소(JR 산노미야역), 고베시 공식 여행 가이드 홈페이지 등
WEB www.feel-kobe.jp/ko/smartpass/

롯코산 투어리스트 패스
Rokkosan Tourist Pass

롯코산 여행 시 유용한 외국인 관광객 전용 패스. 롯코 케이블카 탑승 지점을 오가는 고베 시버스 16·26·106번 왕복권, 롯코 케이블카 왕복권, 롯코 산조 버스 1일권이 포함돼 있다. 자세한 내용은 홈페이지 확인.

PRICE 1900엔
WHERE 국내 취급 여행사, 간사이 국제공항 관광안내소
WEB www.rokkosan.com/top/ticket/?lang=ko

소도시에서 유용한 패스

고야산 세계유산 티켓
Koyasan World Heritage Ticket

난카이 전철 주요 역~고야산역 왕복권 및 고야산 버스 2일 자유승차권, 고야산 명소 입장료 등에 관한 각종 할인권으로 이루어진 패스다. 연속 2일간 사용할 수 있으므로 고야산에서 1박 할 때 특히 유용하며, 여러 도시를 거치지 않고 고야산과 오사카 난바만 오갈 경우 간사이 레일웨이 패스 대신 사용하기 좋다. 홈페이지에서 디지털 티켓 구매 시 QR 코드로 이용 가능.

PRICE 3140엔/난바역 출발 기준
WHERE 난카이 전철 주요 역(간사이공항역·난바역·신이마미야역·덴가차야역 등)
WEB www.howto-osaka.com/kr/ticket/koyasan/

아리마 온천 다이코노유 패키지 티켓
Arima Onsen Taikou-no-yu Package Tickets

오사카·교토·고베~아리마온센 구간 왕복 열차표(한큐 전철 또는 한신 전철 중 선택)와 다이코노유(516p) 입장권이 포함된 패키지 티켓. 오사카에 숙소를 두고 열차로 왕복하면서 당일치기 온천을 즐기기에 좋다. 국내 취급 여행사에서 구매 시 현지에서 실물 티켓으로 교환해야 한다.

PRICE 한큐 전철판 3000엔, 한신 전철판 2800엔
WHERE 국내 취급 여행사, 한큐 투어리스트 센터 오사카·우메다, 한큐 교토 관광안내소, 한신 전철 오사카우메다역 역장실 등
WEB enjoy-osaka-kyoto-kobe.com/ko/ticket

와카야마 관광 티켓
和歌山 観光きっぷ

오사카와 와카야마를 당일 왕복할 때 유용한 패스다. 티켓 발매역~난카이 전철 와카야마시역 왕복 할인 승차권, 와카야마 시내버스 1일권, 와카야마시역과 연결된 쇼핑몰 식당가 500엔 쿠폰이 주어지며, 와카야마성 천수각 입장 할인을 비롯한 다양한 관광시설과 맛집, 기념품점 할인 혜택이 있다. 홈페이지에서 디지털 티켓 구매 시 QR 코드로 이용 가능.

PRICE 2080엔(6~11세 1040엔)/특급 사잔 지정석 이용 시 2600엔(6~11세 1310엔)
WHERE 난카이 전철 난바역(2층 서비스 센터, 3층 특급권 발매소), 신이마미야역, 덴가차야역 등
WEB www.nankai.co.jp/traffic/otoku/wakayama_kanko.html

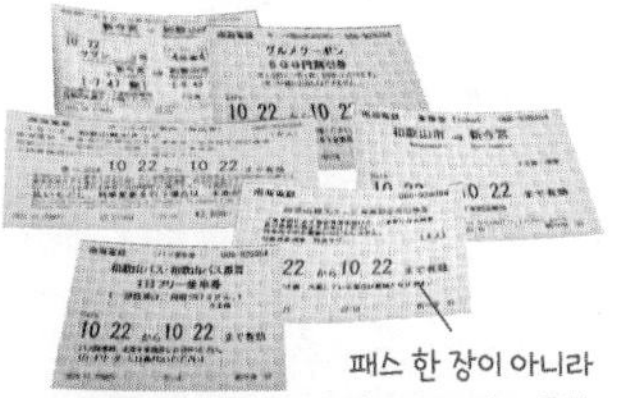

패스 한 장이 아니라 티켓이 여러 장 제공된다.

고야산 케이블카

와카야마성

이코카·컨택리스 카드 활용하기

다양한 대중교통과 환승 시스템이 발달한 간사이 여행에선 우리나라의 티머니 교통카드와 비슷한 충전식 IC 카드를 활용해보자. 간사이에서 발급 가능한 이코카 외 도쿄에서 발급받은 파스모·스이카 실물 카드 및 모바일 카드도 사용할 수 있다. 컨택리스 신용카드·체크카드가 있다면 대중교통 이용이 더욱 편리하다.

간사이 대표 IC 카드
이코카 ICOCA

각종 대중교통 이용 시 카드 터치만으로 교통비를 결제하고 이동할 수 있다(버스 이용 시 다인승 승차 가능). 편의점, 식당, 백화점 등 'ICOCA' 마크가 붙은 가맹점에서도 전자 화폐로 사용할 수 있고 잔돈이 생기지 않는 것도 장점. 한 번 발급해두면 간사이뿐 아니라 일본 대부분 지역에서 두고두고 활용하기에 좋다.

■ 구매하기

간사이 공항 및 JR·지하철·사철 각 역의 'ICOCA' 마크가 붙은 티켓 자동판매기에서 쉽게 살 수 있다. 금액은 2000엔(보증금 500엔+초기 충전금 1500엔)이고 현금 결제만 된다. 출국 전 국내 취급 여행사에서도 구매 가능. 아이폰 소지자는 실물 카드 없이 기본 앱 '지갑'에 추가해 사용할 수 있고, 이미 실물 카드가 있을 경우 애플페이에 등록하면 보증금까지 전액 이체된다.

JR 간사이공항역에 있는 이코카 구매·환불 기기

JR 역 중엔 IC 카드 전용 충전기가 설치된 곳도 있다.

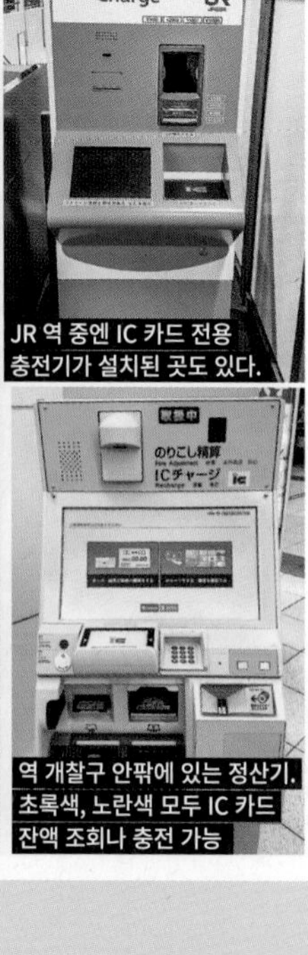

역 개찰구 안팎에 있는 정산기. 초록색, 노란색 모두 IC 카드 잔액 조회나 충전 가능

■ 잔액 확인하기

IC 마크가 붙은 역 내 티켓 자동판매기, 충전기, 정산기 등에서 잔액을 확인할 수 있다. 일본 교통카드 잔액 확인 앱을 다운받으면 스마트폰으로도 확인할 수 있다.

■ 충전하기

IC 마크가 붙은 역 내 티켓 자동판매기, 충전기, 정산기 및 편의점, 세븐뱅크 ATM 등에서 최대 2만엔까지 충전할 수 있다. 1000엔, 2000엔, 3000엔, 5000엔, 1만엔 단위(한큐 전철 노선은 10~990엔도 가능)로 할 수 있고 현금 결제만 된다. 편의점에서는 직원에게 카드를 내밀면서 "차지 오네가이시마스(チャージお願いします, 충전 부탁합니다)"라고 하거나, 기기에서 직접 충전한다. 실물 카드 없이 애플페이에 등록했다면 원하는 금액을 입력하고 신용카드나 선불카드(일부 제외)로 충전할 수 있다.

■ 환불하기

잔액을 환불받으려면 JR 주요 역 유인 티켓오피스에 찾아가거나, JR 간사이공항역과 교토역에 설치된 이코카 카드 환불 기기에서 카드를 반납한 후, 카드 잔액에서 수수료(220엔)를 제한 나머지 금액과 보증금(500엔)을 돌려받는다. 잔액이 220엔 이하일 땐 보증금만 환불되므로, 편의점 이용 등으로 잔액을 모두 소진하고 환불받아야 손해가 없다.

환불 금액 계산의 예

➡ 잔액이 1000엔일 때:
1000엔-220엔(수수료)+500엔(보증금)=1280엔

➡ 잔액이 200엔일 때: 500엔(보증금)

➡ 잔액이 0엔일 때: 500엔(보증금)

IC 마크가 있는 일본 전국 철도나 버스, 편의점 등에서 사용할 수 있다.

: WRITER'S PICK :

어린이용 이코카 카드 발급받기

6~11세 요금으로 자동 정산되는 어린이용 이코카 카드는 JR 간사이공항역 등 JR 주요 역 티켓오피스에 방문해 간단한 신청서 기재와 여권 제시 후 현금으로 결제한다(보증금 500엔+초기 충전금 1500엔). 유효기간은 만 12세가 되는 연도의 3월 31일까지다. 유효기간이 만료된 카드는 수수료 없이 잔액 환불받거나 어른용으로 교체한다.

제약 없이 간편한 파스모 PASMO

아이폰 사용자라면 파스모 앱을 통해 모바일 파스모 카드를 발급받을 수도 있다. 이코카와 다른 장점이라면 최소 금액 충전 없이도 발급 가능하다는 것. 이코카처럼 '지갑' 앱에 추가해 애플페이로 교통비를 결제할 수 있고 충전 방법도 동일하다.

WEB www.pasmo.co.jp/mp/app/start/

IC 카드도, 종이 티켓도 필요 없는

컨택리스 카드 결제 & 디지털 패스

최근 간사이 지방의 주요 사철과 오사카 지하철, 일부 버스 회사에서는 컨택리스 카드 결제와 디지털 티켓 시스템을 도입했다. 따라서 JR, 교토 버스·지하철 등 일부 교통기관을 제외하고 대중교통 이용 시 IC 카드나 종이 티켓을 구매하지 않고도 전용 개찰기를 통해 빠르게 통과할 수 있게 됐다.

카드 1장이면 만사 OK 컨택리스 카드 Contactless Card

컨택리스 신용카드·체크카드가 있다면 티켓을 끊지 않고 전용 개찰기로 통과할 수 있고, 다른 노선 간 환승도 가능하다. 오사카 지하철, 간사이 4대 사철(한큐·한신·긴테쓰·난카이 전철), 오사카 모노레일, 고베 지하철 등에서 컨택리스 카드를 사용할 수 있으며, 2025년 3월부터는 간사이 전역의 780개 역으로 확대된다. 현재는 VISA, JCB, American Express와 같은 일부 신용카드사만 결제 가능하지만, 향후 Master 등도 포함될 예정이다.

컨택리스 카드로 역 개찰기를 통과할 땐 성인 요금으로만 적용되고 다인승 승차는 되지 않는 점을 참고하자. 일부 버스는 터치하기 전 운전기사에게 미리 말하면 어린이 요금 설정, 다인승 승차를 할 수 있다. 이용 요금은 이용일의 승하차 운임을 합산해 다음 날 일괄 청구된다.

컨택리스 카드 사용 가능 교통수단 안내(간사이 지역)
WEB q-move.info/region/kinki/

난카이 전철 간사이공항역에 있는 디지털 티켓 & 컨택리스 카드 결제(일명 터치 결제) 전용 개찰기

QR 코드로 무제한 승하차 디지털 티켓

스마트폰 앱 또는 웹페이지에서 디지털 패스를 구매하면, 역내 전용 개찰기에 QR 코드를 스캔하고 통과할 수 있다. 버스에서는 차내에 안내된 QR 코드를 카메라 앱으로 스캔해 티켓을 불러들인 다음, 하차 시 운전기사에게 티켓 화면을 보여주면 된다. 티켓 종류는 오사카 주유 패스, 오사카 e패스, 오사카 1일 승차권, 한큐 1day 패스 같은 여행자용 패스와 난카이 전철 특급 라피트 티켓 등이 있다. 국내 취급 여행사, 스룻토 쿠룻토(app.suruttoqrtto.com) 등에서 판매한다.

환전 & 현지 결제 노하우

2020 도쿄 올림픽과 2025 오사카 엑스포를 계기로 간사이 지역에서도 다양한 카드와 페이 결제가 가능해졌다. 여전히 어느 정도의 현금은 필요하지만, 페이와 카드를 적절히 운용하면 한결 간편하고 스마트한 여행을 즐길 수 있다.

환전 & 현금 준비하기

신용카드와 페이 결제가 크게 늘었지만, 어느 정도의 현금은 준비해두는 게 좋다. 길거리 간식점뿐 아니라 시내의 대형 음식점 중에도 현금 결제만 고집하는 곳이 간혹 있고, 지방 소도시로 갈수록 현금 사용 빈도가 높아진다. 또한, 이코카나 파스모 등 IC 카드를 충전할 때, 캡슐토이를 뽑거나 음료 자판기를 이용할 때도 현금이 필요하다. 주거래 은행의 홈페이지나 앱에서 환전을 신청한 후 본인이 지정한 날짜에 지정한 지점에서 수령하면 최대 90%까지 환율 우대 혜택을 받을 수 있다. 공항에서 환전하면 시중 은행보다 비싼 환율이 적용된다. 환전은 지폐만 가능하며, 1000·2000·5000·1만엔권 4종이 있다.

신용카드·체크카드 준비하기

신용카드와 체크카드는 'VISA', 'Master' 등 해외 결제가 가능한 것으로 준비한다. 혹시 모를 오류에 대비해 서로 다른 카드를 준비하면 좋다. 떠나기 전 '해외 원화 결제 사전 차단 서비스'를 신청하는 것도 요령. 원화 결제 시 환전 비용이 이중으로 발생해 카드사에 따라 2% 안팎의 수수료가 부과된다. 대부분 가맹점에서는 별도의 본인 확인 절차 없이 신용카드 결제가 가능하지만, 만약을 위해 ❶ 카드 뒷면에 서명을 해두고(종이 영수증에 서명한다면 카드 뒷면의 서명과 같아야 한다), ❷ 여권과 카드의 영문 이름이 같은지 확인하고, ❸ 'International'이라고 적힌 국제카드인지 확인한다.

한국에서 쓰던 앱 그대로, 카카오페이 vs 네이버페이

한국에서 쓰던 카카오페이나 네이버페이를 결제 사업자만 알리페이플러스로 바꿔서 사용하는 방법이다. 원화-엔화 환전 시 매매기준율이 적용돼 은행 환전 수수료를 걱정하지 않아도 되고, 결제 수수료도 신용카드보다 저렴하다. 할인이나 쿠폰 증정 이벤트를 활용하면 더욱 쏠쏠. 알리페이플러스 로고가 붙은 편의점, 드럭스토어, 식당, 상점, 백화점, 자동판매기 등에서 사용할 수 있다.

카카오페이는 기존 카카오 계정으로, 네이버페이는 기존 네이버 계정으로 연동해 사용한다. 첫 사용 전에 은행 계좌를 연결해 포인트·머니를 충전해 두어야 하며, 이후에는 연결해 둔 계좌에서 자동 충전된다. 앱은 되도록 최신 버전으로 업데이트해둔다.

: WRITER'S PICK :

컨택리스 카드인지 확인하세요!

컨택리스 카드는 단말기 근처에 카드를 대면 결제가 이뤄지는 신용카드·체크카드다. 교통카드처럼 빠르고 간편하게 결제할 수 있는 데다, 도쿄, 오사카, 고베, 후쿠오카 등 일본 대도시 대중교통수단에서 국내에서 쓰던 컨택리스 카드(일부 제외)를 그대로 사용할 수 있어서 일본 여행 필수템으로 자리 잡았다. 카드 뒷면과 결제 단말기에 와이파이 신호와 유사한 마크가 있다면 컨택리스 기능이 탑재된 카드 & 단말기다.

일본 여행 필수템, 트래블 카드

최근 몇 년 사이 해외여행객들 사이에선 트래블 카드가 필수 준비물로 자리 잡았다. 트래블 카드의 최대 장점은 환전 수수료, 해외 가맹점 결제 수수료, 해외 ATM 인출 수수료가 무료라는 것. 원하는 금액을 원하는 때에 간편하게 환전할 수 있는 데다 컨택리스 기능까지 포함돼 있어서 현지 결제나 대중교통 이용 시에도 편리하다.

➔ 트래블 카드 종류, 어떤 것이 있을까?

카드사와 핀테크 기업에서 경쟁적으로 출시 중인 트래블 카드는 무려 10여 종에 달한다. 트래블 카드는 '연회비가 없는 체크카드'와 '연회비가 있는 대신 각종 혜택이 추가된 신용카드'로 나뉘는데, 현재는 신용카드보다 체크카드 발급율이 현저히 높은 편이다.

● 대표적인 트래블 카드

하나카드 트래블로그, 신한 SOL 트래블, 트래블월렛 트래블페이, KB 국민 트래블러스, 우리카드 위비트래블, 토스뱅크 외화통장

➔ 어떤 카드를 발급받으면 좋을까?

트래블 카드의 주요 혜택은 같지만, 공항 라운지 이용 무료, 편의점 할인, 원화 재환전 수수료 무료 등 카드마다 세부 혜택은 가지각색이다. 일본에서 현금 인출 시 특히 편리한 세븐뱅크·이온뱅크 ATM 수수료 무료 여부, 출금 한도, 충전 한도, 해외 결제 한도, 연동 계좌, 컨택리스 기능 포함 여부 등도 확인한다. 또한, 글로벌 브랜드가 비자(VISA)이지 마스터(Master)인지에 따라서도 활용도가 다르니, 내게 맞는 카드를 살펴보고 2개 이상 발급받는 것도 좋은 선택이다.

: WRITER'S PICK :

현금 환전도 필요해요

트래블 카드가 여러모로 편리하긴 하지만, 카드 분실이나 인식 오류 등의 돌발 상황에 대비해 어느 정도의 현금은 환전해 지갑에 넣고 가는 것이 안전하다.

체크카드 사용 시 주의할 점

체크카드는 결제 취소 후 환불받기까지 최소 7일, 최대 한 달 이상 소요되기 때문에 해외 결제 시에는 특히 신중해야 한다. 또한 컨택리스 기능으로 현지 대중교통 이용 시, 교통비가 청구될 때까지(승차일 다음 날) 일정 금액을 반드시 외화통장에 보유하고 있어야 한다.

ATM 사용법

➔ 세븐뱅크 セブン銀行 SEVEN Bank

공항, 역, 쇼핑몰, 세븐일레븐 편의점 등에서 쉽게 볼 수 있고 한국어를 지원해 편리하다. 출금 계좌를 선택하는 화면에서 '건너뛰기'(카드 종류에 따라 다를 수 있음)를 누르고 비밀번호 4자리수 외에 남은 자리를 0으로 채워서 입력한다. 구글맵에서 '세븐일레븐' 또는 'seven bank atm'이라고 검색하면 ATM의 위치가 나온다.

➔ 이온뱅크 イオン銀行 AEON Bank

공항, 주요 역, 미니스톱, 이온몰 등에 설치돼 있고, 한국어 또는 영어를 지원한다. 비밀번호 4자리수 외의 남은 자리를 0으로 채우고, 출금계좌는 '보통 예금 계좌'(영어 화면일 경우 'International Cards')를 선택한다. 구글맵에서 'aeon bank atm' 또는 일본어로 검색한다.

이온뱅크 & 세븐뱅크 ATM

간사이 숙소별 특징

일본에서 가장 외국인 관광객이 많이 방문하는 간사이 지역에는 다양한 가격대와 특징을 가진 숙소들이 자리한다.
내 여행 일정에 적합한 숙소는 어떤 타입인지 찾아보자.

비싼 만큼 모든 면이 수준급, 고급 호텔

입지 좋은 고급 호텔은 보통 1박에 2~4만엔대다. 가격보다는 쾌적함과 편리함을 최우선으로 할 때 선택한다. 객실 종류와 뷰가 다양하므로, 취향에 따라 선택한다. 미취학 아동에게 추가 요금 없이 간이침대를 제공하는 곳도 있다. 대개 체크인은 오후 3시부터, 체크아웃은 오전 11시경이다.

센타라 그랜드 호텔 오사카

평범하지만 저렴하고 깔끔! 시티 호텔 & 비즈니스 호텔

출장 온 직장인, 저렴한 가격에 호텔에 머물고 싶은 여행자를 위해 만들어진 호텔이다. 역에서 도보 1~10분 이내로 가깝고, 시설이 깔끔한 데다 가격도 1인당 1만엔대로 저렴한 편이다. 조식 뷔페를 제공하는 곳이 많으며, 객실은 주로 싱글룸이다(더블룸이라도 매우 비좁다). 예약 시 금연 룸과 흡연 룸을 반드시 구분하자. 마찬가지로 체크인은 오후 3시, 체크아웃은 오전 11시경이다.

비아 인 신사이바시

오직 일본에서만 누릴 수 있는 휴식, 료칸

일본의 전통 숙박 시설인 료칸에서는 숙련된 종업원의 정중한 서비스와 함께 고급 코스 요리인 가이세키(会席) 요리를 1박에 2식(석식, 조식)씩 맛볼 수 있다. 객실은 다다미방인 화실과 서양식 방인 양실로 나뉘며, 개별 온천이 마련된 온천여관과 공동욕실을 사용하는 일반 여관으로 구분된다. 가격은 1박에 보통 2~3만엔대지만, 서비스 수준에 따라 1~10만엔대까지 다양하다.

온천도 즐길수 있는 4성급 호텔,
아리마 온천 효에코요카쿠

저렴한 가격에 신선한 경험, 게스트하우스

여럿이 함께 이용하는 숙박시설이다. 1~2인실도 있지만, 대부분 4~6인 이상이 함께 방을 사용하는 도미토리 형태다. 화장실, 욕실, 주방, 거실은 모두 공동으로 사용한다. 가격은 하룻밤에 4000~5000엔대. 간사이 지방에는 여성 전용 게스트하우스도 상당히 많다. 다른 숙박 시설보다 저렴한 가격에 세계 각국의 여행자와 쉽게 어울리며 여행 정보를 공유할 수 있는 것이 장점이다.

J-호퍼스 오사카 유니버설

내 집 같은 편안함, 레지던스 & 아파트먼트

주방과 세탁시설이 딸린 숙박시설. 어린아이와 함께 묵거나 일주일 이상 여행할 때, 프라이빗한 여행을 즐기고 싶을 때 머무르기 좋다. 건조 기능을 갖춘 욕실 또는 건조기가 있는지 확인하고, 주변 소음 여부도 체크해보자. 바닥 난방 시설은 대부분 없다. 프런트에 직원이 없는 숙박시설이 대부분이어서 미리 도어락 비밀번호 등을 안내받아 셀프 체크인·체크아웃한다.
예약은 숙박 예약 대행 사이트나 에어비앤비(airbnb.co.kr)를 통해 할 수 있다. 단, 에어비앤비는 개인과 개인을 중계하는 사이트인 만큼 문제 발생의 확률도 높다. 이용 후기나 호스트의 정보를 꼼꼼히 살펴보고 예약하자.

미마루 교토 호리카와 롯카쿠

씻고 잠만 자는 1인용 숙소, 캡슐 호텔

1평 남짓한 공간에 침구, TV, 냉난방 시설 등이 갖춰진 숙박시설이다. 하룻밤에 4000~5000엔대로 저렴한 가격에 잠만 자려는 여행자에게 인기가 높다. 게스트하우스보다 역세권에 있어서 교통이 편리한 것도 장점. 공동으로 사용하는 욕실과 화장실에는 무료 어메니티가 갖춰져 있고 남녀 전용층이 구분돼 있으며, 여성 전용 캡슐 호텔도 있다.

퍼스트 캐빈 미도스지 난바

: WRITER'S PICK :

호텔 객실 타입 알아보기

- **싱글룸** Single Room 1인실
- **더블룸** Double Room 2인실(더블베드 x 1)
- **세미 더블룸** Semi Double Room 2인실 (더블베드보다 작은 침대 x 1)
- **트윈룸** Twin Room 2인실(싱글베드 x 2)
- **트리플룸** Triple Room 3인실(싱글베드 x 3)
- **쿼드룸** Quad Room 4인실 (싱글베드 x 4 또는 더블베드 x 2)
- **스탠다드 & 수페리어** Standard Superior 가장 기본적인 객실
- **디럭스** Deluxe 스탠다드 & 수페리어보다 넓은 객실
- **주니어 스위트** Junior Suite 1개의 침실과 거실이 구분된 객실
- **스위트** Suite 2개의 침실과 거실이 구분된 객실

*호텔에 따라 명칭은 다를 수 있음

럭셔리 vs 가성비
신규 오픈 호텔

2025년 세계 엑스포를 맞이해 오사카와 교토에는 중저가 호텔부터 럭셔리한 대형 호텔까지 앞다투어 오픈했다. 최근 1~2년 사이 오픈·리뉴얼한 호텔, 2025년 내 오픈 예정인 신규 호텔 정보를 체크해두자.

* 요금은 2인 1실 세금 포함 기준

오사카

호텔명 / 홈페이지	특징	요금	교통	오픈
5성급				
월도프 아스토리아 오사카 Waldorf Astoria Osaka www.hilton.com	우메다 신명소, 그랜드 그린 오사카 남관 상층부에 위치. 전망과 인테리어가 탁월하다.	디럭스룸 킹베드 18만엔~	JR 오사카역 도보 3분	2025년 4월
큐베 J2 호텔 오사카 바이 온코치신 Cuvée J2 Hôtel Osaka by 温故知新 by-onko-chishin.com	세계 최초의 샴페인 호텔. 11개 샴페인을 테마로 한 11개 객실이 자랑	디럭스 트윈룸 5만엔~	지하철 신사이바시역 도보 6분	2024년 1월
캡션 바이 하얏트 난바 오사카 Caption by Hyatt Namba Osaka www.hyatt.com	하얏트 그룹의 개성 강한 라이프 스타일 브랜드. 1층 토크숍이 포인트	싱글 베드 2개 2만9000엔~	지하철 니혼바시역 도보 5분	2024년 6월
오사카 스테이션 호텔, 오토그래프 컬렉션 The Osaka Station Hotel, Autograph Collection www.marriott.com	오사카 신명소 JP 타워에 위치. 30~38층 전 객실 전망이 훌륭하다.	시그니처룸 킹베드 7만7000엔~	JR 오사카역 도보 1분	2024년 7월
포시즌스 호텔 오사카 Four Seasons Hotel Osaka www.fourseasons.com	오사카 최초의 포시즌스 호텔. 일본 전통미와 모던 럭셔리의 만남	더블베드 2개 8만9000엔~	JR 오사카역 도보 10분	2024년 8월
캐노피 바이 힐튼 오사카 우메다 Canopy by Hilton Osaka Umeda canopy-osaka.hiltonjapan.co.jp	힐튼 그룹의 라이프스타일 브랜드. 오사카의 개성을 담은 인테리어	캐노피룸 트윈베드 4만4천엔~	JR 오사카역 도보 7분	2024년 9월
호텔 한큐 그랜 레스파이어 오사카 Hotel Hankyu GRAN RESPIRE OSAKA www.hankyu-hotel.com	한국인에게 인기인 한큐 레스파이어의 업그레이드 버전. 자연스러운 아늑함	스탠다드 더블 3만3000엔~	JR 오사카역 직결	2025년 3월
센타라 그랜드 호텔 오사카 Centara Grand Hotel Osaka centarahotelsresorts.com	태국 호텔 그룹 센트럴의 일본 최초 진출. 515개 객실과 태국식 스파	디럭스 트윈 4만엔~	난카이 전철 난바역 도보 4분	2023년 7월

호텔명 / 홈페이지	특징	요금	교통	오픈
4~4.5성급				
더블 트리 바이 힐튼 오사카성 DoubleTree by Hilton Osaka Castle doubletree-osaka-castle.hiltonjapan.co.jp	힐튼에서 급성장 중인 업스케일 브랜드. 오사카성과 가깝다.	트윈룸 2만6000엔~	지하철 텐마바시역 도보 5분	2024년 5월
칸데오 호텔 오사카 더 타워 Candeo Hotels Osaka The Tower www.candeohotels.com	최상층 노천탕으로 유명한 칸데오 호텔의 나카노시마 지점. 전망이 탁월하다.	디럭스 트윈 2만8000엔~	지하철 요도야바시역 도보 6분	2024년 7월
호텔 게이한 난바 그란데 Hotel Keihan Namba Grande www.hotelkeihan.co.jp	게이한 그룹의 지상 9층 규모 대형 호텔. 난바역과 근접	스탠다드 더블 2만2000엔~	난카이 전철 난바역 도보 6분	2023년 3월
칸데오 호텔 신사이바시 Candeo Hotels Osaka Shinsaibashi www.candeohotels.com	시몬스 침대와 칸데오 호텔 특유의 최상층 스파가 매력	킹베드룸 3만5000엔~	지하철 사이바시·난바역 도보 5분	2023년 11월
3~3.5성급				
소테츠 프레사 인 요도야바시 Sotetsu Fresa Inn Yodoyabashi sotetsu-hotels.com	지하철역이 코앞. 편안한 침대와 가습기 겸용 공기 청정기	스탠다드 더블룸 1만4000엔~	지하철 요도야바시역 도보 1분	2023년 2월
저스트 슬립 오사카 신사이바시 Just Sleep Osaka Shinsaibashi www.justsleephotels.com	대만의 디자인 호텔. 신사이바시, 아메리카무라와 가깝고 깔끔하다.	수페리어 더블 1만7000엔~	지하철 신사이바시역 도보 7분	2023년 3월
호텔 윙 인터내셔널 프리미엄 오사카 신세카이 Hotel Wing International Premium Osaka Shinsekai www.hotelwing.co.jp	쓰텐카쿠에서 도보 2분 거리의 뛰어난 접근성. 객실이 넓은 편.	스탠다드 더블룸 1만200엔	JR 신이마미야역 도보 5분	2023년 3월
포포인츠 플렉스 바이 쉐라톤 오사카 우메다 Four Points Flex by Sheraton Osaka Umeda www.marriott.com	메리어트가 운영하는 비즈니스호텔 체인. 구 유니조 호텔을 리브랜드	더블 1만5500엔~	한큐 전철 오사카우메다역 도보 4분	2024년 11월
호텔 산리엇 신사이바시 Hotel Sanrriott SHINSAIBASHI sanrriott-shinsaibashi.com	오사카식 조식과 과자, 크래프트 맥주가 있는 뉴트로 호텔. 2023년 6월 혼마치점도 오픈	스탠다드 트윈 7300엔~	지하철 신사이바시역 도보 10분	2024년 2월
더 비 남바 쿠로몬 the b namba-kuromon www.theb-hotels.com	닛폰바시역, 난바역, 구로몬 시장과 인접. 로비에서 무료 간식 제공	수페리어 트윈 2만2000엔	긴테쓰 전철 니혼바시역 도보 2분	2023년 6월
폴리오 사쿠라 신사이바시 오사카 Folio Sakura Shinsaibashi Osaka www.foliohotels.com	반얀트리 그룹의 신규 브랜드 폴리오 1호점. 컴팩트하고 세련된 인테리어, 뛰어난 입지	스탠다드룸 킹베드 1만8000엔~	지하철 나가호리바시역 도보 4분	2023년 6월
델 스타일 오사카 신사이바시 바이 다이와 로이넷 호텔 DEL style Osakashinsaibashi by Daiwa Roynet Hotel www.daiwaroynet.jp	모든 객실이 21㎡ 이상으로 넓은 편. 조식 뷔페 레스토랑 분위기가 좋다.	디럭스 더블 2만5000엔~	지하철 신사이바시역 도보 3분	2023년 10월

교토

호텔명 / 홈페이지	특징	요금	교통	오픈
5성급				
힐튼 교토 Hilton Kyoto www.hilton.com	교토 시내 중심부 위치. 300개 이상의 객실과 최상의 서비스	디럭스룸 5만600엔~	지하철 교토시야쿠쇼마에역 도보 1분	2024년 9월
식스 센스 교토 Six Senses Kyoto www.sixsenses.com	지속가능성, 웰빙 테마의 럭셔리 호텔. 교토의 사계를 담은 정원이 아름답다.	수페리어룸 킹베드 18만4000엔~	게이한 전철 시치조역 도보 10분	2024년 4월
반얀트리 히가시야마 교토 Banyan Tree Holdings www.banyantree.com	반얀 그룹의 일본 최초 리조트 호텔. 기요미즈데라 근처에 고즈넉하게 자리한다.	트윈룸 14만엔~	JR 교토역 택시 10분	2024년 7월
미쓰이 가든 호텔 교토 산조 프리미어 Mitsui Garden Hotel Kyoto Sanjo Premier www.gardenhotels.co.jp	미쓰이 가든 호텔의 프리미어 브랜드. 산조 거리의 근대 건축을 테마로 했다.	수페리어룸 5만4000엔~	지하철 가라스마오이케역 도보 3분	2024년 7월
두짓 타니 교토 Dusit Thani Kyoto www.dusit.com	태국 호텔 그룹 두짓의 일본 최초 진출. 태국 미슐랭 레스토랑과 최상의 서비스	디럭스킹 6만6000엔~	JR 교토역 도보 12분	2023년 9월
4~4.5성급				
더블 트리 바이 힐튼 교토역 DoubleTree by Hilton Kyoto Station www.hilton.com	구 다이와 로이넷 호텔을 리뉴얼. 교토역과 가깝다.	게스트룸 싱글베드 2개 2만8000엔~	JR 교토역 도보 5분	2024년 3월
민 산조 Minn三条 staytuned.asia	주방, 사우나를 갖춘 넓고 프라이빗한 30실. 교토 시내 5개 지점 보유	3인실 35㎡ 3만엔~	게이한 전철 산조역 도보 5분	2023년 10월
2.5~3.5성급				
호텔 트래블틴 교토 키야마치 Hotel Traveltine Kyoto Kiyamachi traveltinehotelkyoto.com	모던 재패니즈 스타일의 8타입 객실로 리뉴얼 재오픈. 번화가와 가깝다.	수페리어 트윈 2만1000엔~	한큐 전철 교토카와라마치역 도보 10분	2024년 6월
홈스테이 나기 산조 교토 Homm Stay Nagi Sanjo Kyoto www.hommhotels.com	반얀 그룹의 부티크 호텔. 가족 여행자에게 추천. 아라시야마점도 오픈	수페리어 트윈 3만6000엔~	지하철 가라스마오이케역 도보 7분	2024년 4월
다이와 로이넷 호텔 교토 하치조구치 Daiwa Roynet Hotel Kyoto-Hachijoguch www.daiwaroynet.jp	전 객실 리뉴얼 오픈. 합리적인 가격과 뛰어난 접근성	모더레이트 더블룸 2만7000엔~	JR 교토역 도보 4분	2024년 6월
스마일 호텔 교토 가라스마고조 Smile Hotel 京都烏丸五条 smile-hotels.com/	일본 비즈니스호텔 체인. 심플한 인테리어와 무난한 서비스. 미취학 아동 조식 무료	더블룸 1만8000엔~	지하철 고조역 도보 1분	2024년 3월
퍼스트 캐빈 교토 니조조 First Cabin Kyoto Nijojo en.first-cabin.jp	퍼스트 클래스 컨셉의 캡슐 호텔 체인. 침대, 금고, TV, 여성 전용룸 있음	이코노미 클래스 싱글베드 1개 5000엔~	지하철 니조조마에역 도보 8분	2023년 11월
인섬니아 교토 오이케 insomnia KYOTO OIKE www.inso-mnia.com	24시간 라운지 운영, 무료 음료, 편리한 교통	트윈룸 1만7000엔~	지하철 가라스마오이케역 도보 2분	2023년 9월
북 호텔 교토 구조 BOOK HOTEL 京都九条 bookhotelkyotokujo.com	2000권 이상 비치된 서가 이용. 1~2인용 컴팩트한 객실	트윈룸 1만4000엔~	지하철 구조역 도보 3분	2024년 3월

일본 숙소 예약 시 주의할 점

대략적인 여행 일정을 정하고 항공권을 구매했다면, 최대한 빨리 숙박 예약 대행 사이트를 통해 숙소를 예약한다. 인기 관광지인 간사이 지방은 출발 2~3개월 전에는 예약해야 20~30% 저렴한 가격에 원하는 방을 구할 확률이 높다. 특히 숙박비가 껑충 뛰는 벚꽃 시즌, 단풍 시즌, 방학, 연말연시 등 성수기에는 예약을 더욱 서두른다.

어디서 예약하면 좋을까?

온라인 숙소 예약 대행 사이트는 저마다 진행하는 할인 프로모션이 다르니, 여러 개의 예약 대행 사이트를 비교한 후 숙소를 결정하는 것이 좋다. 각 예약 대행 사이트와 제휴 이벤트를 진행하는 호텔은 물론이고 신규 오픈하는 아파트형 숙소 또한 특가 기간을 노리면 한층 저렴하다.

● 주요 숙소 예약 대행 사이트

부킹닷컴	booking.com
익스피디아	expedia.com
아고다	www.agoda.com
여기어때	www.goodchoice.kr
재패니칸	www.japanican.com

숙소 예약 시 체크해요

숙박 예약 대행 사이트는 각 호텔의 세부 규정들을 제대로 표시하지 못할 때가 있다. 특히 아이와 함께 투숙 시 나이와 인원수를 모두 입력하고 결제까지 마쳤는데도 추가 요금을 요구하거나 입실을 거부하는 경우가 있다. 따라서 예약 후에는 반드시 바우처를 꼼꼼히 확인하고, 우려되는 부분이 있다면 숙소에 직접 이메일을 보내 분쟁을 예방하자.

❶ 예약 전 회원가입은 필수

숙박 예약 대행 사이트에서 예약하는 경우 비회원 자격으로도 예약할 수는 있으나, 회원가입 후 예약해야 예약 및 문의 기록이 고스란히 남아서 분쟁 발생 시 수월하게 해결할 수 있다.

❷ 예약 인원 & 최대 투숙 인원 확인

예약 시에는 투숙 인원과 아동의 나이(생일 기준 만 나이)를 정확히 입력하고, 검색된 최대 투숙 인원(정원)의 결괏값이 내가 입력한 예약 인원에 준해 맞게 설정돼 있는지 확인한다. 의도치 않게 인원이 달리 표기된 바우처를 가져가면 투숙을 거절당할 수 있다. 통상 최대 투숙 인원은 만 6세 이상 기준이며, 숙박료가 무료인 5세 이하는 셈에서 제외된다. 단, 숙박 예약 대행 사이트에서는 저마다 다른 각 숙박업소의 규정이 세세히 안내돼 있지 않은 때가 많다. 헷갈린다면 호텔에 직접 문의 후 예약하자.

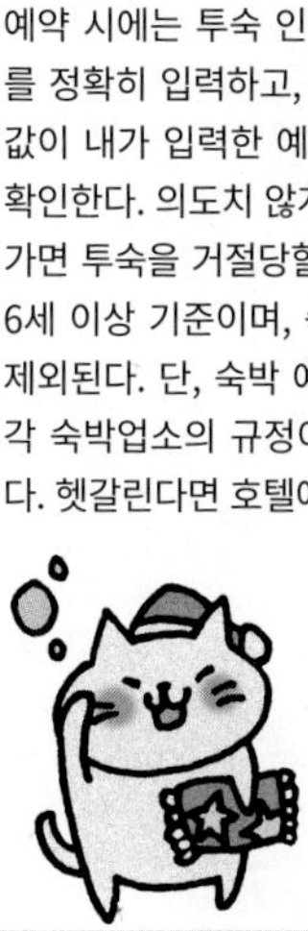

❸ 예약 취소·변경·환불 규정 체크

보통 체크인 7~14일 전에는 예약 취소가 무료이지만, 할인 폭이 큰 숙소는 환불 불가 등의 제약이 있을 수 있다. 혹시 모를 상황에 대비해 예약은 되도록 환불 가능한 룸으로 하는 게 좋고, 환불 불가능한 룸을 예약한 경우 호텔 또는 예약 사이트에 직접 이메일을 보내 환불 위약금에 대한 면제 요청을 할 수 있다. 간혹 운이 좋다면 위약금을 면제받기도 한다.

❹ 최종 결제 금액 확인

인터넷으로 예약을 진행하다 보면 초기 화면에 뜬 금액과 최종 결제 금액이 달라서 고개를 갸우뚱할 때가 있다. 초기 화면에서는 객실요금 외 추가 발생하는 부가세, 서비스 요금 등이 불포함된 경우가 많기 때문. 화면 곳곳을 꼼꼼히 검토해야 추가 항목 가격을 확인할 수 있다.

최종 결제 요금 = Ⓐ + Ⓑ + Ⓒ + Ⓓ

❶ 객실요금　　Ⓑ 객실요금의 부가세 10%

Ⓒ 서비스요금: 객실요금+부가세의 10~15%

Ⓓ 숙박세(도시세)*

*오사카와 교토만 해당. 오사카는 1박 요금이 1인 기준 7000엔 이상일 때 100~300엔(2025년 후반부터 5000엔 이상 200~500엔으로 인상 예정), 교토는 요금과 관계없이 1박당 1일 200~1000엔 과세

오사카의 지역별 숙소 찾기

숙소 위치는 여행 일정에 큰 영향을 끼치는 중요한 요소 중 하나! 다음에 소개하는 오사카의 지역별 특색을 알아보고, 내 여행 스타일에 맞는 곳이 어딘지 찾아보자.

1

쇼핑과 먹방에 진심이라면
우메다(오사카역)

간사이 국제공항에서 리무진 버스로 이동할 때나 교토나 고베를 왕복할 때 편리하며, 난바, 오사카성, USJ도 15분 이내에 환승 없이 갈 수 있다. 고층 오피스 빌딩이 밀집한 비즈니스 지구라 관광지는 적은 편이나, 대형 백화점과 쇼핑몰, 가성비 좋은 로컬 식당과 주점이 많아서 쇼핑과 먹거리를 즐기기 좋다. 고급 호텔이 많은 편이며, 난바보다 숙박료도 다소 비싸다.

2

딱 좋은 중간 지점
혼마치 & 요도야바시 & 기타하마

난바와 우메다 사이에 있는 지구. 혼마치역은 시내 한가운데를 남북으로 가로지르는 지하철 미도스지선을 비롯한 3개 노선이 통과해 교통이 편리하고, 요도야바시역과 기타하마역은 교토를 다녀올 수 있는 게이한 전철이 통과한다. 비즈니스 지구여서 밤에 특히 조용하고, 3성급 비즈니스호텔이 많이 분포했다. 직장인들의 단골 식당과 주점도 많다.

3

힙한 곳이 제일이라면
신사이바시 & 아메리카무라

젊은 층이 선호하는 트렌디한 로드숍과 편집숍, 카페, 주점 등이 모인 쇼핑 지역이다. 난바 파크스 쇼핑몰이나 다이마루 백화점과도 가깝고, 도톤보리도 도보권이다. 관광 중심부에서 적당히 거리가 떨어져 있으면서도 이동이 편리하고 쾌적한 숙박 환경을 지녔다는 것이 장점이다.

4

위치가 다 했다
난바 & 도톤보리

오사카 관광의 중심지로, 캡슐 호텔부터 고급 호텔까지 다양한 가격대의 숙소가 모두 모였다. 간사이 국제공항에서 직통 열차로 40~45분밖에 걸리지 않고, 주요 관광지가 숙소에서 도보 또는 지하철로 15분 이내라는 최적의 위치를 자랑한다. 다만 밤낮으로 붐비는 곳인 만큼 숙소 주변이 다소 복잡하고 소음이 많은 편이며, 인기 숙소는 금세 예약이 찬다.

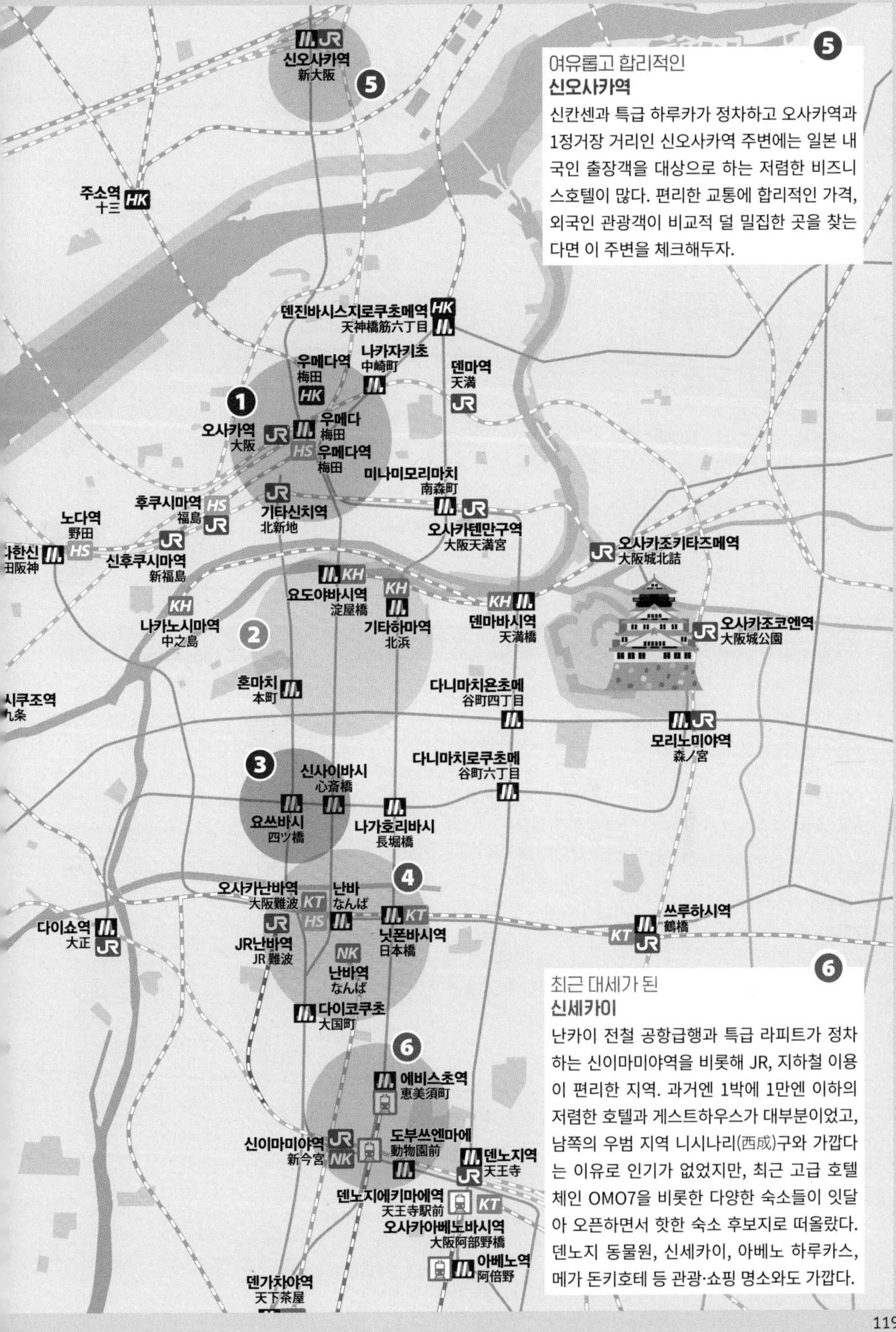

5

여유롭고 합리적인
신오사카역

신칸센과 특급 하루카가 정차하고 오사카역과 1정거장 거리인 신오사카역 주변에는 일본 내국인 출장객을 대상으로 하는 저렴한 비즈니스호텔이 많다. 편리한 교통에 합리적인 가격, 외국인 관광객이 비교적 덜 밀집한 곳을 찾는다면 이 주변을 체크해두자.

6

최근 대세가 된
신세카이

난카이 전철 공항급행과 특급 라피트가 정차하는 신이마미야역을 비롯해 JR, 지하철 이용이 편리한 지역. 과거엔 1박에 1만엔 이하의 저렴한 호텔과 게스트하우스가 대부분이었고, 남쪽의 우범 지역 니시나리(西成)구와 가깝다는 이유로 인기가 없었지만, 최근 고급 호텔 체인 OMO7을 비롯한 다양한 숙소들이 잇달아 오픈하면서 핫한 숙소 후보지로 떠올랐다. 덴노지 동물원, 신세카이, 아베노 하루카스, 메가 돈키호테 등 관광·쇼핑 명소와도 가깝다.

간사이 기본 정보

명칭 간사이(関西, Kansai)

화폐 엔화(¥, 円)

환율 100엔=930원(2024년 12월 현재 매매기준율)

인구 약 2035만 명(오사카시 약 280만 명, 교토시 약 144만 명, 고베시 약 150만 명)

면적 간사이 27,340km²(경상도보다 약간 작은 면적), 오사카시 605.2km²(부산보다 약간 작은 면적), 교토시 827.8km²(부산보다 약간 큰 면적)

시차 없음 **국가번호** 81

위치 일본 열도에서 가장 큰 섬인 혼슈(本州)의 서남쪽, 오사카부·교토부·효고현·시가현·나라현·와카야마현이 속한 2부 4현을 말한다. 미에현을 추가하여 긴키(近畿) 지방이라고도 한다.

전기 AC 100V/50Hz. 11자 모양의 2핀 플러그를 사용하므로 변환 플러그(돼지코)나 멀티 어댑터, 멀티 충전기 등이 필요하다.

일본의 공휴일(2025년)

1월 1일 설날
1월 13일 성년의 날 ★
2월 11일 건국기념일
2월 23일 일왕 생일
3월 20일 춘분 ★
4월 29일 쇼와의 날
5월 3일 헌법기념일
5월 4일 식목일
5월 5일 어린이날
7월 21일 바다의 날 ★
8월 11일 산의 날
8월 15일 오봉(보통 15일 전후 3~4일 연휴)
9월 15일 경로의 날 ★
9월 23일 추분 ★
10월 13일 스포츠의 날 ★
11월 3일 문화의 날
11월 23일 근로 감사의 날

★는 매년 날짜가 바뀜
*공휴일이 일요일과 겹치면 그다음 날인 월요일을 대체 휴일로 함
*매년 4월 29일~5월 5일 전후는 최대 10일간 연휴인 골든위크 기간임

일본의 통화와 신용카드

일본의 통화 단위는 엔(円)이며, ¥으로 표기한다. 지폐는 1000엔·2000엔·5000엔·1만엔 4종류가 있고, 동전은 1엔·5엔·10엔·50엔·100엔·500엔 6종류가 있다. 10엔·50엔·100엔짜리 동전은 버스나 자동판매기 등 쓰이는 데가 많으므로 가지고 다니는 것이 좋다.
쇼핑몰, 백화점, 고급 레스토랑, 호텔에서는 신용카드나 체크카드를 쉽게 사용할 수 있지만, 일반 식당이나 상점에서는 현금 결제만 가능한 곳이 있다.

일본의 연호

일본은 아직도 왕의 즉위를 기념하는 연호를 널리 쓰고 있다. 서기 645년에 '다이카'를 사용한 것이 시초이며, 메이지 이후부터 일왕의 대가 바뀔 때 연호가 바뀌었다. 현재까지 총 248개의 연호가 사용되었다.

일본어 표기	한국어 표기	서기(년)
大化元年	다이카 1년	645
⋮	⋮	⋮
明治元年	메이지 1년	1868
大正元年	다이쇼 1년	1912
昭和元年	쇼와 1년	1926
平成元年	헤이세이 1년	1989
令和元年	레이와 1년	2019
令和2	레이와 2년	2020
令和3	레이와 3년	2021
令和4	레이와 4년	2022
令和5	레이와 5년	2023
令和6	레이와 6년	2024
令和7	레이와 7년	2025

하루 필요 경비

항공권, 숙박료, 쇼핑비를 제외하고 입장료 1500~3000엔(유료 관광지 2곳 정도), 교통비 1000엔(한 도시에 머물며 대중교통 3~4회 이동), 식비 8000엔(한 끼당 2000~3000엔) 정도로 잡는다면 하루 경비를 1만엔 이상으로 예상할 수 있다. 패스를 구매해서 사용한다면 패스 비용 외에 교통비는 0엔이 들 수 있고, 유료 관광지 입장을 자제한다면 좀 더 저렴하게 여행할 수 있다.

오사카 VS 한국 물가 비교

※100엔(￥)=930원(2024년 12월 매매기준율 기준)

생수(500ml)
약 110엔(약 1030원)
한국 약 950원

녹차(600ml)
약 150엔(약 1400원)
한국 약 2000원

맥도날드 빅맥 세트
780엔(약 7290원)
한국 7200원

스타벅스 아메리카노(Tall)
475엔(약 4440원)
한국 4500원

맥주(350ml, 편의점 기준)
약 230엔(약 2150원)
한국 2500~3000원

지하철 기본요금(현금 결제 시)
오사카 190엔(약 1780원) 서울 1400원(카드)

버스 기본요금
오사카 210엔(약 1960원) 서울 1500원

택시 기본요금(소형)
오사카 600엔(약 5600원) 서울 4800원

스마트폰 데이터 서비스

이심(eSIM)

출고 때부터 휴대폰에 내장된 디지털 심을 사용하는 방법. 듀얼심(이심+본심)을 활용해 한국 번호 그대로 사용하고 용도도 구분할 수 있다. 단, 이심 기능이 탑재된 기종만 사용 가능. 데이터 구매 후 이메일로 받은 QR 코드를 촬영하고 몇 가지 설정만 변경하면 되는데, 현지 도착 후 스마트폰을 켜야 활성화된다. 5일간 1일 1GB씩 사용 시 7000~8000원선.

데이터 로밍

각 통신사에서 제공하는 무제한·기간형 서비스. 로밍 요금제 가입 후 핸드폰을 껐다가 해외 도착 후 다시 켜서 데이터를 사용한다. 한국 번호 그대로를 사용해서 문자 메시지 수신·발신과 전화 수신이 자유로우며, 다양한 요금제와 옵션 중 약간의 추가 요금으로 데이터를 공유하는 가족·지인 결합 상품이 특히 경제적이다. 각 통신사 앱과 홈페이지, 고객센터(무료, 현지에서도 가능)에서 가입한다.

유심(USIM)

기존 휴대폰의 심카드와 교체해서 데이터를 사용하는 방법. 사용 기간과 용량에 따라 가격이 다양한데, 4일간 1일 2GB씩 사용 시 9000원선이다. 해외보다는 국내에서 구매해 집이나 공항에서 수령하는 방법이 가장 저렴하다. 유심 교체 후 한국 번호는 사용 불가. 앱을 통해 문자나 전화를 수신한다.

포켓 와이파이

휴대용 Wi-Fi 수신기를 대여하는 방법. 사용 기간과 용량에 따라 가격이 다양한데, 1일 2GB씩 사용 시 3000원선이다. 수신기 1대로 여럿이 데이터를 공유할 수 있어서 여러 대의 스마트 기기를 사용할 때 효율적이다. 단, 수신기를 늘 소지해야 하고 배터리 방전에 주의한다. 일행이 흩어질 때를 대비해 이심, 유심 등 타 데이터 서비스와 함께 사용하기도 한다.

간사이 월평균 기온과 강우량

간사이 지방은 사계절이 뚜렷하고 우리나라와 연평균 기온이 비슷하다.
다만 여름엔 우리나라보다 습도가 높아 무더운 편이고, 늦여름과 초가을 무렵엔 태풍에 유의해야 한다.
겨울엔 영하로 내려가는 일이 거의 없고 우리나라보다 따뜻해 여행하기 좋지만, 분지 지형인 교토는
바람이 많이 불고 체감온도가 낮으니 옷을 잘 챙겨가자. 최적의 여행 시기는 우리나라와 마찬가지로 봄과 가을이다.

월평균 최고 기온(°C) 월평균 최저 기온(°C) 월평균 강우량(mm)

*일본 기상청 통계 자료(1991~2020년 평년값)

오사카

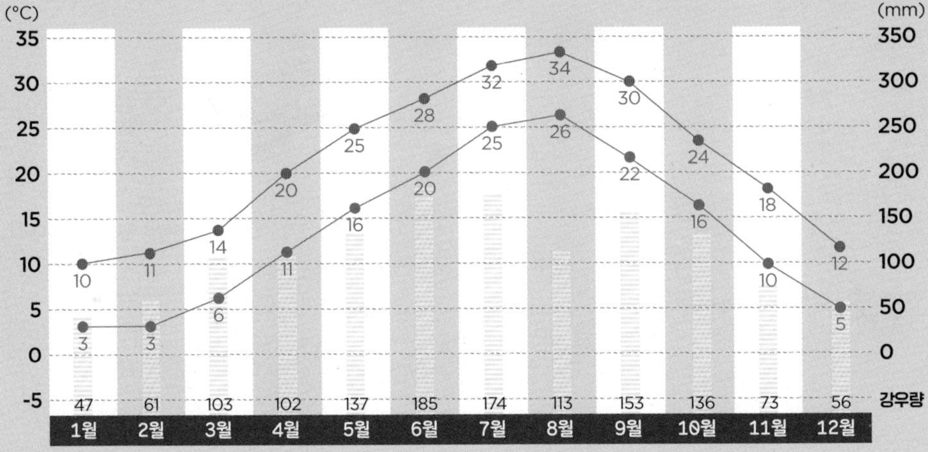

교토

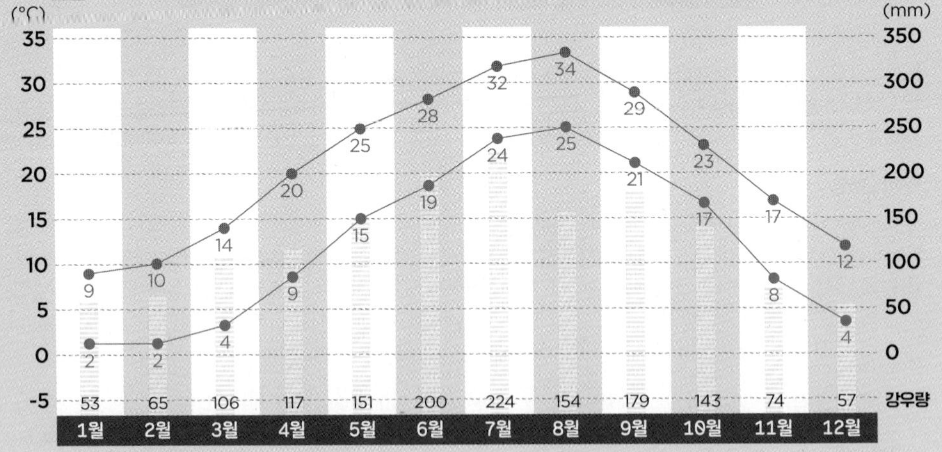

: WRITER'S PICK :

간사이 지방 날씨 실시간 확인하기

간사이 지방의 실시간 날씨는 아래 소개한 홈페이지에 접속해 알아볼 수 있다. 여러 곳을 비교해가면서 체크하면 좀 더 도움이 된다.

일본 기상청 www.jma.go.jp | **웨더뉴스** weathernews.jp | **덴키** tenki.jp

+MORE+

간사이 여행 시즌 토막상식

간사이 여행 성수기는 언제?

벚꽃이 활짝 피는 3월 말~4월 초, 골든위크(GW) 기간인 4월 말~5월 초, 단풍이 붉게 물드는 11월 말~12월 초는 최고 인기 시즌. 이때는 명소마다 문화재 특별 공개나 야간 라이트 업 이벤트가 봇물 터지듯 열린다. USJ와 같은 엔터테인먼트 명소는 여름·겨울방학 기간에 특히 붐빈다. 교토는 무덥고 습한 7월에도 한 달 내내 기온 마츠리(342p)로 극성수기를 이룬다.

장소별 피해야 할 기간은?

한여름 오사카성과 히메지성은 그늘 될 만한 곳이 없어 노약자는 특히 주의해야 한다. 1~2월 바닷가 도시들과 교토 시내는 제법 추우니 방한복이 필수다. 우지, 오하라, 아라시야마 등 산과 강으로 둘러싸인 교토 교외 지역은 한여름에도 제법 시원하지만, 겨울에 고베 마야산이나 롯코산 야경을 감상한다면 칼바람을 조심하자. 나라 공원은 겨울이면 빛이 바래 실망할 수 있다.

불시에 찾아오는 최저 기온!

날이 더우면 옷을 걷거나 벗으면 되지만, 추우면 예정에 없던 옷을 사야 하는 경우가 발생한다. 특히 일교차가 매우 큰 봄·가을에는 급격히 최저 기온으로 떨어지기도 하니, 카디건, 점퍼 등을 꼼꼼히 챙기는 게 현명하다. 참고로 6월은 장마, 8월 말~10월 초는 태풍이 복병이다.

간사이 여행 시즌별 체크 포인트

봄

벚꽃은 4월 중순까지!
일교차가 제법 커요.
스카프나 카디건을
준비하세요.

여름

6월은 장마, 9월까지 습도
높은 무더위가 이어져요.
태풍도 조심! 선크림과
선글라스, 우산은 필수!

가을

맑고 청량한 날씨가
12월 초까지 쭉쭉! 단풍철
야간 개장에 맞춰 간다면
겉옷을 챙겨가세요.

겨울

우리나라보다 따뜻하지만
체감온도가 급격히 떨어질
때가 있어요. 적당한
두께감의 패딩을 준비!

간사이 긴급 연락처

외교부 여권 안내

WEB passport.go.kr

외교부 해외안전여행 영사콜센터(24시간)

TEL 한국에서 02-3210-0404
일본에서 로밍 휴대폰 이용 시 +82-2-3210-0404(유료)
일본에서 유선 전화 또는 휴대폰 이용 시
010-800-2100-0404(1304),
00531-82-0440(자동 콜렉트 콜)

APP 플레이스토어 또는 앱스토어에서 '영사콜센터'를 검색 후 '영사콜센터 무료전화앱'을 설치하면 무료 상담전화 및 카카오톡 상담 가능

WEB 0404.go.kr

주오사카 대한민국 총영사관

GOOGLE MAPS 주오사카 대한민국 총영사관
ADD 2-3-4 Nishishinsaibashi Chuo Ward, Osaka
TEL 06-4256-2345/오픈 시간 외 090-3050-0746
OPEN 09:00~16:00/토·일요일·우리나라 및 일본 공휴일 휴무
WALK 지하철 난바역 25번 출구에서 도보 약 4분/신사이바시역 7번 출구에서 도보 약 5분
WEB overseas.mofa.go.kr/jp-osaka-ko/index.do

현지 긴급 연락처

경찰 110 화재/구급차 119 해난사고 118

한국어 가능 병원 안내

WEB www.jnto.go.jp/emergency/kor/mi_guide.html

현지에서 바로 써먹는 구글맵 앱 활용법

일본 여행의 필수 앱인 구글맵. 구글맵의 길 찾기 기능을 이용하면 헤맬 일이 없고, 가고 싶은 곳을 즐겨찾기(저장) 해두거나 맛집 찾기도 수월하다. 아래 예시를 살펴보면서 구글맵 길 찾기를 익혀보자.

구글맵으로 목적지 찾아가기

예시) 오사카 JR 오사카역 ⇒ 교토 기요미즈데라

Step 1 JR 오사카역에서 교토의 인기 관광지인 기요미즈데라까지 가려고 출발지와 도착지를 검색한 결과다. JR, 한큐 전철, 버스, 도보 등이 조합된 여러 경로가 나온다. 이용하는 패스의 종류, 도보 이동 시간, 총 소요 시간, 요금 등을 고려해 경로를 선택한다.

Step 2-1 추천 경로 중 첫 번째 경로를 선택한 화면이다. 탑승 승강장, 출구와 가장 가까운 승차 위치, 환승할 버스와 정류장 개수, 도착 시간, 요금 등이 상세하게 안내된다.

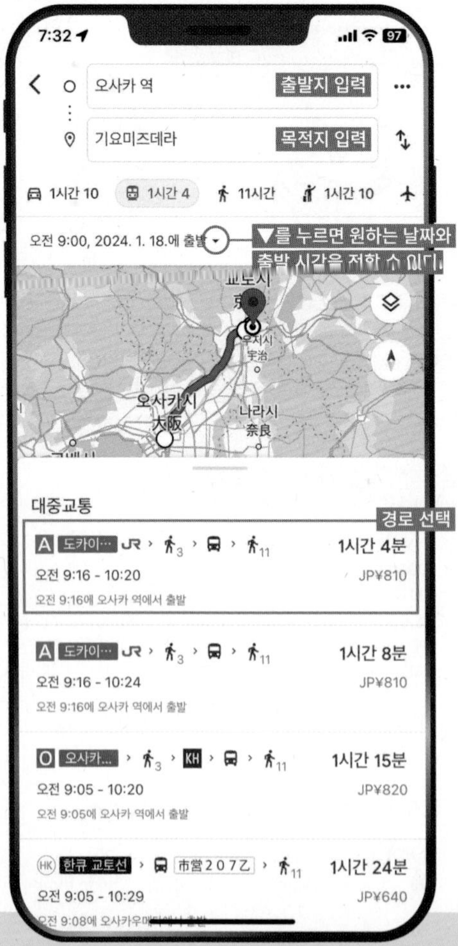

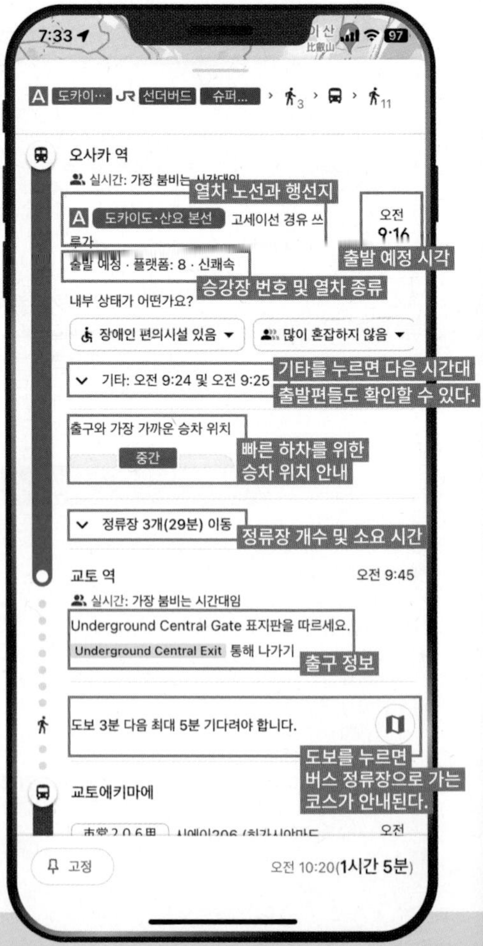

Step 2-2 교토역에 내린 후 버스로 환승하는 방법으로 이어진다.

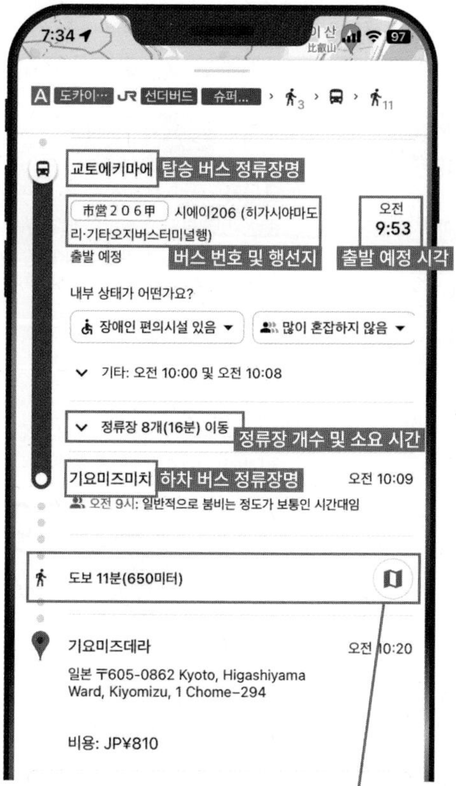

Step 3 도보를 누르면 도보 코스가 안내된다.

➔ 자동 환승 알아보기

사철 왕국 간사이에서 구글맵으로 경로를 검색하다 보면 '탑승한 채로 이동(자동 환승)'이라는 문구가 떠서 고개를 갸우뚱할 때가 있다. 이는 운영 회사가 다른 두 노선이 특정 구간에서 상호 직통운행(148p)하거나, 운영 회사가 같더라도 중간에 노선이 바뀌는 경우로, 이용객은 도중하차해 갈아탈 필요가 없으니 안심해도 된다.

오사카~고베 구간:
긴테쓰 나라선 + 한신 난바선 + 한신 본선
3개 노선이 운행한다.

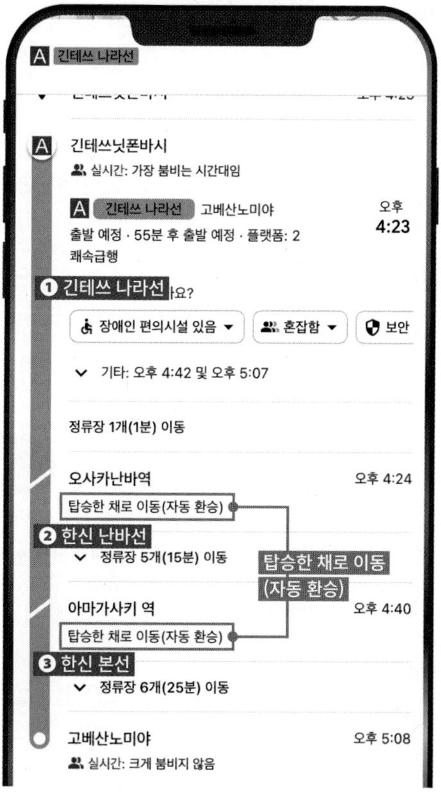

간사이 축제 캘린더

간사이는 거의 일 년 내내 다양한 축제와 이벤트가 열린다.
여행 전 일정과 맞는 이벤트를 체크한다면, 오직 그 계절에만 누릴 수 있는 여행의 즐거움이 배가된다.

2025년 기준 ★는 매년 바뀜, ✲은 꼭 챙겨보세요!

1월

오사카

9~11일 도오카에비스 마츠리(신이마미야·호리카와 에비스 신사에서 상업 번창을 기원하는 축제)

고베

19~28일 고베 루미나리에(구거류지·히가시유엔치 공원, 메치켄 파크에서 열리는 환상적인 일루미네이션 축제) ★✲

나라

25일 와카쿠사산 야마야키(겨우내 얼어붙은 잔디를 태우는 나라 공원 불의 축제) ★

2월

오사카

중순~3월 중순 반파쿠 기념공원 매화 축제 ★

교토

25일 기타노 텐만구 매화 축제

고베

5일 전후 난킨마치 춘절제 ★✲

3월

오사카

중순 닛폰바시 스트리트 페스타(덴덴타운에서 열리는 일본 최대 규모 코스프레 축제) ★✲

하순~4월 중순 반파쿠 기념공원 벚꽃 축제 ★

나라

1~14일 슈니에(나라 시대부터 전해온 도다이지·니가츠도의 전통 행사)

4월

오사카

13일~10월 13일 오사카·간사이 엑스포

초순 오사카성 공원 니시노마루 정원 라이트 업 ★✲

중순 오사카 조폐박물관 벚꽃 축제 ★

교토

초순 교토 전역 벚꽃놀이 ★

고베

초순 히메지성 벚꽃 축제 ★

5월

오사카

3~5일 나카노시마 마츠리

중순 우츠보 공원·반파쿠 기념공원 장미 축제 ★

교토

1일~9월 30일 가모가와 노료유카(가모 강변 야외 테라스에서 즐기는 교토 요리 축제)

15일 아오이 마츠리(1400년 역사의 교토 3대 축제 중 하나. 교토 고쇼~시모가모 신사~카미가모 신사에서 헤이안 시대 복장을 한 출연진의 행렬) ✲

고베

28일 고베 마츠리(고베 전역)

6월

오사카

30일~7월 2일 아이젠 마츠리(여름 축제의 시작, 덴노지 아이젠도 쇼만인에서 유카타를 입은 여성들의 행진)

7월

오사카
24~25일 덴진 마츠리(일본 3대 축제, 오사카 텐만구의 화려한 강변 불꽃놀이) ✲

교토
1~31일 기온 마츠리(교토 최대 축제, 야사카 신사·시조카라스마 주변의 7월 14·24일 가마 행진이 관전 포인트) ✲

고베
중순 고베 러브 포트 미나토 마츠리(메리켄 파크 주변의 풍성한 공연, 포장마차와 벼룩시장) ★

나라
중순~9월 중순 라이트 업 프롬나드 나라(해진 후 나라 공원 주요 명소를 환하게 밝히는 이벤트) ★

8월

전국
15일 오봉(일본의 추석, 3~4일 연휴)

오사카
초순 나니와 요도가와 강변 불꽃 축제 ★
10~11일 호젠지 요코초 마츠리(연회와 분라쿠 공연, 포장마차의 화려한 밤)
중순 서머소닉(도쿄와 오사카에서 이틀간 열리는 일본 최대 여름 음악 페스티벌) ★

교토
16일 고잔오쿠리비(교토를 둘러싼 5개의 산에 저승으로 가는 귀신을 배웅하는 의미의 글자 모양으로 불을 놓는 축제)

고베
초순 미나토 고베 해상 불꽃대회(메리켄 파크 주변) ★

나라
초순~중순 나라 등화회(나라 전역의 해진 후 등불 축제) ★✲

9월

오사카
초순~11월 초순 유니버설 서프라이즈 핼러윈(USJ) ★✲
16·17일 단지리 마츠리(키시와다역·하루키역 주변에서 남성들이 수레를 끌고 달리는 모습이 관전 포인트) ★

고베
중순~10월 초순 난킨마치 중추절(차이나타운의 중국 추석 축제) ★✲

10월

교토
22일 지다이 마츠리(교토 3대 축제, 교토 교엔~헤이안 신궁 일대에서 시대별 의상을 입은 출연진의 행렬) ✲

고베
3일 고베 관광의 날(각종 시설 무료·할인)
초순 모토마치 상점가 뮤직 위크 ★

나라
13일 우네메 마츠리(음력 8월 15일 사루사와 연못 주변에서 꽃 부채를 실은 수레의 행렬) ★
하순~11월 중순 나라 국립박물관·도다이지 뮤지엄의 쇼소인 보물 특별전 ★

11월

오사카
초순~12월 하순 오사카 빛의 향연(미도스지 거리와 나카노시마 공원에서 펼쳐지는 일루미네이션 축제)
중순~12월 초순 오사카 전역 단풍놀이 ★
중순~12월 25일 독일 크리스마스 마켓

교토
중순~12월 초순 교토 전역 단풍놀이 ★✲

고베
11월 초순~2월 하순 라이트 업 이벤트(고베 하버랜드 우미에, 구거류지, 기타노이진칸 등) ★

나라
초순~12월 초순 나라 공원 단풍놀이 ★

12월

교토
중순 교토·아라시야마 하나토로(아라시야마 치쿠린노미치·도게츠교 등의 라이트 업 이벤트) ★

OSAKA
大阪
IN KANSAI
えびす橋
DOTON

大阪 오사카

오사카는 일본에서 가장 유머러스하고 시끌벅적한 도시다。일본 예능계를 휘어잡는 개그맨은 대부분 오사카 출신。자신들이 좋아하고 잘하는 것을 맘껏 드러낼 줄 아는 이 유쾌한 도시는 언제나 당당하게 활력을 뿜어내며 여행자를 덩달아 들뜨게 한다。

오코노미야키와 타코야키、우동、초밥 등 맛있는 먹거리와 USJ로 대표되는 온갖 즐길거리로 몇 번을 찾아가도 또 가고 싶어지는 곳。일본에서 한국인이 가장 많이 거주해 더욱더 정감 가는 도시이기도 하다。

Area Guide ❶

우리나라에서 오사카 가기

오사카는 우리나라에서 취항 항공사와 1일 운항편수가 가장 많은 도시 중 하나다. 인천·김포·김해·대구·청주·무안·제주 국제공항에서 출발해 1시간 10~50분 정도면 오사카 시내에서 48km 정도 떨어진 간사이 국제공항에 도착한다. 배를 탄다면 부산 국제여객터미널에서 출발해 하루가 걸린다.

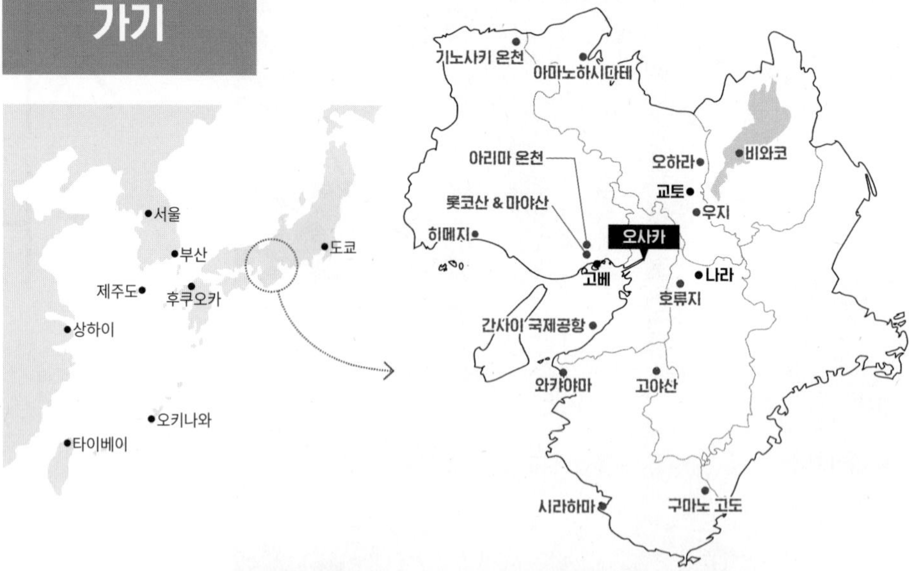

베스트 여행 시기

오사카의 날씨는 우리나라와 비슷해서 최적의 여행 시기는 쾌적한 봄과 가을이다. 단, 벚꽃 시즌(3월 말~4월 초)과 황금연휴(4월 말~5월 초), 단풍 시즌(11월 말~12월 초)은 일 년 중 가장 붐비는 시기라는 점을 감안해야 한다. 여름에는 습도가 높아서 푹푹 찌고, 6월 초부터 한 달 정도는 장마 기간이다. 겨울은 우리나라보다 화창하고 영하로 내려가는 일이 거의 없을 정도로 기온이 높아서 여행하기 좋지만, 항만 지역을 방문할 땐 매서운 바닷바람으로 추울 수 있으니 방심하지 말고 겉옷을 잘 챙겨가야 한다. 쇼핑을 좋아한다면 12~1월과 7~8월의 대박 세일 기간에 방문하는 것도 좋다.

+MORE+

일본인이 생각하는 오사카

오사카는 일본인이 뽑은 '밝고 명랑한 사람이 가장 많은 도시' 1위로 뽑힐 정도로 유쾌한 도시다. '오사카 하면 떠오르는 것 베스트 3'의 결과를 공개하면, 1위 타코야키, 2위 독특한 오사카 방언, 3위 일본 최고의 개그맨들이 대거 소속된 요시모토 크리에이티브 에이전시다(일본 포털사이트 goo 참고).

Area Guide 2
공항에서 오사카 시내 가기

오사카의 관문인 간사이 국제공항(関西国際空港)은 오사카 남부 해상 약 500ha를 메워 만든 공항이다. 터미널은 제1 터미널(T1)과 제2 터미널(T2) 2개가 있고, 그중 제2 터미널은 제주항공과 피치항공이 이용한다. 공항 표지판은 대부분 한글이 병기돼 있다. 공항 도착 후 입국 수속을 마치고 짐을 찾는 데 걸리는 시간은 대략 1시간. 공항에서 패스권을 교환 또는 구매하거나 기타 볼일을 본다면 더욱 많은 시간이 필요하다. 공항에서 오사카 도심까지는 열차나 리무진 버스를 타고 40분~1시간 10분 소요된다. 제2 터미널에서 내렸다면 입국 심사를 마친 후 리무진 버스를 타고 곧장 시내로 가거나, 무료 셔틀버스를 타고 제1 터미널에서 열차로 갈아탄다.

WEB www.kansai-airport.or.jp/kr/

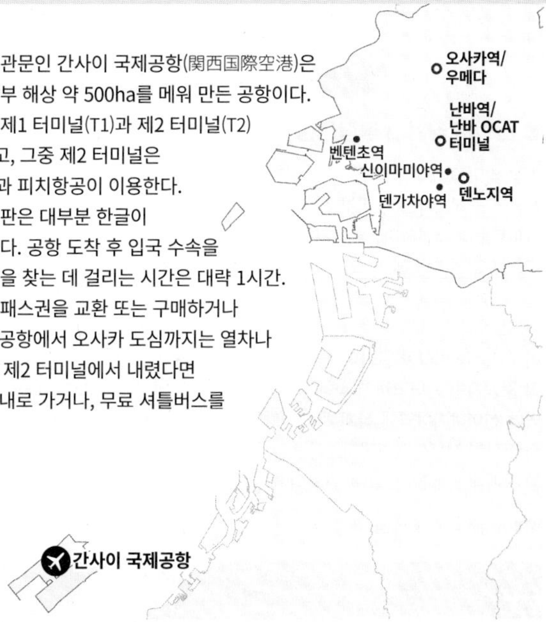

간사이 국제공항

- **난카이 공항선 공항급행** 970엔(6~11세 490엔) / 45분 → **난바역**
  - 간사이 레일웨이 패스
- **난카이 특급 라피트** 1490엔(6~11세 750엔) ※레귤러 시트 기준 / 40분 → **난바역**
  - 라피트 티켓 / 칸쿠 토쿠와리 라피트 킷푸 / 간사이 레일웨이 패스+특급권 520엔~
- **JR 간사이 공항쾌속** 1210엔 / 1시간 8분(덴노지역·신이마미야역·벤텐초역 경유) → **오사카역**
  - JR 간사이 패스 / JR 간사이 와이드 패스 / JR 간사이 미니 패스
- **JR 특급 하루카** 2410엔 / 47분(덴노지역 경유) → **오사카역**
  - JR 간사이 패스 / JR 간사이 와이드 패스 / JR 간사이 미니 패스 / 하루카 편도 티켓
- **리무진 버스** 1300엔(6~11세 650엔) / 50분 → **난바**(난바 OCAT)
- **리무진 버스** 1800엔(6~11세 900엔) / 1시간 → **도톤보리**(도톤플라자)
- **리무진 버스** 1800엔(6~11세 900엔) / 1시간~1시간 10분 → **오사카역**(우메다) (신한큐 호텔→하비스 오사카)

: WRITER'S PICK :

간사이 국제공항 이용 팁

여행 정보와 교통 패스를 구하려면 제1 터미널 도착 로비 1층 간사이 투어리스트 인포메이션 센터(09:00~17:00)를 찾아가자. ATM은 제1·2 터미널 곳곳에 있고, 구글 맵에서 'ATM'을 검색해도 찾을 수 있다. 식사때 공항에 도착했다면 부담 없는 오사카 맛집이 한자리에 모인 제1 터미널 2층 푸드코트를 추천. 제1 터미널은 2026년 완료를 목표로 구역별 리뉴얼 중이며, 제2 터미널은 규모가 매우 작다.

간사이 투어리스트 인포메이션 센터

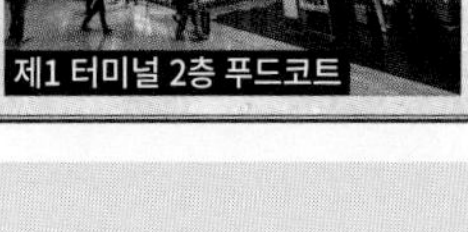

제1 터미널 2층 푸드코트

난바까지 가장 합리적인 방법

● 난카이 공항선 공항급행 空港急行/Airport.Exp.

가장 많이 이용하는 공항 교통수단이다. 별도의 티켓 구매 없이 컨택리스 신용카드·체크카드(일부)를 전용 개찰기에 터치하고 통과할 수 있고, 특급 라피트보다 저렴하며, 소요 시간은 5~10분 더 걸려도 운행 간격이 10~30분으로 짧기 때문에 특급 라피트보다 일찍 시내에 도착할 때도 있다. 단, 일반 지하철과 같은 구조여서 좌석이 불편하고 캐리어를 들고 이동하기 번거로우며, 정차역이 좀 더 많은 것이 단점이다. 간사이 국제공항 제1 터미널 2층과 연결된 난카이 전철 간사이공항역에서 탑승하면 오사카 관광의 중심지인 난바역까지 45~50분 걸리며, 숙소 위치에 따라 덴가차야역이나 신이마미야역에 하차해도 된다(우메다는 정차 안 함). 컨택리스 카드 외 공항역 자동판매기에서 1회권(편도) 또는 IC 카드인 이코카 카드(108p)를 구매해 탑승할 수 있다. 간사이 레일웨이 패스 소지 시 무료.

WEB howto-osaka.com/kr/

NK 난카이 전철 공항급행

970엔(6~11세 490엔)
45~50분

❶ 간사이공항역 関西空港

1·2번 승강장
난바행(なんば)

난카이 공항선 공항급행

*05:45~23:55(평일 기준)/10~20분 간격 운행
*이즈미사노역(泉佐野)에서 난카이 본선과 상호 직통운행

❷ 난바역 なんば

내부는 일반 지하철과 같다.

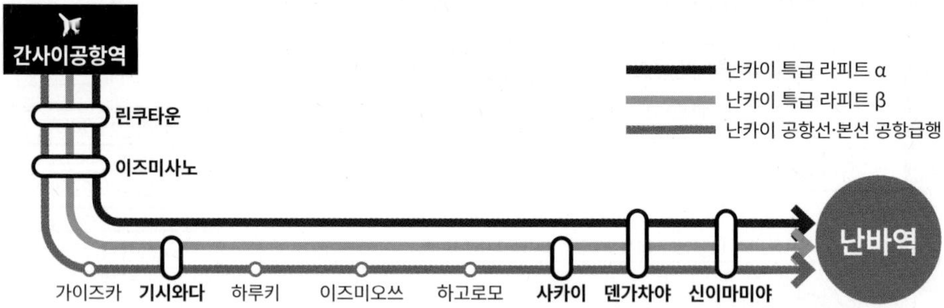

: WRITER'S PICK :

티켓이 필요 없는 컨택리스 카드 결제

난카이 전철 42개 역(간사이공항역, 린쿠타운역, 난바역, 신이마미야역, 덴가차야역, 와카야마시역 등)은 컨택리스 신용카드·체크카드(Contactless Card)가 있다면 티켓을 사지 않고 별도의 전용 개찰기로 통과할 수 있다. 단, 성인 요금으로만 적용되며, 공항급행이 아닌 특급 라피트 탑승 시에는 역 매표소 및 자동판매기에서 특급권을 따로 사야 한다. VISA, JCB, American Express 등 일부 신용카드사만 가능하며, 향후 점차 확대될 전망이다.

WEB www.nankai.co.jp/contents/contactless

난카이 전철 간사이공항역의 컨택리스 카드 전용 개찰기

난바까지 가장 쾌적하고 빠른 방법

● 난카이 특급 라피트 特急ラピートα·β/Ltd.Exp.Rapi:t

전석 지정좌석제로 운영하는 특급 열차다. 공항급행보다 5~10분 빠르고 좌석이 넓고 편한 데다, 짐칸을 이용할 수 있어서 어린이나 어르신을 동반한 가족 단위 여행자에게 특히 편리하다. 건담을 테마로 한 멋진 디자인도 인기 요인 중 하나. 공항급행과 마찬가지로 숙소 위치에 따라 난바역 외 덴가차야역, 신이마미야역에 하차해도 된다. 단점은 공항급행보다 요금이 비싸고 운행 간격이 긴 것이다.

티켓은 공항 매표소나 주요 역 자동판매기, 난카이 전철 홈페이지 및 국내 온라인 여행사에서 구매할 수 있다. 온라인 티켓은 성인권만 판매하며(어린이는 현장 매표소 또는 자동판매기에서 구매), IC 카드와 컨택리스 카드 및 간사이 레일웨이 패스 이용자는 특급권(520엔)을 별도로 구매해야 한다.

WEB howto-osaka.com/kr/rapit/

NK 난카이 전철 특급 라피트

슈퍼 시트(3열석) 1700**엔**(6~11세 850엔)
레귤러 시트(4열석) 1490**엔**(6~11세 750엔)
40분

❶ 간사이공항역 関西空港
1·2번 승강장
난바행(なんば)

난카이 공항선
특급 라피트 α 또는 β
*06:53~23:00(평일 기준)/30분 간격 운행

❷ 난바역 なんば

라피트 특급권

■ 라피트 할인권(레귤러 시트 기준)

종류	편도 요금	내용
라피트 편도 티켓 Rapi:t Digital Ticket	1만2000원선 *환율에 따라 변동	국내 취급 여행사에서 판매하는 성인용 온라인 편도 티켓(왕복 이용 시 편도 티켓 2장 구매). 구매 후 전송받은 디지털 바우처를 통해 모바일 웹에서 좌석을 지정하고 탑승 직전 QR 코드를 활성화한다. 티켓 1장당 스마트폰 1대가 필요하며, 복수 구매 시 '공유' 기능으로 일행에게 전송한다.
칸쿠 토쿠와리 라피트 티켓 Kanku Tokuwari Rapi:t Ticket	1350엔 (6~11세 680엔)	간사이공항역, 난바역, 신이마미야역 등 난카이 전철 주요 역 매표소 및 특급권 자동판매기에서 판매하는 편도 할인권. 당일 현장 구매 가능하고 어린이용 티켓이 있다. 간사이 공항 ⇄ 난바·신이마미야·덴가차야·사카이역 편도 이동 시에만 이용 가능.

내부는 KTX급이고, 대형 짐칸과 화장실이 마련돼 있다.

■ 공항에서 특급 라피트 티켓 구매하기

특급 라피트 티켓은 난카이 전철 간사이공항역 유인 티켓 오피스 및 자동판매기에서 현장 구매할 수 있다. 자동판매기는 신용카드 결제가 가능한 기기와 현금만 가능한 기기 2종류가 있다. 한국어 화면에서 '특급권을 선택'을 터치하고, 경로, 시간, 좌석, 지불 방법을 선택하면 나오는 화면에서 'KANKU TOKUWARI Rapi:t TICKET'을 누르면 라피트 할인권인 '칸쿠 토쿠와리 라피트 티켓'을 구매할 수 있다.

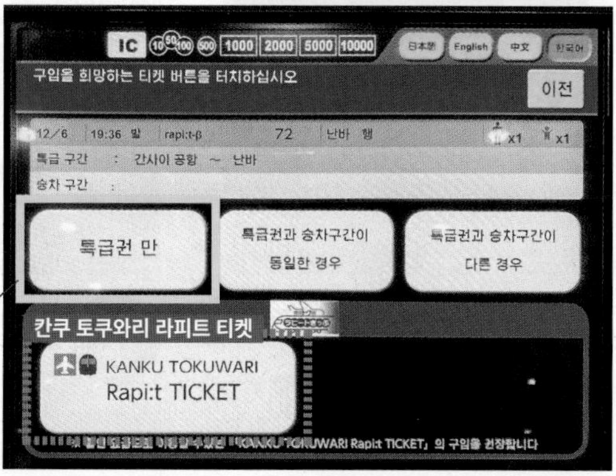

IC·컨택리스 카드, 간사이 레일웨이 패스로 특급 라피트 탑승 시엔 '특급권만'을 선택해 구매한다.

● 난카이 공항선 공항급행 & 특급 라피트 타기

Step 1 1층 도착 로비에서 'Railways' 표지판을 따라 2층(국내선 출발·도착층)으로 간다. 표지판을 따라 육교를 지나면 간사이공항역에 도착한다.

난카이 전철 간사이공항역 티켓 오피스(왼쪽)와 자동판매기(오른쪽)

신용카드(일부 제외) 결제도 가능한 특급권 자동판매기

현금 결제만 가능한 특급권 자동판매기

Step 2 **공항급행 이용자** 자동판매기에서 1회권(편도) 또는 IC 카드 이코카(108p)를 현금으로 구매한다. 컨택리스 카드가 있다면 티켓을 사지 않아도 된다.

특급 라피트 이용자 한국에서 구매한 라피트 티켓의 QR 코드를 활성화한다. 현장 구매는 티켓오피스나 자동판매기를 이용한다(컨택리스 카드 사용 시에도 특급권은 별도 구매 필요).

Step 3 오렌지색의 난카이 전철 간사이공항역 개찰구로 간다. 왼쪽의 파란색은 JR 개찰구다.

IC 카드 & 실물 티켓 전용 개찰구

QR 코드 스캔 & 컨택리스 카드 전용 개찰구

Step 4 난카이 전철 개찰구를 통과한다. 공항급행 또는 라피트 실물 티켓은 티켓 투입구에 통과시킨 후 가져가고, QR 코드형 라피트 티켓은 분홍색 전용 개찰구에서 스캔하고 통과한다. IC 카드는 단말기에, 컨택리스 카드는 분홍색 전용 개찰구에 터치하고 통과한다.

Step 5 에스컬레이터를 타고 지하 승강장으로 내려간다.

Step 6 전광판에서 탑승 열차와 승강장 번호를 확인한 후 공항급행 또는 특급 라피트에 탑승한다.

● 시내에서 공항 가기

난카이 전철 난바역(지하철 난바역 4번 출구와 연결), 덴가차야역, 신이마미야역에서 공항급행 또는 특급 라피트를 타고 간사이공항역으로 간다. 특급 라피트 티켓은 종종 매진되므로, 미리 온라인으로 구매하거나 주요 역(난바·덴가차야·신이마미야역 등) 내 티켓 카운터 및 자동판매기에서 구매해두자. 공항급행 이용 시 컨택리스 카드 사용 관련 내용은 109p 참고.

WEB howto-osaka.com/kr/
TIME 공항급행: 05:15~23:02(평일 기준)/10~30분 간격 운행,
특급 라피트: 06:00~22:00(평일 기준)/30분 간격 운행
STOP 공항급행 : 5~8번 승강장에서 탑승,
특급 라피트: 9번 승강장에서 탑승

우메다까지 가장 빠르고 쾌적한 방법

● 리무진 버스

시내까지 가장 편안하게 갈 수 있는 교통수단이다. 우메다나 USJ에 숙소를 잡고 공항에 오갈 때 특히 편리하며, 난바 방면은 4개 정거장(난바 OCAT 터미널, 도톤플라자, 신사이바시, 긴테쓰 전철 우에혼마치역) 중 숙소 위치를 고려해 이용한다. 정류장은 국제선 제1·2 터미널 도착 로비 1층 출입문 밖에 있으며, 제2 터미널에서 출발 시 제1 터미널을 거쳐 시내로 간다. 티켓은 정류장 주변 매표소나 자동판매기에서 구매하거나, 출발 전 국내 여행사를 통해 예매 후 매표소에 설치된 디지털 교환기에서 실물 티켓으로 교환한다. 자세한 운행 시간표와 정류장은 간사이공항교통 홈페이지에서 확인.

WEB kate.co.jp/kr/

리무진 버스 티켓 자동판매기. 대부분 현금 결제이고, 일부 기기는 신용카드로 결제할 수 있다.

한국에서 예매한 리무진 버스 티켓 실물권 교환기

리무진 버스 (우메다 방면)

1800엔(6~11세 900엔)
1시간~1시간 10분

❶ 간사이 국제공항 関西国際空港

제1 터미널 1층 5번/제2 터미널 1층 1번 정류장
오사카역 앞·차야마치·신우메다시티·신오사카행 등
공항 리무진 버스
*제1 터미널 06:50~23:45,
제2 터미널 09:12~23:32/15~40분 간격 운행

❷ 신한큐 호텔 新阪急ホテル*

10분(교통 상황에 따라 다름)
*시간대에 따라 호텔 한큐 레스파이어 오사카(Hotel Hankyu RESPIRE OSAKA)에 정차

❸ 하비스 오사카(JR 오사카역 앞) ハービス大阪

리무진 버스 (난바 방면)

1300엔(6~11세 650엔)
50분~(제1 터미널 기준)

❶ 간사이 국제공항 関西国際空港

제1 터미널 1층 11번/제2 터미널 1층 6번 정류장
난바 OCAT행
공항 리무진 버스
*제1 터미널 08:55~20:25,
제2 터미널 09:22~20:12/30분~1시간 간격 운행

❷ 난바 OCAT 大阪シティエアターミナル

*도톤보리 방면(도톤플라자) 리무진 버스는 일부 시간대만 운행. 제1 터미널 1층 10번 정류장/10:00~17:00/1시간~1시간 25분 간격 운행/1800엔(6~11세 900엔)/약 1시간 소요

■ 제1 터미널의 주요 행선지별 리무진 버스 정류장

❶ 간사이 국제공항 전망홀(스카이셔틀)
❷ 아와지, 나루토, 도쿠시마
❸ 와카야마, 이바라키, **난코, 덴포잔, USJ**
❹ 아마가사키, 니시노미야
❺ **오사카역 앞, 차야마치, 신우메다 시티, 신오사카, 난카이 전철 난바역**(심야버스)
❻ 고베 산노미야, 롯코 아일랜드, 고야산(오쿠노인마에), 히메지
❼ **신사이바시, 아베노 하루카스**(덴노지역), 긴테쓰 전철 **우에혼마치역, 다카마쓰역**
❽ 교토역 하치조 출구, 교토 시내, 오사카 공항
❾ 나라, 긴테쓰 전철 가쿠엔마에역
❿ 도톤플라자, 덴마바시, 네야가와, 히라카타, 히가시오사카
⓫ **난바 OCAT(오사카 도심 공항 터미널)**, 오카야마
⓬ 린쿠 프리미엄 아웃렛(스카이셔틀)

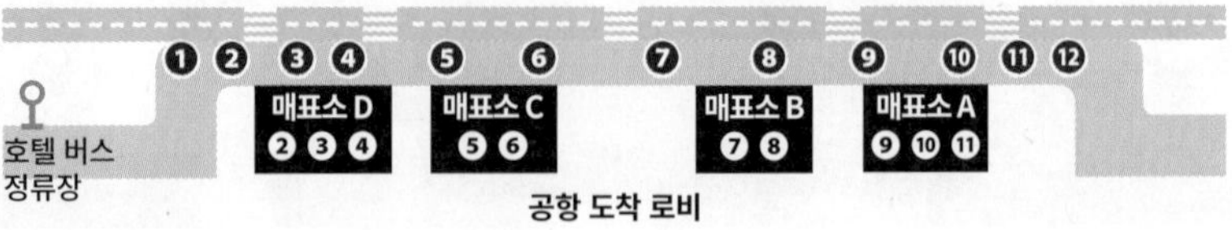

● 시내에서 공항 가기

❶ 난바에서 출발할 경우

JR 난바역과 직결되고 사철·지하철 난바역과 지하도로 연결된 오사카 도심 공항 터미널(OCAT) 2층 9번 정류장, 도톤보리의 도톤플라자 앞, 신사이바시의 호텔 닛코 오사카 앞, 긴테쓰 전철 우에혼마치역(쉐라톤 미야코 호텔 오사카 앞)에서 간사이 국제공항행을 탄다.

TIME 06:10~18:10(오사카 도심 공항 터미널 기준)/30분~1시간 간격 운행

❷ 우메다에서 출발할 경우

하비스 오사카, 신한큐 호텔 앞에서 출발한다. 간사이 국제공항행은 제1 터미널 4층 국제선 출발장 입구를 거쳐 종점인 제2 터미널에 정차하며(일부 시간대는 제2 터미널 먼저 경유), 19:48 이후에는 제1 터미널까지만 간다. 제1 터미널과 제2 터미널은 무료 셔틀버스(연락버스)로 오갈 수 있다.

TIME 04:53~21:23(하비스 오사카 기준, 신한큐 호텔은 12분 후 출발)/20분 간격 운행

■ JR 오사카역·우메다역 주변 리무진 버스 정류장

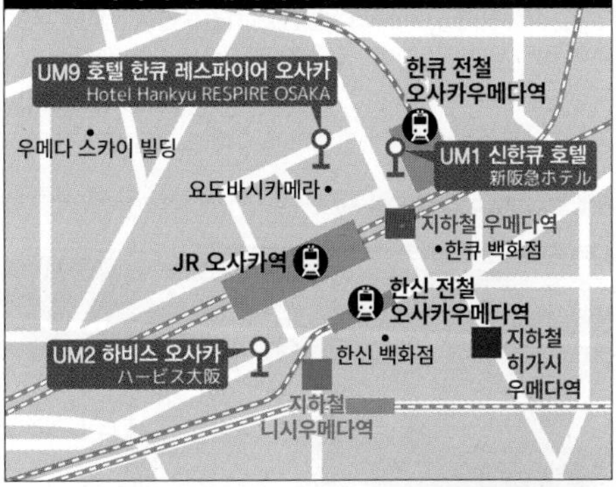

JR 난바역과 직결된 OCAT

하비스 오사카 앞 리무진 버스 정류장. 만석일 땐 통로에 보조 의자를 펼쳐서 앉거나 다음 버스를 타게 되니, 시간 여유를 두고 도착하자.

여럿이, 노약자 동반 시 유용한 방법

● 택시

공항에서 오사카 시내까지는 약 50분 소요되며, 대략적인 요금은 2만~2만2000엔이다. 요금에는 기본 운임 외 간사이 국제공항 연락교와 한신 고속도로 통행료 2200~2600엔이 포함돼 있으며, 심야·조조(22:00~다음 날 05:00)에는 20% 할증된다. 승차장은 국제선 제1 터미널 도착 로비 1층 정면 출입구, 제2 터미널 국제선 체크인 카운터 정면 출입구에 있다.

WEB www.kansai-airport.or.jp/access/taxi

제1 터미널 도착 로비 1층에 있는 우버(Uber) 안내소. 우버 앱에서 '1번 예약차(남쪽) 승차장'을 지정해 택시를 불러도 된다.

우메다까지 JR 패스로 가는 방법

● JR 간사이 공항쾌속 関空快速/Kansai Airport Rapid

JR 간사이·간사이 와이드·간사이 미니 패스 소지 시 유용한 수단이다. 난카이 전철이 닿지 않는 오사카 북부의 중심인 오사카역(우메다), USJ가 있는 베이 지역의 벤텐초역, 남부 교통의 요지 덴노지역까지 환승 없이 갈 수 있다는 장점이 있지만, 난카이 전철 공항급행보다 요금이 비싸고 정차역이 많아서 시간이 많이 걸리는 게 단점이다. 티켓은 JR 간사이공항역의 자동판매기에서 구매한다. 한국에서 JR 패스를 미리 샀다면, JR 간사이공항역에 설치된 녹색 자동판매기에서 패스 교환 후 곧바로 사용하면 된다.

WEB westjr.co.jp/global/kr/

난카이 전철 공항급행과 동급인 JR 간사이 공항쾌속

JR 간사이 공항쾌속

1210엔(6~11세 610엔)
1시간 11분(오사카역 기준)

❶ 간사이공항역 関西空港

3·4번 승강장
교바시행(京橋), 덴노지행(天王寺)

간사이 공항선
간사이 공항쾌속(간쿠쾌속)
53분

*05:50~23:43/15분 간격 운행

❷ 덴노지역 天王寺

18분

❸ 오사카역 大阪

우메다까지 특급 열차로 가는 방법

● JR 특급 하루카 特急はるか/Haruka

JR 간사이 공항쾌속보다 빠르고 쾌적하게 덴노지와 우메다까지 이동하는 특급 열차. 난바가 아닌 우메다나 덴노지 지역에 숙소가 있을 때 유용하고, 쾌적한 좌석에 앉아서 편안하게 이동할 수 있다는 것이 장점. 단, 비슷한 장점을 가진 리무진 버스보다 비싸고, 오사카역 하차 시 지하 2층 승강장에서 지상 개찰구까지 빠져나오는 데 시간이 꽤 걸린다는 것이 단점이다. 국내 취급 여행사 또는 JR 서일본 홈페이지에서 온라인 판매하는 하루카 편도 티켓, JR 간사이 패스, JR 간사이 와이드 패스 등을 구매하면 정상 요금보다 저렴하게 이용할 수 있다.

WEB www.westjr.co.jp/global/kr/

헬로 키티 하루카

JR 특급 하루카

2410엔(6~11세 1200엔)
*보통차 자유석 정상 요금 기준. 할인 적용 시 1600엔선
47분(오사카역 기준)

❶ 간사이공항역 関西空港

4번 승강장 교토행(京都)
특급 하루카(関空特急 はるか/Ltd. Exp. HARUKA)
35분

*06:30~22:00(평일 기준)/30분 간격 운행

❷ 덴노지역 天王寺

10분

❸ 오사카역 大阪

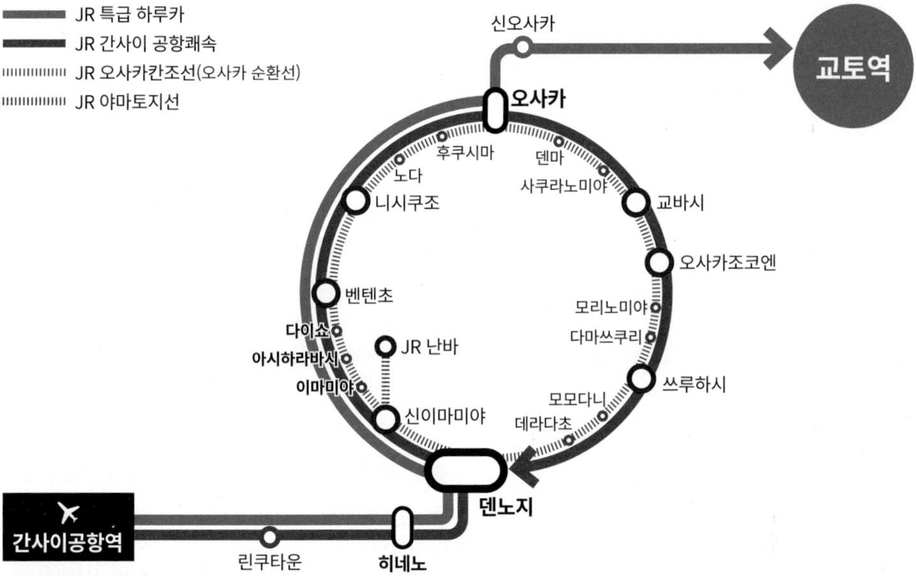

파란색 JR 간사이공항역 개찰구. 오렌지색의 난카이 전철 간사이공항역과 나란히 있다.

JR 패스를 교환하거나 어린이용 이코카 카드 등을 구매할 수 있는 JR 티켓오피스(유인창구)

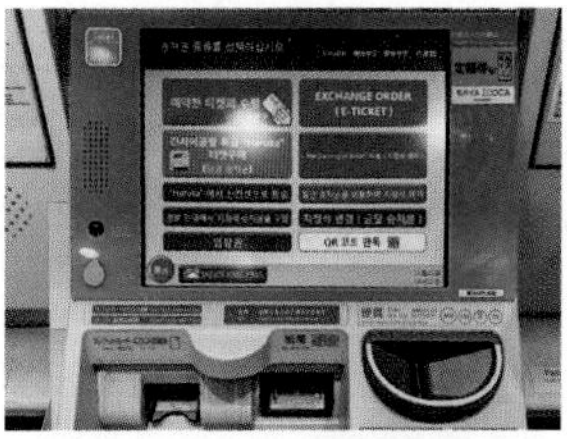
JR 패스 교환 및 지정석 예약이 가능한 녹색 자동판매기(한국어 지원)

● 시내에서 공항 가기

JR 오사카역을 포함한 시내 JR 역에서 간사이 공항으로 가는 간사이 공항쾌속(関空快速)을 탄다. 이때 주의할 점은 반드시 1~4호차에 타야 한다는 것. 5~8호차는 간사이 국제공항 2정거장 전인 히네노역에서 차량이 분리돼 남쪽의 와카야마역으로 간다. 특급 하루카는 JR 오사카역 우메키타 지하 출구와 연결되는 우메키타 지하 21번 승강장에서 승차한다.

공항쾌속
TIME 06:04~22:09(오사카역 기준)/ 15~30분 간격 운행
STOP 1번 승강장에서 탑승

특급 하루카
TIME 06:22~22:52(오사카역 기준)/ 15~30분 간격 운행
STOP 우메키타 지하 21번 승강장

JR 오사카역

간사이공항행 특급 하루카가 정차하는 우메키타 지하 21번 승강장

Area Guide ③

오사카항에서 시내 가기

오사카 국제페리터미널은 시내 중심부에서 8km 정도 떨어져 있다. 오사카 시내를 동서로 관통하는 지하철 주오선의 코스모스퀘어역이 페리터미널 근처에 있어서 시내 중심가까지 곧장 가거나 한 번만 환승하면 된다. 갈아타기 좋은 역은 지하철 주오선·요쓰바시선·미도스지선이 교차하는 혼마치역(本町)이다. 시내 중심까지 소요 시간은 30~40분.

● 오사카항에서 지하철 코스모스퀘어역 가기

페리터미널 바로 앞 버스 정류장에서 팬스타 셔틀버스(무료)를 타면 오사카항에서 가장 가까운 지하철·뉴트램 역인 코스모스퀘어역까지 5분(약 1km)만에 갈 수 있다. 셔틀버스 운행 시간은 팬스타 입항 시간과 당일 하선 인원에 따라 다르며, 입국 심사 중 관내 방송으로 운행 시간을 안내한다.

● 지하철 코스모스퀘어역에서 오사카 시내 가기

코스모스퀘어역은 지하철 주오선과 오사카항을 비롯한 베이 지역을 순환하는 뉴트램 난코포트타운선이 교차하는 역이다. 오사카 시내로 들어가려면 초록색 주오선을 타야 한다. 역내 노선도를 보고 목적지까지의 요금을 확인한 뒤 자동판매기에서 티켓을 구매하거나 IC 카드, 컨택리스 카드로 탑승한다.

코스모스퀘어역

지하철 주오선 신형 차량

+MORE+

오사카 국제페리터미널(오사카항)

大阪国際フェリーターミナル(大阪南港)

부산과 오사카를 오갈 때 이용하는 페리터미널. 3층 규모의 작은 건물로, 각종 안내 문구가 한국어로 병기돼 있다. 1층은 해운사 카운터와 출입국장, 3층은 눈앞에 바다가 펼쳐지는 전망 라운지다.

ADD 1-20-52 Nankokita, Suminoe Ward
TEL 06-6614-2516
WEB panstar.co.kr

Area Guide ❹

간사이 다른 도시에서 오사카 가기

교토, 고베, 나라에서 오사카 도심까지 30분~1시간 소요된다. 교토에서는 게이한 전철(京阪電鉄/Keihan), 한큐 전철(阪急電鉄/Hankyu), JR을 이용한다.
고베에서는 JR과 한큐 전철, 한신 전철(阪神電鉄/Hanshin)이, 나라에서는 긴테쓰 전철(近鉄電鉄/Kintetsu)과 JR이 운행한다. 전철 회사마다 정차하는 역이 다르니 이용에 주의한다.

교토에서 오사카 가기

오사카와 교토를 오가는 주요 교통수단은 한큐 전철, 게이한 전철, JR이 있다. JR은 사철보다 빠르다는 점, 사철은 JR보다 저렴하고 각종 패스의 할인폭이 크다는 장점이 있다. 소지한 패스나 숙소 위치에 따라 교통수단을 선택하자.

HK 한큐 전철

410엔 / 간사이 레일웨이 패스 / 한큐 1day 패스 / 한큐·한신 1day 패스

42~50분

❶ 교토카와라마치역 京都河原町

1·3번 승강장
우메다행(梅田)

교토선
특급(特急/Ltd. Exp.),
통근특급(通勤特急/Ltd. Exp.),
쾌속급행(快速急行/Rapid Exp.)
10분 간격 운행

*교토 시내 가라스마역(烏丸), 아라시야마역(嵐山) 등에서도 탑승 가능

❷ 오사카우메다역 大阪梅田

KH 게이한 전철

430엔 / 간사이 레일웨이 패스 / 게이한 패스

48~56분

❶ 기온시조역 祇園四条

2번 승강장
요도야바시행(淀屋橋)

게이한 본선
특급(特急/Ltd. Exp.)
쾌속급행(快速急行/Rapid Exp.)
10분 간격 운행

*시치조역(七条), 산조역(三条), 데마치야나기역(出町柳) 등에서도 탑승 가능
*오사카 시내 기타하마역(北浜), 덴마바시역(天満橋), 교바시역(京橋) 하차 후 각 지하철로 환승 가능

❷ 요도야바시역 淀屋橋

JR

580엔 / JR 간사이 패스 / JR 간사이 와이드 패스 / JR 간사이 미니 패스

28분

❶ 교토역 京都

4~7번 승강장
모든 행

교토선(토카이도·산요 본선)
신쾌속(新快速/Special Rapid)
15분 간격 운행

❷ 오사카역 大阪

한큐 전철

게이한 전철

한큐 전철 오사카우메다역 개찰기

고베에서 오사카(우메다) 가기

고베에서 오사카 북부(기타) 지역의 중심인 우메다까지는 한큐 전철, 한신 전철, JR을 이용한다. JR은 사철보다 10분가량 빠르며, 사철은 JR보다 저렴하고 할인 패스 활용도가 높다.

HK 한큐 전철

330엔 / 간사이 레일웨이 패스 / 한큐 1day 패스 / 한큐·한신 1day 패스

27~32분

❶ 고베산노미야역 神戸三宮

3·4번 승강장

우메다행(梅田)

고베선

특급(特急/Ltd. Exp.),

통근특급(通勤特急/Ltd. Exp.),

쾌속급행(快速急行/Rapid Exp.)

10분 간격 운행

❷ 오사카우메다역 大阪梅田

HS 한신 전철

340엔 / 간사이 레일웨이 패스 / 한큐·한신 1day 패스

32~34분

❶ 고베산노미야역 神戸三宮

1번 승강장

우메다행(梅田)

한신 본선

직통특급(直通特急/Ltd. Exp.),

특급(特急/Ltd. Exp.)

10~15분 간격 운행

❷ 오사카우메다역 大阪梅田

JR

420엔 / JR 간사이 패스 / JR 간사이 와이드 패스 / JR 간사이 미니 패스

21~29분

❶ 산노미야역 三ノ宮

1·2번 승강장

모든 행

고베선(토카이도·산요 본선)

신쾌속(新快速/Special Rapid),

쾌속(快速/Rapid)

2~15분 간격 운행

*고베 하버랜드 출발 시 JR 고베역에서 신쾌속 또는 쾌속으로 환승

❷ 오사카역 大阪

고베에서 오사카(난바) 가기

고베에서 오사카 남부(미나미) 지역의 중심인 난바까지는 한신 전철이 유일한 교통수단이다. 고베산노미야역에서 출발해 JR·지하철 난바역과 지하로 연결된 오사카난바역에 도착한다.

우메다행은 1번 승강장, 난바행은 2번 승강장을 이용한다.

HS 한신 전철

420엔 / 간사이 레일웨이 패스 / 한큐·한신 1day 패스

40~47분

❶ 고베산노미야역 神戸三宮

2번 승강장 나라행(奈良)

한신 본선 + 한신 난바선

(상호 직통운행 또는 아마가사키역에서 1회 환승)

쾌속급행(快速急行/Rapid Exp.)

15~20분 간격 운행

*오사카 시내 긴테쓰닛폰바시역(近鉄日本橋)에서도 하차 가능

❷ 오사카난바역 大阪難波

나라에서 오사카 가기

- **난바까지:** 긴테쓰 전철 680엔(간사이 레일웨이 패스, 긴테쓰 레일 패스 1·2일권). 36~44분 소요
- **우메다까지:** JR 820엔(JR 간사이 패스, JR 간사이 와이드 패스, JR 간사이 미니 패스). 52분~1시간 소요

긴테쓰 전철 나라역

JR 나라역

오사카의 주요 역

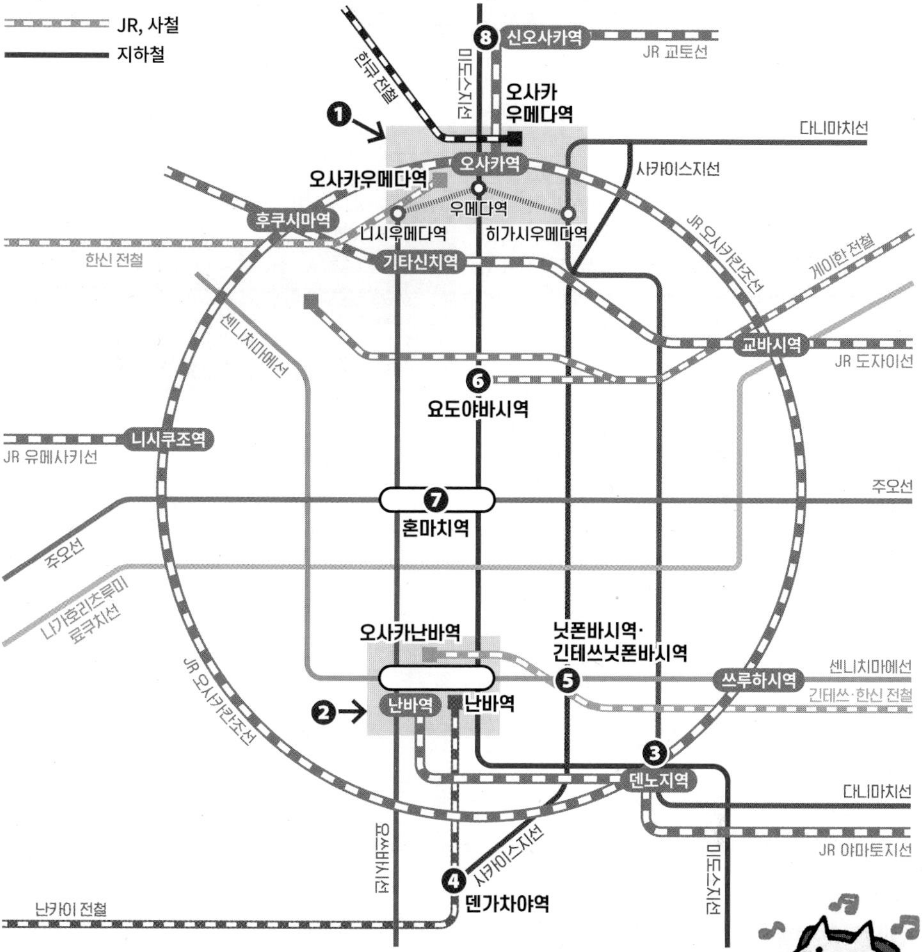

❶ JR 오사카역 大阪, 한큐·한신 전철 오사카우메다역 大阪梅田

우메다는 JR 오사카역을 중심으로 각종 사철과 지하철이 통과하는 오사카 북부, 기타(北) 지역의 중심지다. JR 오사카역은 오사카 시내를 순환하는 JR 오사카칸조선(순환선)을 비롯해 교토, 고베, 나라, 와카야마 등으로 향하는 JR 노선이 지난다. 지하로는 지하철 우메다역·니시우메다역·히가시우메다역과 고베, 히메지 등으로 향하는 한신 전철 오사카우메다역, 지상으로는 교토, 고베 등으로 향하는 한큐 전철 오사카우메다역이 촘촘하게 연결된다. 자세한 내용은 210p 참고.

JR 오사카역

❷ 난카이 전철·지하철 난바역 なんば, 긴테쓰·한신 전철 오사카난바역 大阪難波, JR 난바역 難波

오사카 남부, 미나미(南) 지역을 대표하는 난바에서는 간사이 국제공항과 교토, 고베, 나라, 와카야마까지 환승 없이 한 번에 갈 수 있다. JR, 난카이 전철, 긴테쓰 전철, 한신 전철 및 지하철 3개 노선이 지하도를 통해 거미줄처럼 연결돼 있다. 지하에 많은 상가가 밀집해 있어서 복잡하지만, 우메다보다는 역 간 이동이 수월하다.

지하철은 시내를 남북으로 달리는 미도스지선·요쓰바시선과 동서로 달리는 센니치마에선이 들어온다. 각 역 및 지하철 노선 간 이동 시간은 최소 5~15분이 소요되니, 일정을 짤 때 환승 시간은 넉넉하게 잡는다. 난바역 지하 연결 통로와 출구 정보는 160p 참고.

난카이 전철 난바역

❸ JR 덴노지역 天王寺

난바역 남쪽에 자리한 또 하나의 중심 역. 간사이 국제공항에서 오사카로 가는 JR 간사이 공항쾌속, 교토로 가는 JR 특급 하루카의 중간 정차역이다. JR 오사카칸조선, 지하철 미도스지선·다니마치선, 노면전차인 한카이 전차가 이곳을 지나며, 긴테쓰 전철 아베노바시역과는 지하로 연결된다. 주변에 쇼핑몰, 백화점, 특급호텔, 관광지가 모여 있고, JR로 한 정거장인 JR·난카이 전철 신이마미야역, 지하철로 한 정거장인 도부쓰엔마에역 주변에는 저렴한 호텔과 호스텔이 모여 있다. 지하철 미도스지선(M23), 다니마치선(T27)과 교차한다.

❹ 난카이 전철 덴가차야역 天下茶屋

간사이 국제공항에서 오사카로 가는 난카이 전철 공항급행과 특급 라피트의 중간 정차역으로, 지하철 사카이스지선으로 갈아탈 수 있다. 사카이스지선이 지나는 대표 역은 에비스초역, 닛폰바시역, 나가호리바시역 등이며, 모두 관광 명소와 숙소가 밀집했다.

❺ 긴테쓰 전철 긴테쓰닛폰바시역 近鉄日本橋, 지하철 닛폰바시역 日本橋

오사카와 나라를 오갈 때 긴테쓰 전철 오사카난바역 다음으로 자주 이용하는 긴테쓰닛폰바시역, 지하철 센니치마에선(S17)·사카이스지선(K17)이 교차하는 닛폰바시역은 지하로 서로 연결돼 있다(환승 시 사철-지하철의 개찰구와 매표는 별도). 역 주변으로 도톤보리, 구로몬 시장, 덴덴타운 등 주요 관광지가 있고, 중급 호텔이 많다.

❻ 게이한 전철·지하철 요도야바시역 淀屋橋

교토 시내 중심부까지 환승 없이 한 번에 갈 수 있고, 우지나 후시미 이나리 타이샤 등 교토 주변 명소로도 쉽게 갈 수 있어서 게이한 패스를 활용하기 좋다. 난바와 우메다를 잇는 지하철 미도스지선 요도야바시역(M17)과 지하로 연결돼 있다(환승 시 사철·지하철의 개찰구와 매표는 별도).

❼ 지하철 혼마치역 本町

난바와 우메다 사이에 자리한 지하철역. 미도스지선(M18), 주오선(중앙선, C16), 요쓰바시선(Y13) 등 3개의 지하철 노선이 교차하는 주요 거점역이다. 난바역과 우메다역 양쪽 모두 미도스지선을 이용해 4분 만에 환승 없이 갈 수 있다.

❽ JR·지하철 신오사카역 新大阪

JR 오사카역에서 북쪽으로 한 정거장 떨어진 대형 역. 전국을 오가는 신칸센 열차가 정차하기 때문에 출장자를 위한 합리적인 가격의 비즈니스호텔이 주변에 많고, 식당과 기념품점이 잘 갖춰져 있다. 간사이 국제공항과 오사카, 교토를 연결하는 특급 하루카도 정차한다. 지하철 미도스지선(M13)과 교차한다.

Area Guide 5 오사카 시내 교통

오사카의 지하철, 버스, 택시 등 대중교통 체계는 우리나라와 비슷하다. 다만 가장 많이 이용하는 지하철은 도시 규모에 비해 너무 많은 노선이 광범위하게 퍼져 있고, 지하도를 통해 사철과 JR이 연결돼 환승할 때 헷갈릴 수 있다. 여행자가 많이 찾는 지하철역 전광판과 표지판은 모두 일본어와 영어가 병기돼 있고, 현 위치가 표시된 지도도 곳곳에 있다. 티켓 자동판매기도 한국어 서비스를 지원한다.

지하철 & 뉴트램

지하철(오사카 메트로) 8개 노선과 베이 지역을 순환하는 지상 모노레일인 시영 뉴트램 1개 노선이 도심 곳곳을 누빈다. 여행할 때 가장 유용한 지하철 노선은 빨간색 미도스지선으로, 신오사카역, 우메다역, 난바역, 덴노지역 등 주요 관광지를 일직선으로 잇는다.

PRICE 3km 이하 190엔, 이후부터는 거리에 따라 240~390엔, 6~11세는 반값(10엔 미만은 10엔 단위로 올림), 5세 이하는 보호자 1명당 2인 무료
TIME 05:00~24:00/노선에 따라 다름
PASS 간사이 레일웨이 패스, 오사카 주유 패스, 엔조이 에코 카드, 오사카 메트로 패스
WEB www.osakametro.co.jp/ko/

지하철 우메다역

일부 차량은 한국어 안내가 나온다.

오사카 중심부를 남북으로 관통해 이용객이 가장 많은 미도스지선

● 오사카의 8개 지하철 및 뉴트램 노선

오사카 지하철과 뉴트램 노선은 각 노선의 머리글자와 색상별로 알아보기 쉽게 구분돼 있다. 미도스지선(M)은 '오사카의 대동맥'이란 의미의 빨간색, 난바역과 닛폰바시역 등 난바를 관통하는 노선인 센니치마에선(S)은 난바 번화가의 핑크빛 네온사인을 뜻하는 분홍색, 바다 쪽으로 뻗어 나가는 요쓰바시선(Y)은 파란색으로 표시하는 등 노선 색상에는 각각의 의미가 내포돼 있다.

M 御堂筋線 미도스지선	T 谷町線 다니마치선	Y 四つ橋線 요쓰바시선
C 中央線 주오선	S 千日前線 센니치마에선	K 堺筋線 사카이스지선
N 長堀鶴見緑地線 나가호리쓰루미료쿠치선	I 今里筋線 이마자토스지선	P ニュートラム 뉴트램

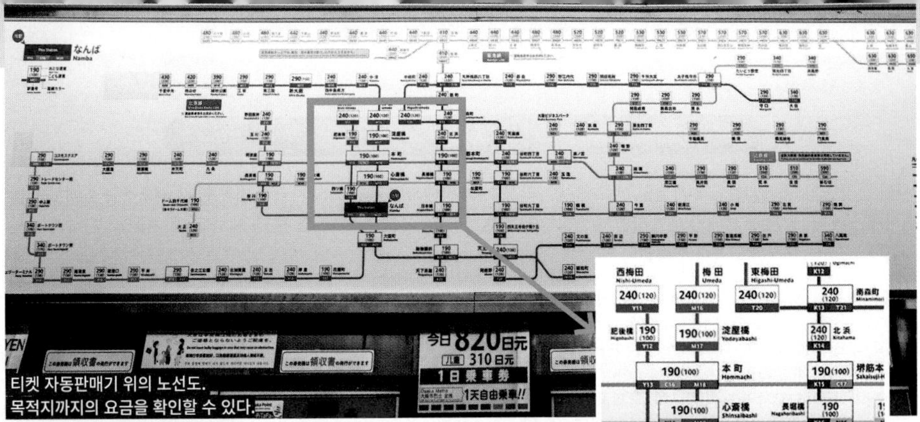

티켓 자동판매기 위의 노선도.
목적지까지의 요금을 확인할 수 있다.

● 티켓 구매하기

❶ **1회권** 노선도에서 도착역에 해당하는 요금을 확인 후 자동판매기(한국어 지원)에서 구매한다.

❷ **1일권** 역내 티켓 자동판매기에서 엔조이 에코 카드(105p)를 구매하거나, 모바일 웹에서 QR 코드 방식의 1일권을 구매한다.

❸ **IC 카드** 티켓 자동판매기에서 선불 충전식 이코카 카드를 구매한다.

❹ **컨택리스 카드** 티켓을 사지 않고 컨택리스 카드를 전용 개찰기에 터치하면 탑승할 수 있다. 성인 요금만 적용.

● 지하철 탑승하기

실물 티켓은 일반 개찰기에 통과시킨 후 다시 가져가면 되고, QR 코드 방식의 디지털 티켓과 컨택리스 카드 소지자는 티켓리스 전용 개찰기로 통과한다. 이코카 등 IC 카드는 개찰기 상단의 단말기에 터치 후 통과. 잔액이 부족하면 역내 자동판매기, 정산기, 편의점에서 충전할 수 있다.

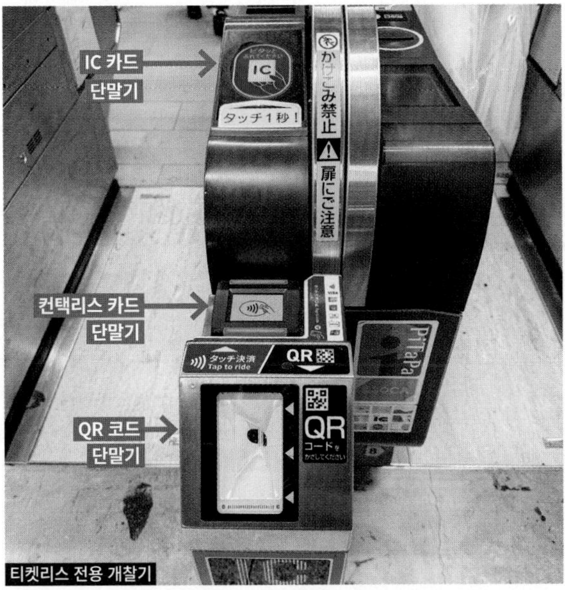

티켓리스 전용 개찰기

지하철 자동판매기.
분홍색과 파란색 모두 한국어가 지원된다.

+MORE+

티켓을 잘못 끊었거나 IC 카드 잔액이 부족한 경우

지하철 1회권 및 IC 카드의 잔액이 부족하면 하차역의 개찰기를 통과할 때 '삐' 소리가 나면서 문이 열리지 않는다. 이럴 때는 주변에 있는 정산기(精算機/Fare Adjustment)를 찾자. 1회권은 화면에 뜬 추가 요금을 투입하면 되고, IC 카드는 1000엔 단위로 충전해서 사용한다.

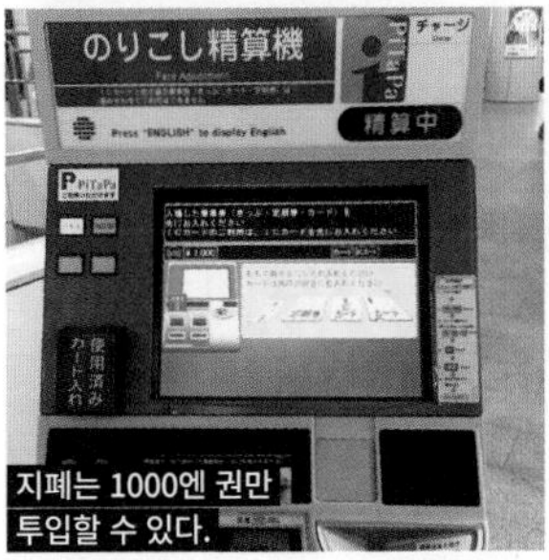

지폐는 1000엔 권만
투입할 수 있다.

사철

'사철 왕국' 간사이에서는 5대 사철인 한큐·한신·긴테쓰·게이한·난카이 전철이 오사카를 비롯한 간사이 주요 도시들을 활발하게 잇는다. 오사카 시내만 운행하면서 중심부와 북부를 잇는 기타오사카큐코 전철(北大阪急行電鉄)과 오사카 모노레일(大阪モノレール)도 사철에 속한다.

PRICE **한큐 전철** 오사카~교토·고베·다카라즈카 170~410엔
한신 전철 오사카~고베 160~430엔
긴테쓰 전철 오사카~나라·아스카 170~680엔
게이한 전철 오사카~교토 230~490엔
난카이 전철 오사카 도심~간사이 국제공항·와카야마·고야산 180~970엔
기타오사카큐코 전철 오사카 북부 에사카역~센리추오역 140엔
오사카 모노레일 200~500엔
*10엔 단위로 올림, 6~11세는 반값(1엔 단위는 올림), 1~5세는 보호자 1명당 2인 무료
TIME 05:00~24:00/노선에 따라 다름
PASS 간사이 레일웨이 패스, 각 사철의 패스, 오사카 주유 패스 1일권(오사카 시내 일부 구간)

반파쿠 기념공원·엑스포 시티로 향하는 오사카 모노레일

한큐 전철

게이한 전철

● 알고 가면 좋은 지하철+사철 환승 팁

오사카 지하철과 사철, JR은 각각 운영회사가 달라서 요금과 개찰구가 다르다. 따라서 지하철 이용 후 환승역에서 사철로 갈아탈 땐 일단 개찰구를 빠져나와 사철 티켓을 끊은 다음, 사철 개찰구로 다시 입장해야 한다(컨택리스 카드(일부 사철 제외)와 IC 카드는 전용 단말기에 터치 후 통과).

오사카 시내와 연결된 일부 사철은 위와 같은 번거로움 없이 지하철과 상호 직통운행한다. 상호 직통운행이란 운영 회사가 다른 두 노선이 특정 구간에서 운임과 열차를 공유해 승객이 열차에 탑승한 채 자동 환승하는 제도로, 오사카 지하철과 사철 역 자동판매기에서 '연결표(=환승 승차권)'를 구매하면 1장의 티켓으로 지하철과 사철을 타고 최종 목적지까지 갈 수 있다. 만약 지하철 또는 사철만 사용 가능한 패스로 이동했다면, 최종 목적지 도착 후 개찰구를 통과하기 전에 정산기나 역무원을 통해 환승 구간에 해당하는 추가 요금을 낸다.

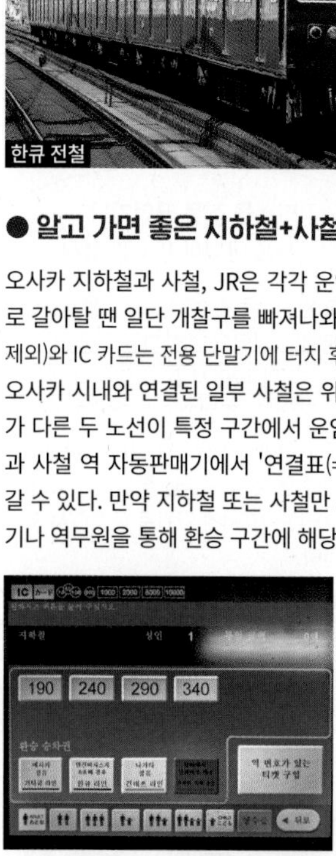

오사카 지하철 자동판매기. 일반 티켓 외 한큐 전철, 긴테쓰 전철 등 사철과의 환승 승차권을 구매할 수 있다.

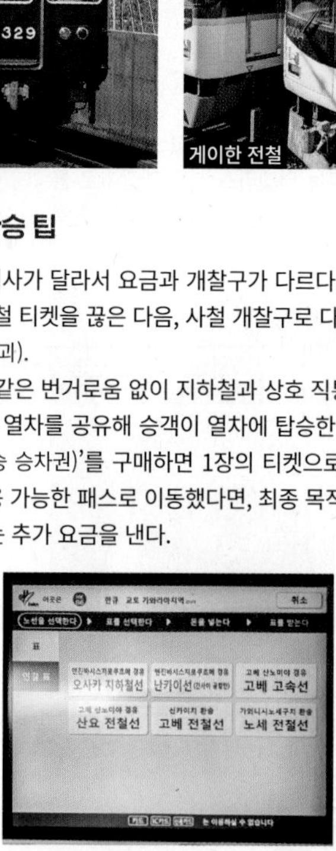

한큐 전철 자동판매기. 오사카 지하철뿐 아니라 타 사철과의 연결표도 판매한다.

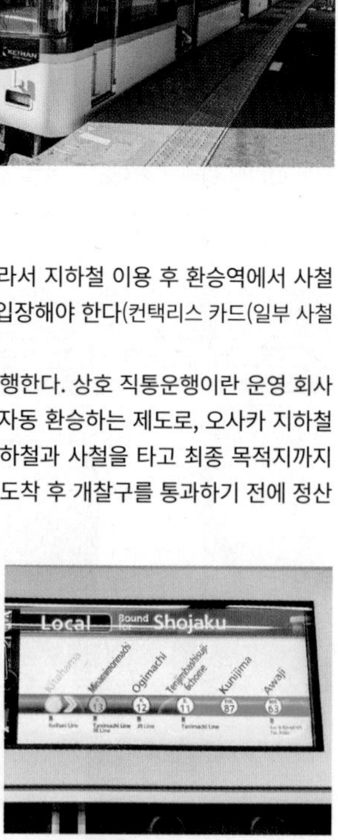

사카이스지선 이동 중 표시된 모니터. 사카이스지선(K, 갈색)이 한큐 전철(HK, 녹색) 노선으로 바뀌고, 탑승객은 앉은 채로 자동 환승하게 된다.

JR

오사카 시내에서 이용하는 JR은 서울 지하철 2호선처럼 도심을 순환하는 오사카칸조선과 유니버설 스튜디오 재팬으로 향하는 유메사키선(사쿠라지마선), 기타신치를 경유하는 도자이선 등 3개로 요약할 수 있다. 오사카 시내만 여행할 땐 대개 지하철을 이용하기 때문에 JR을 탈 일이 별로 없지만, JR 패스로 교토, 고베, 나라 등 타 도시를 왕복할 땐 자주 이용한다. 컨택리스 카드 사용 불가(2025년 1월 기준).

PRICE 140엔~/거리에 따라 다름
*2025년 4월 1일부터 150엔~
TIME 05:00~24:00/노선에 따라 다름
PASS JR 간사이 패스, JR 간사이 와이드 패스, JR 간사이 미니 패스
WEB www.westjr.co.jp/global/kr/

● 주요 JR 노선

O 오사카칸조선(오사카 순환선) 大阪環状線(Osaka Loop Line) 원을 그리며 40분간 오사카 시내 19개 역을 순환하는 노선이다. 오사카역을 기준으로 시계 반대 방향으로 도는 내선순환(内回り, 우치마와리), 시계 방향으로 도는 외선순환(外回り, 소토마와리)으로 나뉘며, 오사카성, 쓰루하시, 덴노지 등으로 이동할 때 편리하다. 난카이 전철과 만나는 신이마미야역, 한신 전철과 연결되는 니시쿠조역 등을 통해 교외로 나갈 때 이용하기도 한다.

P 유메사키선 ゆめ咲線(또는 사쿠라지마선 桜島線) 유니버설 스튜디오 재팬으로 이동할 때 이용한다. 오사카칸조선과 한신 전철의 환승역인 니시쿠조역에서 유니버설시티역까지 짧은 구간을 잇는다.

H 도자이선 東西線 오사카성, 오사카 텐만구, 기타신치 등 오사카 시내 주요 명소와 효고현 아마가사키역을 잇는다. 교바시역에서 오사카칸조선과 만난다.

A 교토선 京都線 오사카역, 신오사카역을 거쳐 교토역에 도착한다.

A 고베선 神戸線 오사카역, 아마가사키역을 거쳐 산노미야역, 고베역, 히메지역 등에 도착한다.

Q 야마토지선 大和路線 난바역, 신이마미야역, 덴노지역을 거쳐 나라역에 도착한다.

USJ로 향하는 JR 유메사키선 열차

시내버스(오사카 시티 버스)

100여 개에 달하는 노선을 갖춘 현지인의 발이다. 그러나 그만큼 노선이 복잡하고 시내 중심부는 교통 체증이 심하기 때문에 여행자는 지하철을 이용하는 편이 낫다. 우리나라와 달리 뒷문으로 탑승해 앞문으로 내리며, 요금은 하차 시 낸다. 동전은 운전석 역 동전 투입구에, 지폐(1000엔짜리만 가능)는 지폐 투입구에 넣고, IC 카드는 단말기에 터치한다. QR 코드 방식의 1일권은 차내 곳곳에 부착된 QR 코드를 스마트폰 카메라로 불러들인 다음, 내릴 때 인증 화면을 운전기사에게 보여준다.

PRICE 고정 요금 210엔(6~11세 110엔)
TIME 06:00~22:00/노선에 따라 다름
PASS 오사카 주유 패스, 엔조이 에코 카드, 오사카 메트로 패스

오사카 시티 버스

우메구루(UMEGLE) 버스.
우메다 지역만 순환하는 100엔 버스다.

택시

앞 유리창에 '빈 차(空車)'라고 적혀 있으면 시내 어디서나 손을 들고 잡을 수 있다. 주요 역과 거리, 관광지에는 'TAXI タクシー'라고 적힌 택시 승차장이 마련돼 있으며, 택시 호출 앱(099p)을 이용해도 된다. 뒷문은 기사가 자동으로 열고 닫아준다. 기사에게 직접 말하면 알아듣지 못할 수 있으니 목적지가 적힌 일본어를 보여준다.

PRICE 보통차 기준 기본요금(1.3km) 600엔/이후 260m마다 100엔씩 가산, 정지 상태를 포함해 시속 10km 미만일 때는 1분 35초마다 100엔씩 가산된다.

여행자를 위한 특별한 교통수단

● 오사카 스카이 비스타 OSAKA SKY VISTA

지붕이 뻥 뚫린 오픈탑 이층 버스를 타고 오사카의 주요 명소를 1시간가량 둘러보는 투어 버스. 난바 루트와 우메다 루트가 있으며, 둘 다 JR 오사카역 버스터미널에서 출발한다. 티켓은 오사카역 JR 고속버스 터미널 티켓 센터 또는 홈페이지에서 구매. 공석이 있을 땐 당일 현장 구매도 가능하다.

TIME 난바 루트: 09:30·16:20 출발, 우메다 루트: 13:10 출발/부정기 휴무
PRICE 2000엔(4~11세 1000엔)/3세 이하 탑승 불가
WEB www.kintetsu-bus.co.jp/skyvista

● 아키바 카트 오사카 アキバカート大阪

각종 캐릭터 코스튬을 입고 귀여운 카트로 오사카 시내를 질주하는 액티비티 프로그램. 난바, 오사카성, 쓰텐카쿠 등 시내 주요 명소를 둘러보는 1~2시간 코스가 있다. 홈페이지에서 예약 후 이용 당일 난바 지점에 가서 운전 교습을 받으면, 가이드와 함께 주행할 수 있다. 국제운전면허증은 필수.

ADD 3-3-9 Nipponbashi, Naniwa Ward
TEL 090-3821-0330
OPEN 10:00~20:00
PRICE 1시간 코스 1만4000엔, 2시간 코스 1만8000엔
WEB osakakart.com/kr/

Area Guide 6

알아두면 좋아요 ♥ 오사카 여행 팁

오사카를 여행할 때 소소하지만 유용한 팁! 여행자가 지켜야 할 매너와 안전 규칙, 관광안내소 활용법, 무료 Wi-Fi, 코인 로커 위치 등을 알아보자.

어떻게 다니면 좋을까?

오사카 시내 북부 중심부인 우메다와 남부 중심부인 난바와의 직선거리는 약 4km, 지하철로는 4정거장에 불과해서 걷거나 지하철만 이용해도 쉽게 다닐 수 있다. 소지한 패스 종류나 목적지에 따라 JR, 사철(전철), 배를 활용할 수도 있다. 단, 오사카 시내는 교통체증이 심하고 주차료가 비싸기 때문에 택시, 버스, 렌터카는 추천하지 않는다. 어린아이를 데리고 여행한다면 유아차 대여 서비스(babycal-jre.com/kr/)를 이용해도 편리하다.

오사카 시내 모든 역과 차량에는 한국어 또는 영어가 표기돼 있으며, 관광안내소도 곳곳에 있다. 난바역, 우메다역, 신오사카역 등 주요 역에는 AI 안내 기기가 설치돼 있어서 역내 시설, 환승 방법, 화장실 위치 등을 한국어로 안내받을 수 있다. 참고로 일본에서는 차도뿐 아니라 인도에서도 좌측통행이 기본이다. 특히 오사카의 에스컬레이터는 급한 사람이 먼저 지나갈 수 있도록 좌측을 비워두는 게 법칙. 두 사람이 나란히 서 있는 것은 민폐로 간주한다.

오사카 지하철 AI 안내 기기

난카이 전철 난바역 AI 안내 기기

무료 Wi-Fi 사용하기

'Osaka Free Wi-Fi' 표시가 있는 구역에서 무료 Wi-Fi를 사용할 수 있다. 주요 관광지, 상점가, 쇼핑몰 등이 포함되며, 역 구내에서는 사용할 수 없다. 스마트 기기에서 간단한 등록 절차를 마치면 1일 무제한(1시간마다 리셋), 'Osaka Free Wi-Fi_Lite'는 이메일 주소당 1일 8회까지 사용할 수 있다(30분마다 리셋). 등록 방법은 공식 홈페이지(ofw-oer.com/ko/) 참고. 숙박시설과 스타벅스 등에서도 무료 Wi-Fi를 사용할 수 있지만, 일반 식당과 카페, 상점에서는 무료 W-Fi 서비스를 제공하지 않는 곳이 많다.

Osaka Free Wi-Fi

인기 식당은 예약하고 가기

오사카를 비롯한 간사이의 소문난 맛집들은 오픈 30분 전까지 도착하거나, 점심과 저녁 식사 시간을 최대한 피해 가야 오래 기다리지 않고 입장할 수 있다. 식당에 따라 공식 홈페이지, 인스타그램, 구글맵, 식당 예약 앱 테이블체크(TableCheck) 등 다양한 플랫폼을 통해서 온라인 예약을 할 수 있으므로, 가능하면 예약하고 방문하는 것이 좋다. 전화 예약만 받는 경우에도 대부분 영어로 소통이 가능하다.

여행 중 지켜야 할 매너 & 안전

❶ 신사, 사찰, 박물관, 쇼핑 시설 방문 시 내부 사진 촬영이 금지된 곳이 많으니, 안내문을 잘 숙지한다. 일부 카페나 식당에서도 다른 손님들의 프라이버시가 침해되지 않도록 음식 사진 촬영만 허용하는 곳이 있다.

❷ 대형 프랜차이즈 카페에서는 콘센트가 구비된 좌석에서 전자기기를 충전할 수 있지만, 그 외 장소에서는 허락 없이 콘센트를 사용하지 않는다. 또한 카페에서도 여러 개의 콘센트를 독점해서 사용하거나 통로까지 선을 길게 늘어뜨리는 것은 매너에 어긋난다.

❸ 아파트형 숙소 이용 시 분리수거 규정을 잘 따른다. 별다른 분류 없이 한꺼번에 모아서 버리는 곳도 있지만, 보통 '불에 타는 쓰레기'와 '불에 타지 않는 쓰레기' 2가지로 분류한다.

❹ 낯선 환경과 음식, 면역력 저하로 인해 발생한 급체나 두드러기 등의 가벼운 증상은 드럭스토어에서 처방전 없이 구매하는 약으로 해결할 수 있다. 약사에게 스마트폰 번역기로 도움을 청하면 친절하게 안내해주며, 미성년자라면 복용 제한 연령을 반드시 확인한다.

❺ 일본은 지진 발생이 잦은 나라이므로 지진 발생 시 주의 사항을 반드시 숙지하고 간다. 일본 정부에서 제작한 해외 관광객용 재해 정보 앱인 '세이프티 팁스(Safety tips)'를 설치하고 푸시 알림을 설정해두면 재해 알림을 비롯해 의료기관이나 긴급 연락처, 피난소까지 한국어로 안내받을 수 있다.

Safety tips 앱

두 손은 가볍게! 짐을 맡겨 보자

● 코인 로커

오사카의 지하철역과 사철역, JR 역 개찰구 안팎에 다양한 크기의 코인 로커가 설치돼 있다.

PRICE 300~1000엔(소 300~600엔, 중 400~700엔, 대 600~900엔, 특대 800~1000엔)/ 현금 또는 IC 카드로 결제
OPEN 05:00~24:00경

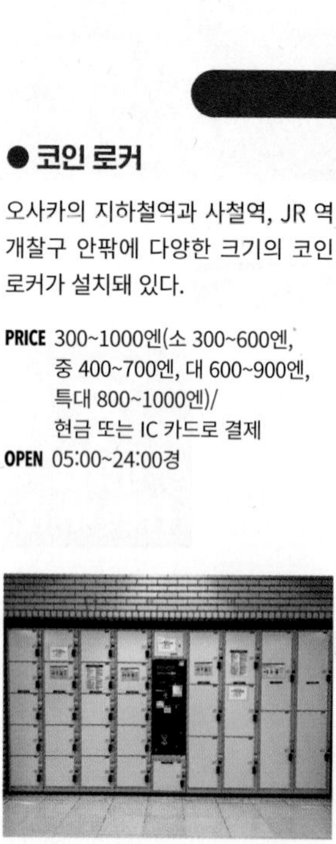

● 수하물 일시 보관소

난바: 난카이 전철 난바역 2층 중앙 개찰구 근처 'n·e·s·t 난바점'에서 1일간 짐 보관, 공항 당일 배송 서비스를 제공한다.

PRICE 일시 보관 개당 800엔, 공항 당일 배송 개당 2500엔(당일 12:00까지 접수)
OPEN 09:00~21:00

우메다: JR 오사카역 1층 중앙 개찰구 밖 크로스타 오사카(Crosta 大阪)에서 수하물 일시 보관(최장 15일), 오사카역과 숙소 간 짐 배송 서비스를 제공한다.

PRICE 일시 보관 개당 800엔 (대형 1000엔), 오사카역~숙소 짐 배송 1500엔
OPEN 08:00~20:00
WEB osaka.handsfree-japan.com/ko

● 수하물 배송 서비스

난카이 전철 간사이공항역의 'n·e·s·t 간사이공항점'에서 수하물을 일시 보관해주거나, 공항~오사카 시내 호텔 간 당일 배송 서비스를 제공한다.

OPEN 10:00~20:00
PRICE 일시 보관 개당 800엔, 배송 서비스 개당 2500엔
WEB airporter.co.jp

■ 공항→오사카 시내 호텔
예약: 당일 14:30까지
접수: 10:00~14:30
수취: 19:00~22:00

■ 오사카 시내 호텔→공항
예약: 전날 21:00까지
접수: 당일 09:00까지
수취: 16:00~20:00

관광안내소를 적극 활용하자

오사카 시내 곳곳에 관광안내소가 있다. 영어와 한국어 안내가 가능하니 현지 정보 수집과 패스 구매, 수하물 보관(유료), 각종 문의사항 발생 시 방문해보자.

지역	관광안내소	위치	주소	오픈 시간
난바	난바 관광안내소	난카이 전철 난바역 1층 북쪽 출구	5-1-60, Namba	09:00~20:00
	도톤플라자	지하철 닛폰바시역 6번 출구 도보 5분	2-15-10 Shimanouchi, Chuo Ward	09:00~20:30
	피봇 베이스	도톤보리 한복판	1-7-21 Dotonbori, Chuo Ward	11:30~24:00
우메다	오사카 관광안내소	JR 오사카역 1층 중앙 개찰구 앞	3-1-1 Umeda, Kita Ward	07:00~22:00
	한큐 투어리스트 센터 오사카 우메다	한큐 전철 오사카우메다역 1층	1-1-2 Shibata, Kita Ward	08:00~17:00
덴노지	아베노 하루카스 긴테쓰 본점	윙관 3.5층 Foreign Customer's Salon	1-1-43 Abenosuji, Abeno Ward	10:00~20:30

난바 관광안내소

피봇 베이스

난카이 전철 간사이공항역 수하물 보관소

한큐 투어리스트 센터 오사카 우메다

Area Guide ⑦

한눈에 보는 오사카

오사카는 흔히 5개의 지역으로 나눈다. 금융과 쇼핑의 중심인 북쪽의 기타(キタ), 오사카 최대 관광 지구인 남쪽의 미나미(ミナミ), 그 아래로 과거와 현대가 절묘하게 어우러진 덴노지가 자리 잡았다. 동쪽으로는 세월이 지나도 변함없이 우뚝 선 오사카성과 서쪽으로는 바다를 벗 삼은 관광 지구인 베이 지역이 도시의 균형을 완벽하게 이룬다.

● 관광 & 미식 & 쇼핑 지구 ● 관광 지구 ● 힐링 지구 ● 쇼핑 & 미식 지구

● 난바 & 도톤보리

365일, 24시간 전 세계 여행자들로 들썩들썩! 오사카 최고의 관광 지구

● 우메다 (오사카역)

고층 오피스 빌딩과 대형 백화점, 쇼핑몰이 앞다투어 늘어선 간사이 최대 쇼핑·비즈니스 지구

● 덴노지

최신 백화점과 관광 명소, 오래되고 낡은 골목 풍경이 뒤섞인 묘한 분위기

● 신세카이

형형색색으로 빛나는 전망탑 쓰텐카쿠와 바삭한 꼬치 튀김 삼매경

● 신사이바시 & 아메리카무라

머리, 어깨, 무릎 힙! 오사카 트렌드 세터들의 거리

● 나카노시마

산들거리는 강바람 맞으며 즐기는 아트 & 커피 산책

● 오사카성

거대한 성벽과 해자로 둘러싸인, 압도적인 규모의 천수각

● 베이 지역

유람선과 관람차, 아쿠아리움이 자리한 해안 지구. 저 너머엔 유니버설 스튜디오 재팬이!

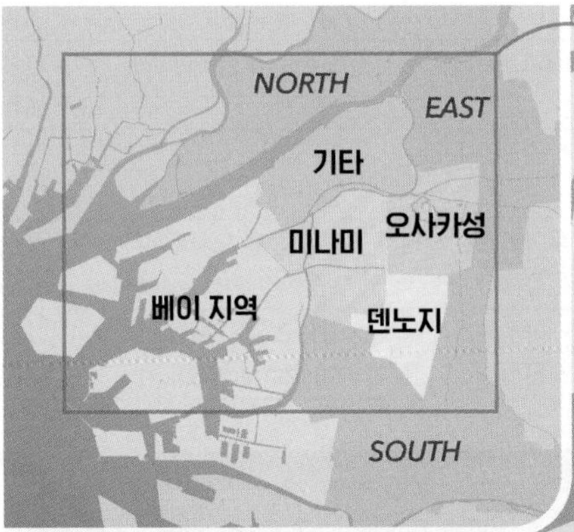

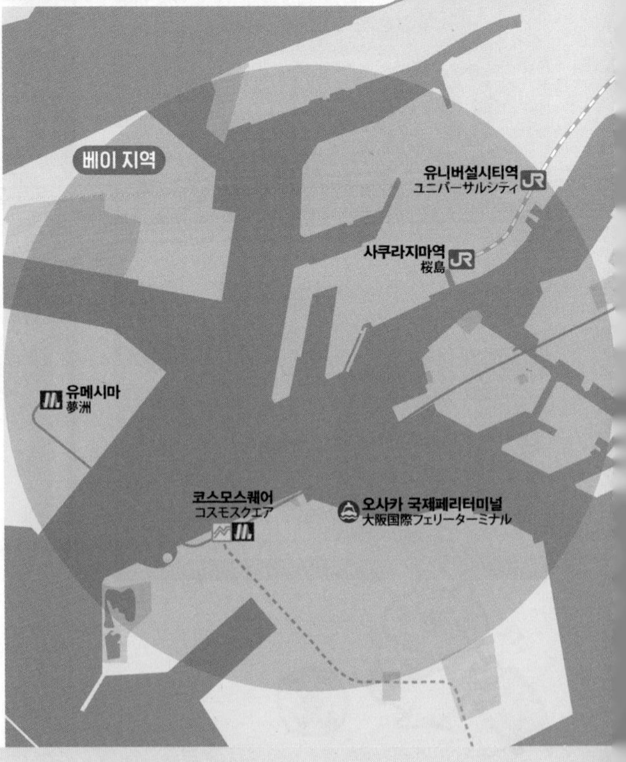

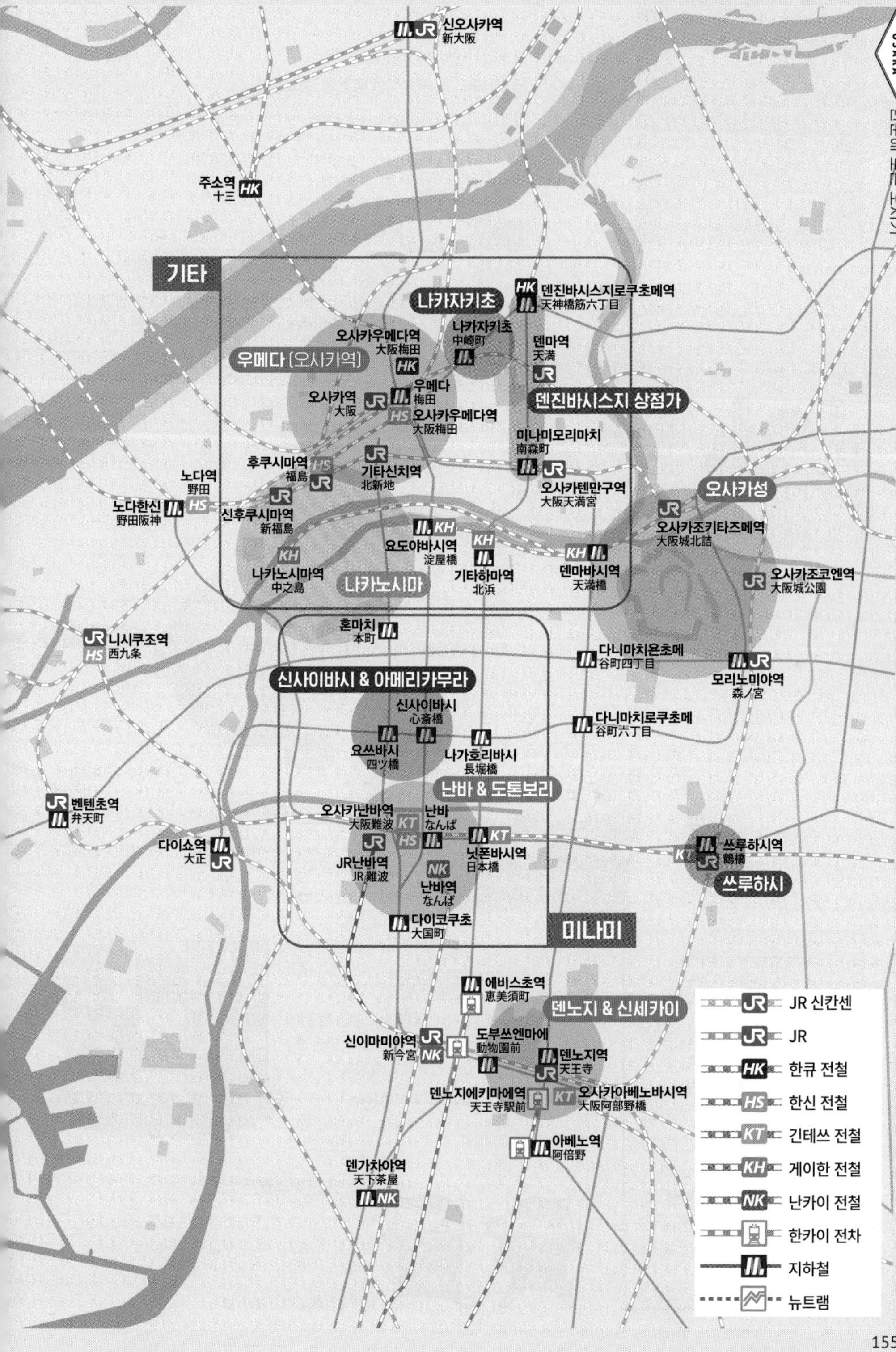
JR 신오사카역
新大阪
주소역 HK
十三
기타
나카자키초
HK 덴진바시스지로쿠초메역
天神橋筋六丁目
오사카우메다역
大阪梅田
HK
나카자키초
中崎町
덴마역
天満
JR
우메다 (오사카역)
오사카역
大阪
JR 우메다
梅田
HS 오사카우메다역
大阪梅田
덴진바시스지 상점가
미나미모리마치
南森町
JR
기타신치역
北新地
후쿠시마역
福島
HS
JR
노다역
野田
노다한신
野田阪神
HS
JR
신후쿠시마역
新福島
JR
오사카텐만구역
大阪天満宮
오사카성
JR
오사카조키타즈메역
大阪城北詰
KH
요도야바시역
淀屋橋
KH
기타하마역
北浜
KH
덴마바시역
天満橋
KH
나카노시마역
中之島
나카노시마
JR 오사카조코엔역
大阪城公園
혼마치
本町
JR 니시쿠조역
HS 西九条
다니마치욘초메
谷町四丁目
JR
모리노미야역
森ノ宮
신사이바시 & 아메리카무라
신사이바시
心斎橋
요쓰바시
四ツ橋
나가호리바시
長堀橋
다니마치로쿠초메
谷町六丁目
JR 벤텐초역
弁天町
난바 & 도톤보리
오사카난바역
大阪難波
KT
난바
なんば
HS
KT
닛폰바시역
日本橋
JR
다이쇼역
大正
JR
JR난바역
JR 難波
NK
난바역
なんば
쓰루하시역
KT
JR
鶴橋
쓰루하시
다이코쿠초
大国町
미나미
에비스초역
恵美須町
덴노지 & 신세카이
신이마미야역
JR
新今宮
NK
도부쓰엔마에
動物園前
덴노지역
JR
天王寺
덴노지에키마에역
天王寺駅前
KT
오사카아베노바시역
大阪阿部野橋
아베노역
阿倍野
덴가차야역
天下茶屋
NK
JR JR 신칸센
JR JR
HK 한큐 전철
HS 한신 전철
KT 긴테쓰 전철
KH 게이한 전철
NK 난카이 전철
한카이 전차
지하철
뉴트램

Area Guide 7

오사카 하이라이트 도장 깨기

볼거리와 즐길거리가 넘쳐나는 오사카.
그 중에서도 꼭 가봐야 할 대표적인 명소를 알아보자.

우메다 스카이빌딩 공중정원

천장이 뻥 뚫린 최고층 전망대를 빙그르르 돌다 보면, 공중을 걷는 듯 황홀한 기분!

우메다 216p

나카노시마

강변 산책로를 따라 미술관, 박물관, 공원, 카페가 줄줄이~ 세련된 아트 & 힐링 스폿

나카노시마 230p

유니버설 스튜디오 재팬 USJ

아침부터 밤까지 더할 나위 없었다! 온가족이 신나는 할리우드 테마 파크

베이 지역 270p

유니바설 시티역

오사카코역 C11

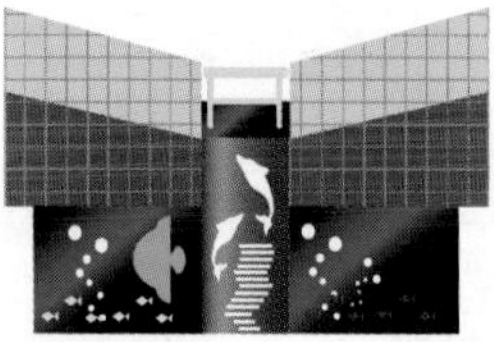

가이유칸·덴포잔 관람차

고래상어도 보고, 유람선도 타고, 관람차도 타고 ♪

베이 지역 282p, 283p

> **: WRITER'S PICK :**
>
> **여행에 필요한 시간은?**
>
> 이른 아침에 오사카성을 방문한 후 미나미와 기타 지역 위주로 빠르게 훑는다면 하루 일정으로도 오사카 핵심 지역을 돌아볼 수 있다. 좀 더 여유롭게 오사카를 즐기고 싶거나, USJ와 가이유칸 등 관람 및 이동 시간이 오래 걸리는 곳을 포함한다면 최소 2~3일 이상이 필요하다.

도톤보리

오사카 여행의 로망을 한 번에 실현해 줄 '종합선물' 같은 곳! 밤늦게까지도 북적북적~

난바 & 도톤보리 162p

덴덴타운·구로몬 시장

애니메이션과 게임 캐릭터 굿즈숍이 잔뜩 모인 덕후들의 성지! 싸고 푸짐한 먹거리로 가득한 전통 시장 구경도 놓칠 수 없다.

난바 & 도톤보리 170p, 171p

반파쿠 기념공원·엑스포 시티

모노레일 타고 떠나는 근교 여행.
푸르른 자연 속 태양의 탑, 일본 최대
높이 관람차가 기다리고 있다.

오사카 북부 288p

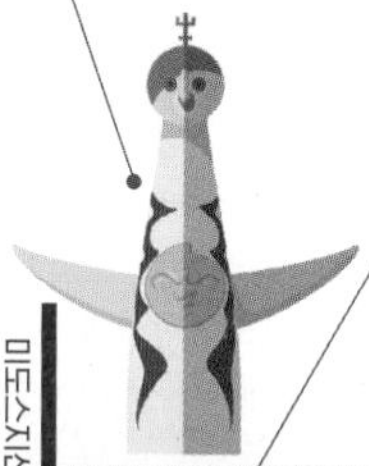

나카자키초

오래된 목조 가옥을 개조한 감성 카페들과
만나는 즐거움.

우메다 228p

덴진바시스지 상점가

명물 간식 입에 물고 일본에서
제일 긴 로컬 상점가를
어슬렁어슬렁.

덴진바시스지 상점가 248p

오사카성

일본 시대물 속으로 순간이동!
광대한 공원 가운데
위풍당당한 천수각

오사카성 238p

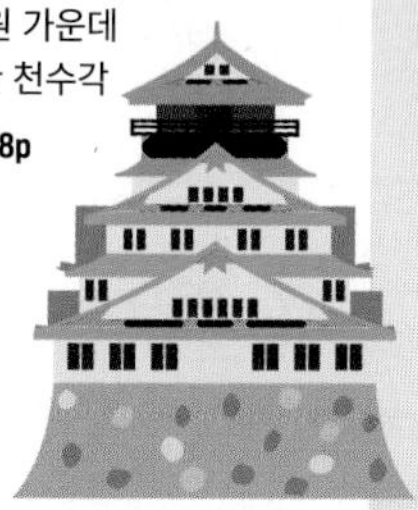

아베노 하루카스

지상 300m 높이의 전망대에서
오사카를 내려다보는
짜릿함이란!

덴노지 253p

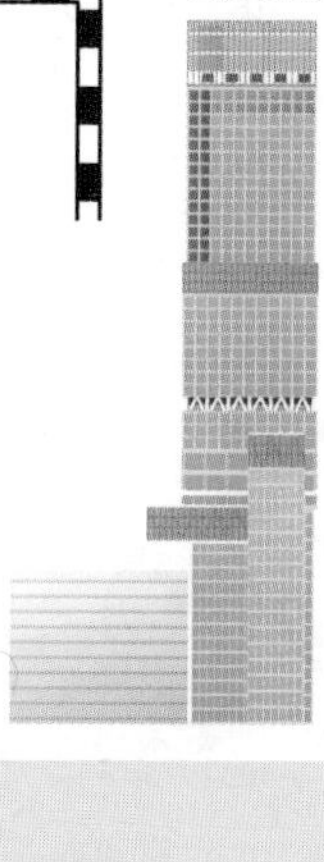

신세카이

게임 속으로 빨려 들어간 듯 정신없이
반짝이는 밤거리 탐험. 쿠시카츠와
맥주의 조합은 참을 수 없다.

덴노지 256p

#Walk

먹고, 마시고, 즐기는 '미니 오사카'

난바 難波(なんば) & 도톤보리 道頓堀

왁자지껄하고 정겨운 오사카 본연의 모습을 가장 생생하게 느낄 수 있는 간사이 최대 관광지구다. 간사이 국제공항은 물론, 교토, 고베, 나라, 고야산을 연결하는 각종 사철과 지하철의 주요 거점이자 미나미 지역 최대 쇼핑몰인 난바 파크스가 들어선 난바, 독특하고 현란한 입체 광고판 아래 오코노미야키와 타코야키 가게가 줄지어 늘어선 도톤보리, 간사이 애니메이션과 게임광의 성지인 덴덴타운, 현지인 냄새가 폴폴 나는 재래시장인 구로몬 시장이 모두 이곳에 있다.

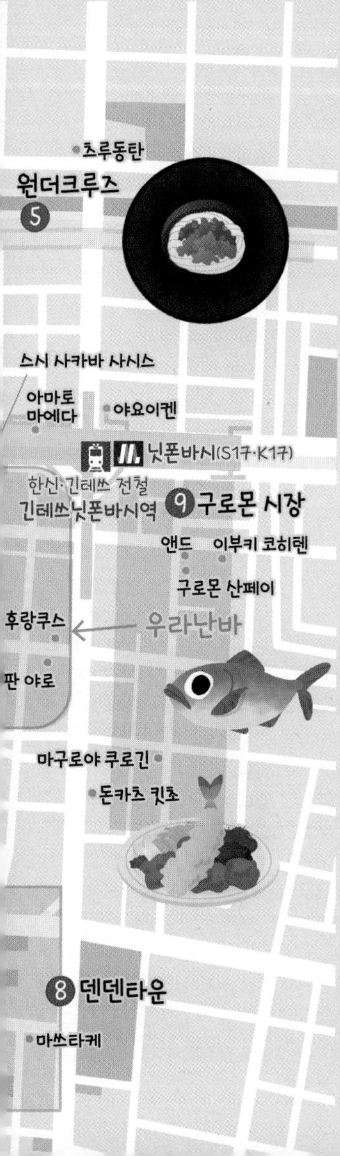

Access

지하철

- **미도스지선·센니치마에선·요쓰바시선 난바역**(なんば/M20·S16·Y15) **14번 출구:** 도톤보리에서 가장 가까운 출구다. 도보 약 2분 소요.
- **센니치마에선·사카이스지선 닛폰바시역**(日本橋/S17·K17) **10번 출구:** 구로몬 시장, 덴덴타운과 가깝다.
- **사카이스지선 에비스초역**(恵比寿町/K18) **1-A·1-B 출구:** 덴덴타운과 가깝다.

사철

- **난카이 전철 난바역**(なんば) **2층 중앙개찰구:** 간사이 국제공항과 난바 파크스를 오갈 때 편리하다.
- **난카이 전철 난바역**(なんば) **1층 북쪽 출구:** 다카시마야 백화점, 마루이 백화점, 덴덴타운, 센니치마에도구야스지 상점가 등과 가깝다.
- **긴테쓰·한신 전철 오사카난바역**(大阪難波)**:** 고베, 나라 등을 오갈 때 이용한다. JR·지하철·난카이 전철 난바역과 지하상가로 연결된다.

Planning

볼거리와 먹거리, 쇼핑 스폿이 많아서 2시간 이상 예상해야 한다. 사람들 틈에 휩싸여 이동하는 데만도 시간이 꽤 걸리고, 식사 때라면 30분 이상 줄을 서야 하는 맛집이 많다. 일본 현지 관광객까지 가세하는 주말이나 공휴일이 아닌 평일에 가는 것을 추천. 대부분 맛집이 문을 여는 오전 11시 전에 방문해 '오픈런' 하거나, 식당 후보지를 여러 곳 정해두는 것도 팁이다.

도톤보리의 명물 입체 간판을 구경하고 사진 찍는 것을 좋아한다면 낮에 방문하는 것이 좋고, 톤보리 리버크루즈나 원더크루즈를 타고 도톤보리의 야경을 즐기고 싶다면 밤에 방문하길 권한다. 혼잡도는 오후로 갈수록 점점 높아지고, 오후 7~8시경 절정에 달한다.

정교하게 짜인 지하 세계!
난바역 지하 연결 통로 및 출구

난카이 전철 난바역과 다카시마야 백화점

● **난바 지하에서 현재 위치 파악하기**

난바 밑은 거대한 지하상가 난바워크(Namba Walk, A~D 구역)와 난바난난(Namba Nannan, E 구역)으로 나뉜다. 따라서 위에 초록색으로 표기한 지하철 출구를 찾아가는 것도 중요하지만, 각각의 색상과 출구 번호로 나뉜 지하상가 내 A~E 구역 표지판을 잘 파악해야 현재 위치를 가늠하고 목적지 바로 근처까지 쉽게 찾아갈 수 있다.

예: 난바워크 B 구역 → 서쪽 끝 계단 번호는 B1, 동쪽 끝 계단 번호는 30으로, 서쪽에서 동쪽으로 갈수록 숫자가 커진다.

오사카 여행자들의 현관
난카이 전철 난바역 지상 연결 통로 및 출구(개찰구)

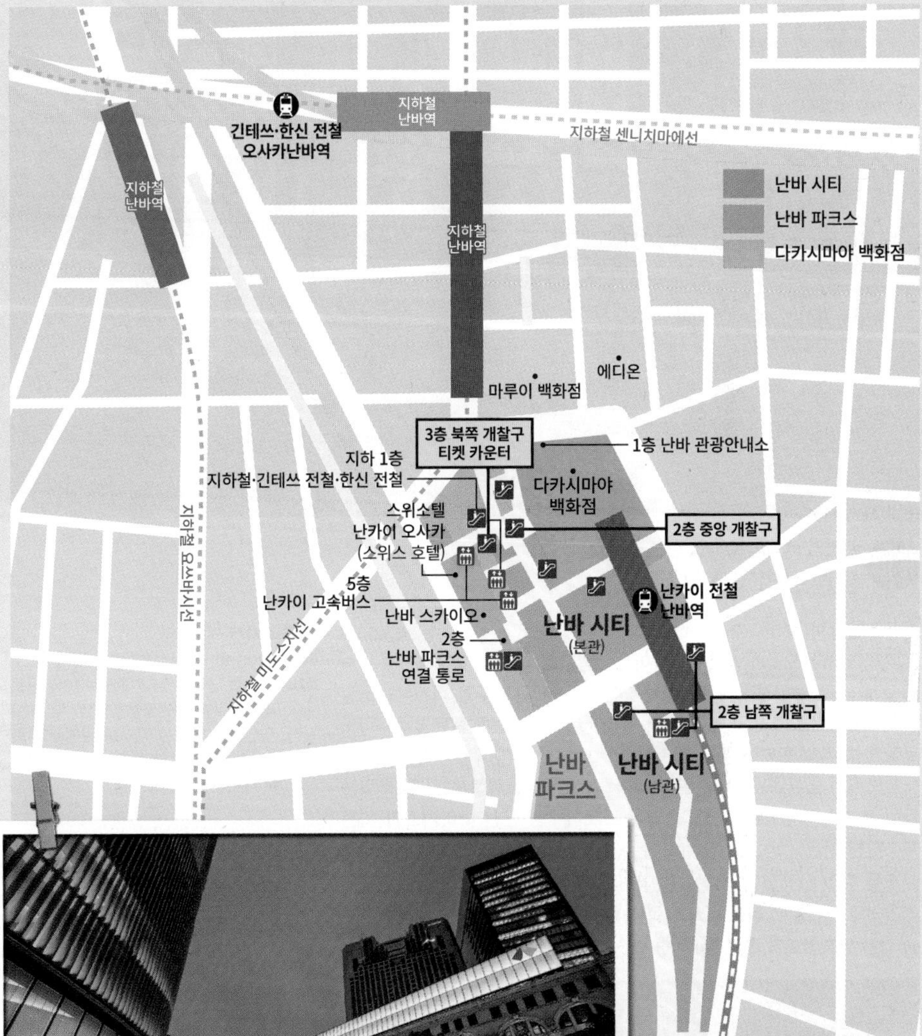

다카시마야 백화점과 연결된 난카이 전철 난바역.
역 앞 광장은 만남의 장소로 애용된다.

1 오사카 여행의 로망 실현!
도톤보리 道頓堀

오사카의 별명 '구이다오레(くいだおれ, 먹다 망한다)'를 대변하는 약 400m 길이의 거리다. 오사카 최대 번화가이자 관광지로, 미나미 지역 중앙을 동서로 흐르는 도톤보리강을 따라 오사카를 대표하는 맛집과 주점, 아케이드 쇼핑가가 오밀조밀 모여 있다. 낮과 밤의 매력이 다르기 때문에 짧은 일정이라도 낮에 한 번, 밤에 한 번 가볼 것을 추천.

도톤보리의 중심에는 두 팔 벌린 마라토너 간판 '글리코 사인'이 보이는 다리 에비스바시(戎橋)가 있다. 일본 프로야구팀 한신 타이거즈가 시즌 우승하면 팬들이 강으로 뛰어내리는 전통이 있는 다리다. 다리 밑으로는 강변을 따라 산책할 수 있는 톤보리 리버워크가 정비돼 있다. 대표적인 볼거리와 맛집들은 주로 강의 남쪽에 형성돼 있고, 북쪽은 현지인들이 주로 가는 유흥업소가 많다. **MAP ❹-D**

GOOGLE MAPS 도톤보리
ADD Dotonbori, Chuo Ward
WALK 지하철 난바역 14번 출구로 나와 뒤로 돌아 미도스지(御堂筋) 도로를 따라 약 80m 직진, 횡단보도가 있는 큰 사거리에서 우회전하면 메인 스트리트인 도톤보리다.
WEB dotonbori.or.jp/ko

만남의 광장인 에비스바시 다리. 북쪽으로는 신사이바시스지 상점가(195p)가, 글리코 사인이 있는 남쪽으로는 에비스바시스지 상점가(戎橋筋商店街)가 이어진다.

2 오사카에서 가장 유명한 남자
글리코 사인(글리코상) グリコサイン

도톤보리에서 제일가는 포토 스폿. 여행자들이 이 간판 앞에서 두 팔 벌려 기념촬영을 하는 일은 도톤보리에 왔음을 인증하는 일종의 의식과 같다. 제과 회사 에자키 글리코의 트레이드 마크인 이 그림은 결승선을 통과하며 기뻐하는 여러 마라토너 사진을 참고해 만든 것. 간판은 1935년 설치된 이래 6번의 리뉴얼을 거쳤다. 오사카시에서도 각별히 관리하는 문화재급 상징물이며, 시즌과 시간에 따라 배경이 변한다.

MAP ④-D

GOOGLE MAPS 글리코사인
WALK 도톤보리 거리에서 에비스바시 건너기 직전 왼쪽

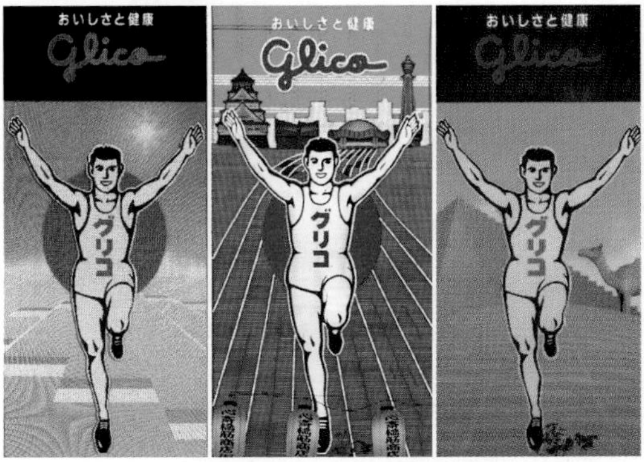

도톤보리 포토 스폿 BEST 12

엉뚱하고 재밌다 못해 기괴하기까지 한 도톤보리의 대형 입체 간판들!
걸음을 멈추게 하는 포토 포인트들이다.

Spot 1 도톤보리 쿠쿠루
たこ家道頓堀くくる
줄 서서 먹는 도톤보리 타코야키 가게 중 하나

Spot 2 가니도라쿠
かに道樂
홋카이도의 신선하고 통통한 최고급 게를 매일 공수해오는 게 요리 전문점. 움직이는 대게 간판이 도톤보리의 상징물이다.

Spot 3 칼 아저씨
カールおじさん
메이지 제과의 인기 과자 '칼(カール)'을 손에 든 칼 아저씨. 간판에 달린 브라운관 앞에서 기념사진 찰칵!

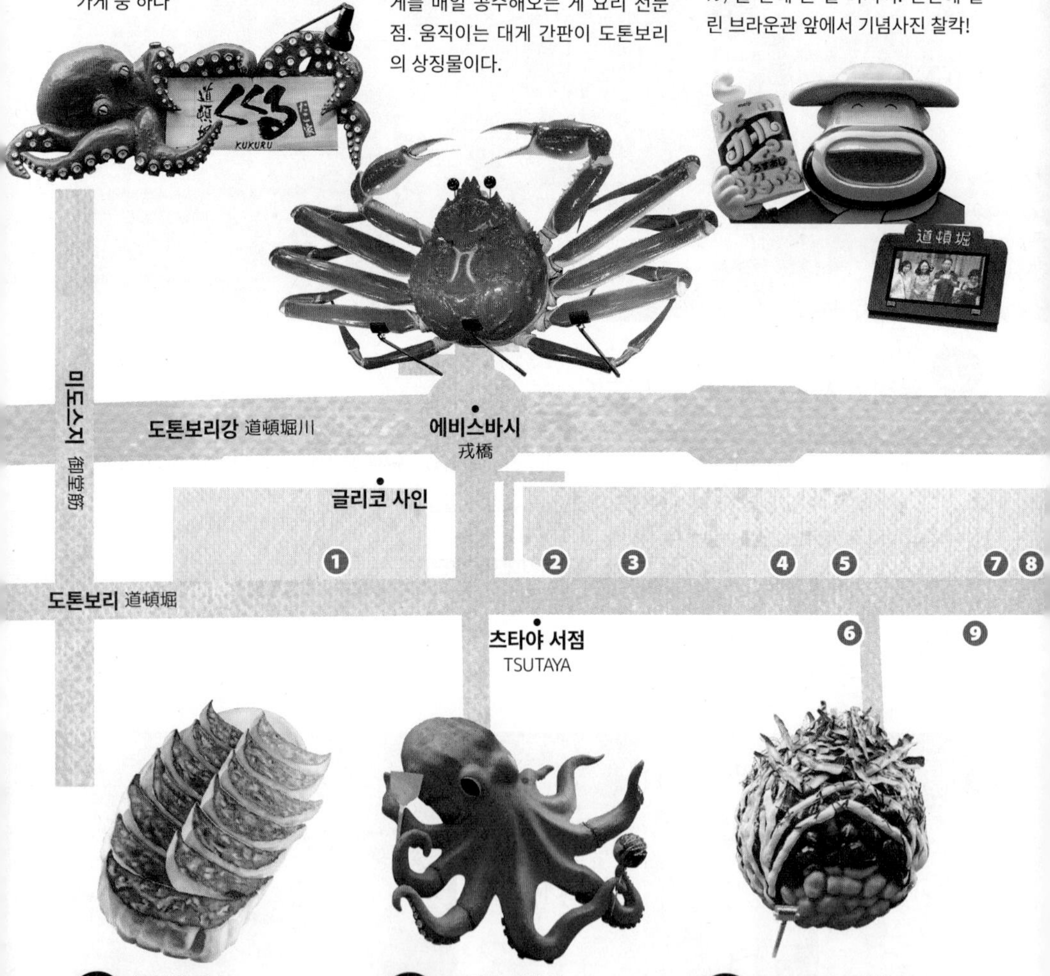

Spot 4 오사카 오쇼
大阪王將
1969년 오사카에서 탄생한 만두(교자) 체인. 대형 만두를 본 순간 침이 꼴깍~

Spot 5 코나몬 뮤지엄
コナモン ミュージアム
간판부터 '문어문어' 한 타코야키 맛집

Spot 6 타코야키 주하치방
たこ焼き 十八番
커다랗고 둥근 타코야키 간판으로 시선 강탈! → 186p

Spot 7 겐로쿠즈시
元禄寿司

일본의 회전초밥 시스템을 개발한 원조 → 179p

Spot 8 쿠시카츠 다루마
串かつ だるま

말해 뭐해! 오사카 최고의 꼬치튀김 체인 → 182p

Spot 9 북 치는 인형, 구이다오레 타로
くいだおれ太郎

'먹다 망한다'는 뜻의 '구이다오레'는 한때 이 건물에 있었던 식당명에서 유래했다. 그 시절부터 오랜 세월 1층을 지키는 구이다오레 타로는 도톤보리의 명물! 건물이 대규모 리뉴얼을 마치는 2025년 봄에는 무려 6m 길이의 타로 입체 간판까지 가세한다.

Spot 10 신세카이 쿠시카츠 잇토쿠
新世界串カツいっとく

쿠시카츠 그릇을 쥔 행운의 신, 빌리켄! 오사카의 쿠시카츠 체인인 잇토쿠의 간판이다.

Spot 11 Spot 12 킨류라멘
金龍ラーメン

24시간 불을 밝히는 초록 용 간판으로 유명한 라멘 집. 총 3곳의 매장이 근처에 모여 있는 도톤보리의 상징 중 하나다. ⓫ 도톤보리점, ⓬ 본점

일본 기념품 쇼핑 끝판왕!

돈키호테 도톤보리점 ③

ドン·キホーテ

24시간 도톤보리를 지키는 대형 잡화점. 온갖 소소하고 저렴한 잡화, 화장품, 가구, 가전제품, 식료품, 중고 명품 등 없는 게 없고, 외국인 여행자용 할인 쿠폰과 면세 혜택, 24시간 운영 시스템을 갖춘 오사카 기념품 쇼핑의 대명사다. 77m 높이의 노란색 타원형 대관람차가 활기를 더하고, '상업의 신' 에벳상과 돈키호테의 마스코트 돈펜군이 사이좋게 웃음 짓는 대형 입체간판도 포토 포인트로 발길을 붙잡는다.

MAP ④-D

GOOGLE MAPS 돈키호테 도톤보리점
ADD 7-13 Souemoncho, Chuo Ward
OPEN 24시간/대관람차 11:00~22:00(최종 탑승 시각 21:30)
PRICE 일반 관람차 3세 이상 1000엔(3세 미만 탑승 불가)
WALK 도톤보리에서 커다란 게 간판이 걸린 가니도라쿠 건물 옆 에비스바시를 건너자마자 오른쪽 다리 아래 산책로를 따라 약 150m 직진 후 왼쪽
WEB donki.com

3층의 대관람차 탑승장. 4인이 일렬로 탑승하는 오픈형 시트가 독특하다.

얕보지 마시라!
난바뿐 아니라 덴노지 일대까지 바라다보인다.

: WRITER'S PICK :

난바에만 지점이 3곳!

도톤보리 한복판에 위치한 돈키호테 도톤보리점은 언제나 발 디딜 틈 없이 붐빈다. 오로지 쇼핑에만 집중하고 싶다면 서쪽으로 약 250m 떨어진 도톤보리 미도스지점(10:00~다음 날 02:00), 난카이 전철 난바역에서 가까운 난바센니치마에점(10:00~24:00)을 추천. 신세카이에 있는 메가(MEGA) 돈키호테(09:00~다음 날 05:00)는 매장 규모가 크고 제품 가짓수도 가장 많다. 전 지점 한국어 서비스 제공. 세금 포함 5500엔 이상 구매 시 면세.

GOOGLE MAPS 톤보리 리버크루즈
OPEN 11:00~21:00/매시 정각과 30분에 출항/7월 13·24·25일 및 하천과 선박 상황에 따라 운휴(소량 우천 시에는 운항)
PRICE 1500엔, 중·고등·대학생 1000엔(학생증 소지 시), 초등학생 500엔/초등학생 미만은 보호자 1인당 1인 무료
WEB boat-osaka.com

4 셋노란 미니 오픈 크루즈 타고 둥둥~ 톤보리 리버크루즈

とんぼりリバークルーズ

인공 운하인 도톤보리강을 순회하는 70인승 미니 크루즈. 돈키호테 도톤보리점 바로 앞 다자에몬바시 선착장(太左衛門橋船着場)에서 출발해 총 9개 다리를 오가는 코스로 약 20분간 운항한다. 일본인 가이드의 재미난 입담(중간중간 한국어와 영어로도 진행)과 함께 도톤보리의 강변 풍경을 즐길 수 있는데, 낮보다는 색색의 네온사인이 강을 수놓는 밤이 더 매력적이다. 승선권은 선착장 앞 매표소에서 당일 현장 판매(12:00~, 토·일요일·공휴일 10:00~)만 한다. 저녁 시간대 운항 편은 조기에 마감될 수 있으니 낮에 승선권부터 챙겨둘 것. 주유 패스 소지자는 매표소(첫 운항 1시간 전 오픈)에서 승선권으로 교환 후 무료 탑승할 수 있다. MAP ❹-C·D

+MORE+

톤보리 리버 재즈 보트

とんぼりリバージャズボート

재즈 밴드의 라이브 연주를 감상하며 도톤보리강을 주유하는 크루즈다. 과거 도톤보리는 상하이에서 들어 온 재즈 음악이 큰 인기를 끌던 곳이었는데, 각국의 재즈 뮤지션들이 연주하던 당시의 분위기를 간접 체험할 수 있다. 소요 시간은 약 40분. 온라인 예약 권장.

GOOGLE MAPS 미나토마치 선착장
OPEN 토·일·공휴일 14:30~20:30/1~2시간 간격 운항
PRICE 2000엔, 중·고등·대학생 1000엔(학생증 소지 시), 초등학생 이하 무료/보호자 1인당 초등학생 1인까지 무료, 추가 1인당 500엔
WEB boat-osaka.com

5 온라인 예약으로 편리하게 탑승 원더크루즈

Wonder Cruise

톤보리 리버크루즈의 인기를 뒤따르는 또 하나의 미니 크루즈. 닛폰바시역 근처 승선장에서 출발해 도톤보리를 20분간 순회한다. 톤보리 리버크루즈보다 크기가 작은 대신 온라인 사전 예약이 가능하다는 것이 장점이고, 지붕이 있어서 비 오는 날에도 크루즈를 즐길 수 있다. 비가 오지 않을 땐 오픈형으로 개방한다. 승선 당일 현장에서도 티켓을 판매하지만, 매진될 수 있으니 온라인 예약 권장. 주유 패스 소지자는 무료 승선할 수 있다. MAP ❹-C

GOOGLE MAPS 오사카 원더 크루즈
OPEN 13:10~16:40, 17:00~21:30/30분 간격 운항
PRICE 1500엔, 6~12세 800엔
WALK 도톤보리 에비스바시 다리에서 동쪽으로 도보 약 8분
WEB wondercruise.jp/ko/top/

승선장

6 돌길따라 자박자박
호젠지 요코초
法善寺横丁

반질반질하게 닳은 돌길을 걸으며 일본의 옛 정취를 한껏 느낄 수 있는 골목길이다. 네온사인으로 번쩍이는 도톤보리에서 남쪽으로 50m 남짓. 불과 한 블록 떨어져 있지만, 타임머신을 탄 듯 오래된 풍경이 펼쳐진다. 과거 호젠지 참배객을 상대로 한 노점들이 모여서 형성된 곳으로, 길이 80m, 폭 3m의 좁다란 골목 양옆에 오래되고 작은 현지인의 단골 맛집과 주점이 오밀조밀 자리한다. **MAP ❹-D & ❺-C**

GOOGLE MAPS hozenji yokocho
WALK 도톤보리에서 커다란 초록색 용 간판(킨류라멘 도톤보리점)을 끼고 센니치마에(千日前) 상점가로 진입, 약 50m 직진

: WRITER'S PICK :

좁디좁은 이색 통로, 우키요코지 浮世小路

도톤보리와 호젠지 요코초를 남북으로 잇는 20m 남짓의 통로. 한 사람만 겨우 통과할 수 있을 만큼 좁은 길 양쪽 벽면에 도톤보리의 옛 풍경이 그려져 있다. 노포 우동집 도톤보리 이마이(180p) 바로 왼쪽에 난 골목이다. **MAP ❹-D**

이끼로 뒤덮인 부동명왕상에 물을 끼얹고 소원을 빌어보자.

7 휘리릭 물을 부으면 소원 성취!
호젠지 法善寺

1637년 지은 자그마한 정토종 사원. 물을 끼얹으면 소원이 이루어진다는 부동명왕상은 오른손에 검을 들고 분노한 표정을 짓고 있는데, 이는 부처의 가르침을 따르지 않는 이에게 화를 내며 바른길로 인도하기 위함이라고. 오랜 세월 많은 이들이 물을 끼얹다 보니 석상은 초록색 이끼로 잔뜩 뒤덮여 형체조차 알아보기 어렵게 됐지만, 그 덕에 더 유명해졌다. 경내에 노란 등불이 켜지는 밤이면 아늑한 분위기로 변신한다. **MAP ❹-D & ❺-C**

GOOGLE MAPS 호젠지 남바
ADD 1-2-16 Nanba, Chuo Ward
OPEN 24시간
WALK 호젠지 요코초 내

난바 아케이드 상점가 탐방

난바역과 도톤보리를 오갈 때면 누구나 한 번쯤 지나가게 되는 아케이드 상점가들. 언뜻 비슷해 보이지만 역사도, 특징도 저마다 다른 상점가 4곳을 살펴보자.

Walk 1 에비스바시스지 상점가
戎橋筋商店街

400년 역사를 지닌 길이 370m의 상점가. 난바 마루이 백화점과 에디온 사이의 남쪽 입구부터 북쪽의 도톤보리까지 이어진다. 551 호라이, 리쿠로 오지상노 미세, 산리오 기프트 게이트 등 인기 숍이 많다.

Walk 2 센니치마에 상점가
千日前商店街

북쪽은 도톤보리, 남쪽은 센니치마에 거리에 접한 길이 약 160m의 상점가. 도톤보리에 인접한 만큼 오코노미야키 미즈노, 이치란 도톤보리 별관, 하나마루켄 등 오사카의 대표 맛집 퍼레이드가 줄줄이 이어진다.

Walk 3 난바 난카이도리 상점가
なんば南海通商店街

난카이 전철 난바역 동쪽, 에디온을 바라보고 오른쪽 입구에서 시작하는 상점가. 체인 식당과 상점을 통과해 약 140m가량 걷다 보면, 주점 골목 우라난바와 일본 최대 규모 코미디 공연장 난바 그랜드 가게쓰 극장이 나타나면서 더욱 활기를 띤다.

난바 그랜드 가게쓰 극장

Walk 4 센니치마에 도구야스지 상점가
千日前道具屋筋商店街

'천하의 부엌'이라 불리는 오사카 식당들의 조리도구를 140여 년 동안 책임진 길이 약 150m의 상점가. 아기자기한 그릇이나 가정용 제품도 많다. 추천 기념품은 진짜보다 더 진짜 같은 음식 모형.

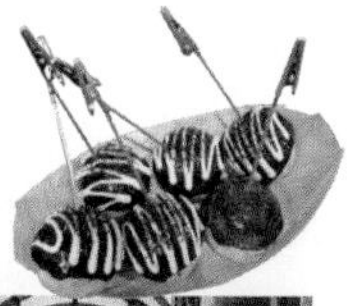

8 덕후들은 어서오고~
덴덴타운 でんでんタウン

서일본 최대의 전자상점가이자 애니메이션의 성지다. 정식 명칭은 닛폰바시스지 상점가(日本橋筋商店街)지만, 애칭인 '덴덴타운'으로 더 많이 알려졌다. 지하철 닛폰바시역부터 에비스초역까지 남북으로 800m가량 곧게 뻗은 사카이스지(堺筋) 대로를 중심으로 만화·애니메이션 굿즈, 게임, 만화책, 성인물 전문점 150여 곳이 성업 중. 대로변에는 보크스, 슈퍼키즈랜드, 만다라케 등 대형 체인이 눈에 띄고, 대로 서쪽의 오타로드(オタロード)에는 소규모 희귀 피규어와 동인지 전문점, 코스튬 가게, 메이드 카페, 애니메이트와 케이북스 등의 대형 애니메이션 체인점이 있다. '덕질'에 오롯이 집중할 수 있도록 저렴한 프랜차이즈 식당과 숙소가 많이 분포된 것도 특징이다. MAP ❺-D

GOOGLE MAPS 덴덴타운
OPEN 11:00~20:00/상점마다 다름
WALK 지하철 에비스초역 1-A·1-B 출구로 나와 바로/지하철 닛폰바시역 5·10번 출구로 나와 약 400m 직진/난카이 전철 난바역 남쪽 출구(南口)로 나와 오른쪽으로 직진, 굴다리를 빠져나와 바로
WEB www.nippombashi.jp

일본 메이드 카페의 대명사, 앳 홈 카페

애니메이션 마니아들이 모이는 서쪽의 오타로드

: WRITER'S PICK :
닛폰바시 스트리트 페스타

덴덴타운은 매년 봄, 일본 최대 규모의 코스튬 축제인 닛폰바시 스트리트 페스타(日本橋ストリートフェスタ)를 개최한다. 전국에서 모여든 코스튬 마니아들이 각종 애니메이션, 게임 캐릭터로 변신해 차량이 통제된 거리를 가득 메우는 진풍경을 볼 수 있으니, 여행 일정이 겹친다면 들러보자. 축제 정보는 홈페이지(www.nippombashi.jp)에서 확인할 수 있다.

9 180년간 북새통을 이룬 재래시장
구로몬 시장 黒門市場

140여 곳의 식료품점과 잡화점이 들어선 오사카 제일의 재래시장이다. 지하철 닛폰바시역에서 남쪽으로 600m가량 이어지며, 덴덴타운, 도톤보리에서 10분 거리에 있다. 주 종목은 어패류로, 저렴한 가격에 간이 테이블에서 초밥이나 참치회 덮밥을 즐길 수 있는 생선가게가 많다. 그밖에 꼬치 튀김 쿠시카츠, 뜨끈한 일본식 어묵, 명물 라멘, 도시락 등을 맛볼 수 있다. MAP ❺-B

GOOGLE MAPS 쿠로몬시장
ADD 2-4-1, Nipponbashi, Chuo Ward
OPEN 09:00~17:00/상점마다 다름
WALK 지하철 닛폰바시역 10번 출구로 나와 약 40m 직진, 첫 번째 골목에서 좌회전하면 시장 입구다.
WEB kuromon.com

+MORE+

구로몬 시장 먹거리 PICK!

■ **마구로야 쿠로긴** まぐろや黒銀
참치(1팩 5200엔~)를 고르면 즉석에서 회나 초밥으로 만들어준다.

OPEN 09:00~15:00/화·수 휴무

■ **구로몬 산페이** 黒門三平
매장에서 먹고 가는 신선한 해산물 덮밥(1320엔~)과 두툼한 테이크아웃 초밥(3024엔~).

OPEN 09:00~17:30

■ **앤드** and
오사카에서 입소문 난 프리미엄 크루아상(1개 380엔~) 전문점.

OPEN 09:00~17:00

■ **이부키 코히텐** 伊吹珈琲店
1934년 창업한 노포 카페. 직접 로스팅한 진한 원두 커피와 달걀 토스트 세트(960엔)를 추천.

OPEN 07:00~19:45

매년 11~2월에 펼쳐지는 일루미네이션

10 지름신 부르는 대형 쇼핑몰
난바 파크스 なんばパークス

난바역과 연결된 미나미 최대 규모의 쇼핑몰. 가운데가 뻥 뚫린 채 파도처럼 긴 곡선 형태를 갖춘 건물 구조가 독특하다. 간사이 공항과의 뛰어난 접근성, 도톤보리를 비롯한 관광 명소와 호텔이 밀집한 난바 한복판에 자리한 만큼 외국인 여행자가 선호하는 일본의 패션·라이프스타일 브랜드가 주를 이룬다. 호불호 없는 프랜차이즈 카페와 식당도 많아서 가족 단위 여행자가 무난하게 식사하기에도 좋은 장소. 수만 그루의 나무를 심은 야외 정원, 연말연시에 반짝이는 일루미네이션도 볼거리다. **MAP ❺-D**

GOOGLE MAPS 난바 파크스
ADD 2-10-70 Nanbanaka
OPEN 11:00~21:00(레스토랑 ~23:00)/상점마다 다름/정원 10:00~24:00
WALK 난카이 전철 난바역 2층 중앙 개찰구(中央改札口) 또는 남쪽 개찰구(南改札口)와 연결/지하철 난바역 4번 출구와 통로를 따라 연결
WEB nambaparks.com

+MORE+

혼자서도, 여럿이도 가기 좋은 난바 파크스 맛집

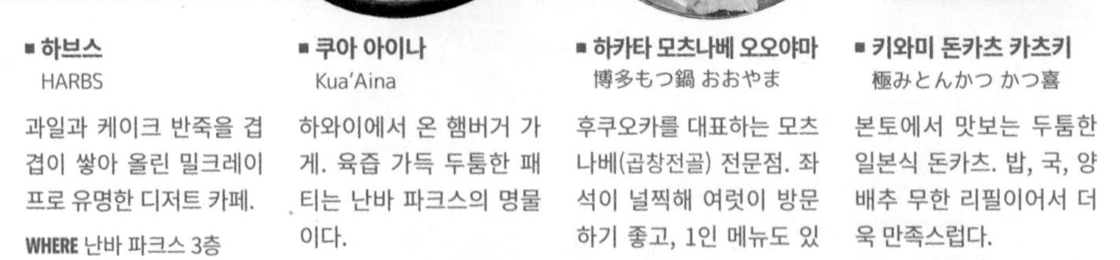

■ 하브스
HARBS

과일과 케이크 반죽을 겹겹이 쌓아 올린 밀크레이프로 유명한 디저트 카페.

WHERE 난바 파크스 3층
OPEN 11:00~20:00

■ 쿠아 아이나
Kua'Aina

하와이에서 온 햄버거 가게. 육즙 가득 두툼한 패티는 난바 파크스의 명물이다.

WHERE 난바 파크스 6층
OPEN 11:00~22:30 (L.O.22:00)

■ 하카타 모츠나베 오오야마
博多もつ鍋 おおやま

후쿠오카를 대표하는 모츠나베(곱창전골) 전문점. 좌석이 널찍해 여럿이 방문하기 좋고, 1인 메뉴도 있다. 홈페이지 예약 가능.

WHERE 난바 파크스 6층
OPEN 11:00~23:00 (L.O.22:30)

■ 키와미 돈카츠 카츠키
極みとんかつ かつ喜

본토에서 맛보는 두툼한 일본식 돈카츠. 밥, 국, 양배추 무한 리필이어서 더욱 만족스럽다.

WHERE 난바 파크스 6층
OPEN 11:00~22:00 (L.O.21:30)

난바 파크스 가는 김에 발도장 쿡~

난바 시티 なんば City

11

난카이 전철 난바역 빌딩 지하 2층부터 지상 2층에 걸쳐 조성된 쇼핑몰. 본관과 남관 두 동으로 나뉘어 있으며, 남관 2층은 난바 파크스와 연결돼 함께 둘러보기 좋다. 난카이 전철 난바역은 물론, 지하철 난바역과도 지하상가를 통해 쉽게 이어지는 훌륭한 입지 조건에 40년 넘는 역사가 더해져 웬만한 패션·잡화 브랜드는 대부분 모인 곳. 본관 지하 1층은 다카시마야 백화점 식품매장과도 연결된다. 남관 1층 식당가 난바 고메지루시(なんばごめじるし)에는 저렴하고 평점 높은 식당이 포진했다. **MAP ⑤-B·D**

GOOGLE MAPS 난바시티/오사카 다카시마야
ADD 5-1-60 Nanba, Chuo Ward
OPEN 10:00~21:00(레스토랑 ~22:00)/상점마다 다름
WALK 난카이 전철 난바역 2층 남쪽 개찰구(南改札口)와 연결
WEB nambacity.com

남관 1층 식당가

오사카에서 탄생한 인기 튀김 전문점, 텐푸라 다이키치(天ぷら大吉)

+MORE+

빠지면 서운한 난바 쇼핑 스폿

■ 역사와 규모 모두 NO.1! 오사카 다카시마야 大阪タカシマヤ

오사카에 본점을 둔 일본의 대표 백화점 체인. 고급 브랜드가 많이 입점했고 유아동복 매장이 충실하다. 7층 식당가에는 교토에서 온 함박스테이크 전문점 그릴 캐피탈 도요테이가 있다. 지하 1층 식품매장도 잊지 말고 들르자. **MAP ⑤-B**

WHERE 난카이 전철 난바역 2층 중앙 개찰구로 나와 에스컬레이터 타고 내려가면 오른쪽
OPEN 10:00~20:00(레스토랑 11:00~23:00)

■ 힙한 패션 브랜드 집합소, 난바 마루이 OIOI なんばマルイ

2030 여성을 주요 타깃으로 한 일본의 인기 로컬 패션 브랜드가 밀집해 있다. **MAP ⑤-B**

WHERE 다카시마야 백화점 정면 입구 맞은편
OPEN 11:00~23:00(일요일·공휴일 ~20:00)/1월 1일 휴무

■ 난바의 떠오른 쇼핑 주자, 에디온 난바 본점 EDION

2019년 오픈한 지하 1층~지상 9층 규모의 전자제품 쇼핑몰. 전자제품 외에도 화장품, 주류, 시계 등 다양한 품목을 취급하며, 닌자와 e스포츠 체험 시설 등을 갖췄다. 특히 완구와 피규어가 모인 7층, 전국의 라멘 맛집 9곳이 모인 9층에 주목! **MAP ⑤-B**

WHERE 난바 마루이를 바라보고 오른쪽, 상점가 바로 옆
OPEN 1000~21:00(7·8층 ~22:00, 9층 11:00~23:00)

우리가 캐리어를 반쯤 비워둬야 하는 이유

라이프스타일 & 잡화 숍

난바 파크스와 난바 시티는 그야말로 잡화 천국! 매장마다 예쁘게 진열된 귀엽고 독특한 아이템들은 잡화 마니아의 발목을 꽉 붙잡고 놓아주질 않는다.

B급 잡화와 책이 가득한 보물창고

빌리지 뱅가드 Village Vanguard

기본 컨셉은 기발하고 재미있는 책을 소개하는 서점이지만, 안을 들여다보면 개구쟁이의 보물창고처럼 세상의 온갖 독특한 잡화와 소품이 천장까지 빼곡한 잡화 체인점이다. MAP ❺-D

WHERE 난바 파크스 5층
OPEN 11:00~21:00
BRANCH 아베뉴 큐스 몰, 이온몰 교토, 고베 하버랜드 우미에 등

내 맘을 사르르 녹이는 옛날 '갬성'

나카가와 마사시치 쇼텐 中川政七商店

1716년 나라에서 시작한 전통 수공예 잡화점. 장인이 한 땀 한 땀 손으로 짠 '고급진' 원단에 10~20대도 열광하는 트렌디하고 실용적인 디자인으로 주목받는다. 패션 아이템부터 문구, 인테리어 잡화, 유아용품에 이르기까지 다양하다. MAP ❺-D

WHERE 난바 파크스 5층
OPEN 11:00~21:00
BRANCH 한신 백화점, 다이마루 백화점 신사이바시점, 루쿠아 1100, 아베노 하루카스. 나라 본점 등

잡화 러버들의 원픽!

로프트 Loft

미니멀하고 실용적인 일본 디자인 아이템을 한자리에서 모아둔 잡화 체인점. 인테리어, 패션, 여행, 미용·건강, 문구 등 매월 통통 튀는 아이디어 제품을 선보인다. 인기 만화 캐릭터와 협업한 팝업스토어도 발빠르게 열려서 득템하기에도 좋다. MAP ❺-D

WHERE 난바 파크스 5층
OPEN 11:00~21:00
BRANCH 루쿠아, 아베노 하루카스, 덴노지 미오 등

잡화 마니아들의 참새방앗간
프랑프랑 Francfranc

선명한 색채와 군더더기 없이 깔끔한 디자인, 저렴한 가격이 매력적인 유럽풍 인테리어 잡화 브랜드다. 이름만 들으면 프랑스에서 온 것 같지만, 1992년 런칭한 오리지널 일본 브랜드. 잡화 마니아들의 필수 코스로, 실용적인 주방용품, 욕실용품, 디퓨저 등이 강세이며, 최근 판매 개시한 디저트류도 반응이 좋다. MAP ❺-D

WHERE 난바 파크스 5층
OPEN 11:00~21:00
BRANCH 파르코 백화점, 루쿠아 백화점, 한큐 3번가, 덴노지 미오, 고베 하버랜드 우미에 등

놓칠 수 없는 100엔숍 구경
세리아 SERIA

일본의 젊은 여성들이 특히 선호하는 100엔숍 브랜드. 타 100엔숍보다 디자인과 품질이 뛰어난 제품이 많고, 자체 개발한 오리지널 제품도 다양하다. 계절 한정 상품이나 컬래버레이션 제품에도 주목. 100엔 균일가 제품만 판매한다. MAP ❺-B

WHERE 난바 시티 남관 2층
OPEN 11:00~21:00
BRANCH 우메다 헵시마켓점, 누차야마치 플러스, 난바 마루이, 덴노지 미오 등

아웃도어 마니아의 필수 코스
알펜 아웃도어 Alpen Outdoor

일본 전국에 지점을 둔 종합 아웃도어 전문점. 오사카 시내에서는 이곳이 유일하다. 나이키, 뉴밸런스, 노스페이스, 스노우피크 등 인기 스포츠 브랜드의 최신 제품을 3, 4층에 걸친 널찍한 매장에서 실컷 둘러볼 수 있다. 트레킹, 러닝, 스키, 캠핑을 즐긴다면 무조건 체크! 유아동 제품도 다양하다. MAP ❺-B

WHERE 난바 파크스 3, 4층
OPEN 11:00~21:00
BRANCH 쓰루미 녹지공원점

너 하나로 충분해

오코노미야키

오사카 사람들의 소울 푸드 오코노미야키를 1순위로 맛보는 일은 오사카 여행자의 필수 덕목! 먹방 여행은 일단 오코노미야키 한 덩이부터 시작해보자.

미즈노 인기 No.1
야마이모야키

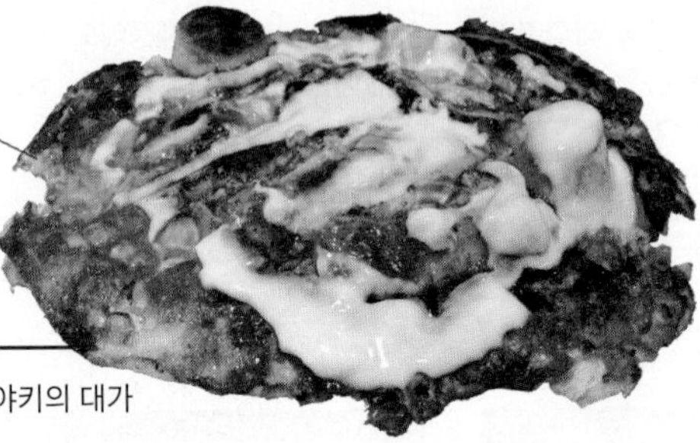

도톤보리 오코노미야키의 대가

미즈노 美津の

2016년부터 8년 연속 미슐랭 빕구르망에 이름을 올린 곳. 창업한 지 80년 가까이 된 도톤보리의 터줏대감으로, 언제나 긴 줄이 늘어서 있어서 쉽게 찾을 수 있다. 어떤 오코노미야키를 시키든 실패할 확률은 0%에 가깝지만, 특히 밀가루보다 바삭하고 몸에 좋은 참마가루를 활용한 오코노미야키가 이 집의 명물이다. 최대한 만족도를 높이고 싶다면 오래 기다려야 하는 식사 때를 피해 찾아가는 것이 좋다. **MAP ❺-C**

GOOGLE MAPS 미즈노 오코노미야끼
ADD 1-4-15 Dotonbori, Chuo Ward
OPEN 11:00~22:00/목요일 휴무
WALK 지하철 난바역 15번 출구로 나와 도보 약 5분 (센니치마에 상점가 내)
WEB mizuno.gorp.jp

1층은 오코노미야키 굽는 과정을 직접 볼 수 있는 바석, 2층은 테이블석이다.

: WRITER'S PICK :

미즈노 인기 메뉴!

❶ 야마이모야키 山芋焼き
돼지고기, 오징어, 새우, 관자, 문어(겨울엔 굴), 다진 고기 등을 100% 참마가루에 섞어 바삭하게 구워낸 후 특제 소스를 뿌려 내온다. 1730엔.

❷ 미즈노야키 美津の焼き
밀가루와 각종 재료를 넣어 철판에 구운 후 파래가루를 솔솔 뿌려 낸다. 1500엔.

❸ 네기야키 ねぎ焼き
신선한 파를 듬뿍 올려 느끼하지 않고 산뜻하다. 1045엔.

모던야키

폭신폭신 푸짐한 모던야키

호젠지 요코초 야키젠 法善寺横丁 やき然

시끌벅적한 도톤보리에서 묘하게 차분한 분위기를 풍기는 골목, 호젠지 요코초에 자리한다. 오코노미야키에 야키소바를 넣은 모던야키(モダン焼き, 1680엔)가 간판 메뉴로, 얇게 썬 양배추와 고운 밀가루 반죽이 어우러져 두툼하고 폭신하다. 양배추와 비법 소스의 달콤함에 입이 행복해지는 곳. 28석 규모의 작은 가게이며, 현지인이 특히 즐겨 찾는다. **MAP ❺-C**

GOOGLE MAPS 야키젠
ADD 1-1-18 Nanba, Chuo Ward
OPEN 11:30~14:15, 17:00~21:45/수요일 휴무(공휴일은 오픈, 목요일 대체 휴무)
WALK 호젠지 요코초 진입 후 약 50m 직진, 왼쪽
WEB yakizen.jp

4대째 이어온 비법 레시피!

아지노야 味乃家

육류, 해산물, 채소 등 온갖 재료를 아낌없이 투하하는 오코노미야키 맛집. 60여 년간 이어온 깊고 진한 맛의 전통 특제소스, 신선한 가고시마산 돼지고기와 교토산 파를 사용한다. 대표 메뉴인 아지노야 믹스(味乃家 ミックス, 1480엔)는 돼지고기, 오징어, 문어, 새우 등을 잔뜩 넣어 씹는 맛이 훌륭하다. 돼지고기 본연의 고소한 맛과 향을 살린 부타(ブタ, 980엔), 구운 찰떡을 넣어 쫄깃쫄깃한 치카라 오코노미야키(力·お好み焼き, 1180엔)도 추천. MAP ❺-C

GOOGLE MAPS 아지노야 본점
ADD 1-7-16 Nanba, Chuo Ward
OPEN 11:00~22:00(L.O.21:30)/월요일 휴무
WALK 지하철 난바역 14번 출구 또는 15-B 출구로 나와 도보 약 3분
WEB ajinoya-okonomiyaki.com(예약)

점원이 오코노미야키 재료를 볼에 몽땅 섞은 다음 철판에 조금씩 부어서 익히다가 반 정도 남았을 때 완전히 부어준다.

가다랑어포는 아낌없이 듬뿍~

'오코노미야키 아트'라고 들어봤나?

오카루 おかる

80년 역사의 노포 식당. 칸막이로 분리된 널찍한 테이블과 푹신한 좌석에 앉아서 쾌적하게 오코노미야키를 맛볼 수 있다. 오코노미야키 위에 마요네즈로 그려주는 깜찍한 일러스트가 최대 인기 비결! 쓰텐카쿠, 도라에몽 등 다양한 그림을 선보인다. 돼지고기, 새우, 소고기, 오징어, 문어, 굴(겨울 한정) 중 1가지 재료를 선택하는 기본 오코노미야키 950~1050엔. 푸짐하게 먹고 싶다면 모든 재료가 들어가는 스페셜(スペシャル, 1500엔)을 선택하자. MAP ❺-C

GOOGLE MAPS 오카루
ADD 1-9-19 Sennichimae, Chuo Ward
OPEN 12:00~15:00(L.O.14:30), 17:00~22:00(L.O.21:30)/매월 셋째 수요일·매주 목요일 휴무
WALK 지하철 난바역 15번 출구로 나와 도보 약 4분

처음부터 끝까지 뚜껑을 덮고 익혀서 깔끔하다.

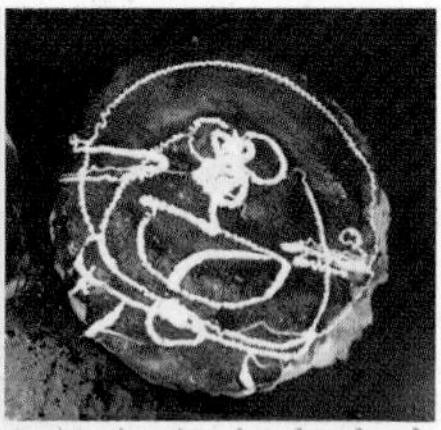

싱싱하고 값싼 초밥 실컷 맛보기

도톤보리 & 난바의 초밥

오사카는 일본 최초로 회전초밥 시스템을 도입한 도시답게 간편한 주문 시스템을 갖춘 저렴한 초밥집이 넘쳐난다. 도톤보리와 난바 주변에서 부담 없이 맛볼 수 있는 초밥집을 알아보자.

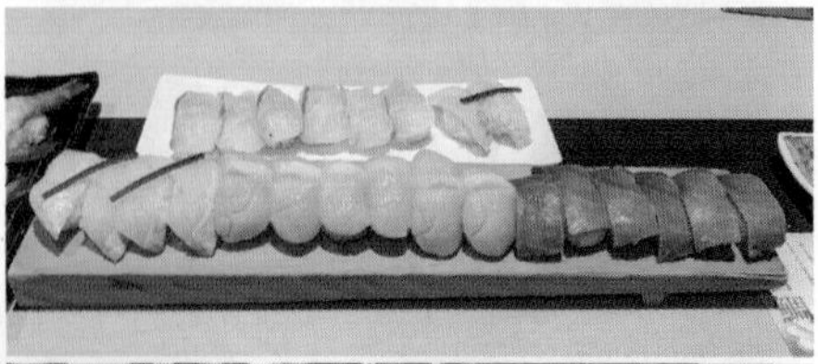

도톤보리의 고퀄리티 회전초밥집

회전초밥 초지로 호젠지점

廻転寿司 Chojiro

간사이를 중심으로 하는 회전초밥 체인. 초밥의 신선도와 맛은 물론이고 깔끔한 인테리어와 터치 패드(한국어) 주문 시스템을 갖췄다. 접시당 가격은 보통 270~490엔으로 다소 높은편. 초밥 7~9종과 국, 달걀찜 등으로 구성된 런치 세트(860~2840엔)의 가성비가 뛰어나다. 테이블석이 널찍해서 어린아이나 어르신 동반 여행객에게 특히 추천. 구글맵에서 예약할 수 있다. **MAP ⑤-C**

GOOGLE MAPS 회전초밥 초지로 호젠지점
ADD 1 Chome-2-10 Nanba, Chuo Ward(2~3층)
OPEN 11:00~15:00, 17:00~22:30
(토·일요일·공휴일 11:00~ 22:30)
WALK 도톤보리에서 커다란 타코야키 모형 간판의 타코야키 주하치방을 낀 골목으로 90m 직진
WEB www.chojiro.jp

바석에서도 터치 패드로 주문한다.

호젠지 입구 바로 오른쪽 건물이다.

참치 뱃살 김말이

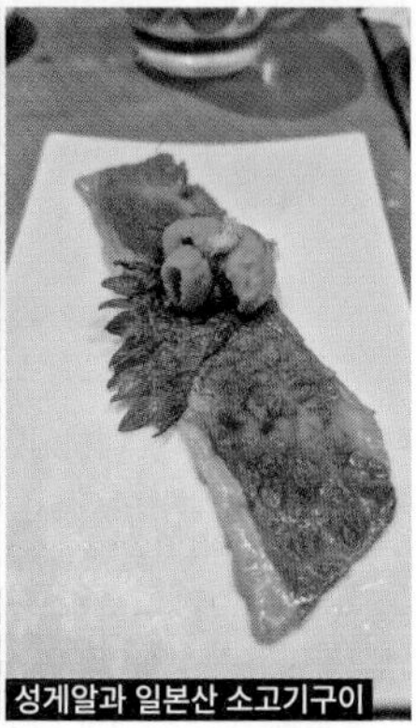

성게알과 일본산 소고기구이

요즘 스시집 대세 키워드

스시 사카바 사시스 난바워크점

すし酒場 さしす

2022년 오픈해 내부가 깔끔하고, 현지인과 관광객 모두에게 인기가 높은 초밥 체인. 저렴하고 신선한 초밥(100~300엔대)은 기본! 독특한 재료 조합과 비주얼을 뽐내는 초밥(400~1000엔대)까지 섭렵할 수 있다. 오사카 시내 여러 지점 모두 평점이 높고, 2024년 킷테 오사카에도 입점했다. 메뉴에 사진과 한국어 있음. 인기 메뉴는 늦은 저녁이면 품절되니 주의. **MAP ⑤-C**

GOOGLE MAPS 스시 사카바 사시스 난바
ADD 1-5-11, Sennichimae, Chuo Ward
OPEN 11:00~22:00/난바워크 상점가 휴무일에 따름(1월 1일 휴무)
WALK 지하철 난바역 지하 1층 상점가 난바워크 B29 출구 근처

새우 육회

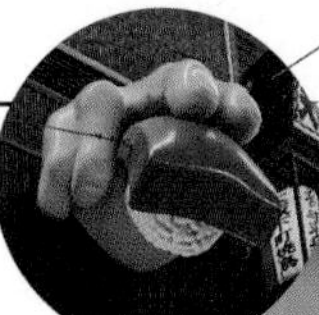

겐로쿠즈시의 트레이드마크는 이 입체 간판!

가성비로 맛보는 일본 최초의 회전초밥

겐로쿠즈시 센니치마에점

元禄寿司

일본 최초로 컨베이어를 이용한 회전초밥 시스템을 개발한 초밥 체인. 1970년 오사카 만국박람회 때 그 획기적인 방법이 알려지면서 전국에 회전초밥 열풍을 일으켰다. 초밥 한 접시당 165엔, 193엔, 253엔 균일가여서 품질보다는 압도적인 저렴함으로 승부하는 곳. 현지 직장인들이 퇴근길 저녁 식사 장소로 즐겨 찾는다. 뜨거운 물을 부어 마시는 가루 엽차가 초밥과 매우 잘 어울린다. MAP ❺-B

GOOGLE MAPS 겐로쿠즈시 센니치마에점
ADD 2-11-4 Sennichimae, Chuo Ward
OPEN 11:00~22:30(토·일요일·공휴일 10:30~22:45)
WALK 지하철 난바역 11번 출구로 나와 도보 약 4분(센니치마에 상점가 내)
WEB www.mawaru-genrokuzusi.co.jp

접시 색깔에 따라 빨강은 165엔, 파랑은 193엔, 노랑은 253엔

다 먹은 후 벨을 누르면, 점원이 접시 개수를 세고 계산서를 준다.

우라난바의 숨은 초밥 맛집

후쿠요시 별관 富久佳

이 집의 명물인 우라+난바 세트(2680엔)

2021년 우라난바 골목에 오픈한 초밥집. 1~2층 포함 45석 규모의 아늑한 공간에서 두툼하고 신선한 초밥을 맛볼 수 있다. 초밥 1접시당 가격은 150~600엔. 추천 메뉴는 그날그날 바뀌는 오마카세 초밥 5개 세트로 각각 구성된 우라사라(ウラ皿, 1080엔), 난바사라(なんば皿, 1680엔)로, 보통 참치 대뱃살, 광어, 연어, 새우, 장어 등 호불호 없이 즐길 수 있는 무난한 초밥으로 구성된다. 친절한 서비스와 한국어 메뉴를 제공해 호감도가 한층 올라간다. MAP ❺-B

GOOGLE MAPS fukuyoshi sennichimae 2
ADD 2-8-3, Sennichimae, Chuo Ward
OPEN 16:00~22:30(토·일요일·공휴일 14:00~)/월요일 휴무

WALK 겐로쿠즈시 센니치마에점 바로 앞 골목을 따라 직진 후 좌회전, 도보 약 1분

자부심 넘치는 간사이식 육수의 맛

우동 & 라멘

오사카는 달짝지근한 유부를 가다랑어포와 다시마 등으로 우려낸 육수에 퐁당 빠뜨려 먹는 키츠네(きつね) 우동 발상지! 육수 자부심이 하늘을 찌르는 오사카에서는 뜨끈한 우동과 라멘을 꼭 먹어봐야 한다.

키츠네 우동

니쿠노 오우동

달짝지근한 유부 우동에 눈이 번쩍!

도톤보리 이마이 道頓堀今井

1941년 창업한 오사카 대표 우동집. 기름을 제거하고 달짝지근하게 구운 큼직한 유부와 타피오카 전분을 넣어 쫄깃한 면발이 혀끝을 감싸는 키츠네 우동(きつねうどん, 930엔)을 제대로 맛볼 수 있다. 맛이 깊은 육수는 홋카이도산 다시마, 규슈산 고등어, 눈퉁멸로 우려내며, 선도 유지를 위해 하루에도 몇 번씩 새로 만든다. 맑은 조개 육수에 버섯, 어묵, 새우, 계란말이, 파 등을 넣어 빛깔도 맛도 예술인 싯포쿠 우동(しっぽくうどん, 1600엔)은 이곳만의 특별 메뉴다. MAP ❺-C

GOOGLE MAPS 도톤보리 이마이
ADD 1-7-22 Dotonbori, Chuo Ward
OPEN 11:30~21:00/수요일(공휴일은 오픈)·매월 넷째 화요일(12월은 제외) 휴무
WALK 지하철 난바역 14번 출구로 나와 도보 약 5분
WEB d-imai.com

싯포쿠 우동

우동은 다 모아봤습니다

츠루동탄 소에몬초점 つるとんたん

커다란 뚝배기 그릇에 담겨 나와 일명 '세숫대야 우동'으로 알려진 곳이다. 그릇만큼 커다란 메뉴판이 40여 가지나 되는 우동을 사진과 함께 자세히 소개한다. 기본 메뉴는 뜨끈하고 구수한 육수에 부드러운 소고기가 든 니쿠노 오우동(肉のおうどん, 1280엔)이지만, 카레 우동이나 명란 크림 우동 등 취향별 입맛을 자극하는 우동이 다양하다. 주문 시 면의 양은 최대 3배까지 무료 추가 가능! 넓고 전통미 넘치는 차분한 공간이어서 아이나 어르신과 함께 방문하기에도 좋다. MAP ❹-D

GOOGLE MAPS 츠부톤탄
ADD 3-17 Souemoncho, Chuo Ward
OPEN 11:00~다음 날 06:00(금·토요일 ~08:00)
WALK 노란색 대관람차가 있는 돈키호테를 등지고 톤보리강을 따라 왼쪽으로 도보 약 5분. 닛폰바시(日本橋)와 만나는 왼쪽 코너
WEB www.tsurutontan.co.jp

감칠맛 나는 나베야키노 오우동(1830엔)

행복 라멘

맑은 육수로 담백하게 즐기는 이카스

교자(6개 300엔~)

24시간 행복을 부르는 라멘

하나마루켄 호젠지점 花丸軒

정육점에서 직영하는 24시간 라멘집. 12시간 이상 끓인 돼지 뼈 육수와 짭조름한 간장 맛, 부들부들한 연골 부위 차슈가 조화를 이루는 행복(しあわせ) 라멘(950엔)을 꼭 먹어보자. 면 곱빼기와 김치 무료. 키오스크(한글) 주문 방식이고 바석만 17석인 작은 규모다. **MAP ❺-C**

GOOGLE MAPS 하나마루켄
ADD 1-2-1 Nanba, Chuo Ward
OPEN 24시간/연말연시 휴무
WALK 긴테쓰·한신 전철 난바역에서 도보 약 5분/지하철 난바·닛폰바시역에서 도보 약 5분
WEB arakawa-fs.jp

볶음밥(소 400엔~)

굴 라멘과 미디어아트의 미학

넥스트 시카쿠 next shikaku

2021년 오픈해 현지인들에게 뜨거운 호응을 얻고 있는 라멘집. 굴, 돼지고기, 닭고기 3가지로 육수를 낸 굴백탕(koeru. 1470엔), 굴 육수, 굴기름 등 100% 굴로만 감칠맛을 폭발시킨 굴청탕(ikasu, 1470엔)을 몽환적인 미디어아트 감상과 더불어 맛볼 수 있다. **MAP ❺-B**

GOOGLE MAPS 넥스트 시카쿠
ADD 9-12 Nanbasennichimae, Chuo Ward
OPEN 11:00~21:30 (금~일요일 10:30~)
WALK 지하철 난바역 도보 2분
WEB instagram.com/next.shikaku0801/

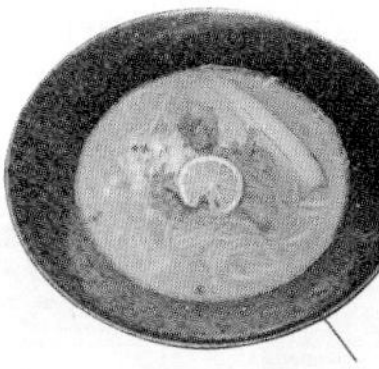

쪽파와 청귤로 산뜻함을 가미한 코에루

도톤보리의 상징이 된 돈코츠 라멘집

이치란 도톤보리 본관 一蘭

후쿠오카 돈코츠 라멘의 자존심. 접이식 칸막이가 설치된 1인용 테이블 배치로 유명해졌다. 메뉴는 천연 돈코츠 라멘(ラーメン, 1080엔) 1가지뿐. 구수한 육수에 '비밀 소스(빨간 다대기)'가 곁들여져 한국인의 입맛을 확 사로잡는다. 매운맛 단계는 기본을 추천. 키오스크 주문 후 입장한다. **MAP ❺-C**

GOOGLE MAPS 이치란 도톤보리점 본관
ADD 7-18 Souemoncho, Chuo Ward
OPEN 10:00~22:00(L.O.21:45)
WALK 노란색 대관람차가 있는 돈키호테를 마주 보고 오른쪽
WEB ichiran.com

반숙 달걀 추가는 210엔

난바의 고칼로리 '찐맛집'은 여기!

튀김 & 양식

난바 골목 구석구석, 고소한 튀김 냄새를 솔솔 풍기며 여행자를 유혹하는 주범들을 공개한다.
입안을 개운하게 해주는 차, 시원한 맥주와 함께라면 두고두고 보람찬 하루 한 끼 완성!

바사삭! 참을 수 없는 원조 쿠시카츠

쿠시카츠 다루마 도톤보리점 串かつ だるま

다루마 지점 중 인기 랭킹 1위. 도톤보리 메인 스트리트 한복판에 위치한 훌륭한 입지 조건과 본점 못지않은 맛 덕분에 언제 가든 줄을 서야 한다. 추천 메뉴는 소고기를 튀긴 원조 꼬치 튀김(한글 메뉴명: 쇠고기), 연근, 오징어 다리, 치즈 등으로 대부분 143~220엔이다. 선택하기 어렵다면 인기 튀김 10종 등으로 구성된 세트(1450~2350엔)를 주문해보자. QR 코드로 주문(한국어). 오사카 시내에 총 15곳의 지점이 있고 도톤보리점 근처에만 3곳의 지점이 있으니, 대기 시간이나 현재 위치를 고려해 방문할 곳을 선택해보자. **MAP ⑤-C**

GOOGLE MAPS 다루마 도톤보리
ADD 1-6-8 Dotonbori, Chuo Ward
OPEN 11:00~22:30
WALK 도톤보리에서 커다란 초록색 용 간판(킨류라멘 도톤보리점) 바로 맞은편
WEB kushikatu-daruma.com

달짝지근한 된장에 소 힘줄과 곤약을 넣어 조린 도테야키(どて焼, 352엔). 밥과 잘 어울린다.

느끼함을 없애려면 1인 1양배추!(110엔)

규카츠 정식 1.5장(2600엔)

무쇠 화로에서 지글지글

규카츠 모토무라 난바미도스지점
牛かつもと村

소고기 카츠 정식 하나로 도쿄, 오사카, 교토, 후쿠오카까지 꽉 잡은 곳. 레어로 튀겨낸 질 좋은 등심을 1인용 화로에 올려 취향껏 구워 먹으며, 밥, 양배추 샐러드, 된장국이 곁들여진다. 달콤한 간장, 와사비 소스, 간 마 등 소고기 카츠에 찍어 먹는 양념도 별미고, 밥에 비벼먹는 명란젓에 후식 와라비모찌까지 제공! 소고기 카츠는 1장(130g), 1.5장(195g), 2장(260g) 중에서 고르며, 밥은 1회 무료 리필. 난바에 있는 3개 지점 중 2023년 오픈한 미도스지점의 웨이팅이 비교적 적다. **MAP ⑤-C**

GOOGLE MAPS 규카츠 모토무라 난바 미도스지점
ADD 4-1-2, Namba, Chuo Ward
OPEN 11:00~22:00
WALK 지하철 난바역 21번 출구로 나와 바로

백 년 동안 맛집 인증
하리주 도톤보리점 はり重

1919년 문을 연 노포 경양식 & 스키야키 전문점. 1948년 오사카 남쪽 사카이시에서 도톤보리 극장가로 옮겨온 후 수많은 연예인을 단골 삼으며 인기를 높여왔다. 복고풍의 3층짜리 대형 목조 건물 1층에는 기념품점, 정육점, 경양식집 하리주 그릴, 2~3층에는 스키야키와 샤부샤부(7700엔~) 전문점인 하리주가 있다. 모든 고기 요리는 흑모 와규의 암소만 사용해 야들야들! 구글맵에서 예약 가능. **MAP ⑤-C**

흑모 와규의 부드러움을 즐길 수 있는 스키야키

하리주 그릴의 함박 스테이크 (1980엔)

GOOGLE MAPS 하리주 그릴 도톤보리점
ADD 1-9-17 Dotonbori, Chuo Ward
OPEN 11:30~21:00(스키야키 L.O.20:00)/ 화요일 휴무
WALK 도톤보리의 에비스바시에서 도보 약 1분

새우튀김, 안심 돈카츠, 소고기 꼬치구이 등이 나오는 A정식(1400엔)

오사카 직장인의 밥심
돈카츠 킷초 とんかつ吉兆

오사카 직장인들 사이에서 입소문이 자자한 맛집. 허름한 분식점처럼 보이지만, <고독한 미식가>에 나올 법한 백발의 셰프가 포스를 뿜어낸다. 정식 세트(1250엔~)에는 등심 또는 안심 돈카츠, 통통한 왕새우튀김, 소고기스테이크, 함박스테이크, 닭튀김 등이 조합돼 있으며, 샐러드, 밥, 된장국이 함께 나온다. **MAP ⑤-B**

GOOGLE MAPS 돈카츠 킷초
ADD 2-8-16 Nipponbashi, Chuo Ward(구로몬 시장 근처)
OPEN 11:00~15:30, 17:00~20:30/ 수요일 휴무
WALK 지하철 닛폰바시역 10번 출구로 나와 도보 약 2분

대로변 건물 2층에 있다.

조갯국, 반숙달걀튀김이 포함된 텐동 B 세트, 2420엔

오늘치 칼로리는 여기에 올인!
텐푸라 마키노 난바센니치마에점
天ぷら定食まきの

오픈 키친에서 갓 튀겨낸 신선한 튀김을 맛볼 수 있는 곳. 각종 튀김과 밥, 된장국으로 구성된 정식 전문 텐푸라 마키노(33석)와 튀김덮밥 전문 텐동 마키노(18석)로 입구가 분리돼 있는데, 바삭한 튀김이 좋다면 텐푸라 마키노로, 달콤 짭짤한 소스를 끼얹은 푸짐한 튀김 덮밥이 좋다면 텐동 마키노로 입장하자. 튀김 덮밥은 사이드 메뉴로 추가 가능한 소바와 조갯국(각 220엔)이 일품. 남은 밥에 뜨거운 육수를 부어 먹는 재미도 있다. 무조건 오픈런 권장. **MAP ⑤-B**

GOOGLE MAPS 텐푸라 마키노 난바센니치마에점

텐동(天丼) 입구는 여기!

ADD 3-3-4 Chuo Ward
OPEN 11:00~21:00
WALK 지하철 난바역 18번 출구로 나와 도보 약 2분
WEB toridoll.com/shop/makino/

든든하고 속 편한 한 끼

일본 가정식 밥집

호텔 조식을 신청하지 않았을 때, 새벽부터 공항에 가야 할 때, 몸에 부담 없는 건강식이 당길 때,
아이나 어르신과 함께 편안한 한 끼를 먹고 싶을 땐 어디? 바로, 여기!

아침 식사는 여기로 당첨!

야요이켄 닛폰바시점

やよい軒

생선구이, 돈가스, 치킨, 돼지불고기 등에 밥, 된장국이 포함된 호불호 없는 정식 세트를 24시간 맛볼 수 있는 인기 체인. 오사카, 교토에 있는 대부분 지점이 뛰어난 접근성, 저렴한 가격, 신선한 식재료, 1~4인석 테이블, 키오스크 주문 시스템을 갖춰서 현지인과 관광객에게 모두 환영받는다. 셀프 코너에 있는 짭조름한 무절임과 다시 국물을 남은 밥에 넣고 오차즈케(お茶漬け)로 먹어도 별미다. 아침 식사 370엔~, 정식 세트 760엔~. **MAP ❺-B**

GOOGLE MAPS 야요이켄 닛폰바시점
ADD 1-5-13 Nipponbashi, Chuo Ward
OPEN 24시간
WALK 지하철·긴테쓰 전철 닛폰바시역 6번 출구로 나와 바로

임연수구이와
미니 스키야키 정식

돼지고기 생강구이 정식

일본식 건강 집밥 한 그릇

우라야 난바 본점

八百屋とごはん うらや

정갈한 일본식 백반 전문점. 옛 가정집처럼 편안한 분위기에서 따끈한 밥과 국, 고기나 생선, 유기농 채소 반찬으로 구성된 정식(1200~1980엔)을 합리적인 가격에 맛볼 수 있다. 일본에 250명 정도뿐인 공인 스포츠 영양사가 감수한 건강 식단에다, 좌식 테이블도 있어서 가족 단위 여행객에게 추천. 우쓰보 공원점을 비롯해 도쿄와 하와이에도 지점이 있다. **MAP ❺-A**

GOOGLE MAPS 우라야 난바 본점
ADD 1-1-28, Naniwa Ward, Sakuragawa
OPEN 11:00~23:00(L.O.22:30)
WALK JR 난바역 북쪽 출구로 나와 도보 약 4분

짭조름하고 달콤한 명물 고등어조림과
돼지고기 생강구이로 구성된
애슬리트(アスリート) 정식, 1980엔

오사카인의 따스한 일상 체험

일본식 로컬 카페, 킷사텐

은은한 조명이 빛나는 복고풍 실내에서 가벼운 식사와 진한 커피, 옛날식 디저트를 즐기는 킷사텐(喫茶店)은 일본 특유의 카페 문화다. 이른 아침 문을 여는 것도 여행자에게는 장점. 킷사텐이 전국에서 가장 많은 도시인 오사카에서, 현지의 레트로 문화를 체험해보자.

믹스 주스 900엔, 커피 젤리 690엔, 푸딩 380엔

마스터, 커피 구다사이!

마루후쿠 커피 센니치마에 본점 丸福珈琲店

1934년 오사카에서 탄생해 지역 주민에게 널리 사랑받는 커피숍. 난바 한복판에 있는데도 나무의 온기가 주는 편안함과 레트로한 분위기 덕분에 시공을 초월한 것만 같다. 샌드위치, 토스트, 핫케이크 같은 간편식부터 커피 젤리, 믹스 주스, 푸딩 등 디저트류까지 정통 킷사텐 메뉴가 풍부하다. 테이블이 넓고 금연이어서 아이와 함께 쉬어가기에도 좋다. **MAP ❺-B**

GOOGLE MAPS 마루후쿠 커피 센니치마에 본점
ADD 1-9-1 Sennichimae, Chuo Ward
OPEN 08:00~23:00
WALK 지하철 닛폰바시역 난바워크 상점가 B26 출구로 나와 도보 약 1분
WEB marufukucoffeeten.com

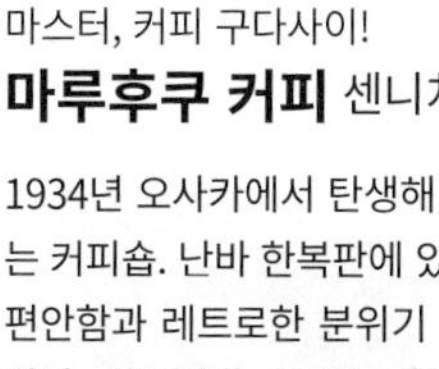

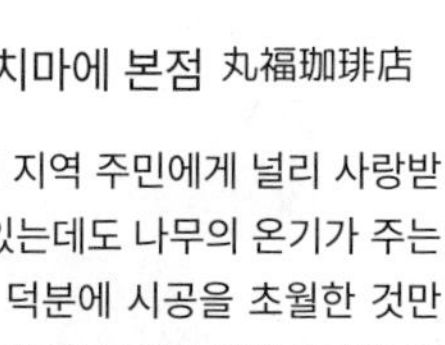

핫케이크 & 음료 모닝 세트 1100엔

MZ들이 모이는 뉴트로 킷사텐

마쓰타케 喫茶 松竹

젊은층을 타깃으로 하는 신상 킷사텐. 2021년 덴덴타운 골목에 오픈했다. 알록달록한 스테인드글라스와 소나무 천장화가 돋보이는 복고풍 인테리어, 최신 J-POP 음악이 어우러지는 레트로 & 모던한 분위기가 매력적이다. 일본식 스파게티인 나폴리탄, 핫케이크, 크림소다 같은 정통 킷사텐 메뉴를 중심으로, 모닝 세트(~11:00)에는 된장국과 쌀밥이 나오는 가정식까지 제공해 조식 장소로도 괜찮다. **MAP ❺-D**

GOOGLE MAPS matsutake niponbashi
ADD 3-7-20, Nipponbashi, Naniwa Ward
OPEN 08:00~20:00/화요일 휴무
WALK 난카이 전철 난바역에서 도보 약 7분

크림소다, 830엔

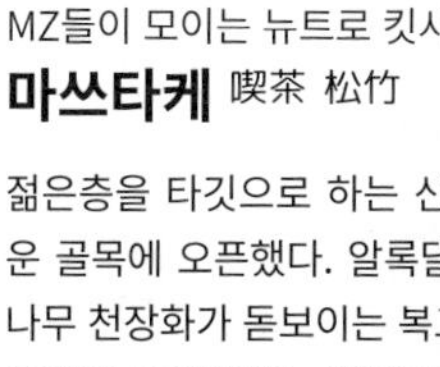

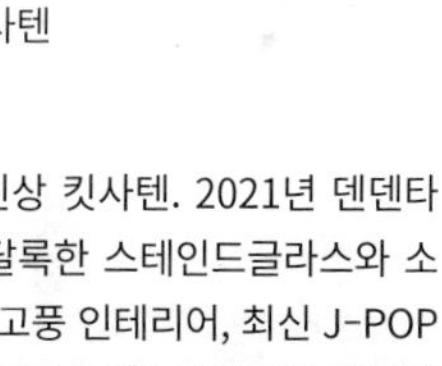

도톤보리, 난바에서 맛보는

오사카 정통 길거리 간식

타코야키, 치즈케이크, 왕만두….
도톤보리와 난바에서 오랜 세월 넘치게 사랑받고 있는 오사카 명물 간식을 맛보러 가보자

타코야키 투어의 시작은 여기부터!

타코야키 도라쿠 와나카 센니치마에 본점

たこ焼道楽わなか

미나미를 대표하는 타코야키 체인점. 어떤 메뉴든 다 맛있으니, 이왕이면 타코야키소스 & 마요네즈, 소금 & 파, 기간 한정 등 4가지 메뉴로 구성된 타코야키 모둠 오오이리(おおいり, 8개 700엔)를 먹어보자. 게다가 이곳은 바삭한 센베 안에 큼직한 타코야키 2개를 넣어 먹는 타코센(たこせん, 300엔)의 원조! 입천장을 델 정도로 뜨거운 타코야키를 호호 불어먹는 맛이 일품이다. **MAP ❺-B**

GOOGLE MAPS 도라쿠 와나카 센니치마에
ADD 11-19 Nanbasennichimae, Chuo Ward
OPEN 10:30~21:00(토·일요일 09:30~)
WALK 지하철 난바역 1번 출구로 나와 도보 약 4분

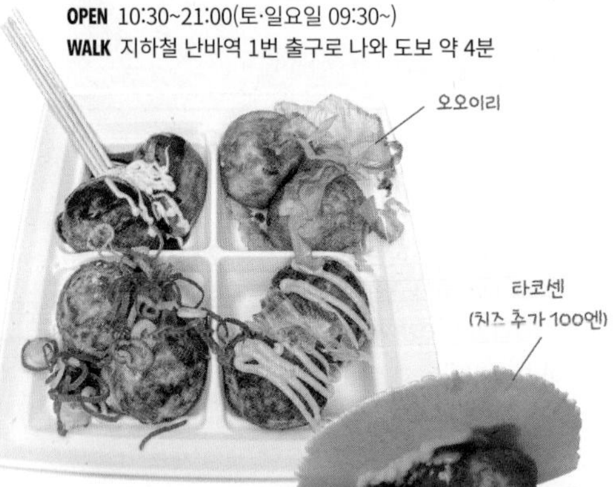

간판부터 남다르네!

타코야키 주하치방 도톤보리점

たこ焼十八番

타코야키 표면에 텐카스(天かす, 작고 동그란 튀김 건더기)와 새우 가루를 듬뿍 올려 구워 바삭하고 고소한 누룽지를 씹는 식감이 매력이다. 과하지 않게 살짝 씹히는 생강은 느끼함을 덜어주는 명품 조연! 밀가루 반죽이 야들야들한 비결은 우유를 섞기 때문. 소스만 살짝 발라 먹는 소스(ソース, 6개 580엔)가 대표 메뉴다. **MAP ❺-C**

GOOGLE MAPS 쥬하치방 도톤보리점
ADD 1-8-26 Dotonbori, Chuo Ward
OPEN 11:00~22:00
WALK 도톤보리에서 구이다오레 타로 인형이 있는 건물을 바라보고 왼쪽으로 약 10m

대형 타코야키 모형 간판을 단 도톤보리점

부들부들, 육즙이 폭발하는 왕만두

551(고고이치)**호라이** 에비스바시 본점

551蓬莱

오사카 맛집을 논할 때 결코 빠지지 않고, 빠져서는 안 될 중화요리 전문점이다. 달콤하고 폭신폭신한 빵을 한 입 베어 물면 촉촉한 돼지고기 육즙이 입안 가득 퍼지는 명물 왕만두 부타망(豚まん, 2개 500엔)가 초히트 상품이다. 간사이 국제공항을 비롯해 오사카 곳곳 어딜 가나 숫자 '551'이 쉽게 눈에 띈다. 크기가 작고, 투명한 만두피가 부드러운 슈마이(焼売, 6개 540엔)도 인기 메뉴다.

MAP ❺-B

GOOGLE MAPS 호라이 본점
ADD 3-6-3 Nanba, Chuo Ward
OPEN 10:00~22:00(L.O.21:30)/
매월 첫째·셋째 화요일 휴무
WALK 지하철 난바역 11번 출구로 나와 도보 약 1분

딸랑딸랑 ♪ 갓 구운 치즈케이크가 나왔어요

리쿠로 오지상노 미세 난바 본점

りくろーおじさんの店

난바의 명물 치즈케이크 가게다. 덴마크산 크림치즈에 홋카이도산 우유와 버터, 신선한 달걀을 듬뿍 넣어 부드럽고 푹신하게 만든다. 성인 얼굴만큼 커다란 사이즈지만, 가격은 착한 965엔. 너무 커서 다 먹지 못할 것 같다면 2층 카페에서 조각 케이크와 음료 세트를 맛보자.

MAP ❺-B

GOOGLE MAPS 리쿠로-오지상노 미세 난바본점
ADD 3-2-28 Nanba, Chuo Ward
OPEN 09:00~20:00/부정기 휴무
WALK 지하철 난바역 1번 출구로 나와 도보 약 1분(에비스바시 스지 상점가 내)

골목에 숨은 달콤함 찾기

난바의 디저트 카페 & 테이크아웃

꼬불꼬불 이어지는 난바의 골목엔 비장의 디저트 카페들이 숨어 있다.

프렌치 토스트 플레인

안논 오리지널 일본풍 팬케이크, 2000엔

잼과 식빵이라는 치명적인 조합

사키모토 베이커리 카페

Sakimoto Bakery Cafe

오사카 빵 마니아들이 줄을 잇는 베이커리 카페. 촉촉한 내추럴 또는 밀크 버터 식빵에 달콤한 명물 수제 잼 3종과 홋카이도산 버터를 발라 먹어보자. 비주얼도 맛도 좋은 프렌치 토스트 플레인(1200엔)도 인기. 1층의 테이크아웃점, 카페는 2층에 있으며, 맞은편엔 커피점도 운영한다. MAP ⑤-D

GOOGLE MAPS sakimoto bakery cafe
ADD 2-3-18 Nanbanaka, Naniwa Ward
OPEN 09:00~17:00(토·일요일·공휴일 ~18:00)
WALK 난카이 전철 난바역과 연결된 난바시티 남관 1층 동쪽 출구로 나와 도보 약 1분

오사카에 떠오른 구름 팬케이크

카페 안논

Cafe Annon

밤의 뒷골목 우라난바에 문을 연 팬케이크 & 파르페 카페. 달콤한 디저트가 당기는 낮은 물론이고 살짝 취기가 오른 밤에도 안성맞춤인 곳으로, 현지인 사이에서 인기 급상승 중! 수많은 연구를 거듭해 탄생한 수플레 팬케이크가 구름을 먹는 듯 폭신폭신하다. 키즈 팬케이크 세트(음료 포함 900엔)도 있다. MAP ⑤-B

GOOGLE MAPS 카페 안논 난바
ADD 4-20 Nanbasennichimae, Chuo Ward
OPEN 10:00~22:45/부정기 휴무
WALK 지하철 난바역 1번 출구로 나와 도보 약 6분

초코 논 파르페 (1250엔)

줄 서서 먹는 '모찌모찌' 크레페

크레프리 알시온

クレープリー・アルション

1952년 문을 연 일본 최초의 크레페 전문점. 프랑스 전통 발효 버터인 에시레 버터를 듬뿍 넣은 슈크레(シュクレ)를 비롯한 10여 종(950~1100엔)의 크레페를 세트(1350엔~)로 주문 시 향기로운 프랑스산 홍차나 시드르(사과로 만든 발포주)도 맛볼 수 있다. 테이크아웃 520엔~. MAP ⑤-B

GOOGLE MAPS 크레프리 알시온
ADD 1-4-18 Nanba, Chuo Ward
OPEN 11:30~21:00
WALK 지하철 난바역 난바워크 상점가 B16 출구로 나와 도보 약 1분

떡과 미타라시당고(600엔)

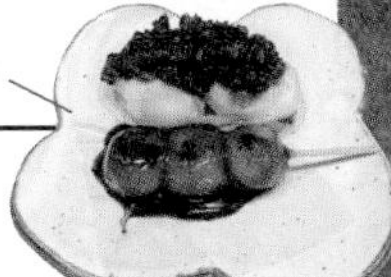

당고 러버 추천!

아마토 마에다 甘党 まえだ

오사카 시내에서 교토식 말차 파르페와 미타라시당고의 맛을 완벽하게 구현하는 곳. 1918년 창업한 이래 훌륭한 맛과 저렴한 가격으로 한결 같이 사랑받는다. 큼직하고 달콤 쫄깃한 당고, 빙수, 파르페 등 모든 메뉴가 맛있어서 가족, 젊은 연인, 노부부 등 다양한 연령대의 단골손님이 줄을 잇는다. **MAP ❺-B**

GOOGLE MAPS amato maeda namba-walk
ADD 1-5-12, Sennichimae, Chuo Ward
OPEN 10:00~22:00
WALK 지하철 난바역 지하 1층 난바워크 상점가 내 B30 출구 근처

말차 파르페(770엔)

입맛대로 골라 먹는 에그타르트

앤드류의 에그타르트 도톤보리 본점
アンドリューのエッグタルト

도톤보리에서 20년째 성업 중인 에그타르트 전문점. 황금색의 바삭한 파이 반죽에 진한 커스터드 크림을 듬뿍 채운 오리지널 에그타르트를 비롯해 말차 & 팥, 딸기, 캐러멜, 생캐러멜 등 총 6종의 기본 에그타르트를 선보이며, 밀크티, 오렌지티, 망고 & 코코넛, 밤 & 견과류 등 시즌 한정 메뉴도 침샘을 자극한다. 1개 320엔~. **MAP ❺-C**

GOOGLE MAPS 앤드류의 에그타르트 도톤보리 본점
ADD 1-10-6 Dotonbori, Chuo Ward
OPEN 11:00~21:00/부정기 휴무
WALK 도톤보리 에비스바시 다리에서 도보 약 1분

밤, 말차 & 팥

오리지널

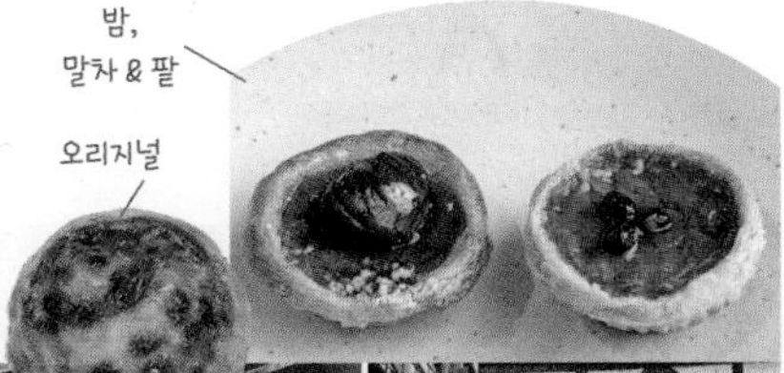

예쁨에 반하고, 맛에 놀라는

카눌레 두 자퐁 사쿠라가와점
CANELÉ du JAPON

프랑스 전통 디저트 카눌레 전문점. 섬세하게 디자인된 한 입 크기 카눌레는 총 8가지로, 시그니처 메뉴인 럼과 바닐라 향이 절묘하게 어우러진 시로(しろ)를 비롯해 호지차나 말차, 팥, 콩가루 등을 넣은 화과자 스타일의 메뉴, 시즌 메뉴 등으로 구성된다. 나가호리바시역과 다니마치욘초메역 근처에도 지점에 있다. **MAP ❺-A**

GOOGLE MAPS 까눌레 사쿠라가와점
ADD 1-6-24 Sakuragawa, Naniwa Ward
OPEN 11:00~19:00(다 팔리면 종료)/수요일 휴무
WALK JR 난바역 남쪽 출구로 나와 도보 약 7분/지하철 사쿠라가와역 3번 출구로 나와 도보 약 5분

일찍 가지 않으면 금세 동 나기 일쑤! 1개당 130엔~190엔

오사카에서 가장 뜨거운 밤

우라난바 裏なんば 주점 골목

미나미에서 현지인처럼 얼큰하게 술 한 잔 마시고 싶을 때 제일 먼저 달려가야 할 주점 골목.
난카이 전철 난바역 다카시마야 백화점과 구로몬 시장 사이에 동서남북으로 100여 개의 상점이 포진해 있다.
10석 규모의 소규모 바나 이자카야가 많으며, 서서 마시는 다치노미(立ち飲み) 형태의 주점들은
저렴한 가격에 흥겨운 분위기가 더해져 한 번쯤 체험해보는 것도 재미있다.
단, 흡연 가능한 곳이 많으니 입구에서 확인 후 방문하자.

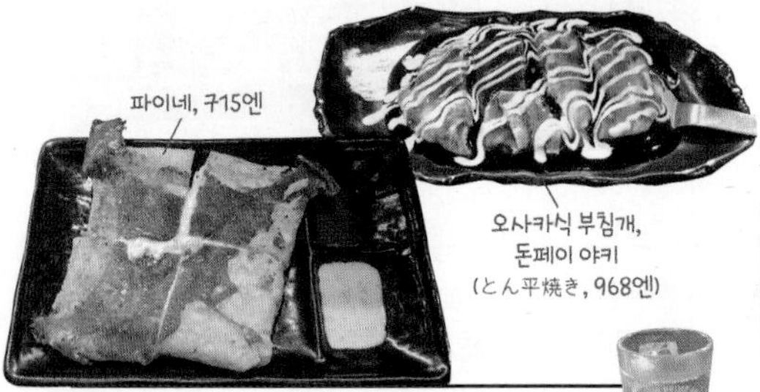

따끈하게 입에 착 감기는 철판요리

뎃판 야로 鉄板野郎

일드에 나올 법한 분위기의 좁고 아기자기한 철판요리 주점. 셰프와 말을 트고 친해질수록 더 맛있는 안주를 맛볼 수 있는 곳. 다양한 안주 중에서 오코노미야키 반죽에 포테이토 샐러드와 치즈를 넣어 구워낸 파이네(パイネ)와 오사카식 부침개인 돈페이(とん平)는 무조건 먹어봐야 한다. 우메다 지점도 인기가 높다. 흡연 가능. **MAP ❺-B**

GOOGLE MAPS 벳핀야로
ADD 2-5-20 Nipponbashi, Chuo Ward(2층)
OPEN 17:00~24:00/화요일 휴무
WALK 긴테쓰 전철·지하철 닛폰바시역 5번 출구로 나와 도보 약 2분

술이 꿀깍~ 돼지고기 꼬치구이

오사카 야키통 센터 大阪焼トンセンター

야들야들하고 달콤한 돼지고기 꼬치구이(야키통)가 맛있기로 소문난 곳. 테이블 없이 서서 마시는 주점으로, 현지인들 틈에 자연스럽게 어우러져 가볍게 한잔하고 가기 좋다. 부위별로 30여 종에 달하는 돼지고기 꼬치구이(1개당 220엔선) 중 뭘 먹어야 할지 고르기 어렵다면, 인기 꼬치구이로 구성된 3개(649엔) 또는 5개(1078엔) 세트를 추천. 생맥주(중 480엔)를 비롯한 일본주와 소주 종류도 알차다. 흡연 가능. **MAP ❺-B**

GOOGLE MAPS 오사카 야키통 센터
ADD 3-19, Nanbasennichimae, Chuo Ward
OPEN 15:00~24:00/부정기 휴무
WALK 뎃판 야로를 바라보고 오른쪽으로 약 150m 직진, 모퉁이를 돌아 3번째 가게

난이도 하! 아침부터 문 여는 선술집

아카가키야 난바점 赤垣屋 なんば店

외국인 관광객도, 혼자서도 가볍게 들르기 좋은 주점 체인. 오픈 키친을 가운데 두고 'ㅁ'자 형태로 둘러싼 카운터에서 서서 마시는주점으로, 친절하고 경쾌한 분위기다. 저렴하고 맛있는 수십 가지 안주(100~300엔대)는 물론이고 사케나 생맥주 등 주류(300~400엔대)도 만족스럽다. 우메다, 덴노지 지점도 평이 좋다. 흡연, 금연 구역이 분리돼 있다. **MAP ❺-B**

GOOGLE MAPS 아카가키야 난바점
ADD 3-1-32 Nanba, Chuo Ward
OPEN 10:00~22:30(일요일 ~21:30)
WALK 지하철 난바역에서 도보 약 5분

믿고 먹는 오반자이 & 오뎅 맛집

후랑쿠스 ふらんくす

내공 깊은 주인 할머니의 손맛에 감탄하게 되는 주점. 난바역 근처 작은 가게에서 인기를 끌다가 2023년 확장 이전했다. 주력 메뉴는 제철 채소로 매일 만드는 일본식 집반찬 오반자이와 따끈한 오뎅. 주먹밥과 달걀말이가 맛있기로도 소문났다. 삿포로 쿠로라벨 생맥주(546엔)을 비롯해 소주, 와인, 하이볼, 무알코올 음료도 다양하다. 기본 안주 273엔. 영어 메뉴 있음. 금연(입구에 흡연 구역 있음). **MAP ❺-B**

GOOGLE MAPS MG84+58 오사카
ADD 1-20-9, Nipponbashi, Chuo Ward(지하 1층)
OPEN 14:00~24:00(화요일 17:00~)/월요일 휴무
WALK 지하철 닛폰바시역 5번 출구로 나와 도보 약 2분

산토리 가쿠 하이볼 728엔, 오반자이 3종 모둠 591엔, 오마카세 오뎅 5종, 728엔

달걀말이(다시마키) 500엔

SPECIAL PAGE

일본어를 몰라도 OK!

이자카야 입장 시뮬레이션

밤이 되면 거리 곳곳에 환하게 불을 밝히고 여행자를 유혹하는 이자카야. 시원한 맥주나 사케 한 잔은 간절하지만, 한 번도 가 보지 않았다면 들어가기 망설여진다. 이 답답함을 시원하게 날려버릴 이자카야 체험 시뮬레이션! 지금부터 따라가 보자.

Step 1. 가게 안으로 들어간다

입구에 들어서면 스태프가 나와서 "난메이 사마데스까?(何名さまですか, 몇 분이신가요?)"라고 묻는다. 가볍게 손가락을 들어 인원수를 표시하면 자리를 안내해준다. 참고로 일본의 실내 금연 정책상 2020년 4월 이전에 창업한 소규모 주점은 흡연이 가능한 곳이 많으니, 흡연 여부는 입구에서 확인한다. 자릿세로 계산되는 기본 안주 포함 전체 예산은 1인당 최소 2000엔 정도 예상하면 된다.

Step 2. 메뉴를 주문한다

자리에 앉아 메뉴판을 보고 있으면, 스태프가 다가와 "오노미모노와?(어떤 음료를 주문하시겠습니까?)"라고 묻는다. 안주는 천천히 고르더라도 음료는 먼저 주문하는 게 관례다. 물론 안주를 일찍 정했다면 음료와 함께 주문한다. 일본어 메뉴뿐이라 잘 모르겠다면 "오스스메 오네가이시마스(お勧めお願いします, 추천 부탁합니다)"라는 말로 도움을 청하거나, 스마트폰 번역 기능을 활용하자.

Step 3. 술과 안주를 즐긴다

메뉴가 나오면 편하게 즐긴다. 스태프를 부를 땐 호출기 버튼을 누르거나 "스미마셍(すみません, 실례합니다)"이라고 말하며, 같은 주류나 안주를 추가할 때는 "오카와리 오네가이시마스(おかわりお願いします)"라고 말한다.

Step 4. 계산을 마치고 가게를 나온다

다 마신 후에는 테이블에 놓인 계산서 대로 정산한다. 이때 기본 안주비, 심야·연말연시 할증료 등이 추가될 수 있다. 계산은 대체로 계산대에서 하지만 테이블에서 하는 곳도 있다.

: WRITER'S PICK :

왕초보를 위한 이자카야 기본 용어

▪ 쓰키다시 突き出し

주문 전에 내오는 기본 안주. 보통 300~500엔대로 자릿세 개념이다. 최근엔 자릿세 문화를 없애는 주점도 생겨나고 있지만, 대체로 관례처럼 행해지고 있다. 도쿄식인 '오토시(お通し)'라고도 부른다.

▪ 오히야 おひや

찬물이라는 뜻. 이자카야에서는 스태프에게 요청해야 준다. "워터 플리즈"라고 해도 통한다. 보통 얼음물을 주는데, 얼음을 원하지 않는다면 "코오리 누키데 오네가이시마스(氷ぬきでお願いします)"라고 말한다.

▪ 노미호다이 飲み放題

가게에 따라 1시간 30분~3시간 동안 주류를 무제한으로 마실 수 있는 메뉴다. 보통 2000엔 이내로, 술을 3~4잔 이상 마실 때 이득이다.

蔵人だけのお

#Walk

트렌디한 현지인 모드 ON!

신사이바시 心斎橋 & 아메리카무라 アメリカ村

도톤보리 에비스바시에서 지하철 신사이바시역까지는 백화점, SPA 브랜드의 대형숍, 드럭스토어 등 가격별, 분위기별, 품목별 쇼핑 스폿이 한데 모인 아케이드 상점가(신사이바시스지 상점가)가 형성돼 있어서 걸으면서 구경하는 재미가 가득하다. 미도스지 도로변에는 명품 브랜드숍, 서쪽으로는 10~20대의 거리인 아메리카무라, 더 서쪽으로는 라이프스타일숍과 빈티지숍, 인기 패션 브랜드가 자리한 호리에, 북쪽으로는 세련된 디자이너숍들이 눈에 띄는 미나미센바가 펼쳐진다.

Access

지하철

- **미도스지선·요쓰바시선·나가호리쓰루미료쿠치선 신사이바시역**(心斎橋/M19·Y14·N15) **5·6번 출구:** 신사이바시스지 상점가와 이어진다.
- **미도스지선·요쓰바시선·나가호리쓰루미료쿠치선 요쓰바시역**(四ツ橋/M19·Y14·N15)**:** 5번 출구로 나와 왼쪽으로 직진, 고가도로 아래를 빠져나가면 아메리카무라, 6번 출구로 나와 오른쪽 난바역 방면으로 약 250m 직진하면 호리에 오렌지 스트리트다.

Planning

지붕으로 덮인 신사이바시스지 상점가는 날씨에 구애받지 않고 다니기 좋지만, 주말과 공휴일 저녁에는 매우 붐빈다. 아메리카무라와 호리에, 미나미센바 일대까지 모두 둘러보면 2~3시간 정도 걸린다.

북쪽 입구

도톤보리쪽 입구

1 눈·비도 막을 수 없는 쇼핑 아케이드
신사이바시스지 상점가 心斎橋筋商店街

지붕으로 덮인 길이 600m의 상점가. 지하철 신사이바시역부터 남쪽의 도톤보리 에비스바시(戎橋)까지 일직선으로 이어지는 거대한 아케이드 안에는 파르코 백화점과 다이마루 백화점, 대형 편집숍과 굵직한 SPA 브랜드숍이 있고, 중저가 및 고가 브랜드숍, 중고 의류점, 드럭스토어 등 장르를 가리지 않는 상점들이 입점했다. 2024년에는 나이키와 뉴발란스 공식 대형 매장이 오픈하면서 스포츠 브랜드 격전지로 떠올랐다. 상점가 북쪽으로는 지하철 혼마치역까지 약 800m 길이의 신사이바시스지 북쪽 상점가(心斎橋筋北商店街)가 이어진다. MAP ❹-B·D

GOOGLE MAPS 신사이바시스지 상점가
ADD Shinsaibashisuji, Chuo Ward
WALK 지하철 신사이바시역 5·6번 출구로 나와 바로/도톤보리에서 에비스바시를 건너면 바로
WEB shinsaibashisuji.com

오사카를 대표하는 치즈케이크 전문점, 파블로(PABLO) 신사이바시 본점

② 신사이바시의 랜드마크
다이마루 백화점 신사이바시점
大丸 心斎橋店

미도스지(御堂筋) 거리에서 바라보는 유럽풍 건축양식의 외관

포켓몬 센터 오사카 DX & 포켓몬 카페

창업 300년이 넘은 노포 백화점. 미국의 건축가 윌리엄 보리스가 설계한 네오 고딕 양식의 건축미가 돋보인다. 오랜 리뉴얼 공사 끝에 신규 입점한 브랜드와 맛집으로 화제를 모으고 있는데, 본관에서 눈여겨볼 곳은 지하 1·2층 식료품관과 9층의 포켓몬 센터 & 카페와 점프 숍, 10층 식당가다. 남관 9층에는 2024년 간사이 최초로 오픈한 커비 카페 더 스토어 오사카가 있다. **MAP ④-B**

GOOGLE MAPS 다이마루 백화점 신사이바시 본관
ADD 1-7-1 Shinsaibashisuji, Chuo Ward
OPEN 10:00~20:00
WALK 지하철 신사이바시역 5·6·4A·4B 출구에서 바로
WEB daimaru.co.jp/shinsaibashi

: WRITER'S PICK :

신사이바시 네온 식당가

파르코 백화점 지하 2층에 오픈한 화제의 푸드홀. 번쩍이는 네온사인 아래, 서서 마시는 다치노미 주점이나 값싸고 맛있는 대중식당 등 오사카의 인기 이자카야와 개성파 식당 25개가 모여 있다. 도톤보리와 신사이바시 관광과 연계해 가벼운 식사와 술을 즐기기 좋은 장소다.

OPEN 11:00~23:00

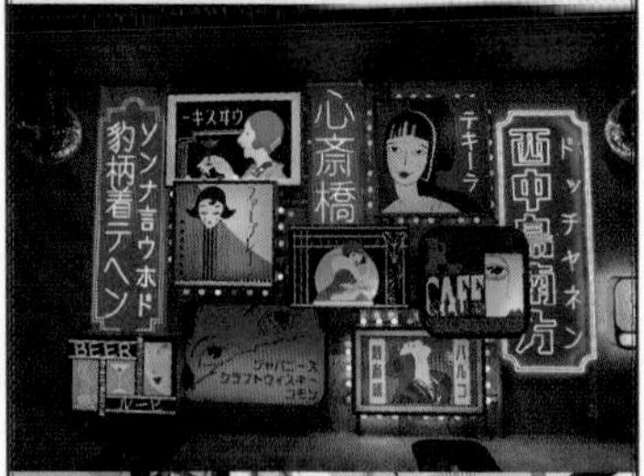

③ 핫하디 핫한 쇼핑 스폿!
파르코 신사이바시 PARCO 心斎橋

다이마루 백화점 북관을 통째로 리뉴얼해 2020년 오픈한 대형 백화점. 총 170여 매장이 입점해 있으며, 핸즈와 프랑프랑, 서점이 있는 9층, 키디랜드·스밋코구라시숍·동구리 공화국·리락쿠마 스토어·짱구 오피셜숍 등 인기 캐릭터숍이 입점한 6층이 눈길을 끈다. 지하 1·2층에는 트렌디한 디저트숍과 주점이 자리한다. **MAP ④-B**

GOOGLE MAPS 파르코 신사이바시
ADD 1-8-3 Shinsaibashisuji, Chuo Ward
OPEN 10:00~20:00
WALK 지하철 신사이바시역 4-A 출구에서 바로

6층 캐릭터숍

삼각형 모양의 산카쿠(삼각) 공원.
정식 명칭은 미쓰(御津) 공원이다.

4 홍대와 이태원 사이 그 어디쯤
아메리카무라 アメリカ村

도쿄에 하라주쿠가 있다면, 오사카엔 아메리카무라가 있다. 10~20대가 모여드는 패션 스트리트인 이곳은 현지인 사이에서 '아메무라'로 통한다. 화창한 날이면 버스킹 공연이 펼쳐지는 산카쿠(三角) 공원과 쇼핑몰 빅스텝을 중심으로, 스트리트 패션숍과 구제 의류점, 잡화점, 클럽 등이 있다. 1970년대 어느 공간 디자이너가 창고를 개조해 미국산 구제 의류와 중고 레코드 등을 팔면서 유명해지자, 주변에 비슷한 상점들이 잇달아 생기면서 '미국 마을'이라는 뜻의 자유분방한 거리가 형성됐다. **MAP ❹-A·C**

GOOGLE MAPS 아메리카무라
ADD 1-6-14 Nishishinsaibashi, Chuo Ward
WALK 지하철 신사이바시역 7번 출구로 나와 도보 약 4분
WEB americamura.jp

5 이곳이 보인다면 아메리카무라!
빅 스텝 Big Step

패션 잡화점, 식당, 라이브 극장, 영화관 등이 입점한 아메리카무라의 랜드마크. 시원하게 뻥 뚫린 쇼핑몰 중앙에는 시즌마다 바뀌는 감각적인 인테리어가 거리에 활기를 더한다. 거리 풍경을 감상하기 좋은 1층 의 스타벅스는 늘 현지인과 여행자들로 북적거린다. 1층에는 무려 1000대가 넘는 캡슐토이 기기가 있으니 주목. **MAP ❹-C**

GOOGLE MAPS 빅스텝 오사카
ADD 1-6-14 Nishishinsaibashi, Chuo Ward
OPEN 11:00~20:00(시설에 따라 다름)
WALK 지하철 신사이바시역 7번 출구로 나와 도보 약 3분
WEB big-step.co.jp

통통 튀는
아메리카무라의
분위기를 닮은
가로등

+MORE+

아메리카무라 길거리 간식

▪ 고가류 본점 甲賀流

타코야키에 마요네즈를 뿌려 먹기 시작한 최초의 가게. 간판 메뉴인 소스 마요(ソースマヨ, 550엔)를 꼭 먹어보자. 2층에 테이블석이 있지만, 바로 옆 산카쿠 공원에 앉아 호호 불어가며 먹어야 제맛이다. **MAP ❹-C**

OPEN 10:30~20:30

▪ ar. 캔디 애플 ar. Candy Apples

일본식 사과 탕후루, 링고아메(りんご飴) 전문점. 향긋하고 아삭한 사과를 통째로 설탕 코팅해 씹는 맛이 좋다. 플레인, 시나몬, 코코아, 요거트, 말차 등 맛도 8가지나 된다. 1개 650엔~. **MAP ❹-C**

OPEN 11:00~19:00

+MORE+

호리에 산책의 쉼표

■ **몬디알 카페 328 NY3** Mondial Kaffee 328 NY3

호리에에서 라테가 제일 맛있는 집. 오사카 시내 5곳에 서로 다른 컨셉의 매장이 있다. **MAP ❹-A**

ADD 1-6-16 Kitahorie, Nishi Ward
OPEN 08:30~21:00
WALK 지하철 요쓰바시역 4번 출구로 나와 도보 약 2분

■ **마제** maZe

맛과 분위기 모두 사로잡은 브런치 카페. 디저트류도 평판이 매우 좋다. **MAP ❹-A**

ADD 1-11-5 Kitahorie, Nishi Ward
OPEN 08:00~16:00
WALK 지하철 요쓰바시역 6번 출구로 나와 도보 약 2분

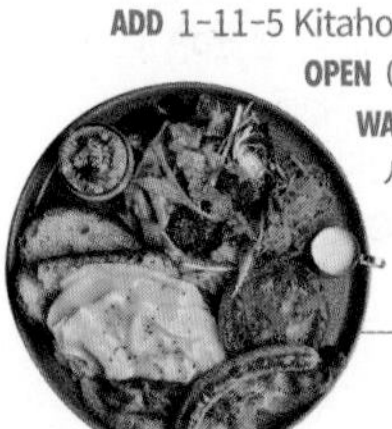

6 소리 없이 강한 저마다의 색깔
호리에 堀江

20~30대 취향의 모던하고 캐주얼한 패션 잡화점이 늘어선 거리다. 아메리카무라와 고가도로를 사이에 두고 불과 100m 거리에 마주하고 있지만, 그곳과는 완전히 다른 세련되고 차분한 분위기다. 자그마한 호리에(堀江) 공원을 기준으로 기타(北) 호리에와 미나미(南) 호리에로 나뉘는데, 중심지는 미나미 호리에의 오렌지 스트리트(Orange Street)다. 베이프, 슈프림, 엑스라지, 히스테릭 글래머, 저널 스탠다드 등 잘 나가는 일본 오리지널 패션 잡화 브랜드와 빈티지숍, 타임리스 컴포트, 비오톱 같은 트렌디한 라이프스타일 숍 등을 쾌적하게 둘러볼 수 있다. **MAP ❹-C**

GOOGLE MAPS 오렌지 스트리트
ADD 1-9 Minamihorie, Nishi Ward(오렌지 스트리트 동쪽 입구)
WALK 지하철 요쓰바시역 6번 출구로 나와 오른쪽 대로를 따라 난바역 방면으로 약 240m 직진하면 오른쪽에 오렌지 스트리트 입구 간판이 보인다./지하철 난바역 26-C 출구로 나와 도톤보리강을 건너 약 300m 직진 후 왼쪽

오렌지 스트리트 동쪽 입구

7 골목 구석구석 숨은 보물찾기
미나미센바 南船場

나가호리 거리(長堀通)의 북쪽에 자리한 지역. 편집숍, 신진 디자이너숍, 분위기 좋은 카페와 레스토랑 등이 골목 곳곳 보물처럼 들어서 있고, 관광객이 적어서 한결 조용하고 여유로운 분위기다. 미나미센바의 랜드마크는 건물 외벽에 132개의 화분이 달린 오가닉 빌딩. 동쪽으로는 명품 매장이 즐비한 미도스지 도로, 남쪽으로는 아메리카무라가 형성돼 있다.

MAP ❹-A·B

GOOGLE MAPS 오가닉 빌딩
ADD 4-7-21 Minamisenba, Chuo Ward(오가닉 빌딩)
WALK 지하철 신사이바시역 3번 출구로 나와 우회전, 약 100m 거리에 있는 2번째 골목으로 진입해 약 200m 직진하면 왼쪽에 오가닉 빌딩이 있다.

이탈리아의 건축가 가에타노 페세가 설계한 오가닉 빌딩

오사카 농림회관 입구

8 차분히 빠져드는 레트로 감성
오사카 농림회관 大阪農林会館

1930년 영국의 건축가가 설계한 5층 건물로, 패션 잡화, 인테리어용품 등 40여 개의 개성 넘치는 상점이 입주해 있다. 상점들은 저마다 트렌디한 인테리어로 장식했지만, 호화로운 샹들리에와 낡은 괘종시계가 반기는 로비는 사뭇 레트로한 느낌이다. 오사카 멋쟁이들의 아지트인 캐주얼 패션 매장 스트라토, 건축·인테리어·디자인 관련 서적과 문구류를 판매하는 플레너건, 1982년 개업한 인기 이탈리안 레스토랑 콜로세오 등이 눈에 띈다. MAP ❹-B

GOOGLE MAPS 오사카 농림회관
ADD 3-2-6 Minamisenba, Chuo Ward
OPEN 12:00~20:00/상점마다 다름
WALK 신사이바시스지 상점가 북쪽 끝에서 큰길을 건너 도보 약 5분
WEB osaka-norin.com

하마터면 다 살 뻔!

호리에's 라이프스타일숍

아메리카무라가 소년·소녀들의 거리라면 호리에는 스타일리시한 2030들의 쇼핑 거리다.
고가도로를 사이에 두고 전혀 다른 분위기를 풍기는 두 지역 곳곳을 누비는 재미를 누려보자.

©Casa Picone

이탈리아 색채로 물든 일본 잡화

카사 피코네 Casa Picone

이탈리아의 패션 브랜드 피코네를 현대적으로 재해석한 라이프스타일숍. 푸릇푸릇한 호리에 공원 앞에 2022년 오픈한 화이트톤의 2층 건물은 아늑한 갤러리 분위기로, 한쪽에 작은 카페도 겸한다. 피코네의 원화가 프린트된 의류와 잡화, 그릇 등이 감각적이며, 나가사키현에서 탄생한 400년 역사의 하사미야키 도자기에 피코네의 그림을 컬래버레이션한 그릇 시리즈도 베스트셀링 아이템 중 하나다. **MAP ❹-C**

GOOGLE MAPS 카사 피코네
ADD 1-14-20, Minamihorie, Nishi Ward
OPEN 11:00~19:00
WALK 호리에 오렌지 스트리트 입구에서 약 200m 직진 후 오른쪽, 더 굿랜드 마켓을 지나 호리에 공원 앞
WEB bikijapan-store.jp/casapicone/

커피 한잔의 여유가 있는 곳, 470엔~

초록빛 가득한 라이프스타일숍

비오톱 Biotop

오렌지 스트리트를 대표하는 라이프스타일숍 겸 카페·레스토랑이다. 1층부터 4층까지 이어지는 계단에 푸릇푸릇한 식물을 가득 심어 친환경 매장을 지향한다. 비오톱의 오리지널 제품과 전 세계에서 셀렉트한 잡화는 물론, 핸드드립 커피가 맛있는 1층 카페부터 피자 맛이 좋기로 소문난 4층 루프탑 레스토랑 큐비에르타(Cubierta)까지 어느 것 하나 소홀한 게 없다. **MAP ❹-C**

GOOGLE MAPS biotop
ADD 1-16-1 Minamihorie, Nishi Ward
OPEN 11:00~20:00
WALK 호리에 오렌지 스트리트 입구에서 약 80m 직진 후 왼쪽

제로 웨이스트를 실천하는 편집숍

더 굿랜드 마켓 호리에점

The Goodland Market

일본의 대형 편집숍 브랜드 어반 리서치에서 오픈한 3층짜리 라이프스타일숍이다. 의류는 물론이고 가드닝 제품, 식료품, 목제그릇, 핸드메이드 수납용품 등 다양한 품목을 취급하는데, 업사이클 브랜드인 프라이탁 가방을 비롯해 제로 웨이스트나 플라스틱 프리 아이템 등 환경을 고려한 아이템 위주라는 점이 반갑다. **MAP ❹-C**

GOOGLE MAPS 굿랜드 마켓 호리에점
ADD 1-20-9, Minamihorie, Nishi Ward
OPEN 11:00~19:30
WALK 호리에 오렌지 스트리트 입구에서 약 200m 직진 후 오른쪽

세계 각국의 예쁜 것들이 가득!

타임리스 컴포트 미나미호리에점

Timeless Comfort

호리에 라이프스타일숍의 터줏대감. 도쿄의 미드타운과 지유가오카에도 지점을 둔 대형 매장이다. 세계 각지에서 들여온 예쁜 그릇과 빈티지 소품을 구경하고, 1층에 병설된 T.C 카페에서 맛있는 식사와 디저트를 즐길 수 있다. **MAP ❹-C**

GOOGLE MAPS 타임리스 컴포트 미나미호리에점
ADD 1-19-26 Minamihorie, Nishi Ward
OPEN 11:00~19:00
WALK 호리에 오렌지 스트리트 입구에서 약 200m 직진 후 왼쪽
WEB store.world.co.jp/s/brand/timelesscomfort/

광활한 맛집 스펙트럼!

신사이바시 올드 앤 뉴 맛집

전통과 최신 트렌드가 공존하는 신사이바시 일대는 맛집의 스펙트럼도 넓다.
뭘 먹어야 할지 고민에 빠져 버릴 올드 앤 뉴 맛집 리스트 대공개!

오므라이스 탄생지가 바로 이곳

홋쿄쿠세이

北極星

1925년 오믈렛과 쌀밥을 접목한 일본식 오므라이스를 최초로 고안한 곳. 좁다란 통로와 안뜰로 된 일본 근세 건축물을 감상하며 다다미방에 앉아 요리를 대접받는 일은 오사카 시내 한복판에서 흔치 않은 경험! 육류와 해산물이 든 6가지 오므라이스 중 대표 메뉴는 치킨 오므라이스(1080엔). 달걀 마는 것만 3년을 갈고닦은 셰프들의 손맛을 느낄 수 있다. MAP ❹-C

GOOGLE MAPS 홋쿄쿠세이 신사이바시본점
ADD 2-7-27 Nishishinsaibashi, Chuo Ward
OPEN 11:30~21:30(L.O.21:00)/12월 31일·1월 1일 휴무
WALK 도톤보리의 에비스바시에서 도보 4분/
지하철 난바역 25번 출구로 나와 도보 약 4분

새우튀김과 된장국이 곁들여지는 치킨 오무라이스 세트

느긋하고 쾌적하게 즐기는 초밥

회전초밥 긴자 오노데라 오사카점

廻転鮨 銀座おのでら

도쿄 오모테산도에서 온 고급 초밥 체인. 교토에 이어 오사카에도 2024년 오픈했다. 이름엔 회전초밥이라고 쓰여 있지만, 터치 패드(한국어)로 주문하면 눈앞에서 만들어주는 방식이라 레일이 없다. 널찍한 내부에는 4인용 테이블과 6인용 개인실도 잘 갖춰서 가족 단위 여행자에게 반가운 곳. 오렌지와 블랙이 조화를 이루는 인테리어도 럭셔리하다. 접시당 보통 400~900엔대. MAP ❹-D

GOOGLE MAPS 회전초밥 긴자 오노데라 오사카점
ADD 2-1-3 Nishishinsaibashi
OPEN 11:00~22:00(21:00까지 입장)
WALK 지하철 신사이바시역 8번 출구로 나와 도보 약 4분

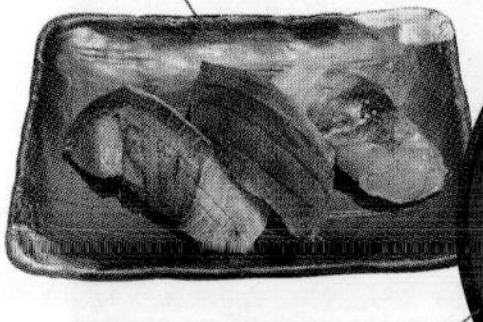

제철 모둠 3종, 950엔

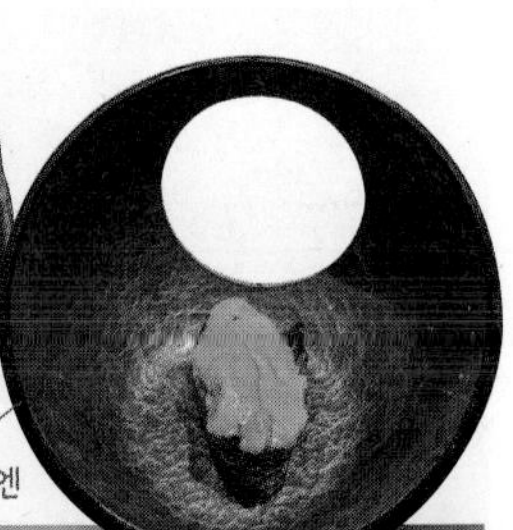

말똥성게, 1000엔

어린이 초밥 세트, 720엔

츠케멘 입문자 컴온!

츠케멘 스즈메 つけ麺 雀

아메리카무라의 인기 츠케멘 전문점. 돼지 뼈와 가쓰오부시, 된장으로 맛을 낸 츠케지루(つけ汁)에 두툼하게 썬 차슈와 탱탱한 면을 퐁당 찍어 먹는 특제 츠케멘(特製つけ麺, 1200엔)은 남녀노소 호불호 없이 먹을 수 있다. 200g이 기본인 면 양은 300g까지 무료. 갖가지 고추와 고추기름 등을 넣은 매운 츠케멘(辛つけ麺, 950엔)은 1~3단계의 맵기 중 1단계로 선택해도 제법 칼칼하다. 주문 후 면을 삶기 때문에 15분 정도 걸리며, 남은 츠케지루는 바에 놓인 맑은 육수(割りスープ, 와리수프)를 섞어 마신다. 바석 12개. **MAP ❹-C**

GOOGLE MAPS 츠케멘 스즈메
ADD 2-11-11 Nishishinsaibashi, Chuo Ward
OPEN 11:30~16:30, 18:00~22:00
WALK 지하철 요쓰바시역 5번 출구에서 도보 2분/지하철 신사이바시역 7번 출구에서 도보 5분

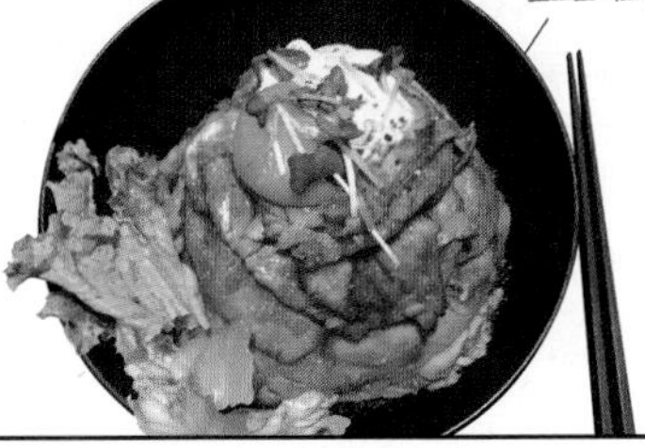

아메무라를 평정한 소고기 덮밥

레드록 아메무라점 RedRock

고베에서 온 스테이크 덮밥집. 높다랗게 쌓아 올린 로스트비프동(Roastbeef Bowl, 1400엔)과 스테이크동(Steak Bowl, 1800엔)을 저렴하게 맛볼 수 있어서 손님이 끊이지 않는다. 대(大)자를 고르면 고기와 밥이 추가돼 한결 푸짐해진다(600~650엔 추가). 키오스크(신용카드, 한국어 가능) 주문 방식. 고베에 본점(480p)이 있다. **MAP ❹-C**

GOOGLE MAPS 레드락 아메무라점
ADD 2-10-21, Nishishinsaibashi, Chuo Ward
OPEN 11:30~15:00, 15:00~21:30
WALK 빅 스텝 정문에서 도보 약 2분

스테이크동(보통)

오사카에 입성한 장군 버거

쇼군 버거 신사이바시점 Shogun Burger

2022년 12월 오픈한 와규 버거 프랜차이즈. 일본 열도 중앙에 자리한 도야마현의 노포 야키니쿠 전문점에서 개발해 도쿄를 강타한 후 2022년 재팬 버거 챔피언십에서 우승을 차지했다. 와규 버거, 더블 치즈 버거 등 10여 종의 버거류 가격은 800~2000엔대. 거칠게 다져낸 냉장 와규로 패티를 만들어 식감과 육향을 한층 살리고, 오리지널 소스로 포인트를 준다. 빵에 새긴 장군(쇼군) 모양의 로고로 눈도장까지 확실히 찍는 곳. **MAP ❹-D**

GOOGLE MAPS 쇼군버거 신사이바시점
ADD 2-2-13 Shinsaibashisuji, Chuo Ward

OPEN 11:00~23:00
WALK 에비스바시에서 신사이바시스지 상점가를 통해 도보 약 2분

신사이바시 & 아메리카무라에서 픽한

트렌디 카페 & 바

힙한 분위기 뿜뿜하는 신사이바시와 호리에, 아메리카무라!
낮에는 향긋한 커피와 함께, 밤에는 술 한잔을 기울이면서 거리 분위기에 취해보자.

카페모카

아메무라 커피 투어 START!

릴로 커피 로스터즈

LiLo Coffee Roasters

오사카 최초이자 최고의 스페셜티 커피 전문점. "짧은 인생, 좋은 사람들과 함께 좋은 커피만 마시자"라는 슬로건을 걸고 2014년 오픈, 아메리카무라의 상징으로 자리매김했다. 20종이 넘는 원두를 직접 고르거나 추천받을 수 있으며, 모든 스태프가 활달하고 열정적인 정규직으로 구성됐다. 드립커피, 콜드브루, 라테, 카푸치노 등 여러 종류의 커피 및 티와 주스도 있다. 1잔당 400~700엔대. **MAP ❹-A**

GOOGLE MAPS 릴로 커피 로스터즈
ADD 1-10-28, Nishishinsaibashi, Chuo Ward
OPEN 11:00~23:00
WALK 빅 스텝 정문에서 도보 약 4분/지하철 신사이바시역 16번 출구로 나와 도보 약 1분

파티시에의 아름답고 섬세한 터치

콜로니 by EQI 신사이바시 아메무라점

Colony by EQI

아메리카무라에서 팬케이크, 브런치 하면 이곳. 디저트 맛집이 차고 넘치는 오사카에서도 또 한 단계 업그레이드된 맛의 신세계를 선보인다. 오너 파티시에가 하나하나 신경 쓴 음료, 식사, 디저트는 메뉴에 나온 사진과 놀랍도록 일치하는 데다 맛도 최고다. 인기 메뉴인 수플레 팬케이크는 굽는 데 20분 정도 걸리는데, 적당한 단맛의 생크림과 버터 향, 메이플 시럽이 완벽한 조화를 이뤄 기다린 시간이 아깝지 않다. **MAP ❹-C**

GOOGLE MAPS colony by eqi
ADD 2-12-14, Nishishinsaibashi, Chuo Ward
OPEN 11:00~23:00
WALK 지하철 요쓰바시역 5번 출구로 나와 도보 약 5분

믹스 주스, 990엔

크림 브륄레 팬케이크, 1580엔

차와 그릇이 있는 미니멀 카페
와드 오모테나시 카페
Wad Omotenashi Cafe

미나미센바에 자리 잡은 모던한 분위기의 일본식 카페. 일본 아티스트들이 빚어낸 어여쁜 다기에 담긴 고급 차와 디저트를 즐길 수 있다. 창밖으로 미나미센바의 상징인 오가닉 빌딩이 내다보이는 것도 매력. 말차, 호지차 등 다양한 차(900~1000엔)는 물론, 화과자나 말차 빙수 등 디저트류(400~1200엔)도 교토의 유명 카페 못지 않은 멋과 맛을 지녔다. 갤러리숍을 겸해서 차와 그릇을 좋아한다면 놓칠 수 없는 곳. 1인 1음료 주문 필수. **MAP ❹-A**

GOOGLE MAPS 와드 오모테나시 카페
ADD 4-9-3, Minamisenba, Chuo Ward
OPEN 12:00~19:00(L.O.18:30)/부정기 휴무
WALK 오가닉 빌딩 대각선 맞은편에 위치

둠칫둠칫한 타코야키 주점
타코타코 킹 스오마치 본점 Takotako King

뜨끈한 철판에서 가다랑어포가 춤추는 야키소바, 1100엔

타코야키, 오코노미야키, 야키소바를 경쾌하고 힙한 분위기에서 즐기는 주점. 도톤보리, 신사이바시, 아메리카무라 주변의 5개 지점 모두 인기가 높다. 안주는 뭘 시켜도 맛있지만, 나오기까지 시간이 꽤 걸리니 인내심 한 스푼이 필요하다. 주류(550엔~)는 기린 생맥주부터 츄하이, 위스키, 무알코올까지 다양하다. 가게 입구에서 타코야키만 테이크아웃하는 것도 추천. 한국어 메뉴 있음. 흡연 가능. 밤 10시 이후 심야 요금 10% 추가. **MAP ❹-D**

GOOGLE MAPS takotako-king
ADD 2-4-25, Higashishinsaibashi, Chuo Ward
OPEN 19:00~다음 날 03:00
WALK 지하철 신사이바시역 6번 출구로 나와 도보 약 9분

새콤달콤한 폰즈 소스와 쪽파가 듬뿍!
타코야키 8개, 550엔(테이크아웃 500엔)

#Walk

오사카의 가장 생생한 지금

우메다梅田

가장 트렌디한 오사카를 경험할 수 있는 쇼핑·비즈니스 지구다. JR 오사카역, 각종 사철과 시영 지하철 7개 역 등 12개 노선이 모인 지역으로, 간사이 최고를 자부하는 쇼핑·레스토랑 타운과 복합빌딩, 백화점 등이 도보 15분 거리에 밀집해 있어서 온종일 먹고, 놀고, 쇼핑해도 시간이 부족하다. 교토, 고베까지는 약 30분, 나라까지도 전철로 1시간 거리이므로, 간사이 여러 지역을 돌아볼 때 거점으로 삼기 좋은 지역이다.

Access

지하철

- **미도스지선 우메다역**(梅田/M16): JR 오사카역 바로 옆이라서 우메다 남북으로 펼쳐진 각종 명소로 이동할 때 가장 편리한 대표 노선이다.
- **다니마치선 히가시우메다역**(東梅田/T20): JR 오사카역 남동쪽에 있다. 직장인들이 즐겨 찾는 맛집이 많다.
- **요쓰바시선 니시우메다역**(西梅田/Y11): JR 오사카역 남서쪽에 있다. 서쪽 지역 쇼핑몰로 이동할 때 편리하다.

JR

- **오사카역**(大阪): 그랜드 프론트 오사카, 우메다 스카이 빌딩은 중앙 북쪽 출구(中央北口), 그 외 대부분 명소 및 쇼핑센터, 사철역은 중앙 남쪽 출구(中央南口)와 가깝다.

사철

- **한큐 전철 오사카우메다역**(阪急線 大阪梅田): 교토, 고베 등과 연결된다.
- **한신 전철 오사카우메다역**(阪神線 大阪梅田): 고베, 히메지, 나라 등과 연결된다.

Planning

대부분의 쇼핑 장소와 맛집이 대형 쇼핑몰이나 백화점 안에 있고, 지하상가와 연결돼 있어서 날씨와 상관없이 다닐 수 있다. 우메다 스카이 빌딩의 공중정원 전망대와 관람차가 있는 헵 파이브 등을 둘러본다면, 해 질 녘에 찾아야 석양과 야경 두 마리 토끼를 잡을 수 있다. 주요 쇼핑 명소와 전망대, 관람차 등이 오사카역이나 오사카우메다역에서 도보 15분 이내 거리로 가깝다. 쇼핑과 식사를 포함한 예상 소요 시간은 약 3시간.

+MORE+

우메다는 거대한 지하도시!

우메다는 화이티우메다(Whity うめだ)를 중심으로 여러 개의 지하상가가 주변 7개 역을 연결하며 일본 최대 규모의 지하상가를 형성하고 있다. 100개 이상의 출입구가 있지만, 길을 잃기 쉬우니 곳곳에 설치된 표지판(한글·영어 병기)을 수시로 확인할 것! 지하상가 내 안내소에 문의해도 친절하게 길을 안내받을 수 있다. 참고로 지하철 니시우메다역과 히가시우메다역 사이는 직선 거리로 400m가 넘어 걸어서 10분 이상 걸린다.

▪ 지하상가와 연결되는 역

JR JR 오사카역, JR 기타신치역

사철 한큐·한신 전철 오사카우메다역

지하철 미도스지선 우메다역, 다니마치선 히가시우메다역, 요쓰바시선 니시우메다역

오사카 사람들의 만남의 장소, 화이티우메다의 샘의 광장(泉の広場). M9·10·14 출구 근처에 있다.

무기토 멘스케
우동야 키스케
마루젠 앤 준쿠도
누차야마치 플러스
누차야마치
나카자키초
그랜드 프론트 오사카(북관) 3
한큐 3번가(북관)
한큐 전철 오사카우메다역
유니클로 오사카
4 우메다 스카이 빌딩
한큐 3번가(남관)
그랜드 프론트 오사카(남관) 3
인디안 카레
헵 파이브 6
요도바시카메라 & 링크스 우메다/오이시이모노 요코초
하나타코
5 그랜드 그린 오사카
그루니에
헵 나비오
루쿠아/바루치카
우메다 (M16)
노스게이트 빌딩
한큐 백화점
루쿠아 1100
1 JR 오사카역
노모카
크래프트 비어 마켓
이노게이트 오사카
화이티우메다 (지하상가)
사우스게이트 빌딩
다이마루 백화점
히가시우메다 (T20)
한신 백화점
가메스시 총본점
킷테 오사카 2
한신 전철 오사카우메다역
오코노미야키 유카리
니시우메다 (Y11)
코무기노 메가미
쓰카다
우메요코
소네자키 오하츠 텐진도리 상점가
우메다 DT 타워
오사카역 앞 제 4빌딩
츠유텐 신사
부도레이
오사카역 앞 제 1빌딩
오사카역 앞 제 2빌딩
오사카역 앞 제 3빌딩
JR 기타신치역
후쿠시마 주점가
야키니쿠마루 기타신치점
기타신치 주점가
酒
0 100m
나카노시마
도지마강

미리 살펴보고 감 잡기
우메다 주요 역 지하 연결 통로 및 출구

JR, 한큐·한신 전철, 지하철 각 노선이 뒤죽박죽 엉켜 있어서 현지인조차 헷갈리는 오사카역과 오사카우메다역! 거대한 지하 세계 곳곳에 설치된 구조도와 표지판을 잘 보고 따라가야 하는데, 자신 없으면 지상으로 나와 고층 건물을 기준으로 찾아가는 것도 방법이다.

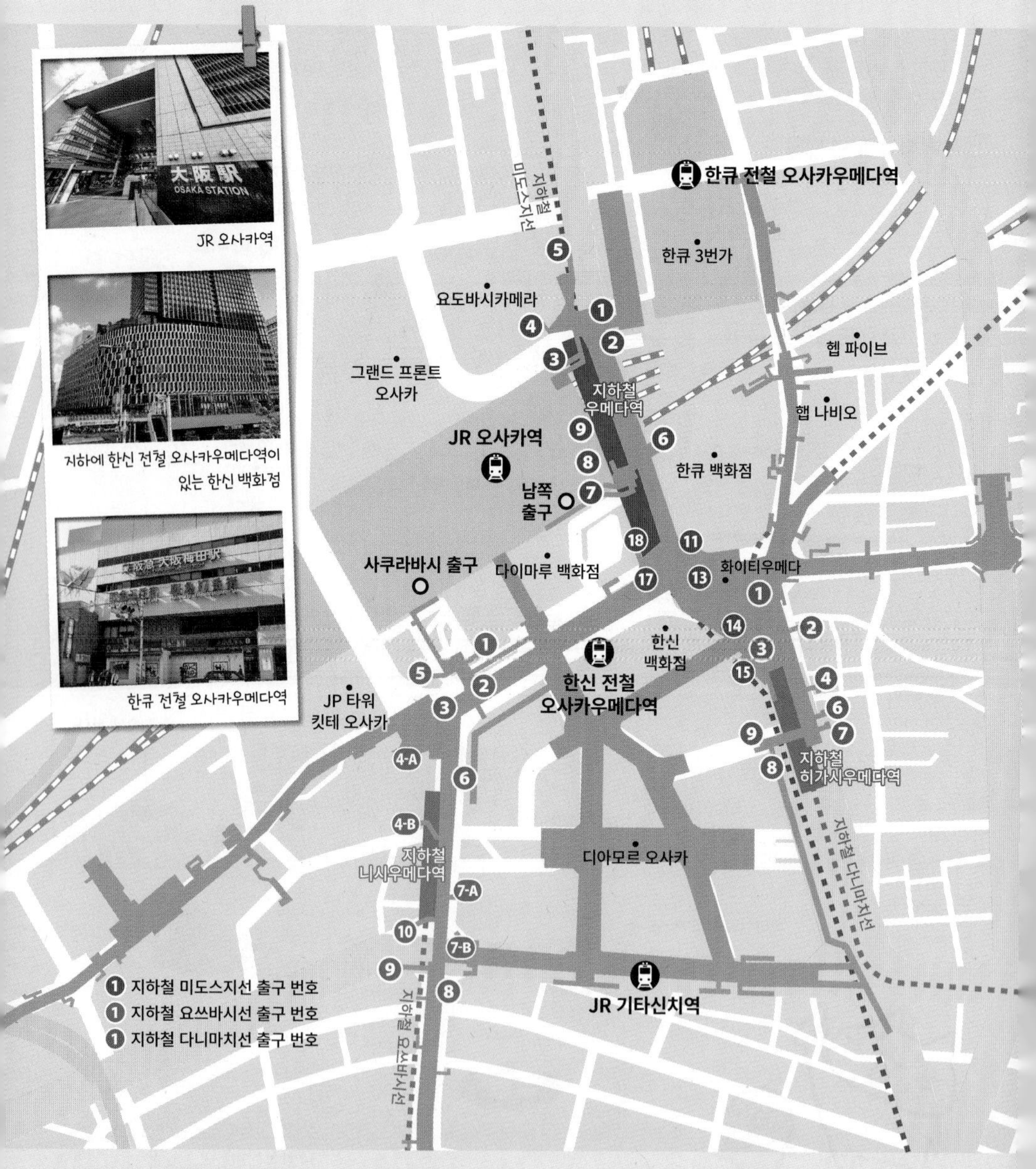

우메다의 핵심 사철역
한큐 전철 오사카우메다역 연결 통로 및 출구

한큐 전철 오사카우메다역 건물은 교토나 고베로 갈 때 이용할 뿐만 아니라 쇼핑몰이나 관광안내소를 방문할 때도 거쳐 가게 된다. 1층에는 아리마 온천, 기노사키 온천 등 간사이 각지로 떠나는 고속버스들이 발착하고 지상·지하로 다양한 노선이 연결되기 때문에 구조를 미리 파악하면 도움이 된다.

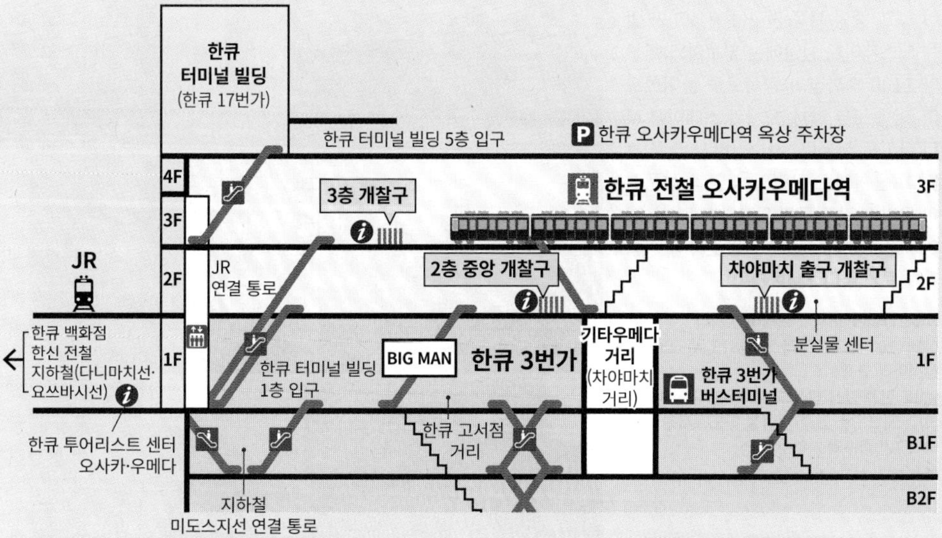

● 지상 2~3층: 한큐 전철 오사카우메다역

교토선·고베선·다카라즈카선의 3개 노선이 있으며, 승강장은 한큐 터미널 빌딩 3층에 있다. 개찰구는 2~3층에 있고, 2층은 JR 오사카역과 통로로 연결된다.

● 지상 1층~지하 2층: 한큐 3번가

한큐 터미널 빌딩 지하 2층~지상 1층에 있는 쇼핑몰(219p)이다. 차야마치 거리를 사이에 두고 남관과 북관으로 나뉘고, 두 관은 지하 2층에서 연결된다. 1층에는 고속버스터미널, 교통 티켓 교환·판매 및 관광 안내소를 겸하는 한큐 투어리스트 센터가 있으며, 한신 전철, 지하철 다니마치선·요쓰바시선과 연결된다. 지하 1·2층에는 지하철 미도스지선 연결 통로가 있다.

한큐 전철 오사카우메다역

모든 역은 지하로도 연결된다.

1 미니어처 오사카 **JR 오사카역** JR 大阪駅

JR 오사카역과 그 주변은 쇼핑·식사·숙박·엔터테인먼트까지 모든 게 해결되는 '작은 오사카'다. 중앙 남쪽 출구(中央南口)가 있는 사우스게이트 빌딩에는 다이마루 백화점, 호텔 그랑비아 오사카 등이 있고, 중앙 북쪽 출구(中央北口)가 있는 노스게이트 빌딩에는 루쿠아와 루쿠아 1100 백화점이 양쪽으로 늘어섰으며, 이를 모두 합쳐 '오사카 스테이션 시티'라고도 부른다. 사쿠라바시 출구(桜橋口) 근처에는 저렴한 식당과 식품점이 모인 에키 마르셰 오사카(Eki Marché Osaka)가 있어서 열차 이용 전후에 가볍게 들르기 좋다. **MAP ❷-C**

GOOGLE MAPS 오사카 스테이션 시티
OPEN 10:00~20:00(레스토랑 11:00~23:00)/상점마다 다름
WALK 한큐·한신 전철 오사카우메다역(大阪梅田)과 지하도로 연결/지하철 미도스지선 우메다역 7번 출구와 지하로 연결
WEB osakastationcity.com

우메다 스카이 빌딩이 바라보이는 바람의 광장(노스게이트 빌딩 11층)

에키 마르셰 오사카. 먹거리는 물론, 작은 돈키호테(에키돈키)도 입점했다.

한신·한큐 백화점, 그랜드 프론트 오사카, 요도바시카메라 등 우메다의 주요 건물들과 육교로 연결되어 편리하게 이동할 수 있다.

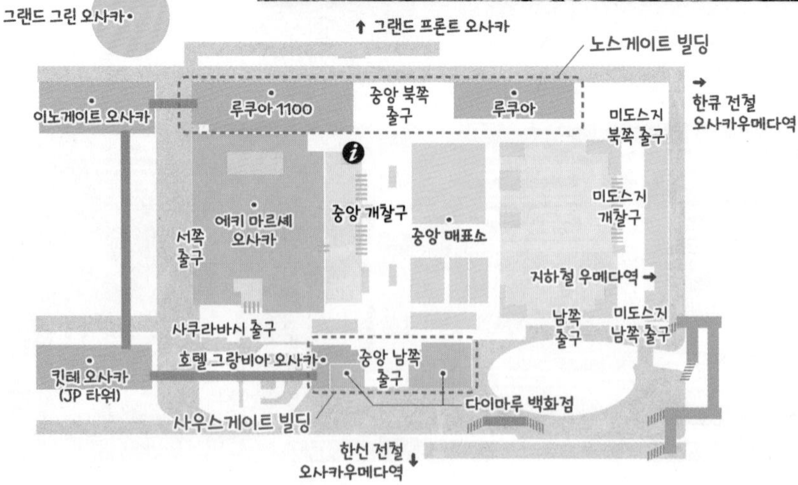

+ MORE +

오사카역의 삼시 세끼 맛집 담당 이노게이트 오사카
Inogate Osaka

2024년 7월, JR 오사카역에 지상 23층·지하 1층 규모의 신역 빌딩이 들어섰다. 화제를 모은 곳은 2~5층에 걸쳐 총 50개의 맛집이 들어선 식당가 '바루치카 03'. 2·3층에는 도쿄에서 온 사루타 히코 커피(2층)를 비롯한 유명 레스토랑과 카페가, 4층에는 오사카 혼마치의 인기 식당 사루 쇼쿠도 등 골목 식당과 노포의 지점이 모여 있다. 5층은 30~50대 남성 직장인을 타깃으로 하는 주점가다.

GOOGLE MAPS inogate osaka
ADD 3-2-123 Umeda, Kita Ward
OPEN 11:00~23:00(상점마다 다름)
WALK JR 오사카역 서쪽 출구 및 우메키타 지하 출구와 직결

JR 오사카역 건물 바로 옆, 구 오사카 중앙우체국 터에 세워진 킷테 오사카. '킷테'란 '킷테(切手: 우표)'와 '키테(来て: 오세요)'를 뜻하는 중의어다.

② 떠나요! 오사카발 전국 맛 기행
킷테 오사카 KITTE OSAKA

일본 우정 그룹이 각 지역의 중앙 우체국 터를 활용해 선보이는 대형 복합 상업시설. 도쿄, 나고야, 후쿠오카에 이어 2024년 7월 오사카에도 문을 열었다. 지상 39층 규모의 JP 타워 내 지하 1층~지상 6층을 차지하는 킷테 오사카에는 '일본의 장점을 발견하고 재인식하는 상업시설'을 컨셉으로 총 110여 곳의 지역별 인기 식당과 잡화점이 입점했다. 2층의 15개 지역별 특산품 안테나숍, 3층의 'Made in Japan' 잡화점과 인기 카페, 한국어 키오스크 주문 시스템을 갖춰 편리한 4~5층의 식당가, 지하 1층의 주점가 우메요코(227p)까지 돌다 보면, 일본 열도 맛 기행 한 바퀴 끝! 건물에는 킷테 오사카 외 오사카 중앙 우체국(1층), 오피스(11~27층), 오사카 스테이션 호텔 오토그래프 컬렉션(29~38층)이 들어서 있다. **MAP ❷-C**

GOOGLE MAPS 키테오사카
ADD kitte osaka ADD 3-2-2, Umeda, Kita Ward
OPEN 11:00~20:00(식당 ~23:00)/시설마다 다름
WALK JR 오사카역 서쪽 출구 또는 2층 보행자 통로, 지하철 니시우메다역 지하 통로 등과 연결
WEB jptower-kitte-osaka.jp

시마네현 명물! 장미 빵, 201엔

홋카이도숍(2층)의 멜론 소프트아이스크림, 400엔

2층 안테나숍

③ 우메다의 완벽한 휴식 모먼트
그랜드 프론트 오사카 Grand Front Osaka

오사카 북부 기타 지역의 랜드마크인 복합상업시설이다. JR 오사카역 중앙 북쪽 출구 2층과 연결통로로 이어지는 남관(A동)과 그 바로 뒤의 북관(B동)을 중심으로 한 4개 동으로 이루어졌다. 일본 최대 규모의 무인양품 매장을 비롯해 일본의 대표 인테리어 브랜드 악투스와 케유카, 자라 홈 등 라이프스타일숍, 기노쿠니야 서점 등이 모두 대형 매장으로 입점해 있고, 대기업의 쇼룸이나 산토리 위스키 하우스를 둘러보는 재미도 있다. 여기에 일본 전역과 해외 각지에서 진출한 맛집까지 모두 더하면 입점 매장은 총 260여 곳. JR 오사카역 안의 루쿠아·루쿠아 1100과 더불어 가장 트렌디하고 세련된 우메다를 체험할 수 있는 최적의 장소다. MAP ❷-C

GOOGLE MAPS 그랜드 프론트 오사카
OPEN 10:00~21:00(레스토랑 11:00~23:00)/상점마다 다름
WALK JR 오사카역 2층 중앙 북쪽 출구(中央北口)에서 연결 통로를 따라가면 남관으로 이어진다./지하철 우메다역 5번 출구로 나와 요도바시카메라를 끼고 좌회전
WEB gfo-sc.jp

빙글빙글 도는 회전목마와 반짝이는 트리, 음악이 한데 어우러진 크리스마스 이벤트

: WRITER'S PICK :

주변 명소와 함께 코스 짜기

그랜드 프론트 오사카는 JR 오사카역과는 2층 연결통로로 직결하고, 우메다 스카이 빌딩 공중정원 전망대와 그랜드 그린 오사카 가까이에 있다. 동서로 쭉 뻗은 북관과 남관 사잇길을 따라 서쪽의 그랜드 그린 오사카를 통과하면 우메다 스카이 빌딩까지 도보 약 6분 소요된다.

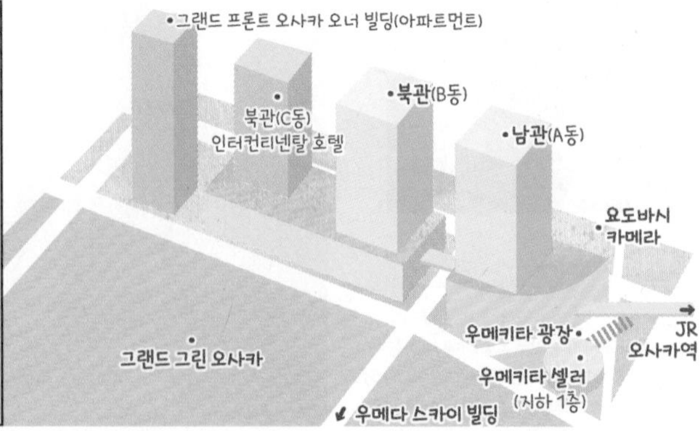

+MORE+

오사카인이 사랑하는 그랜드 프론트 오사카 추천 스폿

■ 야외 테라스
화려한 우메다의 낮과 밤을 두 눈 가득 담을 수 있는 무료 전망 스폿!

WHRE 남관 9층, 북관 9층
OPEN 11:00~23:00

남관 9층 테라스에서 본 오사카 밤 풍경

우메키타 광장

■ 우메키타 광장 うめきた広場
작은 강처럼 수로가 배치된 광장에서 주말마다 각종 야외 이벤트가 펼쳐진다. 특히 광장의 비어 가든은 수제 맥주를 맛볼 수 있는 직장인들의 핫플. 저녁이면 완만하게 이어진 광장 계단에 편안히 걸터앉아 쉬어가는 현지인들로 가득하다.
WHERE 남관 1층 **OPEN** 24시간

■ 칸타로 스시 函太郎
홋카이도에서 온 회전초밥 체인. 접시당 300~400엔대의 합리적인 가격으로 신선한 초밥을 먹을 수 있다.

WHERE 남관 7층
OPEN 11:00~23:00

■ 시티 베이커리 The City Bakery
<섹스 앤 더 시티>에서 사만다와 친구들이 브런치를 즐긴 뉴욕 베이커리 카페의 일본 1호점. 소금과 통깨를 넣어 짭조름·고소하고 속이 꽉 찬 프레첼 크루아상이 인기다.

WHERE 남관 지하 1층
OPEN 07:30~20:00

■ 우메키타 플로어 Umekita Floor
늦은 밤까지 세계 각국의 요리와 주류를 맛볼 수 있는 바 층. 푸드코트처럼 이곳저곳에서 메뉴를 주문한 후 한자리에서 먹을 수 있는 테이블석이 따로 마련돼 있다. 저녁이 되면 음악과 조명으로 클럽 분위기!

WHERE 남관 2층
OPEN 11:00~23:30

■ 산토리 위스키 하우스 Suntory Whiskey House
산토리 위스키 기념품숍과 갤러리, 다이닝 레스토랑이 모두 모였다. 산토리를 중심으로 한 여러 종류의 술, 위스키와 찰떡궁합인 안주를 맛볼 기회.

WHERE 북관 2층 **OPEN** 11:30~14:00, 17:30~21:30(금·토요일 22:30)

■ 히츠마부시 빈초 ひつまぶし備長
'겉바속촉'한 나고야의 명물 장어덮밥 히츠마부시 맛집. 잘게 자른 장어를 쌀밥에 올린 후 작은 그릇에 덜어 파, 와사비, 김, 국물을 넣어가며 먹는다. 가격은 3980엔~.

WHERE 남관 7층
OPEN 11:00~14:30, 17:00~20:30

공중정원에서 바라본 오사카의 야경

2개의 빌딩이 연결돼 있다.

4 바람을 가르는 공중정원 우메다 스카이 빌딩 梅田スカイビル

건물 2개를 최상층에서 연결해 만든 전망대 '공중정원'으로 잘 알려진 곳. 원래도 인기 관광지였으나, 우메다 북부 지역 재개발에 힘입어 최근 한층 더 주목받고 있다. 둥글게 이어진 옥상 전망대에 오르면 하늘 위를 걷는 듯 짜릿한 기분을 만끽할 수 있는데, 오사카뿐 아니라 고베까지 내다보이는 낮에 가도 좋지만, 고층 빌딩이 즐비한 우메다의 야경이 돋보이는 밤 풍경이 그야말로 환상적이다. 단, 겨울철에는 강풍에 대비해 겉옷을 잘 챙길 것. 티켓 카운터는 39층, 실내 전망대 및 카페는 40층, 식당가는 지하 1층에 있다. MAP ❸-C

GOOGLE MAPS 우메다 스카이빌딩
ADD 1-1 Oyodonaka, Kita Ward
OPEN 공중정원 09:30~22:30(폐장 30분 전까지 입장)
PRICE 공중정원 2000엔, 4세~초등학생 500엔
WALK R 오사카역 중앙 북쪽 출구로 나와 도보 약 7분/지하철 우메다역 5번 출구로 나와 도보 약 9분
WEB www.skybldg.co.jp/ko/

+MORE+

옛 거리로 타임슬립! 다키미코지滝見小路 식당가

전망대 관람 후에는 1930~1980년대 오사카 골목길을 아기자기하게 재현한 지하 1층의 다키미코지 식당가에도 들러보자. 추천 식당은 매년 미슐랭 빕구르망에 선정되는 오코노미야키 가게 키지(きじ)의 분점.

OPEN 11:30~21:30/상점마다 다름

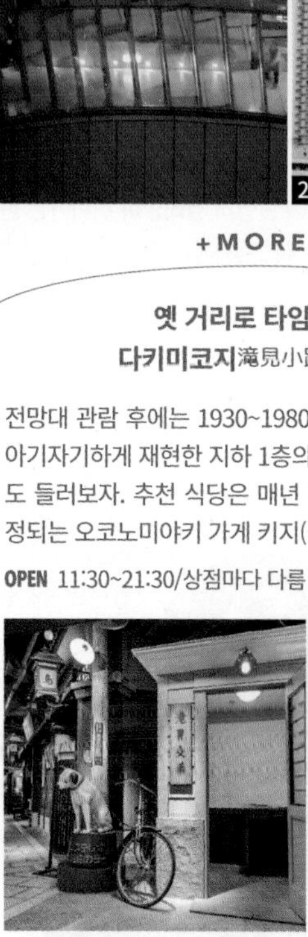

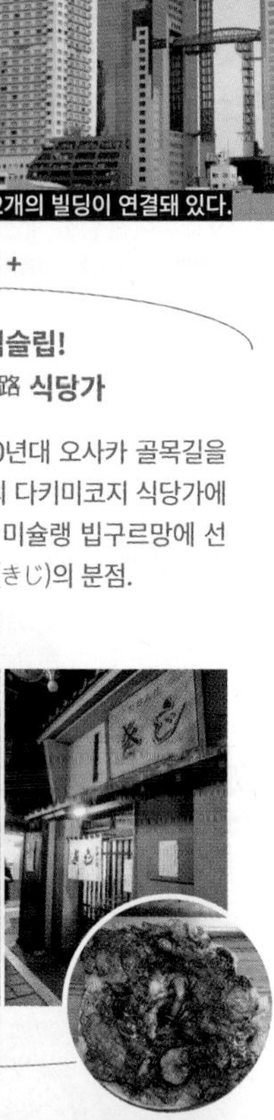

: WRITER'S PICK :

공중정원의 또 다른 전망 포인트

❶ **투명 엘리베이터**: 3면이 투명 창인 엘리베이터를 타고 35층까지 오르는 동안 드넓은 오사카 일대가 발아래로 펼쳐진다.

❷ **투명 에스컬레이터**: 35층부터 39층까지 한 번에 연결하는 길이 45m의 투명 창 에스컬레이터가 타는 내내 손에 땀을 쥐게 한다.

산리오 비비틱스

관람차 탑승장

5 우메다를 초록으로 물들인 신명소 그랜드 그린 오사카 Grand Green Osaka

JR 오사카역 북쪽에 2024년 9월 오픈한 복합문화공간. 총 9만㎡ 면적에 잔디 공원과 상업시설, 호텔, 뮤지엄이 모였다. 하이라이트는 전체 면적의 절반을 차지하는 우메키타(うめきた) 공원! 노스파크와 사우스파크로 나뉜 공원에는 잔디밭과 바닥분수, 테라스 카페와 레스토랑이 여유롭게 자리한다.

노스 파크 내 북관에서 주목할 곳은 캐노피 바이 힐튼 호텔, 홈센터 체인 코난의 특화 매장인 식물·아쿠아리움 전문점, 타리즈 커피와 유린도 서점이 협업한 북카페, 하와이 오아후섬 맛집 코코헤드, 위스키·크래프트 맥주·와인 전문 레스토랑 & 바 등이며, 안도 타다오가 설계한 북관 앞 뮤지엄 VS.의 기획전도 체크해두자. 사우스 파크 내 2025년 3월 21일 오픈하는 남관에는 총 55곳의 맛집과 쇼핑 스폿, 호텔 등이 입점한다. **MAP ❷-C**

GOOGLE MAPS grand green osaka
ADD 2 Ofukacho, Kita Ward
OPEN 우메키타 공원 24시간, 상점 10:00~20:00, 카페·레스토랑 11:00~23:00/매장에 따라 다름
WALK JR 오사카역 우메키타 지하 출구로 나와 도보 약 3분, 그랜드 프론트 오사카 북관 2층 또는 루쿠아 1100 2층에서 연결
WEB umekita.com

뮤지엄 VS.

우메키타 공원

6 우메다 MZ들의 핫플은 여기 헵 파이브 Hep Five

오사카 10~20대들의 약속 장소 하면 바로 이곳! 빨간 관람차로 시선을 집중하는 이 쇼핑몰에는 젊은 층을 겨냥한 패션 잡화 브랜드와 엔터테인먼트 시설이 한데 모였다. 디즈니 스토어와 산리오 비비틱스 등 인기 잡화점이 모인 4층, 반다이 남코의 게임과 캡슐토이, 즉석 사진을 즐길 수 있는 8~9층에 주목. 우메다 엔터테인먼트 명소인 관람차(6세 이상 800엔)는 7층에서 탑승할 수 있다. 1층 안내 카운터에 여권을 제시하고 500엔 할인 쿠폰을 받아보자(세금 포함 3000엔 이상 구매 시 적용). **MAP ❷-C**

GOOGLE MAPS 헵파이브
ADD 5-15 Kakudacho, Kita Ward
OPEN 11:00~21:00(레스토랑 ~22:30, 관람차 ~22:45, 어뮤즈먼트 ~23:00)/부정기 휴무
WALK 지하철 우메다역 2번 출구로 나와 도보 약 3분/화이티우메다 H-28 출구에서 바로
WEB hepfive.jp

관람차에서 바라본 우메다 풍경

쇼핑은 역시 우메다!

대형 백화점 & 쇼핑몰

대형 백화점과 쇼핑몰을 한아름 품고 있는 쇼핑 천국, 우메다. 앞서 소개한 그랜드 프론트 오사카와 헵 파이브 외에도 JR과 한큐 전철, 한신 전철 등과 지하로 편리하게 연결되는 쇼핑 스폿이 우리를 기다리고 있다.

우메다 쇼핑의 시작과 끝

한큐 백화점 우메다 본점 阪急うめだ本店

JR 오사카역 동쪽, 한큐 전철 오사카우메다역과 연결된 대형 백화점. 일본에서 도쿄의 이세탄 신주쿠점에 이어 매출 2위를 자랑한다. 12·13층 식당가는 도요테이(331p), 도톤보리 이마이(180p) 등 오사카 대표 맛집 체인이 모여 있어서 가족 단위 여행자에게 추천. 지하 1~2층 식품관은 간사이 최대의 먹거리 보물창고로, 화려한 도시락과 케이크숍에 눈이 휘둥그레진다. **MAP ❷-C**

GOOGLE MAPS 한큐백화점 우메다
OPEN 10:00~20:00(레스토랑 11:00~22:00)
WALK JR 오사카역 중앙 남쪽 출구로 나와 왼쪽의 육교를 건너거나, 미도스지 남쪽 출구로 나와 횡단보도를 건너자마자 바로/지하철 우메다역 6·12번 출구에서 바로
WEB hankyu-dept.co.jp

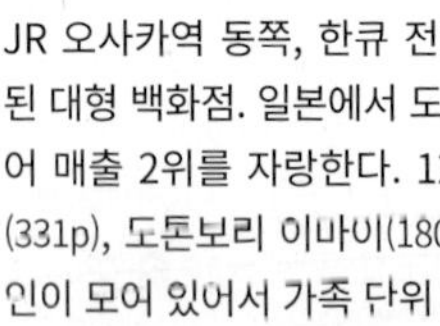
니트 컨셉 케이크로 유명한 마사히코 오즈미 파리

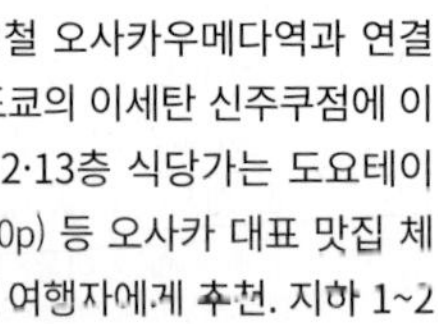
지하도로 연결되는 지하 식품관 입구

리뉴얼로 파워 업!

한신 백화점 우메다 본점 阪神梅田本店

한큐 백화점과 함께 100년 가까이 우메다를 지켜온 백화점. 오랜 리뉴얼 공사를 거쳐 2021년 한층 깔끔하고 쾌적한 모습으로 돌아왔다. 지하 1층 식품관에서는 얇은 밀가루 반죽에 탱탱한 오징어를 넣어 튀긴 이카야키(いか焼き), 곤약과 마요네즈를 넣은 타코야키의 원조 초보야키(元祖ちょぼ焼き), 히메지에서 온 앙금팥 빵인 고자소로(御座候) 등 간사이의 저렴한 명물 간식을 맛볼 수 있다. 1층에는 일본 전국의 선물용 과자 900종이 한자리에 모여 있다. **MAP ❷-C**

GOOGLE MAPS 한신우메다
OPEN 10:00~20:00(식품매장 ~21:00, 레스토랑 11:00~22:00)
WALK JR 오사카역 중앙 남쪽 출구로 나와 횡단보도를 건너자마자 바로/한신 전철 오사카우메다역 백화점 출구(百貨店口)에서 바로/지하철 우메다역 남쪽 출구로 나와 오른쪽에 바로
WEB www.hanshin-dept.jp

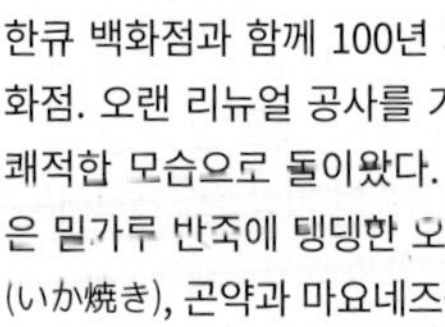
일 년 내내 북적거리는 지하 1층 식품관

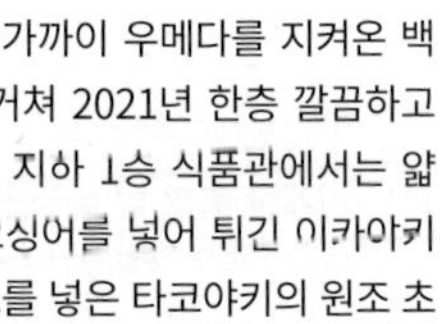
한신 백화점의 명물, 이카야키

오늘자 오사카 트렌드 체크

루쿠아 Lucua & 루쿠아 1100 Lucua 1100

JR 오사카역 노스게이트 빌딩에서 서로 연결되는 2개의 쌍둥이 백화점. 루쿠아에서 여행자들이 눈여겨볼 곳은 로프트, 프랑프랑, 동구리 공화국, 베이스야드 도쿄 등 인기 캐릭터 & 잡화숍이 입점한 8·9층! 루쿠아 1100 7층에는 무인양품, 베이식 앤 액센트, 케유카, 우니코 등 일본 대표 라이프스타일숍이 모여있고, 2층엔 우리나라 여행자들이 즐겨찾는 커피 & 식재료 전문점 칼디 커피 팜, 지하 2층엔 주점가 바루치카(226p)가 있다. **MAP ❷-C**

GOOGLE MAPS 루쿠아
OPEN 루쿠아 10:30~20:30, 루쿠아 1100(10층 레스토랑 11:00~23:00)
WALK JR 오사카역 중앙 북쪽 출구로 나와 왼쪽이 루쿠아 1100, 오른쪽이 루쿠아/지하철 미도스지선 우메다역 3-A 출구와 루쿠아가 연결
WEB lucua.jp

베이스야드 도쿄

동구리 공화국에 있는 '마녀배달부 키키' 포토존

마리오와 포켓몬 만나러 고우!

다이마루 백화점 우메다점 大丸

신사이바시에 본점을 둔 대형 백화점으로, JR 오사카역 사우스게이트 빌딩에 있다. 10~12층에 반짝이는 아이디어 잡화들로 무장한 핸즈가 있으며, 13층에는 도쿄점보다 2배 넓은 닌텐도의 직영 공식 스토어 닌텐도 오사카, 포켓몬 센터, 원피스 스토어 등이 있다. 지하 1~2층 식품 매장에서는 리쿠로 오지상노 미세(187p), 551호라이(187p) 등 간사이에서 내로라하는 유명 맛집 브랜드의 지점을 한자리에서 만나볼 수 있다. 면세 수속 카운터는 지하 2층에 있다. **MAP ❷-C**

GOOGLE MAPS 다이마루 백화점 우메다점
OPEN 10:00~20:00(14층 레스토랑 11:00~23:00)/상점·요일에 따라 다름
WALK JR 오사카역 중앙 남쪽 출구에서 바로
WEB daimaru.co.jp/umedamise

기념품 쇼핑과 맛집 투어의 본진

한큐 3번가(삼반가이) 阪急3番街

한큐 전철 오사카우메다역 지하 2층~지상 2층에 자리하는 쇼핑몰. 남관, 북관으로 이루어진 두 동은 한큐 전철·지하철 미도스지선 우메다역, 공항버스 정류장, 지하상가 화이티우메다 등과도 연결된 교통의 요충지다. 북관에서는 프랑프랑과 키디랜드 등 잡화 쇼핑을, 식사 때는 남관 지하 식당가와 북관 지하 2층 식당가 우메다 푸드홀을 집중 공략하자. **MAP ❷-C**

GOOGLE MAPS 한큐 3번가
OPEN 10:00~21:00(레스토랑 ~23:00)/상점마다 다름
WALK 지하철 우메다역 북쪽 개찰구로 나와 오른쪽으로 도보 약 1분/한큐 전철 오사카우메다역과 직결
WEB h-sanbangai.com

치이카와 랜드(북관 지하 1층)

우메다 푸드홀(북관 지하 2층)

나만 몰랐던 다이소 성지

우메다 DT 타워 梅田DTタワー

다이소 마니아라면 체크해두어야 할 숨은 스폿. 쇼핑몰이 아닌 오피스 빌딩이지만, 2024년 지하 2층에 다이소의 잡화 브랜드 3개가 모인 복합점이 오픈하면서 현지인들의 쇼핑 명소가 됐다. 100엔숍 다이소, 300엔숍 쓰리피(THREEPPY), 500~1000엔대숍 스탠더드 프로덕트(Standard Products)를 한자리에서 만나볼 수 있는데, 유통 과정을 최소화해 고품질의 일본제 제품을 합리적인 가격에 선보이는 스탠더드 프로덕트를 특히 눈여겨보자. **MAP ❷-C**

GOOGLE MAPS umeda dt tower
ADD 1-10-1 Umeda, Kita Ward
OPEN 10:00~21:00
WALK JR 오사카역 남쪽으로 도보 약 2분

우메다 쇼핑의 새 왕좌를 노린다

요도바시카메라 멀티미디어 우메다 ヨドバシカメラ マルチメディア梅田 & 링크스 우메다 Links Umeda

일본의 대형 가전제품 체인점. 캡슐토이 코너, 장난감, 닌텐도숍, 만화 전문점이 모인 5층이 핫플이다. 요도바시카메라의 전 층과 연결된 지하 1층~지상 8층 규모의 쇼핑몰 링크스 우메다에는 인테리어 브랜드 니토리 대형 매장(7층), 식료품점 하베스와 실내 포장마차촌 오이시이모노 요코초(지하 1층), 식당가(8층)를 체크. **MAP ❷-C**

GOOGLE MAPS 요도바시카메라 멀티미디어 우메다
ADD 1-1 Ofukacho, Kita Ward
OPEN 09:30~22:00(레스토랑 11:00~23:00)
WALK 지하철 우메다역 4·5번 출구와 연결/JR 오사카역 중앙 북쪽 출구로 나와 바로
WEB links-umeda.jp

우메다의 생기와 여유 한 스푼

누차야마치 NU Chayamachi & 누차야마치 플러스 NU Chayamachi プラス

세련된 패션과 건강한 라이프스타일을 추구하는 20~30대 타깃의 쌍둥이 쇼핑몰. 누차야마치에는 편집숍과 오니츠카 타이거 등 패션 & 라이프스타일숍과 애니메이트, 타워 레코드, 악기점 등이 자리하고, 누차야마치 뒤편으로 이어지는 3층짜리 쇼핑몰 누차야마치 플러스에는 편집숍과 100엔숍 세리아를 비롯해 트렌디한 맛집과 카페가 입전했다. **MAP ❷-A**

GOOGLE MAPS 누차야마치, 누차야마치 플러스
ADD 10-12 Chayamachi, Kita Ward
OPEN 11:00~21:00(타워 레코드·식당가 ~23:00)/매장마다 다름
WALK 한큐 전철 오사카우메다역과 연결된 한큐 3번가 남관과 북관 사이 통로를 빠져나와 도보 약 2분/지하철 우메다역 1번 출구(지하 39번·공항버스 방면)로 나와 도보 약 5분
WEB nu-chayamachi.com

누차야마치

누차야마치 플러스

맛있다고 소문나서 와봤습니다

우메다 길거리 간식

길거리보다 대형 백화점, 쇼핑몰, 지하상가에 초특급 맛집이 집중해 있는 우메다!
그런 우메다에서도 매일매일 줄이 끊이지 않는 길거리 간식집이라니, 안 가볼 수 없다.

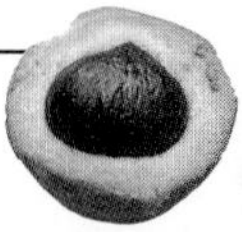

먹기도 전에 반해버릴

그루니에 grenier

2022년 오픈해 인기 급상승 중인 구움과자와 홍차 테이크아웃 전문점이다. 간판 메뉴는 커다랗고 바삭한 파이 안에 커스터드 크림이 꽉 찬 밀퓌유! 수제 커스터드 크림이 일반 양의 3~4배 이상 들었는데, 주문 즉시 꾹꾹 채워넣는다. 피낭시에, 마들렌, 쿠키 등 20여 종의 구움과자는 보존료와 마가린을 사용하지 않으며, 프랑스 리옹의 인기 홍차 가게 차유안(CHAYUAN)의 향긋한 홍차도 일품이다. 기타하마에도 지점을 냈다. **MAP ❷-C**

GOOGLE MAPS grenier 우메다점
ADD 8-47, Kakudacho, Kita Ward(한큐 그랜드 빌딩 1층)
OPEN 10:00~20:00
WALK 지하철 우메다역 6번 출구로 나와 도보 약 2분

브륄레 밀퓌유, 1000엔.
밀퓌유는 계절 한정 메뉴 포함 4종이다.

신우메다 식당가

우메다 타코야키 맛집 본부

하나다코 はなだこ

우메다 타코야키 하면 무조건 제일로 손꼽히는 곳. 고온에서 구운 '겉바속촉' 반죽과 큼직한 문어, 단맛과 신맛을 적절히 배합한 소스가 조화를 이룬다. 배 모양 대나무 접시에 담아주는 깔끔한 비주얼도 합격. 기본 타코야키(6개 570엔), 타코야키에 쪽파를 수북이 얹은 네기마요(ネギマヨ, 6개 670엔)가 단골들의 원픽 메뉴. JR 오사카역 고가 아래, 오래되고 저렴한 맛집이 오밀조밀 모인 신우메다 식당가 입구에 있다. **MAP ❷-C**

GOOGLE MAPS 하나다코
ADD 9-26, Kakudacho, Kita Ward
OPEN 10:00~22:00
WALK JR 오사카역 미도스지 남쪽 출구로 나와 도보 약 1분

쿡방을 부르는

우메다 요리왕 선발전

많고 많은 우메다의 맛집, 어디로 가면 좋을까? 실패 없는 요리왕들만 엄선했다.

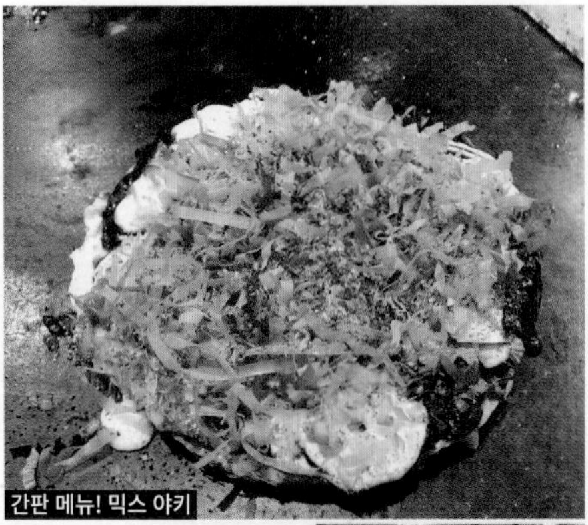

간판 메뉴! 믹스 야키

생맥주(620엔~)

70년 전통의 오코노미야키 명가

오코노미야키 유카리 소네자키 본점

お好み焼 ゆかり

15분간 공들여 구워내 핫케이크처럼 동그랗고 폭신한 오코노미야키가 특징이다. 1950년 창업한 노포 본점답게 맛은 물론, 직원들도 친절하다. 인기 No.1 메뉴는 반숙 달걀이 화룡점정을 찍는 부드럽고 촉촉한 특선 믹스야키(特選ミックス焼, 1480엔). 한쪽 표면만 구운 돼지고기를 오코노미야키 위에 얹어 마저 굽기 때문에 더욱 고소하고 바삭하다. 돼지고기와 달걀이 주재료인 오사카식 철판구이 돈페이야키(豚平焼, 630엔)도 추천! 오징어볶음, 곱창, 삼겹살, 김치, 나물, 두부 등 300~600엔대의 술안주도 다양하다. 런치(11:00~15:00)는 좀 더 저렴하다. **MAP ❷-D**

GOOGLE MAPS 유카리 소네자키본점
ADD 2-14-13 Sonezaki, Kita Ward
OPEN 11:00~23:00/부정기 휴무
WALK 지하철 히가시우메다역 4번 출구로 나와 왼쪽 소네자키 오하츠텐진도리(曽根崎お初天神通り) 상점가 안으로 진입 후 좌회전하면 바로 오른쪽에 보인다.
BRANCH 화이티우메다, 덴진바시스지 상점가, 센니치마에 도구야스지 상점가 등

싸고 맛있는데 말해 뭐하리

부도테이 ぶどう亭

고기와 튀김 위주의 정식 메뉴를 저렴하고 만족스럽게 먹을 수 있다. 함박 스테이크를 메인으로 한 맛깔스러운 조합의 메뉴가 많아 어떤 걸 주문해야 할지 행복한 고민에 빠지게 되는데, 밥과 수프가 무한 리필에 서비스마저 좋으니 더 바랄 게 없다. 난바역 지하상가 난바 워크에도 지점을 열었다. **MAP ❷-C**

GOOGLE MAPS 부도테이
ADD 오사카역 앞 제3 빌딩(大阪駅前第3ビル) 지하 2층 37-1호
OPEN 11:00~21:00(일요일·공휴일 ~20:00)/연말연시 휴무
WALK JR 오사카역, 지하철 우메다역·히가시우메다역, 한신·한큐 전철 오사카우메다역과 지하도로 연결

새우튀김, 감자 고로케, 함박 스테이크, 밥, 수프로 푸짐하게 구성된 A세트 (1150엔)

‘오픈런’을 부르는 우메다 라멘왕

무기토 멘스케 麦と麵助

특제 쿠라다시 쇼유 소바

수량 한정 특제 이리코 소바 (特製イリコそば, 1500엔)

2018년 오픈해 4년 연속 미슐랭 빕구르망에 선정됐고, 현지인 리뷰도 항상 최고에 가까운 평점을 유지한다. 대표 메뉴는 특제 쿠라다시 쇼유 소바(特製蔵出し醤油そば, 1590엔)로, 깔끔한 닭고기 육수에 특제 간장으로 감칠맛을 내고 잘 구운 돼지고기와 뿔닭(호로새) 고기 등 차슈 3종을 다채롭게 올린다. 차슈를 잘게 잘라 불향을 입힌 덮밥 아부리 차슈동(炙りチャーシュー丼, 390엔)까지 곁들이면 완벽한 한상차림. 오픈런, 웨이팅은 기본. **MAP ❷-B**

GOOGLE MAPS 무기토 멘스케
ADD 3-4-12 Toyosaki, Kita Ward
OPEN 11:00~15:30(토·일요일 ~16:00)/화요일 휴무
WALK 지하철 나카쓰역 1번 출구로 나와 도보 약 3분/차야마치에서 신미도스지 도로를 따라 북쪽으로 도보 약 6분

여기가 마제소바 찐 맛집

코무기노 메가미 小麦の麵神

코무기노 니쿠마제소바 (小麦の肉まぜそば), 1280엔. 마지막에 밥을 비벼 먹는다.

이웃 도시 오카야마에서 ‘밀가루의 면신’이라는 기발한 가게명으로 이름난 라멘집. 핫한 식당만 엄선한 킷테 오사카 식당가에 당당히 입점했는데, 식사때면 1시간 이상 대기는 기본이다. 추천 메뉴는 죽순과 잘게 썬 고기, 날달걀 등을 쫄깃한 면에 비벼서 라유, 후추, 멸치·다시마 식초를 뿌려 먹는 일본식 비빔면 마제소바(まぜそば)! 7가지 간장을 황금비율로 블렌딩하고, 15시간 끓여낸 닭 육수와 2가지 차슈를 올린 오사카 닭백탕 스페셜 라멘도 간판 메뉴다. **MAP ❷-C**

GOOGLE MAPS 코무기노 메가미 킷테 오사카
ADD 3-2-2, Umeda, Kita Ward
OPEN 11:00~21:00
WALK 킷테 오사카 4층

오사카 닭백탕 스페셜 (大阪鳥白湯 Special), 1550엔

쫄깃함, 바삭함, 대폭발!

우동야 키스케
うどん屋 きすけ

2022년 미슐랭 빕구르망 선정, 일본 맛 평가 사이트 타베로그 5년 연속 최고 맛집에 이름을 올린 우동집. 유명세만큼 웨이팅은 필수지만, 놀랍도록 쫄깃한 면발과 달지 않고 깔끔한 맛의 육수, 바삭하고 큼지막한 튀김은 도무지 포기할 수 없다. 영어·일본어 메뉴가 있는데, 메뉴마다 붙은 번호로 주문하면 편리하다. 온우동 및 냉우동(붓카케) 900엔~, 튀김 추가 200~300엔, 면 곱빼기 250엔. 휴무일을 잘 체크하고 방문하자. **MAP ❷-B**

GOOGLE MAPS 우동야 키스케
ADD 4-1 Tsurunocho, Kita Ward
OPEN 12:00~16:00(토·일요일·공휴일 ~20:00)/다 팔리면 종료/화요일 및 첫째·셋째·다섯째 수요일 휴무
WALK 지하철 나카자키초역 4번 출구로 나와 도보 약 8분

이 집 카레는 뭔가 다르다 달라!

인디안 카레 3번가점
インデアンカレー

달콤하면서도 매콤한 특제 소스와 야들야들하게 씹히는 소고기의 식감이 중독성 강한 카레 가게다. 10가지가 넘는 양념에 과일, 채소를 듬뿍 넣어 끓인 진한 소스가 1947년 창업 이래 간사이 사람들의 입맛을 사로잡았다. 메뉴는 인디안 카레(インデアンカレー, 880엔)와 쇠고기와 양파를 버터로 볶은 밥 위에 데미글라스소스를 부어 먹는 하야시라이스(ハヤシライス, 780엔) 2가지. 한신 백화점(지하 2층)과 난바의 미나미점을 비롯한 오사카 전 지점의 평이 좋다. **MAP ❷-C**

GOOGLE MAPS 인디안 카레 산반가이점
WHERE 한큐 3번가 남관 지하 2층 18호
OPEN 11:00~22:00(토·일요일 10:00~)(L.O.폐점 15분 전까지)/부정기 휴무
WALK 지하철 우메다역 북쪽 개찰구로 나와 오른쪽으로 도보 약 1분/한큐 전철 오사카우메다역에서 바로 연결

화제의 1인 스키야키 전문점

쓰카다 すき焼しゃぶしゃぶつかだ

도쿄 시부야에서 온 1인 스키야키 & 샤부샤부 전문점이다. 인기 메뉴는 가고시마산 흑모 와규와 흑돼지, 채소 모둠, 밥 또는 면으로 구성된 런치 세트(110g, 2000~2700엔)로, 스키야키나 샤부샤부 중에서 고른다. 깔끔한 인테리어, 친절한 서비스, 눈앞에서 고기를 썰어주는 퍼포먼스 덕분에 오감 만족! 유아는 의자를 따로 준비해주며, 창가 쪽 4인용 테이블은 예약 필수. 구글 예약 가능. QR 코드 주문 방식. MAP ❷-C

GOOGLE MAPS 스기야키 샤브샤브 츠카다
ADD 3-2-2, Umeda, Kita Ward
OPEN 11:00~15:00, 17:00~23:00
WALK JR 오사카역 서쪽 출구 또는 2층 보행자 통로, 지하철 니시우메다역 지하 통로 등과 연결(킷테 오사카 5층)

초밥집 고민은 끝났다

가메스시 총본점 亀すし

1954년 문을 연 이래 줄곧 사랑받는 초밥집이다. 분위기나 서비스 면에서도 난바 한복판의 초밥집보다 만족스러운 곳. 한국어 메뉴판이 충실하고, 맞은편 본점까지 더해 규모가 꽤 크다. 초밥 2점이 나오는 접시당 가격은 주로 400~500엔대. 평일에는 오후부터 문을 연다. MAP ❷-D

GOOGLE MAPS 가메스시 총본점
ADD 2-14-2 Sonezaki, Kita Ward
OPEN 15:00~22:30(토요일 11:30~22:30, 일요일 11:30~21:30)/월요일 및 매월 둘째 화요일 휴무
WALK 한큐·한신 전철 오사카우메다역 지하상가 화이티우메다 M13 출구로 나와 도보 약 2분

스키야키를 만들어 먹는 방법은 한국어로도 자세히 소개돼 있다.

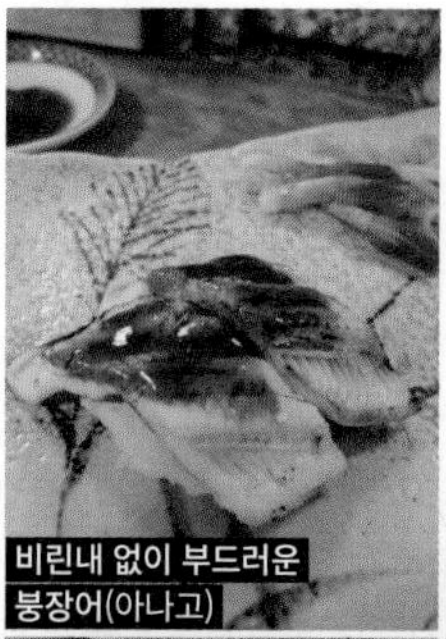
비린내 없이 부드러운 붕장어(아나고)

총본점. 오른편의 나와(縄) 스시집과 헷갈리니 주의.

술꾼들의 도시
우메다 로컬 주점가

거대한 지하 도시 우메다는 지상뿐 아니라 지하 주점가도 무척 발달했다. 관광객이 점령한 난바와 달리 현지인 손님이 대다수이고, 쇼핑몰이나 지하상가에 자리한 덕분에 실내 금연이 잘 지켜져서 한결 쾌적한 분위기. 점심식사나 낮술 장소로도 추천!

우메다 2030들의 밤
오이시이모노 요코초 オイシイもの横丁

링크스 우메다(220p) 지하 1층의 실내 포장마차촌. 우메다 한복판이어서 접근성이 뛰어나다. 닭꼬치구이, 라멘, 모츠나베, 초밥 같은 일식부터 중국 요리, 영국식 펍, 스페인 바 등 다국적 요리 전문점 20여 곳이 입점했다. 화려한 불빛과 시끌벅적한 분위기에 절로 취기가 오르는 곳. MAP ❷-C

★니쿠야노 교자 바루 야마토 肉屋の餃子バル ヤマト
정육점 직영 만둣집. 인기 조합은 흑돼지 만두와 생맥주! MAP ❷-C

GOOGLE MAPS links umeda
ADD 1-1 Ofukacho, Kita Ward
OPEN 11:00~24:00(L.O.13:30)
WALK 링크스 우메다 지하 1층

니쿠야노 교자 바루 야마토

이웃의 책과 마틸다

쇼핑하다가 잠시 한 잔
바루치카 バルチカ

루쿠아 백화점 지하 2층에 꾸며진 주점가. '지하 바'라는 뜻으로, 젊은 여성층을 겨냥한 세련된 인테리어가 돋보인다. 오사카 대표 먹거리부터 서양 음식과 디저트까지 없는 게 없다. MAP ❷-C

ADD 3-1-3 Umeda, Kita Ward
OPEN 11:00~23:00
WALK 루쿠아 백화점 지하 2층

★ 이웃의 책과 마틸다
となりのジャックとマチルダ, J & M
서서 마시는 이자카야. 창작 요리로 높은 평을 얻고 있다.
GOOGLE MAPS 옆집의 책과 마틸다

★ 이즈모 いづも
달걀말이를 올린 장어덮밥과 닭꼬치구이로 유명하다.
GOOGLE MAPS 이즈모 루쿠아

크래프트 비어 마켓

스시 사카바 사시스

오늘 저녁, 부담 없이 마셔볼까?

노모카 NOMOKA

화이티우메다 지하상가 안 '샘의 광장'에 자리한 주점가. 일본어로 '마실까'란 뜻으로, 역을 오가면서 가볍게 들를 만한 캐주얼한 스탠딩 바 위주다. 일본주가 맛있는 노포 이자카야 도쿠다(徳田), 인기 튀김 전문점 텐푸라 다이키치(天ぷら大吉), 에비스 맥주 전문 바 등 20여 개 점포 모두 컨셉이 다채롭다. **MAP ❷-D**

★크래프트 비어 마켓 Craft Beer Market
전 세계 크래프트 맥주를 맛볼 수 있는 인기 체인이다.

GOOGLE MAPS 크래프트 비어 마켓 화이티우메다점
OPEN 11:00~23:00
WALK 화이티우메다 M9·10·14 출구 주변(우메다 지하상가)

일본 선술집 문화 체험장

우메요코 うめよこ

킷테 오사카 지하 1층에 새롭게 들어선 실내 주점가. 오사카 덴마에서 온 서서 마시는 이자카야부터 미에, 규슈, 센다이에서 온 주점까지 일본 열도의 접근성 낮은 선술집을 한자리에서 경험해보자. 이 밖에도 도쿄의 라멘집, 중식당, 이탈리안 레스토랑, 프렌치 레스토랑, 아이리시 펍 등 총 20여 곳의 맛집이 분위기를 흥겹게 돋운다. **MAP ❷-C**

OPEN 11:00~23:00
WALK 킷테 오사카 지하 1층

★스시 사카바 사시스 すし酒場 さしす
스시 맛집 강자로 난바와 우메다를 모두 휘어잡은 곳. 맛, 가격, 분위기 모두 Good!

GOOGLE MAPS 스시 사카바 사시스 킷테오사카점

+MORE+

우메다에서 한 걸음 더, 현지인의 주점 골목

확실하게 즐기는 나이트 라이프, 후쿠시마 福島

JR 오사카역에서 서쪽으로 한 정거장 거리인 후쿠시마역 주변은 현지인들이 아끼는 주점가다. 서서 마시는 노포 주점부터 트렌디한 바까지 골고루 모인 곳에서 로컬들의 나이트 라이프를 경험해보자. **MAP ❸-A**

GOOGLE MAPS 오사카 후쿠시마역

★반다 Banda
후쿠시마를 대표하는 스페인 요리 주점. 맛깔나는 타파스와 파에야는 현지 느낌 제대로! **MAP ❸-A**

GOOGLE MAPS osaka fukushima banda
OPEN 15:00~24:00/일요일 휴무
WALK JR 후쿠시마역에서 하나뿐인 출구로 나와 도보 약 3분

직장인의 럭셔리 회식 장소, 기타신치 주점가 北新地

고급 식당과 클럽 수준이 도쿄의 긴자 못지 않다. JR 오사카역 남쪽, 신치혼도리(新地本通)를 중심으로 펼쳐진 3000여 가게들은 웬만한 맛과 서비스로는 명함을 내밀지 못할 정도! **MAP ❸-A**

GOOGLE MAPS 기타신치역

★야키니쿠마루 기타신치점 焼肉マル
깔끔한 분위기와 친절한 서비스, 기타신치치고 합리적인 가격으로 사랑받는 야키니쿠 맛집. **MAP ❸-A**

GOOGLE MAPS 야키니쿠 기타신치
OPEN 17:00~다음날 05:00/부정기 휴무
WALK JR 기타신치역(오사카역과 지하로 연결) 11-21번 출구로 나와 도보 약 2분. 영북신지빌딩(零北新地ビル) 10층

SPECIAL PAGE

카페 골목을 느릿느릿

나카자키초 中崎町

지은 지 100년 넘은 낡은 민가를 개조한 작은 카페, 잡화점, 고서점이 골목 구석구석 보물처럼 숨어 있는 동네. 우메다 번화가에서 도보로 15분, 지하철 다니마치선 히가시우메다역에서 한 정거장 거리에 지금껏 보아온 오사카와 전혀 다른 별세계가 펼쳐진다. 도쿄나 서울의 카페 거리 같은 화려하고 세련된 분위기는 아니지만, 소박하고 은은한 멋이 있는 곳. 카페 순례와 골목 산책을 좋아한다면 체크해두자.

나카자키초 풍경

시간이 멈춘 듯한 카페

우테나 킷사텐 うてな喫茶店

지성이 느껴지는 고즈넉한 카페. 입구는 거리를 향해 활짝 열렸고, 오래된 민가를 개조한 내부의 짙은 나무색으로 통일한 가구와 노란 조명 아래, 조용히 흐르는 음악을 즐기며 높다란 책장에 꽂힌 책을 꺼내 읽다 보면 시간이 멈춘 듯하다. 중앙의 바석에 앉으면 마스터의 핸드 드립 과정을 지켜볼 수 있다. 3인 이상 테이블은 준비돼 있지 않으므로, 1~2명이 와서 조용히 쉬었다 가기 적당한 곳이다. MAP ❷-B

GOOGLE MAPS 우테나 킷사텐(utena cafe)
ADD 1-8-23 Nakazakinishi, Kita Ward
OPEN 12:00~19:00/매월 첫째 월요일·매주 화요일(공휴일인 경우 그다음 날) 휴무
WALK 지하철 나카자키초역 4번 출구로 나와 도보 약 4분

・ようこそ！中崎町へ・

블렌드 커피. 중배전과 강배전 두 가지로 로스팅한다. 각 600엔

아메리카노 550엔, 스콘 390엔

나카자키초의 분위기를 닮은

YATT 나카자키초

YATT 中崎町

오사카 북쪽의 살기 좋은 도시, 미노오(箕面)의 인기 카페가 2024년 문을 연 2호점. 100년 이상 된 옛 가옥 1~3층을 각기 다른 컨셉으로 개조해서 취향대로 골라 앉는 재미가 있다. 아늑한 다락방처럼 꾸며진 3층은 신발을 벗고 들어간다. 음료, 식사, 디저트 모두 정갈하고 맛도 좋다. 음료 580엔~. 디저트 390엔~. 런치 플레이트 1290엔~. **MAP ❷-B**

GOOGLE MAPS yatt nakazakicho
ADD 1-10-11 Nakazakinishi, Kita Ward
OPEN 10:00~20:00
WALK 지하철 나카자키초역 2번 출구로 나와 도보 약 4분

오사카 빵지순례지로 단숨에 등극!

트러플 베이커리 Truffle BAKERY

'소금빵 맛집'으로 소문난 도쿄의 베이커리. 트러플 소금과 트러플 오일을 넣고 구운 화이트 트러플 소금빵(248엔), 보송보송한 생 슈가 도넛(354엔)이 대표 메뉴다. 2023년 오픈한 오사카점에서는 향긋한 카다멈 향이 일품인 스웨덴 국민빵, 시나몬롤(카다멈롤, 380엔)을 한정 메뉴로 맛볼 수 있다. **MAP ❷-B**

GOOGLE MAPS truffle bakery osaka
ADD 1-10-10, Nakazaki, Kita Ward
OPEN 09:00~19:00
WALK 지하철 나카자키초역 1번 출구로 나와 도보 약 1분

카다멈 롤

화이트 트러플 소금빵(왼쪽)과 생 슈가 도넛(오른쪽)

도쿄에서 분위기 타고 착륙

닐 카페 나카자키초점 neel

도쿄 나카메구로의 인기 카페가 2023년 오픈한 지점. 서양배 모양 로고가 트레이드마크다. 바삭한 토스트에 두툼한 돈카츠를 끼운 샌드위치 가츠산도(1140엔)와 토핑 없이 버터 조각만 살짝 올린 심플한 슈가 버터 크레페(610엔)가 대표 메뉴. 평일에도 줄을 서니, 일찍 방문하자. **MAP ❷-B**

GOOGLE MAPS 닐 카페 나카자키초점
ADD 4-1-13 Nakazakinishi, Kita Ward
OPEN 10:00~20:30
WALK 지하철 나카자키초역 4번 출구로 나와 도보 약 3분

가츠산도

#Walk

파리의 시테섬을 꿈꾸다

나카노시마中之島

기타 지역을 관통하는 도지마강(當島川)과 도사보리강(土佐堀川) 사이에 있는 3km 길이의 길쭉한 섬. 오사카 사람들은 이곳을 파리 센강의 중심에 있는 시테섬과 비교하곤 한다. 1910~1930년대 오사카의 정치, 경제, 문화, 학술의 중심지로 번영했던 곳으로, 고풍스러운 건물과 박물관, 공원, 미술관, 카페 등이 자리 잡고 있다. 2022년 오사카 나카노시마 미술관이 오픈하며 한층 더 볼거리가 풍부해진 곳. 시원한 강바람을 맞으며 아트 산책에 나서보자. 동쪽에는 레트로한 카페 지구 기타하마가, 남쪽에는 디저트 카페와 빵집에 둘러싸인 우쓰보 공원이 있다.

Access

지하철

- **요쓰바시선 히고바시역**(肥後橋/Y12): 나카노시마와 가장 가까운 역. 3번 출구로 나와 뒤로 돌아 횡단보도를 건너 직진, 다리를 건너 좌회전하면 나카노시마의 서쪽이다.
- **미도스지선 요도야바시역**(淀屋橋/M17): 1번 출구로 나와 오른쪽 다리를 건너 우회전하면 나카노시마의 동쪽이다.

JR

- **오사카역**(大阪): 남쪽으로 도보 약 20분 소요.

사철

- **게이한 전철 나카노시마역**(中之島), **요도야바시역**(淀屋橋), **기타하마역**(北浜), **나니와바시역**(なにわ橋): 나카노시마섬을 관통하는 게이한 전철은 오사카와 교토를 왕복할 때 이용하기 좋다.

Planning

지하철 히고바시역 3번 출구에서 도보 약 7분 거리인 오사카 시립과학관부터 시작해 섬의 동쪽 끝인 나카노시마 공원까지 이동하면 효율적이다. 섬을 구석구석 누비며 산책하듯 걸으면 1시간, 박물관이나 미술관 내부까지 관람하면 2시간 이상이 걸린다. 섬 중앙에서 남쪽으로 도보 10분 거리에 카페 거리와 산책 명소로 손꼽히는 우쓰보 공원이 있고, 섬 동쪽에 있는 나카노시마 공원에서 다리를 건너면 옛 감성을 간직한 기타하마 지구다.

1

별빛 쏟아지는 우주로 GO!

오사카 시립과학관 大阪市立科学館

일본 최초의 과학 박물관으로, 일본에서 처음으로 플라네타륨을 도입한 곳이기도 하다. 35년 만의 대규모 리뉴얼 후 2024년 한층 새로워진 모습으로 재개관했다. 4층부터 차례차례 내려오면서 우주와 에너지를 주제로 한 각종 자연 현상을 재미있게 체험할 수 있고, 2층에는 작은 놀이방도 있다. 플라네타륨은 공식 홈페이지를 통해 사전 예약 후 체험한다. MAP ❸-A

GOOGLE MAPS 오사카시립 과학관
ADD 4-2-1 Nakanoshima, Kita Ward
OPEN 09:30~17:00/월요일 휴무
PRICE 전시 400엔, 고등·대학생 300엔/플라네타륨 600엔, 고등·대학생 450엔, 3세~중학생 300엔
WALK 지하철 히고바시역 3번 출구로 나와 도보 약 7분
WEB www.sci-museum.jp

2

건물 자체가 거대한 설치예술품

국립 국제 미술관 国立国際美術館

하늘로 삐죽 솟은 철제 구조물이 인상적인 미술관. 대나무의 생명력을 현대 미술의 발전과 성장에 빗댄 외관은 아르헨티나 출신 건축가의 작품이다. 전시실은 모두 지하에 있지만, 뻥 뚫린 상층을 통해 자연광이 쏟아져 들어온다. 현대 미술을 중심으로 한 상설전과 특별전을 개최하며, 호안 미로나 앤디 워홀, 피카소 같은 거장의 작품도 소장하고 있다. MAP ❸-A

GOOGLE MAPS 오사카 국립국제미술관
ADD 4-2-55 Nakanoshima, Kita Ward
OPEN 10:00~17:00(금·토요일 ~20:00) /폐장 30분 전까지 입장/월요일(공휴일인 경우 그 다음 날)·12월 28일~1월 4일·전시 교체 기간 휴관
PRICE 430엔, 대학생 130엔/특별전은 전시에 따라 다름
WALK 오사카 시립과학관 맞은편
WEB www.nmao.go.jp

<준비된 꽃다발>,
르네 마그리트, 1957년

<공주들>, 마리 로랑생, 1928년

3 새로운 아트 스페이스의 탄생
오사카 나카노시마 미술관 大阪中之島美術館

국립 국제 미술관 맞은편에 2022년 오픈한 미술관. 19세기 후반의 근대 미술과 현대 미술, 디자인을 주제로 한 상설전과 특별전을 개최한다. 검은 육면체 모양의 외관은 기존 미술관 건축의 상식을 뒤집는 디자인. '열린 미술관'을 지향해 사방을 오픈한 내부는 차분한 분위기이며, 1층엔 레스토랑과 카페, 뮤지엄숍, 2층엔 아카이브 정보실과 카페, 4~5층엔 5개의 전시실이 있다. 조만간 국립 국제 미술관 사이를 연결하는 다리도 만들 예정이다. MAP ❸-A

GOOGLE MAPS 오사카 나카노시마 미술관
ADD 4-3-1 Nakanoshima, Kita Ward
OPEN 10:00~17:00/폐관 30분 전까지 입장/월요일 휴관(공휴일인 경우 그다음 날)
PRICE 전시 종류에 따라 다름
WALK 국립 국제 미술관 맞은편
WEB nakka-art.jp

4 나카노시마의 트렌드 살펴보기
나카노시마 페스티벌 시티
中之島フェスティバルシティ

높이 200m의 초고층 쌍둥이 빌딩. 페스티벌 타워 웨스트동에는 호텔 콘래드 오사카, 동양의 고미술품을 소장한 나카노시마 코세츠(香雪, 향설) 미술관 등이 있다. 두 동 모두 지하 1층~지상 2층에 카페·레스토랑 구역이 잘 꾸며져 있다. MAP ❸-A

GOOGLE MAPS 나카노시마 페스티벌 타워(festival tower)
ADD 2-3-18 Nakanoshima, Kita Ward
OPEN 카페·레스토랑 11:00~ 23:00/상점마다 다름
WALK 지하철 히고바시역 4번 출구와 연결
WEB www.festival-city.jp

5 나카노시마가 자랑하는 얼굴
오사카시 중앙공회당
大阪市中央公会堂

1918년 신르네상스 양식으로 지은 나카노시마의 대표 근대 건축물. 국가 중요문화재로 지정된 외관이 포토 포인트다. 12월 중순 빛의 축제 기간이면 아름다운 3D 입체 영상 쇼(무료)가 펼쳐진다. 내부는 주로 각종 행사나 회의 장소로 사용된다. MAP ❸-B

GOOGLE MAPS 오사카시 중앙공회당
WALK 게이한 전철·지하철 요도야바시역 18번 출구에서 도보 약 2분
WEB osaka-chuokokaido.jp

도쿄에서 온 인기 카페, 글리치 커피
(GLITCH COFFEE, 웨스트동 1층)

6 2024년 리뉴얼 오픈!
오사카 시립 동양 도자기 미술관
大阪市立東洋陶磁美術館

한국, 중국, 일본을 중심으로 한 6000점 이상의 도자기를 소장한 미술관이다. 상설 전시실에는 고려청자 등 우리나라 도자기가 수백 점에 이르러서 우리 것의 우아함과 우수성을 느껴볼 수 있다. 작품의 특징에 따라 조명을 바꾸거나, 자연광을 이용하여 도자기 본연의 질감과 색조를 최대한 살렸다. **MAP ❸-B**

GOOGLE MAPS 오사카시립 동양도자기박물관
ADD 1-1-26 Nakanoshima, Kita Ward
OPEN 09:30~17:00/폐장 30분 전까지 입장/월요일(공휴일은 그다음 날)·12월 28일~1월 4일·전시 교체 기간 휴무
WALK 게이한 전철 나니와바시역 1번 출구에서 바로
WEB www.moco.or.jp/ko

'커다랗고 커다란 푸른 사과'.
'젊음이란 나이가 아니라 마음에 있는 것'이라는 메시지를 전한다.

7 모여라! 안도 타다오의 숲
나카노시마 어린이 책의 숲
Nakanoshima Children's Book Forest

오사카 출신 건축가 안도 타다오가 설계하고 기부한 공공도서관. 벽면이 온통 책으로 둘러싸인 3층짜리 건물 안에 12개 주제의 아동 서적이 가득하며, 핀란드 아르텍사의 어린이 의자 등 가구와 편의시설에도 공을 들였다. 홈페이지에서 사전 예약 후 지정한 시간대에 방문해야 하며, 회차당 50명까지 당일 선착순 입장할 수 있다. 이용객은 유아부터 중학생까지와 보호자를 대상으로 한다. 무료입장. **MAP ❸-B**

GOOGLE MAPS 나카노시마 어린이 책의 숲
ADD 1-1-28 Nakanoshima, Kita Ward
OPEN 09:30~17:00/월요일 휴무
WALK 지하철·게이한 전철 기타하마역 26번 출구로 나와 도보 약 8분
WEB kodomohonnomori.osaka

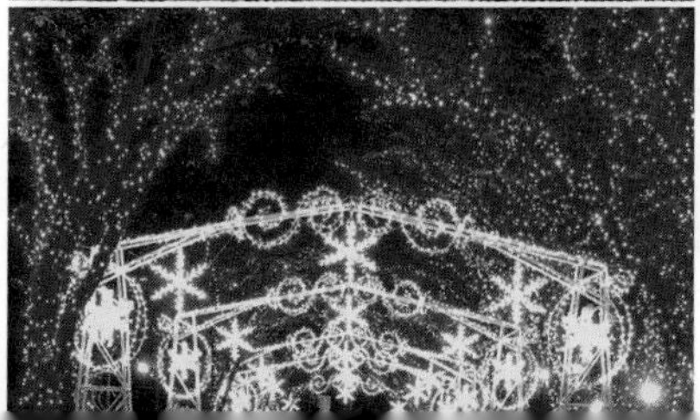

8 어여쁜 장미와 빛의 축제 장소
나카노시마 공원 中之島公園

지하철 요도야바시역 부근부터 나카노시마의 동쪽 끝까지 1km가량 펼쳐진 수변공원. 1891년 조성된 오사카 최초의 공원으로, 5월과 10월이면 310여 종의 장미가 활짝 피는 장미정원이 볼거리다. 강변을 따라 늘어선 분위기 좋은 레스토랑과 카페, 비어가든은 현지인의 인기 데이트 장소. 매년 12월 중순이면 공원을 중심으로 나카노시마 전역에서 환상적인 일루미네이션 쇼가 펼쳐진다. **MAP ❸-B**

GOOGLE MAPS 나카노시마 장미정원
WALK 오사카시 중앙공회당 정문을 바라보고 오른쪽으로 5분 정도 걸어가면 장미정원이 나온다.

차분하게 감성 충전할 시간

기타하마北浜 레트로 여행

나카노시마 남쪽 강 건너에 기타하마역 부근을 중심으로 지하철 히고바시역까지 약 1km에 걸쳐 형성된 금융지구다. 강변을 따라 일본의 3대 거래소 중 하나인 오사카 증권거래소를 비롯해 에도 시대에 창업한 각종 금융 기관의 건물이 근대문화유산으로 지정·보존되어 레트로 분위기가 가득한 곳. 최고 평점을 자랑하는 역사 깊은 브런치 카페들은 현지인의 인기 나들이 코스다. 지하철 기타하마역(K14)·게이한 전철 기타하마역(北浜) 각 출구로 나오면 바로 닿는다.

나만 알기 아까운 비밀 스폿

시바카와 빌딩 芝川ビル

1927년에 지은 근대 건축물로, 마야와 잉카제국의 문양을 새긴 외관이 인상적이다. 고급스럽고 마니아적인 아이템이 돋보이는 패션 잡화점과 카페, 초콜릿 가게, 바 등이 입점해 있다. 2층의 세련된 유리제품 편집숍 리코르도와 3층의 일본 도자기 브랜드 이이호시 유미코를 눈여겨보자.

MAP ❸-D

GOOGLE MAPS 시바카와 빌딩
ADD 3-3-3 Fushimimachi, Chuo Ward
OPEN 11:00~19:00/상점마다 다름
WALK 지하철 요도야바시역 11번 출구로 나와 도보 약 1분
WEB shibakawa-bld.net

홍차 마니아의 마음을 훔쳐 버렸네

기타하마 레트로 北浜レトロ

기타하마 강변의 고층빌딩 사이에 나홀로 자리한 어여쁜 홍차 카페로, 고칸과 함께 기타하마를 대표하는 곳이다. 1912년에 지은 에메랄드빛 지붕의 유럽풍 2층 건물은 국가등록유형문화재로 지정됐다. 분위기만 가볍게 즐기고 싶다면 케이크나 스콘에 홍차가 곁들여진 세트(1500엔), 식사로는 샌드위치 세트(1900엔), 좀 더 호화롭게 만끽하고 싶다면 애프터눈 티 세트(3400엔)를 추천. **MAP ❸-B**

GOOGLE MAPS 기타하마 레트로
ADD 1-1-26 Kitahama, Chuo Ward
OPEN 11:00~19:00(토·일요일·공휴일 10:30~)/화요일 휴무
WALK 지하철·게이한 전철 기타하마역 26번 출구로 나와 도보 약 1분
GOOGLE MAPS 키타하마 레트로

품격 있는 기타하마 산책의 정석

고칸 GOKAN

기타하마를 대표하는 카페 겸 레스토랑. 1922년에 지어져 은행으로 사용되다가 국가등록유형문화재로 지정된 석조 건물에 자리한다. 1층은 디저트숍, 2층은 카페로 운영되는데, 고풍스러운 인테리어와 더불어 맛과 서비스까지 만족스럽다. 예쁜 케이크(500~700엔대)와 음료(800~900엔대)를 즐겨도 좋고, 10:00~14:00에는 크루아상 햄 치즈 샌드위치와 샐러드, 음료 등으로 구성된 런치 세트(1430엔~)가 인기다. **MAP ❸-B**

GOOGLE MAPS 고칸 키타하마
ADD 2-1-1 Imabashi, Chuo Ward
OPEN 10:00~19:00(L.O.18:00)
WALK 지하철 기타하마역 2번 출구로 나와 도보 약 2분

빌딩 숲 속 비밀의 화원

우쓰보 공원靭公園 산책

나카노시마에서 남쪽으로 도보 7~8분 거리에 있는 우쓰보 공원 주변은 분위기 좋은 카페와 잡화점, 파티스리와 빵집이 들어서며 주목받고 있다. 관광지에서 조금 떨어져 한적한 로컬 분위기를 느껴보고 싶다면 이곳을 산책해보자.

버터 샌드

섬세한 예술품 한 조각

세이이치로 니시조노 Seiichiro Nishizono

간사이 출신의 인기 파티시에 세이이치로 니시조노가 문을 연 파티세리. 케이크 하나하나가 마치 섬세한 예술작품 같다. 케이크 위에 꽃잎을 살짝 올리는 것이 포인트. 특유의 촉촉함과 부드러움이 살아있는 버터 샌드가 베스트셀러다. 케이크류는 700~800엔대. 구움과자류는 200~500엔대. **MAP ❸-C**

GOOGLE MAPS 세이이치로 니시조노
ADD 1-14-28 Kyomachibori Nishi Ward
OPEN 11:00~19:00/화·수요일·부정기 휴무
WALK 지하철 히고바시역 7번 출구로 나와 도보 약 7분/우쓰보 공원의 장미정원 북쪽

+MORE+

우쓰보 공원에서 쉬어가요

근처 디저트숍에서 사 온 먹거리를 들고 벤치에 앉아 쉬어가기 제격인 곳. 키 높은 나무가 빙 둘러싼 공원 안은 분수와 작은 개울, 오솔길, 야외 조각 등으로 아기자기하게 꾸며져 있고, 반려견과 뛰노는 아이들, 도시락을 먹는 직장인 등이 어우러지는 편안한 분위기다. 매년 5·10월이면 공원에 활짝 핀 160여 종의 장미를 보러 온 시민들로 활기를 띤다. 공원은 나니와스지(なにわ筋)를 사이에 두고 동원과 서원으로 나뉘는데, 장미 정원을 비롯한 주요 볼거리는 모두 지하철 혼마치역과 가까운 동원에 있다.

WALK 지하철 미도스지선·주오선·요쓰바시선 혼마치역(本町/M18·C16· Y13) 28번 출구로 나와 도보 약 4분

눈 덮인 설산 모양의 앙글레즈 (Anglaise, 620엔)

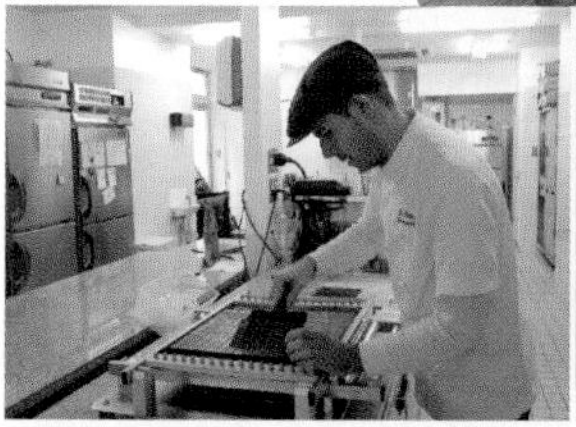

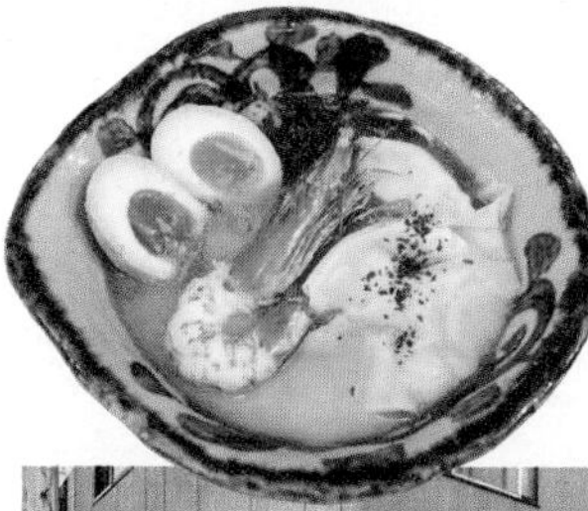

유럽 초콜릿은 못 참지!

레 프티트 파피요트 Les Petites Papillotes

프랑스인 쇼콜라티에와 그의 아내가 운영하는 내공 깊은 초콜릿 전문점. 널찍한 유리창 너머로 초콜릿 제조 과정이 한눈에 들여다보인다. 꼭 맛봐야 할 케이크는 앙글레즈! 얇은 화이트 초콜릿과 다크 초콜릿이 에워싼 초콜릿 산을 포크로 무너뜨리면, 숨어 있던 초콜릿 무스와 바닐라향 커스터드 크림이 주르륵 흘러나온다. 초콜릿과 갖가지 디저트가 듬뿍 든 파르페도 추천. 이트인 공간도 마련돼 있다. **MAP ❸-C**

GOOGLE MAPS 레 프티트 파피요트
ADD 1-12-24 Kyomachibori, Nishi Ward
OPEN 11:00~20:00(토·일요일·공휴일 ~19:00)/월·화요일 휴무
WALK 지하철 히고바시역 7번 출구로 나와 도보 약 5분. 니시센바 공원 바로 남쪽

첫술에 반해버릴 새우 라멘

라멘 토리데 らーめん砦

따뜻한 남쪽의 바닷마을, 사세보에서 온 해산물 라멘 맛집. 돼지 뼈 대신 바지락, 가리비, 굴 등 조개류에서 추출한 엑기스에 콩 국물을 섞은 육수가 깔끔하고 부드러운 감칠맛을 낸다. 대표 메뉴는 새우와 새우 페이스트, 새우 기름, 새우 완탕 등을 넣은 초진테키 에비시오(超人的海老塩, 950엔)다. **MAP ❸-C**

GOOGLE MAPS 라멘 토리데
ADD 1-10-10 Kyomachibori, Nishi Ward
OPEN 11:30~22:00/부정기 휴무
WALK 지하철 히고바시역 7번 출구로 나와 도보 약 4분/니시센바 공원에서 도보 약 1분

이 분위기 무엇? 커피와 와인 덕후 집합소

다카무라 와인 & 커피 로스터스
タカムラ Wine & Coffee Roasters

수준 높은 커피와 와인 전문점. 창고를 개조한 외관, 쿵쾅거리는 음악, 화려한 인테리어가 도시의 셀럽만 불러 모을 것 같지만, 주택가 한가운데 있어서 동네 할아버지와 할머니도 구멍가게 들르듯 가볍게 드나든다. 고급 로스터로 볶은 원두를 핸드드립한 커피를 즐기거나 고가의 와인을 잔술로 시음할 수도 있다. 면세 가능.

MAP ❸-C

GOOGLE MAPS 타카무라 와인 커피 로스터스(MFPR+WC 오사카)
ADD 2-2-18 Edobori, Nishi Ward
OPEN 11:00~19:00(숍 ~19:30)/수요일 휴무
WALK 지하철 히고바시역 7번 출구로 나와 도보 약 10분/니시센바 공원에서 서쪽으로 도보 약 5분
WEB takamuranet.com

#Walk

웅장한 성에 담은 계절의 정취

오사카성大阪城

전국 통일을 이룬 도요토미 히데요시가 자신의 위세를 과시하기 위해 1585년 완공한 거대한 성이다. 짙푸른 녹음이 우거진 성 공원 안에 멀리서도 시선을 사로잡는 천수각이 우뚝 솟았고, 그 주변을 거대한 돌담과 해자가 비호한다. 봄이면 벚꽃 명소 니시노마루 정원과 1300여 그루의 매화나무로 조성한 바이린(梅林)에 꽃구경 온 여행자들로 붐비며, 여름의 수국과 가을에 붉게 물드는 단풍도 아름다워 사계절 오사카 시민들의 휴식 공간으로 사랑받는다.

Access

지하철

- **나가호리쓰루미료쿠치선 오사카비즈니스파크역**(大阪ビジネスパーク/N21) **1번 출구:** 조폐박물관, 수상버스 아쿠아라이너 선착장과 가깝다.
- **주오선·다니마치선 다니마치욘초메역**(谷町四丁目/T23·C18) **1B·9번 출구:** 지하철 히가시우메다역, 덴노지역, 혼마치역을 오갈 때 이용하기 좋다.
- **주오선·나가호리쓰루미료쿠치선 모리노미야역**(森ノ宮/C19·N20) **1·3B번 출구:** 신사이바시역과 난바역을 오갈 때 편리하다(난바역은 신사이바시역에서 미도스지선으로 환승 후 한 정거장).

JR

- **오사카칸조선 오사카조코엔역**(大阪城公園) **중앙 출구** 또는 **오사카칸조선 모리노미야역**(森ノ宮) **북쪽 출구:** 오사카칸조선은 오사카역, 덴노지역, 쓰루하시역과 오가기 좋다. 다른 역보다 식당이나 편의점이 많은 것도 강점!

*천수각까지는 각 역에서 도보 약 15분 소요

Planning

천수각을 오르지 않고 성 주변만 구경한다면 1시간, 천수각에 오른다면 2시간 정도 걸린다. 햇볕을 가릴 곳이 별로 없으니 여름엔 오전 9시 개장 시간에 맞춰 방문하길 권한다. 늦은 오후에는 조명에 비친 천수각을 감상할 수 있다. 근처에 수상버스 아쿠아라이너(245p) 선착장이 있으므로 일정 짤 때 참고. 모리노미야역 3B 출구 앞에는 대형 놀이터가 있다.

+MORE+

오사카성 공원 大阪城公園

성곽을 둘러싼 32만여 평 규모의 광활한 공원이다. 오사카성과 더불어 울창한 나무 사이로 콘서트홀, 야구장 등이 자리 잡고 있다. 천수각 전망대에 오르면 공원의 크기를 가늠할 수 있다. **MAP ❼-A**

GOOGLE MAPS 오사카성
ADD 1-1 Osakajo, Chuo Ward
OPEN 공원 24시간
PRICE 공원 무료, 천수각 600엔
WEB osakacastle.net

천수각 8층 전망대에서 바라본 오사카성 공원

조 테라스 오사카 Jo-Terrace Osaka

JR 오사카조코엔역 앞 복합상업시설. 통유리로 전망이 내다보이는 테라스 건물에 스타벅스를 비롯한 수십 여 개의 식당과 카페가 입점해 있다. 특히 전국의 라면 맛집이 모인 라멘 코지(ラーメン小路)를 주목. **MAP ❼-A**

OPEN 10:00~22:00/상점마다 다름 **WEB** jo-terrace.jp

로드 트레인 & 일렉트릭 카

오사카성을 순환하는 미니 기차와 전기 버스. JR 모리노미야역, 오테몬, 사쿠라몬, 고쿠라쿠바시 등 주요 지점에서 승하차할 수 있다.

OPEN 로드 트레인 09:30~17:30 (30분 간격 운행)/매월 첫째 목요일(공휴일은 그다음 날) 운휴/일렉트릭 카 09:30~17:30
PRICE 400엔(일렉트릭 카 300엔), 4세~초등학생·65세 이상 200엔

1 막부 시대가 남긴 걸작
천수각(덴슈카쿠) 天守閣

오사카성 공원의 중심인 혼마루(本丸)에 세워진 거대한 탑으로, 오사카성의 상징이다. 웅장한 겉모습만 보면 막부 시대의 수장인 쇼군(將軍)의 호화로운 거처 같지만, 실은 적의 침입을 안팎으로 살피기 위한 망루 역할을 했던 곳이다.

과거 일본은 전쟁으로 정권이 교체되면 기존 정권이 건축한 성을 무자비하게 무너뜨리고 새로 짓기를 반복했는데, 오사카성 역시 1585년 도요토미 히데요시가 지은 것을 1615년 도쿠가와 이에야스가 정권을 잡으며 함락한 뒤 1629년 재건했다. 도요토미가 쌓았던 오사카성은 지금의 오사카성 공원의 4배에 달하는 큰 규모였으나, 함락 후 도쿠가와에 의해 성은 현격히 축소되고 반대로 천수각은 더욱 높아졌다. 1665년 낙뢰로 소실됐다가 1931년 오사카 시민들의 기부금으로 복원됐으나, 제2차 세계대전 때 다시 파손됐고, 1997년 수리를 통해 1931년 당시 모습을 되찾았다. 높이 46m, 총 8층 규모의 천수각은 5층까지 엘리베이터로 올라간 후 그 위쪽은 계단을 이용하는데, 오사카 시내가 한눈에 들어오는 최상층이 전망대 역할을 톡톡히 한다. MAP ❼-A

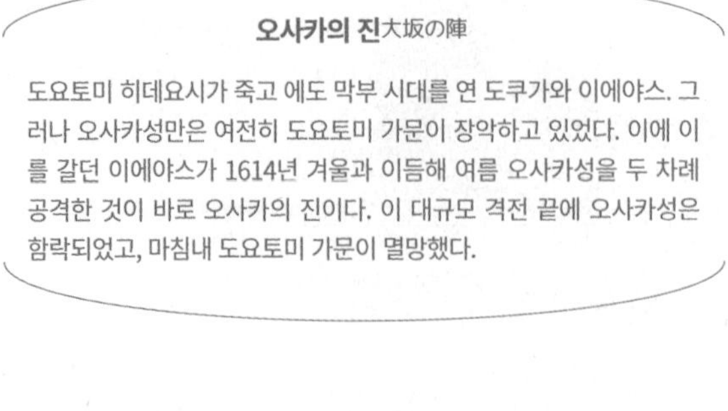

+MORE+

오사카의 진大坂の陣

도요토미 히데요시가 죽고 에도 막부 시대를 연 도쿠가와 이에야스. 그러나 오사카성만은 여전히 도요토미 가문이 장악하고 있었다. 이에 이를 갈던 이에야스가 1614년 겨울과 이듬해 여름 오사카성을 두 차례 공격한 것이 바로 오사카의 진이다. 이 대규모 격전 끝에 오사카성은 함락되었고, 마침내 도요토미 가문이 멸망했다.

천수각 8층 전망대에서 바라본 오사카성 공원

천수각 2층에서 스탬프를 찍어 보자.

OPEN 천수각 09:00~17:00(벚꽃 기간, 여름휴가 기간 등에는 ~18:00 또는 ~19:00)/폐장 30분 전까지 입장/12월 28일~1월 1일 휴관

PRICE 공원 무료/천수각 600엔, 중학생 이하 무료 *2025년 봄부터 천수각 1200엔, 고등·대학생 600엔, 중학생 이하 무료(학생은 학생증 등 증빙 필요)

WEB osakacastle.net

: WRITER'S PICK :

천수각 관람 포인트

■ **3층**

도요토미 히데요시가 만든 조립식 다실을 실제 크기로 복원한 황금 다실과 도요토미 버전과 도쿠가와 버전의 오사카성 모형이 각각 있다. 현재의 오사카성은 도쿠가와 버전이니 비교해보자.

■ **5층**

일본 역사상 최대 규모의 시가 전투인 오사카의 진 중 여름 전투를 재현해 놓은 미니어처와 병풍 영상 코너가 있다. 병풍은 실제 이 전투에 참전한 후쿠오카 번주 구로다 나가마사가 제작한 중요문화재로, 복원 시 중요한 참고 자료가 되었다. 미니어처 역시 이 병풍에 그려진 그림을 바탕으로 만든 것. 박력 넘치는 무사들의 싸움과 겨우 목숨을 부지하고 도망가는 이들의 모습이 대조적이다.

오사카의 진

영빈관

엔쇼구라

② 천수각을 가장 멋지게 바라보는 법
니시노마루 정원 西の丸庭園

혼마루 구역의 서쪽, 니시노마루에 있는 1만평 규모의 잔디정원이다. 봄이면 300여 그루의 벚나무에 만발한 벚꽃과 그 뒤의 천수각의 모습이 장관이다. 도요토미 히데요시가 집권할 당시에는 수많은 어전이 있었으나, 현재는 이누이야구라(乾櫓, 건로), 엔쇼구라(焔硝蔵, 염초장) 등의 역사적 건축물 몇 개만 남아 있다. 엔쇼구라는 1685년에 도쿠가와 막부가 대량의 화약을 보관한 창고로, 2m나 되는 두꺼운 벽부터 화강암으로 만든 천장과 바닥에 이르기까지 옛 모습 그대로 보존돼 있다. 정원과 천수각은 서로 이어지지 않으며, 입장료와 오픈시간 또한 다르다. 그늘이 없으니 한여름엔 피하는 게 좋다. MAP ⑦-A

GOOGLE MAPS 니시노마루 정원
OPEN 09:00~17:00(11~2월 ~16:30)/월요일·연말연시 휴관
PRICE 200엔, 중학생 이하 무료/특별 야간개장 요금 별도
WALK 천수각 남쪽 끝 사쿠라몬을 지나 밖으로 나와 우회전해 2분 정도 가면 오른쪽에 입구가 나온다./지하철 다니마치욘초메역 1B·9번 출구로 나와 공원으로 들어와 오테몬과 다몬야구라를 지나면 왼쪽에 입구가 있다.

+MORE+

오사카성 빛의 축제

벚꽃 시즌과 겨울철 저녁에는 니시노마루 정원에서 화려한 빛의 축제가 열린다. 이 때에는 천수각에 3D 입체 영상이 투영되고, 니시노마루 정원이 다채로운 조형물로 화려하게 변신한다. 일본 최대 규모의 일루미네이션 쇼로 명성이 자자하다.

OPEN 3월 중순~4월 중순 벚꽃 시즌·11월 말~2월 말 17:00~22:00
PRICE 2000~2500엔, 4세~초등학생 1000~1500엔
WEB illuminagegroup.com

구석구석 오사카성 탐방

1583년 오사카를 손에 넣은 도요토미 히데요시는 대규모 축성공사에 착수하여 장대한 성곽을 완성했다. 성을 짓는 데 하루 평균 5만 명이 동원되었는데도 완성하기까지 17년이나 걸린 대공사였다. 2중 해자와 장대한 돌담을 가지고 있는 성은 그야말로 난공불락의 요새였다. 성을 둘러싸고 있는 거대한 규모의 돌담은 다이묘들이 쇼군에 대한 충심을 보이려고 일본 각지에서 모아 바친 돌로 만든 것. 현재는 그 규모가 상당히 축소됐지만, 천수각을 비롯한 중요문화재 13개 등이 공원 곳곳에 산재해 있다.

소토보리

우치보리

1 소토보리(외호)·우치보리(내호) 外堀·内堀

소토보리는 깊이 약 6m, 폭 약 75m의 인공호수로 만들어진 이중 해자다. 오사카성 동서남북 약 2km에 걸쳐 튼튼하고 가파른 돌담으로 둘러싸고 그 위에 망루를 설치해 적의 침입을 철벽 방어했다. 외호인 소토보리를 건너 천수각을 향해 가다 보면, 천수각이 세워진 혼마루 구역을 에워싼 내호, 우치보리가 있다. 우치보리의 총 길이는 약 2.7km, 돌담의 높이는 무려 24m에 달한다.

사쿠라몬

사쿠라몬 마스가타 거석 중 가장 큰 다코이시

2 사쿠라몬 마스가타 거석 桜門枡形の巨石

사쿠라몬은 본성인 천수각으로 들어가는 문이고, 마스가타는 2중으로 방어하기 위해 문 안쪽에 세운 석벽이다. 사쿠라몬의 마스카타 중 가장 큰 암석인 다코이시(蛸石, 문어석)는 높이 5.5m, 폭 11.7m, 무게가 무려 108t으로, 오사카성의 석벽용 돌 가운데 가장 큰 규모다. 성에서 무려 200km가량 떨어진 오카야마현에서 실어 날랐다.

3 타임캡슐 EXPO'70

タイムカプセルEXPO'70

1970년 오사카 엑스포를 기념하며 제작된 것으로, 1·2호기가 묻혀 있다. 세계 각국의 문화를 보여주는 2098점의 물품이 들어있으며, 1호기는 2000년에 첫 개봉 후 다시 밀봉하여 100년마다 공개될 예정이다. 2호기는 6970년에 개봉한다.

4 미라이자 오사카조 Miraiza Osaka-Jo

구 오사카 시립박물관 건물 안에 문을 연 지하 1층~지상 3층 규모의 복합 공간. 오사카성 관련 전시실, 기념품점, 스낵 코너, 카페, 천수각이 바라보이는 루프톱 레스토랑, 일본 피규어 제작사 카이요도(海洋堂)의 작품 3000점 이상을 전시한 카이요도 피규어 뮤지엄(지하 1층) 등이 자리한다.

OPEN 09:00~18:00경(시설에 따라 다름)/카이요도 피규어 뮤지엄 09:00~17:30(폐장 30분 전까지 입장, 부정기 휴무)
PRICE 무료입장, 카이요도 피규어 뮤지엄 1000엔(7~16세 500엔)
WEB miraiza.jp

ⓒ오사카시

5 긴조 金蔵

오사카성에 현존하는 유일한 금고다. 도쿠가와 막부 시대 때 만들어진 것으로, 발견 당시 천냥짜리 상자 몇 개가 남아 있었다고 한다.

6 도요토미 이시가키 豊臣石垣

2025년 봄 오픈 예정인 곳. 도쿠가와 막부가 오사카성을 함락하고 나서 지하 7m 아래 묻어둔 도요토미 히데요시 시대의 옛 돌담을 볼 수 있다. 돌담이 있는 지하 1층, 관련 자료를 전시한 지상 1층 규모로, 이 시설이 추가됨에 따라 천수각 입장료도 인상된다.

7 긴메스이 우물 金明水井戸屋形

깊이 33m의 우물로, 천수각을 받치는 석벽 중 하나인 소천수대 위에 있다. 도쿠가와 막부 시절인 1624년 축조됐으며, 지붕은 천수각 화재 때에도 소실되지 않고 1626년 모습을 그대로다.

8 각인석 광장 刻印石広場

도쿠가와 막부의 성 재건 공사에 참여한 다이묘들의 문장(紋章)이 새겨진 돌들이다. 당시에는 수만 개에 달했으나, 지금은 일부만 남았다. 광장 옆에는 도요토미 히데요시의 아들 히데요리가 어머니와 같이 자결한 터가 작은 비석과 함께 남아 있다.

9 호코쿠 신사 豊国神社

도요토미 히데요시와 그의 아들 히데요리, 그리고 히데요시의 동생인 히데나가 3인을 모시는 신사다. 우리에게 도요토미 히데요시는 임진왜란을 일으킨 원흉이지만, 일본인에게는 하급 무사 신분을 뛰어넘어 천하를 통일한 '출세의 신'으로 모셔진다.

10 오테몬·다몬야구라·센간야구라
大手門·多聞櫓·千貫櫓

오테몬은 1628년 도쿠가와 막부가 오사카성 재건 때 설치한 성의 정문이다. 오테몬을 통과하면 문을 둘러싼 망루인 다몬야구라와 센간야구라가 있다. 다몬야구라는 일본에서 현존하는 망루 중에서 가장 큰 규모이며, 1620년 지어진 센간야구라는 니시노마루 정원 북서쪽에 있는 이누이야구라와 함께 오사카성에서 가장 오래된 건조물이다.

성 밖에서 바라본 센간야구라(좌)와 오테몬(우)

다몬야구라

센간야구라

7층 복원 거리

③ 옛 거리를 거니는 깨알 재미
오사카 역사박물관
大阪歴史博物館

창밖으로 오사카성 공원과 천수각 전경이 시원하게 펼쳐지는 곳. 고대부터 현대까지 오사카의 역사를 살펴볼 수 있다. 안에는 나라 시대 궁정 복원 모형과 실물 크기의 궁녀 인형, 에도 시대 오사카 거리와 놀랄 만큼 섬세한 미니어처들이 전시돼 있다. 1층 카운터에서 티켓을 구매한 후 엘리베이터를 타고 올라가 10층부터 7층까지 내려오면서 관람한다. **MAP ❼-A**

GOOGLE MAPS 오사카 역사박물관

10층 전망 포인트

NHK 방송국 입구와 연결돼 있다.

ADD 4-1-32 Otemae, Chuo Ward
OPEN 09:30~17:00/폐장 30분 전까지 입장/화요일(공휴일인 경우 그다음 날)·12월 28일~1월 4일 휴관
PRICE 600엔, 고등·대학생 400엔, 중학생 이하 무료/오사카성 천수각 세트 관람권 1000엔, 중학생 이하 무료
WALK 지하철 다니마치욘초메역 9번 출구로 나와 바로
WEB www.mus-his.city.osaka.jp

+MORE+

여기가 '찐' 벚꽃 명소!
조폐박물관 造幣博物館

오사카 조폐국에서 운영하는 작은 박물관. 건물 앞으로 약 560m의 벚나무 길인 사쿠라노 토리누케(桜の通り抜け)가 이어져 오사카 최대의 벚꽃 명소로 손꼽힌다. 박물관은 무료입장이지만, 조폐국 공식 홈페이지를 통해 사전 예약해야 한다. 벚꽃 감상 또한 홈페이지 예약 필수(선착순). **MAP ❼-A**

GOOGLE MAPS 오사카 조폐박물관 **ADD** 1-1-79 Tenma, Kita Ward
OPEN 견학 시작 시간 09:00, 10:00, 13:00, 13:30/15분 전까지 입장/1시간 30분 소요/연말연시, 벚꽃 축제 기간, 매월 셋째 수요일 휴무
WALK 지하철 미나미모리마치역 4A 출구로 나와 도보 약 16분/JR 도자이선 오사카조키타즈메역 3번 출구로 나와 도보 약 10분/오사카성 천수각에서 도보 약 25분
WEB www.mint.go.jp

약 140종, 340여 그루의 벚나무가 늘어선 조폐국 일대. 4월 초면 엄청난 인파가 몰린다.

배를 타고 체험하는

물의 도시 오사카

'물의 도시' 오사카에서는 오사카성 주변으로 다양한 크루즈 프로그램이 준비돼 있다.
시원하게 물살을 가르며 도시를 유람하는 일이야 당연히 즐겁지만,
오사카 주유 패스나 e패스 소지자는 무료 승선할 수 있어서 그 기쁨이 두 배다.

황금 배에 올라타 유유자적

오사카성 고자부네 놀잇배 大阪城御座船

'고자부네'란 일왕이나 귀족이 타던 지붕 달린 놀잇배를 일컫는 말이다. 오사카성 우치보리를 20분간 주유하는 고자부네는 도요토미 히데요시가 타던 '호오마루(鳳凰丸, 봉황환)' 디자인을 재현한 것으로, 오사카 주유 패스 소지자는 무료 승선할 수 있다. 09:30부터 당일 티켓만 판매하고 14:00~15:00경이면 최종편 티켓까지 마감될 때가 많으니, 오사카성 관광을 시작하기 전 승선장부터 먼저 가서 탑승권을 미리 받아두는 것이 좋다. MAP ❼-A

GOOGLE MAPS 승선장: osakajo gozabune pier
OPEN 10:00~16:30/10~30분 간격 운항(시즌에 따라 다름)/12월 28일~1월 3일·부정기 휴무
PRICE 1500엔, 초등·중학생 750엔, 65세 이상 1000엔
WALK 천수각 북쪽의 고쿠라쿠바시(極楽橋)를 건너면 왼쪽에 승선권 판매소와 승선장이 있다.
WEB banpr.co.jp

오사카성 고자부네 놀잇배

오사카성 관광 끝, 이제 유람할 차례

아쿠아라이너 アクアライナー

약 55분 동안 나카노시마, 오사카성 등 오사카의 중부와 북부 명소를 둘러보고 돌아오는 수상버스다. 유리 천장을 통해 쏟아지는 햇볕을 쬐며 물살을 가르는 기분이 환상적이다. 선체 디자인은 3가지 중 랜덤. 티켓은 현장 구매해도 되지만, 가능하면 홈페이지를 통한 사전 예약을 권장한다. 특히 벚꽃 시즌(3월 말~4월 초)에는 탑승이 어려울 정도로 인기가 많고 요금도 인상된다. 주유 패스 또는 e패스 소지자는 현장 매표소에서 QR 코드 제시 후 승선권으로 교환한다. MAP ❼-A

GOOGLE MAPS 오사카 수상버스 아쿠아라이너
ADD 3 Osakajo, Chuo Ward
OPEN 10:15~16:15/45분 간격(벚꽃 시즌 증편)/매주 평일 2일간 운휴 및 임시 운휴(홈페이지에서 확인 후 방문)
PRICE 2000엔, 초등학생 1000엔(벚꽃 시즌 추가 요금 있음)
WALK 오사카조 선착장: JR 오사카조코엔역에서 오사카성 공원으로 연결된 육교를 건너 도보 약 3분/지하철 오사카비즈니스파크역 1번 출구로 나와 도보 약 5분
WEB suijo-bus.osaka/intro/aqualiner/

아쿠아라이너. 천장이 유리로 돼 있어서 화창한 날은 더욱 기분 좋은 유람!

소설 <파친코>의 배경지

쓰루하시 鶴橋

JR과 사철이 분주히 오가는 고가철도 아래 자리한 한인 재래시장. 오사카성 남쪽의 JR 모리노미야역에서 두 정거장 거리인 쓰루하시역을 중심으로 800여 개나 되는 상점들이 좁은 골목을 따라 미로처럼 이어진다. 제2차 세계대전 이후 역 주변에 형성된 암시장이 그 시초로, 지금은 재일교포 아주머니들이 김치, 부침개, 호떡 등을 판매한다. 곳곳에서 들려오는 한국어와 한글 간판이 신기하기도 하지만, 볕도 잘 들지 않는 후미진 곳에서 힘겹게 삶을 개척했을 교포들 생각에 씁쓸해지는 곳. 최근 소설과 드라마 <파친코>를 통해 전 세계적으로 알려졌다.

WALK 지하철 쓰루하시역(鶴橋/S19) 6번 출구로 나와 바로/JR 쓰루하시역에서 내려 중앙 개찰구(中央改札口)로 나와 바로/긴테쓰 전철 쓰루하시역 동쪽 출구(東口)로 나와 바로

+MORE+

쓰루하시는 교통의 요지!

쓰루하시역은 지하철과 JR, 긴테쓰 전철이 모두 지나는 교통의 요지다. 오사카성이나 우메다, 덴노지까지 JR 열차로 오갈 수 있고, 긴테쓰 전철로 나라를 다녀오기에도 좋은 위치. 저렴한 숙소도 제법 있으므로, 숙박비를 아끼면서 편리하게 여행하고 싶다면 쓰루하시도 좋은 선택이다.

이쿠노 코리아타운

生野コリアタウン

쓰루하시역 주변에 미로처럼 펼쳐진 쓰루하시 시장을 구경하다가 동남쪽으로 조금만 걸어 내려가면, 서일본 최대 코리아타운인 이쿠노 코리아타운이 있다. 높다란 백제문을 중심으로 쭉 뻗은 500m 길의 상점가 안에는 한식당과 한국 식재료 전문점, 각종 잡화점, K-팝 굿즈숍이 늘어서 있다. **MAP ❼-B**

GOOGLE MAPS 오사카 이쿠노 코리아타운
ADD 4-5-15 Momodani, Ikuno Ward
OPEN 10:00~18:00(상점마다 다름)
WEB osaka-koreatown.com

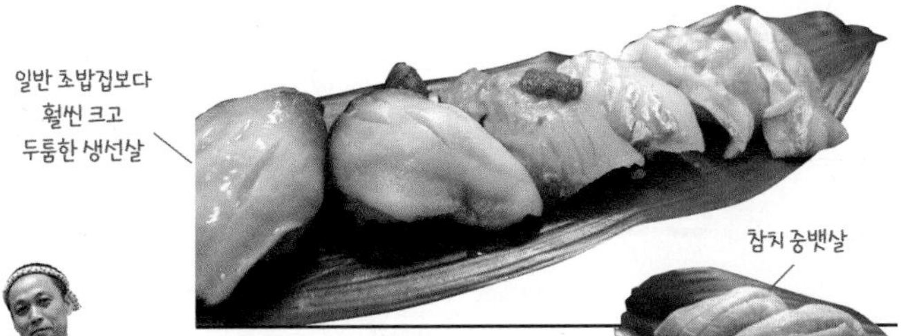

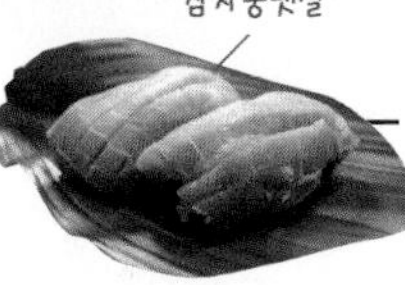

젓가락이 멈추질 않네!

스시긴 すしぎん

한국어가 유창한 재일교포 스시 장인이 선보이는 환상의 초밥(300~600엔대)을 맛보자. 간장 대신 레몬, 소금, 쌈장 등 초밥마다 특징을 고려해 가장 잘 어울리는 소스를 센스 있게 올려준다. 손님이 많아서 40분의 시간제한이 있지만, 주문 즉시 빠르게 초밥을 만들기 때문에 식사 시간이 오래 걸리지는 않는다. 한국어 메뉴 있음. **MAP ❼-B**

GOOGLE MAPS 스시긴 쓰루하시
ADD 2-10-4 Tsuruhashi, Ikuno Ward
OPEN 11:00~15:00, 16:00~20:00/수·목요일 휴무
WALK 긴테쓰 전철 쓰루하시역 동쪽 출구로 나와 도보 1분

배 터지는 참치 덮밥

쓰루하시 마구로 쇼쿠도 鶴橋まぐろ食堂

저렴하고 싱싱한 쓰루하시 'B급 구루메'의 대표 주자. 먹어도 먹어도 줄지 않는 참치회 덮밥(1800엔~)을 맛볼 수 있다. 시그니처 메뉴는 두툼한 초벌구이 참치와 생참치, 육회, 타다키 등 참치 4종을 올린 명물 덮밥 메이부츠동(名物丼, 2800엔). 서민적인 분위기의 인테리어는 주인장 솜씨. 재료가 떨어지면 문을 닫으니, 오픈 전 도착해 대기표를 받자. **MAP ❼-B**

GOOGLE MAPS 쓰루하시 마구로 쇼쿠도
ADD 3-20-26 Higashiobase, Higashinari Ward
OPEN 10:30~13:00/수요일 휴무
WALK 긴테쓰 전철 쓰루하시역 동쪽 출구로 나와 도보 약 2분

따끈따끈 오통통! 미소 당고

오하기노 탄바야 쓰루하시점 おはぎの丹波屋

오사카에서 시작해 교토, 효고에 20여 개 지점을 둔 떡집. 달콤 짭조름하고 쫄깃한 미소 당고와 미타라시 당고, 홋카이도산 팥을 묻힌 팥 당고, 두툼한 찹쌀떡 등 맛있는 일본식 떡을 낱개씩 팔아서 종류별로 먹어볼 수 있다. 교토점의 인기가 특히 높으니, 교토에 갈 예정일 때도 체크해두자. **MAP ❼-B**

GOOGLE MAPS 오하기노 탄바야 츠루하시점
ADD 3-17-7 Higashiobase, Higashinari Ward
OPEN 10:00~18:00
WALK 지하철 쓰루하시역 7번 출구로 나와 도보 약 2분(상점가 입구)

잘 구워진 미소 당고, 170엔

#Walk

오래 걸으니까 많이 먹어야죠

덴진바시스지 상점가天神橋筋商店街

남북으로 무려 2.6km! 일본에서 가장 긴 상점가다. 동네 주민들이 즐겨 찾는 생활 잡화점과 음식점이 600곳 이상이나 돼 현지인들의 일상을 살펴보는 재미가 남다르다. 특히 주목할 곳은 곳곳에 자리 잡은 맛집들. JR 덴마역 주변 골목으로는 퇴근길 직장인의 단골 주점가가 자리한다.

Access

지하철

- **다니마치선·사카이스지선 미나미모리마치역**(南森町/T21·K13): 3번 출구에서 바로
- **다니마치선·사카이스지선 덴진바시스지로쿠초메역**(天神橋筋六丁目/T18·K11): 3·8번 출구에서 바로
- **사카이스지선 오기마치역**(扇町/K12): 4번 출구에서 바로

JR

- **오사카칸조선 덴마역**(天満): 하나뿐인 출구에서 바로

Planning

덴진바시스지는 1~7초메(丁目, 도로명에 해당하는 주소)까지 이어지는 긴 상점가인 만큼 JR과 지하철역을 여럿 지난다. 이중 상점가 북쪽 끝에 있는 지하철 덴진바시스지로쿠초메역은 오사카 주택박물관과 지하로 연결돼 있어서 여행자의 이용 빈도가 높은 역. 따라서 오전에 주택박물관을 먼저 방문한 후 남쪽으로 천천히 걸어 내려오면서 상점가의 먹거리를 즐기는 코스를 추천한다. 상점가 남쪽 끝에서 도보 10~20분 거리에는 나카노시마와 오사카성이 자리한다.

포토 포인트로 인기 만점인 에도 시대 거리

기모노는 겉옷 위에 걸치는 것으로, 안내원이 입혀준다.

1 에도 시대 거리의 낮과 밤 구경
오사카 주택박물관 大阪くらしの今昔館

1830년대 오사카의 상점가를 실감 나게 재현한 박물관. 약방, 장난감 가게, 목욕탕 등이 늘어선 에도 시대 골목을 거니는 재미가 있고, 조명을 달리해 낮과 밤의 풍경을 모두 즐길 수 있다. 엘리베이터를 두 번 타고 10층 전망대까지 올라간 뒤 내려오면서 관람한다. 특히 30분간 기모노를 입고 9층 상점가를 거닐 수 있는 유료 체험(신장 110cm 이상)이 인기인데, 선착순 100명으로 진행하므로 일찍 가서 대기하는 것이 좋다. MAP ❷-B

GOOGLE MAPS 오사카 시립 주택박물관
ADD 6-4-20 Tenjinbashi, Kita Ward
OPEN 10:00~17:00/폐장 30분 전까지 입장/화요일·12월 29일~1월 2일·임시 지정일 휴관
PRICE 600엔, 고등·대학생 300엔, 중학생 이하 무료(홈페이지 사전 예약 가능)/기모노 체험 1000엔(현금만 가능)
WALK 지하철 덴진바시스지로쿠초메역 3번 출구와 연결
WEB www.osaka-angenet.jp/konjyakukan

2 우리 아이가 이곳을 좋아합니다
키즈 플라자 오사카
キッズプラザ大阪

일본 최초의 어린이 박물관. 다채로운 놀이 체험과 알록달록한 거대한 성이 아이들의 마음을 사로잡는다. 방문 추천 연령대는 36개월~미취학 아동이며, 24개월 미만이라면 4층 영유아 전용 놀이방(무료)에서 잠시 시간을 보낼 만하다. 평일 오후 2시까지는 유치원 단체 견학으로 붐빌 때가 많으니 피하는 게 좋다. 당일에 한해 3층부터 재입관 가능. MAP ❷-D

GOOGLE MAPS 키즈프라자 오사카
ADD 2-1-7 Ogimachi, Kita Ward
OPEN 09:30~17:00/폐장 45분 전까지 입장/매월 둘째·셋째 월요일(8월은 넷째 월요일, 공휴일인 경우 그다음 날)·12월 28일~1월 2일 휴관
PRICE 1400엔, 초등·중학생 800엔, 3세 이상 500엔
WALK 지하철 오기마치역 2번 출구로 나와 바로
WEB kidsplaza.or.jp

3 신령님께 합격을 비나이다
오사카 텐만구
大阪天満宮

'학문의 신' 스가와라노 미치자네(菅原道真)를 모시는 신사로, 해마다 학부모와 수험생의 참배 장소로 문턱이 닳는다. 상점가의 천장에 매달려 상징적인 역할을 하는 도리이(鳥居)도 오사카 텐만구가 기원이다. 매년 7월 24~25일이면 일본의 3대 마츠리 중 하나인 덴진 마츠리(天神祭)가 열린다. MAP ❸-B

GOOGLE MAPS 오사카 천만궁
ADD 2-1-8 Tenjinbashi, Kita Ward
OPEN 09:00~17:00
PRICE 무료
WALK 지하철 미나미모리마치역 4A번 출구로 나와 도보 약 3분/오사카성 북서쪽의 교바시 출구로 나와 도보 약 20분

오스트리아의 천재 예술가 훈데르트바서가 디자인한 성

상점가 천장에 매달린 도리이의 원조!

먹방 라이브 ON!

주전부리 골목 여행

덴진바시스지 상점가를 걷는 최대 즐거움은 길거리 간식이다. 현지인이 즐겨 찾는 노포부터 트렌디한 푸드까지, 걸음걸음이 헛되지 않다. 현금만 가능한 곳이 많으니 환전은 넉넉하게!

간식 먹방의 질이 올라가는

마루야마 크레페

丸山クレープ

매일 행렬이 끊이지 않는 크레페 가게. 세심하게 구워낸 크레페 반죽이 매우 쫄깃하고 부드러우며, 속 재료도 신선하다. 딸기 초코 휩, 바나나 초코 커스터드, 버터 슈가, 앙버터, 캐러멜 휩 등 디저트 크레페는 물론이고, 햄 마요네즈 양상추 크레페, 포테이토 샐러드 명란젓 크레페 같은 식사 대용 크레페도 있다. 가격은 300~600엔대. 바닐라 아이스크림 토핑은 150엔 추가. MAP ❷-B

GOOGLE MAPS maruyama crepe
ADD 3-4-17 Tenjinbashi, Kita Ward, Osaka
OPEN 11:30~18:00/월·화요일 휴무
WALK 지하철 미나미모리마치역 3번 출구로 나와 도보 약 3분

하루 4000개씩 팔리는 명물 고로케

나카무라야

中村屋

50년 이상 상점가를 지켜온 고로케 전문점. 언제 가도 입천장을 델 만큼 뜨끈한 고로케를 맛볼 수 있다. 가장 기본 메뉴는 달콤하고 짭조름한 감자고로케(コロッケ, 100엔). 저렴한 만큼 크기는 작은 편이다. 다진 고기를 넣어 만든 멘치카츠(160엔)도 맛있다. MAP ❸-B

GOOGLE MAPS 고로케 나카무라야
ADD 2-3-21 Tenjinbashi, Kita Ward
OPEN 09:00~18:00(토요일 ~16:00)/일요일·공휴일 휴무
WALK 오사카 텐만구에서 도보 약 2분

3년 연속 미슐랭 빕구르망

우마이야

うまい屋

1953년 창업해 4대째 이어지는 타코야키 맛집. 다른 곳보다 느끼하지 않고 담백한 맛의 타코야키(8개, 500엔)가 일품이다. 두 번 구워서 겉은 바삭, 중간중간 육수를 부어가며 굽기 때문에 속은 더욱 쫄깃하고 간이 잘 배어 있다. 소스 없이 먹는 게 진리지만, 소스를 발라 먹어도 짜지 않고 달콤해 우리 입맛에 잘 맞는다. MAP ❷-B

GOOGLE MAPS 타코야키 우마이야
ADD 4-21 Naniwacho, Kita Ward
OPEN 11:30~19:00(다 팔리면 종료)/화요일 휴무(공휴일은 그다음 날)
WALK 지하철 덴진바시스지로쿠초메역 13번 출구로 나와 도보 약 2분

이 구역 최고는 여기!

줄 서는 맛집

덴진바시스지 상점가까지 와서 길거리 간식만 먹다 갈 순 없다.
날마다 웅성웅성 줄 서는 맛집에서 맛보는 제대로 된 한 끼!

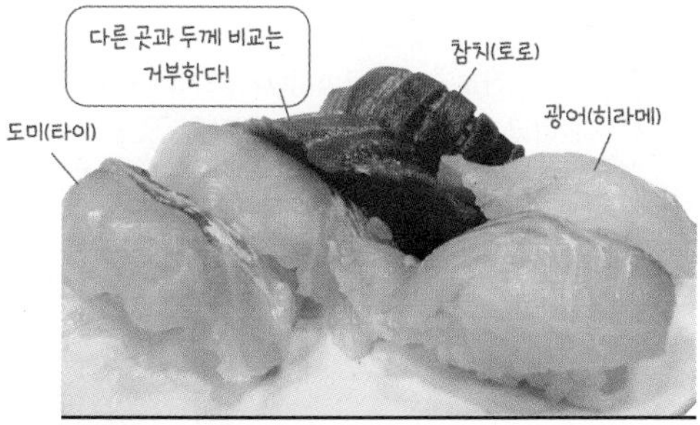

'갓성비' 초밥의 대명사

하루코마 春駒

커다랗고 커다란 초밥을 400~500엔대에 맛보는 '가성비 탑' 초밥집. 참치, 새우, 도미, 광어, 연어, 게, 오징어, 성게알 등 총 28종의 기본적인 초밥이 메뉴판에 사진과 함께 소개돼 있고, 영어가 병기된 한국어 메뉴판도 있다. 본점과 지점이 약 100m 간격으로 떨어져 있는데, 현지인 맛 평점은 2곳 모두 높다. 한국인 손님이 워낙 많아서 응대가 능숙하며, 2층까지 테이블이 있는 지점이 본점보다 쾌적하다. MAP ❷-B

GOOGLE MAPS 하루코마 본점
ADD 5-5-2 Tenjinbashi, Kita Ward
OPEN 11:00~21:00/화요일 휴무
WALK 지하철 덴진바시스지로쿠초메역 12번 출구로 나와 도보 약 2분

GOOGLE MAPS 하루코마 지점
ADD 5-6-8 Tenjinbashi, Kita Ward
OPEN 11:00~21:00/화요일 휴무
WALK 본점에서 도보 약 1분

본점

지점

현지인 맛집 소문내기

시치후쿠진 본점 七福神

현지인들이 손꼽는 쿠시카츠 맛집. 육류와 해산물, 채소로 튀겨낸 50여 가지 쿠시카츠의 대부분이 100~200엔대, 생맥주는 1잔에 418엔으로 저렴하다. 소 힘줄 조림인 명물 도테야키(どて焼き, 473엔)는 꼭 먹어볼 것! 본점과 지점이 나란히 붙어 있으며, 2곳 모두 매일 만석이다. 가게 이름은 재난을 막아주고 행복을 전해준다는 일본의 일곱 신인 '칠복신'을 뜻한다. 흡연 가능. MAP ❷-B

GOOGLE MAPS 시치후쿠진 본점
ADD 5-7-29 Tenjinbashi, Kita Ward
OPEN 11:00~15:00, 17:00~23:00/월요일 휴무(공휴일은 그다음 날)
WALK 하루코마 본점에서 남쪽으로 도보 약 1분

+MORE+

직장인의 밤 문화 체험
덴마 天満

JR 오사카역에서 동쪽으로 한 정거장 떨어진 JR 덴마역(天満) 일대는 골목 구석구석 값싸고 맛있는 주점이 늘어서 있다. 고가철도 아래 형성된 주점가는 서민적인 분위기의 오래된 이자카야가 많고, 대로변은 세련되고 트렌디한 최신 바 중심. 오사카의 대표적인 주점 밀집 지구 중 외지인이나 여행자가 가장 적어서 현지 분위기를 오롯이 느끼기 좋다.

#Walk

낡고 오래된 동네에서 핫플로 등극

덴노지 天王寺

JR, 지하철, 사철 긴테쓰 전철이 교차하는 교통의 요지이자, 오사카를 상징하는 쓰텐카쿠 전망 타워, 한때 오사카 최고의 유흥가로 명성을 날린 신세카이, 1400년 역사를 지닌 고찰 시텐노지, 개원 100년이 넘은 덴노지 공원과 동물원, 오사카 유일의 노면전차 등이 자리한 지역이다. 시시각각 급변하는 난바와 우메다에 밀려 '빛 바랜', '낡은', '촌스러운'과 같은 이미지를 대변해왔으나, 최근 몇 년 새 복합빌딩 아베노 하루카스가 들어서면서 오사카 여행의 지각변동을 일으켰다. 이제 덴노지를 가보지 않고는 오사카를 온전히 즐기고 왔노라 말할 수 없게 됐다.

Access

지하철

- **미도스지선·다니마치선 덴노지역**(天王寺/M23· T27): 여행자들이 가장 많이 이용하는 역이다. 시텐노지, 아베노 하루카스, 덴노지 공원, 신세카이 등 어디든 이동이 편리하다.
- **사카이스지선 에비스초역**(恵美須町/K18): 3번 출구로 나오면 눈앞에 쓰텐카쿠가 보인다. 북쪽의 1-A·1-B 출구로 나가면 덴덴타운이다.
- **미도스지선·사카이스지선 도부쓰엔마에역**(動物園前/M22·K19): 글자 그대로 동물원 앞 역으로, 덴노지 동물원, 신세카이 장장요코초, 스파월드 등과 가깝다.
- **다니마치선 시텐노지마에 유히가오카역**(四天王寺前夕陽ヶ丘/T25): 4번 출구로 나와 도보 약 6분 거리에 시텐노지가 있다.

JR

- **오사카칸조선 덴노지역**(天王寺): JR 오사카역, 쓰루하시를 오갈 때 편리하다.

사철

- **긴테쓰 전철 긴테쓰선**(近鉄線) **오사카아베노바시역**(大阪阿倍野橋): 나라로 갈 수 있는 긴테쓰 전철의 주요 역으로, 아베노 하루카스 건물 1층에 있다.

Planning

볼거리와 먹거리가 역에서 도보 10~20분 내 모여 있는 난바와 우메다와 다르게 명소가 사방으로 흩어져 있어서 모두 둘러보려면 반나절 이상 걸린다. 아베노 하루카스~신세카이 구간은 대로변을 따라 도보 20분 정도면 가능하지만, 밤에는 길이 어둡고 한적하므로 지하철을 이용하는 게 좋다. 시간이 많지 않다면 동물원, 미술관을 제외하고 신세카이와 아베노 하루카스 정도만 둘러보자.

1

오사카 전망은 여기가 제일!

아베노 하루카스 Abeno Harukas(あべのハルカス)

도쿄 아자부다이 힐스에 이어 일본에서 두 번째로 높은 초고층 복합 빌딩. 총 높이 300m, 지하 5층~지상 60층 규모에 백화점, 호텔, 전망대, 미술관, 레스토랑 등이 자리한다. 반드시 가봐야 할 곳은 58~60층에 자리한 전망대, 하루카스 300! 몽환적인 3D 입체영상 쇼가 펼쳐지는 전용 엘리베이터에 탑승하면 전망대까지 눈 깜짝할 사이에 다다른다. 60층 전망대는 우메다 스카이 빌딩 공중정원보다 130m가 더 높아서 사방으로 탁 트인 시야가 보장되며, 건물 가운데를 터놓아 더욱 환상적이다. 해 질 무렵에 가면 노을과 야경을 모두 즐길 수 있는데, 화장실에서 바라본 전망마저 놀랄 만큼 화려하다. MAP ❻-D

GOOGLE MAPS 하루카스 300
ADD 1-1-43 Abenosuji, Abeno Ward
OPEN **전망대** 09:00~22:00(폐장 30분 전까지 입장)/ 미술관 10:00~ 20:00(토·일요일·공휴일 ~18:00, 월요일 휴관)
헬리포트 투어 10:30~20:30(1시간 간격 입장), 토·일요일·공휴일 09:40~20:30(40분 간격 입장)
백화점 10:00~20:00(레스토랑 11:00~23:00)
PRICE 전망대 2000엔, 12~17세 1200엔, 6~11세 700엔, 4~5세 500엔/헬리포트(옥상 헬기장) 4세 이상 1500엔 별도
WALK 지하철 덴노지역 9번 출구와 연결/ JR 덴노지역 중앙 개찰구로 나와 도보 약 5분
WEB www.abenoharukas-300.jp

+MORE+

아득히 펼쳐진 저 하늘 가까이!
하루카스 300 전망대

지상 300m, 간사이 최고 높이 전망대인 하루카스 300에서 내려다본 오사카의 전망은 일 년 내내 맑음, 또 맑음! 아찔함을 즐기는 타입이라면 옥상 헬기장까지 올라갈 수 있는 헬리포트 투어에 도전해보자.

아베노 하루카스 층별 안내도

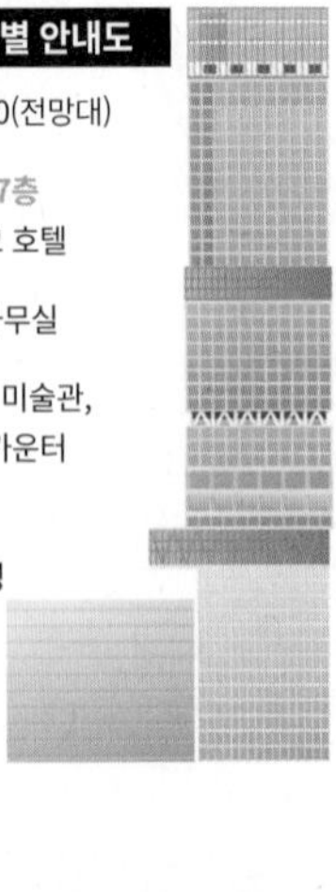

- **58~60층** 하루카스 300(전망대)
- **19~20층, 38~55층, 57층** 오사카 메리어트 미야코 호텔
- **17~18층, 21~36층** 사무실
- **16층** 아베노 하루카스 미술관, 천공 정원(무료), 티켓 카운터
- **12~14층** 아베노 하루카스 다이닝
- **B2~14층** 아베노 하루카스 긴테쓰 백화점 본점

: WRITER'S PICK :

무료 전망대 이용 팁

16층에 무료 개방된 천공 정원의 전망도 유료 전망대 못지 않다(악천후 시 폐관). 17층의 카페 차오 프레소(Caffe Ciao Presso)도 커피 한 잔 가격에 전망을 감상할 수 있는 숨은 명소.

카푸치노 (550엔)

덴시바

2 오사카 시민의 힐링 스폿
덴노지 공원 天王寺公園

1909년에 조성되어 오사카에서 가장 오래된 공원이다. 동물원과 시립미술관 등을 푸릇푸릇한 자연과 함께 둘러볼 수 있어서 평일이면 체험학습 나온 어린이들이, 주말에는 가족과 연인이 즐겨 찾는다. JR 덴노지역 바로 건너편 공원 입구에 자리한 잔디 광장 덴시바(てんしば)에는 세련되고 분위기 있는 카페와 레스토랑, 애견용품점, 키즈 카페 등이 늘어서 있어 여유로움을 더하는 곳. 매년 12월이면 크리스마스 마켓이 열린다. **MAP ❻-A·C**

GOOGLE MAPS 오사카 덴노지 공원
OPEN 09:30~17:00(5~9월 토·일요일·공휴일 ~18:00)/폐장 30분 전까지 입장
PRICE 무료/일부 시설 유료
WALK 지하철 덴노지역 지하 3~5번 출구로 나와 바로/JR 덴노지역 공원 입구 출구로 나와 바로

3 정원이 있는 아트 산책
오사카 시립미술관 大阪市立美術館

1936년 덴노지 공원 한가운데 개관한 미술관. 회화, 조각, 도자기 등 다양한 분야의 국보와 중요문화재를 비롯한 동양의 미술품 약 8000점을 소장하고 있다. 2025년 3월 1일 리뉴얼 오픈 예정. **MAP ❻-A**

GOOGLE MAPS 오사카 시립미술관
OPEN 09:30~17:00(폐관 30분 전까지 입장)
PRICE 500엔(고등·대학생 200엔)/특별전 요금 별도
WALK 지하철 덴노지역 5번 출구로 나와 도보 약 6분
WEB osaka-art-museum.jp

4 숨은 포토 포인트!
게이타쿠엔 慶沢園

시립미술관 뒤에 있어서 산책 삼아 잠시 둘러보기 좋은 메이지 시대의 일본 정원이다. 규모는 매우 작지만, 연못 위에 비친 미술관과 아베노 하루카스의 전경이 아름답다. **MAP ❻-C**

GOOGLE MAPS 게이타쿠엔
OPEN 09:30~17:00/폐장 30분 전까지 입장/월요일 휴무/ *보수공사로 휴관. 2025년 봄 재개관 예정
PRICE 150엔, 초등·중학생 80엔
WALK 오사카 시립미술관 바로 뒤

5 귀요미 동물들을 만나러 가볼까
덴노지 동물원 天王寺動物園

개원 110주년을 맞이한 오사카 최대 동물원. 북극곰, 레서판다, 훔볼트 펭귄, 코끼리, 사자, 곰 등 다양한 동물과 자연이 편안하게 어우러지는 연륜과 따스함이 더없이 매력적인 곳이다. 세월이 묻어나는 낡고 낮은 담 너머로 느긋하게 휴식을 취하는 동물들, 옛 느낌 물씬 풍기는 표지판이나 벤치도 정겹다. 최근 바다사자와 훔볼트 펭귄 사육장을 새단장했다.

MAP ❻-A

GOOGLE MAPS 덴노지동물원
ADD 1-108 Chausuyamacho, Tennoji Ward
OPEN 09:30~17:00/폐장 1시간 전까지 입장/월요일·12월 29일~1월 1일 휴관
PRICE 500엔, 초등·중학생 200엔
WALK 신세카이 게이트: 지하철 도부쓰엔마에역 1번 출구로 나와 도보 약 5~10분/덴시바 게이트: 지하철 덴노지역 5번 출구로 나와 도보 5~10분
WEB www.tennojizoo.jp

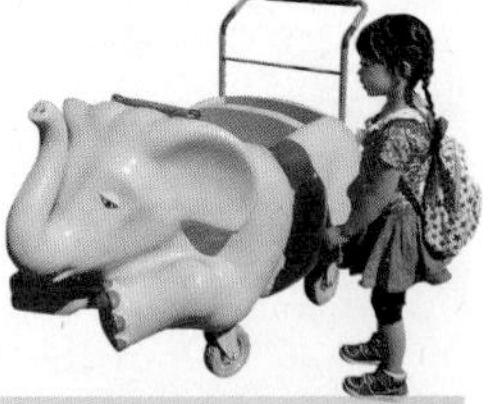

오사카 어린이들의 소풍 장소로 빠지지 않는다.

입구는 신세카이 게이트와 덴시바 게이트, 2곳이다. 사진은 덴시바 게이트

6 20세기 초 스타일의 '신세계'
신세카이 新世界

쓰텐카쿠 아래, 쿠시카츠 거리로 유명한 유흥가. 1903년 일본 산업박람회 행사장 부지로 낙점되면서 개발됐다. 과거에는 쓰텐카쿠 개장과 함께 오사카 최초의 테마파크인 루나파크, 다수의 영화관 등이 들어서며 '엔터테인먼트의 천국'으로 군림했으나, 제2차 세계대전 이후 내리막을 걸어왔다. 지금은 전망 타워 쓰텐카쿠와 쿠시카츠 거리로 여행자들을 불러모은다.

MAP ❻-A

GOOGLE MAPS 신세카이 혼도리 상점가
WALK 지하철 에비스초역 3번 출구로 나와 바로/지하철 도부쓰엔마에역 1번 출구로 나와 왼쪽 첫 번째 골목에서 좌회전, 굴다리 밑을 통과하면 신세카이의 오래된 먹자골목 장장요코초다.

7 기기묘묘한 엔터테인먼트 타워
쓰텐카쿠(통천각) 通天閣

신세카이의 상징인 전망 타워. 지하 1층~지상 5층 규모로, 4~5층 전망대까지는 지하에서 엘리베이터를 타고 올라간다. 높이 87.5m의 5층 전망대에선 오사카 전경이 한눈에 들어오며, 추가 요금을 내면 공중부양하듯 아찔해지는 특별 옥외 전망대도 올라갈 수 있다. 그 외 체험형 놀이시설을 비롯해 과자회사 에자키 글리코 숍 등 간사이를 기반으로 둔 식품회사들의 안테나숍, 캡슐토이 구역, 100년 전 신세카이를 재현한 디오라마 등 깨알같은 볼거리들이 이어진다. 1912년 옛 유원지 루나파크의 입구로 처음 지어졌을 땐 에펠탑을 모방했으나, 1943년 화재로 소실되고 1956년 재건되면서 현재 모습은 에펠탑과 그리 비슷하지 않다. MAP ❻-A

GOOGLE MAPS 쓰텐카쿠
ADD 1-18-6 Ebisuhigashi, Naniwa Ward
OPEN 10:00~20:00(특별 옥외 전망대 ~19:50, 타워 슬라이더 ~19:30)/폐장 30분 전까지 입장
PRICE 1000엔, 5~14세 500엔/2025년 4월 1부터 1200엔, 5~14세 600엔/특별 옥외 전망대 및 기타 체험 시설 이용료 별도/온라인 예매 시 할인
WALK 지하철 에비스초역 3번 출구로 나와 상점가를 따라 약 180m 직진
WEB tsutenkaku.co.jp

5층에 있는 행복의 신 빌리켄.
발바닥을 만지면 행운이 온다나!

: WRITER'S PICK :

쓰텐카쿠의 '신박한' 체험 시설

- **타워 슬라이더** Tower Slider

3층에서 총길이 60m의 미끄럼틀을 타고 지하 1층까지 10초 만에 미끄러져 내려올 수 있다.

OPEN 10:00~19:30
PRICE 1000엔, 7세~중학생 500엔

- **다이브 앤 워크** Dive & Walk

몸에 줄을 매달고 높이 26m의 옥상 전망대 바깥쪽을 일주하는 워크, 타워 중간부에서 약 14m 아래까지 뛰어내리는 다이브로 구성된 성인용 액티비티.

OPEN 10:00~20:00(최종 접수 19:00)
PRICE 15~65세 3000엔

5층 전망대에서 바라본 풍경

밤에는 쓰텐카쿠에서 반짝이는 6가지 패턴의 LED 조명과 간판들로 눈이 어지러울 정도!

8 바라만 봐도 묵직한 평화로움
시텐노지 四天王寺

일본 불교를 중흥시킨 쇼토쿠 태자(聖徳太子)가 593년에 건립한 일본 최초의 사찰. 약 3만 3000평 규모의 경내를 24시간 무료 개방하므로 이른 아침에 방문하기 좋다. 중문(인왕문), 오중탑, 금당, 강당 등 남쪽에서 북쪽을 향해 쭉 뻗은 사찰의 중심 가람을 회랑이 감싸는 구조는 '시텐노지식 가람'이라고 불리는 일본의 대표적인 사찰 건축양식으로, 6~7세기 중국과 우리나라의 건축 양식을 본뜬 것이다. 경내에는 쇼토쿠 태자상을 비롯한 500여 점의 국보와 중요문화재가 있다. 극락정토를 표현한 연못 정원인 본방정원과 주변 산책로를 걷다 보면 눈과 마음이 깨끗해지는 기분이다. MAP ❻-B

GOOGLE MAPS 시텐노지
ADD 1-11-18 Shitennoji, Tennoji Ward
OPEN 경내 24시간/법당·중심가람·정원 08:30~16:30(10~3월 ~16:00)
PRICE 경내 무료/중심가람·보물관 각 500엔(고등학생 각 300엔), 정원 300엔(초·중·고등학생 200엔)
WALK 지하철 덴노지역 7번 출구로 나와 대로를 따라 약 500m 직진, 큰 사거리에서 오른쪽 대각선 방향/지하철 시텐노지마에 유히가오카역 4번 출구로 나와 도보 약 5분/JR 오사카칸조선 덴노지역 공원 출구(公園口)로 나와 도보 약 10분
WEB shitennoji.or.jp

돌로 된 도리이는 일본 3대 도리이 중 하나다.

: WRITER'S PICK :

매월 21·22일은 벼룩시장!

시텐노지 경내에서는 매월 21~22일 09:00~15:00경에 대규모 벼룩시장이 열린다. 21일은 일본 진언종의 창시자인 홍법대사(弘法大師)의 기일을 기념하여 오타이시상(お大師さん), 22일은 쇼토쿠 태자의 기일을 기념하여 오타이코상이라고 부른다. 22일보다 21일에 노점 수가 더 많은 편이니 참고.

아베노 하루카스와 시텐노지를 한 컷에 찰칵!

각종 문화재가 전시된 오중탑. 내부에 가파른 목조 계단이 있다. 신발을 벗고 올라가며 구경한다.

금당에 모셔진 쇼토쿠 태자 19세 상. 1년에 단 한 번, 1월 22일에만 공개한다.

우리나라의 가람과 비슷한 구조. 오사카 한복판에서 한가로움을 느낄 수 있다.

본방정원 안 극락정토의 정원

인기 브랜드는 싹 다 모였지

아베노 하루카스 쇼핑 삼매경

아베노 하루카스와 그 주변은 대형 쇼핑몰로 둘러싸인 덴노지의 대표 쇼핑 지구다. 해외 여행자에게 인기가 높은 각종 잡화 브랜드와 맛집이 가득 차 있어서 기타와 미나미 지역에서 얻는 쇼핑의 즐거움을 이곳에서도 똑같이 누릴 수 있다는 사실!

덴노지를 대표하는 백화점

아베노 하루카스 긴테쓰 백화점 본점

あべのハルカス近鉄

아베노 하루카스에 자리한 일본 최대 규모의 백화점이다. 지하 2층~지상 14층 규모의 타워관과 지하 2층~10층 규모의 윙관에 일본 최초로 들어온 해외 브랜드가 다수 입점했다. 유명 맛집 체인이 모여 있는 타워관 12~14층과 지하 1~2층 식품매장도 주목! 윙관 3.5층에는 100엔숍 캔두(Can Do), 생활가전 체인 에디온, 외국인 5% 할인 쿠폰을 나눠주는 해외 고객 살롱이 있다. 세금 환급 처리는 윙관 지하 1층 서비스센터를 이용한다. **MAP ❻-D**

GOOGLE MAPS 긴테쓰백화점 아베노 하루카스
ADD 1-1-43 Abenosuji, Abeno Ward
OPEN 10:00~20:30(4~11층 ~20:00, 12~14층 식당가 11:00~23:00)
WALK 지하철 덴노지역 9번 출구와 연결
WEB abenoharukas.d-kintetsu.co.jp

중저가 핫템 발굴은 이곳

아베노 큐스 몰 Abeno Q's Mall

250여 개 브랜드가 입점한 덴노지의 대표 쇼핑몰. 핸즈, 빌리지 뱅가드, 디즈니 스토어 등 인기 잡화점과 라이프스타일숍이 모여 있다. 3층의 푸드코트, 지하 1층~지상 2층의 대형 마트 이토 요카도(Ito Yokado)도 만족도가 높다. 키즈 스페이스가 잘돼 있어서 아이랑 가기 좋은 쇼핑몰이다. **MAP ❻-C**

GOOGLE MAPS 아베노 큐즈몰
ADD 1-6-1 Abenosuji, Abeno Ward
OPEN 10:00~21:00(3층 푸드코트 ~22:00, 4층 레스토랑 11:00~23:00, 지하 식품매장 ~22:00)
WALK 지하철 덴노지역 12번 출구와 연결
WEB qs-mall.jp/abeno

커비 카페 프티

2023년 리뉴얼 오픈!

덴노지 미오 天王寺 MIO

로컬들이 선호하는 쇼핑몰. JR 덴노지역 건물 안에 있어서 편리하다. 패션·뷰티 브랜드에 집중한 본관과 식당·식품매장에 특화된 플라자관으로 이루어졌다. 오사카 맛집 체인이 모인 플라자관 4층 식당가, 닌텐도 게임 '별의 커비' 테마 카페인 커비 카페 프티와 무민숍 등이 모인 본관 6층에 주목하자. **MAP ❻-D**

GOOGLE MAPS 덴노지 미오
ADD 10-39 Hidenincho, Tennoji Ward
OPEN 본관 11:00~21:00(레스토랑 ~22:00), 플라자관 10:00~21:00(레스토랑 11:00~23:00, 식품관 09:00~22:00)
WALK JR 덴노지역 중앙개찰구 또는 지하철 덴노지역 2-A 출구와 연결
WEB tennoji-mio.co.jp

플라자관 2층은 아베노 하루카스와 육교로 이어진다.

SPECIAL PAGE

바삭함이 터진다!

신세카이 쿠시카츠 거리

신세카이에는 체인점부터 소규모 노포까지 다양한 쿠시카츠 가게가 모여 있다. 나이트 라이프에 어울리는 장소지만, 좀 더 여유롭게 맛보고 싶다면 낮에 가는 것이 팁. 관광객을 현혹하는 화려한 외관의 가게보다는 현지인 맛집을 방문해야 만족도를 높일 수 있다. 현금 결제만 가능하거나 실내 흡연이 가능한 곳이 많으니, 입구에서 미리 확인하는 것이 좋다.

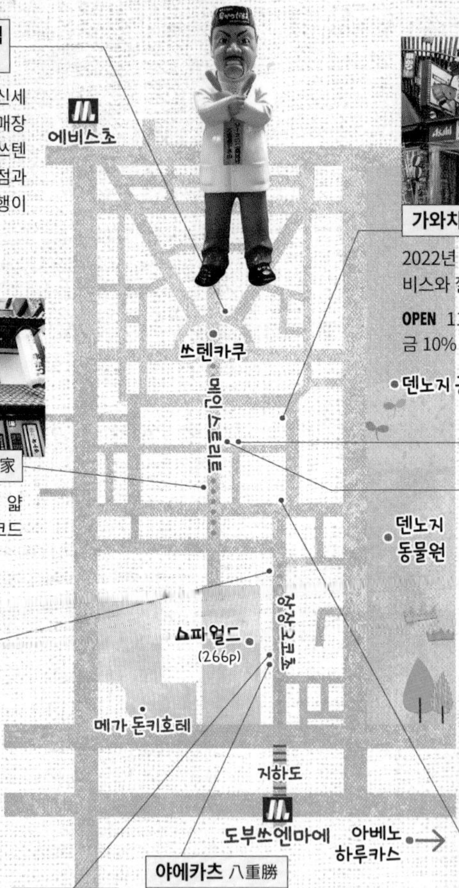

쿠시카츠 다루마 쓰텐카쿠점
串かつ だるま 通天閣店

오사카 쿠시카츠 맛집 No.1! 신세카이에 있는 총 4곳의 다루마 매장 중 쓰텐카쿠 바로 앞에 있는 쓰텐카쿠점이 가장 찾기 쉽다. 장장점과 도부쓰엔마에점은 넓어서 일행이 여럿일 때 좋다.

OPEN 11:00~22:30(L.O.22:00)

기후야 혼케 ぎふや本家

1916년 창업한 노포. 튀김옷이 얇고 바삭하기로 소문났다. QR 코드 주문 시스템.

OPEN 11:00~22:00

쿠시카츠 다루마 장상섬 ジャンジャン店

가와치야 본점 かわち屋 本店

2022년 오픈한 쿠시카츠 집. 친절한 서비스와 깔끔한 시설이 강점이다.

OPEN 11:00~24:00(22:00 이후 심야 요금 10% 추가)

쿠시카츠 다루마 신세카이 총본점

얏코 やっこ

쿠시카츠 다루마 총본점 바로 옆이라 등잔 밑이 어둡다. 바석 10개뿐! 역시 현지인이 꼭꼭 숨겨둔 맛집.

OPEN 12:00~다음 날 06:00/월·화·금요일 휴무

야에카츠 八重勝

텐구 てんぐ

바로 옆 야에카츠와 함께 장장요코초를 대표하는 쿠시카츠 노포. 빨간 얼굴에 코가 길쭉한 전설 속 괴물 텐구가 간판에 달려 있다.

OPEN 10:30~20:30

쿠시카츠 다루마 도부쓰엔마에점 動物園前店

전설의 쿠시카츠 원조

쿠시카츠 다루마 신세카이 총본점

串かつ だるま 新世界総本店

쿠시카츠를 최초로 개발한 곳. 1929년 문을 연 본점답게 최고의 쿠시카츠를 맛볼 수 있어서 12석뿐인 비좁은 곳임에도 자꾸만 찾아오게 만든다. 40여 가지 꼬치 가격은 대부분 1개당 143엔으로, 가격도 저렴한 편. 튀김옷이 얇아 느끼하지도 않고, 과일이 들어가 새콤달콤한 소스가 산뜻함을 더한다. 창업 이래 변치 않는 간판 메뉴는 정통 소고기 튀김, 원조 쿠시카츠(元祖串かつ, 143엔)! 한국어 메뉴판이 있어서 주문하기 쉽고, 세트 메뉴도 다양하다. 주말이나 공휴일에는 30~40분 이상 웨이팅해야 한다. **MAP ❻-A**

GOOGLE MAPS 다루마 신세카이본점
ADD 2-3-9 Ebisuhigashi, Naniwa Ward
OPEN 11:00~22:30(L.O.22:00)/ 1월 1일 휴무
WALK 지하철 에비스초역 3번 출구로 나와 쓰텐카쿠 밑을 지나 직진, 로손 편의점을 지나 사거리에서 좌회전 후 약 20m 직진, 왼쪽
WEB kushikatu-daruma.com

앞접시에 쿠시카츠를 놓고, 특제 소스를 '찹찹'

단골들의 원픽!

야에카츠 八重勝(やえかつ)

창업 이래 80여 년간 신세카이의 맛 골목인 장장요코초를 주름잡은 곳. 반죽에 밀가루 대신 참마를 넣어 바삭하고 식감이 거친 것이 특징이며, 재료가 반쯤 드러나 있을 정도로 본연의 맛에 집중했다. 고운 빵가루로 속이 보이지 않게 감싼 다루마와는 또 다른 매력! 가마솥에서 고온으로 살짝 튀겨낸 후 곧바로 내주기 때문에 재료의 식감과 향이 살아 있다. 추천 메뉴는 통통하고 커다란 새우(500엔), 부드럽게 살짝 데쳐서 튀긴 연근(240엔). 백된장을 넣은 소 힘줄 조림인 도테야키(どて焼き, 3개 390엔)도 이 집의 명물이다. **MAP ❻-A**

GOOGLE MAPS 야에카츠
ADD 3-4-13 Ebisuhigashi, Naniwa Ward
OPEN 10:30~20:30/목요일·매월 셋째 수요일 휴무
WALK 지하철 도부쓰엔마에역 1번 출구로 나와 장장요코초에 들어선 후 왼쪽

기다릴 필요 없이 바로 내주는 도테야키. 매콤한 시치미를 뿌려 먹는다.

바삭바삭 씹히는 소리까지 맛있다!

+MORE+

장장요코초 じゃんじゃん横丁

지하철 도부쓰엔마에역 1번 출구 근처부터 이어지는 길이 약 180m의 지붕 덮인 아케이드 구간이다. 이름은 과거 이곳에 밀집한 식당들이 호객을 위해 샤미센(三味線)을 '장~장~' 연주했던 데서 유래했다. 지금은 현지 노인들과 여행자들이 설킨 묘한 분위기를 자아낸다.

오사카 맛집 투어의 종점

덴노지 골목식당

최신식 백화점과 쇼핑몰의 화려한 식당가, 오래된 골목식당이 혼재하는 이곳.
바로 오사카 맛집 투어의 종착지다.

세이초 토리 시오 라멘

오사카 사람들의 어린 시절 추억 소환!

야마짱 본점 やまちゃん

현지인의 덴노지 필수 관광 코스인 타코야키 맛집. 매일 새벽 닭 뼈, 다시마, 가다랑어포로 우려낸 육수를 반죽에 첨가해 감칠맛이 폭발한다. 육수 맛을 제대로 느끼려면 소스 없이 먹는 베스트(Best)를 맛보자. 흔한 타코야키소스 대신 산뜻한 간장과 고소한 마요네즈를 묻혀 먹는 영B(Young B)도 TV에 소개된 스페셜 메뉴! 본점은 테이크아웃만 가능하고, 바로 뒤 2호점에 테이블석이 있다. 8개 720엔. **MAP ❻-D**

GOOGLE MAPS 야마짱 타코야끼
ADD 1-2-34 Abenosuji, Abeno Ward
OPEN 11:00~22:00(금·토요일 ~23:00)/부정기 휴무
WALK 긴긴테쓰 전철 아베노바시역에서 도보 약 1분/지하철 덴노지역에서 도보 약 5분

SSS급 오사카 라멘

멘야 사이사이 쇼와초 본점 麺屋彩々

일본 맛집 리뷰 사이트 타베로그에서 7년 연속 베스트로 선정된 라멘집. 대표 메뉴는 '맑고 깨끗하다'는 뜻의 닭 육수 소금 라멘, 세이초토리시오 라멘(清澄鶏塩らーめん, 900엔)으로, 오픈과 동시에 동이 나기 일쑤다(수량 한정). 일단 구수한 닭 뼈 국물을 쭈욱 들이켠 후 꼬들꼬들한 면발과 야들야들한 닭고기 맛을 즐겨보자. 단골들의 추천 메뉴는 미소 라멘(味噌らーめん, 950엔)! 큼직한 차슈와 반숙 달걀, 아삭한 숙주나물이 구수한 국물과 완벽한 조화를 이룬다. 바석 9석. **MAP ❶**

GOOGLE MAPS 멘야 사이사이
ADD 1-46-8 Hannancho, Abeno Ward
OPEN 11:30~14:30, 18:30~21:00
(다 팔리면 종료)/목요일 휴무
WALK 지하철 쇼와초역 2번 출구로 나와 도보 약 1분

미소 라멘

야마짱 본점

야마짱 2호점

분위기 좋은 카페와 노포가 골목마다 숨어 있는 쇼와초에 있다.

줄 설 필요 없는 현지인 추천 맛집

아베통 あべとん

1970년 문을 연 오코노미야키 노포. 관광객이 드문 덴노지역 지하상가 아베치카(あべちか)에 자리해 현지인 단골이 대부분인 곳으로, 쪽파를 산처럼 쌓고 소 힘줄과 곤약 조림을 넣어 만든 스지콘 네기야키(すじコンねぎ焼き, 1550엔)는 다른 집에서 맛보기 어려운 특별한 메뉴다. 정통 오코노미야키를 맛보고 싶다면 육류와 해산물을 듬뿍 넣은 아베통 믹스(あべとんミックス, 1900엔)를 추천. 친절한 서비스와 경쾌한 분위기다. **MAP ❻-D**

GOOGLE MAPS 아베톤
ADD 13-13 Horikoshicho, Abeno Yokocho
OPEN 11:00~22:00(L.O.21:15)
WALK 지하철 덴노지역 15~20 출구에서 직결
(아베치카 지하상가 지하 1층)

일본 주점의 인기 논알콜 음료, 칼피스(300엔)

일드랑 만화에서 보던 바로 그 요리

그릴 마루요시
グリル マルヨシ

1946년부터 덴노지를 지킨 터줏대감. 대표 메뉴는 다진 소고기와 돼지고기를 여러 겹의 양배추로 감싼 후 프랑스식 육수, 부용(Bouillon)으로 푹 익힌 일본 가정식 롤캬베츠(ロールキャベツ, 1680엔)다. 살살 녹는 달콤한 양배추와 육즙 가득한 고기에 카레와 데미글라스소스를 섞어 먹는다. 덴노지 미오 4층에 규모가 좀 더 작은 지점인 프티 그릴 마루요시가 있으며, 2곳 모두 인기가 높다. **MAP ❻-C**

GOOGLE MAPS 그릴 마루요시
OPEN 11:00~14:30, 17:00~22:00(토·일요일·공휴일 ~15:00, 16:30~)/화요일 휴무(공휴일은 오픈)
WALK 아베노 큐스 몰 내 비아 아베노 워크 1층

특제 롤캬베츠

SPECIAL PAGE

홀린 듯이 떠난 노면전차 여행

한카이 전차阪堺電車

덴노지에는 오사카 유일의 노면전차인 한카이 전차가 느릿느릿 다닌다. 오사카 시민들에게는 '칭칭덴샤'라는 애칭으로 불리는 이 전차의 역사는 100년 이상! 1911년부터 운행을 시작했다. 2개 노선으로 코스가 짧고, 붐비지도 않아서 오사카에서 가장 큰 신사인 스미요시 타이샤에도 들를 겸 반나절 코스로 다녀오기에 제격이다. 여행을 마친 후 덴노지로 돌아와 아베노 하루카스에서 오후 시간을 보내거나, 에비스초역에서 내려 신세카이의 밤을 즐길 수도 있다.

한카이 전차 타는 법

- **주요 역** 덴노지에키마에(天王寺駅前): 지하철 미도스지선·다니마치선 덴노지역(天王寺/M23·T27) 11번 출구로 나와 바로
  에비스초(恵美須町): 지하철 사카이스지선 에비스초역(恵美須町/K18) 4번 출구로 나와 바로
- **요금** 전 구간 1회 230엔(어린이 120엔), 1일권 700엔(6~11세 350엔)/1일권은 티켓 판매역(노선도 참고) 또는 차내에서 구매. *스마트폰 앱 Ryde Pass에서 구매 시 680엔(어린이 340엔)
- **타는 방법** 전차 중앙의 입구로 탄 다음, 내려야 할 정거장이 다가오면 벨을 누른 뒤 앞으로 내린다. 요금은 내릴 때 운전사 옆 요금함에 동전 또는 IC 카드로 지급한다(덴노지역은 하차 후 승강장의 개찰구에서 지급). 지폐만 있다면 요금함에 딸린 동전 교환기에서 환전한다. 1일권(실물 또는 모바일)은 내릴 때 운전사에게 보여주면 된다.
- **환승** 환승 지정역인 스미요시역(住吉)이나 아비코미치역(我孫子道) 중 한 곳에서 1회만 가능하며, 내릴 때 요금함 옆에 설치된 환승권(乗換券, 노리카에켄) 발권기에서 환승권을 뽑은 후 최종 목적지에서 기관사에게 건네고 내리면 된다.

WEB hankai.co.jp

요금함 & IC 카드 리더기

한카이 전차 노선도

우에마치선 上町線
- 51 에비스초 恵美須町
- 52 신이마미야에키마에 新今宮駅前
- 53 이마이케 今池
- 54 이마후네 今船
- 55 마쓰다초 松田町
- 56 기타덴가차야 北天下茶屋
- 57 쇼텐사카 聖天坂
- 58 덴진노모리 天神ノ森
- 59 히가시타마데 東玉出
- 60 쓰카니시 塚西
- 61 히가시코하마 東粉浜

한카이센 阪堺線
- 01 덴노지에키마에 天王寺駅前
- 02 아베노 阿倍野
- 03 마쓰무시 松虫
- 04 히가시덴가차야 東天下茶屋
- 05 기타바타케 北畠
- 06 히메마츠 姫松
- 07 데즈카야마산초메 帝塚山三丁目
- 08 데즈카야마욘초메 帝塚山四丁目
- 09 가미노키 神ノ木
- 10 스미요시 住吉(환승역)
- 12 스미요시도리이마에 住吉鳥居前
- 13 호소이가와 細井川
- 14 안류마치 安立町
- 15 아비코미치 我孫子道(환승역)
- 16 야마토가와 大和川
- 17 다카쓰진자 高須神社
- 18 아야노초 綾ノ町
- 19 신메이초 神明町
- 20 묘코쿠지마에 妙国寺前
- 21 하나타구치 花田口
- 22 오쇼지 大小路
- 23 슈쿠인 宿院
- 24 데라지초 寺地町
- 25 고료마에 御陵前
- 26 히가시미나토 東湊
- 27 이시즈키타 石津北
- 28 이시즈 石津
- 29 후나오 船尾
- 31 하마데라에키마에 浜寺駅前

우에마치선 上町線
한카이센 阪堺線
(10) 환승 지정역
(01) 티켓 판매역

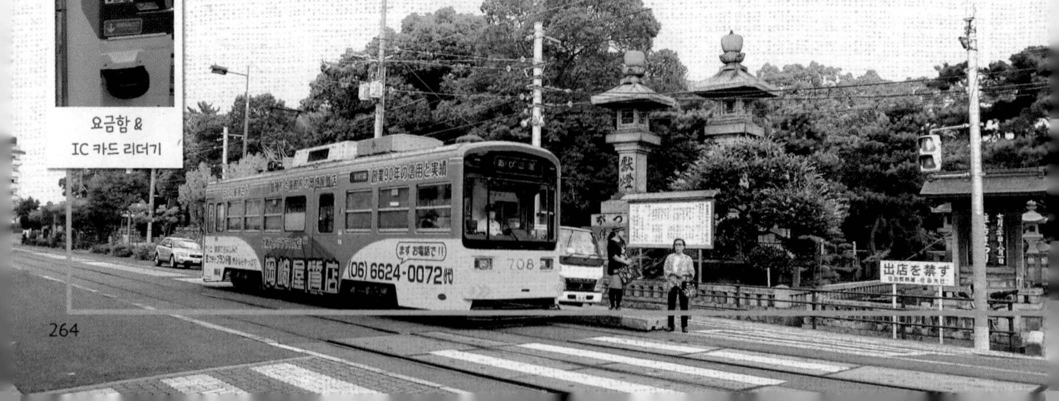

전차 안에서 바라본 스미요시 타이샤

히가시덴가차야역

하마데라에키마에역

한카이 전차 여행 최고의 명소
스미요시 타이샤
住吉大社

'바다의 신'을 모시는 전국 2300여 개의 스미요시 신사를 거느리는 총본산으로, 설에는 무려 200여만 명의 참배자가 모여든다. 국보인 목조 본전은 신사 건축 양식 중 가장 오래된 것이며, 본전 주변으로 다양한 신을 모시는 섭사를 거느리고 있다. 연못 위로 우아하게 곡선을 그린 빨간 아치형 다리 소리하시(反橋, 반교)가 포토 포인트. 도보 1분 거리에 난카이 전철 스미요시타이샤역이 있어서 난바역(5정거장)으로 이동하기에도 편리하다. MAP ❶

GOOGLE MAPS 스미요시 대사
ADD 2-9-89 Sumiyoshi, Sumiyoshi Ward
OPEN 경내 06:00~17:00(10~3월 06:30~)/본전 06:00~16:00(10~3월 06:30~)
WALK 한카이 전차 스미요시도리이마에역에서 바로
WEB sumiyoshitaisha.net

음양사의 염력 체험하기
아베노 세이메이 신사
安倍晴明神社

아베노 출신으로 알려진 전설적인 음양사(주술사) 아베노 세이메이를 모시는 곳. 그는 10세기 후반에 갑자기 발생한 천재지변으로 수도가 황폐화된 혼란 속에서 일왕의 신임을 한 몸에 받던 당대 최고의 음양사였다. MAP ❶

GOOGLE MAPS 아베노 세이메이 신사
ADD 5-16, Abeno Motomachi, Abeno Ward
OPEN 11:00~16:00
WALK 한카이 전차 히가시덴가차야역에서 바로

해변 공원으로 가요
하마데라 공원
浜寺公園

한카이 전차의 종점 바로 앞에 펼쳐진 3만여 평 규모의 해변 공원. 5000여 그루의 소나무 숲, 벚꽃과 장미 정원이 볼거리다. 한 블록 떨어진 난카이 전철 하마데라코엔역에서 난바역까지 직행편(약 30분, 15분 간격 운행)도 이용 가능. MAP ❶

GOOGLE MAPS 하마데라 고엔초
ADD Hamadera Koencho, Sakai
OPEN 24시간
WALK 한카이 전차 하마데라에키마에역에서 바로

빠지면 섭섭한 힐링 포인트

오사카 시내 온천 Best 6

뜨끈하게 이 한 몸 녹일 수 있는 공간만 있다면 그곳이 바로 힐링 낙원. 저렴한 가격과 깔끔한 시설로 외국인 여행자들에게도 인기 만점이다.

밤새도록 즐기는 온천 테마파크

스파월드

スパワールド

쓰텐카쿠가 코앞인 24시간 스파 온천. 세계 각국을 테마로 한 온천탕과 다양한 식당이 입점해 있으며, 우리의 찜질방과 비슷해 이용하기 편하다. MAP ❻-C

GOOGLE MAPS 오사카 스파월드
ADD 3-4-24 Ebisuhigashi, Naniwa Ward
OPEN 온천 10:00~다음 날 08:45, 풀 10:00~18:30(토·일요일·공휴일 ~21:30)
PRICE 1500엔, 13세 이하 1000엔 (풀 이용 시 2000엔, 13세 이하 1200엔)
WALK 지하철 도부쓰엔마에역 5번 출구로 나와 도보 약 2분
WEB spaworld.co.jp

후끈후끈 찜질방 느낌 제대로!

노베하노유 쓰루하시점

延羽の湯 鶴橋

코리안타운인 쓰루하시에 있는 온천. 일본의 온천 문화와 우리의 찜질방 문화를 접목했다. 프라이빗 가족 온천은 예약 후 이용 가능(1실 1시간 3900엔~). MAP ❼-B

GOOGLE MAPS 노베하노유
ADD 3-13-41 Tamatsu, Higashinari Ward
OPEN 09:00~다음 날 02:00/폐장 1시간 전까지 입장
PRICE 900엔, 초등학생 이하 500엔/ 토·일요일·공휴일 1000엔, 초등학생 이하 560엔
WALK JR·긴테쓰 전철 쓰루하시역에서 도보 약 5분
WEB nobuta123.co.jp/nobehatsuruhashi

노천 온천 분위기가 Good

스파 스미노에

スパスミノエ

깔끔하고 아늑한 노천 온천이 인기인 곳. 지하 700m에서 매분 480L가량 솟아오르는 약알칼리성 온천을 즐길 수 있다. 팔찌를 차고 있으면 재입욕도 가능하다. MAP ❶

GOOGLE MAPS 스파 스미노에
ADD 1-1-82 Izumi, Suminoe Ward
OPEN 10:00~다음 날 02:00/폐장 1시간 전까지 입장
PRICE 750엔, 초등학생 370엔, 미취학 아동 180엔(토·일요일·공휴일 850엔, 초등학생 420엔, 미취학 아동 210엔)
WALK 지하철 스미노에코엔역 출구로 나와 도보 약 3분
WEB www.spasuminoe.jp

: WRITER'S PICK :

시내 온천을 선택할 때 고려할 사항은?

오사카 시내 온천은 어딜 가나 시설과 서비스 수준은 비슷하니, 그날 일정에 따라 가장 방문하기 편한 곳을 선택하면 된다. 부모님을 모시거나 어린아이를 데리고 여행의 피로를 풀고 싶을 때도 추천할 만하다. 국내 온라인 예매 시 현지보다 저렴하게 입장권을 구매할 수 있으며, 주유패스 소지자는 소라니와 온센과 스파월드 이용료를 할인받을 수 있다. 수건이나 목욕용품은 대부분 유료이니 미리 챙겨가자.

평균 이상의 만족도

나니와노유

なにわの湯

JR을 비롯해 각종 사철과 지하철이 오가는 우메다와 매우 가깝다. 입욕을 마친 후 정문 앞에서 JR 오사카역행 버스를 탈 수 있다. 8층 건물 꼭대기 층에 있으며, 노천 온천을 비롯해 시설이 깔끔하다. MAP ❷-B

GOOGLE MAPS 나니와노유
ADD 1-7-31 Nagaranishi, Kita Ward
OPEN 10:00~다음 날 01:00(토·일요일·공휴일 08:00~)/폐장 1시간 전까지 입장
PRICE 850엔, 초등학생 400엔, 미취학 아동 이하 150엔(토·일요일·공휴일 중학생 이상 950엔)
WALK 지하철 덴진바시스지로쿠초메역 5번 출구로 나와 도보 약 8분
WEB naniwanoyu.com

예쁜 옥상 정원에서 온천을

소라니와 온센

空庭温泉

오사카 베이 타워 호텔 옥상에 자리한 온천. JR·지하철 벤텐초역과 연결된 편리한 위치에 노천탕과 족탕을 비롯한 9가지 온천 시설과 1000여 평 규모의 일본 정원, 식당과 카페 등으로 꾸며져 있다. MAP ❽-A

GOOGLE MAPS 소라니와 온천
ADD 1-2-3 Benten, Minato Ward
OPEN 11:00~23:00/폐장 1시간 전까지 입장
PRICE 이용일에 따라 중학생 이상 2310~3630엔(4세~초등학생 1320엔, 70세 이상 1800엔)/타올 및 관내복 포함
WALK JR 벤텐초역 북쪽 출구 또는 지하철 벤텐초역 2A 출구와 연결
WEB solaniwa.com

USJ와 가까운 게 장점

가미카타 온센 잇큐

上方温泉 一休

유니버설 스튜디오 재팬과 가까워 실컷 논 후 피로를 풀기에 제격이다. 저렴한 가격과 무료 셔틀버스로 부담 없이 편하게 다녀올 수 있다. MAP ❽-A

GOOGLE MAPS 잇큐온천
ADD 5-9-31 Torishima, Konohana Ward
OPEN 10:00~24:00/폐장 1시간 전까지 입장/매월 셋째 화요일 휴무
PRICE 750엔(토·일요일·공휴일 850엔), 초등학생 400엔(토·일요일·공휴일 450엔), 미취학 아동 무료
WALK JR·한신 전철 니시쿠조역 하차 후 무료 셔틀버스 이용/니시쿠조역·지하철 우메다역 및 한큐·한신 전철 오사카우메다역 앞에서 59번 버스를 타고 도리시마고초메(酉島５丁目) 하차 후 도보 약 2분
WEB onsen19.com

#Walk

설렘으로 물든 물빛 해안 지구

베이 지역ベイエリアー

오사카 시내 중심부에서 서쪽으로 약 8km, 푸른 바다가 펼쳐진 이 해안가에는 할리우드 영화를 배경으로 하는 테마파크 유니버설 스튜디오 재팬, 초대형 아쿠아리움 가이유칸, 아찔한 높이를 자랑하는 덴포잔 대관람차 등이 자리한다. 여기에 2025년 4월에는 세계 엑스포 회장으로 지어진 유메시마섬까지 합류할 예정! 명실상부 오사카 최고의 엔터테인먼트 지구라 할 수 있다. 부산과 오사카를 오가는 팬스타 크루즈의 정박지인 오사카항 국제페리터미널도 이곳에 있다.

Access

지하철

- **주오선 오사카코역**(大阪港/C11): 1번 출구로 나와 덴포잔 마켓 플레이스, 가이유칸까지 도보 약 10분 소요.

JR

- **유메사키선**(ゆめ咲線) **유니버설시티역**(ユニバーサルシティ): 하나뿐인 출구로 나와 USJ 정문까지 도보 약 3분 소요.

뉴트램(난코포트타운선)

- **트레이드센터마에역**(トレードセンター前/P10): 2번 출구로 나와 연결통로를 따라 가면 오사카부 사키시마 청사다.

공항 리무진 버스

- 간사이 국제공항 제1터미널 1층 리무진 버스 3번 정류장에서 탑승하면 가이유칸, 덴포잔 마켓 플레이스, USJ로 곧장 간다. 약 1시간 소요.

Planning

가이유칸과 덴포잔 마켓 플레이스만 둘러본다면 2시간, 유람선이나 대관람차를 탄다면 1시간 정도 더 걸린다. USJ는 하루를 다 써도 모자라지만, 가이유칸과 USJ를 10분 만에 연결하는 캡틴 라인 선박을 이용하면 하루 동안 두 군데를 모두 돌아볼 수 있다. 가족 단위 관광객이 몰리는 주말과 공휴일은 특히 혼잡하므로, 되도록 평일 오전에 방문하자.

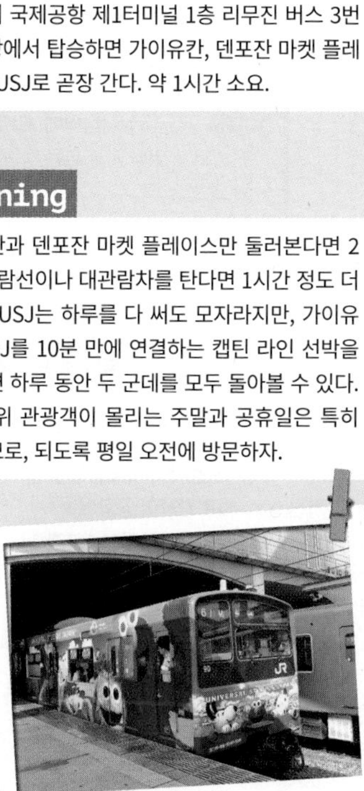

유니버설시티역으로 가는
JR 유메사키선(사쿠라지마선) 열차

+MORE+

USJ까지 10분 만에 도착!
캡틴 라인 Captain Line

가이유칸 앞 니시하토바(海遊館西はとば) 선착장과 유니버설시티역 부근의 유니버설시티포트 선착장 사이 약 400m 구간을 10분 만에 연결하는 뱃길 노선이다. 배 크기는 작은 편이지만, 오픈 데크에서 크루징도 즐길 수 있다. 아침 일찍 USJ에 들렀다가 오후에 가이유칸을 방문할 때 꽤 유용하다. 오사카 주유 패스 또는 e패스 소지 시 무료 탑승할 수 있고, 가이유칸 입장권과 묶은 할인 티켓도 있다.

USJ에서는 유니버설시티역에서 바다를 바라보고 오른쪽에 보이는 호텔 유니버설 포트 뒤쪽으로 가면 매표소와 선착장이 있다. 가이유칸에서는 입구를 바라보고 왼쪽으로 직진해 부두로 나가면 보인다. 표지판(For Shuttle Boat to Universal City Port)을 잘 따라가자.

GOOGLE MAPS kaiyukan west pier
OPEN 09:30~20:00/30분~1시간 30분 간격/요일과 계절마다 다름/가이유칸 출발 기준
PRICE 편도: 900엔, 7~12세 500엔, 3~6세 400엔, 왕복: 1700엔, 7~12세 900엔, 3~6세 700엔
WEB www.kaiyukan.com/language/eng/captain.html

1 오사카 여행 호감도 급상승!
유니버설 스튜디오 재팬(USJ)
ユニバーサルスタジオジャパン

할리우드 영화와 미국의 거리를 테마로 10개 구역에서 각종 어트랙션과 환상적인 이벤트를 즐길 수 있는 테마파크다. 2014년 <해리포터> 시리즈를 테마로 한 '위저딩 월드 오브 해리포터'에 이어 2017년엔 미니언즈들의 '미니언 파크'가, 2021년엔 닌텐도 슈퍼 마리오의 '슈퍼 닌텐도 월드'가 문을 열었고, 2024년 12월부터는 슈퍼 닌텐도 월드 내 신규 에어리어인 '동키콩 컨트리'까지 가세해 인기가 하늘 높은 줄 모르고 치솟는 중. 여기에 <명탐정 코난>, <귀멸의 칼날>, <나의 히어로 아카데미아> 등 인기 애니메이션과 컬래버한 기간 한정 어트랙션 및 이벤트, 피카츄와 마리오가 등장하는 퍼레이드, 온갖 기발한 굿즈와 먹거리까지 줄줄이 이어져서 일년 내내 지루할 틈이 없다. **MAP ❽-A**

GOOGLE MAPS 유니버설 스튜디오 재팬
ADD 2-1-33 Sakurajima, Konohana Ward
OPEN 09:00~17:00경(요일·시기에 따라 다르니 홈페이지에서 확인)
PRICE **1Day 스튜디오 패스** 8600엔~, 4~11세 5600엔~, 65세 이상 7700엔~
트와일라잇 패스(15:00~) 6000엔, 4~11세 3900엔
1.5Day 스튜디오 패스 1만3100엔~, 4~11세 8600엔~
2Day 스튜디오 패스 1만6300엔~, 4~11세 1만600엔~
유니버설 익스프레스 패스4(어트랙션 4개 이용) 7800~2만4800엔
유니버설 익스프레스 패스7(어트랙션 7개 이용) 1만800~2만9800엔
유니버설 익스프레스 패스 프리미엄 1만3600~4만9200엔
*요일·시기에 따라 다르니 홈페이지에서 확인
WALK JR 유니버설시티역에서 도보 약 3분/캡틴 라인 유니버설시티포트 선착장에서 도보 약 5분
WEB www.usj.co.jp

: WRITER'S PICK :

입장 전 체크해두면 좋은 정보

- **게스트 서비스 센터** 입구 왼쪽에 있는 안내소. 궁금한 점이 있다면 이곳을 찾아가자.
- **퍼스트 에이드** 입구 오른쪽에 있는 의무실. 의료 종사자가 상주하고 있으니, 몸이 아프거나 부상 시 이용한다.
- **패밀리 서비스** 수유실과 기저귀 교환대, 전자레인지 등이 설치돼 있다. 게스트 서비스 센터 바로 옆과 유니버설 원더랜드 내에 있다.
- **유모차 대여** 입구 오른쪽에 대여소가 있다. 만 3세 이하만 1대당 1100엔.
- **코인 로커** USJ 입구 주변에 3개소(대형 1000엔·중형 600엔·소형400엔), 유니버설 원더랜드 내 1개소가 있다. 특대(1500엔)나 대형(1000엔) 크기의 짐은 입장 전 유니버설시티역 부근 코인로커를 이용.
- **ATM** 유니버설시티역에 세븐뱅크·이온뱅크가 있다(파크 안은 타 은행 기기만 있음).

+MORE+

USJ로 가는 방법

▪ 우메다 출발

오사카칸조선 내선순환
약 15분/190엔

출발 JR 오사카역 사쿠라지마행 1번 승강장
도착 JR 유니버설시티역

*JR 니시쿠조역에서 JR 유메사키선과 자동 환승
*10:00~16:00경 사이에는 직행이 없거나 매우 드물기 때문에 JR 니시쿠조역(사쿠라지마행 3번 승강장)에서 1회 환승하는 편이 낫다.

*가이유칸 출발 방법은 269p 참고

▪ 난바 출발

한신 전철 난바선+JR 유메사키선
(1회 환승)
약 20분(난바선 8분+유메사키선 5분)/난바선 220엔+유메사키선 170엔

출발 한신 전철 오사카난바역 지하 2층
환승 한신 전철 니시쿠조역 하차 후 개찰구로 나와 JR 티켓 구매, JR 니시쿠조역 사쿠라지마행 3번 승강장
도착 JR 유니버설시티역

▪ 간사이 국제공항 출발

JR 간사이 공항쾌속+
JR 유메사키선(1회 환승)
약 1시간 20분/1210엔

출발 JR 간사이공항역
환승 JR 니시쿠조역 사쿠라지마행 3번 승강장
도착 JR 유니버설시티역

리무진 버스
약 1시간/1800엔

출발 간사이공항 제1 터미널 3번 정류장, 제2 터미널 7번 정류장
도착 유니버설스튜디오재팬

동키콩 컨트리
동키콩의 크레이지 트램카
슈퍼 닌텐도 월드
마리오 카트
요시 어드벤처
해리포터 앤드 더 포비든 저니
리무진버스 정류장
위저딩 월드 오브 더 해리포터
피크닉 에어리어
입구
UNIVERSAL
입구
유니버설 시티 워크 오사카
JR 유니버설시티역
코인 로커
세서미 빅 드라이브
코인 로커
게스트 서비스
코인 로커
호그와트 급행열차
스누피스 그레이트 레이스
유니버설 원더랜드
워터 월드
유니버설 스튜디오 스토어
플라잉 스누피
할리우드 드림 더 라이드 / 할리우드 드림 더 라이드 백 드롭
스누피™ 백로트 카페
유니버설 몬스터 라이브 록앤롤 쇼
애머티 빌리지
4D 상영관
조스
멜즈 드라이브 인
할리우드
유니버설 포트 호텔
위저딩 월드 오브 해리포터 입장정리권 발매소
JURASSIC PARK THE RIDE
스페이스 판타지 더 라이드
캡틴 라인 유니버설시티포트 선착장
쥬라기 공원
뉴욕
주라식 파크 더 라이드
해피니스 카페
유니버설 스튜디오 수비니어
샌프란시스코
백드래프트
미니언 파크
더 플라잉 다이너소어
미니언 메이헴
0
100m
JR 사쿠라지마역

USJ 에어리어 탐구!

Point 1 위저딩 월드 오브 해리포터
The Wizarding World of Harry Potter

영화 <해리포터>의 배경을 완벽하게 재현한 테마파크. 8만㎡(약 2만400평)에 달하는 넓은 면적에 실제 해리포터 프로덕션 디자이너의 지휘로 호그와트성, 호그스미드 마을, 호그와트 급행열차 등이 그 모습을 갖췄다. 영화에 등장하는 모습 그대로의 소품과 먹거리를 판매하는 10여 개의 이벤트숍, 2개의 라이드 어트랙션과 스트리트 퍼포먼스가 엔터테인먼트의 정점을 찍는다. 올리밴더스의 가게에서 센서가 부착된 마법 지팡이 '매지컬 완드' 구매 시 지팡이 마법을 부리면서 더욱 다채롭게 체험할 수 있다. 1개 5500엔.

1. 해리포터 앤드 더 포비든 저니
2. 플라이트 오브 더 히포그리프
3. 완드 스터디즈
4. 프로그 콰이어
5. 트리위저드 스피릿 랠리
6. 호그와트 급행열차
7. 페이스 페인팅
8. 스리 브룸스틱스
9. 호그스 헤드 술집
10. 종코의 장난감 전문점
11. 허니듀크
12. 올리밴더스의 가게
13. 와이제이커 마술용품점
14. 부엉이 우체국 & 부엉이 방
15. 더비시 앤드 뱅스
16. 글래드래그스 마법사 옷가게
17. 필치의 몰수품점

: WRITER'S PICK :

호그와트 캐슬 워크

호그와트성을 구경하고 싶거나 어트랙션 탑승이 제한되는 신장(120cm 미만)의 아동과 함께일 경우, 호그와트성 입구의 직원에게 '호그와트 캐슬 워크'를 요청하자. 영화 속 장면을 생생히 재현한 성 내부를 별도의 줄로 안내받아 둘러볼 수 있다. 기간 한정 운영이니 방문 전 운영 여부 확인.

Point 2 슈퍼 닌텐도 월드
Super Nintendo World

닌텐도의 인기 게임 <슈퍼 마리오>의 세계관을 구현한 테마파크. 역대 최대 규모인 600억 엔을 투입해 2021년 오픈한 후 USJ 내 최고 인기 구역이 되었다. 대표 어트랙션은 마리오 카트에 탑승해 게임 속으로 빨려 들어간 듯 레이싱을 즐기는 '마리오 카트: 쿠파의 도전장'. 귀여운 요시 열차를 타고 슈퍼 닌텐도 월드 위를 순회하는 어트랙션 '요시 어드벤처'도 있다. 2024년 12월에는 닌텐도 월드의 면적을 약 1.7배 확장한 신규 에어리어인 동키콩 컨트리도 오픈! 'PLAY WILD'를 테마로 한 흥미진진한 어트랙션, 파워 업 밴드를 활용한 다양한 게임, 스페셜 굿즈 등을 선보인다.

★푸드
1. 키노피오 카페
   *입장 정리권 발권 필요
2. 핏 스톱 팝콘
3. 요시 스낵 아일랜드

★기념품숍
4. 마리오 모터스
5. 1UP 팩토리

★포토 스폿
6. 마리오 & 루이지 포토 찬스
7. 피치 공주 포토 찬스

★어트랙션
8. **마리오 카트: 쿠파의 도전장**: 마리오 AR 안경을 쓰고 마리오 카트에 올라타 게임 속 세계를 즐기는 라이드 어트랙션
9. **요시 어드벤처**: 요시 열차를 타고 에어리어 상부를 순회하는 라이드 어트랙션. 저연령층 대상
10. **동키콩의 크레이지 트램카**: 트램카를 타고 정글과 황금 신전을 누비는 코스터형 라이드 어트랙션

: WRITER'S PICK :

파워 업 밴드

파워 업 밴드를 구매하면 스마트폰 앱과 연동해 슈퍼 닌텐도 월드 곳곳의 미니 게임들을 폭넓게 체험할 수 있다. 마리오, 루이지, 요시 등 총 8종류이며, 1개 4900엔. 슈퍼 닌텐도 월드 내 카트와 상점에서 판매하는데, 입구 주변 판매소는 입장과 동시에 줄이 늘어서니 덜 혼잡한 에어리어 안쪽 판매소를 공략하자. 1인 1개 구매에 설명까지 들어야 해서 꽤 시간이 걸린다.

Point 3 할리우드
Hollywood

도로 표지판과 신호마저도 1930~40년대 할리우드 거리 모습 그대로다. 대표 어트랙션은 짜릿한 롤러코스터인 할리우드 드림 더 라이드와 할리우드 드림더 라이드 백드롭! 스페이스 판타지 더 라이드 건물에서는 <귀멸의 칼날> 등 인기 애니메이션의 작품 세계를 체험하는 라이드 어트랙션 'XR 라이드'를 이벤트 기간 중 즐길 수 있다.

Point 4 뉴욕
New York

1930년대 뉴욕을 재현한 거리. 화려한 5번가와 다운타운을 거닐면서 영화 속 건물도 엿보고, 기념품숍에서 쇼핑도 즐길 수 있다. 다양한 컨셉의 무대 공연과 스트리트 쇼도 신나는 볼거리다.

Point 5 쥬라기 공원
Jurassic Park

상공을 360°로 빠르게 회전하는 롤러코스터 더 플라잉 다이너소어, 배를 타고 영화 <쥬라기 공원> 속 호수와 동굴을 탐험하는 쥬라기 공원 더 라이드가 있다. 약 26m 높이에서 하강해 시원한 물줄기가 배 안까지 들이닥치니 우비를 챙기는 게 좋다.

Point 6 미니언 파크
Minion Park

미니언들이 거리 곳곳을 장악한 지역. 온통 귀여움으로 무장한 기념품숍, 카페, 레스토랑이 포진해 눈이 즐겁다. 영화 <슈퍼배드> 속 저택을 재현한 중앙 건물에서는 5K 영상 라이드 어트랙션인 미니언 메이햄을 즐길 수 있다. 거리에서 펼쳐지는 미니언즈의 스트리트쇼도 놓치지 말자.

Point 7 샌프란시스코
San Francisco

샌프란시스코의 상징인 노면전차, 항구 마을 피셔맨즈 워프 등을 재현한 지역이다. 어트랙션으로는 영화 속 대형 화재 현장을 스튜디오에서 재현한 백 드래프트가 있으며, 야외공연장, 레스토랑, 기념품숍이 들어섰다.

Point 8 애머티 빌리지
Amity Village

항구마을에서 영화 <조스> 속 식인 상어의 위협을 이겨내는 설정을 지닌 어트랙션이 있다. 보트를 타고 돌지만 옷에 물이 튈 정도는 아니며, 어른과 아이 모두 재밌어하는 인기 어트랙션이다. 입구의 거대한 상어모형은 포토 포인트!

Point 9 유니버설 원더랜드
Univesal Wonderland

동화책을 찢고 나온 듯한 놀이기구와 스누피, 헬로키티, 세서미 스트리트 등 친숙한 캐릭터를 만날 수 있다. 하늘을 나는 플라잉 스누피, 드라이브를 즐길 수 있는 세서미 빅 드라이브 등 어린아이들의 눈높이에 맞춘 어트랙션과 쇼로 꾸며졌다.

Point 10 워터 월드
Water World

3000명 이상을 수용하는 넓은 야외무대에서 약 20분간 스턴트맨이 보트와 제트스키를 타고 화염 속을 질주한다. 스케일이 큰 워터 쇼인 만큼 앞쪽 좌석은 물이 많이 튄다. 대부분 하루 4회, 오후 5시 이전에 공연이 끝나므로 USJ 입장 시 공식 앱을 통해 시간표부터 확인해두는 것이 좋다.

Point 11 쇼 & 퍼레이드
Show & Parade

USJ 내 각 구역에 마련된 스테이지에서는 수시로 20~25분짜리 라이브 공연과 신나는 퍼포먼스 쇼를 즐길 수 있다. 거리로 쏟아져 나온 미니언들과의 사진 촬영, 버스킹 등으로 이뤄진 스트리트 쇼도 놓칠 수 없는 볼거리! 시즌마다 바뀌는 신나는 퍼레이드(보통 14:00)를 즐겨보자.

: WRITER'S PICK :

꼭 타봐야 할 어트랙션 BEST 9

❶ 마리오 카트: 쿠파의 도전장
→ 슈퍼 닌텐도 월드

❷ 동키콩의 크레이지 트램카
→ 슈퍼 닌텐도 월드

❸ 더 플라잉 다이노소어
→ 쥬라기 공원

❹ 할리우드 드림 더 라이드
→ 할리우드

❺ 쥬라기 공원 더 라이드
→ 쥬라기 공원

❻ 해리 포터 포비든 저니
→ 위저딩 월드 오브 해리포터

❼ 조스
→ 애머티 빌리지

❽ 엘모의 고고 스케이트보드
→ 유니버설 원더랜드

❾ 플라잉 스누피
→ 유니버설 원더랜드

뭘 먹을까 고민하지 말고

USJ의 맛집 & 길거리 간식

USJ도 식후경! 파크 곳곳에 자리한 카페, 식당, 푸드카트에서
영화나 만화 캐릭터를 컨셉으로 한 갖가지 먹거리를 즐겨보자.

USJ 최대 식당가

유니버설 시티 워크 오사카

Universal City Walk Osaka

JR 유니버설시티역에서 USJ 정문까지 약 200m 거리에 늘어선 3층 규모의 쇼핑 & 레스토랑 건물이다. 맥도날드, 모스버거 같은 패스트푸드점부터 회전초밥, 고급 레스토랑, 뷔페, 카페에 이르기까지 다양한 먹거리가 있다. USJ 내 음식점은 가격대가 높고 붐비므로, 재입장이 허용되는 날에 이곳에서 점심을 먹거나, 파크 퇴장 후 저녁 식사 장소로 추천. 오사카의 타코야키 맛집 6곳이 한데 모인 타코야키 파크도 있다.

ADD 6-2-61 Shimaya, Konohana Ward
OPEN 11:00~23:00/상점마다 다름
WALK JR 유니버설시티역 출구로 나와 바로
WEB ucw.jp

일본 가정식 체인점 오토야(大戸屋).
가족 단위 여행자에게 추천!

50s 아메리칸 스타일 버거의 맛

멜즈 드라이브 인 Mel's Drive In

할리우드 에어리어 내에 자리 잡은 햄버거 레스토랑이다. 조지 루카스 감독의 1973년 영화 <청춘낙서> 속에 등장하는 레스토랑을 재현한 곳으로, 입구에 전시된 여러 대의 클래식 카와 1950년대풍 내부 인테리어가 인상적이다. USJ 내 레스토랑 중 비교적 합리적인 가격에 정통 미국식 햄버거를 맛볼 수 있어서 인기가 많으니, 식사 때는 피하는 게 좋다. 현장에서 모바일 예약 가능.

OPEN 10:30~17:00/USJ 영업시간에 따라 다름
WHERE 할리우드 내

푸짐한 정통
햄버거 세트
(1650엔~)

아이랑 간다면 CHECK!

스누피™ 백로트 카페 Snoopy's Backlot Cafe

초등학생 이하 어린이와 함께 방문하기 좋은 곳. 스누피 캐릭터로 꾸민 팬케이크, 치킨너겟, 감자튀김, 오렌지주스 등으로 구성된 키즈 세트(1000엔)나 햄버거 세트(1450엔)가 있으며, 유아동을 대상으로 하는 유니버설 원더랜드 에어리어 내에 있어서 접근성도 좋다. 현장에서 모바일 예약 가능.

OPEN 09:30~20:00/USJ 영업시간에 따라 다름
WHERE 유니버설 원더랜드 내

+MORE+

이거 모르고 가면 손해!
USJ에서 똑똑하게 밥 먹는 현실 팁

- 스누피™ 백로트 카페와 멜즈 드라이브 인 레스토랑은 USJ 공식 앱을 통해 당일 예약이 가능하다. 스마트폰으로 주문부터 결제까지 한 번에 해결하고, 매장에서는 QR코드만 제시하면 돼서 편리하다.
- 방문 전 공식 홈페이지에서 USJ 내 레스토랑을 예약해 두면 식사 대기 시간을 단축할 수 있다. 일부 레스토랑만 가능하고 방문 한 달 전 11:00부터 예약할 수 있다.
- 점심(11:30~13:30)에 USJ 내 레스토랑에 방문하면 1시간을 기다려야 할 정도로 붐비지만, 저녁은 상대적으로 한산하다. 점심은 길거리 푸드카트에서 간단히 해결하고, 저녁에 여유롭게 식사를 즐기는 것을 추천한다.
- 슈퍼 닌텐도 월드 에어리어 내 키노피오 카페는 오픈 즉시 긴 줄이 늘어서서 입장 정리권(대기표)을 발급받고 정해진 시간대에만 들어갈 수 있다. 따라서 키노피오 카페에서 점심을 먹고 싶다면 슈퍼 닌텐도 월드에 도착하자마자 정리권부터 발급받자.
- USJ 내 푸드카트, 카페, 식당 운영시간은 각기 다르므로, 공식 홈페이지에서 확인하고 이용한다.
- 샌프란시스코 에어리어에 있는 해피니스 카페는 USJ에서 유일하게 무제한 드링크바가 있다. 메뉴는 미니언 캐릭터로 꾸민 햄버거, 카레 플레이트 등으로, 아이와 함께 방문하기에도 좋다.

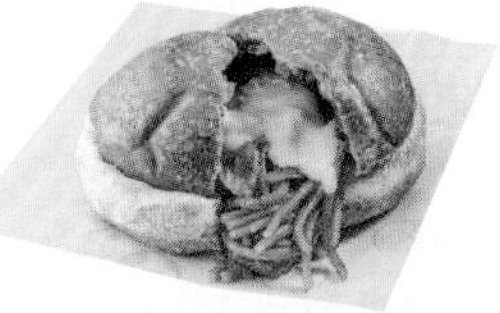

한 끼로 제법 든든! 칼조네 야키소바 & 치즈(800엔)

WHERE 슈퍼 닌텐도 월드 내 요시 스낵 아일랜드

달콤하게 에너지 UP, 미니언 쿠키샌드 바나나 아이스크림(600엔)

WHERE 미니언 파크

USJ의 간판 음료! 해리 포터 무알코올 버터 맥주(700엔~)

WHERE 위저딩 월드 오브 해리포터

요즘 USJ 대세 먹거리! 스모크 치킨(1200엔)

WHERE 주라기 공원 게이트 옆 푸드카트 외 여러 곳

고소한 베이컨과 달콤한 허니 머스터드의 조합, 피자 데니쉬 세트(1500엔)

WHERE 어메티 빌리지 내 보드워크 스낵

해피니스 카페

미니언 파크

키노피오 카페

SPECIAL PAGE

천기누설!

유니버설 스튜디오 완전 공략집

드디어 기다리고 기다렸던 USJ! 엄청난 인파에 휩싸여도 꺾이지 않는 마음, 아래 총정리한 깨알 같은 꿀팁을 활용한다면 200% 즐길 수 있다.

일 년 내내 성수기인 USJ, 언제 가는 것이 좋을까?

주말과 공휴일은 물론이고 방학 기간과 연말연시까지 포함해 거의 일 년 내내 성수기이지만, 그나마 덜 붐비는 날을 골라 보자면 평일 화·수·목요일! 대체 휴일일 때가 많은 월요일은 가족 단위나 단체 학생 방문객이 많아서 오히려 주말보다 혼잡할 수 있으니 방심할 수 없다. USJ의 예상 혼잡도 정보 사이트(usjreal.asumirai.info)를 참고해 방문일을 골라보자.

현명한 지출을 위한 계획, 예산은 얼마나 필요할까?

예산을 짤 땐 스튜디오 패스와 유니버설 익스프레스 패스 구매비 외 파크 내 푸드카트 또는 레스토랑에서의 식사비(1끼 1500~3500엔), 음료 및 간식비(1000~1500엔), 기념품 쇼핑비를 추가로 넣는다. 여기에 슈퍼 닌텐도 월드와 해리 포터 구역을 다채롭게 즐기기 위한 파워업 밴드(1개 4900엔)나 해리 포터 마법 지팡이(1개 5500엔) 구매 시 예상 경비는 더욱 올라간다. 비용을 아끼려면 패스비가 저렴한 비수기 평일에 방문하고, 점심은 레스토랑보다 푸트카트에서, 저녁은 파크 밖에서 먹자. 패스 가격은 시즌에 따라 A(로우)·B(레귤러)·C(레귤러 하이)·D(하이)·E(슈퍼 하이) 5단계로 나뉘며, A 시즌에서 E 시즌으로 갈수록 비싸진다.

가장 먼저 알아야 할 USJ의 입장 & 요금 체계

❶ 스튜디오 패스 USJ 방문 전 반드시 구매해야 하는 입장권 겸 자유이용권. 1·2일권, 1.5일권, 15:00부터 입장하는 트와일라잇 패스가 있으며, QR 코드 제시로 입장 후 대부분의 어트랙션을 자유롭게 이용할 수 있다. 당일 현장 구매할 수도 있지만, 혼잡 시 판매가 일시 중단되거나 드문 경우 매진될 때도 있기 때문에 국내 여행사에서 미리 구매해 간다.

❷ 유니버설 익스프레스 패스 스튜디오 패스와 별도 판매하는 인기 어트랙션 입장 특전 패스. 익스프레스 전용 줄을 통해 입장하기 때문에 어트랙션 대기 시간을 줄일 수 있다. 시간 지정이 있는 어트랙션을 이용할 땐 정해진 시각에 어트랙션 입구에 도착해 티켓(1인 1매)과 함께 표시된 QR 코드를 제시하고, 그 외 어트랙션은 원하는 때에 자유롭게 이용한다. 유니버설 익스프레스 패스4·패스7·패스 프리미엄으로 나뉘며, 어트랙션 1개당 1회만 사용 가능. 한정 수량 판매이고 빠르게 매진되니 서둘러 구매한다.

: WRITER'S PICK :

버스데이 패스

공식 홈페이지(www.usj.co.jp/ticket/birthday/)에서 회원 가입(무료) 후 생년 월부터 그다음 월까지 방문 시 본인 포함 총 6인까지 스튜디오 패스를 할인받을 수 있다(성인 기준 1일권 500엔, 2일권 1000엔 할인).

초보자들 질문 폭주!
입장 정리권·입장 확약권이란?

USJ의 모든 에어리어는 자유롭게 입장 가능하나, 가장 혼잡한 슈퍼 닌텐도 월드는 예외적으로 시간대별 입장 인원을 제한한다. 오픈하자마자 쏜살같이 달려가면 정리권 없이도 입장할 수 있지만, 보통 오픈하고 10~20분 이후부터는 공식 앱에서 '(에어리어) 입장 정리권'을 선착순으로 무료 발급받은 다음, 정해진 시간대에 슈퍼 닌텐도 월드에 입장할 수 있다.
'입장 확약권'이란 국내 여행사나 공식 홈페이지를 통해 사전 예매하는 유료 입장 정리권으로, 슈퍼 닌텐도 월드 입장 확약권이 포함된 익스프레스 패스나 스튜디오 패스 구매 시 발급받을 수 있다. 가격은 부담되지만, 방문 당일 입장 정리권을 받으려고 서두를 필요가 없기 때문에 아이와 함께 가거나 느긋하게 USJ를 즐기고 싶을 때 구매하면 편리하다.

유니버설 스튜디오 입구

입장 정리권·입장 확약권 발권 방법

❶ 방문 전 발권하기(유료)
USJ 방문 전 국내 여행사나 공식 홈페이지에서 슈퍼 닌텐도 월드 입장 확약권이 포함된 유니버설 익스프레스 패스 또는 스튜디오 패스를 구매한다. 성수기에는 빠르게 매진되며, 환불 불가이니 주의.

❷ 방문 후 공식 앱에서 발권하기(무료)
USJ 방문 전 반드시 공식 앱에 패스를 사전 등록해둔 다음, 당일 방문 직후 '에어리어 입장 정리권/추첨권(e정리권)'을 선택하고 원하는 에어리어의 입장 정리권을 선착순 발급받는다. 당일 예정 발권 매수를 넘어서면 추첨을 통해 입장하는 입장 추첨권으로 변경되며, 추첨 결과는 입장 1시간 전에 확인할 수 있다. 입장 정리권과 추첨권은 스마트폰 1대에 일행 모두의 것을 한꺼번에 등록·발권할 수 있다. 시스템이나 통신 장애에 대비해 정리권 QR 코드 캡처 필수. 1일 1회 발행하며, 예약 시간 변경 또는 취소는 불가능하다.

*공식 앱 말고 USJ 내 센트럴 파크 정리권 발권소 단말기에서도 종이 정리권을 발권한다. 스튜디오 패스에 기재된 QR 코드를 단말기에 스캔해 발권받는다.

WEB www.usj.co.jp/web/ko/kr/enjoy/numbered-ticket

공식 앱 정리권 발급 화면. 인원수와 원하는 시간대를 체크하고 발급받는다.

익스프레스 패스 없어도 문제없어! 어트랙션 대기 시간 단축하기

❶ 싱글라이더 シングルライダー, Singles
라이드 어트랙션에 좌석이 1개씩 비어 있을 때 일행과 따로 떨어져서 앉을 수 있는 시스템이다. 마리오 카트: 쿠파의 도전장을 비롯한 대부분 인기 어트랙션에 적용돼 익스프레스 패스 대신 활용하기에 매우 좋다. 사용 가능 어트랙션은 공식 앱에서 확인.

❷ 예약 탑승 よやくのり
유니버설 원더랜드 구역은 예약 탑승 제도가 있다. 공식 앱에서 'e정리권'을 선택하고 '예약 탑승'을 눌러 예약권을 발급받거나, 원더랜드 구역 내 3군데에 설치된 기기에서 이용 시각을 지정하고 예약권을 발급받으면, 어트랙션 탑승 대기 시간을 줄일 수 있다.

❸ 차일드 스위치 Child Switch
신장 기준에 미달하는 어린아이와 2명 이상의 보호자가 함께 왔다면, 직원에게 '차일드 스위치'를 요청한다. 대부분 어트랙션마다 별도의 대기실에서 부모가 아이를 번갈아 돌보면서 한 명씩 탑승할 수 있는 제도다. 싱글라이더가 가능한 어트랙션은 대기시간 없이 곧바로 탑승할 수 있어서 더욱 좋다. 사용 가능 어트랙션은 공식 앱에서 확인.

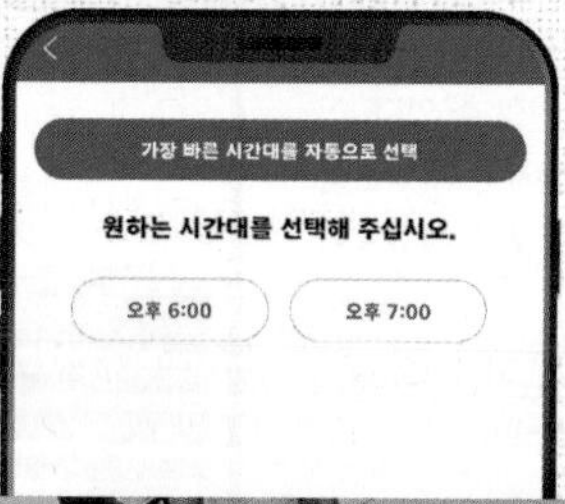

꿀팁을 탈탈 털어보자! 효율적인 USJ 시간 활용법

❶ 방문 전
공식 앱을 사전에 다운받고 입장권을 등록해둔다. 공식 홈페이지에서 매번 바뀌는 시즌 이벤트나 어트랙션 운휴 정보를 미리 체크한 다음, 지도를 보면서 반드시 타고 싶은 어트랙션이나 굿즈, 푸드 등을 정해두고 동선을 미리 짜두면 좋다. 방문 전날 밤이나 당일에 USJ 내 공식 호텔에 투숙하면 이동시간을 단축해 오픈부터 폐장 직전까지 최대한 효율적으로 즐길 수 있다. 시간을 줄이는 레스토랑 사전 예약 방법은 277p 참고.

❷ 당일 오전
USJ는 대부분 공식 오픈 시간보다 30분~1시간 30분가량 일찍 문을 연다. 따라서 남들보다 여유롭게 USJ를 즐기고 싶거나, 익스프레스 패스를 구매하지 않았다면 비수기여도 최소 개장 30분~1시간 전, 성수기는 1~2시간 전에 도착해서 인기 어트랙션부터 차례대로 탑승한다. 특히 슈퍼 닌텐도 월드 입장 확약권이 없는 경우엔 입장과 동시에 USJ 공식 앱에서 입장 정리권부터 발급하기! 보통 오픈 10~20분 뒤부터 정리권 발급이 시작되는데, 정리권이 발급되기도 전에 민첩하게 슈퍼 닌텐도 월드 에어리어에 입장했다면, 정리권을 발급받아 놓고 한 번 더 슈퍼 닌텐도 월드를 즐길 수도 있다.

❸ 당일 오후
대기 시간이 표시된 전광판과 공식 앱을 수시로 체크하며 이동한다. 가장 붐비는 한낮에는 비인기 어트랙션 위주로 즐기는 것이 팁. 인기 어트랙션의 경우 퍼레이드 시간이나 점심시간, 폐장 직전을 공략하면 대기 시간을 좀 더 줄일 수 있다.

주요 어트랙션에는 대기 시간 안내와
'싱글라이더(싱글즈)'라고 이름 붙은 안내판이 있다.

대기시간 전광판

요기도 체크! 소소하게 USJ를 즐기는 법

❶ 퍼레이드 즐기기
퍼레이드는 보통 1일 1회 개최하고 14:00쯤 시작한다. 특별히 명당이랄 것이 없기 때문에 아무 데서나 관람하면 된다. 퍼레이드를 보고 싶다면 정리권(확약권) 시각 지정이나 레스토랑 예약 시간과 겹치지 않도록 주의. 퍼레이드 개최 여부는 시즌에 따라 다르므로 홈페이지 공지사항을 확인한다.

❷ 기념 스티커 받기
파크 내 스태프에게 인사하며 말을 걸면, USJ 방문 기념 비매품 스티커를 받을 수 있다.

챙기면 후회하지 않을 USJ 준비물

❶ 우비, 우양산
워터 월드, 쥬라기 공원 더 라이드 등 일부 어트랙션은 옷이 젖을 수 있어서 우비가 필요하다. USJ 안에서도 우비를 살 수 있지만, 가격 대비 품질이 떨어져서 비용이 아깝다. 휴대성이 좋은 초경량 양산은 갑작스레 비가 오거나 햇볕 아래 장시간 대기 시 유용하다.

❷ 모자, 선글라스, 선크림, 손수건, 부채
햇빛이 강렬한 날, 입장 대기 시 없어서는 안 될 품목들이다.

❸ 생수, 어린이용 간식
외부 음식 반입은 원칙적으로 금지돼 있지만, 생수는 몇 병이든 제한 없이 반입할 수 있다. 영유아를 동반한다면 이유식이나 간단한 간식 반입이 허용된다. 생수는 USJ 입구 근처 편의점에서 사도 되지만, 주말이나 성수기에는 긴 줄이 늘어서니 숙소에서 미리 준비해 가는 게 좋다. 파크 입장을 기다리면서 먹을 간식이나 간단한 도시락을 준비해도 좋다.

❹ 돗자리, 간이 의자
2인용 정도의 작은 돗자리는 야외에서 잠시 휴식하거나, 입장 또는 퍼레이드 대기 시 유용하다. 단, 자리를 맡기 위해 빈 돗자리를 펴놓는 행위는 금지. 사용한 돗자리나 간이 의자는 파크 내 코인 로커에 보관하면 편리하다.

❺ 동전
파크 내 식당과 기념품점에서는 신용카드를 사용할 수 있지만, 코인 로커나 자동판매기, 게임 코너를 이용할 때는 동전이 필요하다. XR 라이드를 탈 때도 100엔 동전을 넣고 로커에 짐을 맡겨야 한다. 동전 교환기에서 교환하는 데도 시간이 걸리니, 지폐보다는 동전을 준비한다.

: WRITER'S PICK :

USJ 재입장하기

USJ는 원칙적으로 연간 패스 소지자 외에 재입장할 수 없지만, 파크 안이 붐벼서 식당 대기 시간이 지나치게 길어지면 파크 밖 유니버설 시티 워크 쇼핑몰에서 식사할 수 있도록 간혹 재입장을 허용한다. 재입장 가능 여부는 당일 입간판 및 전광판에서 확인 가능. 그 외 재입장 특전이 포함된 USJ 공식 호텔 투숙 시 호텔 예약증을 제시하고 재입장할 수 있으며, 피치 못할 사정이 생겼을 경우 입구 직원에게 잘 이야기하면 재입장이 허용될 수 있다. 파크 밖을 나갈 땐 반드시 직원에게 스튜디오 패스를 보여주고 손등에 전용 스탬프를 찍어야 한다.

면세받기

USJ 내 기념품점에서 세금 포함 5500엔 인상 구매 시 면세를 받을 수 있다. 구매한 제품과 영수증, 여권을 입구 근처의 스튜디오 기프트 웨스트 내 면세 카운터(14:00~)에 제시하면 수수료 3.3%를 제한 6.7%의 금액을 현금으로 돌려받는다. 면세 서비스는 폐장 시간 전까지만 가능하고 16:00 이후에는 수속에 시간이 많이 걸리니, 늦어도 폐장 1시간 전까지는 환급받는다.

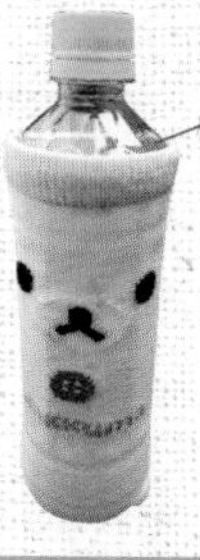

11m 길이의 아쿠아 게이트

우리나라에서는 볼 수 없는
고래상어와 임금펭귄

② 보고, 듣고, 만지는 일본 최대 아쿠아리움
가이유칸 海遊館

일본, 남극 대륙, 칠레, 에콰도르, 파나마, 쿡 해협 등 태평양을 둘러싼 10개의 지역을 14개의 수조로 재현한 일본 최대 규모의 수족관이다. 2층에 있는 터널형 수족관인 아쿠아게이트를 지나 에스컬레이터를 타고 8층까지 올라간 뒤 차근차근 내려오며 약 620종, 3만여 마리의 바다 생물을 감상할 수 있다. 최대 볼거리는 4~6층 중앙에 태평양을 구현한 대형 원통 수조로, 커다란 고래상어와 가오리가 5400t의 푸른 물속을 유유히 헤엄치는 모습을 코앞에서 볼 수 있다. 작은 상어나 가오리를 만져볼 수 있는 4층의 체험 공간은 아이들이 좋아하며, 먹이 주는 시간표를 참고하면 더욱 재밌게 관람할 수 있다. 11월 중순~3월 초에는 일몰 후 야외 일루미네이션 쇼가 펼쳐진다.

MAP ⑧-B

GOOGLE MAPS 해유관
ADD 1-1-10 Kaigandori, Minato Ward
OPEN 10:30~20:00(토·일요일·공휴일 09:30~20:00)/폐장 1시간 전까지 입장/휴관일은 유동적이니 홈페이지에서 확인
PRICE 2700~3500엔, 초등·중학생 1400~1800엔, 3세 이상 700~900엔(요일에 따라 다름/홈페이지 온라인 예매 가능)
WALK 지하철 오사카코역 1번 출구로 나와 도보 약 5분
WEB kaiyukan.com

: WRITER'S PICK :

가이유칸 관람 팁

❶ 가이유칸 관람은 2시간가량 소요된다. 출구 근처의 서비스 카운터에서 재입관 스탬프를 발급받으면 당일에 한해 폐관 1시간 전까지 재입장할 수 있다.

❷ 고래 쿠키는 가이유칸 내(유료 존), 입구, 덴포잔 마켓 플레이스에 있다. 크기에 따라 400~800엔.

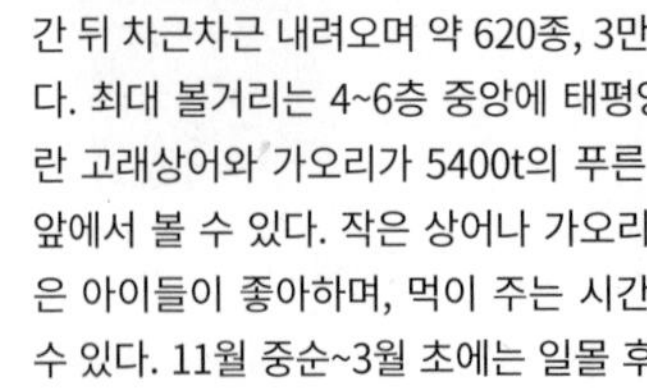

11월 중순~3월 초순의 일루미네이션 쇼!

+MORE+

카페에 고래상어가 떴다?!

가이유칸 4층에 있는 카페 R.O.F와 2층 테이크아웃 전문점 시소(SEA SAW)에서는 가이유칸의 마스코트, 고래상어를 모티프로 한 소프트 아이스크림을 맛볼 수 있다.

고래상어 소프트아이스크림, 440엔

딥블루 소프트아이스크림, 430엔

3 쇼핑과 먹거리는 여기서 해결
덴포잔 마켓플레이스
天保山マーケットプレース

가이유칸 바로 옆에 자리한 대형 쇼핑몰. 패션 잡화, 기념품숍, 식당 등 100여 개의 상점이 모였다. 1965년 오사카의 변두리를 재현한 2층 푸드 테마파크 나니와 쿠이신보 요코초(なにわ食いしんぼ横丁)에는 지유켄(自由軒), 홋쿄쿠세이(202p) 등 간사이 지방 인기 식당 20곳이 있다. 3층에는 캡슐토이숍, 100엔숍 세리아(Serira)에 주목. **MAP ❽-B**

GOOGLE MAPS 덴포잔 마켓플레이스
ADD 1-1-10 Kaigandori, Minato Ward
OPEN 11:00~20:00/휴관일은 매월 다르니 홈페이지 확인
WALK 지하철 오사카코역 1번 출구로 나와 도보 약 5분
WEB kaiyukan.com/thv/marketplace

나니와 쿠이신보 요코초

4 실내에서 즐기는 미니 레고랜드
레고 랜드 디스커버리 센터
LEGO Land Discovery Center

100만 개 이상 블록으로 재현한 오사카 풍경을 감상할 수 있는 레고 체험관. 깜찍한 레고 블록들이 등장하는 라이드 어트랙션과 4D 극장, 레고 만들기 등 레고를 주제로 한 여러 가지 놀이를 할 수 있다. **MAP ❽-B**

GOOGLE MAPS 레고랜드 디스커버리센터 오사카
OPEN 10:00~18:00(토·일요일·공휴일 ~19:00)
PRICE 3세 이상 2200엔~(요일에 따라 다르니 홈페이지 확인)

WALK 덴포잔 마켓플레이스 3층
WEB www.legolanddiscoverycenter.com/osaka/

5 심장이 쫄깃!
덴포잔 대관람차 天保山大観覧車

일본에서 4번째로 큰 높이 112.5m의 대관람차. 덴포잔 일대는 물론, 세계에서 가장 긴 현수교인 아카시 해협 대교(523p)와 고베의 롯코산(502p)까지 내다보인다. 야경을 감상할 수 있는 밤에 타도 낭만적이다. 사방이 투명한 시스루 곤돌라는 4대뿐이라 30분 정도 기다려야 탈 수 있다. 탑승 시간은 약 15분. **MAP ❽-B**

GOOGLE MAPS 덴포잔 대관람차
OPEN 10:00~22:00/폐장 15분 전까지 티켓 구매/계절마다 다름/부정기 휴무
PRICE 3세 이상 900엔
WALK 덴포잔 마켓플레이스 바로 옆
WEB tempozan-kanransya.com

가이유칸 뒤쪽으로 USJ가 화려한 야경을 수놓는다.

6 500년 전 범선 타고 항해를!
유람선 산타마리아
サンタマリア

가이유칸 뒤편 선착장에서 출발해 덴포잔 주변 해역을 순회하는 관광선이다. 콜럼버스가 대서양을 건널 당시 탔던 산타마리아호를 약 2배 크기로 복원했다. 45분 코스인 데이 크루즈를 타면 낮 동안 오사카항 주변 지역을 둘러볼 수 있고, 60분 코스인 트와일라이트 크루즈를 타면 로맨틱한 석양을 감상할 수 있다. MAP ❽-B

GOOGLE MAPS 산타마리아 데이 크루즈
OPEN 데이 크루즈 11:00~17:00(1시간 간격/계절과 요일에 따라 다름)/트와일라이트 크루즈 토·일요일·공휴일 기간 한정 운행
PRICE 데이 크루즈 1800엔, 초등학생 900엔/트와일라이트 크루즈 2300엔, 초등학생 1150엔
WALK 덴포잔 마켓플레이스 1층에서 선착장까지 계단으로 연결된다.
WEB suijo-bus.osaka/intro/santamaria

©Glion Showroom

7 빈티지 세계로 공간 이동
지라이언 뮤지엄
GLion Showroom

100년 된 붉은 벽돌 창고를 개조한 클래식 카 뮤지엄 겸 쇼룸. 런던과 뉴욕의 뒷골목 분위기를 재현한 총 4개의 전시장에 150대가 넘는 희귀한 클래식 카와 빈티지 카, 오토바이가 전시된 모습이 매우 이색적이다. 주유 패스 또는 e패스 소지 시 무료입장이어서 가볍게 들르기 좋은 곳. 게임 시설과 카페, 스테이크 하우스와 프렌치 레스토랑도 입점해 있다.
MAP ❽-B

GOOGLE MAPS 지라이언 뮤지엄
ADD 2-6-39 Kaigandori, Minato Ward
OPEN 11:00~17:00(레스토랑 ~22:30(L.O.20:30))/월요일 휴무(공휴일은 그다음 날)/대관 시 입장 불가
PRICE 1300엔, 초등학생 이하 무료
WALK 지하철 오사카코역 6번 출구로 나와 도보 약 4분
WEB glion-museum.jp

8 고요히, 천천히 즐기는 야경
오사카부 사키시마 청사 전망대
大阪府咲洲庁舎展望台

일본에서 4번째로 높은 초고층 빌딩인 코스모 타워 55층에 있는 전망대. 교통이 불편하고 주변에 마땅한 볼거리가 없지만, 덴포잔과 USJ의 반짝이는 야경, 오사카 엑스포 회장인 유메시마 전경을 두 눈에 담을 수 있다. 무료입장 혜택이 있는 오사카 주유 패스 또는 e패스 소지 시 추천. **MAP ❽-B**

GOOGLE MAPS 사키시마청사 전망대
ADD 1-14-16 Nankokita, Suminoe Ward
OPEN 11:00~22:00/폐장 30분 전까지 입장/월요일(공휴일은 그다음날) 휴무
PRICE 1000엔, 초등·중학생 600엔, 70세 이상 900엔
WALK 뉴트램 트레이드센타마에역(中之島トレードセンター前) 2번 출구와 연결된 ATC 센터 건물로 들어가 '오사카부 사키시마 청사연락통로'라고 적힌 한글 표지판을 따라가면 청사 2층과 직결/지하철 주오선 코스모스퀘어역(コスモスクェア/C10) 4번 출구로 나와 가장 높은 건물을 향해 도보 약 10분
WEB wtc-cosmotower.com/observatory

+MORE+

찾아라! 로컬 맛집, 칫코멘 코보 築港麺工房

쇼핑몰에 입점한 식당 말고 지역 맛집을 가고 싶을 때 추천하는 곳. 관광지에서 살짝 벗어나 있어서 가격도 대부분 1000엔 이하로 저렴하다. 일반적인 온·냉우동 메뉴는 물론, 카르보나라·명란크림·토마토 카레 우동 등 퓨전 우동도 다양하다. 추천 메뉴는 새우튀김 3마리와 버섯 튀김이 든 에비텐 우동(海老天うどん, 1000엔). 고소하고 바삭한 튀김, 짭조름한 육수를 머금은 면발이 조화롭다. 어린이 우동(300엔)도 있다. **MAP ❽-B**

GOOGLE MAPS 칫코우멘코우보우
ADD 1-5-25 Kaigandori, Minato Ward
OPEN 11:00~16:00/토·일요일·공휴일 휴무
WALK 지하철 오사카코역 1번 출구로 나와 도보 약 5분

에비텐 우동

우동과 함께 맛보기 좋은 미니 규동(420엔)

SPECIAL PAGE

미래와 만나는 축제의 현장

2025 오사카·간사이 엑스포

Expo 2025 Osaka Kansai

올해 간사이 지방 최대 핫이슈는 뭐니 뭐니 해도 오사카·간사이 엑스포(이하 오사카 엑스포) 개최다. 2025년 4월 13일부터 10월 13일까지 약 6개월간 인공 섬 유메시마(夢洲)에서 열리는 세계적인 축제! 어떻게 즐기면 좋을지 지금부터 알아보자.

*2024년 12월 기준 정보로, 추후 변동될 수 있음

★ 2025 오사카·간사이 엑스포란?

161개국과 25개 국제기구 및 기업이 참가해 파빌리온(전시장)을 설치하고, 각자의 문화와 최신 건축, 기술 혁신을 선보이는 국제박람회다. 테마는 '생명이 빛나는 미래 사회의 디자인'. 개최 회장은 오사카 베이 지역에 있는 인공 섬 유메시마(夢洲)로, 도쿄돔 약 33개에 해당하는 넓은 면적(155ha)이다.

엑스포의 가장 상징적인 건축물은 지름 약 2km, 높이 약 12m, 폭 약 30m에 달하는 그랜드 링(Grand Ring)이다. 일본어로 '오오야네(大屋根: 대지붕)'라고 불리는 이 목조 건축물은 세계 최대 규모이며, 이 거대한 링 안쪽으로 8명의 일본 프로듀서가 설계한 8개의 시그니처 파빌리온을 비롯해 세계 각국의 파빌리온이 들어선다.

GOOGLE MAPS 유메시마나카
ADD 1 Chome Yumeshimanaka, Konohana Ward
TEL 0570-200-066, 해외 국제전화 +813-4553-8025
PRICE 1일권 7500엔, 12~17세 4200엔, 4~11세 1800엔/
평일권 6000엔, 12~17세 3500엔, 4~11세 1500엔/
야간권 3700엔, 12~17세 2000엔, 4~11세 1000엔/
그 외 할인 티켓 등 다양한 티켓 종류는 홈페이지 확인
WALK 지하철 유메시마역 각 출구로 나와 바로
WEB www.expo2025.or.jp
디지털 티켓 구매(한국어) ticket.expo2025.or.jp/ko/

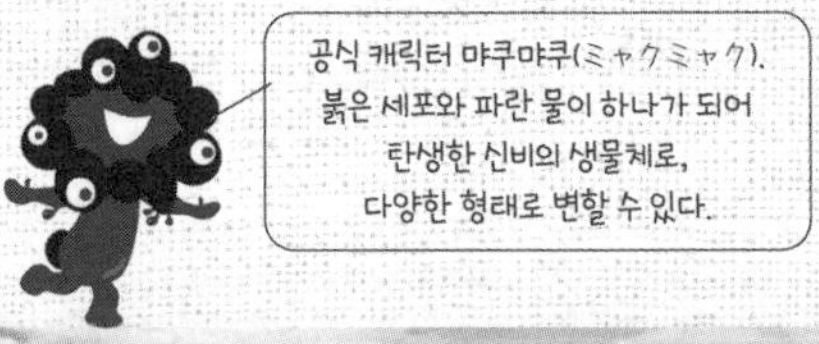

©EXPO 2025

★ 어떤 볼거리가 있을까?

오사카 엑스포에는 멋진 건축미를 뽐내는 파빌리온과 더불어 다채로운 공연과 이벤트, 먹거리가 함께한다. 반다이 남코 그룹의 건담 넥스트 퓨처 파빌리온(Gundam Next Future Pavilion) 앞에는 건담의 실제 크기를 재현한 높이 약 17m의 조형물이 세워지고, 2000년 일본 남극기지 인근에서 채취한 화성 운석도 대중에 최초로 공개할 예정. 수만 년 전 지구에 떨어진 럭비공 크기의 이 운석은 현재까지 발견된 화성 운석 중 가장 크다. 이밖에 애니메이션·게임 전문 대형숍 애니메이트, 오사카에서 창업한 로손 등도 특별한 컨셉의 매장을 열고 관람객을 맞이하며, 푸드코트에서는 원조 쿠시카츠 다루마, 도톤보리 가무쿠라를 비롯한 오사카 대표 식당들이 쿠시카츠, 라멘, 회전초밥, 타코야키 등을 선보인다.

건담 넥스트 퓨처 파빌리온 ©SOTSU·SUNRISE

★ 입장 및 관람 방법

오사카 엑스포 입장권은 1일권, 평일권, 야간권, 시즌 패스 등 여러 종류가 있다. 원칙적으로 QR 코드 방식의 디지털 티켓이고, 스마트폰이나 PC로 공식 홈페이지에 접속해 예매 가능. 티켓 구매 시 등록한 ID는 방문일 지정, 파빌리온 관람 예약 등 각종 서비스를 이용할 때도 공통으로 필요하며, 인기 파빌리온은 사전 예매를 권장한다.
엑스포 회장은 도보 또는 회장 안팎을 순회하는 전기버스로 돌아볼 수 있다. 버스 요금은 어른·어린이 공통 400엔(1일권 1000엔).

그랜드 링 ©EXPO 2025

©네덜란드 파빌리온

©필리핀 파빌리온

©독일 파빌리온

#Walk

일탈로 맛보는 이색 테마 여행

오사카 북부 지역

도심에서 한 발짝 떨어져 향한 오사카 북부 지역에는 의외의 즐길 거리가 여행자를 반긴다. 모노레일을 타고 떠나는 간사이 최대 규모의 엔터테인먼트 & 쇼핑 시설 엑스포 시티, 사계절 아름다운 자연과 대규모 이벤트를 만끽할 수 있는 반파쿠 기념공원, 인스턴트 라면의 발상지에 세워진 컵누들 뮤지엄, 갓 만든 생맥주를 시음할 수 있는 아사히 맥주 스이타 공장이 그 주인공이다.

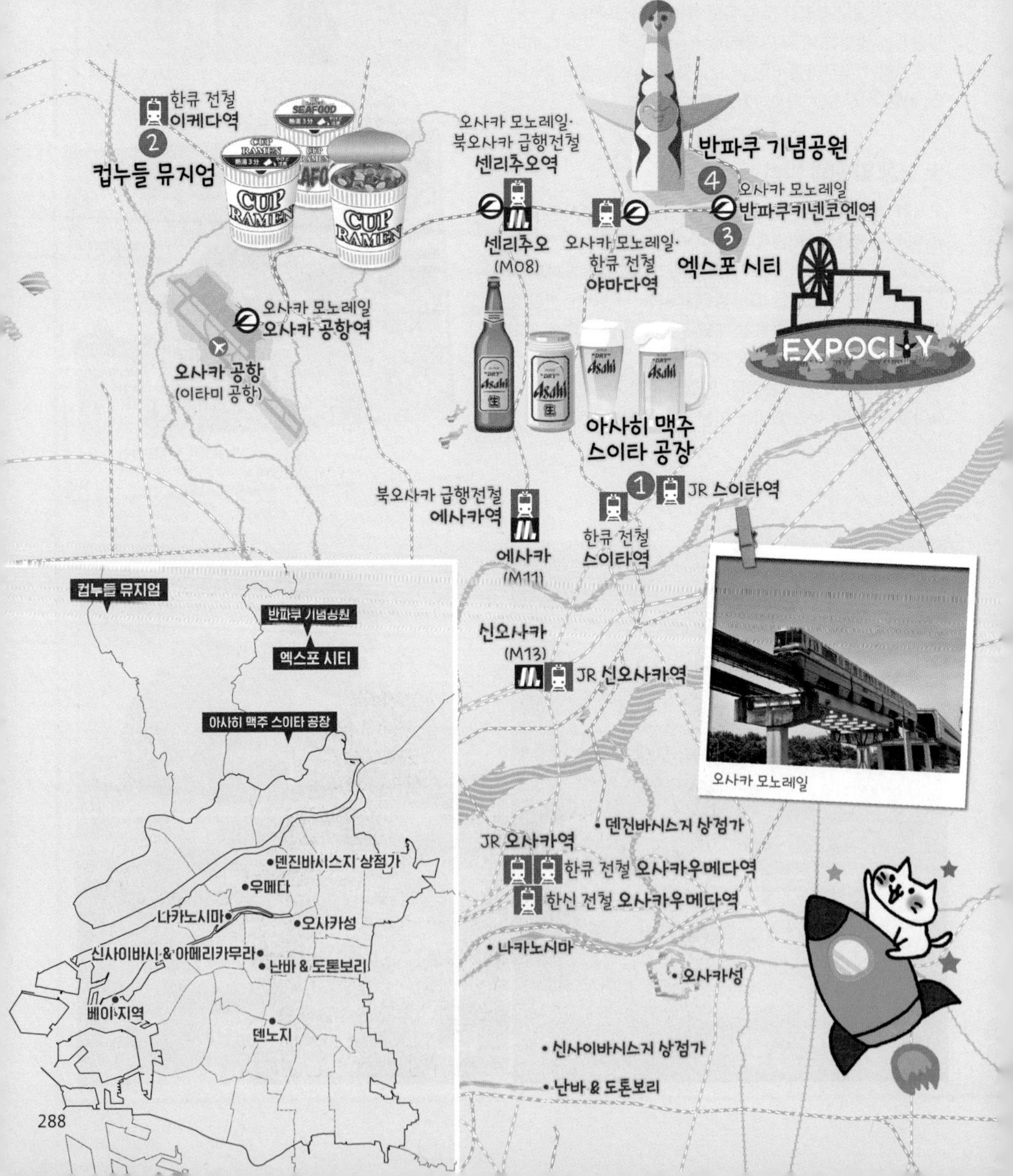

오사카 모노레일

전문가가 따라주는 생맥주는 환상의 거품 비율을 자랑한다.

무료 시음 코너

창업 당시의 굴뚝 윗부분과 벽돌 벽을 보존하고 있다.

1 캬~! 갓 뽑아낸 맥주라니
아사히 맥주 스이타 공장
アサヒビール吹田工場

갓 뽑아낸 아사히 맥주를 시음할 수 있는 공장 견학 프로그램. 홍보 영상 관람-공장 투어-시음 순으로 90분간 진행되며, 시음은 20분간 1인당 2잔(주스나 차로 대체 가능)씩 맛볼 수 있다. 단, 홈페이지나 전화를 통한 사전 예약이 필수다(전화는 영어 가능). 견학은 일본어로만 진행되나, 한국어 음성 가이드가 제공된다. 반파쿠키넨코엔역에서 모노레일을 타고 스이타역에서 내려 한큐 전철로 갈아타고 가면 편리하다. MAP ❶

GOOGLE MAPS 아사히맥주 스이타공장
ADD 1-45 Nishinoshocho, Suita-shi
TEL 06-6388-1943
OPEN 10:00~15:00(마지막 투어 15:00)/연말연시·지정 휴일(홈페이지 참고) 휴관
PRICE 20세 이상 1000엔, 초등학생 이상 300엔
WALK 한큐 전철 스이타역 동쪽·서쪽 개찰구로 나와 도보 약 5분/JR 스이타역 동쪽 개찰구로 나와 도보 약 5분
WEB asahibeer.co.jp/brewery/suita

2 세상에 딱 하나뿐인 나만의 컵라면
컵누들 뮤지엄
Cup Noodles Museum

세계 최초로 인스턴트 라면을 개발한 닛신 사의 창업주 안도 모모후쿠(安藤百福)를 기념하며 세운 기념관. 1958년 탄생한 인스턴트 라면의 원조 '치킨 라면'에 관한 전시 자료와 컵라면 제조 과정, 세계 각국의 컵라면과 뮤지엄숍 등으로 꾸며져 있다.
최고 인기 코너는 라면 수프와 토핑 재료를 취향껏 골라 자신이 직접 꾸민 용기에 담아 보는 마이컵 누들 팩토리 체험! 반죽부터 튀김 단계까지 치킨 라면의 전 공정을 체험해볼 수 있다. 홈페이지에서 예약 필수. MAP ❶

GOOGLE MAPS 오사카 컵라면박물관
ADD 8-25 Masumicho, Ikeda-shi
OPEN 09:30~16:30/폐장 1시간 전까지 입장/화요일(공휴일인 경우 그다음 날)·연말연시 휴관
PRICE 무료입장/치킨 라면 팩토리 체험 1000엔, 초등학생 600엔/마이컵 누들 팩토리 체험 500엔
WALK 한큐 전철 이케다역 개찰구에서 표지판을 따라 출구로 나와 도보 약 7분
WEB www.cupnoodlesmuseum.jp/en/osaka_ikeda/

800여 종의 컵라면 패키지로 꾸민 터널

컵라면 모양의 영상체험관

안도 모모후쿠의 작업실을 재현한 공간. 치킨 라면 개발 당시 사용한 도구가 진열돼 있다.

3 오사카 교외에서 보내는 특별한 하루
엑스포 시티 Expo City

각종 야외 및 실내 액티비티와 쇼핑몰이 한데 모인 복합상업시설이다. 오사카 도심에서 대중교통으로 약 50분, 1970년 최초의 오사카 엑스포가 열렸던 광대한 부지에 2015년 문을 열었다. 패션 잡화 브랜드와 식당 300여 곳이 입점한 3층짜리 대형 쇼핑몰 라라포트 엑스포 시티에서 쇼핑과 먹거리를 즐기고, 일본 최고 높이의 대관람차와 신개념 실내 동물원을 만끽하고, 바로 옆에 자리한 반파쿠 기념공원을 산책하다 보면 하루 종일 시간을 보내도 아깝지 않은 곳. 아이를 동반한 가족 여행객, 외국인 관광객보다 현지인이 많은 곳에서 쇼핑과 힐링을 동시에 즐기고 싶은 이들에게 추천한다. **MAP ❶**

GOOGLE MAPS 라라포트 엑스포 시티
ADD 2-1 Senribanpakukōen, Suita-shi
OPEN 숍 10:00~21:00(레스토랑 11:00~22:00)
WALK 지하철 센리추오역(千里中央/M08, 우메다역에서 약 10분 소요) 개찰구를 빠져나와 오사카 모노레일(2층)을 타고 5분 뒤 반파쿠키넨코엔역(万博記念公園) 하차. 출구 앞 육교를 따라 도보 약 5분/
한큐 전철 미나미이바라키역(南茨木, 오사카우메다역에서 약 20분) 또는 야마다역(山田, 오사카우메다역에서 약 25분 소요) 하차 후 오사카 모노레일로 환승
WEB www.expocity-mf.com

+MORE+

엑스포 시티에서 꼭 가봐야 할 곳

▪ 니후레루 Nifrel

가이유칸에서 만든 신개념 실내 동물원 겸 수족관. 천장을 개방해 낮과 밤을 고스란히 느낄 수 있고, 머리 위로 푸드덕 날아가는 펠리컨 무리, 화장실 간판 위에 태연하게 앉아있는 올빼미 등 동물의 생태를 코앞에서 생생하게 포착할 수 있다. 야생 본능을 잃지 않은 하마와 악어, 백호가 거침없이 돌아다니는 모습도 진풍경.

OPEN 10:00~18:00/폐장 1시간 전까지 입장
PRICE 2200엔, 7~15세 1100엔, 3~6세 650엔
WEB nifrel.jp

▪ 오사카 휠 Osaka Wheel

일본 최대 높이(123m)의 대관람차. 엑스포 시티 전경과 반파쿠 기념공원의 태양의 탑은 물론, 광활한 오사카 시내 전경이 발아래 펼쳐진다. 곤돌라 바닥이 투명판으로 돼 있어 스릴 만점!

OPEN 11:00~20:00/폐장 20분 전까지 입장/시즌에 따라 다름
PRICE 4세 이상 1000엔
WEB osaka-wheel.com

태양의 탑

자연 문화원을 달리는 모리노 트레인(森のトレイン, 3세 이상 350엔)

4 태양의 탑을 만나러 가자 반파쿠 기념공원 万博記念公園

엑스포 시티와 육교로 연결된 공원. 짙푸른 자연이 끝없이 펼쳐지는 힐링 명소로, 오사카의 대규모 이벤트는 대부분 이곳에서 개최된다. 놀이기구 같은 오사카 모노레일도 타보고, 태양의 탑에서 인증샷도 남기고, 음악, 음식, 불꽃놀이 등 매월 주제가 바뀌는 이벤트 일정을 참고해 현지인의 문화 생활도 체험해보자. 봄에는 벚꽃, 가을에는 단풍나들이 장소로도 인기다. MAP ❶

GOOGLE MAPS 반파쿠기넨코엔70
ADD 1-1 Senribanpakukoen, Suita-shi
OPEN 09:30~17:00/폐장 30분 전까지 입장
PRICE 무료입장/공원 내 일부 시설 유료
WALK 엑스포 시티와 연결된 육교를 건너 바로
WEB expo70-park.jp

+MORE+

반파쿠 기념공원에서 꼭 가봐야 할 곳

▪ **태양의 탑** 太陽の塔

오사카의 상징물 중 하나인 높이 65m의 탑. 꼭대기, 정면, 후면에 각각 미래, 현재, 과거를 상징하는 기이한 얼굴이 그려져 있다. 독특한 조형물들이 설치된 탑 안을 보려면 홈페이지를 통한 사전 예약 필수.

PRICE 720엔, 초등·중학생 310엔/자연문화원·일본 정원 세트권 930엔, 초등·중학생 380엔
WEB taiyounotou-expo70.jp

반파쿠키넨코엔역에서도 보이는 거대한 태양의 탑

▪ **일본 정원** 日本庭園

헤이안 시대(8~11세기), 가마쿠라·무로마치 시대(12~16세기), 에도 시대(17~19세기), 현대까지 이어지는 4개 양식의 일본 정원을 볼 수 있다.

▪ **자연 문화원** 自然文化園

반파쿠 기념공원의 하이라이트인 숲 지대다. 계단을 걸어올라 300m 길이의 공중산책로, 소라도(ソラード)에 다다르면 그야말로 구름 위를 걷는 기분. 넓디넓은 자연문화원은 증기기관차 모양의 꼬마기차, 모리노 트레인을 타고 둘러보면 편하다. 연못에 잠시 멈춰서 물고기에게 먹이 주는 시간도 주어진다.

PRICE 260엔, 초등·중학생 80엔/일본 정원 관람료 포함

공중산책로, 소라도

▪ **엑스포' 70 파빌리온** EXPO '70 パビリオン

1970년 오사카 엑스포 개최 당시의 각종 자료 3000여 점을 전시한다.

PRICE 210엔, 중학생 이하 무료

맛과 휴식이 있는 따뜻한 남쪽 바다

와카야마 和歌山

WAKAYAMA
和歌山
IN KANSAI
DAY TRIP FROM OSAKA

일본 본섬인 혼슈(本州) 최남단, 태평양과 맞닿은 기이(紀伊) 반도에 자리한 와카야마시는 간사이에서 가장 평화로운 도시 중 하나다. 제주도를 닮은 온난한 기후와 바다 덕분에 일본의 대표적인 귤 생산지이자 어획지로 유명한 곳. 싱싱한 해산물 요리와 특산 간장으로 맛을 낸 라멘을 즐기고, 귀여운 관광열차도 타면서 와카야마시의 매력에 흠뻑 빠져보자.

와카야마로 가는 법

오사카에서 와카야마 시내 중심부까지는 약 80km로, 난카이 전철 또는 JR을 이용한다. 오사카에 숙박하면서 와카야마 시내만 다녀온다면 와카야마 관광 티켓, 난카이 올라인 2일권, 간사이 레일웨이 패스가 효율적이고, 남쪽의 시라하마나 구마노 고도까지 간다면 간사이 와이드 패스가 이득이다.

오사카에서 와카야마 가기

NK 난카이 전철(직행/특급)

970엔(자유석 이용 시) / 난카이 올라인 2일권 간사이 레일웨이 패스 와카야마 관광 티켓
1시간

❶ 난바역 難波

6번 승강장
와카야마시행(和歌山市)
난카이 특급 사잔(サザン/Southern)

*자유석(5~8호차) 탑승 시 위에 소개한 패스 소지자 무료, 지정석(1~4호차) 탑승 시 특급권 요금(좌석 지정료) 520엔(6~11세 260엔) 추가

❸ 와카야마시역 和歌山市

JR JR(직행/특급)

3010엔 / JR 간사이 와이드 패스
57분

❶ 오사카역 大阪

우메키타 지하 21번 승강장
신구행(新宮), 시라하마행(白浜)
특급 구로시오(特急くろしお/ Kuroshio)

*신오사카역, 덴노지역에서도 출발 가능

❷ 와카야마역 和歌山

난카이 전철 와카야마시역행 난카이 특급 사잔. 자유석(5~8호 차량)과 지정석(1~4호 차량)으로 나뉘어 있으며, 지정석 이용 시 승차권과 별도로 특급권(520엔)을 추가 구매해야 한다.

전석 지정좌석제로 운행하는 JR 특급 구로시오. 와카야마, 시라하마 등을 연결하는 필수 교통수단이다.

간사이 국제공항에서 와카야마 가기

오사카보다 와카야마 여행의 비중이 더 크다면, 오사카를 거치지 않고 간사이 국제공항에서 와카야마까지 곧장 가는 일정으로 계획해도 좋다. 공항에서 와카야마 시내까지는 JR 간사이공항역 또는 난카이 전철 간사이공항역에서 출발해 각 1회 환승하며, 직행 리무진 버스도 운행한다. 소요 시간은 40~55분. 난카이 올라인 2일권이나 간사이 레일웨이 패스 소지자라면 난카이 전철, JR 패스 소지자라면 JR을 이용한다.

와카야마의 주요 역

■ JR 와카야마역 和歌山

와카야마 시내 한가운데에 있는 역. JR 패스로 오사카를 오갈 때 이용한다. 쇼핑몰과 백화점이 연결돼 있고, 9번 승강장에서 와카야마 전철 기시가와선을 타면 고양이 역장이 있는 기시역까지 간다. 시라하마나 구마노 고도로 향하는 여러 노선이 겹치는 교통의 요지이며, 역 앞 버스터미널에서도 주요 관광지로 쉽게 이동할 수 있다.

■ 난카이 전철 와카야마시역 和歌山市

JR 와카야마역에서 서쪽으로 약 2.3km 떨어진 난카이 본선의 종점. 난카이 올라인 2일권 또는 간사이 레일웨이 패스 소지 시 이용한다. 쇼핑몰, 마트, 츠타야 서점, 호텔이 한 건물에 있어 편리하며, 와카야마성까지 도보 15분 거리다. 역 건물에 2량짜리 열차가 운행하는 JR 와카야마시역(和歌山市)이 작게 들어서 있고, 역 앞 버스터미널에서 주요 관광지로 쉽게 이동할 수 있다.

JR 와카야마역

와카야마 전철 뮤지엄호

난카이 전철 와카야마시역

와카야마의 시내 교통

와카야마 시내는 주로 시내버스인 와카야마 버스로 돌아본다. 구간에 따라 차등 요금(100엔~)이 적용되며, 현금 및 IC 카드 사용 가능. 현금 사용 시에는 탑승할 때 뒷문에 설치된 기기에서 정리권을 뽑아야 한다.

'고양이 열차'라고 불리는 와카야마 전철 기시가와선, 작은 바다 마을들을 연결하는 메데타이 전차 가다선 등 로컬 열차를 타면 고즈넉한 시골 풍경을 즐길 수 있다. 간사이 레일웨이 패스 또는 와카야마 관광 티켓 소지자라면 와카야마 버스가 무료, JR 간사이 와이드 패스 소지자는 JR 와카야마 전철 기시가와선이 무료, 난카이 올라인 2일권 소지자는 가다선이 무료다.

와카야마 시내버스

1 와카야마의 자부심
와카야마성 和歌山城

와카야마를 찾은 여행자라면 한 번쯤 들르는 와카야마시의 상징이자, 국보 건축물이다. 1585년 현재의 와카야마현이 속했던 기슈(紀州) 지역을 평정한 도요토미 히데요시가 동생 히데나가에게 명해 창건한 성으로, 1600년 세키가하라 전투(도쿠가와 이에야스가 일본을 통일하는데 분수령이 된 전투)에서 쌓은 공적으로 영주가 된 아사노 요시나가가 대규모로 증축해 지금의 모습에 이르렀다. 대천수각과 소천수각, 2개의 망루 등이 복도로 연결된 독특한 구조는 히메지성, 마쓰야마성과 함께 '일본 3대 연립식 천수'로 불린다. 제2차 세계대전 때 미국의 폭격으로 파괴된 후 1950년대에 복원했다. 경내에 자리한 역사관에서는 기슈 도쿠가와 가문(에도 막부 8대 쇼군 도쿠가와 요시무네를 배출한 일본 3대 가문)의 무기, 금 도장 등 유물과 축성 과정을 볼 수 있다. 연못(해자)에 둘러싸인 니시노마루 정원은 벚꽃과 단풍 명소이며, 정원 다실에서 말차와 화과자(470엔)를 즐길 수 있다. MAP ㉑-A

GOOGLE MAPS 와카야마 성
ADD 3 Ichibancho, Wakayama
OPEN 09:00~17:30(폐장 30분 전까지 입장)/12월 29~31일 휴무
PRICE 경내 무료/천수각 410엔(초등·중학생 200엔)
WALK JR 와카야마역에서 도보 20분/난카이 전철 와카야마시역에서 도보 15분/JR 와카야마역에서 버스 약 15분, 와카야마조마에(和歌山城前) 하차 후 바로
WEB wakayamajo.jp

대천수각에서 바라본 와카야마 전경

복도형 다리,
오하시로카(御橋廊下) 내부.
밖에서 안이 보이지 않게
벽과 지붕으로 둘러싸여
있어서
마치 방에 들어온 느낌이다.

니시노마루 정원

바깥에서 본 오하시로카

구로시오 시장

포르토 유럽

2 어시장을 품은 유럽풍 리조트 섬
와카야마 마리나 시티 和歌山マリーナシティ

와카야마의 엔터테인먼트를 책임지는 인공섬. 테마파크, 어시장, 온천, 호텔이 모인 약 15만 평 규모의 휴양지로, 본토와 2개의 다리로 연결됐다. 유럽의 예쁜 거리를 재현한 테마파크 포르토 유럽에서는 24개 놀이기구와 불꽃놀이, 일루미네이션 등을 즐길 수 있고, 구로시오 시장에서는 참치 해체쇼 관람과 신선한 해산물 덮밥을 맛볼 수 있다. 해저 1500m에서 샘솟는 천연 온천에서 시원한 바닷바람을 맞으며 몸을 담글 수도 있다. **MAP ㉑-A**

GOOGLE MAPS 와카야마 마리나 시티
ADD 1527 Kemi, Wakayama
PRICE 무료(일부 시설 유료)
WALK JR 와카야마역에서 42·121번 버스를 타고 약 40분, 마리나구치(マリーナ口) 하차 후 바로/
JR 와카야마역에서 각역정차를 타고 약 14분, 가이난역(海南) 하차 후 117번 버스를 타고 약 10분, 마리나구치 하차 후 바로/
난카이 전철 와카야마시역에서 117번 버스를 타고 약 30분 또는 42번 버스를 타고 약 50분(JR 와카야마역 경유), 마리나구치 하차 후 바로
WEB www.marinacity.com/kor

타마 전차 내부

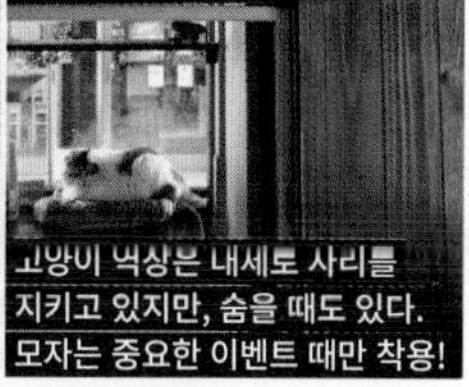
고양이 역장은 내세토 사리를 지키고 있지만, 숨을 때도 있다. 모자는 중요한 이벤트 때만 착용!

3 고양이 역장이 기다린다냥~
기시역 貴志駅

귀여운 삼색고양이 역장이 근무하는 역. 편백나무 껍질로 만든 지붕에 고양이 눈 모양 채광창을 낸 모습이 깜찍한 역 건물은 카페와 기념품점을 겸한다. 승강장 한쪽에 자리한 타마 신사는 초대 슈퍼 역장 타마(たま)를 와카야마 전철의 수호신으로 모신다. 역이 매우 작고 주변은 논밭뿐이지만, 타마 전차를 비롯한 귀여운 컨셉의 로컬 열차에 몸을 싣고 일본 시골 풍경을 즐기고 싶다면 가볼 만하다. **MAP ㉑-A**

GOOGLE MAPS 기노카와시 키시역
ADD Kishigawacho Kodo, Kinokawa
OPEN 기시역(타마 카페) 09:00~17:00/
역장 근무 시간 10:00~ 16:00)
WALK JR 와카야마역 9번 승강장에서 와카야마 전철을 타고 약 30분, 종점 기시역 하차 후 바로

+MORE+

테마별로 타보는 와카야마 전철

JR 와카야마역과 기시역을 연결하는 와카야마 전철 기시가와선(貴志川線)은 총 길이 약 14.3km(약 30분 소요) 구간을 고양이, 딸기, 우메보시 등의 테마 열차로 운행한다. 와카야마역에서 탑승 시 매표소 및 자동판매기에서 티켓을 구매하며, 패스는 역무원에게 보여주고 승차한다. IC 카드 사용 불가. 와카야마역, 이타키소역, 기시역 외에는 무인역이기 때문에 정리권을 뽑고 탑승 후 운임 표시기에 나온 요금을 요금함에 넣고 내린다(와카야마역 하차 시 개찰구에서 정산). 거스름돈은 나오지 않으니, 차내 동전·지폐 교환기에서 바꿔둔다.

PRICE 190~410엔(와카야마역~기시역 410엔)
TIME JR 와카야마역 출발 06:20~23:00경
PASS 1일권 800엔(6~11세 400엔/와카야마 전철 와카야마역·이타키소역에서 구매), 간사이 와이드 패스
WEB wakayama-dentetsu.co.jp

타마 전차

일본식 중화 소바의 성지

와카야마 라멘 순례

와카야마는 면에 진심인 일본인이 전국에서 모여드는 라멘 성지다. 주카소바(中華そば, 중화 소바)라고도 부르는 와카야마 라멘은 맛 좋은 와카야마산 간장과 돼지 뼈 육수를 조합한 것으로, 과거 와카야마 시내를 달리던 노면 전찻길 옆 포장마차들이 팔던 라멘이 그 시초. 지금도 시내에는 옛 분위기를 간직한 라멘집이 활발하게 영업 중이다.

초록빛 향긋함이 퍼지는 라멘

라멘 마루이 주니반초점 ラーメンまるイ

국물이 보이지 않을 정도로 듬뿍 올린 쪽파가 신의 한 수인 곳. 2009년 오픈했다. 현지인 남녀노소 모두가 즐겨 찾는 편안한 분위기로, 28석 규모의 내부도 쾌적한 편. 쪽파의 양은 '보통', '절반', '적게' 중 선택하거나 아예 빼는 것도 가능하지만, 양이 많아도 향긋하고 부드럽게 라멘과 어우러지기 때문에 '보통'을 추천한다. JR 와카야마역 근처 매장은 규모가 작다. **MAP ㉑-A**

GOOGLE MAPS ramen marui junibancho
ADD 87, Junibancho, Wakayama
OPEN 11:00~21:00(일요일 ~17:00)/부정기 휴무
WALK 난카이 전철 와카야마시역에서 도보 약 10분

와카야마 라멘의 시초

이데 쇼텐 井出商店

1953년 조그만 포장마차로 시작해 와카야마 라멘을 전국에 알린 장본인. 처음엔 간장으로만 맛을 낸 맑은 국물이었으나, 2대째부터 오랜 시간 푹 끓인 돼지뼈 육수를 낸 것이 맛의 포인트가 됐다. 대표 메뉴는 야들야들한 차슈를 올린 주카소바(中華そば, 800엔). 현지인들은 와카야마 명물인 하야 스시(早寿司, 식초로 빠르게 숙성한 고등어 초밥, 150엔)를 곁들여 먹는다. 20석 남짓한 가게 내부는 허름한 옛 모습 그대로다. **MAP ㉑-A**

GOOGLE MAPS 이데쇼텐
ADD 4-84 Tanakamachi, Wakayama
OPEN 11:30~22:00(L.O.21:30)/목요일 휴무
WALK JR 와카야마역에서 서쪽 출구에서 도보 약 7분

자꾸만 생각나는 수프 맛

야마타메 쇼쿠도 山為食堂

역시 1953년 문을 연 와카야마의 간판 라멘집. 외관은 물론 27석 규모의 내부까지 이데 쇼텐 못지않은 레트로한 분위기가 정감 있다. 대표 메뉴인 주카소바(中華そば, 950엔)는 걸쭉하고 진한 육수가 면에 촉촉하게 배어 감칠맛을 낸다. 공깃밥(150엔, 곱빼기 무료 업그레이드)을 주문해 말아먹는 것도 추천. 고기와 카레를 넣은 니쿠카레(肉カレー) 우동(900엔)도 인기 메뉴다. **MAP ㉑-A**

GOOGLE MAPS yamatame shokudo ramen
ADD 12 Fukumachi, Wakayama
OPEN 11:00~17:00/일요일 휴무
WALK 난카이 전철 와카야마시역에서 도보 약 8분

SPECIAL PAGE

새하얀 모래가 반짝! 와카야마의 해변 휴양지

시라하마 白良

와카야마현 최남단에는 1300년 전부터 일왕과 귀족들이 사랑했던 바닷가 온천 휴양지 시라하마가 있다. 새하얀 모래사장이 자랑인 간사이 최고의 해수욕장과 곳곳에 마련된 공중 온천, 석양이 아름답게 물드는 해식동굴, 광활한 대암반, 파도가 거칠게 부딪히는 주상절리 등 볼거리와 즐길 거리가 많아서 하룻밤 머물며 힐링하기에 더할 나위 없이 완벽한 장소다.

● 시라하마로 가는 법

시라하마는 오사카에서 남쪽으로 약 150km 떨어져 있다. 오사카역·덴노지역·신오사카역에서 JR 특급 구로시오 열차에 탑승 후 시라하마역에 하차한다. 약 2시간 40분 소요, 5810엔(오사카역 출발 기준). 와카야마역에서 출발하면 약 1시간 30분이 걸린다. JR 간사이 와이드 패스를 활용하면 교통비를 훨씬 아낄 수 있다.

JR 특급 판다 쿠로시오

● 시라하마의 시내 교통

❶ 메이코 버스

시라하마의 유일한 대중교통. 주요 명소들을 두루 훑지만, 운행 간격이 긴 게 단점이다. 요금은 구간에 따라 다르며, 2025년 2~3월경부터 IC 카드 사용 가능. 3회 이상 탑승한다면 1일권을 사는 게 이득이다. 현금 이용자는 승차 시 정리권을 뽑은 후, 내릴 때 정리권 번호에 해당하는 요금을 낸다. 잔돈은 나오지 않으니 차내 동전·지폐 교환기에서 바꿔야 한다.

TIME 시라하마역 출발 기준 06:56~22:10(1시간에 2~3대 운행)
PRICE 160~480엔(시라하마역~시라라하마 해변 340엔, 시라하마역~어드벤처 월드 300엔)/1일권 1100엔(6~11세 550엔)(역 앞 버스 안내소 또는 'Japan Transit Planner' 앱에서 구매)
WEB meikobus.jp

정리권

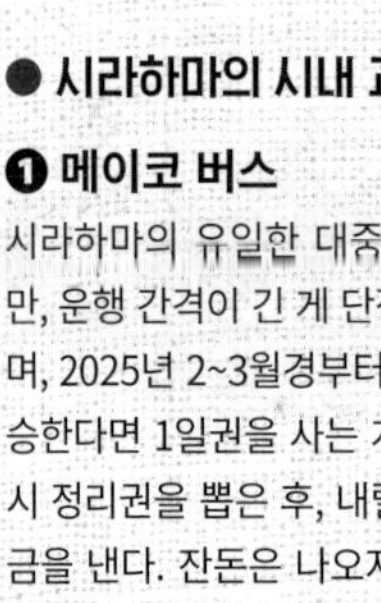

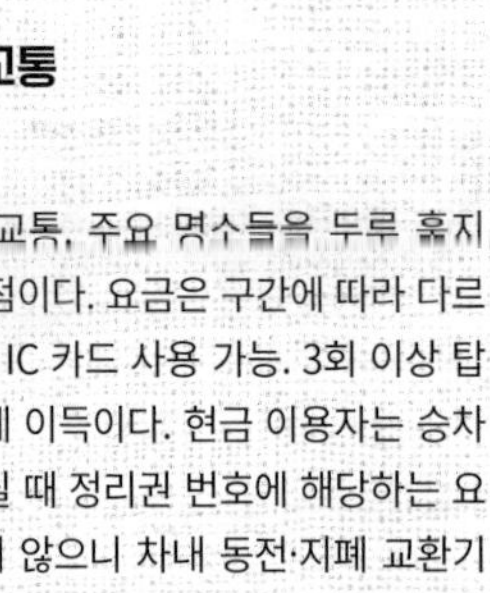

❷ 택시

버스 배차 시간이 맞지 않거나 여럿이 여행할 때 이용하면 효율적이다. 시라하마역 앞 택시 승차장 또는 호텔에서 탑승하며, 택시 호출 앱은 사용 불가. 신용카드 사용은 일부 택시만 가능하니, 탑승 전 꼭 확인하자.

TIME 24시간
PRICE 보통차 기준 1.2km까지 640엔, 이후 243m당 90엔씩 가산(시라하마역~시라라하마 해변 1900엔)/시라하마 명소 투어 약 2시간 9800엔

❸ 셔틀버스

시라하마 온천여관 협동조합에 가맹된 숙소에서 투숙한다면, 역과 숙소를 오갈 때 무료 셔틀버스를 이용할 수 있다. 오전 편은 숙박 시설을 통한 완전 예약제, 오후 편은 JR 시라하마역 앞에서 선착순(18명) 탑승한다.

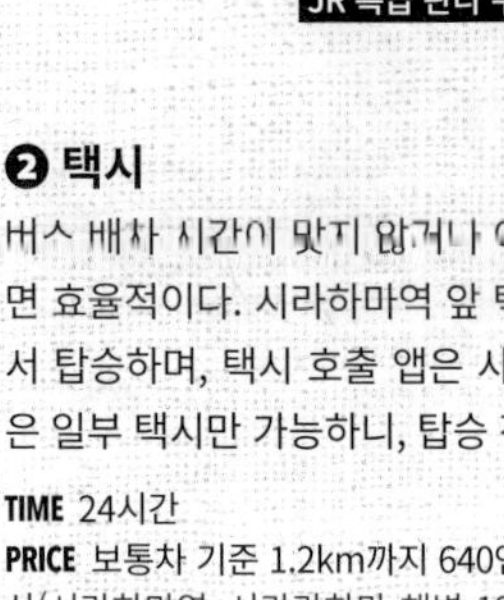

눈부신 모래사장에서 샤랄랄라 ♪

시라라하마 해변 白良浜

길이 약 620m의 백사장이 활처럼 휘어진 해변. 남쪽 지방 특유의 에메랄드빛 바다와 야자수가 늘어섰으며, 일본 본섬에서 가장 이른 5월경부터 해수욕장을 개장한다. 햇볕 아래 하얗게 반짝이는 해변 모래는 유리의 원료인 규사다. 7월 중순~8월 말 매주 일요일 밤에는 불꽃놀이, 겨울철에는 야간 라이트 업 이벤트가 펼쳐진다. 간사이 최고의 물놀이 명소인 만큼 주변에 숙소와 슈퍼마켓, 식당 등이 잘 갖춰져 있으며, 도보 또는 버스를 이용해 인근의 대암반, 주상절리, 해식동굴을 감상하고 돌아오기에도 좋은 위치다.

GOOGLE MAPS 시라라하마 해변 **OPEN** 24시간 **PRICE** 무료
WALK JR 시라하마역에서 12·30번 버스를 타고 시라라하마 해변(Shirarahama Beach) 하차 후 도보 1분

해식동굴 안으로 붉은 해가 쏙! 시라하마의 포토 포인트, 엔게쓰토(円月島)

헤이안 시대 해적이 가파른 절벽 아래 몸을 숨겼다는 산단베키(三段壁)

'다다미 1000장'이란 뜻의 대암반, 센조지키(千畳敷)

+MORE+

'판다'로도 유명한 시라하마

시라하마역 건물에는 온통 판다가 그려져 있다. 근처에 4마리의 판다 가족이 서식하는 동물원 및 수족관, 놀이공원을 갖춘 어드벤처 월드(Adventure World)가 있기 때문. 황제펭귄, 임금펭귄 등 극지 동물도 많고 사파리나 돌고래 쇼도 인기가 높아서 현지의 가족과 연인들이 즐겨 찾는다.

GOOGLE MAPS adventure world wakayama
ADD 2399 Katata, Shirahama, Nishimuro District, Wakayama
OPEN 10:00~17:00(계절에 따라 다름, 홈페이지 확인)
PRICE 1일권 5300엔(4~11세 3300엔, 12~17세 4300엔, 65세 이상 4800엔)
WALK JR 시라하마역에서 어드벤처월드행 버스를 타고 약 8분, 어드벤처 월드 하차 후 바로
WEB www.aws-s.com

판다가 그려진 JR 시라하마역

어드벤처 월드

SPECIAL PAGE

깊고, 높고, 신비로운 세계 유산
와카야마 산중 탐험

와카야마현은 기이산맥을 중심으로 하는 해발 1000m 전후의 산악 지대가 전체 면적의 80%를 차지할 정도로 풍부한 자연환경을 지녔다. 깊고 웅장한 산들은 유네스코 세계 유산으로 지정된 구마노 고도 순례길로 이어져 있으며, 일본 불교의 성지인 고야산은 오사카에서 왕복하기에도 편리해서 해마다 많은 관광객이 방문한다.

일본 불교의 성지
고야산 高野山

오사카에서 남쪽으로 약 70km 떨어진 해발 900m의 고야산은 산 전체가 하나의 거대한 사찰이다. 1200년 전 홍법대사가 창시한 진언종의 총본산으로, 금당을 중심으로 산 곳곳에 부속 사찰만 무려 117개에 달한다. 홍법대사 묘가 있는 오쿠노인 참배길에는 23만 기의 묘가 빼곡해 일본 불교 신자들의 발길이 끊이지 않는다.
여행자들에게 고야산이 매력적인 이유는 사찰 50여 곳에서 진행하는 템플스테이, 슈쿠보(宿坊) 체험이다. 고급 료칸에 버금가는 근사한 두 끼 식사와 뜨끈한 목욕시설이 제공되며, 신선한 아침 공기를 마시며 명상과 정원 산책을 즐길 수 있다. 공식 홈페이지(shukubo.net)에서 신청 가능.

GOOGLE MAPS 고야산
ADD Koyasan, Koya, Ito District, Wakayama
TRAIN 난카이 전철 난바역·신이마미야역·덴가차야역 등에서 난카이 전철 고야산행 급행 탑승 → 약 1시간 30분 →고쿠라쿠바시역 하차 후 난카이 고야산 케이블카 환승 → 약 5분 →고야산역 하차 후 바로
*고야산행 급행 운행 시간대가 맞지 않을 경우 하시모토행 급행을 타고 하시모토역 하차 후 고야선 각역정차 환승, 고쿠라쿠바시역 하차 후 케이블카 이용
PASS 고야산 세계유산 디지털 티켓, 난카이 올라인 2일권, 간사이 레일웨이 패스
WEB www.koyasan.or.jp

오쿠노인(奥之院, 奥の院) 참배길

고야산 2대 성지 중 하나,
단조가란(壇上伽藍)

+MORE+

'고야산 스님들의 정진 요리 맛보기

정진 요리(精進料理)란 가마쿠라 시대 이전부터 이어오는 일본 사찰 음식이다. 오미(五味), 오법(五法), 오색(五色)의 기본 법칙에 따라 구이, 튀김, 두부 요리, 초무침, 국 등이 나오는데, 고야산에서는 동결 건조 고야 두부를 사용한 요리가 인기다. 슈쿠보 체험 없이 점심만 먹는 것도 가능. 가격은 4000엔대부터(2인 이상).

구마노 고도 풍경

나치산 세이간토지와 나치노 오타키 폭포

마음을 비우는 산중 트레킹

구마노 고도 熊野古道

헤이안 시대 왕족과 귀족이 '지상과 천계가 만나는 곳'이라 여기며 옛 수도 교토에서 출발해 수십 일간 걸었던 길이다. 일본 토착 신앙인 신도와 불교를 하나로 합친 신불습합(神仏習合) 사상을 토대로 인기를 끈 구마노 신앙의 탄생지로, 구마노 삼산(熊野三山)이라 불리는 3대 신사인 구마노 하야타마 타이샤(熊野速玉大社), 구마노 나치 타이샤(熊野那智大社), 혼구 타이샤(熊野本宮大社)가 자리하며, 이 3대 신사로 향하는 7가지 코스(총길이 307km)를 일컬어 구마노 고도라 부른다.

TRAIN JR 신오사카·오사카·덴노지·와카야마·시라하마역 등에서 특급 구로시오 열차를 타고 JR 기이카쓰우라역(紀伊勝浦) 또는 기이타나베역(紀伊田辺) 하차(코스마다 다름)
PASS JR 간사이 와이드 패스
WEB 와카야마 관광청 www.wakayama-kanko.or.jp/features/world-heritage-kumano
다나베시 구마노 관광국 www.tb-kumano.jp/ko
구마노 트래블 www.kumano-travel.com/en

: WRITER'S PICK :

순례길 대표 코스 7가지

❶ 가장 인기 코스인 나카헤치(中辺路), ❷ 고야산과 구마노 혼구 타이샤를 잇는 고헤치(小辺路), ❸ 길이 170km의 최장 코스인 이세지(伊勢路), ❹ 고야산에 집중한 조이시미치(町石道), ❺ 해안선을 따라 걷는 오헤치(大辺路), ❻ 요시노·오미네와 구마노 혼구 타이샤를 잇는 오미네 오쿠가케 미치(大峯奥駈道), ❼ 가장 근대에 형성된 기이지(紀伊路)가 대표 코스다. 보통 코스당 2~6일 이상 걸려서 숙박이 필요하지만, 당일치기 단거리 코스들도 있다. 자세한 코스와 숙박 정보는 위의 홈페이지 참고.

어떻게 걸을까?

순례길은 가파른 계단이나 산길이고 대부분 폭이 1m 이내로 좁아서 걷기 편한 복장과 워킹화, 물이 필수다. 우비, 모자, 등산용 스틱도 챙겨가면 좋다. 곰, 멧돼지, 말벌이 출몰할 수 있으니 안전에 유의하고, 트레킹 길에서 벗어나지 않는다.

구마노 나치 타이샤에서 바라본 나치노 오타키 폭포

KYOTO
京都
IN KANSAI

교토 京都

일본인이 손꼽는 '혼자 여행 가고 싶은 도시' 1순위. 반듯한 격자무늬 창이 달린 마치야가 늘어선 오래된 골목, 남북을 관통하며 굽이쳐 흐르는 가모강변과 동네 구석구석 졸졸졸 귀를 간지럽히는 실개천 변을 천천히 거닐다 보면, 어느 틈엔가 달콤한 전통 디저트와 쌉싸래한 말차 향으로 유혹하는 카페가 기다리고 있다.

Area Guide 1

간사이 국제공항에서 교토 가기

우리나라에서 교토로 가는 직항편이 없으므로 오사카의 간사이 국제공항을 이용해야 한다. 간사이 공항에서 교토까지는 JR 특급 하루카(はるか)로 약 1시간 20분, 리무진 버스로는 약 1시간 30분 소요된다. 사철을 타고 가는 방법도 있지만, 오사카를 거쳐 2번 갈아타기 때문에 약 2시간 소요되고 번거롭다.

간사이 국제공항

- **JR 특급 하루카** 3640엔(자유석 3110엔) / 1시간 20분 → **교토역**
  - JR 간사이 패스 / JR 간사이 와이드 패스 / 하루카 편도 티켓
- **난카이 전철** 공항급행 40분 → **덴가차야역** → **지하철 사카이스지선 + 한큐 전철**(상호 직통운행) 22분 → **아와지역** → **한큐 전철** 특급 36분 → **교토 카와라마치역**
  - 1670엔 / 간사이 레일웨이 패스 *전 구간 총합 요금 / 전 구간 패스 사용 가능
  - *지하철 사카이스지선은 한큐 전철과 상호 직통운행하므로 도중에 환승 없이 한큐 전철 아와지역까지 곧장 간다.
- **리무진 버스** 2800엔 / 1시간 30분 → **교토역 하치조 출구**

교토로 가는 가장 빠른 열차

JR 특급 하루카 関空特急 はるか/Ltd. Exp. HARUKA

제일 빠르고 쾌적하게 간사이 공항과 교토역을 오가는 교통수단이다. 국내 온라인 여행사나 JR 서일본 홈페이지에서 판매하는 외국인 관광객 전용 하루카 할인 편도 티켓, JR 간사이 패스, JR 간사이 와이드 패스를 구매하면 정상 요금보다 훨씬 저렴하게 이용할 수 있다. 할인 티켓과 패스 정보는 102p 참고.

JR

3640엔

*보통차 지정석 정상 요금 기준 (할인 시 2200엔)

1시간 20분

1 간사이공항역 関西空港

4번 승강장

교토행(京都)

특급 하루카(関空特急 はるか/Ltd. Exp. HARUKA)

*06:31~22:16(평일 기준)/30분 간격 운행

2 교토역 京都

헬로키티 컨셉의 특급 하루카

내부도 온통 키티!

● JR 특급 하루카 타는 법

Step 1 도착 로비에서 'Railways' 표지판을 따라 2층으로 올라가 육교를 건넌다.

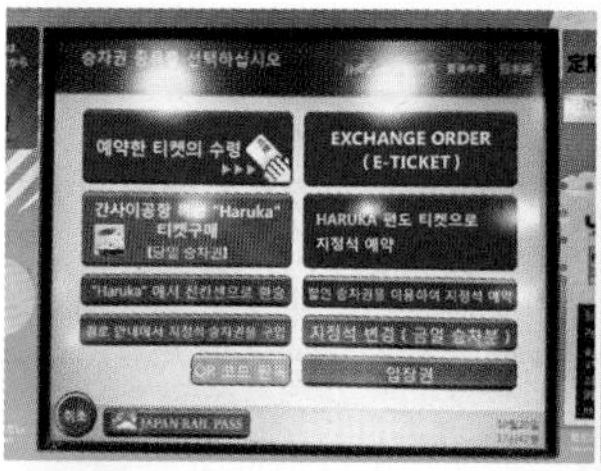

특급 하루카 편도 티켓은 JR 개찰구 앞에 설치된 흰색 발권기에서도 교환·수령할 수 있다.

Step 2 JR 간사이공항역에 도착하면, 한국에서 온라인 구매한 특급 하루카 편도 티켓 또는 JR 패스를 녹색 자동판매기나 티켓오피스에서 실물 티켓 또는 패스로 교환·수령한다.

특급 하루카 편도 티켓 소지자 자동판매기에서 수령한 티켓은 자유석권이다. 지정석 탑승을 원한다면 수령한 티켓을 자동판매기에 재삽입 후, 좌석을 지정하고 지정석권을 추가 발급받는다.

JR 패스 소지자 수령한 실물 패스를 자동판매기에 재삽입 후, 하루카 편도 티켓(지정석권)을 추가로 발급받는다.

*JR 서일본 홈페이지에서 구매한 경우 결제 시 사용한 신용카드와 인증번호 4자리수 필요.

Step 3 티켓오피스 맞은편에 있는 파란색 JR 개찰구로 간다.

Step 4 하루카 실물 티켓을 개찰기에 투입한 후 받아간다. 이때 티켓과 함께 받은 길다란 안내지(Information), 지정석권(Reserved Seat Ticket), 영수증(Recieipt) 등은 넣지 않는다.

Step 5 전광판에서 JR 특급 하루카의 출발 시각과 승강장 번호를 확인한다.

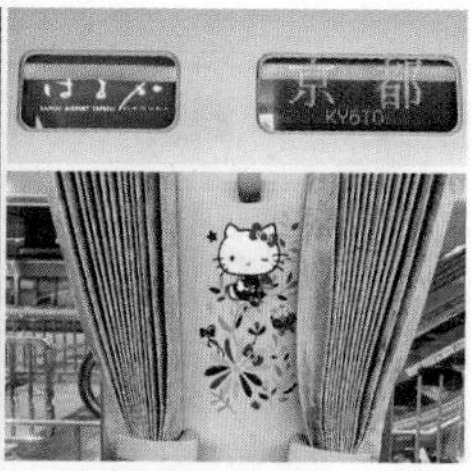

Step 6 4번 승강장에서 JR 특급 하루카에 탑승한다. 4~6호차는 좌석 지정이 필요 없는 자유석이며, 나머지 차량은 지정석과 그린석(특실)이다.

오사카를 거쳐서 저렴하게!

● 사철+지하철

공항에서 교토까지 가는 가장 저렴한 방법이다. 난카이 전철 간사이공항역에서 공항급행을 타고 오사카 시내로 간 후 지하철로 환승, 다시 한큐 전철로 갈아타면 교토카와라마치역에 도착한다. 하지만 공항에서부터 짐을 들고 여러 번 환승해야 하기 때문에 매우 번거로운 방법이다. 위의 모든 구간이 무료인 간사이 레일웨이 패스를 활용할 예정이고 JR 교토역이 아닌 한큐 전철 교토카와라마치역 근처에서 숙박한다면 고려해 볼 만하다.

교토 번화가에 자리한 교토카와라마치역

난카이 전철+지하철+한큐 전철

1670엔
1시간 40~50분

① 간사이공항역 関西空港

1·2번 승강장 난바행(なんば)

NK **난카이 공항선 공항급행**
약 40분
*05:45~23:55(평일 기준)/10~20분 간격 운행

② 덴가차야역 天下茶屋

지하철 사카이스지선 +
한큐 전철(상호 직통운행)
약 22분

③ 아와지역 淡路

HK **한큐 전철** 특급
약 36분

④ 교토카와라마치역 京都河原町

가장 편안한 교통수단

● 리무진 버스

공항에서 교토로 가는 가장 안락한 방법이다. 할인 티켓이나 이용 가능한 패스는 없지만, 짐이 많거나 노약자를 동반한 여행일 때 더없이 편리하다. 쇼핑과 숙박 시설, 각종 교통수단이 발달한 JR 교토역(하치조 출구)에 하차한다. 리무진 버스 티켓 구매 방법 및 정류장 정보는 136p 참고.

WEB www.kate.co.jp/kr/

제1 터미널 국제선 도착층
1층에 있는 리무진 버스 안내소.
출입문 밖 정류장에도
안내소가 있다.

제1 터미널 리무진 버스 정류장

리무진 버스

2800엔(6~11세 1400엔) / 1시간 30분

① 간사이 국제공항 関西国際空港

제2 터미널 1층 2번 정류장
제1 터미널 1층 8번 정류장
교토역행(京都駅)

공항 리무진 버스
*제1 터미널 06:45~23:20, 제2 터미널 09:47~23:07/20~30분 간격 운행

② 교토역 京都

+MORE+

교토까지 택시 타고 가기

택시는 홈페이지에서 온라인 예약 후 이용한다. 1인부터 신청 가능하고 이용 전날 15시까지 신청. 약 1시간 30분~2시간 소요.

PRICE 합승 1인 4980엔~, 전세 2만9800엔
WEB yasakataxi.jp/shuttle/

제1 터미널 1층
교토 택시 카운터

Area Guide ❷

간사이 다른 도시에서 교토 가기

오사카, 고베, 나라 등 간사이의 각 도시에서 교토까지 30분~1시간 10분이면 도착한다. 교토의 주요 역 위치를 확인한 후 일정과 예산에 맞는 교통편을 선택하자.

오사카에서 교토 가기

오사카와 교토 사이는 한큐 전철, 게이한 전철, JR이 오간다. 저마다 출발역과 도착역, 패스 사용 여부 등이 다르기 때문에 숙소 위치나 일정에 맞게 잘 선택한다.

● 저렴하고 접근성 좋은, 한큐 전철

오사카에서 교토 시내 한복판으로 곧장 이동하고 싶을 때 이용하기 가장 좋은 교통수단이다. 소요 시간은 JR보다 10~20분 더 걸린다. 지하철 우메다역과는 지하도, JR 오사카역과는 미도스지 북쪽 출구(御堂筋北口) 쪽 육교를 통해 연결된 한큐 전철 오사카우메다역에서 출발해 교토카와라마치역에 도착한다.
한큐 전철 오사카우메다역 개찰구는 1층 차야마치 출구(茶屋町口) 개찰구, 2층 중앙 개찰구, 3층 개찰구가 있다. 어느 곳을 통과하든 모두 3층 교토카와라마치행 승강장과 연결된다.

오사카우메다역에 들어서면, 전광판에서 가장 먼저 오는 열차가 멈춰 서는 승강장을 확인한다.

HK 한큐 전철

410엔 / 간사이 레일웨이 패스, 한큐 1day 패스, 한큐·한신 1day 패스

43~52분

❶ 오사카우메다역 大阪梅田

1~3번 승강장
교토카와라마치행(京都河原町)
교토선
특급(特急/Ltd. Exp.),
통근특급(通勤特急/Ltd. Exp.),
쾌속급행(快速急行/Rapid Exp.)
*약 10분 간격 운행

❷ 교토카와라마치역 京都河原町

전석 자유석인 특급 열차. 일반 요금으로 교토까지 빠르게 이동할 수 있다. 일부 특급 열차는 4량째에 지정 좌석제 프리미엄 차량, 프라이베이스(PRiVACE)를 운영한다.

● 초보 여행자에게 가장 쉽고 빠른, JR

오사카와 교토를 가장 빠르게 연결하는 JR 신쾌속은 중간 정차역이 단 2개뿐이고 시속 100km 가까이 질주해 특급 열차에 견줄 정도다. 이용객이 많은 출퇴근 시간에는 서서 가야 할 때가 많지만, 30분 정도면 도착하기 때문에 나쁘지 않다. 교토역은 모든 노선의 시 버스와 관광버스가 정차하며, 역 빌딩과 그 주변으로 관광안내소, 쇼핑몰, 맛집, 마트, 호텔이 모여 있어서 초보 여행자들에게 편리하다. 열차를 갈아타면 후시미 이나리 타이샤, 우지 등 근교 명소로 쉽게 갈 수 있는 것도 장점. JR 오사카역 1층 개찰구를 통과해 교토선 7~10번 승강장으로 이동, 신쾌속에 탑승한다.

JR 신쾌속

JR

580엔 / JR 간사이 패스, JR 간사이 와이드 패스, JR 간사이 미니 패스

29분

❶ 오사카역 大阪

7~10번 승강장
모든 행
교토선(도카이도·산요 본선)
신쾌속(新快速/Special Rapid)
*약 15분 간격 운행

❷ 교토역 京都

● 교토 시내를 관통하는, 게이한 전철

교토 여행에 편리한 시치조역, 기온시조역, 산조역, 데마치야나기역 등에 정차하므로, 여행 일정이나 교토 시내 숙소 위치에 따라 JR, 한큐 전철보다 편리할 수 있다. 출발역인 요도야바시역은 오사카 핵심 관광지와 약간 떨어져 있어서 혼잡함이 덜하고, 게이한 본선이 시작되는 역이라 앉아서 갈 확률이 높다는 것도 장점이다. 교토의 정차역 중 교통과 관광이 가장 편리한 곳은 기온에 있는 기온시조역이다.

게이한 전철 요도야바시역까지 지하철로 갈 경우 미도스지선 요도야바시역에서 내려 'Keihan Line'이라고 적힌 표지판을 따라가면 된다. 지하철과 게이한 전철은 운영 회사가 다르므로, 일단 지하철 개찰구를 빠져나가 티켓을 구매한 후 게이한 전철 개찰구로 다시 들어가야 한다.

열차 플랫폼에 있는 프리미엄 차량 특급권 자동판매기(한국어 지원).

게이한 전철 특급. 6호차는 전석 지정석인 프리미엄 차량이라 특급권(500엔)을 추가 구매해야 하니 주의!

KH 게이한 전철

430엔 / 간사이 레일웨이 패스 게이한 패스

50분

❶ 요도야바시역 淀屋橋

3·4번 승강장

데마치야나기행(出町柳)

게이한 본선 특급(特急/Ltd. Exp.)

*약 10분 간격 운행

*지하철과 연결된 기타하마역(北浜), 덴마바시역(天満橋), 교바시역(京橋)에서도 탑승 가능

❷ 기온시조역 祇園四条

: WRITER'S PICK :

후시미 이나리 타이샤와 우지 갈 때도 게이한!

오사카에서 후시미 이나리 타이샤나 우지로 갈 땐 게이한 전철이 가장 여유롭고 쾌적하다. 후시미 이나리 타이샤까지는 요도야바시역에서 데마치야나기행 급행을 타고 후시미이나리역에 하차한다. 약 52분, 420엔.

오사카와 우지를 왕복한다면 게이한 패스(104p)를 사용하는 게 이득이다. 우지로 가는 자세한 방법은 433p 참고.

● 버스로 당일치기, 교토 버스 투어

국내 여행사에서는 오사카와 교토를 다양한 코스로 왕복하는 당일치기 투어 버스를 운영한다. 어린이나 어르신을 동반하고 교토 주요 명소만 빠르게 훑어보고 싶을 때 선택할 만하다. 오사카 시내에서 한국인 가이드와 함께 오전에 출발해 후시미 이나리 타이샤, 기요메즈데라, 아라시야마 등을 돌아보고 저녁에 돌아온다. 국내 취급 여행사에서 온라인 예약 후 이용.

PRICE 성인 5만5000원선(중식, 관광지 입장료 별도)

TIME 08:00~09:00경 오사카 출발, 18:00~19:00경 오사카 도착

+MORE+

베스트 여행 시기

교토는 언제 어느 때 가더라도 사랑스러운 도시다. 벚꽃과 단풍이 찬란한 봄과 가을, 교토뿐 아니라 일본 최대 축제라 할 수 있는 기온 마츠리가 열리는 7월에 절정의 아름다움을 뽐낸다. 특히 벚꽃과 단풍 시즌엔 늦은 밤까지 곳곳의 주요 명소에서 야간 라이트 업 행사(325p)가 열려 교토를 더욱 오래도록 눈에 담을 수 있다. 날씨는 오사카와 비슷하지만, 분지 지형이기 때문에 여름엔 오사카보다 좀 더 무더우며, 겨울엔 오사카보다 1~2°C 정도 기온이 더 낮은 편이다.

고베에서 교토 가기

HK 한큐 전철

640엔 / 간사이 레일웨이 패스 한큐 1day 패스 한큐·한신 1day 패스

1시간 12~16분

❶ 고베산노미야역 神戸三宮

3·4번 승강장
우메다행(梅田)

고베선
특급(特急/Ltd. Exp.),
통근특급(通勤特急/Ltd. Exp.)
약 25분 소요

*고소쿠코베역(高速神戸)에서 탑승 시 고베 고속전철 특급(特急, 한큐 전철과 상호 직통운행) 이용

❷ 주소역 十三

5번 승강장 /교토카와라마치행(京都河原町)

교토선
특급(特急/Ltd. Exp.)
약 40분 소요

❸ 교토카와라마치역 京都河原町

JR

1110엔 / JR 간사이 패스 JR 간사이 와이드 패스 JR 간사이 미니 패스

52~54분

❶ 산노미야역 三宮

1·2번 승강장
모든 행 신쾌속

고베선
신쾌속(新快速/Special Rapid)

*수시 운행

고베~오사카~교토 구간을 달리는 JR 신쾌속. 일반 열차인데도 최고 시속 130km의 압도적인 속도를 자랑한다.

❷ 교토역 京都

나라에서 교토 가기

KT 긴테쓰 전철

760엔 / 간사이 레일웨이 패스 긴테쓰 레일 패스 1·2일권

50~55분

❶ 긴테쓰나라역 近鉄奈良

2~4번 승강장
교토행(京都)

교토선
급행(急行/Exp.)

*30분~1시간 간격 운행
*특급은 35분 소요, 1280엔

1~4번 승강장
오사카난바행(大阪難波),
고베산노미야행(神戸三宮),
아마가사키행(尼崎)

나라선
쾌속급행(Rapid Exp.),
급행(急行/Exp.)
약 5분 소요

야마토사이다이지역 大和西大寺

3~5번 승강장 / 교토행

교토선
급행(急行/Exp.)
약 45분 소요

❷ 교토역 京都

KT 긴테쓰 전철

760~1090엔 / 간사이 레일웨이 패스 긴테쓰 레일 패스 1·2일권

41분~1시간 7분

❶ 긴테쓰나라역

2~4번 승강장
고쿠사이카이칸행
(国際会館)

교토선 급행(急行/Exp.)

*교토 지하철 가라스마선과 상호 직통운행(열차에 탑승한 채로 자동 환승)
*30분~1시간 간격 운행
*도착 역에 따라 요금, 소요 시간 다름(가라스마오이케역 도착 시 53분, 1020엔)
*긴테쓰 레일 패스 이용 시 긴테쓰 교토역 이후부터는 지하철 구간 요금 추가

❷ 교토 지하철 가라스마선 각 역

JR

720엔 / JR 간사이 패스 JR 간사이 와이드 패스 JR 간사이 미니 패스

49분

❶ 나라역 奈良

3~5번 승강장
교토행(京都)

나라선
미야코지 쾌속
(みやこ路快速/
Miyakoji Rapid)

*30분 간격 운행
*출퇴근 시간에는 쾌속(快速/Rapid), 구간쾌속(区間快速/Section Rapid) 추가 운행(50분~1시간 소요)

❷ 교토역 京都

교토의 주요 역

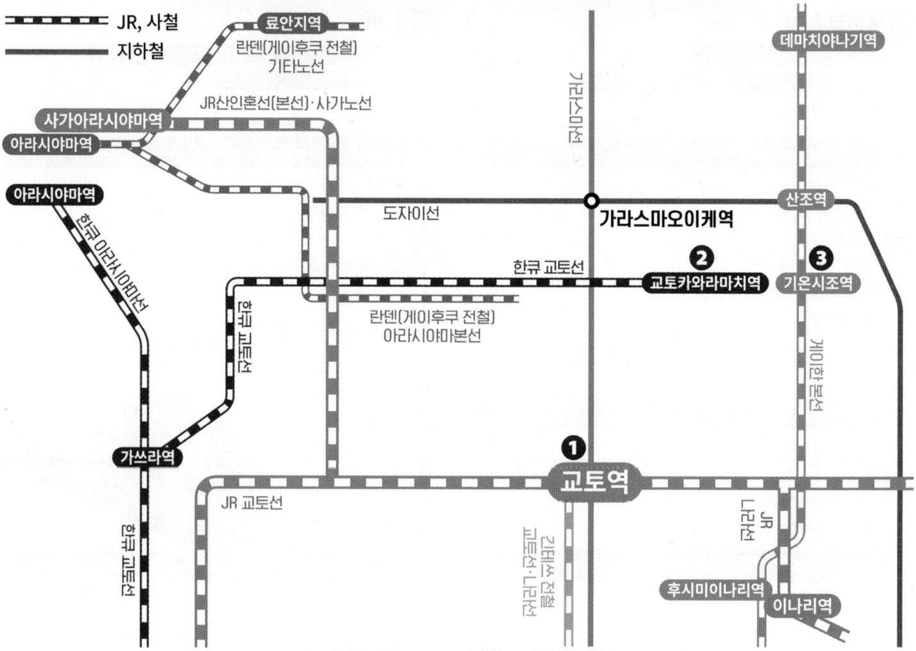

❶ 교토역 京都

간사이 국제공항과 교토를 왕복할 때 편리한 역. 북쪽의 중앙 출구 앞엔 교토의 모든 명소로 향하는 노선이 오가는 버스 정류장이 있으며, 한국어 안내 서비스도 제공한다. 지하 2층~지상 11층 규모의 역 빌딩 1층엔 JR 열차 승강장이 있고, 지하는 지하철 가라스마선 교토역과 쇼핑몰 포르타 등과 연결된다. 이밖에도 관광안내소(2층), 백화점, 쇼핑몰, 식당가, 호텔 등이 있어서 교토 여행의 거점으로 삼기 좋다. 남쪽의 하치조 출구 주변에는 나라까지 이동하기 쉬운 긴테쓰 전철 교토역과 공항 리무진 버스 정류장, 호텔, 대형 쇼핑몰이 있다.

❷ 한큐 전철 교토카와라마치역 京都河原町

백화점, 쇼핑몰, 전통시장, 호텔 등이 들어선 번화가 한복판에 자리한다. 교토 대표 명소인 기온이 코앞이고, 시내 한가운데 위치해 동서남북 명소 곳곳을 쉽고 빠르게 이동할 수 있다. 2개의 개찰구(중앙·동쪽)와 승강장 모두 지하에 있으며, 총 12개의 출구가 난 지하도가 길게 연결돼 있어서 표지판만 잘 보면 목적지까지 쉽게 이동할 수 있다.

❸ 게이한 전철 기온시조역 祇園四条

기온 한복판에 있어서 교토 도착 즉시 여행을 시작할 수 있다. 게이한 전철의 다른 역들 또한 교토의 각 명소와 가까워 교토 여행 시 유용하다.

■ 관광 명소와 가까운 그 밖의 게이한 전철역

산조역 三条: 기온, 시조카와라마치
시치조역 七条: 교토 국립박물관, 산주산겐도
기요미즈고조역 清水五条: 기요미즈데라
진구마루타마치역 神宮丸太町: 헤이안 신궁
데마치야나기역 出町柳: 교토 교엔, 도시샤 대학
후시미이나리역 伏見稲荷: 후시미 이나리 타이샤
우지역 宇治: 우지

기온시조역

한큐 전철을 타고 교토카와라마치역에 내렸다면

● 시조카와라마치 버스 정류장

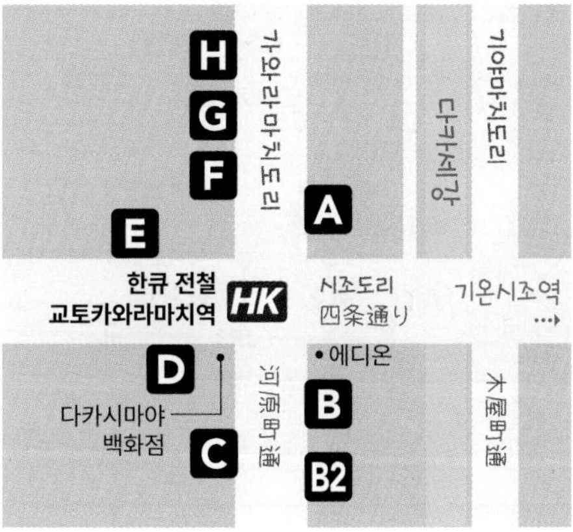

백화점, 쇼핑몰이 밀집한 시조카와라마치(四条河原町)에는 한큐 전철 교토카와라마치역 사거리를 중심으로 A부터 H까지 총 9개의 시 버스 정류장이 동서남북으로 흩어져 있다. 이름이 모두 같기 때문에 정류장마다 크게 표시된 알파벳 표기로 위치를 파악해야 한다. 버스 번호가 같더라도 정류장이 다르면 반대 방향으로 움직이니 잘 살펴보고 탑승하자.

게이한 전철을 타고 기온시조역에 내렸다면, 시조카와라마치 정류장에서 한 정거장 떨어진 시 버스 정류장 시조케이한마에(四条京阪前)를 이용한다.

정류장	버스 번호	주요 경유지 및 행선지
A	**5**	시조카라스마, 교토역
	10	교토 교엔, 기타노 텐만구, 닌나지
	15	니조성, 가라스마오이케역, 니조역
	37	가미가모 신사
	51	교토 교엔, 기타노 텐만구
	59	킨카쿠지, 료안지, 닌나지
	86	기온, 기요미즈데라, 산주산겐도, 교토역
B	**4**	교토역
	5	가와라마치 고조, 교토역 *고조도리 경유
	17	교토역
	80	기온, 기요미즈데라, 고조도리(지하철 고조역)
	205	교토역, 도지
	요루 버스	교토역
C	**17**	(평일 낮 한정) 데마치야나기역, 긴카쿠지
D	**3**	시조오미야역
	11	아라시야마, 덴류지
	12	니조성, 세이메이 신사, 다이토쿠지, 킨카쿠지
	31	가라스마역
	46	시조오미야역, 가미가모 신사
	58	시조오미야역, 교토 아쿠아리움, 교토 철도 박물관
	201	시조오미야역, 도시샤 대학
	203	시조오미야역, 기타노 텐만구
	207	시조오미야역, 교토 아쿠아리움, 도지
	요루 버스	시조가라스마, 교토역

정류장	버스 번호	주요 경유지 및 행선지
E	**11, 12**	산조게이한역
	31	기온, 슈가쿠인리큐
	46	기온, 지온인, 헤이안 신궁
	201	기온, 지온인
	203	기온, 지온인, 긴카쿠지
	58·207	기온, 기요미즈데라, 도후쿠지
F	**4**	시모가모 신사, 가미가모 신사
	205	시모가모 신사, 기타오지 버스터미널, 킨카쿠지
G	**3**	데마치야나기역, 마쓰오바시
	17	데마치야나기역, 긴카쿠지
	특80	가와라마치 산조
H	**5**	헤이안 신궁, 난젠지, 에이칸도, 철학의 길·긴카쿠지, 엔코지·시센도, 슈가쿠인리큐, 이치조지
	32	교토시 교세라 미술관, 헤이안 신궁, 긴카쿠지

정류장 번호(알파벳)를 잘 확인하자.

JR·긴테쓰 전철을 타고 교토역에 내렸다면

● 교토역 중앙 출구 앞 주요 시 버스 정류장

교토역 중앙 출구 앞에는 교토 관광을 위한 모든 노선이 정차하는 버스 정류장이 있다. 많은 노선의 기·종점이므로 여기서 타면 앉아서 갈 확률이 높다. 단, 버스 번호가 같더라도 정류장이 다르면 반대 방향으로 움직이니 잘 확인하고 탑승한다.

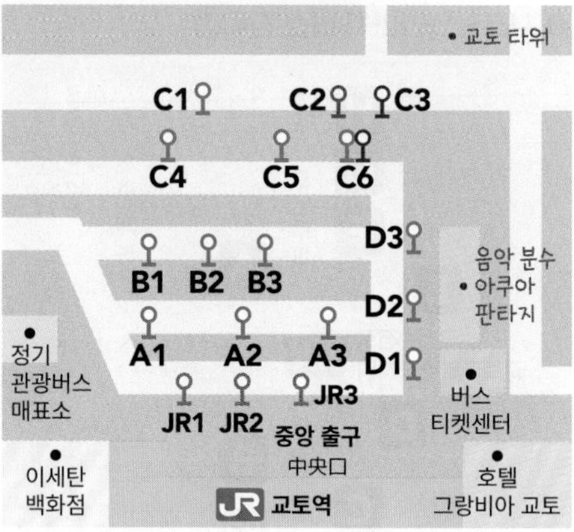

시 버스 교토 버스 게이한 버스 JR 버스

정류장	주요 버스 번호	주요 경유지 및 행선지
A1	5	교토시 교세라 미술관, 헤이안 신궁, 난젠지, 에이칸도, 긴카쿠지, 시센도
	105	시조카와라마치, 오카자키 공원, 헤이안 신궁, 긴카쿠지
A2	4	시조카와라마치, 시모가모 신사, 데마치야나기역, 가미가모 신사
	7	교토역, 시조카와라마치, 교토 시청, 데마치야나기역, 긴카쿠지
	205	시조카와라마치, 시모가모 신사, 기타오지 버스터미널
A3	6	교토 아쿠아리움, 시조오미야역
	206	시조오미야역, 다이토쿠지
B1	9	니시 혼간지, 니조성, 세이메이 신사, 가미가모 신사
B2	50	니조성, 기타노 텐만구
B3	86	교토 아쿠아리움, 우메코지 공원, 교토 철도박물관
	205	교토 아쿠아리움, 우메코지 공원, 킨카쿠지, 다이도쿠지
	208	교토 아쿠아리움, 우메코지 공원
C1	205	도지 거리, 구조샤코
C3	17(교토 버스)	오하라
C4	19, 42, 28	도지
C5	33, 특33	가쓰라리큐, 한큐가쓰라역, 라쿠사이 버스터미널
	75	니시 혼간지, 우즈마사 에이가무라
	85	우즈마사 에이가무라, 아라시야마
C6	28	아라시야마, 사가노
	73, 76, 78(교토·게이한 버스)	아라시야마, 사가노
D1	EX100(관광특급)	기요미즈데라, 헤이안 신궁, 긴카쿠지
	EX101(관광특급)	기요미즈데라
D2	86	기요미즈데라, 기온, 헤이안 신궁
	88, 208	산주산겐도, 센뉴지, 도후쿠지
	106	기요미즈데라, 기온, 산조게이한역
	206	산주산겐도, 기요미즈데라, 기온
D3	26	닌나지, 시조카라스마
JR3	JR	료안지, 닌나지 *JR1·2는 고속버스 전용

버스터미널을 방불케 하는
교토역 중앙 출구 앞 버스 정류장 풍경

● 교토역 중앙 출구 앞 버스 정류장 이용 팁

중앙 출구로 나가면 시 버스를 비롯한 각종 버스 노선이 정차하는 대형 정류장이 보인다.

1일권을 구매할 경우

버스 티켓센터(06:30~21:00). 각종 버스·지하철 승차권을 판매하며, 한글 버스 노선도(무료)를 제공한다.

or

지하철·버스 1일권 자동판매기(06:00~22:00). 정류장 앞에 설치돼 있다.

현금 또는 IC 카드로 탑승할 경우

버스 노선별 정류장 안내판을 찾는다. 버스 번호가 같아도 정류장이 다르면 행선지가 반대이니 꼼꼼히 살펴보자. 영어와 한국어가 병기돼 있다.

타고자 하는 버스 정류장으로 간다. 출·퇴근 시간, 주말 및 공휴일, 단풍철 등에는 현지인과 여행자가 뒤섞여서 출발점인 교토역부터 만석인 경우가 많다.

● 교토역 내 승차권 구매처

- **교토 종합 관광안내소**(교토역 빌딩 2층, 08:30~19:00): 지하철·버스 1일권 등 각종 패스 구매 가능. 관광시설 예약이나 궁금한 점을 한국어로 문의하고, 한국어 교토 관광 팸플릿을 챙겨갈 수 있다.
- **시 버스·지하철 안내소**(교토역 지하, 07:30~19:30): 지하철·버스 1일권 등을 구매할 수 있다.

교토 종합 관광안내소

시 버스·지하철 안내소

Area Guide ❸

교토 시내 교통

교토 관광은 기본적으로 버스를 이용한다. 버스는 시내 전역을 빈틈없이 종횡무진하며 관광지 코앞에 정류장을 두고 있다. 단, 도로가 혼잡한 출퇴근 시간대나 원거리 이동에는 지하철, JR, 사철 등을 적절히 활용하는 게 효율적이다. 각종 교통 패스에 대한 정보는 106p 참고.

'시 버스(市バス)' 정류장을 확인하고 줄을 선다.

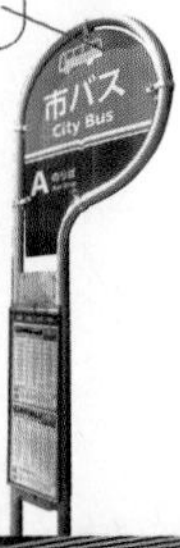

버스

100개 이상의 노선(계통 系統)을 운영하는 10개 이상의 버스 회사 중 여행자가 가장 많이 마주치는 버스는 시 버스와 교토 버스다. 단풍 시즌이나 휴가철이면 서서 가게 되거나 극심한 도로 정체에 시달릴 수 있으니 다소 여유롭게 일정을 짜는 것이 좋다. 현금, IC, 교통 패스로 탑승하며, 컨택리스 카드는 사용할 수 없다(2025년 1월 기준).

● 교토 교통의 핵심, 시 버스 市バス

교토에서 가장 많이 타게 될 시영 버스다. 중심부를 포함한 시내 노선은 모두 고정(균일) 요금 버스, 교외 지역 노선은 이동 거리에 비례해 요금이 적용되는 비고정(다구간) 요금 버스로 나뉜다. 교토 시내 대부분 명소는 고정 요금 구간에 속하며, 교토역과 주요 관광지를 잇는 관광특급 버스도 별도 운행한다. 일반 시 버스와 관광특급버스, 지하철을 하루에 여러 번 탑승한다면 지하철·버스 1일권(106p)를 구매하는 게 이득이다.

PRICE 고정 요금 버스 230엔(6~11세 120엔), 비고정 요금 버스는 고정 요금 경계를 벗어나면 요금 추가, 관광특급버스 500엔(6~11세 250엔)
TIME 05:30~23:30/노선에 따라 다름
PASS 교토 지하철·버스 1일권(1100엔, 6~11세 550엔)
WEB www.city.kyoto.lg.jp/kotsu/

연녹색 시 버스. 대부분의 노선에서 뒷문으로 타고, 운전석 옆 요금함에 요금을 넣고 앞문으로 내린다.

■ 시 버스 주요 노선(고정 요금 버스)

번호	특징	주요 명소
5	시내 중심가와 동부 명소 연결	교토역, 시조카와라마치, 긴카쿠지, 철학의 길, 난젠지, 헤이안 신궁
46	번화가와 시내 북부 명소 연결	시조카와라마치, 기온, 헤이안 신궁, 가미가모 신사
50	니조성, 기타노 텐만구를 지나 북부 명소 연결	교토역, 니조성, 기타노 텐만구, 료안지, 킨카쿠지
204	킨카쿠지(금각사)와 긴카쿠지(은각사) 연결	킨카쿠지, 긴카쿠지, 철학의 길, 교토 고쇼
205	교토역 부근과 북부 명소 연결	교토역, 니시 혼간지, 킨카쿠지, 교토 고쇼
206	기요미즈데라, 기온 등 인기 명소 한 번에 연결	교토역, 산주산겐도, 기요미즈데라, 기온
EX100	토·일·공휴일 한정 관광특급버스	교토역, 기온, 헤이안 신궁, 긴카쿠지, 기요미즈데라
EX101	토·일·공휴일 한정 관광특급버스	교토역, 기요미즈데라

■ 번호판에 숨겨진 비밀! 시 버스 노선 읽는 법

- 니시오지도리 西大路通
- 센본도리·오미야도리 千本通·大宮通
- 호리카와도리 堀川通
- 가와라마치도리 河原町通
- 히가시야마도리 東山通
- 시로카와도리 白川通

고정 요금 버스

어떤 곳이든 고정 요금(230엔, 6~11세 120엔)이 적용된다.

205

오렌지색 바탕에 흰색 번호

교토 시내를 타원을 그리며 순환하는 200번대 버스다.

4

파란색 바탕에 흰색 번호

버스터미널 등 굵직한 목적지를 기점으로 왕복한다.

비고정 요금 버스

시내에서 교외로 이동 시 고정 요금 경계를 넘어서면 운행 거리에 비례해 요금이 오른다.

5

흰색 바탕에 검은색 번호

1일권 등 패스 및 현금 소지자는 탑승할 때 정리권(번호표)을 뽑는다.

관광특급버스

교토역과 인기 명소 구간에 고정 요금(500엔, 6~11세 250엔)이 적용된다.

EX 100

빨간색 바탕에 흰색 번호

일반 시 버스와 달리 앞문으로 타서 요금을 낸 후 뒷문으로 하차한다.

밤에는 교토역까지 직행, 요루버스 よるバス

시조카와라마치 등 시내 중심가에서 교토역까지 약 10분 만에 갈 수 있는 직행 버스다. 밤에만 운행하며, 요금과 사용 가능 패스는 시 버스와 같다.

TIME 가와라마치 산조 출발 22:00~22:50, 시조카와라마치(북) 출발 22:02~22:52/ 10분 간격 운행/ 교토역 도착 22:12~23:02

● 교토 교외 이동 시 편리한, 교토 버스 京都バス

교토역에서 출발하여 아라시야마, 오하라 등 교외 명소로 향하는 노선을 운행한다. 일정 구간까지는 고정 요금이고, 고정 요금 경계를 벗어나면 이동 거리에 따라 요금이 오른다. 시 버스와 마찬가지로 각종 무제한 승차권과 패스 사용 가능.

PRICE 230엔~(6~11세 120엔~, 1~5세는 보호자 1인당 2인 무료)
TIME 06:30~21:30/노선마다 다름
PASS 교토 지하철·버스 1일권
WEB www.kyotobus.jp

● 교토 전역을 달리는 또 하나의 버스, 게이한 버스 京阪バス

시 버스와 교토 버스 다음으로 자주 볼 수 있는 버스다. 시내 중심부까지는 시 버스와 동일한 고정 요금이 적용되며, 이후 거리에 따라 요금이 오른다. 교토역과 게이한 전철 시조역 사이를 순환하는 스테이션 루프 버스(07:00~21:30경, 15분 간격 운행)는 고정 요금(230엔)이다.

PRICE 230엔~(6~11세 120엔~, 1~5세는 보호자 1인당 2인 무료)
TIME 06:50~22:10/노선마다 다름
PASS 게이한 버스 1일 승차권(750엔, 6~11세 380엔, 차내에서 구매 가능), 게이한 버스 IC1day 티켓(이코카·파스모 카드 소지자는 하차 시 카드 리더기에 터치하기 전 운전사에게 요청하면, 무제한 승하차가 가능하도록 기기를 조작해준다.)
WEB www.keihanbus.jp

게이한 버스

스테이션 루프 버스

아라시야마

● 료안지·닌나지를 오갈 때 편리한, JR 버스 JRバス

교토역~시내 중심부~서북부 지역을 연결하는 JR 일반 버스다. 일부 구간은 고정 요금제이며, 거리에 따라 요금이 오른다. 각종 무제한 패스를 사용할 수 있다(비고정 요금 구간 이용 시 추가 요금 발생). 료안지, 닌나지 등 서북부 지역 일부 명소를 오갈 때 특히 유용하다(일부 버스는 료안지 미정차).

PRICE 230엔~
TIME 06:30~21:30경/노선마다 다름
PASS JR 간사이 패스, JR 간사이 와이드 패스, JR 간사이 미니 패스, 교토 지하철·버스 1일권
WEB www.nishinihonjrbus.co.jp/route/kyoto/

● 오픈탑 버스 타고 교토 관광! 스카이 홉 버스 교토 Sky Hop Bus Kyoto

교토역 중앙 출구 앞 관광버스 정류장에서 출발하는 오픈탑 2층 버스. 교토 시내 주요 명소 약 14곳에 정차하며, 유효 시간 안에 무제한 승하차할 수 있다. 오디오 음성 가이드(한국어)와 무료 Wi-Fi 제공. 승차권은 차내에서 현금 또는 신용카드로 사거나, 국내 취급 여행사 또는 공식 홈페이지에서 온라인 구매한다.

PRICE 1일권(12시간) 4000엔, 2일권(36시간) 6000엔/6~11세 반값/홈페이지에서 구매 시 할인
TIME 09:00~17:05(교토역 기준)/45분 간격 운행
WEB skyhopbus.com/kyoto

료안지

● 교토에서 버스 타고 내리는 법

시 버스(파란색)와 교토 버스(자주색)가 모두 정차하는 정류장. 여러 회사가 함께 쓰는 정류장에서는 꼭 버스 회사를 확인하고 탄다.

Step 1 노선 번호와 행선지를 확인한다.

교토의 대부분 버스 정류장은 우리나라처럼 길 하나를 사이에 두고 가까이서 마주 보고 있다. 따라서 정류장에 도착하면 버스 번호뿐만 아니라 행선지도 반드시 확인해 반대로 가는 일이 없도록 해야 한다. 또한 번호가 같아도 회사가 다르면 노선이 완전히 다르므로, 시 버스(초록색), 교토 버스(아이보리+자주색), 게이한 버스(빨간색), JR 버스(파란색)를 잘 구분해서 탑승하자.

Step 2 뒷문으로 탄다.

관광특급버스를 제외한 모든 버스는 뒷문으로 타고 앞문으로 내린다. 요금은 내릴 때 내며, IC 카드 사용자는 하차 시 앞문 단말기에만 한 번 찍으면 된다. 단, 현금 사용자가 비고정 요금 버스를 탈 땐 뒷문 정리권 기기에서 정리권(번호표)를 뽑고 승차해야 하며, IC 카드 사용자가 비고정 요금 버스를 탈 땐 승하차 시 앞·뒤 단말기 모두 한 번씩 찍어야 한다.

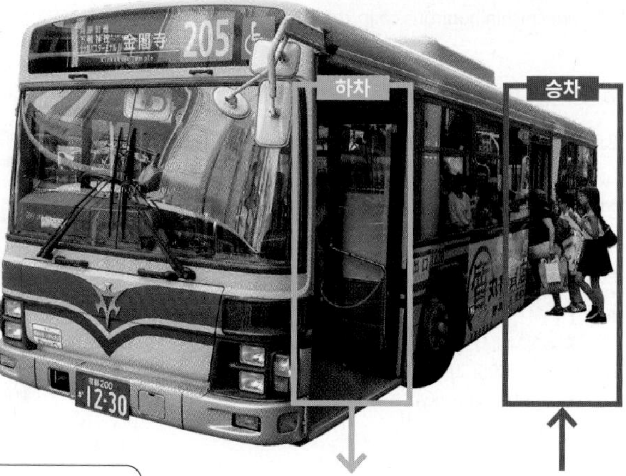

Step 3 모니터를 확인한다.

모니터의 영어 안내문(일부 한국어 지원)을 수시로 확인하며 정류장을 파악한다.

토마리마스!
(とまります, 세워주세요)

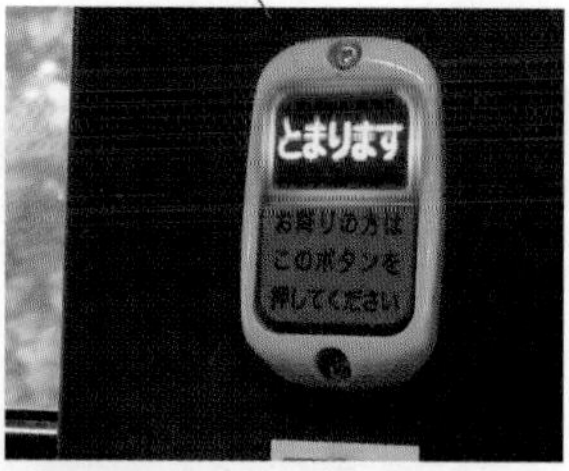

Step 4 하차 버튼을 누른다.

내리려면 하차 버튼을 누른다. 버스가 완전히 멈추고 난 후에 자리에서 일어난다.

Step 5 요금을 내고 앞문으로 내린다.

운전석 왼쪽에 요금함이 설치돼 있다. 동전은 동전 투입구에, 지폐는 지폐 투입구에 넣고, 잔돈을 잘 챙긴다. 1일권은 카드 투입구에, IC 카드는 단말기에 터치하고 내린다.

● 결제 수단별 요금 내는 법

*시 버스 요금기 기준으로, 버스 회사마다 조금씩 다름

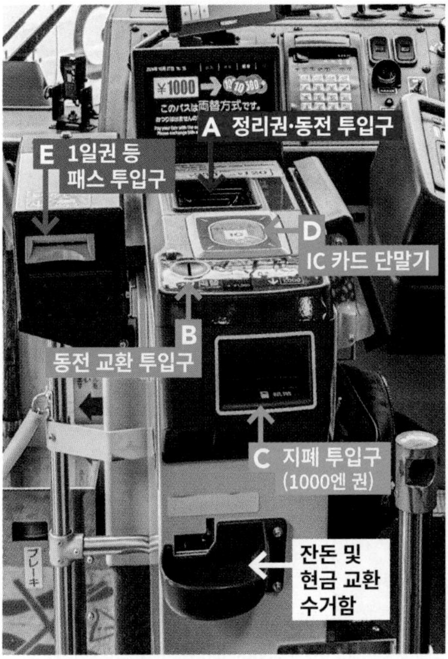

■ 버스에서 내릴 때

● 현금

- 동전은 A에, 지폐는 C에 넣고 잔돈을 잘 챙긴다.
- 여러 명의 요금을 한 번에 낼 경우, 어린이 요금을 내야 할 경우, 동전·지폐를 교환해야 할 경우엔 운전기사에게 미리 말해야 한다. 2000·5000·1만엔 권은 사용할 수 없다.
- 비고정 요금 버스는 운전석 위의 운임 모니터에 표시된 구간 요금을 확인한다. 동전만 낼 경우 A에 정리권과 동전을 함께 넣는다. 지폐를 낼 경우 A에 정리권을, C에 지폐를 넣은 다음 잔돈을 챙긴다.

● IC 카드(이코카 카드 포함)

- D에 카드를 터치한다(다인승 가능). 잔액이 부족할 땐 현금을 추가로 낸다.

● 지하철·버스 1일권 및 각종 패스

- E에 승차권을 넣었다 뺀다. 2회째 탑승부터는 운전기사에게 보여주기만 하면 된다.
- 1일권 사용 범위를 벗어난 지역에 내릴 땐 운전기사에게 1일권을 보여주고 추가 요금을 계산한다.

■ 비고정 요금 버스를 탈 때

비고정 요금 버스는 뒷문 계단 옆에 카드 단말기와 정리권(세이리켄, 整理券) 발권기가 있다. 탑승 시 IC 카드는 F에 터치하고, 현금 사용자는 G에서 정리권을 뽑고, 1일권 등 패스 소지자는 H에 패스를 넣었다 뺀다. 정리권 발권을 생략하면 버스 기점부터의 요금이 적용되니 주의!

내리기 전, 운전석 위의 운임 모니터에서 정리권에 찍힌 번호를 찾는다. 번호 밑에 불이 들어온 숫자가 바로 내가 탄 정류장에서부터 현재까지의 구간에 해당하는 요금이다. 요금은 계속 올라가며, 내릴 때 표시된 요금이 지급해야 할 최종 요금이다.

운임 모니터

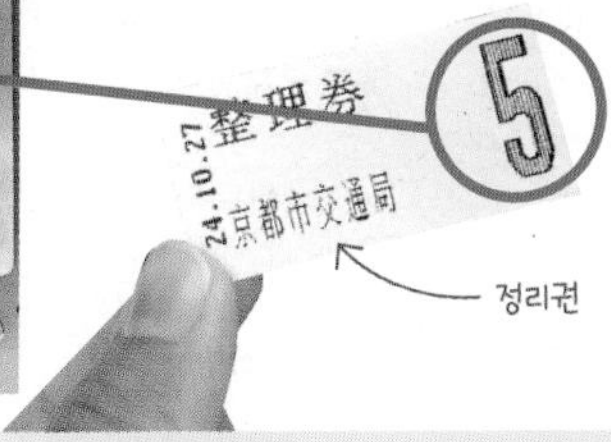

정리권

지하철

남북으로 달리는 가라스마선과 동서로 달리는 도자이선 2개 노선이 있다. 주요 관광지까지 시간 단축은 물론, 버스 노선의 기점이 되는 곳을 연결한다. 특히 교토역을 오갈 때 이동이 편리하고 긴테쓰 전철과 상호 직통운행하는 가라스마선의 이용 빈도가 높은 편. 승강장과 차량 내부는 우리나라와 비슷하며, 2개 노선 모두 출퇴근 시간에는 혼잡하다.

PRICE 1구간(~3km) 220엔(6~11세 110엔)
2구간(3~7km) 260엔(6~11세 130엔)
3구간(7~11km) 290엔(6~11세 150엔)
4구간(11~15km) 330엔(6~11세 170엔)
5구간(15km~) 360엔(6~11세 180엔)
OPEN 05:30~23:30경
PASS 지하철·버스 1일권, 지하철 1일권(800엔, 6~11세 400엔), 교토 지하철·란덴 1day 티켓, 간사이 레일웨이 패스
WEB www.city.kyoto.lg.jp/kotsu/

가라스마선 신형 차량

교토 지하철 티켓 자동판매기(한국어 지원)

■ 교토 지하철 주요 역

노선	주요 역	가까운 명소 & 장점
Ⓚ 가라스마선 烏丸線	다케다 竹田/K14	교토와 나라를 오가는 긴테쓰 전철과 교차하는 역. 두 노선이 상호 직통운행해 긴테쓰 전철 나라역까지 환승 없이 이동할 수 있다.
	시조 四条/K09	교토 최대 번화가인 시조카와라마치와 가깝다. 한큐 전철 가라스마역과 직결돼 환승이 편리하며, 각종 버스 노선의 기점이다.
	가라스마오이케 烏丸御池/K08·T13	도자이선과 교차하는 역이다.
	이마데가와 今出川/K06	교토 교엔, 도시샤 대학과 가깝다. 도로 정체가 심한 교토 중심부를 관통해 버스보다 빠르다.
	기타오지 北大路/K04	각종 버스 노선의 기점이 되는 기타오지 버스터미널(北大路バスターミナル) 근처다.
	고쿠사이카이칸 国際会館/K01	이곳에 내려 버스를 타면 오하라 등 교토 외곽으로 좀 더 빨리 이동할 수 있다.
Ⓣ 도자이선 東西線	게아게 蹴上/T09	난젠지로 가는 가장 빠른 방법. 철학의 길과도 가깝다.
	산조게이한 三条京阪/T11	게이한 전철 산조역과 연결. 각종 버스 노선의 기점이 되는 곳이라 버스로 갈아타기 편리하다.
	교토시야쿠쇼마에 京都市役所前/T12	교토 국제 만화박물관, 산조도리 등과 가깝다.
	니조조마에 二条城前/T14	니조성 바로 앞에 역이 있다.
	우즈마사텐진가와 太秦天神川/T17	역 바로 앞에 아라시야마로 갈 수 있는 노면전차 란덴텐진가와역(嵐電天神川)이 있다.

JR

교토 서부의 아라시야마, 남부의 우지 등 외곽으로 갈 때 편리하다. 모든 역에 정차하는 보통(각역정차)을 타도 15~25분이면 목적지까지 도착하며, 요금도 저렴하다. JR 패스만 사용할 수 있다.

PRICE 150~240엔(6~11세는 반값)
TIME 보통(普通/Local) 05:30~24:00경/ 12~20분 간격 운행
미야코지 쾌속(みやこ路快速/Rapid) 09:30~17:00경/30분 간격 운행
PASS JR 간사이 패스, JR 간사이 와이드 패스, JR 간사이 미니 패스

● 아라시야마로 가는 가장 빠른 방법, JR 사가노선 JR 嵯峨野線

교토역에서 사가노선 보통을 타면 아라시야마까지 15분 만에 갈 수 있다. 도착역은 사가아라시야마역. 역 앞에는 도롯코 열차의 발착역인 도롯코사가역이 있다.

- **교토역 → 사가아라시야마역:** 31·32·33번 승강장에서 보통(각역정차)을 타고 5정거장. 약 15분 소요, 240엔

● 우지·후시미 이나리 타이샤로 가는 가장 빠른 방법, JR 나라선 JR 奈良線

교토역에서 교토 남부 명소인 도후쿠지, 후시미 이나리 타이샤, 우지로 갈 때 가장 빠르고 쉽게 가는 방법이다. 후시미 이나리 타이샤는 이나리역에서 내려야 하며, 보통만 정차한다.

- **교토역 → 도후쿠지역:** 8·9·10번 승강장에서 보통(각역정차) 또는 미야코지 쾌속을 타고 1정거장. 약 2분 소요, 150엔
- **교토역 → 이나리역:** 8·9·10번 승강장에서 보통(각역정차)을 타고 2정거장, 약 5분 소요, 150엔
- **교토역 → 우지역:** 8·9·10번 승강장에서 보통(각역정차)을 타고 8정거장, 약 24~29분 소요, 240엔. 또는 미야코지 쾌속을 타고 3정거장, 약 18분 소요, 240엔

+MORE+

자전거 대여

교토는 구획이 반듯하게 나뉘어 있어서 자전거를 타고 돌아보기 좋다. 특히 교토 교엔이나 헤이안 신궁 같은 광활한 공원 지구나 교토를 시원하게 관통하는 가모강변, 자연경관이 빼어난 아라시야마는 자전거와 함께라면 즐거움이 배가 된다. 대여점은 교토역을 중심으로 곳곳에 있으며, 홈페이지 예약(영문)하거나 당일 방문 후 이용할 수 있다. 어린이용 시트가 설치된 자전거나 어린이용 자전거도 있다.

PRICE 일반 자전거 1200엔~, 전기 자전거 2400엔~
OPEN 09:00~18:00/대여점마다 다름

- **교토역 주변 대여점**

교토 에코 트립 www.kyoto-option.com

사철

게이한 전철, 한큐 전철 등의 사철은 오사카를 비롯한 각 지방에서 교토를 오가는 주요 교통수단으로, 효율적인 교토 관광을 위해서도 빼놓을 수 없다. 실용성과 오락성을 모두 갖춘 노면전차도 교토 여행의 백미다.

● 시내 중심부에서 아라시야마로 갈 때, 한큐 전철 阪急電鉄

교토카와라마치역, 가라스마역 등 시내 중심부에서 아라시야마로 갈 때 이용한다. 교토카와라마치역~아라시야마역 소요 시간은 약 25분이며, 요금은 240엔, 중간에 가쓰라역에서 한큐아라시야마선으로 1회 환승한다.

PRICE ~4km 170엔, 5~9km 200엔, 10~14km 240엔/ 이후 거리에 비례하여 280~640엔(6~11세는 반값)
TIME 05:00~23:30경/3~8분 간격 운행
PASS 간사이 레일웨이 패스, 한큐 1day 패스, 한큐·한신 1day 패스

차량 디자인이 클래식해 영화나 CF 배경으로 곧잘 등장하는 한큐 전철

● 가모강변 지하를 달린다, 게이한 전철 京阪電鉄

오사카와 교토를 연결하는 게이한 전철은 교토 시내에서도 유용한 교통수단이다. 교토 중심부의 남북을 꿰뚫는 가모강변 지하를 달린다. 기온시조역을 중심으로 북쪽으로는 산조역, 데마치야나기역 등에 정차하며, 데마치야나기역에서는 교토 교외로 갈 수 있는 노면전차인 에이잔 전철로 갈아탈 수 있다. 또한 남쪽으로는 기요미즈데라와 가까운 기요미즈고조역을 비롯해 도후쿠지역, 후시미이나리역, 우지역 등이 있어서 시내 중심부에서 남부로 이동할 때 편리하다. 우지역으로 가려면 주쇼지마역에서 우지선으로 1회 환승한다.

PRICE ~3km 180엔, 3~8km 220엔, 7~12km 280엔/ 이후 거리에 비례하여 320~430엔(6~11세는 반값)
TIME 05:20~00:00경/3~12분 간격 운행
PASS 간사이 레일웨이 패스, 게이한 패스

● 재미도, 효율도 좋은 노면전차, 란덴 嵐電

교토의 주요 명소를 연결하는 노면전차로, 게이후쿠 전철(京福電鉄)에서 운영한다. 아라시야마 본선과 기타노선 2개의 노선을 운행하며, 아라시야마, 킨카쿠지, 닌나지, 료안지 등 교토 북부의 대표 명소로 갈 수 있다. 시내 중심부에서 란덴 역까지 이동하려면 한큐 전철로 오미야역까지 간 다음, 2번 출구로 나와 맞은편의 시조오미야역에서 갈아탄다.

PRICE 전 구간 250엔(6~11세 120엔)
TIME 06:00~23:45경/10분 간격 운행(시간대에 따라 다름)
PASS 란덴 1일권(700엔, 6~11세 350엔), 교토 지하철·란덴 1day 티켓(1300엔)
WEB keifuku.co.jp

택시

미야코 택시, MK 택시, 야사카 택시 3대 회사를 주축으로 한 다양한 택시들이 교토 구석구석을 누비며 경쟁한다. 주요 역이나 관광지에는 어김없이 택시가 주차돼 있고, 타 도시보다 요금도 저렴해서 3~4인이 함께 여행하거나 노약자를 동반한다면 택시가 효율적이다. 택시 호출 앱(099p)에서 제공하는 할인 쿠폰을 활용하면 더욱더 이득. 신용카드를 받지 않는 택시도 있으니, 탑승 전 미리 확인하자. 사전 예약이 필요한 관광택시는 외국어 소통이 가능한 운전기사가 함께 명소를 방문하며 가이드 역할도 한다. 관광택시 이용 안내는 각 회사 홈페이지 참고.

PRICE 보통차(1.0km) 500엔/이후 270m당 100엔
WEB MK 택시 www.mk-group.co.jp/kr/
야사카 택시 www.yasakataxi.jp/english/

■ 교토역~주요 명소 간 택시 요금

출발	도착	예상 요금	소요 시간
교토역	시조카와라마치	약 1100엔	약 10분
	기요미즈데라	약 1300엔	약 12분
	긴카쿠지	약 2800엔	약 20분
	킨카쿠지	약 3000엔	약 20분
	아라시야마	약 4000엔	약 30분
	기타노 텐만구	약 2400엔	약 20분

*도로 사정과 택시회사에 따라 다름

Area Guide 4
한눈에 보는 교토

교토는 3000개가 넘는 절, 1000개가 넘는 신사, 17개의 유네스코 세계문화유산을 품은 방대한 도시다. 명소마다 특색이 다르고, 시내 중심가뿐 아니라 교외 지역도 놓칠 수 없는 볼거리가 많아 제대로 보려면 일주일 이상 걸린다. 일정상 1~2일 만에 둘러보고 싶다면, 내 취향에 맞는 명소와 지역이 어디인지 미리 파악하고 효율적으로 동선을 짤 필요가 있다.

● 미식 & 쇼핑 지구 ● 관광 지구 ● 힐링 지구

● 교토역과 그 주변
교토 여행의 출발점. 여행 정보, 쇼핑, 미식을 한꺼번에!

● 교토 중심부
최신 쇼핑몰과 대형 백화점, 아케이드 상점가 등 각종 상업시설이 모인 로컬들의 본거지

● 기요미즈데라 & 기온
교토 여행의 백미! 아기자기한 언덕길에 늘어선 기념품점과 카페 구경

● 긴카쿠지(은각사) & 헤이안 신궁
풀내음 가득한 사찰 산책, 거대한 신궁과 모던한 거리 풍경

● 킨카쿠지(금각사) & 료안지
황금으로 둘러싸인 누각과 아름다운 일본 정원 감상

● 아라시야마
시원한 강바람과 짙푸른 산세를 즐길 수 있는 교토 최고의 휴양지

● 교토 남부
산꼭대기까지 이어지는 도리이를 따라 걷는 신비로운 여정

● 교토 북부
산과 호수가 빚어낸 비경 감상, 액자 정원에서 꿈 꾸듯 쉬어가기

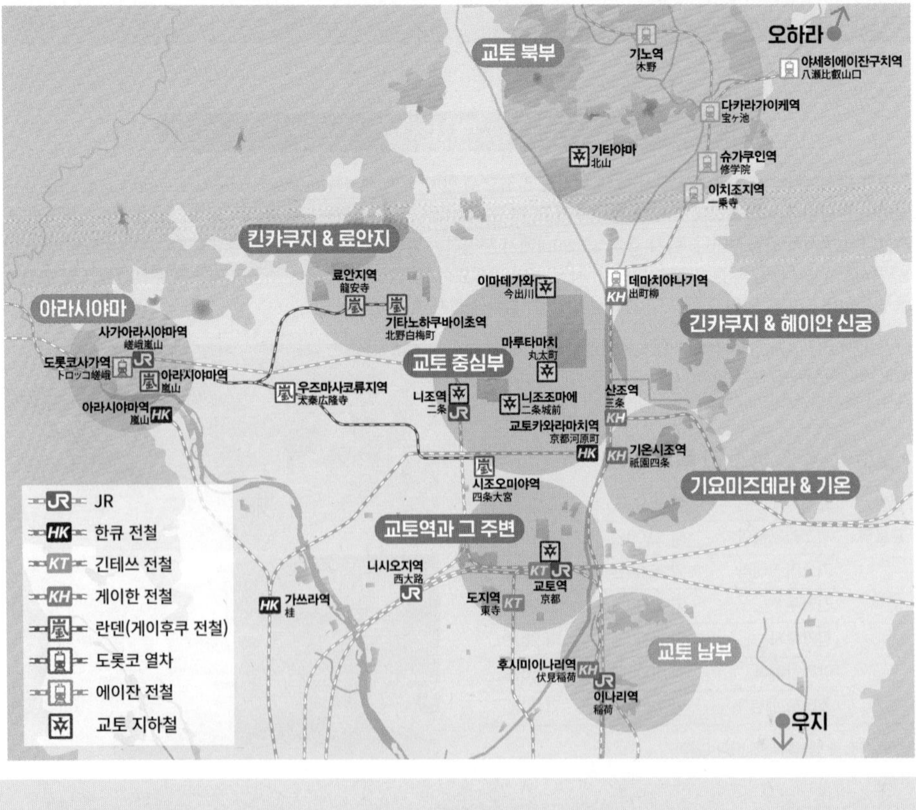

교토 라이트 업 정보

해마다 봄과 가을이면 교토 전역의 사찰과 공원 등지에서 벚꽃과 단풍을 더욱 환상적으로 비춰줄 야간 라이트 업 행사가 펼쳐진다. 사찰들은 이때를 특별 공개 또는 특별 배관 기간이라고 이름 붙여 예쁘게 단장하고는 해 진 후에도 관광객을 맞이하는데, 풍경뿐 아니라 평소에는 공개하지 않던 국보 건축물의 내부나 보물도 모습을 드러내 더욱 볼거리가 풍부해진다.

분홍빛으로 물든 로맨틱 나이트!

벚꽃 시즌 라이트 업

3월 말~4월 초에 진행된다. 대부분 야간 특별관람료가 붙지만, 마루야마 공원이나 기온 시라카와스지 등 일부 오픈된 공간에서는 무료로 감상할 수도 있다. 특히 고다이지, 도지, 마루야마 공원 등에서는 우리나라에서는 보기 드문 시다레자쿠라(垂れ桜, 올벚나무)가 명물로, 버드나무처럼 늘어뜨린 가지마다 흐드러지게 핀 벚꽃이 무척 아름답다.

OPEN 18:00~21:00경
PRICE 400엔~

➔ 야간 벚꽃 추천 스폿

기요미즈데라, 닌나지, 니조성, 도지, 기온 시라카와스지, 뵤도인, 고다이지, 마루야마 공원

도지

교토는 뭐니 뭐니 해도 단풍!

단풍 시즌 라이트 업

일 년 중 가장 많은 관광객이 교토에 몰리는 시기다. 사찰마다 앞다투어 선보이는 라이트 업은 10월 말~12월 말 사이에 진행되며, 방문 전 홈페이지를 통한 예약이 필요한 곳도 있다. 특별관람료도 벚꽃 시즌보다 조금 높은 편. 대신 차나 화과자, 기념품을 제공하기도 한다. 교토시 공식 여행 가이드 홈페이지(ja.kyoto.travel/flower/momiji/)에서 명소별 단풍 캘린더와 행사 일정을 참고하자.

OPEN 17:30~20:30경
PRICE 500엔~

➔ 야간 단풍 추천 스폿

에이칸도, 아라시야마, 기요미즈데라, 루리코인, 고다이지, 지온인, 도후쿠지, 기타노 텐만구, 산젠인, 도지

: WRITER'S PICK :

라이트 업 여유롭게 즐기기

교토의 단풍이 절정을 이루는 시기는 11월 중순에서 12월 초까지다. 그러나 이 시기는 인기가 너무 많은 탓에 인파에 떠밀려 제대로 구경하기 어렵다는 단점이 있다. 새빨간 단풍보다 고즈넉한 밤 풍경 즐기기를 선호한다면 10월 말부터 시작되는 이벤트 기간 초기에 방문하는 것도 좋다.

Area Guide 5

교토 하이라이트 도장 깨기

수많은 절, 신사, 정원, 옛 가옥이 다닥다닥 붙은 거리….
한 걸음 두 걸음 걷다 보면 마치 귀신이 요술을 부린 듯 같은 듯 전혀 다른 매력을 뽐낸다. 이것이 바로 교토가 일본 최대 인기 관광지의 자리를 놓치지 않는 비결이다.

킨카쿠지 (금각사)

무려 20kg의 금박과 1.5t의 옻을 사용해 반짝반짝 광채가 나는 황금 누각

킨카쿠지 & 료안지 401p

료안지

오직 돌과 모래만을 사용하여 만든 일본식 선(禪) 정원을 바라보고 있노라면, 시공을 초월한 듯한 묘한 기분!

킨카쿠지 & 료안지 404p

치쿠린

하늘을 가린 몽환적인 대숲 사이로 완만하고 좁은 산책로가 500m가량 이어진다.

아라시야마 412p

니조성

1603년 도쿠가와 이에야스가 지은 성. 드넓은 어전, 정원, 회화까지! 성 전체가 국보이자, 세계문화유산이다.

교토 중심부 371p

니시키 시장

400년 역사의 재래시장. 교토인의 장바구니 구경하기

교토 중심부 343p

철학의 길

맑은 물이 졸졸~ 수로를 따라 마냥 걷고싶은 산책로

긴카쿠지 & 헤이안 신궁 390p

긴카쿠지 [은각사]

고아하고 단아한 2층 누각. 교토를 대표하는 선종 사찰이자 전망 명소다.

긴카쿠지 & 헤이안 신궁 391p

헤이안 신궁

멀리서도 눈에 띄는 대형 도리이! 신궁 앞 미술관과 공원 산책도 놓칠 수 없다.

긴카쿠지 & 헤이안 신궁 394p

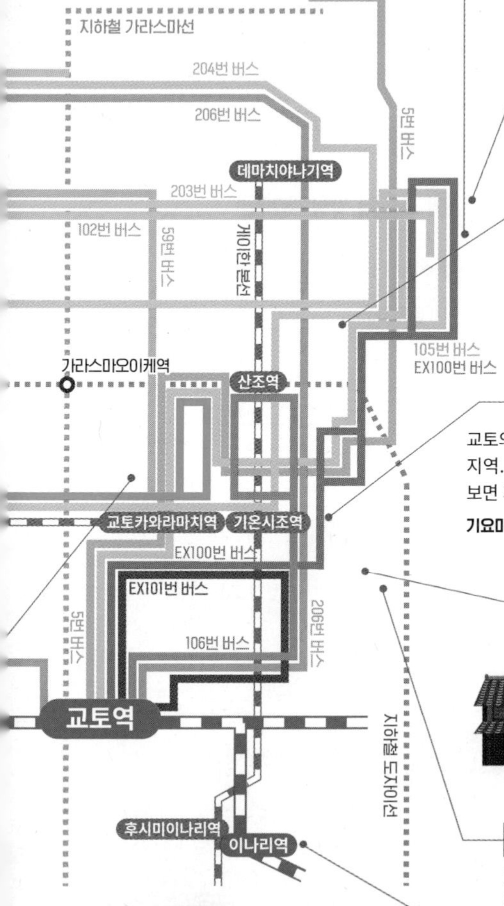

기온

교토의 아리따운 색채가 한껏 묻어나는 지역. 미로처럼 이어지는 골목을 걷다 보면 게이코와 마주칠지도.

기요미즈데라 & 기온 351p

니넨자카·산넨자카

기요미즈데라로 이어지는 언덕길. 미니어처처럼 아기자기한 마치야에서 기념품과 간식 사냥!

기요미즈데라 & 기온 347p

기요미즈데라 [청수사]

교토 여행자들의 영원한 No.1! 사계절 훌륭한 경치를 즐길 수 있는 본당 앞 무대는 최고의 촬영 명소다.

기요미즈데라 & 기온 344p

후시미 이나리 타이샤

산 전체를 휘감은 1만 기 이상의 주홍빛 도리이로 만든 터널이 놀랍도록 장관이다.

교토 남부 430p

#Walk

친절한 교토 여행 도우미

교토역京都駅

오사카를 비롯한 간사이 지방 곳곳을 빠르고 쉽게 잇는 교토역에는 여행자를 위한 종합 관광안내소와 버스 티켓센터(시 버스 안내센터)가 있고, 백화점과 쇼핑몰에는 교토의 이름난 식당, 카페, 기념품숍이 몽땅 입점해 있다. 이와 더불어 저녁이면 교토역 빌딩 대계단을 비추는 일루미네이션쇼와 음악 분수쇼, 스카이웨이, 옥상 무료 전망대 등을 품은 교토역은 건물 자체가 엔터테인먼트 명소다.

1 교토역

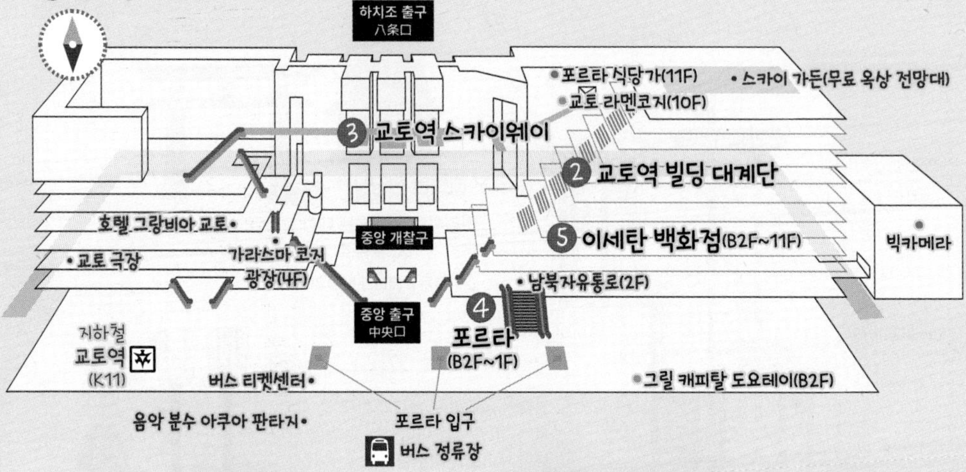

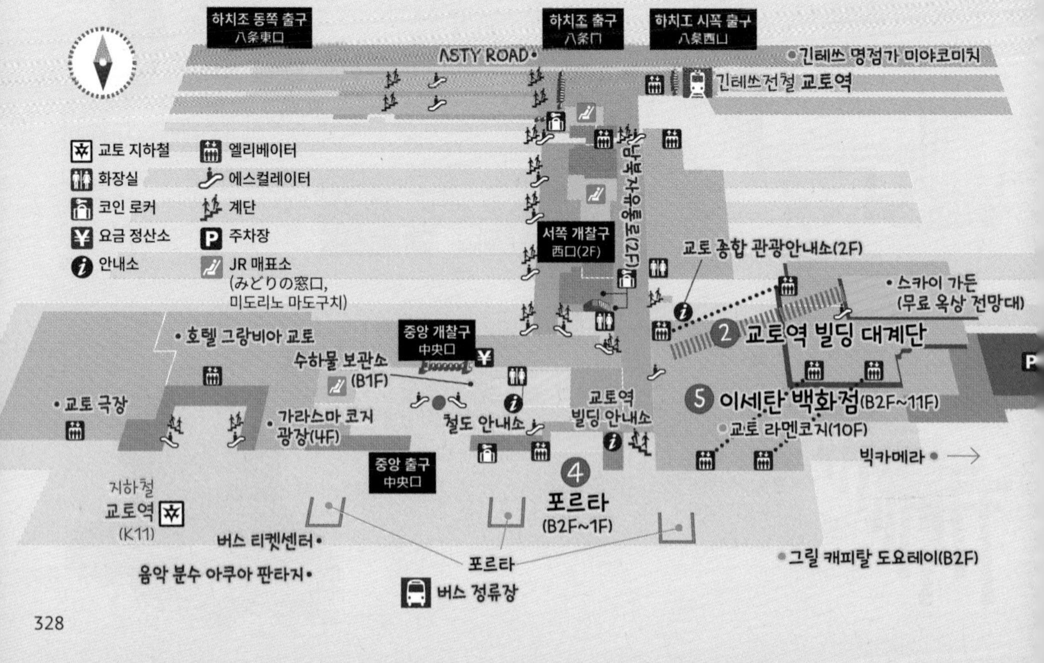

중앙 출구 앞 버스 정류장

Access

JR

- 열차 도착 후 중앙 출구 개찰구를 찾아 밖으로 나간다.

지하철

- **가라스마선 교토역**(京都) 하차 후 바로

버스

- **교토역 중앙 출구**(中央口) 앞에 교토 여행을 위한 모든 노선이 정차한다. 간사이 국제공항에서 출발한 교토행 리무진 버스는 중앙 출구 반대편(남쪽)에 있는 하치조 출구(八条口)에 정차한다.

Planning

교토역은 교통의 요지이고 다양한 가격대의 숙소가 밀집해 있어서 관광 거점으로 삼기에 제격이다. 이른 아침부터 늦은 밤까지 문을 여는 카페나 식당도 많으므로, 낮에는 다른 지역으로 일정을 잡고 아침이나 밤 시간 이 지역을 적절히 활용하는 것이 좋다.

1 교토의 쇼핑과 먹거리, 모두 모여랏!
교토역 京都駅

JR, 지하철 가라스마선, 사철 긴테쓰 전철, 신칸센이 정차하는 곳으로, 종합 관광안내소와 버스 티켓센터, 쇼핑몰, 백화점, 호텔, 식당, 편의점, 무료 전망대, 극장 등 현지인과 여행자를 위한 모든 편의시설을 갖췄다. 중앙 출구 앞에서 에스컬레이터로 연결되는 지하상가 포르타(330p)는 각종 패션 잡화점과 드럭스토어, 기념품숍은 물론 교토 시내 유명 체인 음식점이 들어서 있다. 역사 깊은 커피 전문점과 베이커리를 비롯해 서브웨이, 스타벅스 등 간단하게 아침을 즐길 수 있는 카페나 패스트푸드점도 07:30~08:00에는 문을 연다.

MAP ⑯-C

GOOGLE MAPS 교토역
ADD 8-3 Higashishiokoji, Takakuracho, Shimogyo Ward
WEB www.kyoto-station-building.co.jp

+MORE+

코인 로커

교토역 1층 중앙 출구와 하치조 출구, 지하 1층 지하철역 간 통로를 중심으로 20여 곳이 있다. 동전 교환기가 없는 곳도 있으니 미리 잔돈을 준비하자. 하치조 출구 쪽이 로커 개수도 많고 덜 붐빈다.

PRICE 400~1000엔
OPEN 첫차 출발 시각~막차 출발 시각(대개 05:00~24:00)

수하물 보관소

코인 로커를 이용할 수 없을 때 짐을 보관하거나, 역에서 숙소까지 짐 운반 서비스를 받을 수 있다. 교토역 지하 1층 중앙 개찰구(JR地下中央口) 바로 앞에 있다.

PRICE 짐 보관 1개 1일 800엔, 짐 운반 1개 1000엔
OPEN 08:00~20:00
WEB kyoto.handsfree-japan.com/ko

② 교토역 빌딩 대계단 大階段

앉아볼까, 올라가 볼까?

1층부터 옥상 전망대가 있는 11층 스카이 가든(이세탄 백화점 옥상)까지 70m가량 이어지는 계단. 해가 지면 화려한 일루미네이션쇼가 펼쳐진다. <울려라 유포니엄>, <헬로 월드> 등 일본 애니메이션의 단골 무대로, 매년 2월 중순에는 '대계단 빨리 올라가기' 대회가 열린다. MAP ⑯-C

OPEN 24시간 개방/일루미네이션쇼 3~4월·9월 16:00~22:00, 5~8월 17:00~22:00, 10~2월 15:00~22:00
WALK 교토역 중앙 출구로 들어간 후 오른쪽 에스컬레이터를 타고 4층에 내려 바로

③ 교토역 스카이웨이

아찔한 공중 산책을 즐기자

Kyoto Station's Skyway

교토 타워를 비롯한 시내 전망을 무료로 즐길 수 있는 연결통로다. 높다란 교토역의 유리 지붕 아래, 길이 147m의 공중 산책로가 교토역 건물을 동서로 가로지른다. MAP ⑯-C

OPEN 10:00~22:00
WALK 대계단으로 10층까지 오르거나, 이세탄 백화점에서 엘리베이터를 타고 10층에 내리면, 교토 라멘코지 안쪽에 입구가 있다.

④ 포르타 Porta

부담 없는 맛집과 기념품 쇼핑

교토역 건물에 자리한 대형 쇼핑몰. 식당가 포르타 다이닝(지하 1층), 교토의 대표 선물용 과자가 잔뜩 모인 기념품 매장 오미야게 가이도(おみやげ街道, 2층)를 체크하자. MAP ⑯-C

OPEN 10:00~21:00(레스토랑 07:30~22:00)/매장마다 다름
WALK 교토역 건물과 지하 1·2층, 지상 1·2·11층 연결

교토 와규 전문점 하츠다(はつだ)의 명물 와규 도시락, 2160엔

⑤ 이세탄 백화점

한 단계 높은 멋과 맛

(JR 교토 이세탄) JR Isetan

도쿄에 본점을 둔 일본 3대 백화점 중 하나. 교토 노포 요리점들의 화려한 도시락(지하 1·2층 식품관), 교토 정통 맛집이 모인 식당가(JR 서쪽 개찰구 앞 & 11층)는 어르신 입맛에 딱이다. MAP ⑯-C

OPEN 10:00~20:00(식당가 11:00~22:00)
WALK 교토역 건물과 지하 2층~지상 11층 연결

교토역에서 만나요
인기 식당 체인

교토역에는 교토의 내로라하는 맛집 체인이 한자리에서 모여있다.
그중 여유롭게 즐길 수 있는 경양식집, 빠르고 간편하게 다녀가기 좋은 라멘 스트리트를 소개한다.

함박웃음이 절로 나는 함박스테이크
그릴 캐피탈 도요테이 포르타점
グリルキャピタル東洋亭

교토의 함박스테이크 명가. 우리나라 여행자들 사이에서는 '동양정'으로 알려졌다. 교토 북쪽의 기타야마도리(北山通) 본점, 오사카의 한큐·다카시마야 백화점 지점 등 모든 매장에서 높은 평점을 자랑한다. 최고의 인기 메뉴는 백년양식 함박스테이크(百年洋食ハンバーグステーキ, 1720엔). 런치 타임(~17:00)에 세트로 주문하면 바게트 또는 밥이 무한 제공되고, 달콤하고 살살 녹는 홋카이도산 완숙 토마토 샐러드까지 맛볼 수 있다. 소고기 안심을 야들야들하게 튀겨낸 비프 커틀릿(2680엔)도 인기다. **MAP ⑯-C**

WHERE 교토역 지하 2층 포르타 다이닝(Porta Dining) 내
OPEN 11:00~22:00(L.O.21:15)

전국 라멘 명가 총출동!
교토 라멘코지 京都拉麵小路

교토는 물론 삿포로, 후쿠오카 등 각 지역의 라멘 맛집 9곳이 모인 식당가다. 일본풍 인테리어에 오밀조밀 모인 라멘집이 입맛을 돋우고, 열차 이용 전 부담 없이 식사하기 좋아서 벌써 20년이나 인기를 끌고 있다. 추천 식당은 교토의 노포 라멘집 마스타니(ますたに), 츠케멘으로 입소문 난 멘쇼 타카마츠(麺匠たか松), 후쿠오카 명물 하카타 잇코샤(博多一幸舎)다. **MAP ⑯-C**

WHERE 이세탄 백화점 10층, 대계단 옆
OPEN 11:00~22:00(L.O.21:30)

#Walk

짬짬이 들르는 교토 명소

교토역京都駅 주변

교토역 주변은 다른 지역보다 인기 있는 장소는 아니지만 구석구석 은근히 볼거리가 많아서 역을 오가며 짬짬이 둘러보기 좋다. 국립박물관부터 역사 깊은 대형 사찰, 철도박물관, 아쿠아리움, 쇼핑몰 등 명소마다 특색이 다르니 취향껏 선택해서 돌아볼 수 있다.

Access

버스

- **시 버스·교토 버스의 대부분 노선:** 교토에키마에(교토역 앞) 하차 후 바로

JR

- **교토역:** 중앙 출구로 나와 바로

사철

- **긴테쓰 전철 교토역:** 북쪽 출구로 나와 바로

지하철

- **교토역:** 6번 출구로 나와 바로

Planning

JR 또는 긴테쓰 전철로 교토역을 오가거나, 숙소가 교토역 근처일 때 역이나 숙소에 짐을 맡겨두고 가볍게 빙 돌아보자. 주요 명소가 모두 도보 30분 이내에 있다. 간사이공항으로 바로 귀국한다면 하치조 출구 근처의 대형 쇼핑몰인 교토 아반티나 이온몰 교토에서 마지막 쇼핑을 즐길 수 있다.

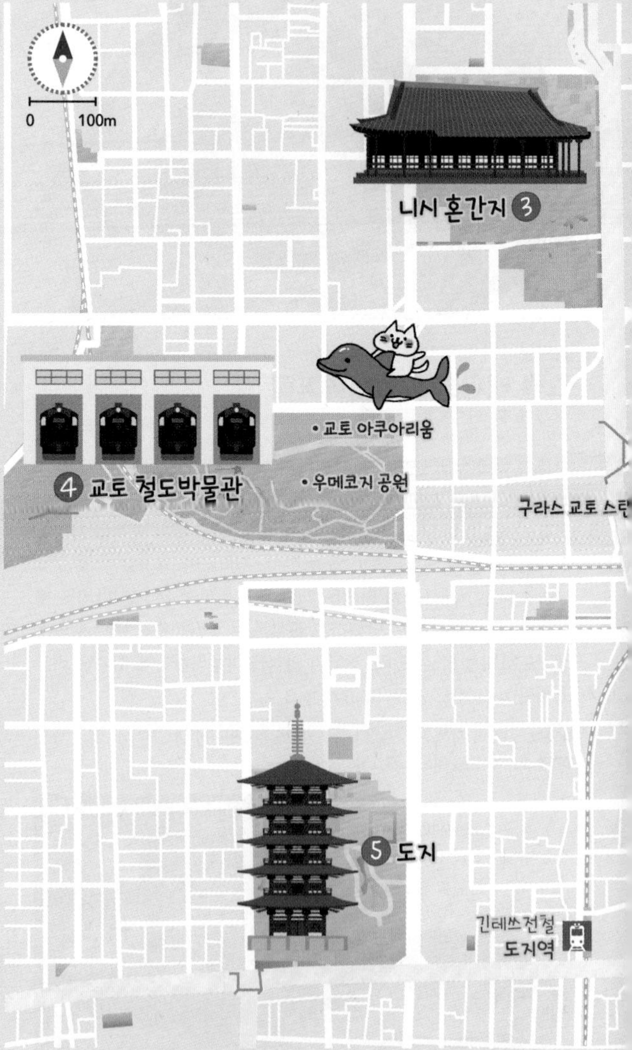

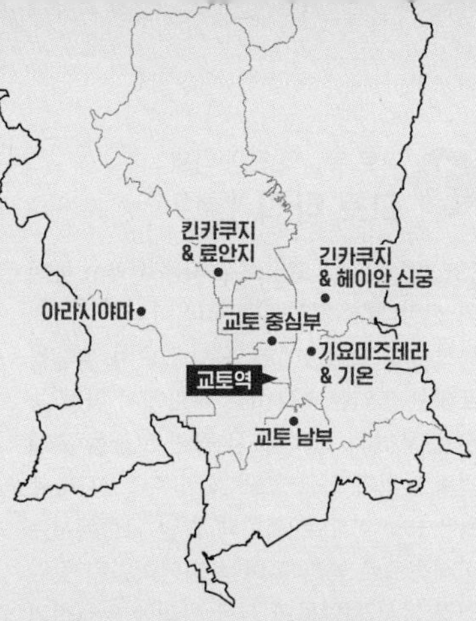
긴카쿠지
& 료안지
긴카쿠지
& 헤이안 신궁
아라시야마
교토 중심부
기요미즈데라
& 기온
교토역
교토 남부

가모강
8
귀무덤
도요쿠니 신사
2 히가시 혼간지
교토 국립박물관 7
규카츠
교토 가츠규
게이한전철
시치조역
교토 효토
요도바시카메라
1 교토 타워
6
산주산겐도
버스 정류장
혼케 다이이치아사히
중앙 출구
中央口
교토
(K11)
긴테쓰전철
교토역
JR 교토역
술의 미술관
하치조 출구
八条口
교토 아반티
이온몰 교토
가모강
JR·게이한전철
도후쿠지역
구조
(K12)

1 교토 유일의 전망 타워
교토 타워 京都タワー

1963년 등대를 모티브로 지은 100m 높이의 전망대다. 지하 3층~지상 11층 규모의 복합 빌딩 최상층에 우뚝 서 있으며, 빌딩을 포함한 높이는 131m로 교토에서 가장 높은 건물이다. 당시 도시 경관 보존을 위해 건축 높이가 최고 고도 31m(주요 문화재 주변은 15m 이하)로 제한돼 있던 교토에서는 이례적으로 높이 지어진 빌딩이었던 탓에 건축 당시 시민들의 심한 반대에 부딪히기도 했으나, 교토 타워를 건축물이 아닌 옥상에 세운 구조물로 분류해 건축 허가가 결정된 비하인드 스토리가 있다.

11층에서 전망대용 엘리베이터로 갈아타면 타워 꼭대기에 도달한다. 360° 전망대에서는 고즈넉한 교토 시가지와 이를 둘러싼 푸른 산이 한눈에 내려다보이고, 잔잔히 흐르는 음악을 감상하며 무료 망원경으로 시내를 구석구석 훑어볼 수도 있다. 지하 1층~지상 2층에는 2023년 4월 리뉴얼 오픈해 한층 더 풍부해진 푸드홀과 교토풍 기념품점, 체험 공방 등이 들어서 있다. **MAP ⑯-A**

GOOGLE MAPS 교토 타워
ADD 721-1 Higashishiokojicho, Shimogyo Ward
OPEN 10:00~21:00/폐장 30분 전까지 입장
PRICE 무료입장/전망대 900엔, 고등학생 700엔, 초등·중학생 600엔, 3세 이상 100엔/1층 자동판매기에서 티켓 구매
WALK 교토역 중앙 출구 앞 횡단보도를 건너 바로
WEB www.kyoto-tower.jp

: WRITER'S PICK :

간사이 투어리스트 인포메이션 센터

교토 타워 3층에 있는 관광 안내소(10:00~17:30). 한국어 가능 직원이 상주하며, 각종 교통권과 패스를 판매한다. 또 교토역 수하물 보관소보다 저렴하게 짐을 맡기거나 숙소까지 운반해주는 서비스를 제공한다. 짐 보관은 1개 1일 600엔, 운반 서비스는 1개 1500엔.

교토 타워 포토 포인트. 교토역 4층 동쪽의 가라스마 코지 광장(烏丸小路広場)

망원경이 무료!

교토의 먹거리와 카페, 바가 모인 지하 1층 푸드홀

고에이도몬

화려하고 섬세한 디자인의 당문.
맥주회사 기린의 로고가 바로 이 무늬다.

2 넓구나, 넓어!
히가시 혼간지 東本願寺

3만여 평의 넓은 경지와 장대한 건축물이 시선을 압도하는 사찰. 본존 아미타여래상을 안치한 아미다도(阿弥陀堂, 아미타당)는 '불교에서 가장 깨끗한 땅'임을 상징하기 위해 30만 장의 금박으로 장식해 화려함을 자랑한다. 아미다도를 바라보고 오른쪽에 있는 고에이도(御影堂, 어영당)는 높이 38m, 길이 75m, 기와 17만5000장, 다다미 927개가 깔린 세계 최대 규모의 목조 건축물이다. 정문인 고에이도몬(御影堂門) 역시 4개의 기둥으로 이루어진 사각문(四脚門)으로는 일본 최대 규모로, 정교한 조각미가 돋보인다. MAP ⑯-A

GOOGLE MAPS 히가시혼간지
ADD 754 Tokiwacho, Shimogyo Ward
OPEN 05:50~17:30(11~2월 06:20~16:30)
PRICE 무료
WALK 교토역 중앙 출구에서 도보 약 5분
WEB www.higashihonganji.or.jp

3 아즈치 모모야마 시대의 걸작
니시 혼간지 西本願寺

화려한 디자인과 섬세한 장식미가 특징인 16세기 경 아즈치 모모야마 시대 대표작으로 손꼽히는 사찰이자, 12개의 국보를 보유한 유네스코 세계유산이다. 아미타여래상을 모신 아미다도(阿弥陀堂), 정토진종을 연 고승 신란의 목상을 모신 고에이도(御影堂), 도요토미 히데요시의 저택에서 옮겨 온 누각 히운카쿠(飛雲閣, 비운각), 후시미성에서 옮겨온 가라몬(唐門, 당문)과 현존하는 일본에서 가장 오래된 노(能, 일본 전통 가무극) 무대 등 볼거리가 많다. MAP ⑯-A

GOOGLE MAPS 니시혼간지
ADD Monzencho, Shimogyo Ward
OPEN 05:30~17:00/상황에 따라 유동적
PRICE 경내 무료/일부 국보 건축물은 특별 기간에만 유료 공개
WALK 교토역 중앙 출구에서 도보 약 20분/히가시 혼간지에서 도보 약 10분
WEB www.hongwanji.or.jp

아미다도

고에이도

아미다도 내부

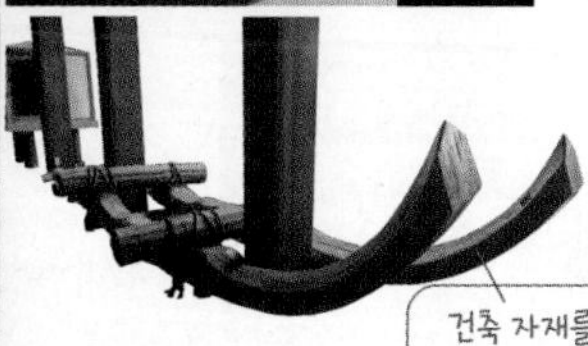
건축 자재를 운반하던 중 눈사태로 목숨을 잃은 인부들의 썰매와 여신도들의 머리카락, 삼을 꼬아 만든 굵은 밧줄이 고에이도와 아미다도를 연결하는 복도에 전시돼 있다.

금각사, 은각사와 더불어 교토 3대 누각으로 불리는 히운카쿠

에도 시대 때 시각을 알리던 북이 보관돼 있는 다이코로.
비공개인 내부에는 쇼군의 경호부대인 신선조가 남긴 칼자국이 있다고~

4 <귀멸의 칼날> 무한열차를 타러 가자
교토 철도박물관 京都鉄道博物館

교토 시민의 쉼터, 우메코지 공원(梅小路公園)에 자리 잡은 일본 최대 규모 철도박물관. 메이지 시대 건설된 니조역사를 그대로 사용한 3층짜리 전시관 안에는 53대의 열차가 시대별로 전시돼 있고, 부채꼴 모양의 야외 차고에는 증기기관차 20대가 열을 맞춰 옛 모습 그대로 세워져 있다. 극장판 <귀멸의 칼날: 무한열차편>의 주 무대였던 1900년대 초반 증기기관차를 볼 수 있어 최근 더욱 화제를 모은 곳. 그중 커다란 굉음과 증기를 내뿜는 스팀호가 1일 6회 정도 운행하며, 탑승도 가능하다. 이 밖에 증기기관차에 관련한 각종 전시 자료는 물론, 체험공간, 기념품점 등으로 다채롭게 꾸며져 있다. MAP ⑯-A

GOOGLE MAPS 교토철도박물관
OPEN 10:00~17:00/폐장 30분 전까지 입장/수요일(공휴일과 방학 제외)·연말연시 휴관
스팀호: 11:00~16:00/45분~1시간 간격 운행/상세 스케줄은 홈페이지에서 확인
PRICE 1500엔, 고등·대학생 1300엔, 초등·중학생 500엔, 3세 이상 200엔/스팀호 300엔, 3세~중학생 100엔
WALK 교토역 중앙 출구로 나와 도보 약 20분/시 버스 86·88번을 타고 우메코지 공원·교토철도박물관앞(梅小路公園·京都鉄道博物館前) 하차 후 바로
WEB www.kyotorailwaymuseum.jp

야외 차고

교토 시민의 휴식처, 우메코지 공원

+MORE+

교토 아쿠아리움 京都水族館

돌고래, 펭귄과 같은 바다생물은 물론, 교토에서 서식하는 다양한 어류 등 총 250종 1만5000여 마리의 수중 생물을 만날 수 있는 대형 수족관. 특히 가모강에 서식하는 천연기념물인 장수 도롱뇽이 인기다. MAP ⑯-A

GOOGLE MAPS 교토수족관
OPEN 10:00~18:00(폐장 1시간 전까지 입상, 매월 변동)
PRICE 2400엔, 고등·대학생 1800엔, 초등·중학생 1200엔, 3세 이상 800엔
WALK 우메코지 공원 동쪽
WEB www.kyoto-aquarium.com

장수 도롱뇽

강당에 안치된 국보 부동명왕상은 일본에서 가장 오래된 것!

천수관음입상 ©Zairon

5 교토의 상징, 오중탑이 여기 있네! 도지 東寺

823년 헤이안 시대, 수도 교토를 수호하고자 세워진 국립 사찰. 수차례의 지진과 화재로 대부분 건축물이 창건 당시 모습을 잃었지만, 2만여 점의 국보와 중요문화재를 보유한다. 교토의 슈퍼스타인 오중탑은 현존하는 일본 목조탑 중 가장 높은 54.8m로, 창건 이후 4번의 벼락을 맞았음에도 중건을 거듭하며 되살아났다. 입체 대형 불상 21점이 빈틈없이 들어선 강당도 주요 볼거리! 무기를 든 채 위협적인 표정으로 불교 불신론자에게 겁을 주는 명왕상은 일본 불교 특유의 불상이다. 매월 21일(06:00경~16:00경)에 대규모 골동품 시장이 열린다. MAP ⑯-C

GOOGLE MAPS 교토 도지
ADD 1 Kujocho, Minami Ward
OPEN 05:00~17:30(9월 중순~3월 중순 ~16:30, 건물 내부 전 시즌 08:30~)/폐장 30분 전까지 입장
PRICE 경내·미에이도·쇼쿠도 무료/금당·법당·오중탑·보물관·간치인 시즌에 따라 500~1300엔
WALK 교토역 하치조 출구에서 도보 약 20분/긴테쓰 전철 도지역 하차 후 도보 4분
WEB www.toji.or.jp

단풍 시즌의 특별 야간 개장 시기의 토지

6 황금빛으로 번쩍이는 1001개의 불상 산주산겐도 三十三間堂

1164년 일왕을 위해 창건되고 가마쿠라 막부가 일본을 통치하던 1266년 재건된 사찰. 120m나 되는 긴 본당 안에 놀라울 만큼 정교하게 조각된 1001개의 목조 천수관음상이 전시돼 있다. 정식 명칭은 렌게오인(蓮華王院, 련화왕원)으로, 1층 건물의 기둥 사이가 33칸이나 돼 흔히 '산주산겐도(33칸당)'라고 부른다. 건물에 들어서면 한가운데 화려한 금박을 입힌 국보 천수관음좌상을 중심으로 좌우에 천수관음입상 1000개가 빽빽하게 들어서 보는 이를 압도한다. MAP ⑯-B

GOOGLE MAPS 산주산겐도
ADD Sanjusangendomawari, Higashiyama Ward
OPEN 08:30~17:00(11월 중순~3월 09:00~16:00)/폐장 30분 전까지 입장
PRICE 600엔, 중·고등학생 400엔, 초등학생 300엔
WALK 교토역 중앙 출구에서 도보 약 20분/시 버스 206·208번을 타고 하쿠부츠칸산주산겐도마에(博物館三十三間堂前) 하차
WEB sanjusangendo.jp

+MORE+

산주산겐도 관람 포인트

눈을 지그시 감은 천수관음입상의 얼굴은 11개, 팔은 무려 40개! 1000개가 똑같은 모습이라 탄성이 절로 나온다. 신체 부위를 나눠서 조각한 후 끼워 맞추는 방식인 요세기즈쿠리(寄木造) 기법으로 제작한 것인데, 화재 때 필사적으로 들쳐메고 나온 스님들 덕분에 완벽하게 복원할 수 있었다.

깊이 있는 문화재·건축물 기행

7 교토 국립박물관 京都国立博物館

국보와 중요문화재 1만2000여 점을 소장한 국립박물관. 헤이안 시대(8세기 후반~12세기 초)부터 에도 시대(17세기 초~19세기 중반)까지 교토 시내 수많은 사찰에서 기탁한 회화, 조각, 공예, 고서 등을 보존하기 위해 1897년 지었다. 프랑스 베르사이유 궁전을 모델로 만든 특별 전시관은 교토를 대표하는 메이지 시대(1868~1912년)의 중요한 근대 건축물로도 지정돼 있다. 상설전시장인 헤이세이 지신관(平成知新館)은 도쿄 국립박물관, 뉴욕 근대미술관 신관을 설계한 미니멀 건축의 대가 다니구치 요시오의 작품으로, 따사로운 채광이 스며드는 로비, 빛을 원천 봉쇄한 전시실 등이 건축미를 뽐낸다. MAP ⑯-B

GOOGLE MAPS 교토 국립박물관
ADD 527 Chayacho, Higashiyama Ward
OPEN 09:00~17:00/폐장 30분 전까지 입장/월요일(공휴일인 경우 그다음 날)·연말연시 휴관
PRICE 700엔, 대학생 350엔(헤이세이 지신관 기준)/특별전 및 정원(야외전시 포함) 기간에는 전시 종류에 따라 다름/대학생은 학생증 등 제시 필요
WALK 산주산겐도에서 도보 약 2분
WEB www.kyohaku.go.jp

베르사유 궁전을 본 떠 만든 박물관 입구

바로크 양식의 특별 전시관

헤이세이 지신관

우리 조상의 넋을 기리러 갑니다

8 귀무덤(미미즈카) 耳塚

임진왜란 때 일본군에 의해 희생된 조선 민중 12만 명 이상의 코가 묻힌 곳이다. 당시 도요토미 히데요시는 조선인의 목 대신 코를 베어오게 하고, 그 개수만큼 무장들에게 보상을 약속했다. 더 많은 보상을 원했던 무장들은 살아있는 민간인의 코까지 무자비하게 베어오는 잔인함을 보였고, 이곳은 원령들의 후환이 두려웠던 도요토미가 조선인의 코를 묻고 공양의식을 치른 곳으로 전해진다. 본래 '코무덤'이었으나, 너무 잔인하다 하여 17세기 초부터 '귀무덤'으로 바뀌었다. 1617년 조선통신사로 이곳을 다녀간 문신 이경직은 <부상록>에서 '뼈에 사무치는 괴로움을 참을 수 없다'고 회고했다. MAP ⑯-B

GOOGLE MAPS 귀무덤
ADD 616 Nushiyacho, Higashiyama Ward
OPEN 24시간
PRICE 무료
WALK 교토 국립박물관·산주산겐도에서 각각 도보 약 5분

자그마한 잔디 무덤 위에
낮은 석탑 하나만이
덩그러니 세워져 있다.
관리하는 이도 없어 더욱 서글픈 곳.

교토역 주변에서

현지인처럼 쇼핑하기

교토 여행을 마치고 간사이 국제공항을 통해 곧바로 귀국할 예정이라면 아래 쇼핑몰들을 체크해두자. 취향별 기념품을 한 번에 쇼핑할 수 있다.

로컬들의 초저가 아이템 찾기

요도바시카메라 ヨドバシカメラ

교토 타워 바로 뒤에 있는 초대형 전자제품 쇼핑몰. 전자제품은 물론, 식료품, 패션, 기념품 등을 판매해, 저렴한 잡화 쇼핑 스폿이 마땅치 않은 교토에서는 단비와 같은 존재다. 라이프스타일 브랜드와 100엔숍, 합리적인 가격의 맛집이 모인 6층 식당가도 체크! 지하 2층 슈퍼마켓 로피아(LOPIA)는 현금 결제만 가능하고 면세가 불가능한 대신 일반 마트보다 파격적인 가격으로 식료품을 살 수 있어서 현지인과 관광객에게 인기가 높다. **MAP ⑯-B**

GOOGLE MAPS 요도바시카메라 멀티미디어 교토
ADD 590-2 Higashishiokojicho, Shimogyo Ward
OPEN 09:30~22:00(레스토랑 11:00~23:00)
WALK 교토역 중앙 출구로 나와 도보 약 2분
WEB www.yodobashi-kyoto.com

로피아(LOPIA)

돈키호테를 찾고 있었다면

교토 아반티 KYOTO AVANTI

교토역 남쪽 바로 맞은편에 있는 6층짜리 대형 쇼핑몰. 돈키호테, 마쓰모토 키요시, 땡큐마트, 100엔숍 세리아, 애니메이트 등이 입점해 있어서 중저가 기념품 쇼핑을 즐길 수 있고 회전초밥 초지로나 오코노미야키 치보 등 부담 없는 먹거리도 다양하다. 교토역과 지하로 연결돼 있어서 더욱 편리한 곳. **MAP ⑯-C**

GOOGLE MAPS 교토 아반티
ADD 31 Higashikujo Nishisannocho, Minami Ward
OPEN 10:00~21:00(레스토랑 11:00~22:00)
WALK 교토역에서 지하로 연결
WEB kyoto-avanti.com

현지인의 생활 잡화 쇼핑 No.1!

이온몰 교토 AEON Mall Kyoto

교토역 남쪽에 자리 잡은 5층짜리 대형 쇼핑몰. 생활 잡화 브랜드가 다수 입점했다. 대형 슈퍼마켓 코요, 유아용품 및 장난감 전문점 토이저러스·베이비저러스, 대형 서점, 무인양품, 프랑프랑, 자라, 갭, 유니클로, 빌리지 뱅가드, 다이소 등이 있다. 교토역에서 다소 거리가 있는 만큼 현지인 쇼핑 문화를 즐길 수 있다. **MAP ⑯-C**

GOOGLE MAPS 이온몰 교토
ADD 1 Nishikujo Toriiguchicho, Minami Ward
OPEN 10:00~21:00(레스토랑 ~22:00, 1층 슈퍼마켓·드럭스토어 09:00~22:00)/매장에 따라 다름
WALK 교토역 하치조 출구로 나와 도보 약 5분
WEB kyoto-aeonmall.com

그냥 지나치기 아쉬운

교토역 근처 맛집 & 바

등잔 밑이 어둡다고 했던가. 교토의 미식 투어는 교토역 근처부터 이미 시작되고 있다는 사실.

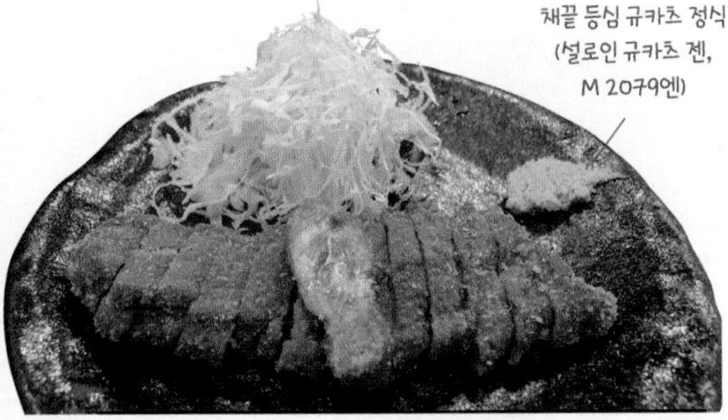

채끝 등심 규카츠 정식 (설로인 규카츠 젠, M 2079엔)

도쿠세이 라멘

치맥보다 강력한 '규맥'

규카츠 교토 가츠규 교토역앞점

牛カツ 京都勝牛

'겉바속촉' 규카츠(소고기 카츠) 맛집. 30초 만에 잽싸게 튀겨내는 미디엄레어의 육질이 입안에서 사르르 녹는 그 맛에 인기가 식을 줄 모른다. 규카츠에는 다시 간장, 산초 소금, 우스터 소스, 카레소스와 밥, 된장국, 샐러드, 날달걀이 곁들여지며, 밥과 된장국, 샐러드는 무한리필. 본점인 폰토초(365p)를 비롯해 요도바시카메라, 기요미즈데라에도 지점이 있다. 한국어 메뉴 있음. **MAP ⑯-B**

GOOGLE MAPS 교토가츠규 교토역전점
ADD 211 Maoyacho, Shimogyo Ward
OPEN 10:30~22:30
WALK 교토역 중앙 출구로 나와 도보 약 5분
WEB gyukatsu-kyotokatsugyu.com

고추냉이 & 간장 또는 산초 소금을 찍어 먹는 게 가장 맛있다.

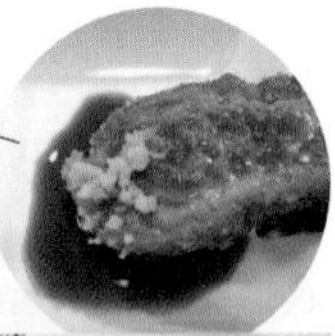

푸짐하게 맛보는 교토 제일 라멘

혼케 다이이치아사히

本家 第一旭

아침 6시에 문을 여는 노포 라멘집. 푸짐한 특제 라멘, 도쿠세이 라멘(特製ラーメン, 1140엔)은 쫄깃한 면발과 구수한 간장 육수에 새하얀 돼지고기를 푸짐하게 올렸다. 여기에 다진 마늘, 고춧가루, 다대기 3종 세트를 넣으면 우리 입맛을 완벽하게 사로잡는 한 끼 완성! 2024년 가라스마역 근처에도 지점을 냈다. **MAP ⑯-D**

GOOGLE MAPS 혼케 다이이치 아사히 본점
ADD 845 Higashishiokoji Mukaihatacho, Shimogyo Ward
OPEN 06:00~다음 날 01:00/목요일 휴무
WALK 교토역 중앙 출구로 나와 도보 약 5분
WEB www.honke-daiichiasahi.com

본토에서 맛보는 럭셔리 샤부샤부

교토 효토 京都 瓢斗

교토식 접객, 고급스러운 맛과 분위기를 즐길 수 있는 샤부샤부 코스 요리 전문점. 이 집만의 '킥'은 담백하고 맑은 다시 육수로, 고기를 살짝 담갔다 건져내 산뜻한 유자 폰즈 소스에 적셔 먹는다. 참깨 두부(참깨를 으깨 차갑게 굳힌 것)와 생선회 등 각종 제철 전채 요리도 입맛을 돋우고, 마지막에 끓여 먹는 우동과 말차 푸딩 디저트까지 나무랄 데 없다. 예약 없이 방문 시 코스 종류가 다르고 만석일 때가 많으니, 구글·홈페이지 예약 권장. 한국어 메뉴 있음. **MAP ⑯-A**

GOOGLE MAPS kyoto hyoto kyoto ekimae honten
ADD 607-12, Higashishiokojicho, Shimogyo Ward
OPEN 11:30~14:00, 17:30~22:00
WALK 교토역 중앙 출구로 나와 도보 약 10분
WEB hyoto.jp

샤부샤부 코스 5500엔~2만엔. 가라스마점도 인기가 높다.

500엔으로 즐기는 일본 위스키

술의 미술관(오사케노 비주쓰칸) 교토역 하치조 출구점 お酒の美術館

오후 3시부터 오픈, 서비스료 없이 위스키를 잔술로 판매하는 바. 2017년 교토에서 시작해 전국에 100여 개의 매장을 열면서 급성장 중이다. 약 8평의 작은 공간에 250종 이상의 술을 취급하는데, 메인은 산토리, 닛카 등 일본산 위스키다. 추천 위스키는 전국의 개성 있는 중소 규모 증류소와 협업한 PB 위스키! 안주류는 가벼운 것만 있으며, 편의점이 병설된 매장의 경우 편의점에서 안주를 사 와서 먹을 수 있다. **MAP ⑯-C**

GOOGLE MAPS XQM4+Q2 교토시
ADD 41 Nishikujo, Kitanouchicho, Minami Ward
OPEN 15:00~24:00
WALK 교토역 하치조 서쪽 출구로 나와 도보 약 3분
WEB osakeno-museum.com

산토리 위스키 올드, 1잔 500엔

라테(500엔)

세계인의 커피심(心)을 사로잡다

구라스 교토 스탠드

Kurasu Kyoto Stand

커피를 좋아한다면 놓치지 말아야 할 스페셜티 커피 전문점. 시드니에서 돌아온 오너가 2016년 고향 교토에 문을 연 곳으로, 교토 커피계에 새바람을 불러일으키면서 현지인과 전 세계 관광객의 발길을 모은다. 커피 가격은 400~700엔. 특히 말차라테가 맛있다. 규모가 작아서 스탠딩석과 바석만 있다. **MAP ⑯-C**

GOOGLE MAPS 구라스 교토 스탠드
ADD 552 Higashiaburanokojicho, Shimogyo Ward
OPEN 08:00~18:00
WALK 교토역 중앙 출구로 나와 왼쪽으로 도보 약 5분
WEB jp.kurasu.kyoto

말차라테 에스프레소(650엔)

#Walk

가장 교토다운 시간

기요미즈데라 清水寺 & 기온 祇園(祇園)

교토를 처음 방문한 여행자들이 가장 먼저 찾는 기요미즈데라가 있는 히가시야마(東山) 일대와 기온 지역은 교토만의 독특한 문화와 예술을 꽃피운 장소다. 기요미즈데라에서 기온까지 이어지는 납작한 돌길을 자박자박 걸으며, 교토 여행의 진수를 느껴보자.

Access

버스

- **시 버스 86·106·206번:** 교토역 중앙 출구 앞 버스 정류장에서 탑승, 고조자카(五条坂, 10분)나 기요미즈미치(清水道, 12분) 하차 후 기요미즈데라까지 도보 약 10분. 또는 기온(祇園, 16분) 하차
- **관광특급버스 EX100·EX101번:** 교토역 중앙 출구 앞 버스 정류장에서 탑승, 고조자카나 기요미즈미치 하차 후 기요미즈데라까지 도보 약 10분(토·일요일·공휴일만 운행)

지하철

- **가라스마선 구조역**(九条/K12)**:** 1번 출구로 나와 시 버스 202·207번 탑승, 기요미즈미치(清水道, 14분) 하차 후 기요미즈데라까지 도보 약 10분

사철

- **게이한 전철 기요미즈고조역**(清水五条)**:** 4번 출구에서 기요미즈데라까지 도보 약 25분
- **게이한 전철 기온시조역**(祇園四条)**:** 6번 출구로 나오면 기온이다.
- **한큐 전철 교토카와라마치역**(京都河原町)**:** 1A 출구로 나와 왼쪽의 다리를 건너면 기온이다.

Planning

볼거리가 많은 지역이라 시간 배분을 여유롭게 해야 한다. 오전에 가장 높은 곳에 있는 기요미즈데라를 먼저 들렀다가 내려오면서 산넨자카, 니넨자카, 기온 순으로 돌아보는 코스가 무난하다. 벚꽃과 단풍 시즌의 기요미즈데라는 야간 라이트 업 행사로 밤에도 혼잡하니 주의할 것. 4월 초에는 마루야마 공원의 벚꽃을 즐기려는 인파가 몰리고, 7월에는 야사카 신사에서 교토 최대 축제인 기온 마츠리가 열린다. 마츠리 때는 교통 체증이 심하니 버스 이용을 삼가고 시간 여유를 충분히 두자.

+MORE+

교토는 7월 내내 축제!
기온 마츠리 祇園祭

매년 7월 기온에서 교토 최대 축제가 열린다. 헤이안 시대에 역병을 치료하기 위해 올리던 제사에서 기원한 것으로, 야사카 신사를 시작으로 시조카와라마치(四条河原町)~시조카라스마(四条烏丸) 일대에서 한 달 내내 풍성한 볼거리를 선보인다.

최대 하이라이트는 7월 17일 신을 모신 화려한 장식의 전통 가마 야마보코 31기가 거리를 행진하는 야마보코 순행(山鉾巡行)이다. 순행의 전야제인 7월 14~16일 요이야마(宵山) 때에는 시조 거리와 가라스마 거리 등 많은 도로가 반짝반짝 불을 밝힌 밤의 포장마차촌과 보행자 천국으로 변신한다.

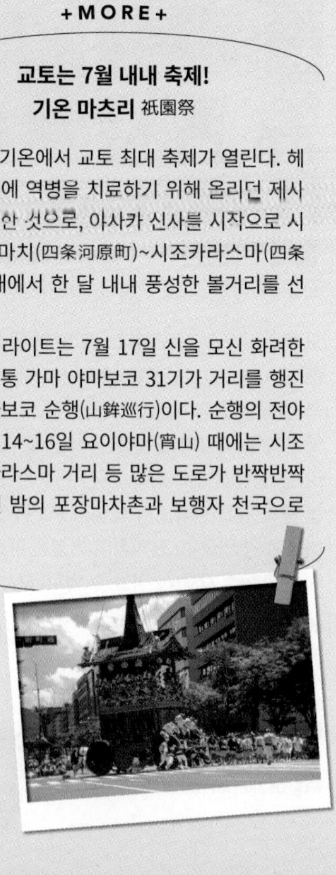

게이한 전철
산조역
0
100m
쇼렌인 몬제키
다쓰미다이묘진
기온 코모리
신바시도리
12 시라카와스지
지온인
히키니쿠토 코메
산몬(지온인)
게이한 전철
기온시조역
폰치리
카보차노 타네
에이라쿠야 덴슈
요지야
시조도리
니시로몬
우쓰쿠시고젠샤
소혼케 니신소바
마츠바 본점
사료츠지리
교센도
8
야사카 신사
9
마루야마 공원
기온
카카오365
10 기온
하나미코지도리 11
기온 우오케야 우
살롱 드 무게
기온 코너
겐닌지
히가시야마
야스이
7 고다이지
엔토쿠인
이시베코지 6
야스이 콘피라궁
5 네네노미치
% 아라비카
치리멘 세공관
4 니넨자카
야사카노토
스타벅스
기요미즈미치
카사기야
4 산넨자카
이토켄 x 소우소우
스미코구라시도
혼케니시오 야츠하시
기요미즈자카 2
말브랑슈
고조자카 3
지슈 신사
3
고조자카
1
차완자카
기요미즈데라

1 교토에 처음 온 당신에게
기요미즈데라(청수사) 清水寺

머릿속 교토의 이미지가 현실이 되는 곳. 교토 시내 동쪽 오토와산(音羽山, 음우산) 중턱에 778년 지은 13만 평 규모의 사찰이다. '기요미즈(清水)'란 순수한 물을 뜻하는데, 바로 이 성스러운 샘물을 마시고 머리가 11개인 관음상(십일면천수관음보살상)에 기원하기 위해 1000여 년 동안 많은 순례자가 비탈길을 마다 않고 찾아왔다. 사시사철 아름다운 풍경을 볼 수 있고 중요문화재를 다수 보유해 유네스코 세계유산으로 지정된 곳. 순위 매기기 좋아하는 일본인이 예나 지금이나 최고의 교토 명소로 손꼽는다. 경내를 둘러 보는 데는 1시간 정도 소요되며, 주변의 언덕을 오르내리며 식사나 쇼핑을 즐긴다면 3시간 정도 예상해야 한다. 기요미즈데라가 가장 빛을 발하는 계절은 단풍이 붉게 물드는 늦가을(11월 중순~12월 초/해마다 다름)로, 야간 라이트 업의 인기가 매우 높다. **MAP ⑩-B**

GOOGLE MAPS 기요미즈데라
ADD 294 Kiyomizu 1-chome, Higashiyama Ward
OPEN 06:00~18:00(7·8월 ~18:30, 봄·가을 야간 라이트 업 18:00~21:00)
PRICE 500엔, 초등·중학생 200엔/야간 라이트 업은 요금 추가
WALK 시 버스 EX100·EX101·106·202·206·207번 또는 게이한 버스 83·85·87·88번을 타고 기요미즈미치(清水道) 또는 고조자카(五条坂) 하차 후 기요미즈데라 안내 표지판이 있는 언덕길을 오른다. 도보 약 10분/게이한 전철 기요미즈고조역(清水五条) 4번 출구로 나와 도보 약 25분
WEB www.kiyomizudera.or.jp
봄·가을 야간 라이트 업 정보 www.kiyomizudera.or.jp/event/yakan

: WRITER'S PICK :

절벽 위의 무대, 부타이 舞台

가장 큰 볼거리는 지상 12m 높이의 가파른 절벽에 세워진 국보 본당 앞의 부타이(무대)다. 수많은 참배객을 수용하면서 스모, 오도리, 노 등의 행사 장소로 쓰기 위해 본당 앞을 무대 구조로 넓힌 것으로, 절벽에서 10m가량 툭 튀어나와 있어서 이곳에 서면 교토 시내가 훤히 내려다보인다. 너도나도 이 광경을 카메라에 담으려는 열망 탓에 언제 가더라도 자리 경쟁이 꽤 치열하다. 에도 시대에는 관음상에 기도한 후 뛰어내리면 그 소원이 이루어진다고 하여 수많은 이가 몸을 던졌다고 하는데, 아래로 나무가 빽빽하게 심겨 있어서 이들 중 85%는 목숨을 건졌다고. 뛰어 내리는 것은 1872년부터 금지됐다.

기요미즈데라 관람 풀코스

Step 1 니오몬 & 삼중탑〔산주노토〕 仁王門 & 三重塔

사찰 입구를 지키는 화려한 색상의 니오몬. 뒤로 보이는 탑은 기요미즈데라를 상징하는 약 31m 높이의 삼중탑으로, 1632년 재건되었다.

Step 2 지슈 신사 地主神社

본당 북쪽 '연애의 신'을 모시는 신사. 경내에 있는 2개의 돌 사이를 눈을 감고 걸으면 사랑이 이루어진다고 한다. 에도 시대부터 전해진 풍습이라고 하니 그 역사 또한 매우 오래되었다. (2025년까지 보수 공사 예정)

Step 3 부타이〔무대〕 舞台

Step 4 십일면천수관음보살상 十一面千手観音像

본당에서 33년에 한 번, 1년간 공개한다. 천수관음의 수호 불상들인 28부중상의 조각미도 놓칠 수 없는 볼거리! 다음 공개 연도는 아쉽게도 2033년이다. 평소에는 사진처럼 모사품만 볼 수 있다.

Step 5 출세의 신 出世大黒天像

무게 310kg에 달하는 출세의 신. 본당 앞에 놓여 있다.

Step 6 부타이 하부 구조

일본의 전통 건축방식인 가케즈쿠리(懸造)를 적용해 139개의 느티나무 기둥을 가로세로 조합하여 만들었다. 못을 하나도 사용하지 않고 잘 짜 맞춘 구조라 지진에도 끄떡없다는!

Step 7 오토와 폭포 音羽の滝

오토와란 '맑은 샘물이 흘러 아름다운 소리를 낸다'는 뜻이다. 본당 아래에는 기요미즈데라의 명물인 가느다란 오토와 폭포 세 줄기가 있는데, 폭포를 바라보고 왼쪽부터 건강, 학업(미용), 연애(출세)에 효험이 있다고 하니 재미 삼아 마셔보자. 단, 3가지 폭포수를 모두 마시면 되레 효험이 사라진단다.

2 기요미즈데라로 이어지는 참배길
기요미즈자카 清水坂

시 버스 기요미즈미치(清水道) 정류장이 있는 히가시오지도리(東大路通)에서 기요미즈데라 입구까지 이어진 약 600m의 거리다. 가장 활기찬 구간은 고조자카·산넨자카와 만나는 곳부터 기요미즈데라 입구까지 약 200m 구간의 가파른 언덕길. 양옆에 상점이 즐비해 일 년 내내 발 디딜 틈 없이 붐비는데, 특히 얇고 쫄깃한 삼각형의 교토 전통 화과자 야츠하시(八つ橋) 전문점이 많다. MAP ⑩-B

GOOGLE MAPS XQWJ+M23 교토
WALK 기요미즈데라의 니오몬 정면으로 난 언덕길

+MORE+

기요미즈자카 추천 간식

▪ **혼케니시오 야츠하시** 本家西尾八ッ橋

1869년 창업한 야츠하시 명가. 야츠하시는 쌀가루에 설탕과 계피 등을 섞어 만든 얇은 화과자다. 단팥이 든 기본 야츠하시는 물론, 검정깨나 참깨를 듬뿍 넣은 야츠하시도 이곳의 자랑이다. 5개 250엔~. 기요미즈자카에만 2군데 매장이 있다.

OPEN 08:00~18:00(계절에 따라 조금씩 다름)

▪ **말브랑슈** マールブランシュ Malebranche

교토에서 시작한 말차 과자 전문점 말브랑슈의 지점이다. 대표 메뉴인 말차 쿠키 외에도 기요미즈자카점 한정 세트를 비롯한 다양한 과자를 선보인다.

OPEN 09:00~17:00
WEB www.malebranche.co.jp

3 기요미즈자카와 만나는 길
고조자카 & 차완자카
五条坂 & 茶わん坂

시 버스 고조자카 정류장에서 기요미즈데라가 있는 언덕을 향해 450m가량 이어지는 고조자카는 기요미즈데라를 찾은 모든 관광버스가 지나는 곳이다. 매년 8월 7~10일 열리는 도자기 축제로 유명하다.

차완자카는 고조자카의 중간 지점부터 기요미즈데라의 후문까지 이어지는 약 400m의 언덕길이다. 미한기지로 도자기 공예 갤러리, 기념품숍, 식당 등이 있으며, 고조자카와는 달리 사람과 자동차가 적어 걷기 좋다. 기요미즈신도(清水新道)라 부르기도 한다. MAP ⑩-B

GOOGLE MAPS 교죠자카 도로, 자완자카
WALK 기요미즈데라에서 기요미즈자카를 따라 내려가다 왼쪽으로 갈라지는 길(고조자카)/고조자카 중간 즈음에서 동쪽으로 난 길(차완자카)

4

너무 예뻐서 심장 부여잡고 걷는 길

산넨자카 & 니넨자카 産寧坂(三年坂) & 二寧坂(二年坂)

교토에서 가장 사랑스러운 2개의 언덕길. 기요미즈자카와 고조자카가 만나는 지점에서 북쪽의 고다이지까지 360m가량 차례로 이어진다. 아기자기한 계단과 돌길, 각종 기념품과 먹거리를 판매하는 낮은 키의 전통가옥이 옹기종기 모인 모습이 매력적이어서 영화와 드라마 속 배경으로 종종 등장한다. 교토를 대표하는 쟁쟁한 식당과 카페, 기모노 대여점이 한데 모인 데다, 젊은층을 공략한 참신하고 세련된 기념품숍도 많아서 둘러보다 보면 나도 모르게 지갑이 열리고 시간 가는 줄도 모르는 곳! MAP ⑩-B

GOOGLE MAPS 산넨자카, 니넨자카
WALK 기요미즈데라에서 기요미즈자카를 따라 3분 정도 내려오면 나오는 교차로에서 오른쪽에 계단이 있는 언덕이 산넨자카 입구다.

+MORE+

산넨자카·니넨자카 추천 기념품

▪ 스미코구라시도 すみっコぐらし堂

산리오의 인기 캐릭터, 스미코구라시의 과자와 잡화를 판매한다. 산넨자카 초입, 기요미즈자카와 만나는 지점에 있다.

OPEN 09:30~17:30 **WEB** sumikkogurashido.jp

▪ 치리멘 세공관 ちりめん細工館

교토 전통 견직물인 치리멘으로 만든 잡화 전문점. 태피스트리 등 각종 인테리어 소품이 인기다. 니넨자카 스타벅스 옆.

OPEN 10:00~18:00 **WEB** mrucompany.co.jp

: WRITER'S PICK :

이곳에서 넘어지면 3년간 재수 없다?

산넨자카의 본래 이름은 산네이자카(産寧坂). 여성들이 순산을 기원하기 위해 기요미즈데라로 가던 길이라는 의미를 담고 있으나, 다이도 3년(808년)에 만들어졌다 하여 산넨(三年)자카(坂, 언덕길)라고 불리게 되었다. 니넨자카는 다이도 2년(807년)에 완성되었으며, 전부 17단으로 되어 있다. 이 길에서 넘어지면 각각 3년, 2년간 재수가 없다는 설로 유명하다.

+MORE+

언덕 위의 화룡점정
야사카노토 八坂の塔

야사카 신사와 기요미즈데라 중간에 우뚝 솟은 46m 높이의 오중탑으로, 이 일대의 랜드마크다. 특히 교토에서도 이름 난 야경 포토 포인트! 589년 창건한 호칸지(法観寺, 법관사) 경내에 자리하지만 가람은 모두 화재로 소실됐고, 1440년 재건된 아름다운 목탑만 지금껏 남아 있다. 내부에는 대일 여래상이 안치돼 있으며, 2층까지 관람할 수 있다. **MAP ⑩-B**

GOOGLE MAPS 호칸지
OPEN 10:00~16:00/부정기 휴무
PRICE 500엔, 초등학생 이하 무료
WALK 산넨자카를 따라 내려와 니넨자카와 만나는 지점에서 왼쪽, 야사카도리(八坂通り)를 따라 약 150m 직진하면 오른쪽에 오중탑이 보인다.

5 잠시 쉬어가는 길
네네노미치 ねねの道(寧寧之道)

언덕길이 끝나는 지점에서 고다이지를 지나 북쪽 야사카 신사까지 길이 450m, 2500여 장의 납작한 돌이 깔린 산책하기 좋은 길이다. 직역하자면 '네네의 길'로, 고다이지를 창건한 도요토미 히데요시의 부인 네네(ねね)에서 길 이름이 유래했다. **MAP ⑩-B**

GOOGLE MAPS 네네노미치(nenenomichi)
WALK 니넨자카가 끝나는 지점에서 좌회전해 조금만 가면 나오는 교차로에서 우회전. 고다이지 남쪽 끝부터 북쪽의 야사카 신사까지 이어지는 길이다.

6 해 질 무렵 촬영 명소
이시베코지 石塀小路

좁다란 골목 양쪽으로 옛 정취가 물씬 풍기는 돌담, 이시베이(石塀)가 고급 가이세키(会席) 요리점과 료칸을 둘러싸고 있어서 CF나 잡지에 자주 등장한다. 모두 19세기 후반~20세기 초에 지은 건물들로, 골목 전체가 보존지구로 지정돼 있다. 등불이 하나둘 켜지는 해 질 무렵이 특히 아름답다. **MAP ⑩-B**

GOOGLE MAPS ishibekoji road
WALK 네네노미치에서 고다이지 방향으로 약 70m 직진, 왼쪽으로 작은 제등이 달린 샛길이 보인다.

지천회유식 정원

하신레이 정원. 단풍철이면 라이트 업을 위해 우산 조명이 설치된다.

7 아즈치 모모야마 시대 예술의 정수
고다이지 高台寺

일본 역사상 가장 화려했던 16세기 아즈치 모모야마 시대의 건축, 회화, 공예의 진수를 엿볼 수 있는 사찰. 도요토미 히데요시 사후 네네가 자신이 살던 오사카성을 도쿠가와 이에야스에게 빼앗기고 교토로 은거한 후, 남편의 명복을 빌기 위해 1606년에 지었다. 야사카 신사에서 기요미즈데라로 올라가는 길목에 있어서 가볍게 들르기 좋다.

계속된 화재로 많은 건축물이 소실됐으나, 1대 주지를 모신 가이산도(開山堂, 개산당), 연못이 중심인 우아한 지천회유식 정원, 달을 감상하기 위해 만든 간케츠다이(観月台, 관월태), 모래·돌·자갈 등으로 심플하게 멋을 낸 가레산스이 정원 등이 볼만하다. 특히 가이산도를 둘러싼 지천회유식 정원은 일본 최고의 조원가 고보리 엔슈의 작품으로, 고다이지의 상징이다. MAP ⑩-B

GOOGLE MAPS 고다이지
ADD 526 Shimokawara-cho, Higashiyama Ward
OPEN 09:00~17:30/폐장 30분 전까지 입장
PRICE 600엔, 중·고등학생 250엔(고다이지쇼 미술관 포함)
WALK 네네노미치 중간에 고다이지로 올라가는 계단이 있다.
WEB www.kodaiji.com

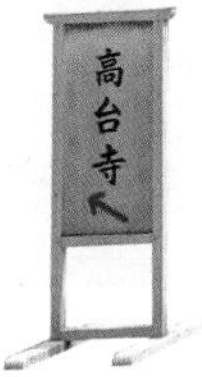

니시로몬. 신사에서 가장 오래된 건물로, 1497년 지어졌다.

미모의 여신 3명을 모시는 우쯔쿠시고젠샤(美御前社). 미용수를 마시면 백옥 같은 피부를 얻을 수 있다고 하니 믿거나 말거나!

8 기온을 호령하는 주홍빛 신사
야사카 신사 八坂神社

656년 세워진 유서 깊은 신사로, 기온의 메인 스트리트 시조도리(四条通)의 동쪽 끝, 히가시야마(東山) 산기슭에 자리 잡고 있다. 기온과 마루야마 공원을 연결하는 최적의 위치 덕분에 여행자가 한 번쯤은 거쳐 가는 곳으로, 현지인은 '기온상'이라는 애칭으로 부른다. 주신으로 역병을 물리치는 스사노오노 미코토(일본 신화에 등장하는 신 중 하나)를 모시며, 3000여 곳에 달하는 야사카 신사의 총본산이자 기온 마츠리를 주관한다. 시조도리와 이어지는 주홍빛 니시로몬(西楼門, 서루문)은 야사카 신사의 서문이고, 1666년에 세워진 9.5m 높이의 도리이가 있는 신사의 정문은 남쪽에 있다. MAP ⑩-A

GOOGLE MAPS 야사카 신사
ADD 625 Gionmachi Kitagawa, Higashiyama Ward
OPEN 24시간
PRICE 무료
WALK 네네노미치 북쪽 끝에서 마루야마 공원을 통해 연결/201·202·203·206·207 등을 타고 기온(祇園) 하차
WEB www.yasaka-jinja.or.jp

9 봄바람 휘날리며~ 흩날리는 벚꽃 잎이~
마루야마 공원 円山公園

야사카 신사와 이어지는 2만6000여 평 규모의 공원이다. 1886년 개원한 교도에서 가장 오래된 공원이며, 연못을 따라 지천회유식 정원, 분수, 야외 음악당 등을 잇는 산책길이 조성돼 있다. 3월 중순~4월 중순이면 680여 그루의 벚나무와 더불어 가지를 길게 늘어뜨린 수양벚꽃 시다레자쿠라(枝垂れ桜)를 보기 위해 일본 각지에서 많은 이들이 찾으며, 공원 안에 포장마차가 늘어서 낭만과 축제 분위기가 한껏 고조된다. **MAP ⑩-A**

메이지 유신의 주역인 사카모토 료마와 나카오카 신타로 동상

GOOGLE MAPS 마루야마 공원 교토
OPEN 24시간
WALK 야사카 신사의 동쪽. 신사와 자연스레 연결된다./네네노미치 북쪽 끝 지점

'기온의 밤 벚꽃'이라는 애칭을 가진 수양벚꽃, 시다레자쿠라

공원 중앙의 지천회유식 정원

+MORE+

압도적인 스케일, 지온인 知恩院

일본의 고승 호넨(法然)이 1175년 창건한 정토종 총본산이다. 대표적인 볼거리는 높이 24m, 폭 50m의 목조 산몬(三門, 절 입구에 세워진 문)으로, 현존하는 일본의 산몬 가운데 최대 규모다. 7만여 장의 기와가 사용됐으며, 난젠지(387p)·히가시 혼간지(335p)와 함께 일본의 3대 산몬으로 꼽힌다. **MAP ⑩-A**

GOOGLE MAPS 지온인
ADD 400 Rinkacho, Higashiyama Ward
OPEN 05:30~16:00(유젠엔·방장정원 09:00~, 방장정원 ~15:50)
PRICE 경내 무료/유젠엔(友禅苑) 300엔, 방장정원 400엔, 공통권 500엔/초등·중학생은 반값
WALK 마루야마 공원 북쪽
WEB www.chion-in.or.jp

1621년에 지은 일본 최대 규모의 산몬

사찰의 품격, 쇼렌인 몬제키 青蓮院門跡

천연기념물인 커다란 녹나무가 둘러싼 천태종 사찰이다. 왕족이나 귀족의 자손이 출가하여 대대로 주지를 맡아 온 사찰(몬제키 門跡)로, 헤이안 시대부터 왕실과 깊은 관련을 맺고 있다. 청부동명왕화를 비롯해 눈을 뗄 수 없게 만드는 화려하고 진귀한 불화, 울창한 대숲 등이 볼만하다. 특히 긴카쿠지(은각사) 정원을 만든 소아미(相阿弥)의 작품인 지천회유식 정원이 아름답다. **MAP ⑩-A**

GOOGLE MAPS 쇼렌인
ADD 69-1 Awataguchi Sanjobocho, Higashiyama Ward
OPEN 09:00~17:00/폐장 30분 전까지 입장
PRICE 600엔, 중·고등학생 400엔, 초등학생 200엔

푸른빛이 신비로운 정원

WALK 지온인 산몬에서 북쪽으로 도보 약 4분/헤이안 신궁에서 도보 약 10분
WEB shorenin.com

⑩ 이 거리를 걷기 위해 교토에 왔지
기온 祇園(祇園)

교토 여행의 참모습을 엿볼 수 있는 대표 관광 지역이다. 붉은 아우라를 뽐내며 기온을 지키는 야사카 신사와 교토에서 가장 잘 보존된 옛 거리 하나미코지도리를 중심으로, 오랜 전통과 품격을 갖춘 노포 식당, 탐나는 기념품이 그득한 잡화점, 근사한 카페가 줄줄이 늘어서 색색의 기모노를 대여해 입은 세계 각국의 관광객을 불러 모은다.
기온의 골목골목, 졸졸 흐르는 시냇물 따라 이어지는 납작한 돌길을 걸으며 과거와 현재를 이어보자. 노란 제등이 켜지는 밤 풍경 또한 교토 여행에서 놓쳐서는 안 될 백미다. 단, 마이코·게이코가 술시중을 드는 오차야(お茶屋) 밀집 골목은 사진 촬영을 금지하거나, 외국인 관광객의 출입을 제한하니 주의해야 한다. **MAP ⑩-A**

GOOGLE MAPS 기온마치 미나미가와
ADD 571 Gionmachi Minamigawa, Higashiyama Ward 주변
WALK 시 버스 201·202·203·206·207번 등을 타고 기온(祇園) 하차 후 바로/게이한 전철 기온시조역 6·7번 출구로 나와 바로/한큐 전철 교토카와라마치역 1A 출구로 나와 왼쪽의 다리를 건너 바로

대나무를 엮어 만든 낮은 울타리와 붉은 벽의 전통 가옥이 늘어서 '가장 일본다운 거리'라 불린다.

⑪ 기온을 상징하는 한 컷
하나미코지도리 花見小路通

기온의 메인 스트리트인 옛 유곽 거리다. 시조도리를 중심으로 남북 약 1km 길이의 거리에 늘어선 건축물 대부분은 상인의 가옥이나 찻집으로 쓰였던 전통 목조 건물로, 메이지 시대인 1800년대 후반부터 현재의 모습으로 정비되기 시작했다. 고급 가이세키(会席) 요리 전문점과 디저트 카페가 다닥다닥 붙어 있는 풍경이 이색적이어서 교토 최고의 사진 촬영 스폿으로 손꼽히는 곳. 남쪽으로 겐닌지(建仁寺)까지 이어지는 300m 길 사이사이에는 마이코와 게이코가 접대하는 오차야가 분포했다. **MAP ⑩-A & ⑪-D**

GOOGLE MAPS 하나미코지도리
WALK 시조도리의 중간 즈음, 요지야가 있는 사거리에서 요지야 대각선 방면으로 난 골목이다.

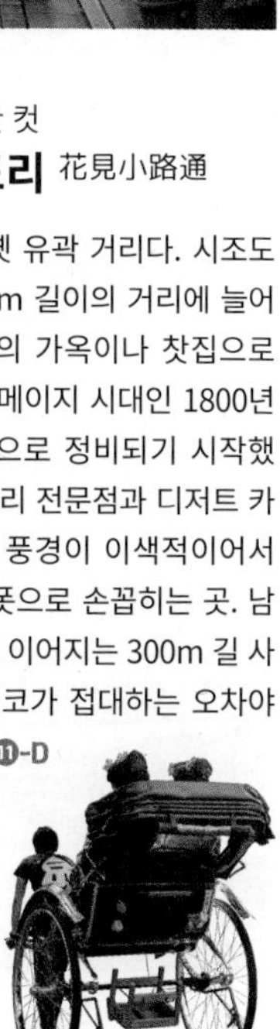

+MORE+

일본 차의 발상지
겐닌지 建仁寺

하나미코지도리의 남쪽 끝과 맞닿아 있는 오래된 선종 사찰. 송나라에서 최초로 차를 들여온 승려이자 선종의 창시자인 에이사이(栄西)가 1202년에 건립했다. 바람 신과 천둥 신을 그린 국보 풍신뇌신도, 다다미 108장 분량의 거대한 천장화 쌍룡도 등 섬세하면서도 박력 있는 불화가 볼만하다.

MAP ⑪-D

GOOGLE MAPS 겐닌지
ADD 584 Komatsucho, Higashiyama Ward
OPEN 10:00~17:00(11~2월 ~16:30)/폐장 30분 전까지 입장/12월 28~31일 휴관
PRICE 800엔, 초·중·고등 학생 500엔
WALK 하나미코지도리 남쪽 끝과 연결
WEB www.kenninji.jp

풍신뇌신도의 복제본. 손에 닿을 듯 매우 가까이서 볼 수 있다.

악연 STOP!
야스이 콘피라궁 安井金比羅宮

겐닌지 동쪽의 작은 신사. 악연을 끊고 좋은 인연을 만들어준다고 하여 경내에는 실연이나 배신을 당한 사람들의 절절한 사연이 적힌 에마로 빼곡하다. 배전과 본전에 기도를 올린 뒤 소원을 적은 부적을 지닌 채 엔키레엔무스비(縁切れ縁結び) 비석 구멍을 앞뒤로 통과하면 소원이 이루어진다고. 부적은 비석에 붙여두는데, 일 년에 한 번씩 불태우고 새로 붙인다.

MAP ⑪-D

: WRITER'S PICK :

가모강 鴨川

교토 시내를 남북으로 관통하는 '교토의 젖줄', 가모강(가모가와)은 강둑을 따라 걷기 좋은 산책로다. 5~9월 가모가와 노료유카(鴨川納涼床) 기간에는 기온과 시조카와라마치를 잇는 시조대교(四条大橋) 일대 강가에 포장마차가 들어서고, 폰토초의 식당들이 '유카'라는 임시 테라스를 마련해 운치를 더한다.

12 우연히 와서 인생 사진 건지는 곳
시라카와스지 白川筋

시조도리의 북쪽, 납작한 돌길과 버드나무가 CF 및 웨딩촬영의 명소로 손꼽히는 거리다. 실개천을 따라 활짝 피는 벚꽃도 장관! 예능 실력을 높이는 데 효험이 있다는 작은 신사 다쓰미다이묘진(辰巳大明神, 진사대명신)에는 마이코와 연예계 종사자들이 즐겨 찾는다. 바로 옆에는 포토 포인트인 다쓰미바시(辰巳橋)도 있다. MAP ⑪-D

GOOGLE MAPS shirakawa lane
WALK 시조도리와 하나미코지도리가 만나는 사거리에서 요지야 옆 골목으로 올라가 신호등이 있는 사거리에서 왼쪽으로 꺾어지면 나오는 두 갈래 길 중 왼쪽

다쓰미다이묘진

두고두고 만족스러워

기온을 닮은 '잇템'

기온 거리의 기념품점들은 일본에서 가장 전통적이면서 사랑스러운 분위기를 뿜어내며 관광객의 발길을 멈추게 한다. 소소하지만 두고두고 잘 샀다고 뿌듯할 기념품들을 골라보자.

새초롬한 얼굴이 마스코트!

요지야 기온 본점

よーじや

교토를 대표하는 뷰티 브랜드. 1920년경 개발한 기름종이, 아부라토리시(あぶらとり紙)가 화장을 짙게 하는 교토의 게이코나 전통극 배우들에게 인기를 얻으면서 유명해졌다. 오리지널 디자인 제품과 계절 한정판 기름종이는 물론이고, 요지야만의 깜찍하고 다양한 뷰티 제품을 한자리에서 둘러볼 수 있다. 아라시야마와 교토역 포르타에는 요지야 카페도 있다. **MAP ⑩-A & ⑪-D**

GOOGLE MAPS 요지야 기온점
ADD 270-11 Gionmachi Kitagawa, Higashiyama Ward
OPEN 10:30~18:30(금·토·일요일·공휴일 ~19:00)
WALK 시조도리와 하나미코지도리가 만나는 사거리 코너(북쪽)에 있다.

쓰임 좋고 예쁜 '메이드 인 교토'

퐃치리 기온 본점

pocchiri(ぽっちり)

윗부분의 물림쇠로 여닫는 동전 지갑 가마구치(がまぐち) 전문점. 모든 상품을 기획부터 생산까지 장인이 수작업으로 제작한다. 전통 문양을 기본 요소로 삼으면서 스트라이프나 도트 패턴을 접목한 모던하고 심플한 디자인이 특징으로, 동전 지갑뿐 아니라 스마트폰 지갑, 숄더백 등 제품군도 다양한다. 긴카쿠지에 지점이 있다. **MAP ⑪-D**

GOOGLE MAPS 퐃치리 기온 본점
ADD 254-1 Gionmachi Kitagawa, Higashiyama Ward
OPEN 12:00~20:00
WALK 요지야 기온점을 등지고 시조도리를 따라 오른쪽으로 도보 약 1분

일본 느낌 물씬 나는 패브릭 쇼핑

에이라쿠야 기온점

永楽屋

단아하고 고운 색감과 귀여운 패턴의 무명 수건 데누구이(手ぬぐい)로 유명한 패브릭 전문점. 1615년 창업한 일본에서 가장 오래된 천 가게로, 촉감 좋은 에코백, 거즈 손수건 등 가까운 지인에게 선물할 고급스러운 아이템을 고르기 좋다. **MAP ⑪-D**

GOOGLE MAPS eirakuya gion shop
ADD 242 Gionmachi Kitagawa, Higashiiyama Ward
OPEN 11:00~22:00
WALK 퐃치리를 등지고 오른쪽으로 도보 약 1분

SPECIAL PAGE

비밀의 소녀
마이코 舞妓

눈처럼 새하얀 얼굴에 빨간 입술, 아리따운 기모노를 입고 머리부터 발끝까지 장신구를 걸친 교토의 마이코는 300년이 흐른 지금도 예전 그대로다. 마이코는 누구이며, 어디에서 만날 수 있는지 알아보자.

마이코는 누구?

교토에서 탄생한 문화, 마이코. 약 300년 전 기타노 텐만구(406p)와 야사카 신사 앞 찻집 오차야(お茶屋)에서 참배객에게 차를 내오던 여성들이 그 시작으로, 점점 화려한 화장과 기모노 차림이 더해져 가무와 악기 연주 등의 서비스를 하는 형태로 변모했다. 10대의 어린 나이부터 입문하는 마이코는 오키야(置屋)라는 합숙소에서 공동생활하며 혹독한 수련 과정을 거친 후 게이코(芸妓)가 된다. 마이코가 게이코(타지방에서는 게이샤)가 되면 은퇴할 때까지 쭉 게이코라 불리므로 게이코의 연령대는 높은 편이다.

마이코의 조건은?

마이코는 용모 단정한 13~18세의 미혼 여성으로, 면접은 반드시 부모의 동의를 받고 치른다. 스트레스 강도가 높은 일이기 때문에 심신이 건강해야 하고, 진한 메이크업과 헤어 스타일링을 유지할 수 있도록 머리카락과 피부가 튼튼해야 하며, 신장은 165cm 이하여야 한다. 손님과 깊이 있는 대화를 나눌 수 있도록 각종 사회적 이슈나 지식 습득도 필수. 타지방 출신이라도 반드시 교토 사투리인 교토벤(京都弁)을 배워서 사용해야 한다.

어디에서 볼 수 있나?

게이코가 접대하는 오차야 밀집 지역을 하나마치(花街)라고 부른다. 규모가 가장 큰 야사카 신사 주변의 기온 코부(祇園甲部)를 중심으로, 교토 시내에 총 다섯 곳의 하나마치가 있다. 운이 좋다면 하나마치 부근에서 마이코와 게이코를 볼 수도 있지만, 파파라치나 일부 관광객의 비매너 행위로 인한 피해가 늘어남에 따라 개인 소유의 도로인 사도(私道)로 지정된 오차야 골목은 2024년 4월부터 관광객의 출입이 제한됐다. 따라서 마이코와 게이코를 보고 싶다면 공연장이나 대규모 야외 이벤트를 찾아가자.

+MORE+

여행자도 편하게 즐기는 마이코 공연

- **기온 코너** ギオンコーナー
게이코와 마이코의 공연을 비롯하여 인형극, 악기 연주, 다도 등 일본의 전통문화와 예술을 즐길 수 있는 곳은 극장이다. 하나미코지 도리 남쪽에 있다. 1일 2회 공연(18:00~/19:00~), 관람료는 5500엔(23세 이상 기준).
WEB www.ookinizaidan.com/gion_coner/

- **미야코 오도리** 都をどり
매년 4월 한 달간 기온에서 펼쳐지는 마이코와 게이코의 공연이다. 야사카 홀 옆 오도리 전용 극장인 기온코부카부렌조(祇園甲部歌舞練場, 기온갑부 가무련장)에서 공연하며, 홈페이지에서 예약 후 방문한다.
WEB www.miyako-odori.jp

SPECIAL PAGE

잊지 못할 한 장의 추억

기모노 체험

교토에서 인생 사진을 건지는 가장 확실한 방법! 바로 고운 빛깔의 기모노를 빌려 입고 고즈넉한 교토 거리를 거닐어 보는 것이다.

기모노 체험 가이드라인

6~9월에는 시원하고 경쾌한 홑겹의 유카타, 10~5월에는 상큼하고 러블리한 기모노, 가을·겨울에는 보온성까지 챙긴 하카마 등을 덧대 입고 계절별로 색다른 스타일을 연출할 수 있다. 남성용과 어린이용 기모노도 있다. 기온, 시조카와라마치, 기요미즈데라, 아라시야마 등을 중심으로 교토에만 50곳 이상의 대여점이 있다. 당일 대여도 가능하지만, 각 대여점의 홈페이지 또는 국내 온라인 대행사에서 사전 예약 후 진행하면 더욱 편리하다.

기모노 대여 A to Z

기모노 대여 가격과 디자인, 체험 시간 등의 조건은 대여점마다 천차만별이다. 기모노, 오비(帶, 기모노의 허리 부분을 감싸는 띠), 가방, 신발 등이 포함된 일반적인 하루 대여료는 3000~8000엔대다.
기모노 사이즈는 치수별로 다양해 체격이 작거나 큰 사람도 걱정할 필요가 없다. 속옷은 기모노용이 별도로 있고, 본인 속옷 위에 덧대 입어도 된다. 이때 브래지어는 와이어리스를 착용해야 그나마 편하다. 머리 손질을 할 경우 1000~2000엔 정도 추가된다. 인터넷에서 미리 방문 날짜와 시간을 지정하고 할인 쿠폰까지 챙겨두면 더욱 저렴하게 대여할 수 있다. 물론 대부분 당일 방문해도 대여할 수 있지만, 헤어는 완전 예약제인 곳이 많다.
마음에 드는 기모노를 고르고, 입고, 머리까지 손질하는 데는 적어도 1시간 30분이 소요됨을 예상할 것. 오픈 시간과 가깝게 방문해야 예쁜 디자인을 선택할 수 있다는 것도 참고하자. 화장실 이용 방법은 대여 시 확실히 숙지해두는 게 좋다.

: WRITER'S PICK :

추천 기모노 대여점

- **바사라** VASARA
교토뿐 아니라 전국에 지점을 둔 대여점. 교토역 앞에 있어 찾아가기 쉽다.
WEB vasara-h.co.jp

- **기온 니시키** Gion Nishiki
야사카 신사 앞을 비롯해 교토역, 아라시야마 등 3곳에 지점이 있다.
WEB gion-nishiki.com

- **쿄에츠** Kyoetsu
파스텔톤의 앤티크풍 기모노가 돋보인다. 시조카와라마치와 아라시야마에 지점이 있다.
WEB kyoetsu-gion.com

- **미모사** MIMOSA
2023년 기요미즈데라에 문을 연 매장. 한국어 예약 페이지가 충실하다.
WEB mk-mimosa-k.top

누가 진짜 마이코일까? 기온에는 기모노를 대여해 입은 일반인과 모델 등 다양한 여성이 마이코 분장을 하고 거리를 누벼 진짜와 가짜의 분간이 쉽지 않다. 진실은 저 너머에!

기온·기요미즈데라에서 즐기는

교토풍 디저트 가게

교토 관광의 핵심인 기온과 기요미즈데라!
오랜 세월 변함 없는 맛의 교토산 차와 말차 디저트 전문점이 줄줄이 늘어서 여행자를 기다리고 있다.

말차 파르페의 정석

사료츠지리 기온 본점 茶寮都路里

기온을 대표하는 말차 디저트 카페. 1860년 우지에서 창업한 노포 차상 기온츠지리(祇園辻利)에서 운영한다. 꼭 먹어야 할 메뉴는 특선 츠지리 파르페(特選都路里パフェ, 1694엔)로, 말차 생크림, 말차 아이스크림, 말차 카스텔라, 말차 젤리, 말차 셔벗 등 부드럽고 향긋한 말차 디저트 5종과 밤, 찹쌀떡, 단팥 등이 듬뿍 들었다. 1층은 기온츠지리의 선물용 화과자와 차 판매점이며, 교토역 이세탄 백화점 6층, 기온 네네노미치 등에도 지점이 있다. **MAP ⑪-D**

GOOGLE MAPS 츠지리 573
ADD 573-3 Gionmachi Minamigawa, Higashiyama Ward(시조도리)
OPEN 10:30~20:00(L.O.19:00)
WALK 게이한 전철 기온시조역 6번 출구로 나와 도보 약 3분
WEB www.giontsujiri.co.jp

은근히 안 알려진 '찐' 말차 카페

교센도 기온 본점 京煎堂

1926년 오픈해 3대째 이어오는 화과자점 겸 카페. 대부분 관광객이 1층 화과자점 앞에서 파는 당고만 먹고 스쳐 지나가지만, 진정한 맛은 2층 카페에 숨겨져 있다는 사실! 말차의 고장 우지에 있는 공장에서 방부제나 착색료를 넣지 않고 만든 각종 말차 디저트는 뭐든 다 맛있다. 디저트 주문 시 곁들여 마시는 차 맛도 일품. 1층 화과자점에서 파는 콩이 듬뿍 든 밀과자 마메아와세(まめあわせ)도 인기 기념품이니 체크해두자. **MAP ⑪-D**

GOOGLE MAPS kyosendo gion main shop
ADD 565-1, Gionmachi Minamigawa, Higashiyama Ward
OPEN 11:00~18:00
WALK 한큐 전철 교토카와라마치역 1B 출구로 나와 도보 약 7분

삼색 오하기의 매력에 퐁당!

카사기야 かさぎ屋

아궁이에서 찐 멥쌀과 찹쌀가루를 경단처럼 동그랗게 빚어 표면에 3가지 팥소를 묻힌 삼색 오하기가 간판 메뉴인 전통 디저트점이다. 구수하면서도 많이 달지 않아 우리 입맛에도 딱 맞다. 제조 방식, 맛, 메뉴 모두 1914년 창업 당시 그대로를 유지한다. 오하기(おはぎ, 750엔)는 매일 아침 3~4시간 동안 효고현의 최고급 탄바(丹波)산 팥을 삶아 팥소를 만들고, 주문 즉시 팥소를 묻혀 내와 더욱 부드럽다. 여름에는 얼음과 말차로만 맛을 낸 빙수 코오리우지(氷宇治, 750엔)를 곁들여보자.

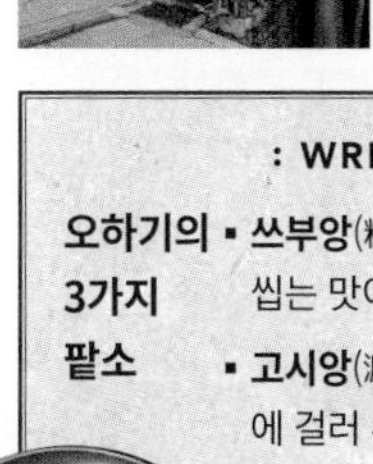

MAP ⑩-B

GOOGLE MAPS 카사기야
ADD 349 Masuyacho, Higashiyama Ward
OPEN 10:00~17:30/화요일 휴무
WALK 산넨자카에서 니넨자카 계단을 조금 내려가면 왼쪽에 있다.

: WRITER'S PICK :

오하기의 3가지 팥소

- **쓰부앙**(粒あん): 팥을 삶아 껍질째 내어 씹는 맛이 있다.
- **고시앙**(漉しあん): 팥을 삶아 으깬 후 체에 걸러 부드럽게 만든다.
- **시로앙**(白あん): 흰 팥을 삶아 으깬 후 체에 걸러 부드럽게 만든다. 여름에는 콩가루를 사용한다.

초록 정원을 바라보며 말차 디저트를

살롱 드 무게 Salon de Muge(菊乃井 無碍山房)

교토의 노포 요릿집 기쿠노이의 디저트 카페. 녹음에 둘러싸인 고즈넉한 장소에 고급 료칸처럼 자리 잡고 있다. 대표 메뉴는 무게산보 진한 말차 파르페(無碍山房濃い抹茶パフェ, 1980엔). 우지산 최고급 말차로 만든 아이스크림과 젤리 등으로 일반 말차보다 4배나 진한 맛을 낸다. 점심(11:30~13:00)에는 기쿠노이의 고급 요리를 도시락(5500엔)으로 맛볼 수 있다. 2024년 미슐랭 빕구르망에 선정됐다. 대기 시 입구 키오스크(영어)에서 번호표를 뽑아야 하며, 6세 이상만 출입 가능. **MAP ⑩-A**

GOOGLE MAPS 살롱 드 무게
ADD 524 Washiocho, Higashiyama Ward
OPEN 11:30~18:00(L.O.17:00)/화요일·연말연시 휴무
WALK 고다이지와 마루야마 공원 사이, 쇼린지(雙林寺) 입구 맞은편(고다이지에서 도보 약 4분)
WEB kikunoi.jp/kikunoiweb/muge

니넨자카에서 숨은 스타벅스 찾기!

말차 티라미수 파이 & 아메리카노

100년 전통 가옥을 개조한 컨셉스토어

스타벅스 니넨자카야사카차야점

Starbucks

일명 '다다미 스타벅스'라고 불리는 컨셉 스토어. 다다미방에 앉아 창밖의 일본 정원을 감상할 수 있다. 오래된 전통 상점이 지붕을 맞대고 늘어선 니넨자카 한복판에 녹색 간판 대신 로고가 새겨진 나무판을 걸어 두어 주변 경관에 자연스레 스며들었다. 말차를 넣은 각종 디저트류(400엔~)는 일본에서만 맛볼 수 있는 인기 메뉴! 이곳 외에 교토에서는 산조오하시점(三条大橋), 가라스마롯카쿠점(烏丸六角)이 지역색을 담은 컨셉스토어로 운영되고 있다. **MAP ⑩-B**

GOOGLE MAPS 스타벅스 니넨자카
ADD 349 Masuyacho, Higashiyama Ward
OPEN 08:00~20:00/부정기 휴무
WALK 산넨자카에서 니넨자카 계단을 내려간 후 왼쪽 첫 번째 골목 모퉁이에 있다.

디자인을 덧입은 화과자

이토켄 x 소우소우

Itoken x Sou·Sou

1834년 상업한 교토의 화과자 전문점 이토켄과 교토의 패션 브랜드 소우소우가 협업해 만든 테이크아웃 전문점. 믿고 먹는 레시피에 감각적인 텍스타일 디자인을 접목한 음료·과자·아이스크림(500엔~)은 맛도 비주얼도 뛰어나다. **MAP ⑩-B**

GOOGLE MAPS 이토켄 x 소우소우
ADD 3-315, Kiyomizu, Higashiyama Ward
OPEN 10:00~18:00
WALK 산넨자카 시치미야 혼포(七味屋本舗) 옆/기요미즈데라에서 도보 약 3분

화과자 꼬치
(500엔)

+MORE+

스타벅스 못지않은 존재감

% 아라비카 교토히가시야마점

アラビカ 京都東山

교토에서 시작된 글로벌 커피 프랜차이즈 % 아라비카도 니넨자카에 있다. **MAP ⑩-B**

GOOGLE MAPS 아라비카 히가시야마
ADD 87-5 Hoshinocho, Higashiyama Ward
OPEN 09:00~18:00
WALK 야사카노토에서 도보 약 1분

사랑스러운 교토 감성 디저트

카카오365 기온점 加加阿365

마치야(町家)가 늘어선 기온 골목 안에 자리한 초콜릿 전문점. 교토의 대표 양과자점인 말브랑슈에서 문을 연 곳으로, 초콜릿 맛은 물론이고 디자인 하나하나가 교토풍으로 세심하게 기획돼 있다. 구매한 초콜릿을 맛볼 수 있는 작은 공간과 정원, 초콜릿 제조 과정이 훤히 들여다보이는 오픈 키친, 입구에서 배웅하는 서비스 등 고객을 향한 세심한 배려도 돋보인다. MAP ⑩-A & ⑪-D

GOOGLE MAPS 카카오365 기온점
ADD 570-150 Gionmachi Minamigawa, Higashiyama Ward
OPEN 10:00~17:00/부정기 휴무
WALK 게이한 전철 기온시조역 7번 출구로 나와 도보 약 5분

마스코트 캐릭터, 카카오짱 스틱 초콜릿 (600엔)

차갑게 먹는 말차 생초콜릿, 나마차노카(生茶の菓, 3개 897엔)

교토의 그림문자로 장식한 초콜릿 세트 (8개입, 3850엔)

기온의 분위기 메이커

기온 코모리 ぎをん 小森

기온의 고풍스러운 분위기를 눈과 입으로 즐길 수 있는 카페. 전통적 건조물군 보존지구인 신바시 거리에 1997년 문을 열었다. 고급 요정 오차야(お茶屋)를 개조한 내부에는 아늑한 정원이 딸려 있고, 창밖으로는 실개천이 흐른다. 인기 No.1 메뉴인 와라비모치는 고사리 뿌리에서 추출한 전분만 100% 사용해 매일 아침 반죽하고, 디저트에 넣는 팥도 당일 삶아서 당일 소진한다. 2층짜리 건물에 124석을 갖춘 제법 큰 규모다. 예약 불가. MAP ⑩-A & ⑪-B

GOOGLE MAPS 기온 코모리
ADD 61, Motoyoshicho, Higashiyama Ward
OPEN 11:00~18:30/월요일 휴무
WALK 게이한 전철 기온시조역 9번 출구로 나와 도보 약 4분
WEB www.giwon-komori.com

말차바바로아 파르페(1700엔)

코모리 앙미츠 (1300엔)

콩가루를 묻힌 와라비모치 (1200엔)

기다린 보람이 있네!

기온의 명물 요리

전통을 자부하는 노포 식당이 구석구석 자리한 기온.
많고 많은 식당 중 우리나라 여행자들의 입맛을 저격할 명물 식당들은 바로 이곳!

메이부츠 우오케 (5인분)

특상 우나기동 정식, 3800엔

140년 역사의 미슐랭 1스타 장어 덮밥집

기온 우오케야 우 祇をん う桶や う

기온 하나미코지의 이름난 노포 장어덮밥집. 간사이식 대신 머리와 꼬리를 자르고 찌는 과정이 추가된 도쿄식 에도야키(江戸焼き)를 고수하는데, 푹신하게 부푼 장어가 입에서 살살 녹는다. 이 집의 시그니처 메뉴는 커다란 삼나무 통에 3~5인분의 밥과 장어를 수북이 깔아 내는 메이부츠 우오케(名物「う通」, 1만2000엔~2만엔). 1인분씩 주문 가능한 우나동(鰻丼)은 양에 따라 마츠(松, 5000엔), 다케(竹, 4000엔)로 나뉜다. 예약은 전화(일본어)로만 받고, 예약하지 않았다면 오픈 30분 전에는 도착해서 대기표를 받는 게 좋다. **MAP ⑩-A & ⑪-D**

GOOGLE MAPS 기온 우오케야 우
ADD 570-120 Gionmachi Minamigawa, Higashiyama Ward
TEL 075-551-9966
OPEN 11:30~14:00, 17:00~20:00(L.O.기준)/월요일(공휴일인 경우 그다음 날) 휴무
WALK 게이한 전철 기온시조역 1번 출구로 나와 도보 약 4분
WEB www.yagenbori.co.jp/shop/u/

우나동(다케)

'시성비' 뛰어난 현지인 장어 덮밥집

카보차노 타네 かぼちゃのたね

50년 이상 장어에 올인한 점주가 합리적인 가격에 선보이는 장어덮밥 맛집. 가부키 배우와 게이코 등 단골들이 알음알음 찾아오는 곳이다. 두툼·푹신·촉촉하게 구워낸 도쿄식 장어구이와 교토식 오반자이(집반찬)가 조화를 이루는데, 주문 후 장어를 찌고 굽기 때문에 20분 정도 걸린다. 저녁에는 장어 덮밥 외에 장어 가이세키 요리(5000엔~)도 맛볼 수 있다. 테이블석과 바석으로 나뉘며, 방문 전날까지 전화 예약 가능. **MAP ⑪-D**

GOOGLE MAPS kabochanotane
ADD 267, Gionmachi Kitagawa, Higashiyama Ward
TEL 075-525-2963
OPEN 12:00~13:30, 18:00~21:30(수요일 18:00~21:30)/화요일 휴무(공휴일은 오픈)
WALK 한큐 전철 교토카와라마치역 3번 출구로 나와 도보 약 7분

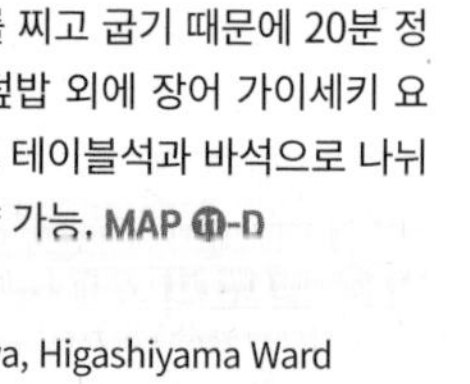

우나기동 정식, 2600엔

건물 1층 깊숙한 곳에 있어서 간판을 잘 봐야 한다.

기온에서 튀김 덮밥은 이곳

덴슈 天周

싱싱한 재료를 바삭하게 튀겨내 그릇이 꽉 차도록 듬뿍 얹어 먹는 튀김 덮밥집이다. 튀김 덮밥의 종류는 붕장어 3마리가 든 아나고 텐동(穴子天丼, 1450엔), 붕장어 2마리와 새우 1마리가 든 믹스 텐동(ミックス天丼, 1850엔), 왕새우 2마리가 든 오에비 텐동(大海老天丼, 1950엔) 등이 있고, 된장국과 절임 반찬이 함께 나온다. 저녁에는 튀김, 덮밥, 초밥, 디저트 등이 나오는 코스 요리(6900엔)만 제공. **MAP ⓫-D**

GOOGLE MAPS 텐슈
ADD 244 Gionmachi Kitagawa, Higashiyama Ward
OPEN 11:00~14:00(튀김 덮밥), 17:30~21:30(코스, L.O.20:30)
WALK 게이한 전철 기온시조역 7번 출구로 나와 도보 약 2분
WEB tensyu.jp

감칠맛 폭발! 훈제청어 메밀국수

소혼케 니신소바 마츠바 본점 総本家 にしんそば 松葉

교토의 향토 요리인 니신소바 전문점. 달콤짭조름하게 양념한 훈제 청어구이를 소바에 올려 먹는 니신소바(にしんそば, 1870엔)를 1861년 고안해 4대째 인기를 누린다. 100% 일본산 메밀면에 따끈한 육수, 결결이 부드럽게 찢기는 청어구이를 곁들인 한 그릇은 교토를 기념할 만한 최고의 한 끼! 니신소바에 청어 조림을 올린 쌀밥과 절임 반찬을 곁들인 세트(鰊しぐれごはん付け, 2200엔)도 추천. **MAP ⓫-D**

GOOGLE MAPS 마츠바 본점
ADD 192 Kawabatacho, Higashiyama Ward
OPEN 10:30~21:00(L.O.20:40)/수요일 휴무(공휴일은 오픈)
WALK 게이한 전철 기온시조역 6번 출구로 나와 바로
WEB www.sobamatsuba.co.jp

재방문 의사 100%!

히키니쿠토 코메 挽肉と米

숯불에 지글지글 구워낸 특제 소고기 햄버그 가게. 도쿄에서 시작해 입소문을 타고 2022년 교토에 진출한 핫플레이스다. 둥글게 연결된 바석 중앙에서 잘 구워낸 햄버그가 개인용 그릴 위에 올려지면, 소금 레몬, 간장, 마늘 플레이크 등의 양념을 곁들여 밥과 된장국, 날달걀과 함께 먹는다. 정식 (1820엔) 주문 시 햄버그는 1인당 3개까지 제공. 09:00부터 나눠주는 정리권(번호표)을 받은 순서대로 원하는 시간을 선택할 수 있다. 홈페이지에서 사전 결제 방식으로 예약 가능. **MAP ❿-A & ⓫-D**

GOOGLE MAPS 히키니쿠토 코메 교토
ADD 363 Kiyomotocho, Higashiyama Ward
OPEN 11:00~15:00, 17:00~21:00/수요일 휴무
WALK 게이한 전철 기온시조역 9번 출구로 나와 도보 약 3분
WEB www.hikinikutocome.com/kyoto/

#Walk

아침부터 밤까지, 생기발랄 교토

교토 중심부

교토의 과거와 현재가 공존하는 최대 번화가다. 교토의 중심부인 만큼, 도쿠가와 이에야스가 건축한 니조성, 과거 일본 왕실의 거처이자 광대한 공원 지구인 교토 교엔 등 굵직한 명소가 자리 잡고 있으며, 보기만큼 맛도 좋은 교토의 각종 식자재와 간식거리가 펼쳐지는 니시키 시장, 대형 백화점, 쇼핑몰, 상점가, 유흥가 등이 집중해 있다. 무엇보다 가장 큰 장점은 늦은 밤까지 환하게 불빛이 비친 밤거리를 자유롭게 활보할 수 있다는 것! 오후 8시만 되면 한밤중처럼 고요해지는 교토에서, 1분 1초가 아까운 여행자에게 이곳은 천국과 같다.

Access

버스

- **시 버스 4·5·86·205번 등:** 교토역 중앙 출구 앞 버스 정류장에서 탑승 후 시조카와라마치(四条河原町, 10분)나 가와라마치산조(河原町三条, 12분) 하차. 시조카와라마치 정류장의 자세한 정보는 311p 참고.

사철

- **한큐 전철 교토카와라마치역**(京都河原町)**:** 각 출구가 시조카와라마치 번화가와 연결된다.
- **게이한 전철 기온시조역**(祇園四条)**:** 3·4번 출구로 나와 강을 건너면 시조카와라마치다.
- **게이한 전철 산조역**(三条)**:** 6·7번 출구로 나와 강을 건너면 산조도리다.

지하철

- **가라스마선 시조역**(四条/K09)**~이마데가와역**(今出川/K06)**:** 각 역이 주요 명소와 연결된다.
- **도자이선 니조조마에역**(二条城前/T14)**~교토야쿠쇼마에역**(京都市役所前/T12)**:** 각 역이 주요 명소와 연결된다.

Planning

쇼핑 지구인 시조카와라마치는 인도가 지붕으로 덮여 있어서 햇볕과 비를 피해 사계절 찾기 편하다. 소요 시간은 약 2시간. 단, 7월의 기온 마츠리 때는 도로와 거리가 매우 혼잡해지는 점을 감안해야 한다. 교토 교엔은 햇볕을 가릴 만한 곳이 없으므로 여름엔 오전에 찾아가는 것이 좋고, 니조성은 신발을 벗고 성안을 천천히 둘러보는 곳이므로 잠시 쉬어가는 코스로 적당하다.

+MORE+

교토의 3대 마츠리

교토에는 기온 마츠리와 더불어 아오이 마츠리와 지다이 마츠리가 3대 마츠리로 손꼽힌다.

▪아오이 마츠리 5월 15일

6세기 중반 시작돼 1400년간 이어지고 있는 축제. 헤이안 시대 귀족으로 꾸민 500여 명의 참가자가 행진하는 화려한 가장 퍼레이드가 볼거리로, 오전 10시 30분경 교토 고쇼에서 출발해 시모가모 신사(11시 40분경)를 거친 후 가미가모 신사(15시 30분경)까지 약 8km 구간을 행진한다.

▪지다이 마츠리 10월 22일

일본의 교토 천도 1100주년을 기념해 1895년 시작된 축제. 헤이안 시대부터 메이지 시대에 이르기까지 시대별 의상을 입은 2000명의 참가자가 교토의 천 년 역사를 역순으로 보여주며 행진한다. 오후 12시경 교토 고쇼에서 출발해 약 5km 구간을 행진한 후 헤이안 신궁에 도착한다.

교토 교엔을 지나는 아오이 마츠리 행렬

KYOTO
교토 중심부
0 200m
쇼코쿠지
가모 미타라시차야
시모가모 신사 12
에이잔 전철
데마치야나기역
이마데가와 (K06)
10 도시샤 대학
게이한 전철
데마치야나기역
세이메이 신사 11
슈가쿠인리큐
이치조지
교토 고쇼
가모강
교토 센토 고쇼
9 교토 교엔
마루타마치 (K07)
게이한 전철
진구마루타마치역
가모강
가와라마치도리
8 니조성
혼케 오와리야 본점
니조조마에 (T14)
신센엔
7 교토 국제 만화박물관
교토시야쿠쇼마에 (T12)
가라스마오이케 (K08·T13)
데라마치 상점가
게이한 전철
메다이 돈카츠 가츠쿠라
모리타야
산조역
신푸칸(신풍관)
스타벅스 커피 (산조오하시점)
산조도리
산조도리 2
산조게이한 (T11)
이노다 커피 본점
신쿄고쿠 상점가
슌사이 이마리
스타벅스 커피 (가라스마롯카쿠점)
데라마치쿄고쿠 상점가
3 폰토초
교토 발
우메조노 카페 & 갤러리
야키니쿠 히로 쇼텐
니시키 시장
4 기야마치도리
6
교토 아트 센터
니시키텐만구
5
쿄고쿠 스탠드
게이한 전철
기온시조역
마스야 사케텐
한큐 전철
가라스마역
소우 소우 타비
시조도리
야요이켄
후지이 다이마루 백화점
한큐 전철
교토카와라마치역
시조 (K09)
다카시마야
오카페
니가타 가츠동 타레카츠
굿 네이처 스테이션
가와라마치도리
1 시조카와라마치
붓코지
디앤디파트먼트 교토
멘야 이노이치 하나레

1 이곳이 바로 교토의 중심!
시조카와라마치 四条河原町

교토의 밤이 가장 아름답고 화려하게 빛나는 최대 번화가다. 시조도리(四条通り)와 가와라마치도리(河原町通り)가 교차하는 사거리를 중심으로 한큐 전철 교토카와라마치역과 대형 백화점, 쇼핑몰, 상점가, 재래시장이 밀집해 있으며, 교토 전역은 물론 오사카·고베 등을 오가는 사철·지하철·시내버스 정류장이 사방으로 뻗어 있어서 먹고, 즐기고, 쇼핑하는 여행자들로 일 년 내내 붐빈다. 인도가 차양으로 덮여 있어서 날씨에 상관없이 돌아보기에도 좋다. 교토카와라마치역 사거리에서 동쪽의 가모강(鴨川)만 건너면 기온과도 연결된다. **MAP ⓫-A~D**

GOOGLE MAPS 교토가와라마치역
WALK 기온에서 가모강의 시조대교를 건너 바로/시 버스 4·5·10·11·12·15·17·201·203·205번 등을 타고 시조카와라마치(四条河原町) 하차/한큐 전철 교토카와라마치역, 지하철 가라스마선 시조역 각 출구로 나와 바로

2 세련된 잡화와 카페, 근대건축물의 거리
산조도리 三条通

한때 관공서와 금융기관이 즐비한 교토의 메인 스트리트였던 곳. 지금도 고풍스러운 서양식 근대 건축물과 일본식 전통 가옥이 화려했던 옛 시절을 짐작게 한다. 깔끔하게 뻗은 산조도리를 중심으로 이노다 커피(380p)를 비롯한 세련된 카페와 맛집이 골목 구석구석 자리 잡고 있으며, 고급 잡화점, 갤러리를 산책하듯 둘러보기 좋다. **MAP ⓫-A·B**

GOOGLE MAPS 2Q58+FR 교토
WALK 시조카와라마치의 메인 스트리트인 시조도리에서 북쪽으로 약 550m 직진/시 버스 4·5·10·11·17·32·59·205번 등을 타고 가와라마치산조(河原町三条) 하차 후 도보 1분

붉은 벽돌의 근대 건축물이 늘어선 산조도리. 지금은 박물관이나 우체국 등으로 사용된다.

: WRITER'S PICK :

길고도 긴 산조도리, 어디부터 어디까지 봐야 할까?

산조도리는 교토 시내 중심을 동서로 가로지르는 기다란 거리다. 야마시나구(山科区) 시노미야(四宮)에서 시작해 게이한 전철 산조역과 산조대교(三条大橋)를 지나 서쪽을 향해 끝없이 뻗는다. 이 중 대표 관광 거리는 데라마치 상점가 남쪽에서 지하철 가라스마오이케역까지 약 650m 구간으로, 근대 건축물과 카페, 잡화점이 밀집했다.

3 새빨간 제등에 불이 켜지면
폰토초 先斗町

시조카와라마치에서 기온으로 향하는 다리인 시조대교(四条大橋)를 건너기 직전부터 북쪽으로 500m가량 이어지는 좁은 골목이다. 17세기부터 유흥가로 발전한 곳으로, 교토의 정취를 담뿍 느낄 수 있다. 골목마다 대롱대롱 매달린 제등에 불이 켜지는 밤이면 내로라하는 최고급 바와 식당이 문전성시를 이루고, 아직도 전통 목조 건물에서 영업하는 오차야(お茶屋)가 많아서 예스러운 분위기로 여행자에게 사랑받는다. 대부분의 가게에서 영어 메뉴와 영어 대응 서비스를 제공하며, 군데군데 오코노미야키, 닭꼬치구이 등 저렴하고 대중적인 식당도 있다. **MAP ⑪-B·D**

GOOGLE MAPS 2Q3C+VC 교토
WALK 한큐 전철 교토카와라마치역 사거리에서 가모강을 건너기 직전 왼쪽 골목(남쪽 입구)

+MORE+

폰토초 '갓성비' 식당

■ **규카츠 교토 가츠규** 폰토초 본점 牛カツ 京都勝牛

교토의 인기 규카츠 프랜차이즈의 본점. 바삭한 튀김옷과 레어로 살짝 튀겨낸 소고기가 맥주를 부른다. 정식 2079엔~. **MAP ⑪-B**

ADD 188 Zaimokucho, Nakagyo Ward
OPEN 11:00~22:30(L.O.22:00)

■ **스시테츠** 폰토초점 すしてつ

고급 식당이 즐비한 폰토초에서 저렴한 가격에 고퀄리티 초밥을 먹을 수 있는 곳. 접시당 대부분 264엔. **MAP ⑪-B**

ADD 先斗町通三条下る石屋町123, Nakagyo Ward
OPEN 17:00~22:30(토·일요일·공휴일 12:00~14:00 도 오픈)/수요일 휴무

■ **쿠시야키 만텐** 串焼き 満天

제철 식재료를 활용해 맛깔나게 구운 꼬치 요리를 선보인다. 일본 고민가 분위기가 멋스러운 이자카야. **MAP ⑪-B**

ADD 179-1 Zaimokucho, Nakagyo Ward
OPEN 17:00~23:00(토·일요일·공휴일 16:00~)

궂은날에도 발걸음 가볍게

아케이드 상점가 TOP 4

시조카와라마치에 있는 4개의 아케이드 상점가는 교토 젊은층이 즐겨 찾는 쇼핑과 식사 장소다. 낯익은 프랜차이즈 식당과 카페, 패션숍, 게임숍 사이사이 느닷없이 나타나는 오래된 맛집과 잡화점, 다채로운 체험 공간을 만나러 가보자.

Point. 1 데라마치쿄고쿠 상점가

寺町京極商店街
(Compasso Teramachi)

캐주얼 패션 브랜드와 중고의류점, 100엔숍, 드럭스토어, 애니메이션 전문점 등 약 170개 상점이 550m가량 늘어섰다. 현지인 모드로 쇼핑할 수 있는 곳. 한큐 교토카와라마치역 10번 출구 건너편에서 시작된다.

시조도리 쪽 입구. 영어로 'TERAMACHI'라고만 적혀 있다.

▪ 사무라이 & 닌자 뮤지엄

Samurai & Ninja Museum With Experience

에도 시대 사무라이와 닌자를 주제로 한 체험형 박물관. 갑옷을 입고 사진을 찍거나, 닌자 옷을 입고 검술을 배울 수 있다. **MAP ⓫-D**

GOOGLE MAPS 닌자 뮤지엄
OPEN 09:30~19:00
PRICE 3000엔(3~12세 2700엔)
WEB mai-ko.com/samurai

▪ 기모노 티 세레머니

Kimono Tea Ceremony Kyoto Maikoya At Nishiki

4개의 다실로 구성된 다도 체험관. 기모노를 입고 다실에 앉아 일본의 차 문화를 경험할 수 있다. 영어로 진행. **MAP ⓫-A**

GOOGLE MAPS 기모노 티 세레머니 니시키점
OPEN 09:00~18:00
PRICE 7000엔
WEB mai-ko.com/culture/tea-ceremony

Point. 2 데라마치 상점가 寺町商店街

오랜 역사와 전통을 지닌 70여 점포가 모인 200m 남짓의 상점가다. 교토의 대표 문구점과 카페 등 일부러 발걸음하기에 아깝지 않은 명소들이 자리한다.

■ 스마트 커피 スマートコーヒー店

1932년 오픈한 노포 카페. 옛 느낌으로 가득한 공간에서 오리지널 블렌디드 커피, 비엔나커피, 핫케이크, 홈메이드 푸딩 등 킷사텐 메뉴를 즐길 수 있다. **MAP ⑪-B**

GOOGLE MAPS 스마트커피
OPEN 08:00~19:00

스마트 커피

규쿄도

■ 규쿄도 鳩居堂

에도 시대인 1663년 교토에서 문을 연 문구점. 일본 전통 필기구를 비롯해 편지지와 엽서 등 고급 지류, 향 등을 구경할 수 있다. **MAP ⑪-B**

GOOGLE MAPS kyukyodo
OPEN 10:00~18:00

Point. 3 신쿄고쿠 상점가 新京極商店街

데라마치쿄고쿠 상점가에서 동쪽으로 한 블록 거리에 있는 쌍둥이 상점가. 저렴한 최신 잡화점과 전통 기념품점, 지혜와 학문의 신을 모시는 신사 니시키텐만구(錦天満宮)가 있다.

산지야 말차 크레페

니시키 텐만구

■ 산지야 さんじや

상점가 바로 옆 골목, 힙한 느낌의 우라데라마치 거리(裏寺町通)에 있는 크레페 가게. 말차 크레페로 유명하다. **MAP ⑪-B**

GOOGLE MAPS sanjiya kyoto
OPEN 13:00~20:00

Point. 4 산조 명점가 三条名店街

위의 3곳 상점가가 모두 교차하는 곳에서 산조도리를 따라 동쪽으로 약 140m에 걸쳐 형성된 상점가다. 교토의 명물 돈카츠 가게 가츠쿠라(383p)가 이곳에 있다.

4 한들한들 밤벚꽃 명소
기야마치도리 木屋町通

기온, 폰토초와 더불어 교토 3대 유흥가로 불리는 거리다. 폰토초 바로 서쪽에서 어깨를 나란히 하면서 다카세(高瀬)강의 벚나무 길을 따라 3km가량 이어진다. 그저 걷기만 해도 낭만이 뚝뚝 떨어지는 길 위에는 교토의 전통 요리를 선보이는 노포 식당과 젊은이들이 즐겨 찾는 카페, 바가 앞다투어 늘어서 있고, 해가 지면 교토의 젊은이들이 왁자지껄 술잔을 기울인다. 실개천 위로 불빛 반짝이는 가로수길만 걸어도 낭만적인 교토의 밤을 누릴 수 있다. **MAP ⑪-B·D**

GOOGLE MAPS 키야마치도리
WALK 한큐 전철 교토카와라마치역 사거리에서 가모강을 건너기 직전 끝에서 두 번째 골목(좌우 양방향)

+MORE+

잘 찾았다! 기야마치도리 맛집

■ 토스이로 기야마치 본점 豆水楼
두부 가이세키(会席) 요리 전문점. 메인 요리부터 디저트까지 두부로 만든 창작 요리를 코스로 즐길 수 있다. 런치 5000엔~. **MAP ⑪-B**

GOOGLE MAPS 토스이로 기야마치
ADD 517-3 Kamiosakucho, Nakagyo Ward
OPEN 12:00~14:30, 17:30~21:00

■ 이소마츠 五十松
교토 젊은 층의 사랑을 한몸에 받는 와인 바. 교토산 채소만 사용해 와인에 제격인 안주를 선보인다. 안주 한 접시 600~1000엔대. **MAP ⑪-D**

GOOGLE MAPS 이소마츠
ADD 384 Komeyacho, Nakagyo Ward
OPEN 17:00~23:00(L.O.22:30)/부정기 휴무

■ 오니카이 煮野菜 おにかい
오픈 키친에서 활기차게 서비스하는 점원들 덕에 한 잔을 마셔도 기분이 좋아진다. 이소마츠와 같은 계열이어서 채소가 신선하다. **MAP ⑪-D**

GOOGLE MAPS 오니카이
ADD 388 Komeyacho, Nakagyo Ward(2층)
OPEN 17:00~23:00

5 교토산 식재료와 집반찬 월드
니시키 시장 錦市場

교토에서 제일가는 400년 역사의 재래시장이다. 시조카와라마치의 메인 스트리트인 시조도리에서 북쪽으로 약 130m, 데라마치쿄고쿠 상점가에서 다카쿠라도리(高倉通)를 동서로 잇는 좁은 골목길을 따라 400m나 이어진다. 우지산 말차는 물론, 알록달록한 빛깔에 싱싱하고 달콤한 교토산 채소 쿄야사이(京野菜), 쿄야사이로 담근 교토식 장아찌 쓰케모노(漬物), 두유를 끓일 때 생기는 엷은 막을 말린 유바(湯葉), 마른멸치 치리멘자코(ちりめんじゃこ) 등 130여 개 교토 특산품·간식 가게가 빼곡히 들어차 있다. 오후 5시면 폐점하는 곳이 많고, 현금만 받는 곳이 많으니 참고. 시장 동쪽 끝에는 학문의 신을 모시는 니시키텐만구(錦天満宮, 금천만궁)가 있다. MAP ⑪-C

GOOGLE MAPS 니시키 시장
ADD Higashiuoyacho, Nakagyo Ward
OPEN 10:00~17:00/상점마다 다름
WALK 한큐 전철 가라스마역에서 도보 약 3분/
한큐 전철 교토카와라마치역에서 도보 약 4분/
시 버스 3·5·11·12·46·51·65·201·203·207번 등을 타고 시조타카쿠라(四条高倉) 하차
WEB www.kyoto-nishiki.or.jp

+MORE+

니시키 시장 인기 스타 7인방

■ 콘나몬자 こんなもんじゃ
담백하고 고소한 두유 도넛(8개 400엔)으로 유명한 두부 전문점. 초록빛 두유 말차 소프트아이스크림(450엔)도 추천! 10:00~18:00.
MAP ⑪-C

■ 센교키무라 鮮魚木村
에도 시대부터 이어온 니시키 시장의 터줏대감. 신선하고 먹음직스러운 초밥과 회가 눈길을 사로잡는다. 1팩 500엔~. 10:00~17:00(일요일 휴무). **MAP ⑪-C**

■ 마루츠네 가마보코 丸常蒲鉾
일본 어묵 가마보코(蒲鉾, 100~500엔대) 전문점. 입맛 돋우는 간식으로 제격이다. 09:00~18:00.
MAP ⑪-C

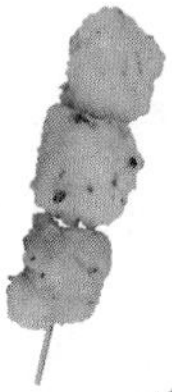

■ 우오리키 魚力
먹음직스러운 갯장어튀김 하모덴푸라(ハモてんぷら)나 장어 꼬치구이가 입맛을 사로잡는 생선 요리 전문점. 1개 600엔~. 10:00~18:00. **MAP ⑪-C**

■ 미키케이란 三木鶏卵
감칠맛 나는 다시 육수를 넣어 심플하게 만드는 교토식 달걀말이(小 690엔) 맛집의 대표주자. 09:00~18:00. **MAP ⑪-C**

■ 토리세이 鳥清
두툼하고 부드러운 닭다리 꼬치구이(700엔)로 인기몰이 중인 닭 요리 전문점. 07:30~ 18:00(수요일 휴무). **MAP ⑪-C**

■ 더 시티 베이커리 The City Bakery
전통 시장 분위기를 힙하게 만들어 주는 빵집. 안쪽에 정원이 딸린 휴식 공간도 갖췄다. 08:00~18:00.
MAP ⑪-C

6 레트로 분위기의 무료 아트 스페이스
교토 아트 센터 Kyoto Art Center

1869년 지은 옛 초등학교 건물을 개조한 복합 예술 공간이다. 1층엔 갤러리와 교토에서 개최되는 영화·공연·전시 관련 정보실, 아트 서적 전문 도서실, 교토의 토종 커피 브랜드 마에다 커피(메이린점)가 있고, 2층은 예술인들을 위한 연습실과 공연장으로 사용된다. 무료입장인데다 레트로한 분위기의 사진을 찍을 수 있는 포토 포인트다. MAP ⑪-C

GOOGLE MAPS 교토 아트센터
ADD 546-2 Yamabushiyama-cho, Nakagyo Ward
OPEN 10:00~20:00/12월 28일~1월 4일 휴관
PRICE 무료
WALK 니시키 시장 서쪽 끝에서 도보 약 6분/한큐 전철 가라스마역 22번 출구로 나와 도보 약 3분
WEB kac.or.jp

현대미술을 접목한 마에다 커피

7 하루 종일 머무르고 싶은 만화동산
교토 국제 만화박물관
京都国際マンガミュージアム

150년 된 초등학교를 개조한 만화박물관이다. 지하 1층~지상 3층에 만화 관련 상설전과 기획전 전시실, 그림책 도서관, 뮤지엄숍과 카페 등이 들어서 있다. 1~3층 벽면을 가득 채운 5만여 권의 만화책은 자료관을 비롯한 관내 곳곳에서 자유롭게 읽을 수 있으며, 당일에 한해 무제한 재입장도 가능하다. 만화를 좋아한다면 한 번쯤 들러볼 만한 곳. 주말과 공휴일에는 만화가의 스케치 실연이나 그리기 체험 등의 이벤트를 연다. 오리지널 굿즈와 만화 관련 굿즈 3000점이 모인 뮤지엄숍, 만화가의 친필 사인과 일러스트로 벽면을 장식한 마에다 커피(망가뮤지엄점)도 잊지 말고 들러보자. MAP ⑪-A

GOOGLE MAPS 교토국제만화박물관
ADD 452 Kinpukicho, Nakagyo Ward
OPEN 10:00~17:00/폐장 30분 전까지 입장/수요일(공휴일인 경우 그다음 날)·연말연시 휴관
PRICE 1200엔, 중·고등학생 400엔, 초등학생 200엔
WALK 교토 아트 센터에서 도보 약 12분/니조성에서 도보 약 15분/시 버스 15·51·65번 등을 타고 가라스마오이케(烏丸御池) 하차 후 바로/지하철 가라스마오이케역 2번 출구로 나와 도보 약 2분
WEB www.kyotomm.jp

박물관의 상징, 일본 애니메이션계의 거장 데즈카 오사무의 역작 <불새> 오브제

1~3층 곳곳에 마련된 '만화의 벽'(왼쪽)에 전시된 책은 자유롭게 꺼내 읽을 수 있다.

8 에도 막부의 시작과 끝
니조성 二条城

1603년 도쿠가와 이에야스가 에도 막부의 초대 쇼군이 되었음을 조정과 교토 사람들에게 과시하기 위해 축조한 성이다. 그는 교토에 오면 이 성에 묵곤 했다. 주변은 해자와 돌담으로 둘러싸여 있고, 8만여 평의 넓은 성 안에는 쇼군의 권위를 느낄 수 있는 거대한 어전과 정원 등이 들어서 있다. 내부에는 수려한 그림과 조각까지 더해져 성 전체가 하나의 국보이자 세계문화유산을 이룬다. 원래 건물은 18세기에 화재로 소실되었고, 현재는 니노마루고텐과 혼마루고텐, 니노마루 정원이 남아 있다.

니조성은 에도 막부의 몰락도 함께 했다. 도쿠가와 이에야스의 손자 이에미츠는 일왕의 방문에 대비해 당대 최고의 미술 유파인 가노파 화가의 그림으로 쇼군의 접견실로 쓰이던 오히로마(大広間, 대광간)를 꾸몄는데, 아이러니하게도 1867년에 마지막 쇼군이 메이지 일왕 앞에 무릎을 꿇고 통치권을 넘겨준 곳이 바로 이 방이었다. MAP ⑫-B

GOOGLE MAPS 니조성
ADD 541 Nijojocho, Nakagyo Ward
OPEN 08:45~17:00/폐장 1시간 전까지 입장/1·7·8·12월 매주 화요일(공휴일인 경우 그 다음 날)·12월 29~31일·1월 1~3일·문화재 관리 기간 휴관
PRICE 800엔(니노마루고텐 포함 시 1300엔), 중·고등학생 400엔, 초등학생 300엔/혼마루고텐 1000엔, 중·고등학생 300엔, 초등학생 200엔
WALK 시 버스 9·12·50번 등을 타고 니조조마에(二条城前) 하차 후 바로/지하철 도자이선 니조조마에역 1번 출구로 나와 바로
WEB nijo-jocastle.city.kyoto.lg.jp

니노마루고텐

가라몬

니조성 입구부터 꼼꼼히

니조성 관람에는 1시간~1시간 30분 소요된다. 성 곳곳에 볼거리와 이야깃거리가 많으니, 입구 안내소에서 한국어 음성 가이드(600엔, 약 1시간)를 대여하면 보다 흥미진진한 해설과 함께 관람할 수 있다. 실내에서의 사진 촬영은 엄격하게 금지돼 있다.

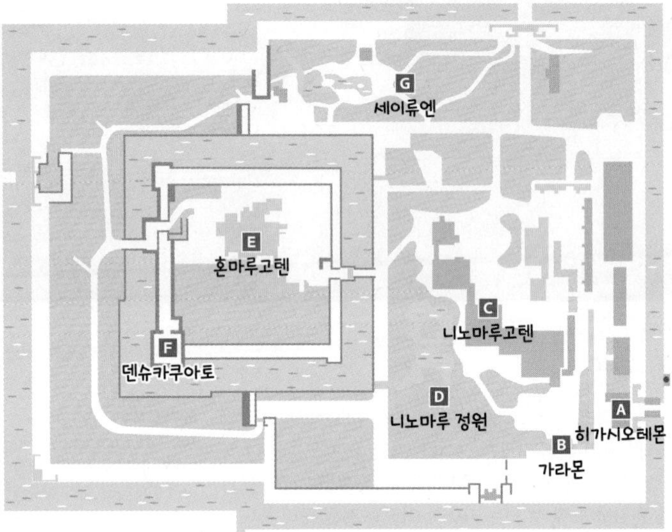

A 히가시오테몬 東大手門

니조성 관람의 시작인 동쪽 정문. 중요문화재로 지정돼 있다.

B 가라몬 唐門

아즈치모모야마 시대(1568~1603년, 오다 노부나가와 도요토미 히데요시가 정권을 잡은 시기)의 화려한 조각과 장식이 돋보인다. 지붕은 일본 특유의 곡선형이다.

마루 밑에서 꾀꼬리 마루의 구조를
구경하는 아이들

C 니노마루고텐 二の丸御殿

총 33개 방으로 이루어진 호화 궁궐. 화려한 금박 장식으로 뒤덮인 천장은 빛의 반사 효과를 이용하여 전등을 대신 했다. 마루 밑으로는 '꾀꼬리 마루'가 보인다.

> **: WRITER'S PICK :**
>
> **'꾀꼬리 마루'의 비밀**
>
> 니조성의 중심인 니노마루고텐은 건물 6동과 33개의 방이 하나의 긴 복도로 이어진 구조다. 각각의 건물은 다른 높이로 지어졌으며, 계급에 따라 안으로 들어갈 수 있는 방에 제한을 두었다. 니노마루고텐 안으로 들어가 3000장 이상의 장벽화(障壁画, 미닫이문이나 병풍 등에 그린 그림)가 그려진 방들을 둘러보다 보면, 마치 새가 우는 듯 삐걱대는 소리가 들린다. 적의 침입을 미리 감지하기 위해 마루 밑 공간을 비우고 수천 개의 못을 박아 사람이 밟으면 나무판 밑의 못들이 움직이며 특유의 소리를 내게 한 '꾀꼬리 마루', 우구이스바리노로카(うぐいす張りの廊下)가 그 주인공. 단체 관람객이 마루를 밟을 때면 수십 마리의 새가 지저귀는 듯하다.

D 니노마루 정원 二の丸庭園

니노마루고텐 앞의 지천회유식 정원. 연못 중앙에 있는 돌은 섬을 상징하고, 좌우의 돌은 학과 거북이를 뜻한다. 일본 최고의 조원가 코보리 엔슈의 작품이라 전해진다.

E 혼마루고텐 本丸御殿

한때 천수각을 비롯한 어전이 있었으나 화재로 소실됐고, 1893년 교토 고쇼에서 궁전의 일부를 이축했다. 총 4동의 건물과 잔디 정원이 있다. 17년간 보수 공사로 휴관했다가 2024년 9월 재개관했으며, 홈페이지를 통한 사전 예약제로 입장한다. 입장료 별도.

F 덴슈카쿠아토 天守閣跡

니조성 전경이 훤히 내려다보이는 곳. 도쿠가와 이에야스가 천수각을 후시미성(伏見城)으로 옮겨 가면서 현재는 터만 남았다. 이후 천수각은 번개에 맞아 소실됐다.

G 세이류엔 清流園

지천회유식 정원과 서양식 잔디 정원이 다실과 함께 어우러진 곳. 에도 시대 거상 스미노쿠라 료이의 저택 터로, 건물과 정원석 일부를 기증받아 1965년 완성했다.

끝이 보이지 않을 정도로 드넓은 교토 교엔

9 교토의 왕궁을 거닐다 **교토 교엔** 京都御苑

일왕의 거주지였던 교토 고쇼와 교토 센토 고쇼를 둘러싼 거대한 공원이다. 에도 시대에는 이 안에 무려 200채의 저택이 있었다고 전해진다. 수령 100년 이상의 나무 수만 그루와 자갈이 깔린 산책로가 정비된 교토인의 나들이 장소. 봄이면 매화와 벚꽃, 가을이면 단풍이 아름답기로도 유명하다. 교토의 3대 축제 중 지다이 마츠리(時代祭)의 출발점이자, 아오이 마츠리(葵祭)의 주 무대다. **MAP ⑫**

GOOGLE MAPS 교토교엔
OPEN 공원 24시간
교토 고쇼 09:00~17:00(3·9월 ~16:30, 10~2월 ~16:00)/폐장 40분 전까지 입장/자유 관람
센토 고쇼 09:30·11:00·13:30·14:30·15:30/약 1시간 소요
*2곳 모두 월요일(공휴일인 경우 그다음 날)·12월 28일~1월 4일·행사 진행 시 휴관
PRICE 무료
WALK 니조성 동쪽 정문에서 도보 약 15분(교토 고쇼 입구까지는 약 25분)/시 버스 51·54·59·201·203번 등을 타고 가라스마이마데가와(烏丸今出川) 하차 후 도보 약 1분/지하철 이마데가와역 3번 출구로 나와 도보 약 2분

+MORE+

교토 고쇼 vs 교토 센토 고쇼

■ **교토 고쇼** 京都御所

일왕 즉위식이나 축제 등 중요 행사가 치러진 시신덴(築地塀), 일왕과 왕족이 낮 동안 머물며 거실로 사용하던 세이료덴(清涼殿), 일왕 내외와 왕자·공주가 거주하던 오쓰네고텐(御常御殿)까지 총 3개의 어전으로 이뤄졌으며, 모두 건축미가 빼어나고 잘 보존돼 있다.

세이료덴

고고쇼(小御所). 막부 말기 왕정복고를 포고한 역사적인 장소다.

교토 센토 고쇼 京都仙洞御所

17세기 초 고미즈노오 일왕이 퇴위 후 거처로 사용하기 위해 지은 궁전. 몇 차례 화재와 재건이 반복되다가 1854년 마지막 화재 이후 재건하지 않았다. 널따란 지천회유식 정원이 아름답기로 유명하다.

단풍 시즌이면 인기 절정에 달하는 지천회유식 정원. 다실이 딸려 있다.

도시샤 대학의 상징인 클라크 기념관(クラーク記念館)

: WRITER'S PICK :

고쇼 관람하는 방법

교토 고쇼는 자유롭게 관람할 수 있지만, 교토 센토 고쇼는 예약해야 입장할 수 있다. 예약 시간에 센토 교쇼 입구에서 모여 가이드와 함께 출발하며, 18세 이상만 참가할 수 있다. 당일 선착순 참관도 가능하지만, 홈페이지(영문)에서 예약하고 가는 게 좀 더 안전하다. 신청 기간은 희망 방문일의 3일~3달 전이다. 당일 참관은 오전 11시부터 선착순으로 시간이 지정된 번호표를 나눠준다. 본인 확인을 위한 여권 지참은 필수!

센토 고쇼와 교토 고쇼 모두 요금은 무료. 스마트폰에서 궁내청 공식 앱(Imperial Palaces Guide)을 다운로드하면 한국어 음성 서비스를 받을 수 있다.

WEB kyoto-gosho.kunaicho.go.jp

10 시인 윤동주와 정지용의 발자취를 좇아서 도시샤 대학 同志社大学

간사이 지역을 대표하는 명문 사립대학. 메이지 시대 서양식 벽돌 건축물 대다수가 중요문화재로 지정돼 있다. 우리에겐 1942년 도쿄 릿쿄 대학(立教大学)에서 이곳 문학부로 편입한 윤동주가 재학 도중 한글로 시를 쓰다가 독립운동 혐의로 체포된 곳으로 알려졌다. 1923년 입학해 6년간 영문학을 공부한 정지용 역시 이곳에서 수많은 명시를 남겼다. 종전 50주년인 1995년, 윤동주의 희생을 기리며 교정의 작은 연못가에 두 시인의 시비가 세워졌다. 시비에는 그들의 대표작인 '서시'와 '압천(鴨川, 가모강)'이 각각 새겨져 있고, 시비 앞에는 방문객이 두고 간 꽃과 마음을 담아 꾹꾹 눌러쓴 방명록 등이 놓여 있다. **MAP ⑫-A**

GOOGLE MAPS 윤동주, 정지용 시비
ADD Doshisha University, Kamigyo Ward
WALK 교토 교엔의 북쪽 큰길 건너에 있다./시 버스 59·201·203번을 타고 도시샤마에(同志社前) 하차 후 바로/지하철 이마데가와역 3번 출구로 나와 바로
WEB www.doshisha.ac.jp

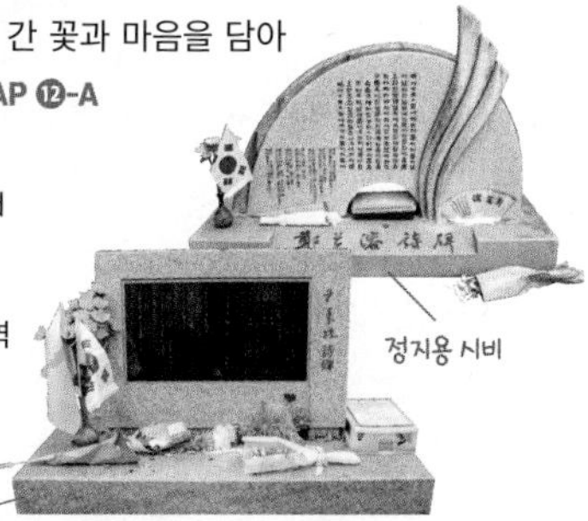

정지용 시비

윤동주 시비. 예배당과 해리스 과학관(ハリス理化学館 同志社ギャラリー) 사이에 두 시비가 나란히 서 있다.

+MORE+

쇼코쿠지 相国寺

도시샤 대학 캠퍼스에 둘러싸인 쇼코쿠지는 무로마치 막부의 권위를 드러내는 대규모 선종 사찰이다. 덴류지, 겐닌지, 도후쿠지 등이 속한 5대 선종 사찰(교토 5산)에서 덴류지에 이어 서열 2위로 손꼽힌다. 도요토미 히데요시의 아들 히데요리의 기부금으로 1605년 지은 법당은 현존하는 일본 법당 가운데 가장 오래됐다. 천장에 그려진 반룡도(蟠龍図)가 명작으로 손꼽히며, 법당 한가운데서 손바닥을 마주치면 천장에서 '대그락' 소리가 난다고 하여 '우는 용'이라 불린다. 경내는 무료입장이지만, 법당 등 내부 시설은 특별 배관 기간(9~12월경)에만 관람 가능. **MAP ⑫-A**

반룡도

GOOGLE MAPS 쇼코쿠지 **OPEN** 10:00~16:30/폐장 30분 전까지 입장/법당·방장·개산당·욕실은 특별 시기만 오픈 **PRICE** 경내 무료/법당·방장·개산당·욕실 800엔, 중·고등학생·65세 이상 700엔, 초등학생 400엔 **WALK** 도시샤 대학 정문으로 나오자마자 사거리에서 좌회전, 길 끝에 입구가 있다.

11 염력 100% 충전!
세이메이 신사 晴明神社

일본 제일의 음양사(陰陽師) 아베노 세이메이(安倍晴明)를 모신 신사다. 일본 영화·드라마·소설·만화에 단골로 등장하는 세이메이는 수많은 귀신과 저주를 막아내며 헤이안 시대 6대 일왕과 귀족의 절대적인 신임을 받았다. 신사는 1007년 세이메이 사망 후 그가 살던 저택에 지어졌다. **MAP ⑫-A**

GOOGLE MAPS 세이메이 신사
ADD 806 Seimeicho, Kamigyo Ward
OPEN 09:00~17:00
PRICE 무료
WALK 도시샤 대학 정문에서 도보 12분/시 버스 9·12번 등을 타고 이치조모도리바시 세이메이진자마에(一条戻橋·晴明神社前) 하차 후 북쪽으로 도보 약 2분
WEB www.seimeijinja.jp

액막이 부적으로 인기인 신사의 대표 별 문양

12 행운을 가져다주는 산책길
시모가모 신사 下鴨神社

일본의 고전문학 <겐지모노가타리>와 <마쿠라노소시>에 등장하는 교토의 대표 신사. 경내의 건물 53개가 모두 국보나 중요문화재로 지정됐다. '신사 안의 신사'인 섭사 중 십이지를 수호하는 일본 신 '오쿠니누시 미코토(大国主命)'를 동물 이름별로 모신 고토샤(言社)가 독특하며, 또 다른 섭사인 가와이 신사(河合神社)에서는 거울 모양 에마에 화장품으로 그림을 그리고 소원을 적으면 외모와 내면 모두 아름다워진다고 전해진다. 입구에서 이어지는 수령 200~600년 된 나무로 둘러싸인 숲 다다스노모리(糺の森)는 행운을 가져다주는 '파워 스폿'으로 통한다.
MAP ⑫-A

GOOGLE MAPS 시모가모 신사
ADD 59 Shimogamo Izumigawacho, Sakyo Ward
OPEN 05:00~18:00(겨울철 06:30~17:00)
PRICE 무료
WALK 게이한·에이잔 전철 데마치야나기역에서 도보 약 15분
WEB www.shimogamo-jinja.or.jp

SNS 인기 명소인 가와이 신사

다다스노모리

MORE

가모 미타라시차야 加茂みたらし茶屋

찹쌀 경단 5개를 꼬치에 꽂아 굽고 달짝지근한 흑설탕 소스에 찍어 먹는 교토의 전통 디저트, 미타라시 당고(みたらし団子)의 원조집. 1922년 시모가모 신사 맞은편에 문을 열었다. **MAP ⑫-A**

GOOGLE MAPS 가모 미타라시차야
ADD 53 Shimogamo Matsunokicho, Sakyo Ward

OPEN 09:30~19:00(L.O.18:30)/수요일 휴무(공휴일은 오픈)
WALK 시모가모 신사 서쪽 도리이로 나가 큰길을 건너 우회전 후 약 50m 직진

김이 모락모락~
원조 미타라시 당고
(3개 500엔)

여기 몰랐던 거 반성합니다

교토 쇼핑의 재해석

'교토 쇼핑은 전통 기념품'이라는 공식을 깨는 스타일리시한 패션 브랜드숍과 쇼핑몰에서, 오사카보다 더 힙한 최신 아이템과 먹거리를 챙겨보자.

교토의 떠오른 랜드마크

신푸칸(신풍관) 新風館

1926년에 지어진 구 교토 중앙 전화국 건물에 들어선 복합 문화 공간. 파리 퐁피두 센터를 설계한 리처드 로저스의 손을 거쳐 2001년 재탄생했다가, 2020년 아시아에 첫 진출한 시애틀의 에이스 호텔을 품고 한층 세련된 디자인으로 리뉴얼 오픈했다. 자연과 예술이 조화를 이루는 카페 디스 이즈 시젠, 포틀랜드에서 온 스텀프타운 커피 로스터스, 파리에서 온 카페 키츠네, 여행 전문 잡화점 트래블러스 팩토리 등 일본의 트렌드를 주도하는 브랜드 20곳이 1층에 입점했다. MAP ⑪-A

GOOGLE MAPS 신푸칸
ADD 586-2, Banocho, Nakagyo Ward
OPEN 11:00~20:00(레스토랑 08:00~24:00)
WALK 지하철 가라스마오이케역 남쪽 개찰구와 지하로 연결/교토 국제 만화박물관에서 도보 약 3분
WEB shinpuhkan.jp

스텀프타운 커피 로스터스

트래블러스 팩토리

디스 이즈 시젠

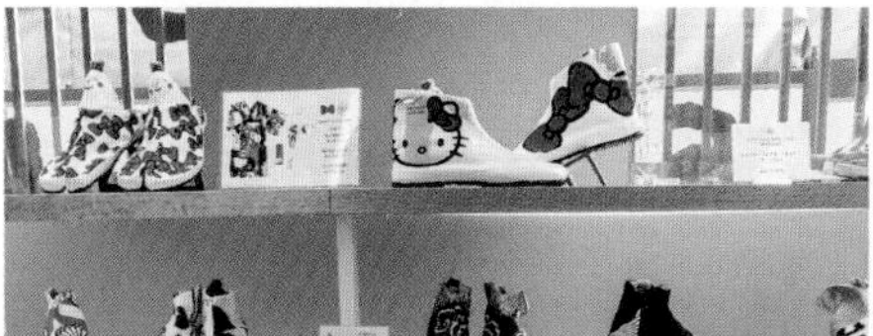

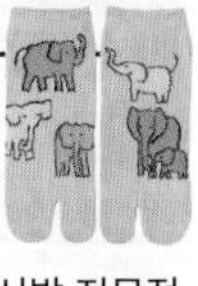

양말 한 켤레도 특별하게

소우 소우 타비 Sou·Sou 足袋

교토풍 텍스타일 디자인이 매력적인 양말 & 신발 전문점. 지카타비(地下足袋)라는 천 소재의 신발이 인기로, 바닥에 고무를 대 활동성이 좋은 일본식 작업화를 현대적으로 재구성했다. 대부분이 수제화로 100% 일본산을 고집한다. 선물용으로 좋은 발가락 양말은 690엔~. 도보 1분 거리의 주변 골목 안에는 소우 소우 호테이(Hotei, 가방), 소우 소우 와라베기(Warabegi, 아동복), 소우 소우 르꼬끄 스포르티브 등 소우 소우 라인의 패션 잡화 점포 8개가 흩어져 있다. 교토역 이세탄 백화점(지하 1층)에도 입점해 있다. MAP ⑪-B

GOOGLE MAPS 소우 소우 타비
ADD 583-3 Nakanocho, Nakagyoku
OPEN 12:00~20:00/수요일 휴무
WALK 시조카와라마치(四条河原町) E번 교토 버스 정류장 뒤쪽 골목(신쿄고쿠 상점가 남쪽 입구 근처)
WEB www.sousou.co.jp

교토 사람들이 손꼽은 교토 최고 쇼핑몰

교토 발

Kyoto Bal

도쿄에서 온 하이퀄리티 쇼핑몰. 지하 2층~지상 6층 건물에 30여 곳의 하이 패션 편집숍과 라이프스타일숍, 카페, 대형 서점이 자리한다. 투데이즈 스페셜, 무인양품을 비롯해 뉴욕, 이탈리아 등 세계 각지에서 간사이 최초로 넘어온 트렌디한 숍을 들여다보는 즐거움이 남다른 곳. 일본 젊은 아티스트들의 예술품 80여 점을 전시한 스타벅스(3층), 랄프 로렌에서 론칭한 랄프스 커피(2층), 무인양품의 카페 앤 밀 무지(4층) 등 입점 카페 수준도 높다. **MAP ⑪-B**

GOOGLE MAPS kyoto bal
ADD 251 Yamazakicho, Nakagyo Ward
OPEN 11:00~20:00
WALK 한큐 전철 교토카와라마치역 3B번 출구로 나와 도보 약 4분
WEB www.bal-bldg.com/kyoto

갤러리처럼 꾸며진 스타벅스

랄프스 커피

라우(왼쪽)와 카소케키(오른쪽)가 있는 3층

1층 마켓

느긋하게, 우아하게, 순한 맛 쇼핑몰

굿 네이처 스테이션

Good Nature Station

다카시마야 백화점 남쪽에 자리한 복합 상업시설. 1~4층은 식료품점과 카페, 레스토랑, 바, 호텔 프런트, 4~9층은 호텔 객실이며, 3층은 다카시마야 백화점과 연결된다. 교토에서 재배한 유기농 농산물과 가공식품, 와인 등 뛰어난 품질의 식료품과 주류를 고르고 직접 맛볼 수 있는 마켓과 키친(1층), 보석 같은 비주얼을 자랑하는 디저트 전문점 라우(Rau, 3층), 일본의 고급 수공예 잡화점 카소케키(Kasokeki, 3층)는 꼭 들러봐야 한다. **MAP ⑪-D**

GOOGLE MAPS good nature station
ADD 318-6, Inaricho, Shimogyo Ward
OPEN 10:00~20:00(상점마다 다름)
WALK 다카시마야 백화점 3층과 통로로 연결
WEB goodnaturestation.com

같은 다이마루, 다른 느낌

후지이 다이마루 백화점

Fujii Daimaru

1870년에 창업한 교토 유일의 지역 백화점. 규모는 작지만, 최신 패션 브랜드와 편집숍 위주로 알차게 입점해 있어서 젊은 층이 선호한다. 교토에서 시작된 커피 전문점 % 아라비카(1층), 편안한 분위기에서 일본식 집밥 정식과 디저트를 즐길 수 있는 차노마(3층), 겹겹이 쌓인 밀푀유 케이크로 유명한 하브스(4층) 등 인기 먹거리도 다양하다. 참고로 대형 백화점 체인인 다이마루와는 관련이 없다. MAP ⓫-B

GOOGLE MAPS 후지이다이마루
ADD 605 Teianmaenocho, Shimogyo Ward
OPEN 10:30~20:00
WALK 한큐 전철 교토카와라마치역 10번 출구에서 연결
WEB www.fujiidaimaru.co.jp

교토 쇼핑 & 맛집 한도 초과!

다카시마야 교토점

京都高島屋

오사카 출신 백화점 체인 다카시마야의 교토 지점. 2023년 10월 기존 백화점 존 1~7층과 연결한 전문점 존 'T8'을 오픈하면서 화제가 됐다. 4층은 만화 전문점 만다라케, 5~6층 츠타야 서점, 7층 닌텐도 교토 등이 입점했으며, 7층은 교토의 이름난 맛집이 한데 모인 백화점 존과 이어진다. 지하 1층 식품 매장도 놓치면 후회하고 말 것. MAP ⓫-B

GOOGLE MAPS 교토 다카시마야
ADD 52 Shincho, Shimogyo Ward
OPEN 10:00~20:00
(7층 식당가 11:00~ 21:30)
WALK 한큐 전철 교토카와라마치역 5번 출구에서 연결
WEB www.takashimaya.co.jp/kyoto

노포 카페
이토켄(지하 1층)의
명물 딸기 파르페

클래식과 트렌디의 앙상블

교토풍 카페 푸드

교토 산책의 화룡점정은 카페 푸드다. 교토 중심부의 분위기 좋은 카페에서, 제철 재료로 만든 요리와 디저트를 즐겨보자.

절 안에 있는 힙플레이스

디앤디파트먼트 교토

D&Department Kyoto

작고 한적한 사찰 붓코지(佛光寺, 불광사) 경내에 있는 카페 겸 레스토랑. 추천 메뉴는 교토산 제철 식재료로 만든 밥과 반찬 정식(2000엔), 쫄깃하고 구수한 유바(湯葉) 맛이 일품인 유바 앙카케동(ゆばあんかけ丼, 1600엔)이다. '롱 라이프 디자인'을 지향하는 편집숍 브랜드 디앤디파트먼트에서 운영하는 곳이어서 예쁜 생활잡화도 구경할 수 있다. 은행잎이 노랗게 물드는 가을이면 고즈넉한 사찰과 카페를 배경으로 한 사진 촬영 명소로도 인기가 높다. **MAP ⓫-C**

GOOGLE MAPS 디앤디파트먼트 교토
ADD Shinkaicho, Shimogyo Ward
OPEN 11:00~18:00(L.O.17:30)/수요일 휴무
WALK 지하철 시조역 5번 출구로 나와 도보 약 5분
WEB d-department.com

카페 안에서 바라보는 붓코지 경내가 운치 있다.

교토 커피의 자존심

이노다 커피 본점 イノダコーヒ

1940년 문을 열어 일본 커피 역사에 한 획을 그은 커피 전문점. 근교에 자사 직영 커피 공장과 케이크 공장을 운영해 언제나 신선하고 품질 좋은 커피와 디저트를 제공한다. 총 6종의 브랜드 커피 중 '아라비아의 진주'라는 뜻을 지닌 아라비아노 신주(アラビアの真珠, 750엔)는 이노다 커피의 자부심이 가득한 커피다. 줄 서서 먹는 인기 조식(~11:00) 메뉴인 쿄노초쇼쿠(京の朝食, 1780엔)는 크루아상, 햄, 달걀, 샐러드, 오렌지 주스, 아라비아노 신주로 든든하게 구성됐다. 내부는 205석 규모로 널찍하지만, 항상 긴 줄이 늘어선다. 교토역 지하에도 매장이 있다. **MAP ⓫-A**

GOOGLE MAPS 이노다커피 본점
ADD 140 Doyucho, Nakagyo Ward
OPEN 07:00~18:00(L.O.17:30)
WALK 지하철 가라스마오이케역 5번 출구로 나와 도보 약 6분
WEB www.inoda-coffee.co.jp

쿄노초쇼쿠. '교토의 아침 식사'란 뜻이다.

간미텐신

교토 포크 구루메 버거(Kyoto Pork Gourmet Burger), 1200엔

현대적으로 재해석한 전통 디저트

우메조노 카페 & 갤러리

うめぞの Cafe & Gallery

전통 디저트 카페 우메조노의 세컨드 브랜드. 노포 분위기가 물씬 풍기는 본점이나 기요미즈점과 달리 현대적이고 세련된 인테리어와 메뉴를 선보인다. 달달한 간장소스와 쫄깃한 떡이 혀에 착착 감기는 미타라시 당고, 입천장에 달라붙지 않고 사르르 녹는 와라비모치를 함께 맛볼 수 있는 세트(810엔), 말차 팬케이크, 매일 바뀌는 6종의 전통 디저트로 구성된 간미텐신(甘味点心, 1150엔)이 인기 메뉴다. **MAP ⑪-A**

GOOGLE MAPS 우메조노 카페 & 갤러리
ADD 180 Fudocho, Nakagyo Ward
OPEN 11:30~18:30(L.O.18:00)
WALK 한큐 전철 가라스마역 26번 출구로 나와 도보 약 7분
WEB umezono-kyoto.com/cafe

고소하고 달콤한 흑설탕 두유, 코쿠토토뉴(黒糖豆乳, 700엔)

골목 깊숙이 숨은, 교토 커피의 진수

오카페

Okaffe Kyoto

이탈리아에서 커피를 배우고 교토 노포 커피점 오가와 커피에 입사, 일본 바리스타 챔피언십 우승 트로피까지 거머쥔 유명 바리스타가 운영하는 곳. 커피 맛은 당연히 보장이고 아늑한 분위기와 식사 메뉴도 웬만한 레스토랑 못지않다. '커피는 엔터테인먼트'라는 오너의 신념에 꼭 맞는 친절한 서비스와 커뮤니케이션도 유쾌한 경험이다. 고조역 근처의 로스터리 카페(Okaffe ROASTING PARK), 시조역 근처에 오픈한 카페 겸 바(Okaffe bar & dolce)도 평이 좋다. **MAP ⑪-C**

GOOGLE MAPS 오카페 교토
ADD 235-2, Shinmeicho, Shimogyo Ward
OPEN 09:00~20:00
WALK 지하철 시조역 3번 출구로 나와 도보 약 3분
WEB okaffe.kyoto

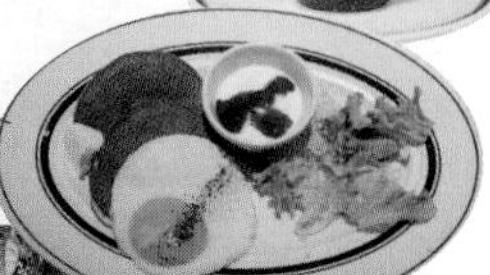

모닝 타임(09:00~11:30)에 주문 가능한 팬케이크 세트, 980엔

분위기도 맛도 고급스러운

교토식 정찬

교토산 제철 식재료로 정성껏 만든 가정식과 고풍스러운 스키야키 등
교토 특유의 분위기와 맛을 즐기고 싶다면 이곳을 찾아가 보자.

황송하게 대접받는 아침상

슌사이 이마리 旬菜いまり

아침에는 메인 요리와 반찬, 뜨끈한 돌솥밥, 된장국 등으로 이뤄진 한 상 차림을 맛볼 수 있고, 저녁에는 카운터에 차려진 10종 이상의 오반자이와 함께 셰프에게 추천받은 일본주를 느긋하게 기울일 수 있다.
아침 메뉴인 쿄노 아사고항(京の朝ごはん, 1900엔)은 오반자이 2종, 생선구이, 돌솥밥, 달걀말이, 된장국, 샐러드, 채소 절임으로 구성된다. 교토산 고시히카리 쌀로 지은 돌솥밥은 혼자서 다 먹기 어려울 정도로 푸짐하다. 단, 안전 예약제(당일 09:30분 진까지 전화 예약. 영어 가능)이므로 서둘러 예약해두길 권한다. MAP ⓫-A

GOOGLE MAPS 슌사이 이마리
ADD 108 Nishirokkakucho, Nakagyo Ward
TEL 075-231-1354
OPEN 07:30~10:00, 17:30~23:00/화요일 휴무
WALK 한큐 전철 가라스마역 22번 출구로 나와 도보 약 8분
WEB www.kyoto-imari.com

카운터에 놓인 반찬(오반자이). 접시당 600엔~

15대째 이어온 교토 소바의 역사

혼케 오와리야 본점 本家尾張屋

무려 550여 년 된 소바집. 홋카이도산 특품 메밀가루로 매일 가게에서 직접 면을 뽑고, 육수는 교토의 지하수로 만든다. 일명 '5단 소바'로 불리는 이 집의 명물, 호라이 소바(宝来そば, 2970엔)는 '와리고(わりご)'라 부르는 칠기에 소바를 5단으로 담아내 새우튀김, 달걀지단, 버섯, 간 무, 참깨, 김, 파, 고추냉이 등 8가지 토핑을 올려 먹는다. 세월의 흔적이 묻은 클래식한 인테리어를 살펴보는 재미는 덤이다. MAP ⓬-B

GOOGLE MAPS 혼케 오와리야 본점
ADD 322 Niomontsukinukecho, Nakagyo Ward
OPEN 11:00~15:30(L.O.15:00)/1월 1·2일 휴무
WALK 교토 국제 만화박물관에서 도보 2분/지하철 가라스마오이케역 1번 출구로 나와 도보 약 3분
WEB honke-owariya.co.jp

세월이 흘러도 변함없는 돈카츠 명가

메다이 돈카츠 가츠쿠라 산조 본점

名代とんかつ かつくら

교토의 노포 돈카츠 프랜차이즈의 본점. 품질 좋은 살코기와 비계를 환상적인 비율로 잘라 튀겨낸 최상의 돈카츠를 맛볼 수 있다. 고풍스러운 인테리어와 수준 높은 서비스도 엄지 척! 모든 정식 메뉴에는 밥, 된장국, 채소 절임이 무한 제공되고, 한글 메뉴판도 잘돼 있다. 히레카츠 정식(120g, 1840엔)을 비롯한 다양한 돈카츠가 있는데, 이왕이면 한국에서도 익숙한 돈카츠만 주문하기보다는 거대한 왕새우튀김, 고로케, 야채 & 유바말이 튀김 등을 곁들여 먹는 것을 추천. 교토역 포르타 11층 식당가와 가라스마역 앞 등 교토에 여러 개의 지점이 있으며, 오사카와 고베에도 지점이 있다. MAP ⓫-B

야채와 유바말이 튀김

GOOGLE MAPS 카츠쿠라 산조
ADD 16 Ishibashicho, Nakagyo Ward
OPEN 11:00~21:00
WALK 게이한 전철 산조역 6번 출구로 나와 도보 약 7분
WEB www.katsukura.jp

스키야키 가격은 메뉴 가짓수에 따라 6600엔~(런치 5830엔~)

간판이 걸린 건물 안쪽으로 깊숙히 들어가야 입구가 나온다.

6대째 이어온 간사이풍 스키야키

모리타야 기야마치점 モリタ屋

1869년 교토 최초의 소고기 전문점으로 시작해 150년 이상 명성을 잇고 있는 곳. 철판에 소기름을 녹인 후 얇게 썬 소고기를 쯔유 대신 설탕과 간장으로 구워서 먼저 맛보는 간사이풍 스키야키의 정석을 선보인다. 일본 전통 건축 양식인 스키야 구조 건물에 가모강변에 자리한 것도 장점. 5~10월 가모가와 노료유카 때면 테라스석이 들썩들썩한다. 교토역 이세탄 백화점에도 지점이 있다. MAP ⓫-B

GOOGLE MAPS 모리타야 키야마치점
ADD 531 Osakacho, Kiyamachi Sanjo Agaru, Nakagyo Ward
OPEN 11:30~14:30, 17:00~21:00
(토·일요일·공휴일 11:00~23:00, L.O.21:45)
WALK 게이한 전철 산조역 1번 출구로 나와 도보 약 2분
WEB moritaya-kyoto.co.jp

맛있게 뚝딱 하는 한 그릇

라멘 & 덮밥

'맛잘알' 교토 사람들이 즐기는 한 그릇 요리!
여행 중 몇 번을 가도 좋을 정도로 맛있고 가격 부담 없는 메뉴를 골라봤다.

야채 히레카츠동.
채소 절임과 된장국이
함께 나온다.

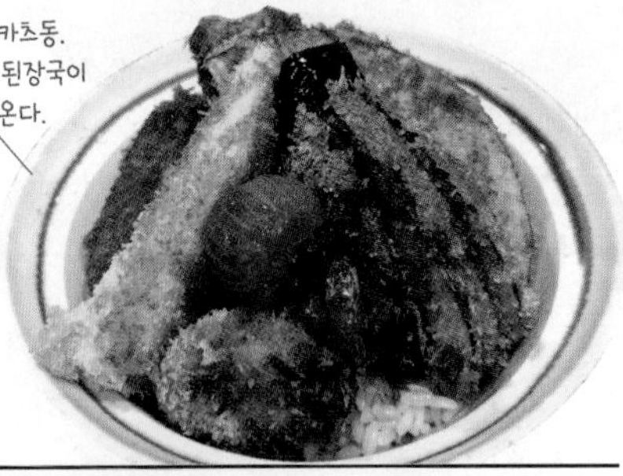

반숙 달걀을 추가한
오이가쓰오소바(1550엔)

요즘 일본 가츠동은 요런 느낌!

니가타 가츠동 타레카츠 교토 본점

新潟カツ丼タレカツ

일본 북부 니가타 스타일의 가츠동으로 도쿄, 교토, 오사카를 점령한 맛집. 일반 가츠동과 다르게 달걀을 넣지 않고, 얇게 썬 돼지고기 여러 장에 빵가루를 입혀서 튀긴 후 달콤 짭조름한 간장 소스를 적셔서 밥에 얹어내는데, 간도 적절하고 느끼하지 않아서 한국인 입맛에도 잘 맞는다. 품질 좋은 니가타산 돼지고기, 일본 최대 쌀 산지인 니가타산 쌀로 고슬고슬하게 지은 밥도 맛 비결! 간판 메뉴는 야새튀김 5종을 곁들인 야채 히레카츠동(野菜ヒレカツ丼, 1120엔)이다. 오사카 신사이바시점, 킷테 오사카점도 체크. **MAP ⑪-C**

GOOGLE MAPS tarekatsu kyoto
ADD 44 Shioyacho, Shimogyo Ward
OPEN 11:00~22:30(일요일 ~21:30)
WALK 한큐 전철 가라스마역 12번 출구로 나와 도보 약 3분
WEB www.tarekatsu.jp

가츠동(4조각), 980엔

3년 연속 미슐랭 라멘집

멘야 이노이치 하나레

麺屋 猪一 離れ

교토의 대표 라멘집 이노이치에서 오픈한 곳. 2019년부터 3년 연속 미슐랭에 이름을 올리면서 뜨거운 인기를 누리고 있다. 홋카이도산 밀가루 2종과 교토산 전립분을 배합한 가느다란 면과 100% 해산물 육수, 0.01mm 두께의 가다랑어포로 라멘의 품격을 높이고, 깔끔한 인테리어와 친절한 영어 대응 서비스도 강점이다. 대표 메뉴는 하얀 간장과 검은 간장 중 고르는 오이가쓰오소바(追い鰹そば, 1400엔). 재료 맛이 풍부하게 어우러진 수제 슈마이(2개 550엔)도 곁들여 보자. **MAP ⑪-C**

GOOGLE MAPS 멘야 이노이치 하나레
ADD 463 Senshojicho Shimogyo Ward
OPEN 11:00~14:30, 17:30~21:00
WALK 디앤디파트먼트 교토 근처 붓코지에서 도보 약 1분

실처럼 가느다란 명주다시마.
국물에 풀면 부풀어 오르면서
감칠맛을 더한다.

살짝 취해 걸어볼까?

술 & 안주

교토의 밤을 배경으로 한 일본 소설 <밤은 짧아, 걸어 아가씨야>는 한잔의 술이 찰랑이는 교토의 밤거리를 끝없이 예찬한다. 소설 속에 등장하는 폰토초의 주점들과 가모강변은 현실에서도 여전히 환상적이다.

두툼한 소고기 스테이크에 갓 튀겨낸 고로케를 곁들인 스탠드 정식(スタンド定食, 1050엔)

일본주는 1잔당 400~700엔대

일드를 찢고 나온 명랑 주점

쿄고쿠 스탠드

京極スタンド

가정식, 중식, 분식, 양식 메뉴 100종 이상을 갖춘 저렴하고 양 많은 대중식당 겸 주점. 남녀노소가 한데 어우러져 왁자지껄하면서 복고적인 분위기를 풍기는 '찐' 로컬 맛집이다. 쿠시카츠, 고로케, 갯장어 튀김, 삼겹살 마늘구이 등 안주류(400~900엔대)는 우리 입맛에 찰떡처럼 잘 맞는다. 음식 사진이 실린 영어 메뉴판도 준비돼 있다. 단, 흡연 가능한 곳이니 유의. MAP ⑪-D

GOOGLE MAPS 쿄고쿠 스탠드
ADD 546 Nakanocho, Nakagyo Ward
OPEN 12:00~21:15(L.O.20:45)/화요일 휴무
WALK 한큐 전철 교토카와라마치역 9번 출구로 나와 도보 약 1분
(신쿄고쿠 상점가 내)

기린 생맥주 (中, 550엔)

일본주 입문자에게 적극 추천

마스야 사케텐

益や酒店

깔끔하고 향기로운 40여 종의 일본주를 맛볼 수 있는 곳. 육류, 해산물, 채소를 골고루 분배한 20종 이상의 안주도 하나같이 맛 좋아서 그야말로 술이 술술 넘어간다. 안주 가격은 접시당 대부분 400~500엔대. 벽면에 추천 주류가 영어로 간단히 적혀 있다. 인기가 많으니 되도록 평일 오픈 시간에 맞춰서 방문하자. MAP ⑪-D

GOOGLE MAPS 마스야 사케텐
ADD 426 Dainichicho, Nakagyo Ward
OPEN 15:00~24:00(토·일요일·공휴일 12:00~, 월요일 17:00~)/월 1회 부정기 휴무
WALK 데라마치쿄고쿠 상점가 남쪽 입구에서 도보 약 1분
WEB masuya-saketen.com

야키니쿠엔 술, 술엔 야키니쿠

야키니쿠 히로 쇼텐

가라스마니시키점 焼肉 弘商店

'야키니쿠 선술집'을 컨셉으로 하는 고깃집. 인근 직장인을 타깃으로 하는 합리적인 가격의 흑모 와규를 점심과 저녁에 제공하는데, 니시키 시장 근처여서 관광객도 즐겨찾는다. 교토 시내에서 다양한 컨셉의 야키니쿠집 14곳을 운영하는 '야키니쿠 히로'의 브랜드 중 하나. 홈페이지 예약 가능. MAP ⑪-C

GOOGLE MAPS yakiniku hiro karasuma nishiki
ADD 681 Motohonenjicho, Nakagyo Ward
OPEN 11:30~22:00
WALK 한큐 전철 가라스마역 21번 출구로 나와 도보 약 2분
WEB yakiniku-hiro.com/shop/karasumanishiki.php

#Walk

타박타박 교토 걷기의 즐거움

긴카쿠지銀閣寺 & 헤이안 신궁平安神宮

여유롭고 낭만적인 교토 여행을 꿈꾼다면 반드시 가봐야 할 지역이다. 일본 최대 호수인 비와호(琵琶湖) 물줄기와 짙푸른 히가시야마 산자락을 따라 걷는 난젠지, 에이칸도, 철학의 길, 긴카쿠지는 봄이면 벚꽃, 여름이면 신록, 가을이면 단풍, 겨울이면 설경을 벗 삼아 천천히 산책할 수 있는 교토 관광의 베스트 명소다. 헤이안 신궁은 드넓은 경지에 세워진 궁정과 대형 도리이, 일본 및 전 세계의 근현대미술과 도서관이 자리한 아트 & 컬처 스폿이다.

Access

버스

긴카쿠지: 시 버스 5·17·32·203·204번 등을 타고 긴카쿠지미치(銀閣寺道) 하차 후 개천을 왼쪽에 두고 개천과 평행하게 난 도로를 따라 동쪽으로 도보 약 10분

헤이안 신궁: 시 버스 5·32·46·110번 등을 타고 오카자키코엔비주츠칸·헤이안진구마에(岡崎公園美術館·平安神宮前) 하차 후 바로

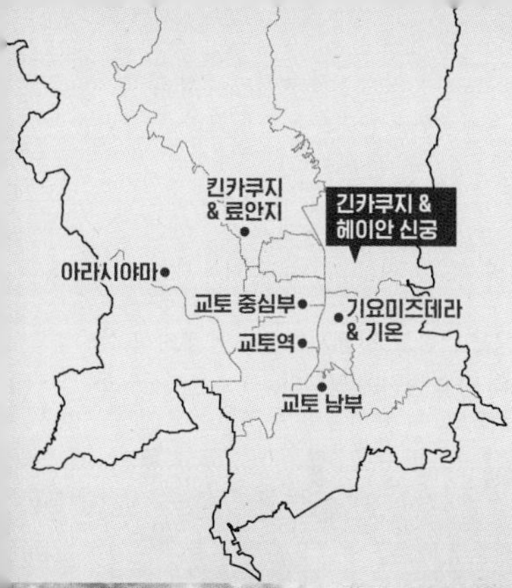

Planning

긴카쿠지는 이른 아침 지하철 게아게역이나 난젠지 버스 정류장 근처에서 출발하여 난젠지 ⋯→ 에이칸도 ⋯→ 철학의 길 ⋯→ 긴카쿠지 순으로 경치를 감상하며 천천히 걸어가는 여행법을 추천한다. 히가시야마의 산세와 깨끗한 수로를 따라 완만하게 이어지는 언덕길엔 한적한 카페와 잡화점을 구경하는 즐거움도 숨어 있다. 긴카쿠지에서 돌아오는 길엔 헤이안 신궁에 들러보자. 낮게 기운 햇살이 신궁을 비추면 주홍빛 도리이가 더욱 선명하게 도드라진다.

일본의 3대 산몬 중 하나!

1 교토인의 '사찰 부심'
난젠지 南禅寺

교토의 선종 사찰인 교토 5산(京都五山, 덴류지·쇼코쿠지·겐닌지·도후쿠지·만주지)을 아래로 둔 최고 권위의 사찰. 교토인의 자부심이라 할 수 있다. 남쪽 입구를 장식하는 높이 22m의 거대한 산몬(三門)은 지온인(350p) 산몬, 히가시 혼간지(335p) 고에이도몬과 더불어 교토 3대 산몬 중 하나. 12개의 부속 사찰이 일직선으로 연결된 법당과 방장(方丈)을 에워싸고 있어서 훌륭한 가람을 이룬다. 긴카쿠지에서 갈 때는 철학의 길과 에이칸도를 지나 남쪽으로 조금 더 내려오면 되고, 헤이안 신궁에서는 블루 보틀 커피 앞의 한적한 도로를 따라 걸어가면 편하다. MAP ⑬-B

GOOGLE MAPS 남선사 삼문
ADD Nanzenji Fukuchicho, Sakyo Ward
OPEN 08:40~17:00(12~2월 ~16:30)
PRICE 경내 무료/방장 600엔, 고등학생 500엔, 초등·중학생 400엔/산몬 600엔, 고등학생 500엔, 초등·중학생 400엔/난젠인 400엔, 고등학생 350엔, 초등·중학생 250엔
WALK 헤이안 신궁에서 도보 약 20분/시버스 5번을 타고 난젠지·에이칸도미치(南禅寺·永観堂道) 하차 후 도보 약 10분/지하철 도자이선 게아게역 1번 출구로 나와 아치형 벽돌터널(네지리만포) 통과 후 약 80m 직진
WEB www.nanzenji.or.jp

: WRITER'S PICK :

산몬(삼문)이란?

절의 입구에 세워진 문으로, 일반 세계와 불교 세계의 경계를 뜻한다. 모든 번뇌에서 벗어나 해탈의 경지에 이르는 세 가지 방법인 공(空), 무상(無想), 무원(無願)을 문에 비유한 것. 일본에서 흔히 볼 수 있는데, 우리나라 사찰과 달리 매우 크고 높게 지어지며 2층 불단에 불상을 안치하는 것이 특징이다.

난젠지의 산몬

난젠지 한량 투어♪

1291년 창건된 사찰 안 울창한 숲 곳곳에는 아름다운 정원과 냇물이 산책의 즐거움을 더하고, 난젠지의 명소인 로마식 수로각이 우아한 아치를 뽐낸다. 수로각 근처에서 만나는 난젠인의 정원은 교토의 3대 명승 정원에 꼽힌다.

Point. 1 **방장** 方丈

헤이안 시대의 저택 건축 양식인 신덴즈쿠리(寢殿造)로 만들어진 국보 건축물. 고보리 엔슈가 설계한 가레산스이 정원과 에도 시대 거장 가노 단유(狩野探幽)의 군호도(群虎図)를 눈여겨보자. 군호도는 방장 맹장지문에 대나무 숲을 장악한 호랑이 떼를 묘사했다. 일본에서 대나무 숲은 호랑이의 성역으로 통하며, 그림을 그릴 당시에는 화가가 호랑이의 눈을 직접 볼 수 없어서 고양이를 모델로 삼았다고 한다.

Point. 2 **수로각** 水路閣

붉은 벽돌로 지은 아치형 다리. 1890년 비와호(琵琶湖)의 물을 교토의 생활용수로 사용하기 위해 지었는데, 로마 시대 수도교를 닮았다고 해 '로마 수도'라고 불리면서 지금도 여전히 그 역할을 충실히 하고 있다. 일본 드라마나 영화 촬영지로 유명한데, 이준기와 미야자키 아오이 주연의 영화 <첫눈>의 배경지도 여기다.

Point. 3 **난젠인** 南禅院

작은 폭포와 이끼로 둘러싸인 연못 정원. 가마쿠라 시대의 가메야마(亀山) 일왕이 출가 후 법황이 돼 머물던 별궁이 있던 곳으로, 난젠지의 발상지이기도 하다. 정원의 규모는 작지만 상왕을 위한 공간이었기에 매우 아름답게 가꿔져 있어서 가볼 만하다. 수로각에서 조금만 위로 걸어 올라가면 나온다.

Point. 4 **네지리만포** ねじりまんぽ

지하철 게아게역 1번 출구와 난젠지 남쪽 입구 사이에 벽돌을 나선형으로 쌓아 만든 보행자 전용 아치형 터널. 터널 위에 수로각 건설 당시 만든 급경사 철로를 그대로 남겨 산책로로 조성했다. 이름난 벚꽃 명소 중 한 곳이다.

연못 정원, 호쇼이케(放生池). 단풍 시즌 야간 개장 때면 그 아름다움이 극치를 이룬다.

2 '단풍은 역시 에이칸도' 에이칸도 永観堂

교토의 수많은 단풍 명소 중에서도 매년 열 손가락 안에 꼽히는 사찰. 정식명칭은 젠린지(禅林寺, 선림사)다. 사찰을 소개할 때면 늘 '모미지노 에이칸도(もみじの永観堂, 단풍은 에이칸도)'라는 수식어가 따라붙는데, 3000여 그루의 단풍나무가 절정을 이룰 때의 아름다움은 일본 고대 가요집에도 기록돼 있다. 히가시야마(東山) 중턱에 자리 잡은 다보탑에 오르면 먼발치에 교토 교엔과 헤이안 신궁 등이 시원스레 펼쳐지고, 본당인 아미다도(阿弥陀堂)에서는 고개를 왼쪽으로 돌린 모습이 매우 독특한 아미타여래상을 볼 수 있다. MAP ⓭-B

GOOGLE MAPS 젠린지(에이칸도)
ADD 48 Eikandocho, Sakyo Ward
OPEN 09:00~17:00/폐장 1시간 전까지 입장
PRICE 제당·정원 600엔, 초등·중·고등학생 400엔
WALK 난젠지의 북문인 다이자쿠몬(大寂門)으로 나가 약 170m 직진 후 오른쪽/시 버스 5번을 타고 난젠지·에이칸도미치(南禅寺·永観堂道) 하차 후 도보 약 4분
WEB www.eikando.or.jp

+MORE+

귀여운 토끼를 만나러 가요
오카자키 신사 岡崎神社

'토끼 신사'로 이름난 작은 신사. 794년 헤이안 천도 때 왕궁을 수호하기 위해 만든 신사 중 하나다. 다산의 상징인 토끼 신을 모시는 곳이라서 경내엔 토끼 조각상과 토끼 부적 등 온통 토끼로 가득! 물을 뿌리고 배를 문지르며 안산을 기원하는 검은 토끼상, 머리를 쓰다듬으며 부부 화합을 기원하는 수컷과 암컷 토끼상, 귀여운 토끼 인형 부적(500엔)이 늘어선 풍경이 SNS에 자주 등장한다. 난젠지, 에이칸도, 헤이안 신궁 등과 가까워 오가는 길에 들르기 좋다.
MAP ⓭-B

GOOGLE MAPS 오카자키 신사
ADD 51 Okazaki Higashitennocho, Sakyo Ward
OPEN 09:00~17:00
PRICE 무료
WALK 시 버스 32·93·203·204를 타고 오카자키신사마에(岡崎神社前) 하차/시 버스 5번을 타고 히가시텐노초(東天王町) 하차/에이칸도와 헤이안 신궁에서 각각 도보 약 10분
WEB okazakijinja.jp

3 오늘도, 내일도 걷고 싶은 길
철학의 길 哲学の道

긴카쿠지에서 이어지는 아름다운 산책로. 맑은 비와호 물줄기를 따라 남쪽의 에이칸도까지 2km 남짓한 길에는 봄마다 450여 그루의 벚나무가 터널을 이루고, 여름엔 녹음, 가을엔 단풍, 겨울엔 소복이 쌓인 눈이 운치를 더한다. 사계절 아름다운 꽃과 신록을 벗삼으며 걷다가 요란 떨지 않는 카페에 앉아 숨을 고르고, 길을 따라 이어지는 크고 작은 사찰을 둘러보다 보면 누구라도 이 순간만큼은 철학자가 된다. 5월 말~6월 밤에는 반딧불이도 볼 수 있으니, 촉촉한 감성을 가진 여행자라면 더없이 반가울 수밖에. 벚꽃 시즌에는 되도록 사람이 적은 아침에 찾자. MAP ⑬-A·B

GOOGLE MAPS 교토 철학의길
ADD Tetsugaku-no-michi, Sakyo Ward
WALK 에이칸도 산몬에서 도보 약 4분/긴카쿠지(은각사) 입구를 등지고 정면으로 도보 약 4분, 다리를 건너자마자 좌회전해 수로를 따라 이어진 길이 철학의 길이다./시 버스 5번을 타고 난젠지·에이칸도미치(南禅寺·永観堂道) 하차 후 도보 약 8분

+MORE+

철학의 길 주변 고즈넉한 명소 산책

■ 안라쿠지 安楽寺

철학의 길에 있는 자그마한 사찰이다. 연못 정원과 갤러리가 근사한 곳으로, 역시 단풍 명소다. 본당과 방장정원 등은 봄·가을 특별 기간에만 공개한다. MAP ⑬-B

GOOGLE MAPS 안라쿠지
ADD 21 Shishigatani Goshonodancho, Sakyo Ward
OPEN 10:00~16:00
PRICE 경내 무료/본당·정원·서원은 벚꽃·단풍 시즌 등 특별 기간에만 유료 공개(고등학생 이상 500엔)
WALK 긴카쿠지에서 도보 약 10분/에이칸도에서 도보 약 15분. 사쿠라모토 료(冷泉天皇 櫻本陵) 뒤쪽

■ 호넨인 法然院

긴카쿠지에서 가까운 자그마한 산사다. 입구의 울창한 대숲, 뿌리를 드러낸 거목과 카펫처럼 깔린 이끼가 신비롭고, 단풍으로 붉게 물드는 가을이면 일부러 시간을 내 찾아도 좋을 만큼 아름답다. 아기자기한 방장정원은 봄·가을 특별 기간에만 유료로 공개한다. MAP ⑬-A

GOOGLE MAPS honenin
ADD 30 Shishigatani Goshonodancho, Sakyo Ward
OPEN 06:00~16:00
PRICE 경내 무료/방장정원 봄 500엔, 가을 800엔
WALK 안라쿠지를 나와 오른쪽으로 약 150m 직진 후 오른쪽

: WRITER'S PICK :

왜 '철학의 길'일까?

1900년대 초까지 이 길은 주변에 문인이 많이 살았다 하여 '문인의 길'로 불렸다. 그러다가 일본 근대 철학의 선구자인 니시다 기타로(西田幾多郎, 1870~1945)와 그의 애제자들이 사색을 즐긴 길로 유명해졌고, 1972년 '철학의 길'이란 공식 명칭이 붙었다.

4 수수한 모습 뒤에 남는 긴 여운 **긴카쿠지**(은각사) 銀閣寺

일본 특유의 다도 문화와 다다미 주택 양식의 발상지다. 공식 명칭은 지쇼지(慈照寺)로, 소박한 누각은 완벽함보다는 부족함에서 아름다움을 찾는 일본의 미의식 와비(わび)와 사비(さび)를 대변한다. 건축과 예술에 탐닉해 히가시야마(東山) 문화를 꽃피운 8대 쇼군 아시카가 요시마사(1436~1490)가 지은 저택이자 다도와 선종 불교에 매진했던 선사로, 건립 당시에는 규모가 웅장해 무로마치 막부 권력의 상징적 존재였으나, 현재는 간논덴과 도구도 정도가 남아 있다. 짙푸른 히가시야마를 뒤로 한 채 수수하게 서 있는 고운 자태, 새하얀 모래 정원과 포근한 이끼로 뒤덮인 산책로를 느리게 걷다 보면, 쫓기듯 살며 묻은 삶의 먼지들이 투명하게 씻겨 내려가는 듯하다. MAP ⑬-A

GOOGLE MAPS 지쇼지
ADD 2 Ginkakujicho, Sakyo Ward
OPEN 08:30~17:00(12~2월 09:00~16:30)
PRICE 500엔, 초등·중학생 300엔
WALK 에이칸도에서 도보 약 25분/시 버스 5·17·32·203·204번을 타고 긴카쿠지미치(銀閣寺道) 하차 후 도보 약 10분
WEB www.shokoku-ji.jp/ginkakuji/

관람 코스 미리 보기

긴카쿠지 관람 순서는 확실한 기승전결 구도다. 동백나무 울타리로 둘러싸인 입구(산도)를 지나 모래 정원(긴샤단 & 고게쓰다이)과 방장, 도구도(동구당)를 둘러보고 전망대에 올라 긴카쿠지의 전망을 감상한다. 전망대에서 내려오면 이곳의 하이라이트인 간논덴(관음전)이 대미를 장식, 1시간여의 관람이 끝난다.

Step 1 **산도** 参道

관람의 시작. 동백나무 울타리가 양쪽으로 쭉 뻗은 길이다.

Step 2 **긴샤단** 銀沙灘

달빛을 반사해 긴카쿠지를 비출 목적으로 만든 계단식 모래 정원.

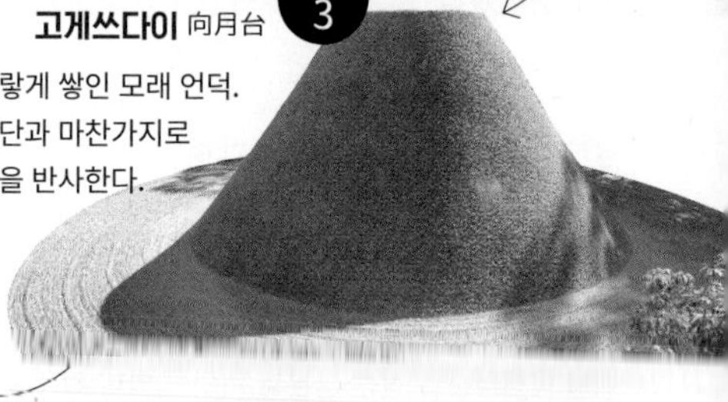

Step 3 **고게쓰다이** 向月台

동그랗게 쌓인 모래 언덕. 긴샤단과 마찬가지로 달빛을 반사한다.

Step 4 **방장** 方丈

본존인 석가모니상을 안치하고 있다. 내부는 봄·가을 특별 기간에만 공개한다.

Step 5 **도구도** 東求堂

무로마치 시대에 탄생한 쇼인즈쿠리(書院造, 서원조) 건축 방식으로, 일본식 다다미방인 화실(和室)의 시초다. 아미타 삼존상을 안치하기 위해 지은 서원이며, 내부는 봄·가을 특별 기간에만 공개한다.

Step 6 **전망대**

긴카쿠지와 교토 시내를 조망할 수 있다.

Step 7 **간논덴** 観音殿

긴카쿠지의 상징. 1층은 쇼인즈쿠리 방식, 2층은 선종 사찰의 내부 구조를 본떴다. 꼭대기에는 킨카쿠지와 마찬가지로 봉황이 올려져 있다.

: WRITER'S PICK :

긴카쿠지엔 왜 은박 장식이 없을까?

긴카쿠지의 본래 명칭은 지쇼지(慈照寺, 자조사)다. 은각사라는 뜻의 긴카쿠지는 간논덴의 외관이 금각사인 킨카쿠지(401p)와 매우 흡사해서 붙인 이름일 뿐, 실제로 은박이 붙어 있진 않다.

5 영원한 수도를 꿈꾸다
헤이안 신궁 平安神宮(헤이안진구)

1895년 간무(桓武) 일왕이 수도를 나라에서 교토로 옮긴 헤이안 천도 1100주년을 기념하며 지은 대규모 신사다. 과거 수도 헤이안쿄(平安京)의 궁성이던 다이다이리(大内裏)의 초도인(朝堂院, 조당원: 일왕의 즉위식 등 중요 행사가 치러진 건물)을 8분의 5 크기로 재현했다. 당시 교토는 잦은 전쟁으로 황폐해진 데다 메이지 유신으로 수도가 도쿄로 이전되는 아픔을 겪어야 했는데, 헤이안 신궁은 이러한 교토의 부흥을 소망하며 지어졌다. 헤이안 천도를 기념하는 일본의 3대 축제, 지다이 마츠리(時代祭)도 1895년부터 매년 10월 22일 이곳에서 열린다.

입구부터 시선을 압도하는 높이 25m의 주홍빛 대형 도리이를 지나 중요문화재인 정문 오텐몬(応天門, 응천문)에 들어서면 조도인의 중심, 다이고쿠덴(大極殿, 대극전)이 모습을 드러낸다. 푸른색 기와 지붕과 붉은색 기둥의 대조가 인상적인 외배전이다. 청룡과 백호를 뜻하는 망루 소류로(蒼龍楼, 창룡루)와 뱌코로(白虎楼, 백호루)를 지나 다이코쿠덴을 통과하면 내배전과 본전이 일직선으로 이어진다. **MAP ⑬-B**

GOOGLE MAPS 헤이안 신궁
ADD Okazaki Nishitennocho, Sakyo Ward
OPEN 06:00~18:00(신엔 08:30~)/매달 조금씩 다름
PRICE 무료/신엔 600엔(어린이 300엔)
WALK 시 버스 5·32·46·110번 등을 타고 오카자키코엔비주츠칸·헤이안진구마에(岡崎公園美術館·平安神宮前) 하차 후 바로
WEB www.heianjingu.or.jp

높이 24.4m, 기둥 직경 3.63m로, 일본에서 가장 큰 도리이다.

다이코쿠덴 양쪽에 우뚝 솟은 화려한 망루

: WRITER'S PICK :

신들이 미문 정원, 신엔 神苑

다이코쿠덴을 바라보고 오른쪽에는 1만여 평 규모의 지천회유식 정원 신엔이 있다. 메이지 시대를 대표하는 조원가 오가와 지헤에가 설계한 국가 명승으로, 중원, 동원, 서원, 남원으로 나뉘어 사계절 아름다움을 뽐낸다. 입장료가 다소 부담스럽지만, 날씨가 좋다면 거닐어볼 만하다.

츠타야

6

책과 예술이 함께하는 곳

오카자키 공원 岡崎公園

헤이안 신궁 주변의 명소를 모두 품은 광대한 공원이다. 자유롭게 책을 꺼내 볼 수 있는 대형서점 츠타야, 스타벅스, 레스토랑 및 다양한 체육 시설도 갖추고 있어서 교토 시민의 휴식처로 사랑받는다. **MAP ⑬-B**

GOOGLE MAPS 오카자키 공원
OPEN 24시간
WALK 헤이안 신궁 정문인 오텐몬 맞은편

+MORE+

헤이안 신궁 주변 아트 & 컬처 산책

헤이안 신궁 일대는 1904년 일본 국내 산업박람회 개최장으로 사용하기 위해 대대적으로 재개발됐다. 헤이안 신궁 또한 헤이안 천도 1100주년 기념 겸 박람회 개최에 맞춰 건설된 건축물. 헤이안 신궁 주변의 공원, 미술관, 도서관 등 문화·예술·관광 명소도 모두 이때 만들어졌다.

■ 교토 국립 근대미술관 京都国立近代美術館

간사이 지방을 포함한 서일본 작가들의 작품을 중심으로 세계 각국의 공예품 9500여 점을 소장하고 있다. 특히 일본 근대 미술에 큰 영향을 미친 교토 화단 소속 거장의 작품 다수를 만나볼 수 있다. 벚나무가 우거진 비와코 소스이(琵琶湖疏水) 운하 옆에 자리 잡아 벚꽃 시즌이면 미술관 내 카페 테라스석이 인기다. **MAP ⑬-B**

GOOGLE MAPS 교토국립근대미술관 **OPEN** 10:00~18:00(금요일 야간개장 ~20:00, 폐장 30분 전까지 입장)/월요일(공휴일인 경우 그다음 날)·연말연시·전시 교체 기간 휴관 **PRICE** 430엔, 대학생 130엔, 고등학생 이하·65세 이상 무료(여권 제시 필요, 특별전은 전시마다 다름) **WALK** 주홍빛 대형 도리이를 바라보고 왼쪽 **WEB** www.momak.go.jp

■ 교토시 교세라 미술관 京都市京セラ美術館

교토를 중심으로 한 일본의 근현대 미술품 3000여 점을 소장하고 있다. 벽돌 구조의 본관은 서양식과 일본식이 뒤섞여 독특한 매력을 풍기며, 스테인드글라스로 꾸며진 천장 등 건축미가 뛰어나다. 1933년 쇼와 일왕 즉위 기념사업으로 개관해 공립미술관으로는 도쿄도 미술관에 이어 두 번째로 오래됐다. **MAP ⑬-B**

GOOGLE MAPS 교토시교세라미술관 **OPEN** 10:00~18:00(폐장 30분 전까지 입장)/월요일(공휴일인 경우 그다음 날)·12월 28일~1월 2일 휴관 **PRICE** 730엔, 초등·중·고등학생 300엔(특별전은 전시마다 다름) **WALK** 주홍빛 대형 도리이를 바라보고 오른쪽 **WEB** kyotocity-kyocera.museum

■ 교토 부립도서관 京都府立図書館

100년 이상의 역사를 지닌 도서관이다. 관광객도 자유롭게 돌아볼 수 있으며, 채광이 훌륭한 지하 1층의 열람실이 가장 볼만하다. 교토를 배경으로 한 인기 애니메이션 <K-ON!>에 주요 배경으로 등장했다. **MAP ⑬-B**

GOOGLE MAPS 교토부립도서관 **OPEN** 09:30~19:00(토·일요일·공휴일 ~17:00)/월요일·매월 넷째 목요일(공휴일인 경우 그다음 날)·12월 28일~1월 4일·특별정리기간 휴관 **PRICE** 무료 **WALK** 헤이안 신궁 정문인 오텐몬에서 도보 3분 교토에서 '인생 우동'을 만났네!

튀김 우동 & 자루 우동

간사이의 깐깐한 우동 마니아들도, 이곳만큼은 줄 서기를 절대 마다하지 않는다.

얼마든지 기다려주겠다!

야마모토 멘조 山元麵蔵

일본의 대표 맛집 리뷰 사이트에서 늘 최고점을 받는 우동집. 감칠맛 나는 특제 육수, 탱탱한 면발, 함께 곁들이는 고소한 우엉 튀김은 차원이 다른 우동 맛을 보여준다. 대표 메뉴는 칼칼하고 빨간 육수에 찰진 떡 튀김이 퐁당 빠진 오리지널 우동(赤い麺蔵スペシャル, 1500엔). 어떤 우동을 먹든 명물 우엉 튀김(500엔)은 꼭 주문해서 맛보자. 평일에도 최소 1시간 이상 기다려야 하는 곳으로, 전화 예약 시 대기 시간을 줄일 수 있다(09:00부터 당일 전화 예약만 가능). 한국어 메뉴 있음. MAP ⑬-B

GOOGLE MAPS 야마모토 멘조우
ADD 34 Okazaki Minamigoshocho, Sakyo Ward
TEL 075-744-1876(0677)
OPEN 10:00~16:00(토·일요일·공휴일 ~17:00)/
매주 목요일·매월 넷째 수요일(공휴일인 경우 그다음 날) 휴무
WALK 헤이안 신궁의 정문 오텐몬(応天門)에서 도보 약 5분
WEB yamamotomenzou.com

장인이 치댄 본격 수타 우동

오멘 긴카쿠지 본점 おめん

1967년 철학의 길 북쪽에 문을 연 자루(ざる) 우동 맛집이다. 대표 우동은 가게 이름을 딴 오멘(おめん, 1350엔). 달콤하고 짭짤한 츠유에 참깨 두 숟가락, 우엉조림, 다시마, 교토산 제철 채소 등의 고명을 조금씩 넣고, 찬물에 헹궈내 시원하고 쫄깃한 면을 찍어 먹는다. 뜨끈한 국물이 당긴다면 온(温)우동을 선택하자. 양이 적은 편이니 배가 많이 고플 땐 곱빼기인 오멘 오모리(おめん大盛, 1460엔)를 추천한다. 식사 때면 줄을 서야 하지만, 좌석이 많아서 오래 기다리진 않는다. MAP ⑬-A

GOOGLE MAPS 오멘 긴카쿠지 본점
ADD 73 Jodoji Ishibashicho, Sakyo Ward
OPEN 10:30~18:00(토·일요일·공휴일 ~16:00), 17:00~20:30/
종료 30분 전까지 주문 마감/
목요일·12월 30일~1월 2일 휴무
WALK 긴카쿠지에서 도보 약 4분
WEB www.omen.co.jp

걷는 길마다 커피 로드

철학의 길 카페

벚나무가 흐드러진 수로를 따라 걷는 철학의 길. 걷다가 언제든지 쉬어갈 수 있도록 분위기 좋은 카페도 많다.

이 분위기는 오직 교토에서만!

블루 보틀 커피 교토
Blue Bottle Coffee

미국 캘리포니아에서 온 스페셜티 커피 전문점, 블루 보틀의 교토 1호점. 교토의 전통적인 분위기를 한껏 살린 인테리어를 눈으로 즐기며 매장에서 직접 로스팅한 핸드 드립 커피를 맛볼 수 있다. 커피 메뉴는 10여 종 이상, 가격은 500~700엔대. 헤이안 신궁과 난젠지 사이, 오래된 건물 2동을 개조한 곳으로, 길 옆에 바로 보이는 건물은 굿즈와 원두 판매점, 뒤에 있는 건물은 카페다.
MAP ⑬-B

GOOGLE MAPS 블루보틀커피 교토 난젠지
ADD 64 Nanzenji Kusagawacho, Sakyo Ward
OPEN 09:00~18:00
WALK 헤이안 신궁에서 도보 약 15분/난젠지 산몬에서 도보 약 3분

철학의 길을 빛내주는 카페

리버사이드 카페 그린 테라스
Riverside Cafe Green Terrace

철학의 길 수로변에 자리한 예쁜 카페. 소설가 다니자키 준이치로의 수양딸이 운영한 찻집 터에 만들어졌다. 테라스석에 앉으면 졸졸 흐르는 물소리가 들리고, 4월이면 벚꽃 터널이 눈앞에 펼쳐진다. 대표 메뉴는 교토식 집반찬 오반자이로 구성된 런치 플레이트(1650엔~), 겉을 그을려서 구워낸 바스크풍 치즈케이크(음료 포함, 1300엔).
MAP ⑬-A

GOOGLE MAPS 리버사이드 카페 그린 테라스
ADD 72-72, Shishigatani Honenincho, Sakyo Ward
OPEN 10:00~18:00(L.O.17:30)/수요일 휴무
WALK 호넨인에서 도보 약 1분

바스크풍 치즈케이크

SPECIAL PAGE

여행 중 몇 번이고 마주치는

역사 속 인물 9인방

간사이의 성이나 사찰, 신사 등을 돌아다니다 보면 몇 번이나 듣게 되는 이름들이 있다.
간사이 여행을 한층 알차고 깊이 있게 만들어줄 중요한 인물사 열전!

쇼토쿠 태자 聖徳太子 (573~621년)

불교를 일본에 중흥시킨 정치가. 고구려승 혜자와 백제승 혜총에게 불교를 배워 집권 30년 동안 7개 절을 건립하는 등 불교 국가 수립을 위해 노력한 인물이다. 불교를 둘러싸고 호족 간의 세력 다툼이 치열할 때, 친백제계 스이코(推古) 일왕 곁에서 섭정을 맡아 일왕 중심의 국가 체제를 위한 제도를 정비했다.

➜ 시텐노지 258p, 호류지 552p

교기 行基 (668?~749년)

일본 최초로 승려가 오를 수 있는 최고 벼슬인 대승정에 추대된 고승. 백제 왕인 박사의 후손으로 우리에겐 행기 스님으로 알려졌다. 전국을 누비며 부랑자 수용소를 만들고, 가뭄에 직접 나서 도랑을 파는 등 구제 사업으로서 포교해 수많은 사람이 따랐다. 쇼무 일왕의 부탁으로 도다이지의 대불을 만들었으나, 완성 전에 세상을 떠났다.

➜ 도다이지 539p, 호린지 414p

구카이 空海 (774~835년)

천태종과 더불어 일본의 양대 불교 종파인 진언종의 창시자다. 당나라 유학 후 밀교(합장하고 주술을 외우며 독특한 법구를 사용해 의례를 행하는 종파)를 일본에 전파해 귀족과 왕족에게 폭발적인 지지를 얻고, 고야산에 진언종의 본거지인 곤고부지를 세웠다. 주로 맨발에 지팡이를 들고 삿갓 쓴 승려 형상으로 묘사된다.

➜ 도지 337p, 고야산 300p,
다이카쿠지 421p

후지와라노 미치나가 藤原道長 (966~1028년)

일왕의 외척인 후지와라 가문이 섭관(摂関) 정치를 하던 헤이안 시대에 가장 영향력을 떨친 귀족이자 정치가다. 소설 <겐지모노가타리>의 주인공 히카루 겐지의 모델로 전해진다. 중국과 한반도에서 들여온 불교, 건축, 회화 등을 일본 고유의 개성으로 일본화한 국풍(國風) 문화를 꽃피워 교토 곳곳에 우아한 귀족 문화의 발자취를 남겼다.

➜ 우지 432p, 뵤도인 435p,
고후쿠지 536p

무라사키 시키부 紫式部 (973?~1016?)

일본이 자랑하는 장편 소설 <겐지모노가타리>를 쓴 작가다. 남편과 사별 후 집필에 매진했고 훗날 궁에서 문학을 가르치며 우여곡절 많은 궁정 생활을 토대로 <겐지모노가타리>를 완성했다. 소설은 왕자인 히카루 겐지의 연애와 궁정 생활을 중심으로 펼쳐지며, 세계 최초의 소설로 꼽히기도 한다.

→ 우지 432p, 기오지 421p

호넨 法然 (1133~1212년)

일본 불교 종파인 정토종을 개조한 고승. 남녀노소 신분의 높고 낮음을 막론하고 '나무아미타불'만 진심으로 외면 극락왕생할 수 있다고 설파했다. 당시 복잡한 의식과 계율을 강조하던 천태종과 상반된 것으로, 민중에게 높은 인기를 끌었으나 반대 세력에 패배하여 유배되었다.

→ 지온인 350p, 니시 혼간지 335p, 호넨인 390p, 오하라 442p

센노 리큐

千利休 (1522~1591년)

일본의 독특한 차 문화인 다도를 집대성한 인물이다. 욕심을 버리고 소박하게 차를 대접하는 다도로서 소박함, 불완전함, 절제됨에서 오는 일본의 미의식 '와비(侘び)'의 개념을 정립했다. 도요토미 히데요시의 다도 스승이기도 한 센노 리큐는 정원에 만발한 나팔꽃을 기대한 그에게, 싹 다 베어버린 화단과 화병 위의 꽃 한 송이를 보여주며 한 송이가 가진 절대적인 미를 강조했다는 일화로 유명하다.

→ 기타노 텐만구 406p

도요토미 히데요시

豊臣秀吉 (1536~1598년)

하급 무사의 아들로 태어나 전국 시대의 맹장 오다 노부나가의 심복이었다가 노부나가 사망 후 전국을 통일한 무장. 신분 제도의 기초를 닦고 화폐 거래를 활성화하며 농업과 상업을 발달시키는 한편, 임진왜란을 일으키고 중국까지 손아귀에 넣으려고 했으나 실패하고 쓸쓸한 죽음을 맞이했다. 일본인에게는 신분을 뛰어넘어 출세한 영웅으로 추앙받는다.

**→ 오사카성 238p,
고다이지 349p, 귀무덤 338p,
기타노 텐만구 406p**

도쿠가와 이에야스

徳川家康 (1543~1616년)

100년간의 전국 시대를 끝내고 에도 시대를 연 인물. 본래 도요토미 히데요시의 충신이었으나, 히데요시 사망 후 세키가하라 전투에서 승리를 거둬 정권을 장악했다. 1603년 에도 막부의 초대 쇼군으로 임명돼 당시 척박한 갯벌이던 에도(지금의 도쿄)를 수도로 만들고, 도요토미의 본거지인 오사카성을 함락했다. 일본에 봉건 국가 체제를 형성해 260여 년간 평화를 유지하는데 기여했다.

**→ 오사카성 238p,
니조성 371p**

#Walk

금각을 보지 않고 교토를 보았노라 말하지 말라

킨카쿠지金閣寺 & 료안지龍安寺

눈부시게 빛나는 황금 누각, 킨카쿠지가 있는 지역이다. 서쪽으로는 세계문화유산으로 지정된 료안지, 닌나지 등 굵직한 사찰이 도보 또는 버스로 이동하기 쉬운 위치에 있어서 킨카쿠지와 함께 천천히 둘러보기 좋다. 료안지는 오로지 돌과 모래로만 정원을 만든 일본 특유의 가레산스이 정원의 표본. 닌나지는 장대한 가람 배치와 고풍스러운 경내 건축물, 정원, 보물, 벚나무 군락지 등의 화려한 볼거리가 눈에 띈다. 킨카쿠지의 남쪽으로는 시험 합격 기원의 명당인 기타노 텐만구가 있다.

Access

버스

시 버스 12·59·204·205번: 킨카쿠지미치(金閣寺道) 하차 후 사거리에서 표지판을 따라 서쪽으로 직진, 도보 약 5분

Planning

킨카쿠지는 일 년 내내 북적이는 명승지이므로, 이른 아침 킨카쿠지에 가장 먼저 들른 다음 료안지와 닌나지 순으로 이동하는 것이 효율적이다. 킨카쿠지에서 닌나지까지는 도보 약 30분 거리다. 닌나지는 교토에서 벚꽃이 가장 늦게 지는 곳이므로 늦은 봄에 방문하기 좋다.

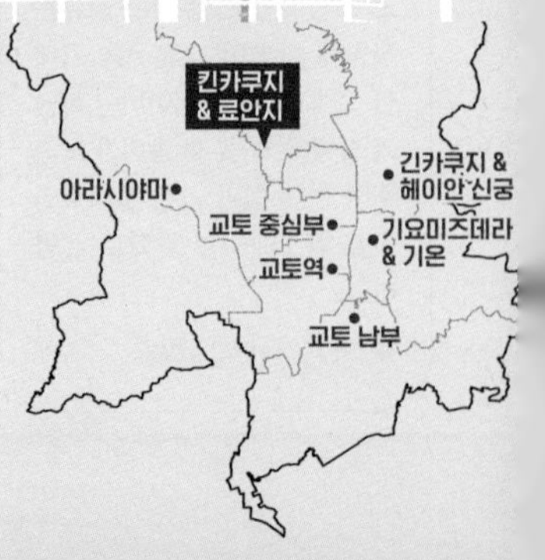

1 인간의 시샘을 부른 찬란한 금빛 누각
킨카쿠지(금각사) 金閣寺

기요미즈데라에 이어 방문객 수 2위를 자랑하는 교토 명소. 연못 위를 반짝반짝 비추는 황금 누각은 무로마치 막부의 3대 쇼군인 아시카가 요시미쓰(1358~1408)가 통치권을 아들에게 양도하고 성직에 입적하여 10년에 걸쳐 세운 것으로, 그의 사후 유언에 따라 선종 사찰로 탈바꿈했다. 정식 명칭은 요시미쓰의 법호를 딴 로쿠온지(鹿苑寺, 녹원사)다.

3층 규모의 금각은 층마다 서로 다른 건축 양식으로 짜였다. 석가여래상과 요시미쓰좌상을 보존한 1층은 헤이안 시대 귀족의 저택 양식인 신덴즈쿠리(神殿造)로 지었으며, 무가(武家) 양식으로 꾸민 2층에는 관음좌상과 사천왕상을 모셨다. 불사리가 안치된 3층은 선사의 건축 양식을 본떠 만든 것. 이처럼 다양한 양식의 활용은 무로마치 시대 무사와 귀족의 문화가 융합된 호화로운 '기타야마(北山) 문화'를 대표한다. 꼭대기에는 금빛 봉황이 올려져 있으며, 내부는 공개하지 않는다. MAP ⑭-A

GOOGLE MAPS 금각사
ADD 1 Kinkakujicho, Kita Ward
OPEN 09:00~17:00
PRICE 경내 500엔(초등·중학생 300엔)/방장은 특별 기간에만 유료 공개(1000엔, 초등·중학생 800엔)
WALK 시 버스 12·59·204·205번을 타고 킨카쿠지미치(金閣寺道) 하차 후 사거리에서 표지판을 따라 서쪽으로 직진, 도보 약 5분
WEB www.shokoku-ji.jp/kinkakuji/

금각 주변 한 바퀴!

경내는 금각 외 특별한 볼거리가 없지만, 금각 주변에 조성된 지천회유식 정원을 따라 걷는 것만은 잔잔한 즐거움이다. 전체 관람에는 1시간 정도 소요된다.

Step 1 킨카쿠지 입구

잘 정돈된 수목이 울창한 참배길을 지나 총문을 통과하면 경내로 들어선다.

Step 2 고리 庫裏 & 방장 方丈

경내 입구의 종무소, 고리 안쪽에 방장이 있다. 평상시 내부는 공개하지 않으며, 해마다 1~2번 특별 기간(매년 [illegible], 홈페이지 참고)에만 유료로 둘러볼 수 있다. 수령 700~800년 된 삼나무로 만든 칸막이 문에 그린 스기토에(杉戸絵)와 방장정원 등이 볼거리다.

문 8칸에 사계절의 아름다움을 표현한 스기토에. 일본 화가 이시오도리 다쓰야와 모리타 리에코의 2007년 작이다.

Step 3 킨카쿠 金閣 & 교코치 鏡湖池

교코치(鏡湖池) 연못에 비친 금각(킨카쿠)의 모습이 수변 정원과 어우러져 매우 아름답다. 이 연못은 조도만자라(淨土曼荼羅, 정토의 여러 부처 모습을 그린 불교 회화의 하나)에 그려진 그림을 본떠 만든 것으로, 특히 눈이 내린 후의 풍경이 압권이다.

Step 4 리쿠슈노마쓰 陸舟の松

방장 앞의 거대한 소나무. 요시미쓰가 생전에 손수 만든 소나무 분재를 옮겨 범선 형태로 만들었다.

Step 5 **긴카센** 銀下泉

요시미쓰가 다도에 사용한 물. 그 옆에는 돌로 만들어 요시미쓰가 손 씻는데 사용했다는 간카스이(巖下水, 암하수)가 있다.

류몬노타키 龍門の滝 Step 6

잉어가 세찬 물줄기를 거슬러 오르면 용이 된다는 중국의 고사 <등용문>을 표현한 작은 폭포다. 약 2.3m 폭포 아래에는 비스듬하게 놓인 잉어석(鯉魚石)이 있다.

셋카테이 夕佳亭 Step 7

에도 시대 때 지은 다실. 해 질 무렵 이곳에서 바라보는 금각이 매우 아름답다. 근처의 야외 휴게소에서 금박을 입힌 화과자를 곁들인 말차 세트(500엔)를 맛볼 수 있다.

후도도 不動堂 Step 8

홍법대사가 만들었다고 전해지는 부동명왕을 본존으로 모신다. 평소에는 비공개며, 입춘 전날과 8월 16일에만 공개한다.

관람을 마치고 돌아오는 길에 각종 특산 과자, 떡, 녹차 등을 시식할 수 있다.

: WRITER'S PICK :

금각이 가짜라고?

누각의 2~3층은 1950년 학승(學僧)인 하야시 쇼켄의 방화로 인해 모조리 소실되었다. 1955년 3년 간의 공사 끝에 재건했으나, 금박이 벗겨지고 옻칠이 열화하자 1987년 옻칠과 금박을 새로 입혀 보수공사를 마쳤다. 이때 사용한 금박의 무게는 20kg, 옻은 1.5t, 보수공사비만 7억 엔 이상이 들었다. 방화 당시 이곳에 머물던 하야시는 금각이 너무 아름다워 질투로 불을 질렀다고. 당시 일본인들이 느낀 충격은 우리나라 숭례문 방화 사건에 맞먹을 정도였다. 금각사가 활기를 되찾은 건 1956년 미시마 유키오(三島由紀夫)의 장편소설 <금각사>가 성공하면서부터다.

② 가레산스이 정원, 단 한 곳만 본다면
료안지 龍安寺

교요치

전 세계에 가레산스이 정원을 널리 알린 선종 사찰. 본래 귀족의 별장으로 지어졌다가 1450년 사찰이 된 뒤 1467~1477년 오닌의 난 때 소실, 1499년 재건해 도요토미 히데요시, 도쿠가와 이에야스가 영지를 기부하며 한때는 23개 부속 사찰을 거느릴 정도로 번창했다.

아담한 흙담에 둘러싸인 가레산스이 정원은 방장 툇마루에서 감상할 수 있다. 원근법을 한껏 살린 15개의 크고 작은 돌들이 새하얀 모래 위에 띄엄띄엄 놓여 있는데, 돌의 개수가 15개인 것은 달이 차는 주기가 15일인 까닭. 완전한 깨달음의 경지에 다다른 수를 의미한다. 정원이 워낙 긴 탓에 15개의 돌은 한눈에 들어오지 않는데, 이를 두고 '모든 돌을 다 보려고 애쓰지 말고 늘 부족한 듯 살아가라'는 선종의 세계관이 담긴 의도적인 배치라는 해석도 있다. 모두가 약속이라도 한 듯 툇마루에 멍하니 걸터앉은 모습을 지켜보는 것도 재미난 볼거리. 경지의 반을 차지하는 교요치(鏡容池, 경용지) 연못은 연꽃이 피는 여름에 특히 아름답다. MAP ⑭-A

GOOGLE MAPS 료안지
ADD 13 Ryoanji Goryonoshitacho, Ukyo Ward
OPEN 08:00~17:00(12~2월 08:30~16:30)
PRICE 600엔, 고등학생 500엔, 초등·중학생 300엔
WALK 킨카쿠지 앞에서 큰길 기누카케노미치(きぬかけの路)를 따라 남서쪽으로 약 1.4km 직진/시버스 59번을 타고 료안지마에(竜安寺前) 하차 후 바로/JR 버스 다카오·게이후쿠선(高雄·京北線)을 타고 료안지마에(竜安寺前) 하차 후 바로
WEB www.ryoanji.jp

가레산스이 정원 반대편 다실 앞에는 엽전 모양의 손 씻는 그릇, 쓰쿠바이(つくばい)가 있다. 가운데 뚫린 사각형 구멍을 口(입 '구')로 보고, 위부터 시계방향으로 읽으면 '오유족지(吾唯足知)'. 즉, '욕심을 부리지 말고 현재에 만족하라'는 선종의 가르침을 전한다.

: WRITER'S PICK :

정원이 실제보다 커보이는 비밀

가레산스이 정원은 유채씨 기름을 섞어 만든 흙담, 아부라토베이(油土塀)에 둘러싸여 있다. 하얀 모래에서 빛이 반사되는 것을 막고, 비바람에 견디기 위해 견고하게 제작된 것. 자세히 보면 정원 바깥에서 안쪽으로 갈수록 높이가 낮아지는데, 그 차이는 실제로 50cm! 원근법을 이용해 정원을 실제보다 크게 보이기 위한 트릭이다.

3 사찰의 모든 장점을 다 가진 곳
닌나지 仁和寺

교토 3대 삼문으로 손꼽히는 니오몬

오중탑

장엄한 가람과 10만여 점의 문화재, 일본 정원, 벚나무 군락지가 교토 사찰의 아름다움을 집약한 곳이다. 888년 우다 일왕이 건립해 대대로 왕실 자손이 주지를 맡은 사원으로, 압도적인 스케일의 삼문(三門)인 니오몬(仁王門, 인왕문)과 중문, 금당이 참배로를 따라 일직선으로 뻗은 가람이 장관이다. 니오몬 왼쪽의 어전 고텐(御殿, 어전)에는 신덴(寝殿, 침전), 시로쇼인(白書院, 백서원), 구로쇼인(黒書院, 흑서원) 등 건축미가 돋보이는 건물들이 자리했으며, 시로쇼인에서 바라보는 가레산스이 정원과 구로쇼인에서 오중탑과 함께 감상하는 지천회유식 정원이 백미다. 4월 중순에 만개해 교토에서 가장 늦게 피는 벚꽃인 오무로자쿠라(御室桜)의 군락지로도 유명한데, 200여 그루의 벚나무 뒤로 오중탑이 보이는 중문 서쪽이 포토 포인트다. **MAP ⑭-B**

GOOGLE MAPS 닌나지
ADD 33 Omuroouchi, Ukyo Ward
OPEN 09:00~17:00(12~2월 ~16:30)/폐장 30분 전까지 입장
PRICE 800엔, 고등학생 이하 무료
WALK 료안지에서 도보 약 12분/시 버스 10·26·59번을 타고 오무로닌나지(御室仁和寺) 하차 후 바로/JR 버스 타카오·게이후쿠선(高雄·京北線)을 타고 오무로닌나지 하차 후 바로/란덴 오무로닌나지역 하차 후 도보 약 3분
WEB www.ninnaji.jp

금당. 교토 고쇼에서 옮겨 온 국보 건축물로, 본존 아미타삼존상을 안치하고 있다.

"닌나지의 벚꽃이 져야 교토 시내의 벚꽃이 진다."는 말이 있을 정도로 가장 늦게 벚꽃이 피고 진다.

+MORE+

킨카쿠지·료안지 주변 귀한 밥집

■ 쿠라스시 くら寿司
115엔 회전초밥 체인. 터치스크린으로 주문 후 테이블까지 컨베이어로 배달받는 시스템이 편리하고, 번화가 지점보다 여유롭다. 5접시당 1번씩 뽑기 게임을 해서 당첨되면 캡슐토이가 나온다. 홈페이지 예약 가능. **MAP ⑭-A**

GOOGLE MAPS 쿠라스시 금각사점
ADD 4 Hirano Miyajikicho, Kita Ward
OPEN 11:00~23:00
WALK 킨카쿠지에서 료안지로 가는 큰길, 기누카케노미치(きぬかけの路)를 따라 약 520m 직진. 2층짜리 대형 건물이다.

■ 오무라하우스 おむらはうす
교토의 오무라이스 전문점. 하야시 오무라이스, 미트 오무라이스, 치킨 오무라이스 등 일반적인 오무라이스부터 유바나 두부를 활용한 오무라이스까지 모두 맛있다는 평. 가격은 1500엔~. 키즈 세트(850엔)도 있다. **MAP ⑭-A**

GOOGLE MAPS 오무라하우스 금각사점
ADD 10-9 Kinugasa Somoncho, Kita Ward
OPEN 11:00~15:00/월요일(공휴일 제외) 휴무
WALK 쿠라스시에서 기누카케노미치를 따라 북쪽으로 도보 약 4분

중요문화재 산코몬(三光門)

스가와라노 미치자네를 일컫는 '문도의 대조, 풍월의 본주(文道の大祖, 風月の本主)'라는 현판이 걸려있는 로몬(楼門)

4 찰떡 같이 붙여주세요! 기타노 텐만구 北野天満宮

헤이안 시대 최고 학자이자 정치가인 스가와라노 미치자네(菅原道真)를 '학문의 신'으로 모신 신사다. 그 덕에 해마다 전국에서 수험생과 학부모가 문지방이 닳도록 참배하러 온다. 총명함이 남달랐던 미치자네는 일찍이 조정에 들어가 우대신(右大臣, 우리나라의 우의정)까지 역임했지만, 이를 시기한 좌대신 토키히라의 모함으로 억울하게 좌천된 후 비운의 죽음을 맞았다. 그의 죽음 이후 교토 각지에는 자연재해와 원인 모를 화재가 연이어 발생했고, 왕궁에서는 좌대신을 비롯한 왕족이 잇달아 사망했다. 사람들은 이를 '미치자네의 저주'로 여기며 그의 원혼을 달래기 위해 이곳을 총본사로 두고 전국 각지에 1만2000여 곳의 텐만구와 덴진사(天神社)를 세웠다. 또 다른 총본사로는 후쿠오카의 다자이후 텐만구(太宰府天満宮)가 유명하다. MAP ⓮-B

GOOGLE MAPS 기타노 천만궁
ADD Bakurocho, Kamigyo Ward
OPEN 07:00~17:00/계절에 따라 조금씩 다름
PRICE 무료
WALK 킨카쿠지에서 기타노 텐만구 북문까지 도보 약 15분/시버스 10·50·55·203번을 타고 기타노텐만구마에(北野天満宮前) 하차 후 바로
WEB kitanotenmangu.or.jp

합격을 기원하는 사람들로 늘 문전성시인 본전. 화려한 아즈치 모모야마 시대의 건축미를 뽐내는 국보이기도 하다.

: WRITER'S PICK :

요럴 때 방문하면 일석이조!

- **매화 축제:** 1500여 그루에 매화가 활짝 피는 2월 초~3월 말 방문객 수는 절정을 이룬다. 가장 큰 볼거리는 매년 2월 25일 미치자네의 제사 겸 열리는 매화 축제다.
- **벼룩시장:** 매월 25일 열리는 벼룩시장 덴진상(天神さん, 06:00경~해 질 무렵) 때는 기모노, 도자기, 장난감, 간식거리를 총망라한 포장마차가 경내를 가득 메운다.

#Walk

상쾌하게 콧바람 쐬고 싶은 날

아라시야마嵐山

뛰어난 경치와 명승, 온갖 먹거리, 쇼핑, 엔터테인먼트가 복합된 교토 최고의 휴양 지구다. 아담한 도시 전체를 포근히 감싸는 아라시야마(아라시산)와 풍부한 수량을 자랑하며 흐르는 가쓰라강, 온천·협곡을 가로지르는 도롯코 열차와 하늘을 찌를 듯 빽빽하게 우거진 대나무 숲, 일본에서 가장 아름다운 지천회유식 정원으로 손꼽히는 덴류지 등 볼거리와 즐길 거리를 꼽자면 열 손가락이 모자란다. 곧게 뻗은 아라시야마의 상징 도게쓰교를 걸으면서 그 옛날 교토를 개척한 우리 조상의 발자취를 따라가 보자.

Access

아라시야마로 가는 가장 빠르고 편리한 방법은 교토역에서 JR을 타고 환승 없이 한 번에 가는 것이다. 교토 시내 중심부에서는 한큐 전철 교토카와라마치역(京都河原町)에서 한큐 전철을 타고 한 번 갈아탄다. 그 외 시 버스와 교토 버스, 노면전차 란덴이 아라시야마와 교토 시내를 연결한다.
JR과 란덴 역은 가쓰라강의 북쪽에, 한큐 전철 역은 남쪽에 자리하고 있다. 아라시야마는 그리 큰 지역이 아니므로 어느 곳에서 시작하든 중심부까지 도보 10분 이내에 닿을 수 있다. 버스는 강 남·북쪽 모두 정류장이 있으니 원하는 곳에서 내린다.

버스

■ **시 버스 11·28·93번 & 교토 버스 72·73·75·76·83번 등**
총 40~50분 소요, 230엔
지하철·버스 1일권

- 교토역 중앙 출구 앞 C6 정류장에서 시 버스 28번을 타고 40~50분 후 아라시야마코엔(嵐山公園) 또는 아라시야마덴류지마에(嵐山天龍寺前) 하차
- 교토 버스 72·73·75·76번 탑승 시 아라시야마(嵐山) 또는 아라시야마덴류지마에(嵐山天龍寺前) 하차. 83번 탑승 시 한큐아라시야마에키마에(阪急嵐山駅前) 하차

* 버스 소요 시간은 교통 상황에 따라 다르다.

사철

■ **한큐 전철 교토선+아라시마야선**
총 18~22분 소요, 240엔
간사이 레일웨이 패스

- 교토카와라마치역(京都河原町) 1·3번 승강장에서 모든 행 교토선 모든 열차 탑승 ⋯▸ 약 8분 후 가쓰라역 하차 ⋯▸ 1번 승강장에서 아라시야마행(嵐山) 아라시야마선 보통(普通/Local) 탑승 ⋯▸ 약 8분 후 아라시야마역 하차

JR

■ **JR 산인혼선(본선)·사가노선**
총 11~16분 소요, 240엔
JR 간사이 패스 JR 간사이 와이드 패스 JR 간사이 미니 패스

- 교토역 32·33번 승강장에서 모든 행 산인 본선 또는 사가노선 쾌속(嵯峨野線 快速/Rapid) 탑승 ⋯▸ 약 11분, 또는 보통(각역정차)(普通(各停)/Local) 탑승 ⋯▸ 약 16분 후 사가아라시야마역(嵯峨嵐山) 하차

노면전차

■ **란덴**(게이후쿠 전철)
총 24분 소요, 250엔
란덴 1일권 교토 지하철·란덴 1day 티켓

- 시조오미야역(四条大宮)에서 아라시야마행 아라시야마 본선을 타고 약 24분 후 아라시야마역 하차

* 시조오미야역은 한큐 전철 시조오미야역과 연결된다.

- 란덴텐진가와역(嵐電天神川)에서 아라시야마행 아라시야마 본선을 타고 약 14분 후 아라시야마역 하차

* 란덴텐진가와역은 지하철 도자이선 우즈마사텐진가와역(太秦天神川)과 연결된다.

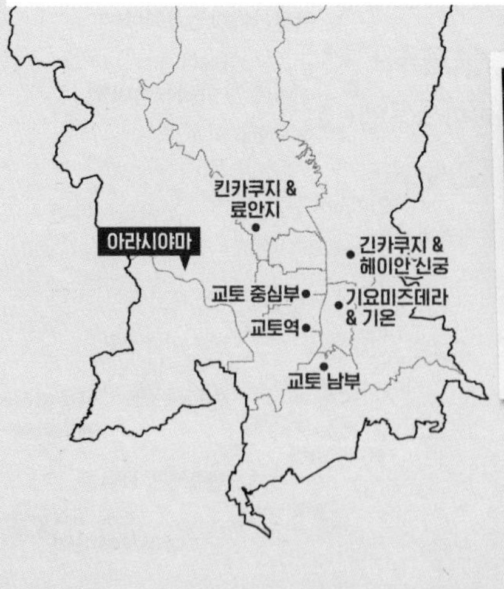

란덴은 버스처럼 뒤로 타고, 앞으로 내릴 때 요금을 낸다.
현금, IC 카드, 각종 패스 모두 사용 가능

+MORE+

오사카에서 아라시야마 가기

■ 한큐 전철 오사카우메다역 출발

1~3번 승강장에서 교토선 교토카와라마치행 특급·통근특급·쾌속급행을 타고 약 35분 뒤 가쓰라역(桂)에 도착, 교토에서 출발한 한큐 전철의 방법을 따라 아라시야마역으로 간다. 총 소요 시간은 약 1시간, 요금은 410엔. 간사이 레일웨이 패스, 한큐 1day 패스, 한큐·한신 1day 패스 사용 가능.

■ JR 오사카역 출발

앞에 소개한 방법대로 교토역에 도착 후 교토에서 출발하는 JR의 방법을 따라 사가아라시야마역으로 간다. 총 소요 시간은 약 50분, 요금은 990엔. JR 간사이 패스, JR 간사이 와이드 패스, JR 간사이 미니 패스 사용 가능.

아라시야마의 주요 역

■ JR 사가아라시야마역
JR 嵯峨嵐山

아라시야마 북부에 있다. 교토역에서 출발할 때 쉽고 빠르게 이동할 수 있고, 도롯코 열차 도롯코사가역이 바로 앞이다.

■ 한큐 전철 아라시야마역 嵐山

아라시야마 남부에 있다. 교토카와라마치역, 가라스마역 등 교토 시내 중심부나 오사카의 오사카우메다역에서 출발할 때 이용한다.

■ 란덴 아라시야마역 嵐山

노면전차 역이다. 역 앞이 바로 아라시야마 메인 스트리트라서 방향을 잡을 때 기준점으로 삼기 좋다. 지하철, 사철과 환승이 편리하다.

■ 도롯코 열차 도롯코사가역
トロッコ 嵯峨

아라시야마 관광열차인 도롯코 열차의 기·종착역이다. 증기기관차 전시장도 있어서 도롯코 열차를 타지 않아도 구경 삼아 들를 만하다.

Planning

아라시야마는 맑고 푸른 강산 아래 역사적인 명소, 즐길 거리, 먹거리가 밀집한 휴양지다. 헤이안 시대에는 귀족의 사랑을 한몸에 받아 호화 별장이 즐비했던 곳으로, 언제 가도 호젓한 경치를 감상할 수 있다. 하루쯤 온천여관에 머물면서 협곡을 가로지르는 도롯코 열차(415p)를 타고 자연에 둘러싸인 아라시야마의 매력을 담뿍 누려보는 것도 좋고, 반나절 자전거를 빌려 타고 사가노 지역까지 슬슬 돌아보는 일정도 추천한다.

3월 말~4월 초·중순 벚꽃 시즌에 일부 명소에서 야간 라이트 업 이벤트가 열린다. 이 시즌에 란덴을 이용한다면 우타노역(宇多野)~나루타키역(鳴滝) 사이의 벚꽃 터널 구간을 놓치지 말자!

12월 중순에는 아라시야마 전체가 야간 라이트 업하는 하나토로(花灯路)를 개최해 몽환적인 분위기로 가득하다.

1

아라시야마 쇼핑 1번지

아라시야마 쇼류엔

嵐山昇龍苑

도게쓰교 북단에서 덴류지 입구까지의 약 250m 구간은 카페와 식당, 테이크아웃 전문점과 기념품숍이 빼곡하게 들어선 아라시야마의 메인 스트리트다. 그중 란덴 아라시야마역 출구 바로 앞에 있는 아라시야마 쇼류엔은 교토의 인기 노포 16곳이 입점한 쇼핑몰이다. '용이 승천하는 정원'이라는 이름답게 에도 시대 귀족의 저택과 같은 2층 건물과 작은 정원이 관광지를 방불케 한다. 추천 가게는 1층 붕어빵 전문점 마메모노토 타이야키(まめものとたい焼き), 교토식 장아찌 명가 니시리(西利), 2층 120년 역사의 인형점 산비도(さんび堂). MAP ⑮-B

GOOGLE MAPS 아라시야마 쇼류엔
ADD 40-8 Sagatenryuji, Susukinobaba-cho, Ukyo Ward
OPEN 10:00~17:00
WALK 란덴 아라시야마역 출구 바로 앞
WEB www.syoryuen.jp

오동통 귀여운 붕어빵! 타이야키와 음료 세트(600엔)

2

용의 기운을 품은 명찰

덴류지 天龍寺

우아한 지천회유식 정원으로 유명한 사찰이다. 교토를 대표하는 5대 선사인 교토 5산(京都五山) 중 서열 1위로, 1339년 무로마치 막부를 연 장수인 아시카가 다카우지가 고다이고 일왕을 애도하며 창건했다. 무로마치 시대에는 정원이 오이(大堰)강을 넘어 반대쪽의 아라시야마까지 펼쳐질 정도로 규모가 큰 절이었다. 막부의 몰락과 함께 쇠퇴한 뒤 메이지 시대에 모든 건물을 재건했지만, 소겐치는 700여 년 전 지천회유식 정원의 모습을 그대로 간직해 일본 최초로 사적·특별 명승으로 지정됐다. 연못 중앙에 있는 커다란 돌들은 중국 황하의 용문 폭포를 본떠 만든 것으로, 잉어가 폭포를 오르며 용으로 변하는 모습을 나타낸다.

관람을 마치고 북문(北門)으로 나가면 대숲인 치쿠린이 펼쳐진다. 대숲의 운치를 오래 느껴보고 싶다면 오른쪽 노노미야 신사 앞으로 돌아가는 것이 좋다. MAP ⑮-B

GOOGLE MAPS 덴류지
ADD 68 Sagatenryuji Susukinobabacho, Ukyo Ward
OPEN 08:30~17:00/폐장 10분 전까지 입장
PRICE 정원 500엔, 초등·중학생 300엔/제당(대방장·서원·다보전) 300엔(행사에 따라 휴관)/법당 500엔(봄·가을 특별 기간을 제외하고 토·일요일·공휴일에만 개방)
WALK 란덴 아라시야마역 출구를 등지고 오른쪽으로 도보 약 1분
WEB www.tenryuji.com

감동 4배 관람 코스

Step 1 **덴류지 입구**(정문)

Step 2 **소겐치** 曹源池

덴류지의 개산조(창건자)이자 조원가로도 유명한 승려 무소 소세키의 작품이다. 모래와 소나무, 암석이 한데 어우러져 계곡을 만들어낸다.

Step 3 **구리** 庫裏

부드러운 곡선의 맞배지붕과 흰 벽에 장식된 들보가 멋스럽다. 부엌과 법무소를 겸한 건물로, 방장과 연결된다. 덴류지의 상징이라고 할 수 있는 달마도(達磨圖)를 볼 수 있다.

Step 4 **방장** 方丈

대방장과 소방장으로 나뉘며 대방장에는 본존인 석가여래좌상이 안치돼 있다. 이곳에서 바라보는 소겐치 정원의 모습이 그림같이 아름답다.

Step 5 **법당** 法堂

천장에 덴류지의 명물 운룡도(雲龍圖)가 그려져 있다. 3cm 두께의 널빤지 159개를 짜 맞춘 것으로, 옻칠 후 백토를 발라가며 그렸다. 어느 각도에서 바라보아도 똑같이 노려보는 듯해서 '팔방에서 노려보는 용(八方睨みの龍)'이라고도 불린다. 메이지 시대의 원작은 심하게 훼손되어 옮겨졌고, 지금의 그림은 1997년에 다시 그린 것이다. 주말과 공휴일, 봄·가을 특별 기간에 공개한다.

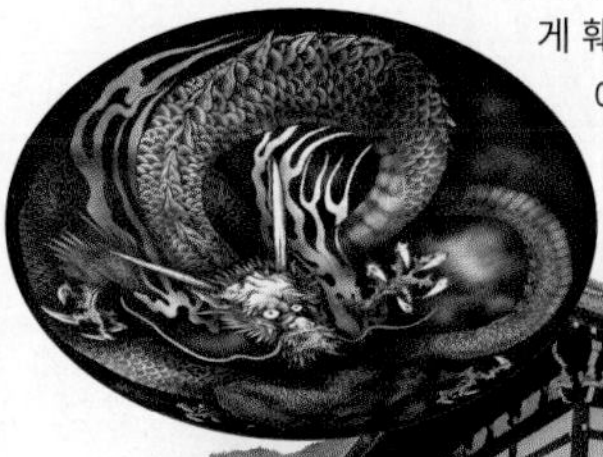

③ 사각사각, 바람이 스치는 대숲
치쿠린(치쿠린노 코미치)
竹林の小径

완만하고 좁은 비탈길 양쪽으로 늘씬한 대나무가 쭉 뻗은 500m 길이의 산책로다. 동쪽 입구에서 노노미야 신사, 덴류지 북문을 거쳐 오코치 산장 정원까지 이어진다. 하늘이 보이지 않을 정도로 키크고 빽빽한 대나무들이 여름에는 그늘이 되어주고, 비가 올 땐 우산이 되어준다.

대숲이 절정을 이루는 구간은 언덕이 다소 가팔라지는 덴류지 북문~오코치 산장 정원이다. 숲이 가장 푸르른 때는 5월 중순이며, 해 질 무렵 속세에서 벗어난 듯 몽환적인 풍광도 퍽 매력적이다. 초겨울에 열리는 등불 축제인 하나토로(花灯路) 때는 한층 신비한 분위기를 느낄 수 있다. 대숲이 끝나는 오코치 산장 정원에서 우회전하면, 도롯코 열차의 정차역인 도롯코아라시야마역을 지나 조잣코지, 니손인, 기오지 등이 있는 사가노 지역까지 이어진다.

MAP ⑮-B

GOOGLE MAPS 아라시야마 치쿠린
ADD 8 Saganonomiyacho, Ukyo Ward
빌데
OPEN 24시간
PRICE 무료
WALK 덴류지 북문으로 나와 바로

하나토로 기간의 풍경

본전을 참배한 후 가메이시(亀石)에 소원을 빌면 1년 안에 이루어진다고.

봄 벚꽃과 가을 단풍 명소이기도 하다.

④ 아름답고 애틋한 이별의 장소
노노미야 신사
野宮神社

치쿠린 초입에 자리한 오래된 신사다. 남녀의 사랑을 이뤄주고 순산을 돕는 데 효험을 지녔다고 전해져 연인들이 많이 찾는다. 일본의 고전문학인 <겐지모노가타리(源氏物語)>에서 주인공 히카루 겐지와 왕녀인 로쿠조 미야스도코로가 이별한 장소로도 유명하다. 겐지는 결심을 굳게 다진 그녀와의 이별을 슬퍼했지만, 책에는 역설적으로 당시의 신사 모습이 매우 아름답게 묘사돼 있다. 입구에 세워진 검은색의 도리이는 상수리나무의 껍질을 벗기지 않고 그대로 사용한 것으로, 도리이 양식 중 일본에서 가장 오래됐다. **MAP ⑮-B**

GOOGLE MAPS 노노미야 신사
ADD 1 Saganonomiyacho, Ukyo Ward
OPEN 24시간 **PRICE** 무료
WALK 덴류지 북문으로 나와 오른쪽으로 도보 약 3분
WEB www.nonomiya.com

⑤ 멋진 전망이 기다리는 산책
아라시야마 공원 가메야마 지구
嵐山公園 亀山地区

아라시야마 서쪽, 오구라산(小倉山) 산기슭에 자리한 공원. 관광객의 발길이 드물어 한가로이 산책하기 좋은 곳으로, 돌계단과 자갈길을 걸어올라 전망대에서 내려다보는 호즈강 협곡이 장관이다. 넓게 분포한 아라시야마 공원 중 능선을 따라 이어진 모습이 꼭 거북이(가메) 등 같다고 하여 이름이 붙여진 지구로, 줄여서 가메야마 공원이라고도 부른다. 덴류지 북문을 나와 치쿠린을 따라 쭉 걷다가 오코치 산장 앞에서 좌회전한 후 공원을 통과해 내려가면 호즈강에 닿는다. **MAP ⑮-B**

GOOGLE MAPS 아라시야마공원 가메야마지구
ADD 6, Sagakamenoocho, Ukyo Ward
OPEN 24시간
WALK 치쿠린 서쪽 끝 오코치 산장 앞에서 좌회전하면 바로 나온다./카페 % 아라비카가 있는 강변을 따라 서쪽으로 도보 약 3분

+MORE+

아라시야마의 숨은 보석, 오코치 산장 정원 大河内山荘庭園

영화배우 오코치 덴지로(1898~1962)가 전 재산을 털어 지은 별장. 벚꽃과 단풍이 예쁜 잔디 광장, 아라시야마 산세, 호즈강 및 멀리 히에이산(比叡山)·히가시야마(東山) 36봉까지 배경으로 끌어들인 차경 정원이 매우 아름답다. 다실에서 말차와 모나카 제공. **MAP ⑮-B**

GOOGLE MAPS 오코치산소 정원
ADD 8 Tabuchiyamacho Sagaogurayama, Ukyo Ward
OPEN 09:00~17:00
PRICE 1000엔(말차 포함), 초등·중학생 500엔
WALK 덴류지 북문으로 나와 치쿠린를 따라 왼쪽으로 도보 약 4분

촬영 욕구를 부르는 SNS 신명소 아라시야마 유사이테이 嵐山祐斎亭

약 150년 된 요정 건물을 개조한 염색 공방 겸 갤러리. 둥근 창에 비치는 사계절을 환상적인 반영 사진으로 담을 수 있다. 노벨문학상을 수상한 가와바타 야스나리가 <산소리>를 집필한 장소이기도 한 곳. 13세 이상만 입장 가능하고 홈페이지를 통한 사전 예약 필수. **MAP ⑮-B**

GOOGLE MAPS 아라시야마 유사이테이
ADD 6 Sagakamenoocho, Ukyo Ward
OPEN 10:00~17:00/폐장 30분 전까지 입장/목요일(단풍철은 오픈) 휴무
PRICE 2000엔(단풍철 3000엔)
WALK JR 사가아라시야마역 또는 한큐전철 아라시야마역에서 도보 약 20분
WEB yusai.kyoto

6 우리 조상이 남긴 아름다운 풍경 하나
도게쓰교 渡月橋

아라시야마의 상징인 길이 155m, 폭 11m의 다리다. 848년 건조된 후 지금까지 아라시야마의 허리인 가쓰라강(桂川)을 건너는 중요 수단으로 쓰인다. 다리를 처음 놓은 사람은 신라계 도래인 하타씨(秦氏, 5세기 후반 경상북도 울진에서 아라시야마로 정착, 교토 농업을 발달시키고 사찰과 신사 건축으로 막대한 부와 권력을 손에 쥔 가문)로, 일대를 개척하며 제방을 쌓는 도중 세웠다. 이후 홍수의 범람으로 유실되고 자리를 100m 이동해 개축하면서 목조와 콘크리트가 조합된 독특한 건축 양식으로 바뀌었다. '도월교'라는 이름은 가마쿠라 시대의 제90대 일왕 가메야마가 "구름 한 점 없는 달이 건너가는 듯하다"고 말한 데서 유래했다.

MAP ⑮-B

GOOGLE MAPS 도게츠 교
WALK 덴류지 입구를 등지고 아라시야마 메인 스트리트를 따라 오른쪽으로 도보 약 4분/한큐 전철 아라시야마역 출구로 나와 광장에서 역을 등지고 오른쪽 큰길을 따라 도보 약 7분

+MORE+

뜨뜻~허다! 아라시야마 온천 嵐山温泉

아름다운 자연과 더불어 뜨거운 온천수가 흐르는 아라시야마에는 1인 1박에 2~3만엔대의 중급 온천여관부터 초호화 리조트, 저렴한 당일 온천까지 다양한 온천 시설이 있다. 대부분 한큐 전철 아라시야마역 부근에 모여 있다.

- **하나이카다** 花筏
당일 온천과 식사 세트가 굿!
WEB www.hanaikada.co.jp

- **호시노야 교토** 星のや京都
잊지 못할 최고급 요리와 뱃놀이
WEB www.hoshinoyakyoto.jp

- **후후노유** 風風の湯
단돈 1100엔에 즐기는 당일 온천!
WEB www.hotespa.net/spa/fufu/

7 숨은 무료 전망 스폿
호린지 法輪寺

도게쓰교 건너편, 아라시야마 한가운데 자리 잡은 유서 깊은 사찰이다. 713년 백제 왕인 박사의 후손인 교기(行基) 스님이 창건했다. 경내 건축물은 주홍빛 다보탑 외에 특별한 볼거리가 없지만, 도게쓰교와 가쓰라강은 물론 교토 시내까지 훤히 내려다보이는 전망대만큼은 오를 가치가 충분하다. MAP ⑪-B

GOOGLE MAPS 호린지
ADD 16 Arashiyama Kokuzoyamacho, Nishikyo Ward
OPEN 24시간
PRICE 무료
WALK 도게쓰교 남단에서 도보 약 3분/한큐 전철 아라시야마역 출구로 나와 도보 약 5분

12월 중순 하나토로 기간에는 경내 전체에 조명 쇼가 펼쳐진다.

SPECIAL PAGE

여행의 정석, 낭만의 절정!

도롯코 열차 & 호즈강 뱃놀이

🎵 도롯코 열차 トロッコ列車

호즈강 협곡을 따라 아라시야마의 절경을 만끽할 수 있는 관광열차다. JR 사가아라시야마역 바로 옆 도롯코사가역에서 출발해 JR 우마호리역(馬堀) 근처의 도롯코카메오카역까지 총 7.3km 구간을 약 25분간 운행한다. 사계절 인기가 높지만 특히 단풍 시즌이면 눈 깜짝할 사이 티켓이 매진된다. 열차를 타고 되돌아올 땐 도롯코사가역 바로 전 역인 도롯코아라시야마역에 내려서 아라시야마 관광을 이어가자. 역 앞부터 울창한 대숲인 치쿠린이 이어진다.

OPEN 3월~12월 29일 09:02~16:02(도롯코사가역), 09:30~16:30(도롯코카메오카역)/각 1시간 간격 운행/단풍철 막차 증편 운행/수요일(공휴일·방학·골든위크·단풍철 제외)·12월 30일~2월 휴무
PRICE 편도 880엔, 6~11세 440엔
WEB www.sagano-kanko.co.jp/kr/

: WRITER'S PICK :

도롯코 열차 예약 팁

기다리지 않고 원하는 시각에 탑승하고 싶거나, 창문이 없는 오픈카인 5호차에 앉고 싶다면 한국에서 미리 온라인 예매를 해두는 것이 좋다(특히 단풍철엔 1달 전 예약 필수). JR 주요역 내 티켓오피스(JR 간사이공항·교토·오사카·산노미야역 등)나 관광안내소에서도 예매할 수 있다. 당일 현장 구매 시엔 오픈 시간 전에 도착해야 조금이라도 이른 시간대의 티켓을 살 수 있다. 도롯코사가역에서 출발하는 가메오카행이 정석이지만, 티켓을 구하지 못했다면 JR 우마호리역에서 도보 10분 거리인 도롯코카메오카역에서 출발해 거꾸로 내려오는 사가행을 택하는 것도 방법. 자세한 사항은 도롯코 열차 홈페이지 참고.

🎵 호즈가와 쿠다리[호즈강 뱃놀이] 保津川下り

호즈강을 1시간 30분가량 유람하는 뱃놀이다. 강 상류에서 출발해 굽이굽이 흐르는 호즈강의 급류와 협곡의 매력에 풍덩 빠져보자. 승선장까지 가는 방법은 도롯코 열차의 종점인 도롯코카메오카역에 내려 역 앞에서 버스(320엔, 약 15분)를 타거나, JR 카메오카역에서 승선장으로 걸어가는 방법(약 10분)이 있다. 자세한 뱃놀이 내용은 홈페이지 참고.

OPEN 09:00~15:00(12월 중순~3월 중순 10:00~14:30)/1시간~1시간 30분 간격 운항
PRICE 6000엔, 4세~초등학생 4500엔
WEB www.hozugawakudari.jp

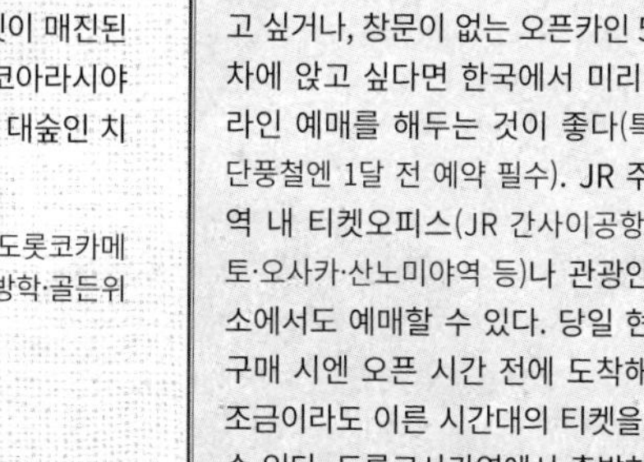

허끝으로 힐링!

아라시야마 맛집 테라피

교토 최고의 휴양지인 아라시야마에서 맛은 물론이고 분위기까지 제대로 챙길 수 있는 힐링 스페이스를 소개한다.

내 취향은 아무래도 고기

아라시야마 키주로 嵐山 喜重郎

아라시야마 한복판에 자리한 와규 스테이크 전문점. 정원이 내다보이는 느긋하고 따뜻한 분위기와 널찍한 테이블석으로 가족 여행객들이 즐겨 방문한다. 채끝, 갈빗살, 허벅지살 등을 구워 달콤하고 짭조름한 간장으로 양념한 와규에 된장국과 반찬, 탕두부 등을 곁들인 정식 메뉴를 맛볼 수 있다. 가격에 따라 고기 양이 다른데, 150~160g은 주문해야 부족하지 않다. 어린이용 소고기 덮밥(990엔)도 있다. 한국어 메뉴 있음.

MAP ⓯-B

GOOGLE MAPS 아라시야마 키주로
ADD 18-27 Sagatenryuji Kitatsukurimichicho, Ukyo Ward
OPEN 11:00~20:30
WALK 란덴 아라시야마역에서 도보 약 3분/JR 사가아라시야마역에서 도보 약 5분
WEB kijurou.gorp.jp

갈빗살로 구워 부드러운 와규 로스 스테이크 덮밥 & 탕두부 세트(4290엔~)

지방이 적어서 담백한 와규 허벅지살 스테이크 덮밥(2860엔~)

보통 크기의 우에 우나주

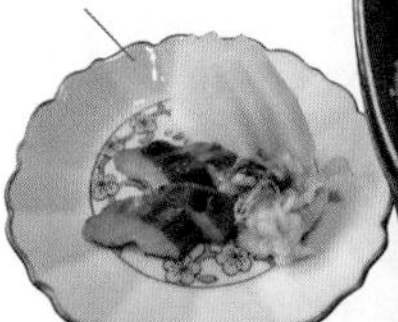

츠케모노

전설의 장어 덮밥을 찾아서

히로카와 廣川

1967년 오픈해 미슐랭 별 하나를 받은 장어 덮밥집. 매일 들여오는 자연산 활장어를 아라시야마의 맑은 지하수로 잡내 없이 다듬은 후, 1200°C 이상의 고온에서 최고급 비장탄으로 굽는다. 항아리에 재운 비법 양념장도 맛의 비결. 메뉴는 크기에 따라 나뉘는데, 보통 크기는 우에 우나주(5400엔), 특대는 토쿠주 우나주(6700엔), 작은 크기는 우나기 돈부리(3100엔)라 한다. 방문 한 달 전부터 홈페이지(한국어)를 통한 완전 예약제로, 1인 3000엔(식사비에 포함)의 예약비가 있다. MAP ⓯-B

GOOGLE MAPS 우나기 히로카와
ADD 44-1 Sagatenryuji Kitatsukurimichicho, Ukyo Ward
OPEN 11:00~15:00(L.O.14:30), 17:00~21:00(L.O.20:00)/연말연시, 1·5·10월 연휴 기간 휴무
WALK 아라시야마 키주로 맞은편
WEB unagi-hirokawa.jp

도미 오차즈케로 따뜻한 한 상

다이쇼 하나나 鯛匠 HANANA

아라시야마의 소문난 도미 요리 전문점. 도미회를 특제 참깨소스에 찍어서 맛본 다음 따뜻한 쌀밥 위에 올려 먹고, 마지막에 차를 부어 먹는 오차즈케 요리인 타이차즈케고젠(鯛茶漬け御膳, 2880엔)이 인기 메뉴다. 교토산 야채 절임까지 더하면 밥도둑이 따로 없는데, 반갑게도 밥은 무제한. 콩가루를 묻힌 전통 떡 와라비모치가 후식으로 나온다. 평일 15:00~17:00에 전화 예약 가능.

MAP ⑮-B

GOOGLE MAPS 다이쇼 하나나
ADD 26-1 Sagatenryuji Setogawacho, Ukyo Ward
TEL 075-862-8771
OPEN 11:00~15:30/부정기 휴무
WALK 란덴 아라시야마역·JR 사가아라시야마역에서 각각 도보 약 5분

이토록 우아한 소바 한 상

요시무라 よしむら

탁 트인 통유리창 너머로 도게쓰교를 바라보며 식사를 즐길 수 있는 소바 전문점이다. 100% 일본산 메밀가루로 만든 수타 메밀면과 신선한 교토산 채소가 건강까지 책임진다. 인기 메뉴인 도게츠젠은 쯔유에 찍어 먹는 자루소바와 버섯, 미나리 등이 올려진 산채 소바(온·냉면 선택 가능), 튀김 덮밥, 채소 절임으로 구성된다. 식사를 마치면 뜨끈한 소바유(そば湯, 메밀 면수)로 마무리.

MAP ⑮-B

GOOGLE MAPS 아라시야마 요시무라
ADD 3 Susukinobabacho, Uko Ward
OPEN 11:00~17:00(평일 ~16:30인 날 있음, 토·일요일·공휴일 및 성수기 10:30~)
WALK 아라시야마 메인 스트리트와 도게쓰교와 만나는 사거리에서 도보 약 2분

내 입맛에 딱 맞는 교토식 집밥

갸아테이 ぎゃあてい

정갈한 교토 가정식으로 이뤄진 정찬이 맛있는 곳. 점심 식사로 두부, 유바 등 교토 특산품과 제철 재료를 사용한 반찬 오반자이 11종과 인근의 시가현 쌀밥으로 구성된 갸테이 고젠(ぎゃあてい御膳, 2800엔)이 대표 메뉴다. 테이블에 놓인 태블릿으로 주문하고 식사 후 키오스크에서 직접 계산하는 방식인데, 모두 한국어가 지원돼 편리하다. 성인은 1인 1메뉴 주문 필수. **MAP ⑮-B**

GOOGLE MAPS 갸아테이
ADD 19-8 Sagatenryuji Tsukurimichicho, Ukyo Ward
OPEN 11:00~14:30/수요일·부정기 휴무
(인스타그램 @gyatei_arashiyama 확인)
WALK 란덴 아라시야마역에서 나와 바로(오른쪽)

교토의 전통주 4종 세트(1500엔)

파니니 세트

빵과 에스프레소와 정원이 있는 곳

팡토에스프레소토 아라시야마 정원
パンとエスプレッソと嵐山庭園

도쿄의 인기 빵집 팡토에스프레소토(빵과 에스프레소와)에서 2019년 오픈한 곳. 에도 시대 후기인 1809년 지어져 교토부 문화재로 지정된 고택을 개조해 한층 멋스럽다. 정원이 딸린 넓은 부지 안에 카페 '에스프레소토'와 테이크아웃 빵집 '팡토'가 각각 운영 중. 참고로 도보 4분 거리에 있는 후쿠다 미술관점(미술관 입장객만 이용 가능)도 전망이 매우 빼어나다. 음료 600엔~, 디저트(음료 포함) 1400엔~, 파니니·플레이트 세트 2300엔~. **MAP ⑮-B**

GOOGLE MAPS 빵과 에스프레소와 아라시야마 정원
ADD 45-15 Sagatenryuji Susukinobabacho, Ukyo Ward
OPEN 08:00~18:00(빵집 10:00~)/부정기 휴무
WALK 란덴 아라시야마역에서 도보 약 5분

정원

여기저기 흘끔흘끔

아라시야마 테이크아웃 간식

아라시야마에선 여기저기 파는 길거리 간식 때문에 발길이 자꾸만 멈추게 된다.
그러니 맛있는 점심도 좋지만, 간식 배는 잊지 말고 비워두기.

카페라테 싱글오리진

진정한 '응' 카페는 아라시야마에서

% 아라비카 아라시야마점

% Arabica

교토에서 시작된 글로벌 스페셜티 커피 프랜차이즈. 하와이 코나에 커피 농장을 소유하고 있을 정도로 맛과 향에 대한 고집이 남다르다. 인기 No.1 커피는 카페라테 싱글오리진(숏 사이즈, 550엔). 2014년 라테아트 월드 챔피언 바리스타가 맛을 책임진다. 기요미즈데라 근처의 야사카노토 앞과 시조카와라마치의 후지이 다이마루 백화점에도 지점이 있다. MAP ⑮-B

GOOGLE MAPS % 아라비카 아라시야마
ADD 3-47 Sagatenryuji Susukinobabacho, Ukyo Ward
OPEN 09:00~18:00/부정기 휴무
WALK 도게쓰교 북단에서 다리를 바라보고 오른쪽으로 강을 따라 도보 약 2분

그냥 지나칠 수 없는 비주얼

아린코 京抹茶クレープ ARINCO

교토풍 말차 크레페 전문점. 눈앞에서 직접 제조 과정을 볼 수 있기 때문에 기다리는 동안 기대감이 한껏 부풀어 오른다. 말차크림과 말차 생초콜릿을 듬뿍 넣은 크레페를 비롯한 먹음직스러운 10종의 크레페 가격은 700~1000엔. 여름엔 말차 아이스크림을 퐁당 빠뜨린 아이스 그린티 라테(700엔)도 인기다. MAP ⑮-B

GOOGLE MAPS arinco arashiyama
ADD 20-1, Tsukurimichicho, Sagatenryuji, Ukyo Ward
OPEN 10:00~18:00
WALK 란덴 아라시야마역 출구로 나와 바로
WEB kijurou.gorp.jp

아이스 그린티 라테

말차 크림과 생초콜릿 크레페

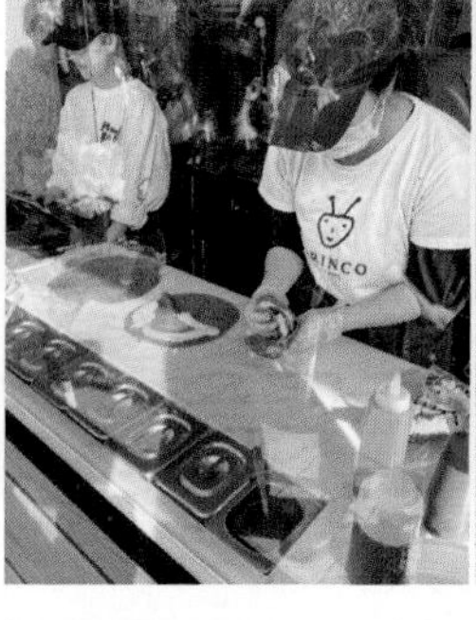

SPECIAL PAGE

걷다 보면 어느새 사가노 嵯峨野

아라시야마를 여행하다 보면 사가(嵯峨)라는 글자를 자주 접하게 된다. 사가는 아라시야마와 이웃한 사가노 지역의 줄임말. 여행자로 북적거리는 아라시야마에서 북쪽으로 살짝 발을 옮기면 평화로운 시골길 사이에 비밀스레 숨은 고찰들을 만날 수 있다. 오코치 산장에서 500m 거리에 있는 조잣코지를 시작으로, 니손인, 기오지, 아다시노 넨부쓰지가 모두 도보 30분 권역이다. 다소 멀리 떨어진 다이카쿠지는 한큐 전철 아라시야마역 앞에서 시 버스로 15분 정도 걸린다.

담벼락이 없는 사찰

조잣코지 常寂光寺

담 없는 사찰로 유명한 조잣코지는 아라시야마, 사가노 지역의 단풍 명소로도 유명하다. 소박한 산몬을 지나 참배길에 오르면 경내에서 가장 오래된 건축물인 니오몬(仁王門)이 이끼 덮인 지붕과 단풍나무로 어우러져 신비로움을 자아낸다. 산 중턱에 세워진 높이 12m 「다보탑과 함께 바라보는 전망도 일품이다. **MAP ⑮-A**

GOOGLE MAPS 조잣코지
ADD 3 Sagaogurayama Oguracho, Ukyo Ward
OPEN 09:00~17:00/폐장 30분 전까지 입장
PRICE 500엔
WALK 오코치 산장 앞 세 갈래 길에서 안내판을 바라보고 우회전, 도롯코아라시야마역과 호수를 지나 약 350m 직진
WEB www.jojakko-ji.or.jp

백제계 후손인 엔닌 스님의 사찰

니손인 二尊院

조잣코지와 함께 아라시야마, 사가노 일대의 단풍 명소로 손꼽히는 곳이다. 당나라 유학 후 일본 귀족들에게 천태 사상과 밀교를 전파한 백제계 고승인 엔닌(圓仁)이 헤이안 시대 초기(9세기) 사가 일왕의 명으로 건립했으며, 본당에 석가여래상과 아미타여래상을 모셔놓아 '본존이 2개인 사찰'이란 이름이 붙었다. 무로마치 시대에 재건한 경내 건축물은 400년 이상의 역사를 지녔다. **MAP ⑮-A**

GOOGLE MAPS 니손인
ADD 27 Saganisonin Monzen Chojincho, Ukyo Ward
OPEN 09:00~16:30
PRICE 500엔, 초등학생 무료
WALK 조잣코지를 나와 약 80m 직진, 논이 펼쳐지는 교차로에서 안내판을 따라 좌회전, 약 300m 직진

: WRITER'S PICK :

자전기로 휙 둘아보는 사가노

사가노 지역까지 하루 만에 섭렵하고 싶을 때 편리한 수단이다. 아라시야마에 있는 자전거 대여점은 보통 09:00~17:00(대여 ~16:00)에 오픈한다. 요금은 일반 자전거 기준 1일 900~1100엔.

- **란부라 렌탈 사이클**(らんぶらレンタサイクル): 란덴 아라시야마역 안에 있으며, 전동 자전거 대여 가능.
- **한큐 렌탈 사이클**(阪急レンタサイクル嵐山): 한큐 전철 아라시야마역 앞에 있다.

기오지

다이카쿠지

아다시노 넨부쓰지

기묘하고 보드라운 이끼 정원

기오지 祇王寺

푹신한 이끼로 잔뜩 뒤덮인 정원, 울창한 단풍나무와 대숲 사이로 내리쬐는 햇볕이 한없이 평화로운 사찰이다. 헤이안 시대 무장 다이라노 기요모리(平清盛)를 사랑한 남장 여배우 기오(祇王)가 기요모리의 변심 후 비구니가 되어 이곳에서 생을 마감했다는 이야기가 일본 고전문학인 <헤이케모노가타리(平家物語)>에 전해진다. 경내에는 기오의 무덤, 기요모리의 공양탑이 있고, 본당에 있는 요시노 창문(吉野窓)은 빛의 방향에 따라 무지개 그림자가 비치는 것으로 유명하다. **MAP ⑮-A**

GOOGLE MAPS 기오지
ADD 32 Sagatoriimoto Kozakacho, Ukyo Ward
OPEN 09:00~16:50/폐장 20분 전까지 입장
PRICE 300엔, 초등·중·고등학생 100엔/다이카쿠지 공통관람권 600엔
WALK 니손인에서 나와 왼쪽으로 휘어지는 골목을 따라 약 170m 직진하다가 삼거리에서 기오지 안내판을 따라 좌회전. 도보 약 5분
WEB www.giouji.or.jp

사가의 궁궐

다이카쿠지 大覚寺

9세기 사가 일왕의 별궁으로 사용되다 후에 승려 구카이(空海)를 모시는 진언종 사찰로 바뀌었다. 드넓은 경내에는 화려한 궁정 건축물이 즐비하여 '사가의 궁궐'이라는 뜻의 '사가 고쇼(嵯峨御所)'라고도 불린다. 금장식이 화려한 신덴(寝殿)의 복도는 니조성과 마찬가지로 방범을 위해 걸을 때마다 꾀꼬리 소리가 나도록 만들었다. 사찰 주변에는 일본의 옛 시골 풍경이 고스란히 남아 있어서 운치를 더한다. 일본에서 가장 오래된 임천(林泉) 정원(수풀과 샘이 있는 정원)인 오자와이케(大沢池)도 볼거리. 매년 9월이면 달 구경을 위해 배를 띄우는 간게쓰노 유베(観月の夕べ)가 개최된다. **MAP ⑮-A**

GOOGLE MAPS 다이카쿠지 사가오사와
ADD 4 Sagaosawacho, Ukyo Ward
OPEN 09:00~17:00/폐장 30분 전까지 입장
PRICE 500엔, 초등·중·고등학생 300엔/기오지 공통관람권 600엔
WALK JR 사가아라시야마역에서 도보 약 15분/시 버스 28·91번 또는 교토 버스 94번을 타고 다이카쿠지(大覚寺) 하차 후 도보 약 1분
WEB www.daikakuji.or.jp

나만 알기 아까운 대숲과 옛 거리

아다시노 넨부쓰지 化野念仏寺

경내의 무수한 석불과 석탑에 등을 밝히는 천등공양(8월 23~24일)으로 유명한 정토종 사찰이다. 구카이가 이곳에서 풍장(風葬, 시체를 묻지 않고 저절로 풍화, 소멸하게 하는 장법)한 이들의 넋을 기리며 창건한 것이 기원으로, 훗날 정토종을 일으킨 호넨이 염불도장을 열며 지금의 이름이 붙었다. 묘지와 석불이 대부분인 경내는 다소 을씨년스럽지만, 본당 뒤편의 대숲이 장관이다. 사찰 앞 야트막한 오르막길에 늘어선 중요 전통 건축물 보존 지구인 사가 도리이모토(嵯峨鳥居本)를 산책하는 일도 즐겁다. **MAP ⑮-A**

사가 도리이모토

GOOGLE MAPS 아다시노넨부츠지
ADD 17 Sagatoriimoto Adashinocho, Ukyo Ward
OPEN 09:00~17:00(12~2월 ~16:00)/폐장 30분 전까지 입장
PRICE 500엔, 중·고등학생 400엔
WALK 기오지 입구에서 북쪽으로 약 530m 직진
WEB www.nenbutsuji.jp

#Walk

덜컹덜컹, 노면전차 타고 떠나요

교토 북부

교토의 유명 사찰과 관광지를 클리어한 'N회차' 여행자라면, 게이한 전철에서 운영하는 100여 년 역사의 노면전차, 에이잔 전철(叡山電鉄)에 몸을 실어보자. 약칭 에이덴(えいでん)으로 불리는 이 정겨운 열차에 올라타면 교토 북부 외곽의 숨은 명소들을 천천히 훑어볼 수 있다.

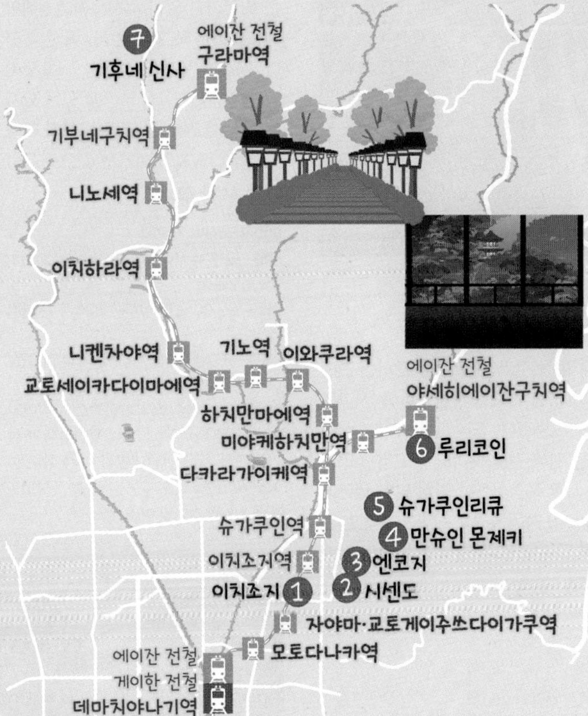

+MORE+

에이잔 전철, 에이덴 타기

여행의 시작점은 게이한 전철의 종점인 데마치야나기역(出町柳)이다. 티켓은 데마치야나기역과 에이잔 전철 역내 매표소, 자동 판매기 등에서 살 수 있고, IC 카드도 이용할 수 있다. 슈가쿠인리큐까지는 220엔. 버스처럼 뒷문으로 탄 뒤 운전석 옆 요금함에 요금이나 티켓을 넣고 앞문으로 내린다.

PRICE 1구간 220엔, 2구간 280엔, 3구간 350엔, 4구간 410엔, 5구간 470엔(6~11세는 반값)
OPEN 07:00경~21:00경/20분 간격 운행
PASS 간사이 레일웨이 패스, 에이잔 전철 1일 승차권 등
WEB eizandensha.co.jp

Access

사철

- **에이잔 전철:** 이치조지역(一乗寺), 슈가쿠인역(修学院) 등에서 하차

Planning

이치조지역에서 가장 가까운 시센도(도보 13분)부터 시작해 엔코지를 거쳐 만슈인까지 이어지는 길은 약 2km로, 걸으면서 구경하기 좋다. 돌아가기 전엔 이치조지역 라멘 거리에서 식사하고 케이분샤 서점에 들러보자. 슈가쿠인리큐 참관 신청을 했다면 2시간 정도 더 소요된다.

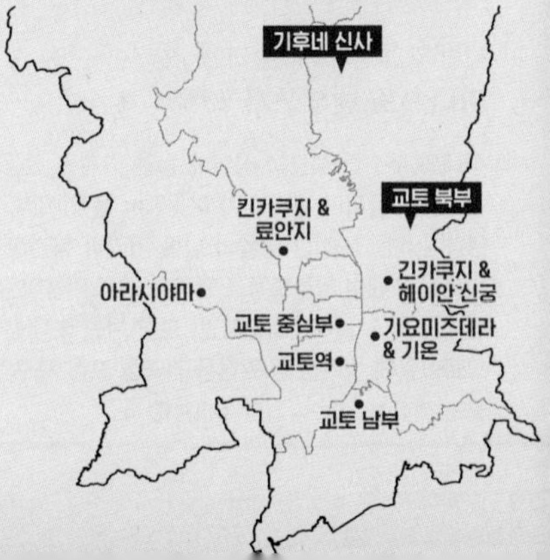

1 리피터의 교토 여행지 1순위! 이치조지 一乗寺

골목마다 오래된 구멍가게나 전파상, 유니크한 책방과 잡화점, 감성 따뜻한 카페가 불현듯 튀어나오는 한적한 마을이다. 2010년 영국 가디언지가 꼽은 '세계에서 가장 아름다운 책방 10곳'에 이름을 올린 케이분샤(恵文社) 서점, 교토 제일의 라멘 맛집 20여 곳이 한 데 모인 이치조지 라멘가도(一乗寺ラーメン街道)가 주요 공략 포인트. 이치조지역에서 동쪽의 산 방향으로 올라가면 병풍처럼 늘어선 산자락을 따라 곤푸쿠지(金福寺, 금복사), 시센도, 엔코지, 만슈인 등 교토 북부만의 여유로움을 즐길 수 있는 사찰들을 순서대로 둘러볼 수 있고, 북쪽으로 더 올라가면 슈가쿠인리큐와 루리코인이 나온다. MAP ❾

GOOGLE MAPS 이치조지역
ADD Ichijoji Haraitonocho 10
WALK 에이잔 전철 이치조지역 각 출구로 나와 바로

케이분샤

에이잔 전철

엔코지 액자 정원

시센도도 액자 정원 명소 중 하나!

벽면에 빼곡한 중국 시인의 초상화

시센도의 시시오도시

엔코지 주규노니와(十牛之庭)의 동자승 입상

2 무든 걸 잊고 유유자적하리
시센도 詩仙堂

엔코지에서 남쪽으로 100m 거리에 있는 서원. 대나무 통에서 물이 흘러내려와 '탁' 소리를 내는 시시오도시(ししおどし)를 유난히 선명하게 들을 수 있다. 서원 앞 가레산스이 정원과 함께 눈여겨 봐야 할 것은 서원 벽면에 둘러 있는 중국 대표 시인 36인의 초상화다. 에도 시대의 거장 가노 단유(狩野探幽)의 작품으로, 서원을 만든 도쿠가와 이에야스의 충신이자 시인 이시카와 조잔(石川丈山)이 그들의 대표 시를 써넣었다. **MAP 9**

GOOGLE MAPS 시센도
ADD 27 Ichijoji Monguchicho, Sakyo Ward
OPEN 09:00~17:00/폐장 15분 전까지 입장/5월 23일 휴관
PRICE 700엔, 고등학생 500엔, 초등·중학생 300엔
WALK 엔코지에서 도보 약 4분/에이잔 전철 이치조지역 하차 후 도보 약 13분
WEB www.kyoto-shisendo.net

3 교토 북부의 숨은 비경
엔코지 圓光寺

오하라의 호센인과 더불어 액자 정원으로 이름난 사찰. 오하라까지 먼 걸음을 하기 어렵다면 이곳을 찾아가자. 도쿠가와 이에야스가 만든 학교가 시초로, 속세를 떠난 비구니의 사찰로도 알려졌다. 액자 정원 외에도 입구의 역동적인 가레산스이 정원, 이끼로 뒤덮인 오솔길과 맑은 연못으로 이뤄진 지천회유식 정원, 하늘을 가리며 높이 솟은 대숲 등 작지만 볼거리로 꽉 찬 사찰이다. **MAP 9**

GOOGLE MAPS 엔코지
ADD 13 Ichijojikotani-cho, Sakyo Ward
OPEN 09:00~17:00
PRICE 600엔, 초·중·고등학생 300엔
WALK 만슈인 몬제키에서 도보 약 15분/에이잔 전철 이치조지역 하차 후 도보 약 5분
WEB www.enkouji.jp

린운테이에서 바라본 요쿠류치 연못.
언덕 아래로 교토 시내 모습이 한눈에 들어온다.

대서원 앞 정원. 수령 400년 이상의 오엽송이 버티고 서 있다.

4 구름 곁에서 왕처럼 내려다보는 교토
슈가쿠인리큐 修学院離宮

1695년 자리에서 물러난 고미즈노오 일왕이 갖은 정성을 다해 만든 별궁이다. 장대한 히에이산(比叡山)을 정원의 요소로 끌어들인 차경 정원과 3개의 별장 주변으로 계단식 논밭이 이어져 실제 넓이인 16만 평보다 훨씬 넓어 보인다. 별장 중 하나인 가미리큐(神離宮)의 다실 린운테이(隣雲亭)는 '구름 곁에 있는 정자'라는 뜻으로, 툇마루에 걸터앉으면 시원한 바람을 맞으며 언덕 아래 절경을 감상할 수 있다. 궁내청 홈페이지에서 참관 신청(18세 이상)을 해야 입장할 수 있다. 도보 20분 거리에 정원이 아름답기로 유명한 사찰, 만슈인 몬제키(曼殊院門跡)가 있으니 꼭 함께 둘러보자. MAP ❾

GOOGLE MAPS 슈가쿠인 리큐
ADD Shugakuin Yabusoe, Sakyo Ward
OPEN 09:00, 10:00, 11:00, 13:30, 15:00/약 1시간 20분 소요/월요일(공휴일인 경우 그다음 날)·12월 28일~1월 4일·행사 진행 시 휴무
PRICE 무료
WALK 에이잔 전철 슈가쿠인역 하차 후 도보 약 15분
WEB 예약: kyoto-gosho.kunaicho.go.jp

5 마음을 빼앗기는 정원과 다실
만슈인 몬제키 曼殊院門跡

슈가쿠인리큐에서 도보 20분, 곁다리로 둘러보기 좋은 천태종 사찰이다. 왕족이나 섭정 귀족 자제가 대대로 주지를 이어와 격조 높은 분위기를 풍긴다. 대서원 앞 가레산스이 정원과 수령 400년 이상의 커다란 오엽송이 사찰의 자랑거리다. 소서원에서는 10여 종의 나무 조각을 끼워 맞춘 지가이다나(違棚, 위붕: 아래 위로 어긋나게 매어둔 선반)를 볼 수 있다. MAP ❾

GOOGLE MAPS 만슈인
ADD 42 Ichijoji Takenouchicho, Sakyo Ward
OPEN 09:00~17:00/폐장 30분 전까지 입장
PRICE 600엔, 고등학생 500엔, 초등·중학생 400엔
WALK 슈가쿠인리큐 입구를 등지고 좌회전, 남쪽으로 도보 약 20분/에이잔 전철 슈가쿠인역 하차 후 도보 약 20분
WEB www.manshuinmonzeki.jp

시모리큐 별장의 다실, 주겟칸(寿月観)

나카리큐에서는 일본의 정통 다실의 형태와
우아한 장벽화를 엿볼 수 있다.

소서원. 왼쪽에 보이는
선반이 지가이다나(違棚)다.

가레산스이 정원

6 먼 걸음도 마다하지 않는 SNS 명당
루리코인 瑠璃光院

슈가쿠인리큐에서 오하라로 가는 도중인 야세(八瀬)에 자리한 사원. 672년 오아마 황태자(후의 텐무 일왕)가 활에 맞은 상처를 치유했던 곳인 야세 지역은 헤이안 시대 귀족과 무사의 은밀한 휴식처였는데, 최근 SNS를 통해 많은 이에게 알려졌다. 서원의 검은색 책상에 카메라를 올려 놓고 촬영하면, 이끼로 뒤덮인 정원이 책상 표면에 반사돼 환상적인 반영 사진을 찍을 수 있다. 봄(4~5월), 여름(7~8월), 가을(11월 초~12월 초)의 특별 방문 기간에만 문을 열며, 가을엔 홈페이지에서 예약 필수(그 외 시즌은 예약 불필요). 입장 시 사경(불경 필사)을 위한 종이와 볼펜을 기념품으로 나눠주기 때문에 서원 한쪽에서 조용히 사경에 심취한 일본인들을 볼 수 있다. MAP ❾

GOOGLE MAPS 루리코인
ADD 55 Kamitakano Higashiyama, Sakyo Ward
OPEN 10:00~17:00(홈페이지 참고)/폐장 30분 전까지 입장
PRICE 2000엔, 중·고등학생 1000엔(신분증 제시 필요)
WALK 에이잔 전철 야세히에이잔구치역(종점) 하차 후 도보 약 5분/지하철 고쿠사이카이칸역에서 교토 버스 17번(오하라·고데이시행)을 타고 야세에키마에(八瀬駅前) 하차 후 도보 약 7분
WEB rurikoin.komyoji.com

7 깊은 산속, 물의 신이 사는 곳
기후네 신사 貴船神社

짙은 녹음이 우거진 쿠라마산 기슭에 자리한 신사. 본궁을 비롯한 3개의 신전으로 이뤄졌으며, 빨간 등롱이 조르르 늘어선 돌계단 풍경이 촬영 포인트다. 역대 일왕들이 제를 올리던 장소로 창건 시기조차 가늠할 수 없을 만큼 그 역사가 오래됐는데, 일본에서 가장 오래된 역사서인 <고사기>에 기록돼 있을 정도다. 물의 신을 모시는 신사여서 물병을 가져가면 경내에 흐르는 신수(神水)를 담아갈 수 있으며(판매용 물병 1개 300엔), 신수에 오미쿠지(おみくじ, 운세가 적힌 종이, 1장 200엔)를 띄워 길흉을 점쳐볼 수도 있다. 사계절 언제 가도 아름답지만, 설경이 특히 빼어나다. MAP ❾

GOOGLE MAPS 기후네 신사
ADD 180 Kuramakibunecho, Sakyo Ward
OPEN 06:00~20:00(12~4월 ~18:00)
PRICE 무료
WALK 에이잔 전철 기부네구치역 하차 후 교토 버스 33번을 타고 기부네구치에키마에(貴船口駅前) 하차. 도보 약 4분
WEB kifunejinja.jp

#Walk

강렬하고 압도적인 경험

교토 남부

교토에서 놓치면 아쉬운 굵직한 명소는 교토 남부에도 산재해 있다. 남부의 대표 명소인 후시미 이나리 타이샤는 1만여 개 이상의 붉은 도리이가 산 전체를 뒤덮는 장관을 이루고, 도후쿠지는 기다란 목조 회랑과 붉은 단풍이 압권이다.

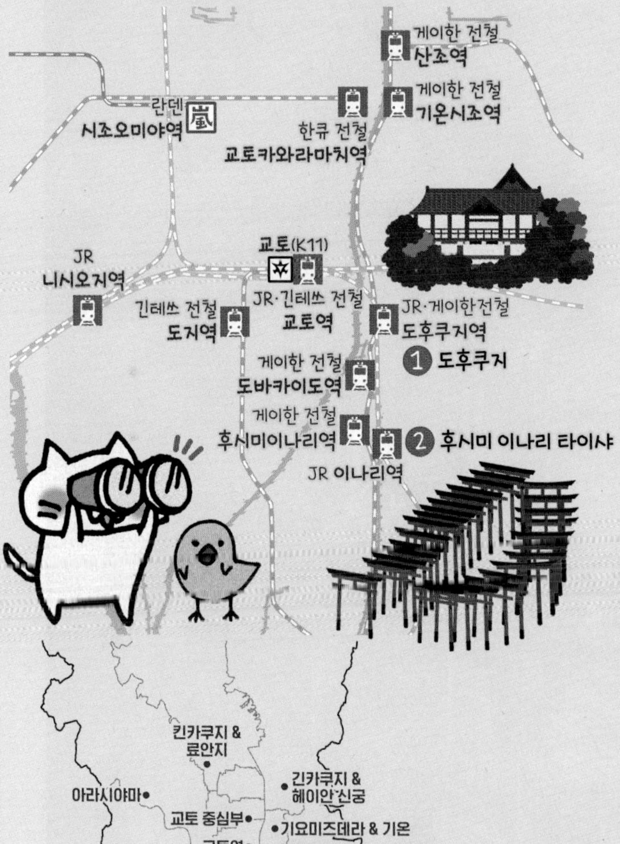

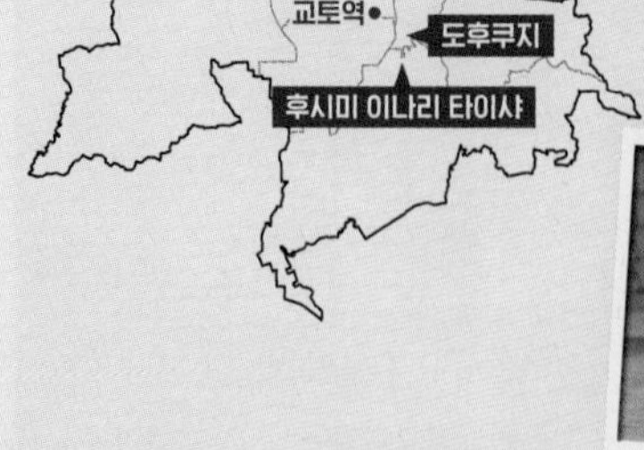

Access

버스

도후쿠지: 시 버스 202·207·208번을 타고 도후쿠지(東福寺) 하차 후 바로

사철

도후쿠지: 게이한 전설 도후쿠지역 출구로 나와 도보 약 8분

후시미 이나리 타이샤: 게이한 전철 후시미이나리역(伏見稲荷) 2번 출구로 나와 도보 약 5분

JR

도후쿠지: 도후쿠지역 출구로 나와 도보 약 8분

후시미 이나리 타이샤: 이나리역 출구로 나와 바로

Planning

교토 남부 대표 명소인 우지와 후시미 이나리 타이샤는 함께 둘러보기 좋은 위치에 있다. 볼거리가 많은 우지를 먼저 여행한 후 돌아오는 길에 24시간 방문할 수 있는 후시미 이나리 타이샤로 향하자. 우지에서 게이한 전철을 타면 약 30분(주쇼지마역에서 1회 환승), JR을 타면 약 13분(미야코지 쾌속 기준, 보통 약 20분) 소요된다. 관람을 마치고 돌아갈 때는 올라왔던 길의 반대편에 난 길을 이용하자. 기묘한 분위기의 신사나 산 전체를 내 집 삼은 수많은 길고양이와 마주치는 소소한 즐거움을 누릴 수 있다.

단풍 시즌이면 더욱 멋을 더하는 쓰텐교

1 기다란 목조 회랑 따라 단풍놀이 삼매경

도후쿠지 東福寺

히가시야마 끝자락에 자리한 7만 평 규모의 사찰이다. 2000여 그루의 단풍이 경내를 뒤덮는 11월 중순~12월 초에는 일본 전역에서 관광객이 몰려드는 '단풍의 성지'로 변신한다. 이곳의 하이라이트는 본당에서 가이산도(開山堂, 개산당)까지 이어지는 길고 긴 목조 회랑 쓰텐교(通天橋, 통천교). 쓰텐교에서 단풍과 은행으로 물든 계곡 센교쿠칸(洗玉澗)을 내려다보는 조망이 매우 빼어나다. 다만 단풍철 주말에 가면 여행자들의 뒤통수만 바라보다 내려올 수 있으니, 되도록 평일 오전 일찍 가는 것이 좋다.

도후쿠지는 입구에 있는 국보 산몬을 비롯한 수많은 중요문화재도 보유하고 있다. 본당 뒤 사찰 한가운데 위치한 방장에서는 1939년에 조성된 동서남북 각기 다른 컨셉을 지닌 아름다운 정원을 감상할 수 있는데, 가마쿠라 시대 정원 양식에 현대 미술을 접목한 최고의 근대 선종 정원으로 평가받는다. 도후쿠지 양 옆으로는 25개의 우아한 부속 사찰이 좌우대칭을 이루며 늘어서 있다. 한창때에는 80여 개에 이르렀다고. 일부 사원은 유료로 개방한다.

MAP ⑯-D

GOOGLE MAPS 도후쿠지
ADD 15 Chome-778 Honmachi, Higashiyama Ward
OPEN 09:00~16:00(11~12월 첫째 일요일 08:30~, 12월 첫째 월요일~3월 말 ~15:30)/폐장 30분 전까지 입장
PRICE 쓰텐교·가이산도 600엔, 초등·중·고등학생 300엔/방장정원 500엔, 초등·중·고등학생 300엔/공통관람권 1000엔, 초등·중·고등학생 500엔
WALK JR 나라선·게이한 전철 도후쿠지역 출구로 나와 도보 약 8분/시 버스 202·207·208번 등을 타고 도후쿠지(東福寺) 하차 후 바로
WEB tofukuji.jp

도후쿠지의 삼문.
교토 3대 삼문 중 하나로,
연못과 다리가 놓인 것이 독특하다.

방장 정원에 꾸며진 북쪽 정원.
<귀멸의 칼날>의 탄지로가 걸쳤던
하오리(羽織)와 똑같은 체크 무늬로
유명세를 탔다.

2 끝없이 이어지는 붉은 터널
후시미 이나리 타이샤
伏見稲荷大社

산비탈부터 정상까지 끝없이 이어지는 붉은 도리이가 장관을 이루는 곳. 711년 한반도에서 온 하타 씨(秦氏) 일족이 이나리산 봉우리에 신사를 세운 것이 그 기원이다. 세계 어디서도 볼 수 없는 독특한 풍광인 데다 맑은 산 공기를 마시며 가벼운 트레킹도 할 수 있어서 해마다 '외국인 여행자가 꼽은 교토 명소 1위'를 놓치지 않는다. 최대 관전 포인트는 센본도리이(千本鳥居)! 일본의 내로라하는 기업들이 사업 번창을 위해 막대한 비용을 들여 세운 것으로, 본전 뒤쪽으로 쉼 없이 설치된 1000여 개의 주홍빛 도리이가 터널을 이룬다. '농업과 상업 번창의 신' 이나리를 모신 전국 3만여 이나리 신사의 총본궁이라는 점이 일본 기업인들의 러브콜을 한몸에 받은 이유다. 센본도리이를 포함해 산 전체에 세워진 도리이는 1만 개 이상. 크기와 장소에 따라 개당 약 30~180만 엔을 호가한다. 기둥에 새겨진 한자를 보며 어느 기업에서 세운 것인지 살펴보는 재미도 쏠쏠하다. MAP ❾

GOOGLE MAPS 후시미 이나리 신사
ADD 68 Fukakusa Yabunouchicho, Fushimi Ward
OPEN 24시간
PRICE 무료
WALK JR 이나리역 출구로 나와 바로/게이한 전철 후시미이나리역 2번 출구로 나와 도보 약 4분
WEB inari.jp

+MORE+

숨은 여우 찾기!

여우는 이나리 신의 사자(使者)로 여겨진다. 경내에서는 여우상과 여우 에마(絵馬)를 쉽게 볼 수 있는데, 자세히 보면 재물의 상징인 금구슬을 입에 문 여우, 쌀과 같이 귀한 것을 저장하는 창고 열쇠를 문 여우, 대대로 전해 내려오는 비법을 기록한 두루마리를 입에 문 여우, 식생활의 기본인 벼 이삭을 입에 문 여우 4종류로 나뉜다. 산 전체의 작은 섭사에도 여우상이 즐비하다. 여우상 앞에는 여우에게 바치는 공물인 유부 조각이 종종 놓여있다.

도리이 따라 산 정상까지!

센본도리이에서 해발 233m 이나리산(稲荷山) 정상까지 뻗은 산길은 인기 트레킹 코스다. 줄줄이 늘어선 도리이와 작고 독특한 신사들을 구경하다 보면 어느새 멋진 전망 명소에 다다르게 된다. 오르내리는 길에 돌계단과 언덕이 많으니 운동화는 필수! 짐은 역내 코인 로커나 신사 입구의 짐 보관소에 맡겨두자.

오야마 메구리 순례길 お山めぐり

이나리 산 탐방은 센본도리이 반환점에 자리 잡은 섭사 ❶ 오쿠샤의 참배소에서 시작된다. 후시미 이나리 타이샤와 가까운 쪽부터 3개의 봉우리인 ❻ 산노미네(三ノ峰), ❼ 니노미네(二ノ峰), ❽ 이치노미네(一ノ峰)가 있으며, 산중에는 수천 개의 도리이와 섭사가 늘어선다. 이곳을 모두 거쳐 정상인 이치노미네까지 순례하는 것을 '오야마 메구리'라고 한다. 왕복 2시간이면 정상까지 다녀올 수 있지만, 시간이 없다면 중간에 4개의 도리이 터널이 교차하는 ❺ 요쓰즈지까지만 가도 충분하다.

Point. 1 **오쿠샤** 奥社

오쿠노인(奥の院)이라고도 불리는 작은 섭사. 여우 모양의 에마가 주렁주렁~

Point. 2 **오모카루이시** おもかる石

소원을 빌고 돌을 들었을 때 생각보다 가볍게 들리면 소원이 이뤄진다나!

Point. 3 **센본도리이** 千本鳥居

다닥다닥 세워진 도리이 터널의 시작!

Point. 4 **미쓰즈지** 三つ辻

3개의 도리이 터널이 교차하는 곳

Point. 5 **요쓰즈지** 四ツ辻

4개의 터널이 교차하는 전망 명소. 휴게소에서 간단한 식사나 간식도 즐길 수 있다.

우지 宇治

온통, 초록초록, 한 일본 녹차의 고장

UJI
宇治
IN KANSAI
DAY TRIP FROM KYOTO

아라시야마와 함께 교토를 대표하는 휴양 도시。깊고 맑은 물살이 소용돌이치며 시내를 가로지르는 우지강과 도시를 병풍처럼 둘러싼 산의 아름다운 풍광은 고전문학 〈겐지모노가타리〉의 주요 배경지로 등장했다。 유달리 깊고 부드러운 맛을 내는 일본 최고의 녹차 산지이기도 해서 거리마다 고품종 녹차와 말차 디저트를 선보이는 노포 카페가 앞다퉈 자리한다。

우지로 가는 법

교토 남부의 우지까지 JR과 게이한 전철이 운행한다. 교토역에서 출발하는 JR은 우지까지 쾌속으로 3정거장, 보통(각역 정차)으로 8정거장 밖에 되지 않는 가장 빠른 교통수단이다. 게이한 전철은 패스 소지 시 기온을 중심으로 교토 시내 번화가나 오사카에서 우지를 오갈 때 유용하다(환승 필요). 버스는 운행 편수가 적고 시간이 오래 걸린다.

교토에서 우지 가기

KH 게이한 전철

320엔

간사이 레일웨이 패스 / 게이한 패스

33분

❶ 기온시조역 祇園四条

2번 승강장

요도야바시행(淀屋橋), 나카노시마행(中之島)

게이한 본선

특급(特急/Ltd. Exp.), **쾌속급행**(快速急行/Rapid Express)

약 12분 소요 / 약 15분 간격 운행

❷ 주쇼지마역 中書島橋

3번 승강장 / 우지행(宇治/종점)

게이한 우지선

급행(急行/Exp.), **보통**(普通/Local)

약 15분 소요

❸ 우지역 宇治

JR JR

240엔

JR 간사이 패스 / JR 간사이 와이드 패스 / JR 간사이 미니 패스

17~29분

❶ 교토역 京都

8~10번 승강장

나라행(奈良), 우지행(宇治), 조요행(城陽)

나라선

미야코지 쾌속(みやこ路快速/Miyakoji Rapid),

구간쾌속(区間快速/Section Rapid), **쾌속**(快速/Rapid)

약 16분 소요 / 15~30분 간격 운행

보통(普通/Local) 약 22분 소요

❷ 우지역 宇治

게이한 전철 특급

게이한 전철 기온시조역

교토역 8·9번 승강장

JR 미야코지 쾌속

오사카에서 우지 가기

오사카 나카노시마에 위치한 게이한 전철 요도야바시역 3·4번 승강장에서 게이한 본선 데마치야나기행 특급을 타고 주쇼지마역에서 내려, 3번 승강장에서 출발하는 우지선 나라행 보통으로 갈아탄다. 총 소요 시간은 약 1시간, 요금은 430엔. 게이한 본선은 지하철 사카이스지선과 연결된 기타하마역, 다니마치선과 연결된 덴마바시역, 나가호리쓰루미료쿠치선·JR 오사카칸조선과 연결된 교바시역에서도 탈 수 있다.

JR은 오사카역 7~10번 승강장에서 교토선 교토행 신쾌속(新快速)을 타고 교토역까지 간 뒤 환승한다. 총 소요 시간은 약 55분, 요금은 990엔이다.

오사카역 7~10번 승강장으로!

우지의 주요 역

■ **JR 우지역**
宇治

우지강 서쪽에 자리한 역. 남쪽 출구로 나와 역 앞 횡단보도를 건너면 우지교로 통하는 상점가가 시작된다. 우지를 찾는 여행자가 가장 많이 이용하는 역이다.

■ **게이한 전철 우지역**
宇治

우지강 동쪽에 자리한 역. 역을 나와 오른쪽에 바로 우지교가 보인다. 간사이 레일웨이 패스나 게이한 패스 소지 시 유용한 역이다.

■ **JR 오구라역**
小倉

JR 우지역에서 서쪽으로 1정거장인 역. 닌텐도 뮤지엄까지 도보 8분 거리로 가깝다.

■ **긴테쓰 전철 오구라역**
小倉

우지에 위치한 역 중 닌텐도 뮤지엄과 도보 5분 거리로 가장 가까운 역이다.

1 일본 10엔 동전의 주인공
뵤도인 平等院

화려한 국보 건축물과 문화재를 품은 일본의 대표 사찰. 1052년 조정의 실권을 장악한 관백(일왕을 보좌하는 자리) 후지와라노 요리미치가 아버지의 별장을 개조한 것으로, 어느 종파에도 속하지 않는 독립 사찰이다. 최대 볼거리는 10엔 동전 뒷면의 주인공인 국보 호오도(鳳凰堂, 봉황당). 인간 세상에 극락정토의 궁궐을 짓겠다는 일념 하나로 당대 최고의 기술과 자본을 총동원해 1053년 건립됐으며, 지붕 꼭대기에 두 마리 금빛 봉황 조각을 설치하고 '봉황당'이라 명명했다. 중앙의 중당을 중심으로 좌우에 기다란 회랑이 대칭을 이루는 구조로, 동그란 격자무늬 창을 내고 천장에 66개의 거울을 달아 달빛에 반사된 아미타여래상이 연못 위에 떠오르도록 설계된 점이 특별하다. 금박과 은박을 입힌 높이 3m의 아미타여래상은 뛰어난 공예 기법을 자랑한 후지와라 시대 불상의 대표작이다.

호오도는 20분마다 50명씩 나누어 입장한다. 단체 관람객이 몰려서 대기 시간이 길어진다면 보물관인 호쇼칸부터 방문하자. 호오도의 아미타여래상을 둘러싼 52구의 운중공양보살상 중 26구와 봉황상의 섬세하고 수려한 조각을 코앞에서 감상할 수 있다. MAP 434p

GOOGLE MAPS 뵤도인
ADD Renge-116, Uji
OPEN 정원 08:30~17:30(폐장 15분 전까지 입장)/호오도 09:30~16:10(접수 09:10~, 20분마다 50명씩 입장)/호쇼칸 09:00~17:00(폐장 15분 전까지 입장)
PRICE 정원+호쇼칸 700엔, 중·고등학생 400엔, 초등학생 300엔/호오도 300엔
WALK JR 우지역 남쪽 출구로 나와 도보 약 11분/게이한 전철 우지역 출구로 나와 도보 약 10분
WEB www.byodoin.or.jp

아미타여래상

호쇼칸

② 살랑살랑 강바람 불어오면 ♪
우지 공원 宇治公園

우지강 중앙에 자리한 길이 500m의 자그마한 섬 공원이다. 공원의 상징인 주홍빛 아사기리교(朝霧橋)를 중심으로, 강의 동·서 기슭에 산재한 우지의 명소를 잇는 4개의 다리가 모두 이 공원을 관통한다. 강가를 따라 뵤도인과 키 낮은 전통 찻집, 가옥들이 줄을 이어 평화로운 풍경을 연출하고, 봄에는 벚꽃, 여름에는 불꽃놀이, 가을에는 달구경과 차 축제 등 다양한 이벤트가 여행자를 유혹한다. 공원에 우뚝 솟은 높이 15m의 십삼중석탑(十三重石塔)은 일본에서 가장 큰 석탑이다.

MAP 434p

GOOGLE MAPS 우지공원
ADD Togawa, Uji
WALK 뵤도인 남문으로 나와 도보 약 2분

우지강 북쪽에 있는 우지교와
<겐지모노가타리>의 작가
무라사키 시키부 조각상

: WRITER'S PICK :

윤동주 시비(詩碑)를 찾아서

아마가세 구름다리

우지 공원에서 동남쪽으로 약 2km 거리에는 2017년 시인 탄생 100주년을 기념해 세워진 윤동주 시비가 있다. 교토 도시샤 대학에 재학 시절 우지로 소풍을 다녀온 시인은 한 달 뒤 항일운동 혐의로 체포돼 1945년 2월 후쿠오카 형무소에서 세상을 떠났다. 시비는 핫코바시(白虹橋) 다리 건너편 '기억과 화해(和解)의 비'라는 이름으로 세워졌으며, 시인의 시 <새로운 길>이 한국어와 일본어로 새겨져 있다. 시비로 향하는 길에는 당시 그가 친구들과 기념사진을 찍었던 아마가세 구름다리(天ヶ瀬吊橋)도 들를 수 있다.

GOOGLE MAPS hakko bridge
WALK 우지 공원과 뵤도인 사이 강변 산책로를 따라 도보 약 30분

③ 길잡이 토끼의 전설
우지 신사 宇治神社

우지강 동안에 자리한 작은 신사다. 신사 주변이 <겐지모노가타리> 하치노미야(八の宮)의 실제 모델인 우지노와키이라쓰코(菟道稚郎子)가 머물던 왕궁터로, 그를 '학문과 지혜의 신'으로 모신다. 경내에는 뒤를 돌아보는 하얀 토끼 부적과 에마(絵馬)가 눈에 띈다. 우지노와키이라쓰코가 길을 잃었을 때 한 마리의 토끼가 고개를 돌려 길을 알려줬다는 이야기에서 토끼를 '신의 사자'로 여긴다. **MAP 434p**

GOOGLE MAPS 우지 신사
ADD Yamada-1, Uji
OPEN 24시간
PRICE 무료
WALK 우지 공원에서 강을 건너자마자 바로
WEB uji-jinja.com

짚으로 엮은 지혜의 링.
이 링을 통과하면 지혜로워진다고.

궁전 건축 양식의 국보 건축물
우지가미 신사 宇治上神社

일본에서 가장 오래된 본전이 있는 신사로, 뵤도인과 더불어 경내 전체가 유네스코 세계유산에 등재돼 있다. 우지 신사의 제신인 우지노와키이라쓰코 등 3신을 모시고 있어서 두 신사가 2사 1체를 이룬다. 본전은 헤이안 시대 후기에 만든 것으로 추정되며, 배전은 가마쿠라 시대 초기에 헤이안 시대 귀족의 저택과 궁전 건축 양식인 신덴즈쿠리(寝殿造)로 지었다. **MAP 434p**

GOOGLE MAPS 우지가미 신사
ADD Yamada-59, Uji
OPEN 24시간
PRICE 무료
WALK 우지 신사에서 도보 약 2분

⑤ 거문고 켠 듯 청아한 물소리
고쇼지 興聖寺

1236년 창건한 사찰. 입구에서 220m가량 이어지는 참배길이 아름답기로 소문났다. 벚꽃, 황매화꽃, 신록, 단풍으로 사계절 내내 절경을 이루며, 양옆으로 졸졸 흐르는 시냇물이 거문고 켜는 소리를 낸다고 하여 '고토사카(琴坂, 거문고 언덕)'라는 낭만적인 이름도 붙었다. 본당의 안쪽 시도덴(嗣堂殿, 사당전)에는 <겐지모노가타리> 우지 편에 등장한 고적 데나라이노샤(手習いの社)에 안치돼 있던 목조관음입상이 모셔져 있다. **MAP 434p**

GOOGLE MAPS 우지 코쇼지
ADD Yamada-27-1, Uji
OPEN 10:00~16:00
PRICE 경내 무료/본당 500엔
WALK 뵤도인에서 나와 강을 건너 오른쪽으로 300m 직진, 왼쪽 참배길로 들어선다. 도보 약 10분
WEB www.uji-koushouji.jp

헤이안 시대
후기에 만든
목조관음입상

우지 12경 중 하나인 참배길, 고토사카

카페 운조사료

6 헤이안 시대 귀족처럼 느긋하게
겐지모노가타리 박물관 源氏物語ミュージアム

헤이안 시대 귀족이 타던 우차(牛車)

일본의 고전문학 <겐지모노가타리>를 주제로 한 박물관. <겐지모노가타리>는 헤이안 시대 중기인 1001년 무렵 궁중의 시녀였던 무라사키 시키부(紫式部)가 왕비와 후궁을 위해 집필한 장편 소설로, 주인공 겐지가 많은 여성을 사귀며 벌어지는 일화를 그렸다. 총 분량은 200자 원고지 4800매, 시간적 배경 또한 70년에 달하는 대작으로, 전체 54첩 가운데 마지막 10첩의 우지주조(宇治十帖)가 우지를 배경으로 한다. 박물관 내부에는 소설의 줄거리를 소개하는 하이비전 영상, 궁전 복원 모형, 소설 관련 자료 등이 전시돼 있으며, 영상 전시실에서는 우지주조를 아름다운 인형극으로 제작한 20분짜리 영상을 볼 수 있다. 1층에는 수준 높은 차와 디저트를 느긋하게 즐길 수 있는 카페 운조사료(雲上茶寮)가 있다. **MAP 434p**

GOOGLE MAPS 겐지모노가타리 뮤지엄
ADD Higashiuchi-45-26, Uji
OPEN 09:00~17:00/폐관 30분 전까지 입장/월요일(공휴일인 경우 그다음 날)·연말연시 휴관
PRICE 600엔, 초등·중학생 300엔
WALK 우지가미 신사에서 도보 약 3분/게이한 전철 우지역 출구로 나와 도보 약 6분
WEB www.city.uji.kyoto.jp/site/genji/

7 알록달록 탐스러운 꽃의 절
미무로토지 三室戸寺

5000여 평 규모의 정원이 꾸며져 있는 '꽃의 절'. 아기자기한 산책로, 가레산스이 정원, 지천회유식 정원 등이 몰거리다. 4월 말~5월 초에는 2만여 그루의 철쭉이, 6월 중순~7월 중순이면 수국 1만 그루가, 6월 말~8월 초에는 100여 종의 연꽃이 활짝 핀다. 창건 역사는 770년, 고닌 일왕이 관세음보살좌상을 안치하며 시작됐다. **MAP 434p**

GOOGLE MAPS 미무로도지
ADD Shigatani-21, Todo
OPEN 08:30~16:30(11~3월 ~16:00)/폐장 50분 전까지 입장/8월 13~18일·12월 29~31일 휴무
PRICE 500엔, 어린이 300엔(2~7월·11월 1000엔, 어린이 500엔)
WALK 게이한 전철 미무로토역(三室戸) 출구로 나와 동쪽으로 도보 약 15분/게이한 전철 우지역에서 도보 약 20분/보됴인에서 도보 약 30분
WEB www.mimurotoji.com

머리는 노인, 몸은 뱀인 '뱀의 신' 우가진(宇賀神). 뒤편으로본당이 보인다.

경내 남쪽의 대정원

8 우지에 가야 할 또 하나의 이유! 닌텐도 뮤지엄 Nintendo Museum

정원 포토존

1층 체험관

2층 전시관

닌텐도 뮤지엄을 오가는 64번 버스

교토에 본사를 둔 일본 게임 회사 닌텐도가 2024년 10월 오픈한 공식 박물관이다. 2층 구조의 건물은 1969년 지었던 닌텐도의 옛 공장을 개조한 것으로, 2층은 닌텐도가 그동안 발매해온 게임 전시관, 1층은 다채로운 체험시설로 꾸며졌다. 그 외 카페, 기념품숍, 워크숍(요금 별도) 등이 있으며, 모든 시설은 닌텐도 입장 티켓 소지자만 이용할 수 있다.

티켓은 공식 홈페이지를 통한 추첨 예약으로 구매할 수 있고 당일 현장 구매는 불가능하다. 구매 시 발급받은 QR 코드 티켓을 입구에서 스캔하고 나면 카드 형태의 입관증을 받게 되는데, 입관증에 충전된 10코인을 사용해 각종 체험시설을 즐기면 된다. MAP ❾

GOOGLE MAPS 닌텐도 뮤지엄
ADD Kaguraden-56 Oguracho, Uji
OPEN 10:00~18:00/화요일(공휴일은 오픈)·12월 30일~1월 3일 휴무
PRICE 3300엔(6~11세 1100엔, 12~17세 2200엔)/입장 시 사전 예약으로 발급받은 QR 코드 및 여권 제시 필요
WALK 긴테쓰 전철 오구라역 동쪽 출구로 나와 도보 약 5분/JR 오구라역 북쪽 출구로 나와 도보 약 8분/JR·게이한 우지역에서 64번 버스를 타고 닌텐도 뮤지엄 하차 후 바로
WEB museum.nintendo.com/en/index.html

: WRITER'S PICK :

닌텐도 뮤지엄 티켓 예약하는 방법

닌텐도 뮤지엄은 온라인 추첨 예약제로 입장한다. 공식 홈페이지(영어)에서 무료 회원 가입 후 방문일 3개월 전부터 월 1회에 한해 응모 가능. 원하는 날짜와 시간(최대 3개)을 선택하고 티켓 수량과 방문자 정보 등을 입력하면 되는데, 방문자 정보 확인 시 'One or more visitors have accessibility needs'를 체크하면 장애인 요금으로 적용되고, 방문 당일 해당 신분증을 제시해야 하니 주의한다.

추첨 결과는 응모일 다음달 1일에 이메일로 발송된다. 당첨됐다면 지정일까지 홈페이지에서 신용카드 결제를 마쳐야 하며, 등록한 전화번호를 통한 본인 인증이 필요하다. 추첨에서 탈락했더라도 취소 등으로 인해 남은 티켓이 있을 경우 선착순으로 티켓을 구매할 수 있는데, 워낙 빠르게 매진되기 때문에 꾸준한 체크와 운이 따라야 한다. 선착순 티켓 판매는 홈페이지에 공지되며, 최대 2개월 전까지의 시간대 티켓을 판매한다.

말차 한 모금, 행복 두 스푼

우지의 초록빛 식탁

우지의 모든 먹거리는 우지 차로 시작하여 우지 차로 끝난다. 뵤도인으로 가는 참배길 양쪽으로 늘어선 식당과 카페를 비롯해 우지 곳곳에는 우지 차의 구수한 향기와 초록빛 간판이 넘실댄다.

뵤도인점 한정 파르페(차 포함, 1800엔), 뵤도인점 한정 나마차 젤리(차 포함, 1500엔)

스케일이 다른 우지의 대표 카페

나카무라토키치 본점·뵤도인점

中村藤吉

1854년 창업한 차 판매상이 대를 이어 운영 중인 찻집 겸 카페. 당시 저택 양식을 고스란히 보존한 고풍스러운 본점은 우지의 중요문화경관으로도 지정돼 있다. 본점은 우지역과 가까운 데다 기념품숍과 식사 메뉴까지 갖춘 것이 장점이고, 뵤도인점은 한정 파르페를 맛보며 우지의 아름다운 강 풍경을 즐길 수 있어서 인기가 높다. 취향에 따라 한 곳만 가거나, 두 군데 다 들러보는 것도 추천. 특히 선물용 차와 디저트로 가득한 본점 기념품숍은 잊지 말고 둘러보자. MAP 434p

GOOGLE MAPS 나카무라 토키치 우지
ADD 본점 Ichiban-10, Uji/
뵤도인점 Renge-5-1 Uji
OPEN 본점 10:00~17:30(L.O.16:30)/
뵤도인점 10:00~17:00(L.O.16:30)/부정기 휴무
WALK 본점: 뵤도인에서 도보 약 10분 또는 JR 우지역 남쪽 출구로 나와 도보 약 2분/뵤도인점: 뵤도인에서 참배길을 따라 도보 약 3분
WEB www.tokichi.jp

우지 뷰 맛집으로 손꼽히는 뵤도인점

본점 한정 나마차 젤리 음료 세트(2200엔)

본점 기념품숍

우지 말차 카페의 또 다른 자존심

이토큐에몬 우지 본점 伊藤久右衛門

나카무라토키치보다 역사가 오래된, 에도 시대부터 대를 이어 온 차 판매상의 찻집 겸 레스토랑이다. 최고급 품질의 찻잎을 엄선, 전통 방식인 맷돌로 갈아 늘 신선하고 향기로운 말차를 맛볼 수 있다. 간판 메뉴인 이토큐에몬 파르페(1390엔)는 그릇에 따로 담아주는 차 가루를 듬뿍 넣어 맛보며, 식사로는 고소하고 꼬들꼬들한 말차 소바 정식이 명물이다. 특히 육수를 따로 찍어 먹는 자루소바에 유부, 버섯, 당근, 차 가루를 넣은 밥과 찻잎 절임 반찬, 유바, 미니 파르페가 곁들여진 말차 소바 세트(抹茶そば, 1490엔)를 추천. JR 우지역 앞, 기온 시조, 교토역 등에 지점이 있다. **MAP 434p**

GOOGLE MAPS 이토큐에몬 우지 본점
ADD Aramaki-19-3, Todo
OPEN 10:00~18:00
WALK 게이한 전철 우지역 출구로 나와 약 5분/JR 우지역 1번 출구로 나와 도보 약 11분
WEB www.itohkyuemon.co.jp

우지에서 만나는 말차색 별다방

스타벅스 우지뵤도인점 Starbucks

뵤도인 앞 참배길에 자리한 스타벅스 컨셉스토어. 역사 깊은 노포 찻집들이 늘어선 거리 주변 환경과 자연스럽게 어우러진다. 일본 전통 건축 양식을 접목한 1층짜리 단독 건물 앞에는 멋스럽게 구부러진 커다란 소나무가 우뚝 서 있고, 하얀 모래가 깔린 일본식 정원은 운치를 더한다. 말차 음료와 디저트는 우지와 더할 나위 없는 콤비! 실내는 높은 천장과 통유리창으로 이루어져 있어서 어느 각도에서나 바깥 경치를 감상할 수 있다.
MAP 434p

GOOGLE MAPS 스타벅스 우지뵤도인점
ADD 21-18 Renge, Uji-shi
OPEN 08:00~20:00
WALK 뵤도인에서 도보 약 2분

오하라 大原

깊은 산속, 공주들의 은신처

OHARA
大原
IN KANSAI
DAY TRIP FROM KYOTO

깊은 산중의 아담한 전원 마을, 오하라. 풀 내음 가득한 들판에는 교토식 채소 절임인 츠케모노(漬物)용 채소가 자라나고, 하늘하늘 춤추는 코스모스 시골길이 펼쳐지는 곳. 웅장한 히에이산이 병풍처럼 둘러싼 마을 곳곳에는 신비로운 고찰들이 자리한다. 2~3시간이면 모두 둘러볼 수 있는 작은 마을이지만, 한 폭의 그림 같은 액자정원에서 말차 한 잔을 마시다 보면 시간을 한없이 붙잡고 싶어진다.

오하라로 가는 법

교토 북부에 자리한 오하라는 시내에서 대중교통으로 1시간 정도 걸리는 산중에 있다. 교토역에서부터 직행 버스를 타고 갈 수 있지만,도로 체증이 심한 시내 한복판을 통과하기 때문에 일단 지하철로 시내 북부까지 이동한 다음 버스로 환승하는 게 더 빠르다.

교토 버스

560엔
지하철·버스 1일권
약 1시간 5분

❶ 교토에키마에 京都駅前

중앙 출구 앞 C3 정류장
오하라행(大原)
17·18번(비고정 요금 버스)

* 17번: 시조카와라마치, 산조게이한역(三条京阪), 데마치야나기역(出町柳) 등 경유/ 20~30분 간격 운행
* 18번: 기요미즈데라, 긴카쿠지 등 경유/ 토·일요일·공휴일 하루 1회 운행

❷ 오하라 大原(종점)

지하철 + 교토 버스

지하철 290엔 간사이 레일웨이 패스 지하철·버스 1일권 +
교토 버스 360엔 지하철·버스 1일권
45분~1시간

❶ 교토역 京都(지하철)

2번 승강장 / 고쿠사이카이칸행(国際会館)
지하철 가라스마선 20분(고조역, 시조역, 가라스마오이케역 등 경유)

❷ 고쿠사이카이칸역 国際会館(종점)

1번 출구로 나와 도보 약 1분

❸ 고쿠사이카이칸에키마에 버스 정류장 国際会館駅前

4번 정류장 / 오하라행(大原)·고데이시행(小出石)
19번(비고정 요금 버스) 22분 / 30분~1시간 간격 운행

❹ 오하라 大原(오하라행 탑승 시 종점)

* 게이한 전철 데마치야나기역(出町柳) 3번 출구로 나와 교토버스 17번(약 30분)을 타고 오하라에 하차하는 방법도 있음

정리권 발권기

오하라 버스 정류장.
버스는 오하라의 유일한 대중교통수단이다.

+MORE+

오하라행 교토 버스 요금 내는 법

- **현금:** 버스에 탑승하자마자 정리권 발권기에서 정리권을 뽑고, 내릴 때 요금함에 정리권과 구간 요금을 낸다.
- **지하철·버스 1일권 소지자:** 하차 시 앞문에 있는 카드 투입구에 카드를 넣었다 빼거나, 운전기사에게 보여준다.
- **IC 카드 소지자:** 탈 때와 내릴 때 각각 카드를 단말기에 터치한다.

*자세한 내용은 318p 참고

: WRITER'S PICK :

오하라의 여인, 오하라메 大原女

머리에 흰 두건을 두른 소박한 오하라메. 오하라를 소개하는 팸플릿에 빠짐없이 등장하는 여인의 모습이다. 입고 있는 의상은 도쿠코 공주가 잣코인에서 은둔 생활할 때 시중들던 아와노 나이시(阿波内侍)의 옷이다. 매년 봄·가을 오하라 여성들은 이 옷을 입고 오하라메 축제를 벌인다.

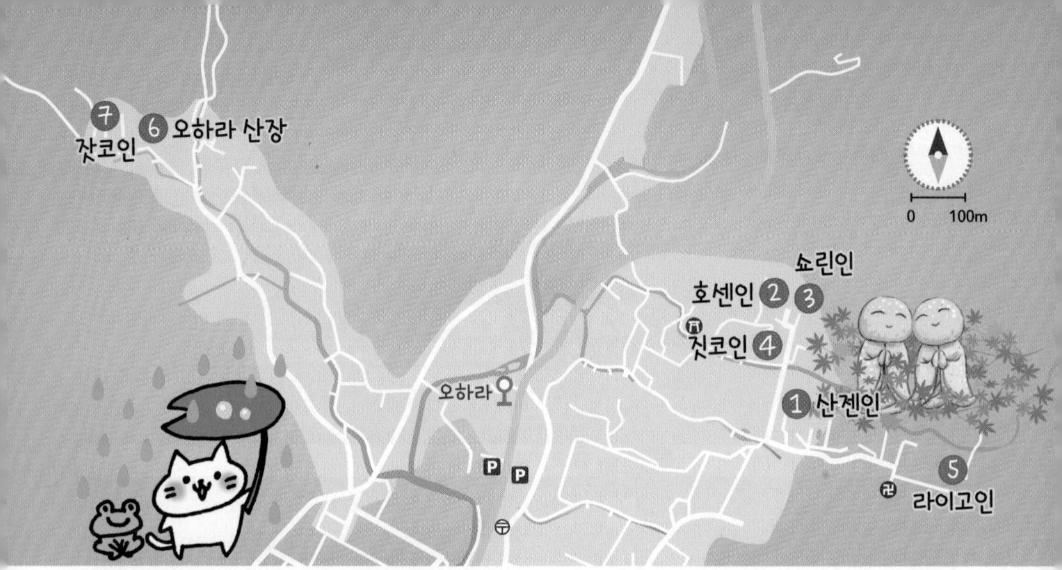

1 따스한 미소를 머금은 동자보살과 만나요 산젠인 三千院

8세기 후반 건립한 사찰이다. 교토의 쇼렌인 몬제키, 만슈인 몬제키와 더불어 일본 왕실과 밀접한 천태종 3대 몬제키 사찰 중 하나다. 입구부터 표시된 화살표를 따라가면 오밀조밀하게 구성된 경내를 빠짐없이 둘러볼 수 있다. 아기자기한 정원 슈헤키엔(聚景園, 취경원), 갸쿠덴(客殿, 객전), 신덴(宸殿, 신전)을 지나 국보 아미타삼존상이 안치된 오조고쿠라쿠인(往生極楽院, 왕생극락원)과 이를 둘러싼 정원 유세이엔(有清園, 유청원)에 다다르면 카펫처럼 깔린 이끼와 무성한 단풍나무, 귀여운 동자 지장보살상이 숨은그림찾기 하듯 펼쳐진다. MAP 444p

GOOGLE MAPS 산젠인
ADD 540 Ohararaikoincho, Sakyo Ward
OPEN 09:00~17:00(11월 08:30~, 12~2월 ~16:30)/폐장 30분 전까지 입장
PRICE 700엔, 중·고등학생 400엔, 초등학생 150엔
WALK 오하라 버스 정류장에서 횡단보도를 건너 도보 약 12분
WEB www.sanzenin.or.jp

슈헤키엔

20세기 초 일본의 문호 이노우에 야스시(井上靖)가 '동양의 보석함'이라고 자부한 유세이엔

반칸엔은 '액자'라는 뜻의 가쿠부치(額緣) 정원이라고도 부른다.

2 꿈인 듯 꿈이 아닌 듯, 몽롱한 산중 정원
호센인 宝泉院

산젠인 참배길이 끝나는 안쪽 깊숙한 곳에 자리한 쇼린인의 탑두 사원(대사찰을 둘러싼 작은 사찰). 규모는 소박하지만 눈부시게 환상적인 정원을 품고 있어서 오하라의 필수 코스로 손꼽힌다.

아름다움에 한 번 반하면 자리를 뜰 수 없다는 뜻의 정원 반칸엔(盤桓園, 반환원)은 객전의 기둥을 액자 삼아 한 폭의 동양화를 감상하듯 만들어졌다. 쭉 뻗은 대숲과 천연기념물로 지정된 700년 수령의 거대한 오엽송(五葉松)이 보는 이를 별세계로 이끈다. 또 봄이면 벚꽃, 가을이면 단풍으로 물들며, 비나 눈이 내리면 그 또한 운치를 더한다. 경내에 흐르는 불교음악 천태성명을 BGM 삼아 잔잔히 감상해보자. 입구에서 입장권과 함께 받은 말차권을 건네면 객전 다다미방에서 부드럽고 쌉싸래한 말차와 화과자를 맛볼 수 있다. MAP 444p

GOOGLE MAPS 호센인
ADD 187 Oharashorinincho, Sakyo Ward
OPEN 09:00~17:00/폐장 30분 전까지 입장
PRICE 900엔(말차·화과자 포함), 중·고등학생 800엔, 초등학생 700엔
WALK 산젠인 입구를 바라보고 왼쪽으로 도보 약 2분
WEB www.hosenin.net

경내 남쪽에 있는 정원 호라쿠인(宝楽園). 모래, 돌, 꽃 등으로 불교의 세계를 표현했다.

: WRITER'S PICK :

오하라의 명물, 아이스 오이 アイスきゅうり

산젠인으로 가는 참배길에 파는 길거리 간식으로, 시원한 다시물과 소금에 절여 짭조름하고 아삭아삭한 맛이 특징이다. 1개 250엔.

본당에 안치된 아미타여래좌상

③ 일본 전통 음악의 뿌리
쇼린인 勝林院

오하라에서 집대성한 성명(声明)의 발상지로, 1013년 건립됐다. 일본음악의 뿌리인 불교음악 성명은 일본 천태종의 고승인 엔닌(圓仁)이 당나라에서 가져온 것으로, 정확히는 천태종의 성명이라는 뜻에서 천태성명이라고 한다. 1186년 정토종의 고승 호넨(法然)을 초청해 각 종파의 석학에게 정토의 가르침을 알린 오하라 문답(大原問答)을 연 곳으로 잘 알려졌다. 호센인, 잣코인, 라이고인이 모두 이곳의 부속 사원이다. **MAP 444p**

GOOGLE MAPS 쇼린인 오하라
ADD 187 Oharashorinincho, Sakyo Ward
OPEN 09:00~17:00
PRICE 300엔, 초등·중학생 200엔
WALK 산젠인 입구를 바라보고 왼쪽으로 약 200m 직진, 정면에 있다.

©実光院

④ 작고 아늑한 2개의 정원
짓코인 実光院

호센인과 더불어 쇼린인의 부속 사원이다. 중국 고대 시인 36인의 초상화가 천장에 걸려 있는 고즈넉한 객전(客殿)에 걸터앉아 말차 한 잔과 화과자를 곁들이며 사계절 아름다운 연못 정원 케이신엔(契心園, 계심원)을 감상할 수 있다. 객전의 도코노마(床の間, 방 한편에 꽃병을 올려 두거나 족자를 걸기 위해 만든 공간)에서 불교음악과 관련한 돌로 만든 악기를 볼 수 있다. **MAP 444p**

GOOGLE MAPS 짓코인
ADD 187 Oharashorinincho, Sakyo Ward
OPEN 09:00~16:00(11월 ~16:30)
PRICE 800엔(말차·화과자 포함), 초등학생 600엔/말차·화과자 불포함 시 500엔, 초등학생 300엔
WALK 쇼린인을 바라보고 왼쪽. 도보 약 2분
WEB www.jikkoin.com

⑤ 정교하게 조각된 삼존상
라이고인 来迎院

9세기 엔닌 스님이 창건한 사찰이다. 본당에 안치된 삼존상인 아미타여래상, 약사여래상, 석가모니여래상은 후지와라 시대(9~11세기)에 만든 중요문화재로, 좌우를 지키는 부동명왕상과 사천왕상, 천장에 그려진 아름다운 불화와 함께 감상할 수 있다. 경내가 워낙 작아서 둘러보는 데 5분이면 충분하다. **MAP 444p**

GOOGLE MAPS 라이고인
ADD 537 Ohararaikoincho, Sakyo Ward
OPEN 09:00~17:00
PRICE 400엔, 중·고등학생 300엔
WALK 산젠인 입구를 바라보고 오른쪽으로 도보 약 6분

6 고요한 산중에서 즐기는 온천
오하라 산장 大原山荘

숙박뿐 아니라 주말과 공휴일이면 당일 온천과 식사, 족욕 카페까지 즐길 수 있는 온천여관. 산젠인으로 가는 참배길 초입에 있는 카페 입구에서 음료를 주문하면 40분간 족욕할 수 있고, 본격적인 노천 온천과 식사는 안쪽의 여관에서 한다. 카페 추천 음료는 시소 잎을 갈아 넣어 향이 풍부하고 새콤달콤한 지카세이 시소 주스(自家製しそジュース, 990엔). 식사 포함 당일 온천 메뉴로는 주먹밥 정식, 소바, 스키야키 등이 있다. 가격은 2200~5900엔(3세~초등학생 1800엔~5000엔). 3~6세는 식사 대신 주스 세트(900엔)로 주문 가능. **MAP 444p**

GOOGLE MAPS 오하라산소우
ADD 17 Oharakusaocho, Sakyo Ward
OPEN 09:00~17:00(식사 11:30~14:30, 당일 온천 ~15:30, 족욕 카페 11:00~/식사 포함 당일 온천과 족욕 카페는 토·일요일·공휴일에만 오픈)
PRICE 식사 포함 당일 온천 요금+입욕료 100엔(중학생 이상)+타올 이용료 150엔/숙박 2인 1만9800엔~(아침·저녁 식사 포함)
WALK 오하라 버스 정류장에서 좌회전, 산젠인 반대편 길로 도보 약 15분
WEB www.ohara-sansou.com

노천 온천장

7 공주들의 은신처
잣코인 寂光院

일본 불교를 부흥시킨 쇼토쿠 태자가 594년 아버지 요메이 일왕을 기리기 위해 창건한 곳. 헤이안 시대 명장인 타이라노 키요모리의 딸 도쿠코가 1186년 출가 후 여생을 보내는 등 귀족 가문 공주들의 은신처로 유명하다. 현재 본당의 본존과 지장보살입상은 가마쿠라 시대의 것을 모각한 것이며, 원본은 경내 안쪽 수장고에서 특별기간에만 공개한다. **MAP 444p**

GOOGLE MAPS 잣코인 오하라
ADD 676 Oharakusaocho, Sakyo Ward
OPEN 09:00~17:00(12~2월은 매월 다름, 홈페이지 확인)
PRICE 600엔, 중학생 350엔, 초등학생 100엔
WALK 오하라 산장에서 도보 약 1분
WEB www.jakkoin.jp

비와코 琵琶湖

훌쩍 떠나는 물빛 호수 여행

LAKE BIWA
琵琶湖
IN KANSAI
DAY TRIP FROM KYOTO

비와코는 세계에서 세 번째로 오래된 호수이자 일본 최대 호수로、서울과 비슷한 크기인 약 670km^2에 달하는 광활한 면적을 자랑한다。시가현(滋賀県)에 속하지만 교토 북부와 맞닿아 있고、교토역에서 일반 열차를 타도 20분이면 갈 수 있어서 교토를 찾은 여행자가 당일치기나 1박으로 쉽게 다녀갈 수 있다。비와코 여행의 관문인 오쓰역(大津)을 시작으로 호수의 동서남북 한 바퀴를 빙 돌며 유구한 역사를 지닌 사찰、신사、온천、아름다운 자연경관이 펼쳐진다。

비와코로 가는 법

교토와 비와코(비와호)를 오가는 대표적인 이동 수단은 JR과 게이한 전철이다. 교토역에서 오고토 온천이나 비와코 테라스가 있는 호수 서쪽으로 이동하려면 JR 도카이도·산요 본선(東海道·山陽本線) 중 고세이선(湖西線)을 타고, 교토 시내에서 이동할 경우 게이한 전철 또는 에이잔 전철을 타고 가는 방법도 있다. 호수가 워낙 넓어서 목표 장소에 따라 이동수단과 소요 시간, 사용 가능한 패스가 저마다 다르다. 주요 이동 수단은 JR이므로 여러 곳을 둘러본다면 JR 패스가 가장 이득이며, 게이한 전철을 이용하면 일부 구간에서 간사이 레일웨이 패스를 쓸 수 있다. 비와코 테라스나 히에이산 엔랴쿠지를 갈 때에는 버스나 로프웨이 등 열차 외 교통수단을 추가로 이용해야 한다.

교토에서 비와코 테라스 가기

JR + 버스 + 로프웨이

4500엔 :
JR 590엔 또는 JR 간사이 패스 JR 간사이 와이드 패스
+ 버스 410엔 + 로프웨이(왕복) 3500엔
1시간

❶ 교토역 京都

3번 승강장 / 고세이선 모든 행
고세이선(도카이도·산요 본선) **보통**(普通/Local)
37분

❷ 시가역 志賀

밖으로 나와 바로

❸ 비와코 밸리행 버스 정류장 びわ湖バレイ

비와코 밸리행(びわ湖バレイ/BIWAKO-VALLEY)
68번 15분

❹ 비와코 밸리 앞 びわ湖バレイ前(종점)

하차 후 바로

❺ 로프웨이 산로쿠역 Bottom Station

로프웨이 5분

* 4~10월 09:00~17:00, 11월 09:30~16:30(상행 막차 16:00, 하행 막차 ~17:00)/4월 중순~11월 말 운행
* 왕복 3500엔, 초등학생 1500엔, 3세 이상 1000엔

❻ 로프웨이 산초역 Summit Station

교토에서 엔랴쿠지 가기

교토에서 히에이산 엔랴쿠지로 가는 방법은 크게 3가지가 있다. 간사이 레일웨이 패스 소지자는 ❷번 이용 시 모두 무료, ❶·❸번 이용 시 일부 구간에서 무료다.

❶ JR + 버스 + 케이블카

교토역에서 JR 고세이선 탑승, 히에이잔 사카모토역(比叡山坂本) 하차. 18분, 330엔 → 역 앞에서 케이블 사카모토역행(ケーブル坂本) 버스 탑승, 종점 하차. 7분, 250엔 → 케이블 사카모토역에서 케이블카 탑승, 케이블 엔랴쿠지역(ケーブル延暦寺) 하차. 11분, 870엔.

❷ 게이한 전철 + 케이블카

게이한 전철 산조역 또는 지하철 도자이선 산조 게이한역에서 비와코 하마오쓰행(びわ湖浜大津) 탑승, 비와코 하마오쓰역 하차. 22~27분, 430엔 → 게이한 전철 이시야마 사카모토선 보통 탑승, 사카모토 히에이잔구치(坂本比叡山口) 하차. 15분, 240엔 → 도보 약 15분 → 케이블 사카모토역 도착 후 ❶과 같은 방법으로 이동한다.

❸ 에이잔 전철 + 케이블카 + 로프웨이

에이잔 전철의 북쪽 끝 종점인 야세히에이잔구치역(八瀬比叡山口)에서 도보 약 3분 → 케이블 야세역(ケーブル八瀬)에서 케이블카 탑승, 케이블 히에이역(ケーブル比叡) 하차. 9분, 550엔 → 도보 약 1분 → 로프 히에이역(ロープ比叡)에서 로프웨이 탑승, 히에이산초역(比叡山頂) 하차. 3분, 350엔 → 도보 약 30분 또는 히에이산 셔틀버스(3월 중순~12월 초 운행) 6분, 250엔

비와코 밸리행 버스

비와코 밸리 로프웨이

JR 히에이잔 사카모토역

케이블 사카모토

교토에서 오고토 온천 가기

교토역에서 JR 고세이선 모든 행 탑승, 5정거장 뒤인 JR 오고토온센역(おごと温泉)에서 내린다. 약 15분 소요, 330엔(JR 간사이 패스, JR 간사이 와이드 패스 사용 가능). 오고토온센역 앞에서 각 숙박업소로 가는 무료 송영 버스(셔틀버스)로 갈아탄다.

예약한 숙소에서 운행하는 무료 송영 버스를 타자.

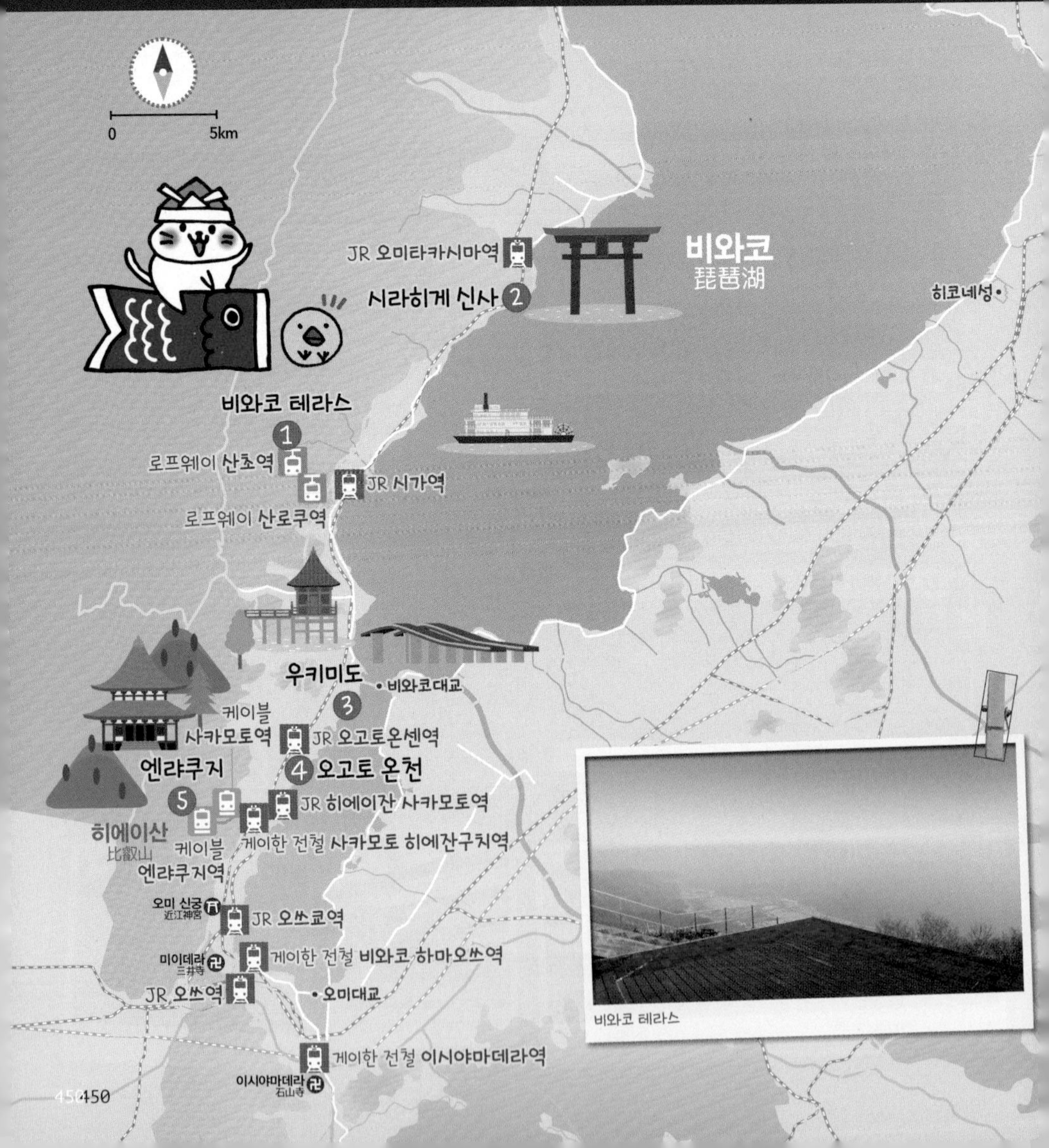

비와코 테라스

1 천공 아래 신선놀음!
비와코 테라스 びわ湖テラス

비와코 서쪽 해발 1108m의 우치미(打見)산 정상에 조성된 전망대. 비와코 일대는 물론 간사이 전체에서도 핫한 전망 명소로 꼽힌다. 일본에서 가장 빠른(최대 초속 12m) 로프웨이를 타고 5분 정도 올라가면 비와코 테라스의 하이라이트, 더 메인(The Main)이 나오고, 이곳에서 다시 리프트를 타고 올라가면 카페 360 지구까지 둘러볼 수 있다. 스키 리조트 비와코 밸리 내에 자리 잡고 있으며, 집라인이나 사계절 썰매장 같은 액티비티 시설도 다양하다.

더 메인은 3단으로 구성된 우드 테라스로, 한 단씩 내려갈 때마다 색다른 분위기를 느끼도록 설계돼 있다. 특히 맨 아랫단은 가장자리를 울타리 대신 물로 채워 완벽하게 탁 트인 인피니티 뷰를 선보이는데, 이곳에서 찍은 하늘에 붕 떠 있는 듯한 느낌의 사진 한 장은 멀리서 찾아온 수고를 잊게 한다. 기온이 도심보다 5~7°C 낮으니 옷을 따뜻하게 챙겨입고 가자. **MAP 450p**

GOOGLE MAPS 비와코 테라스
ADD 1547-1 Kido, Otsu-shi, Shiga-ken
OPEN 로프웨이 08:30~17:00/15분 간격 운행/3월 말~4월 초·12월 초~12월 중순·12월 31일~1월 4일 휴무/리프트 08:30~16:30/시즌에 따라 유동적
PRICE 로프웨이 3500엔, 초등학생 1500엔, 3세~미취학 아동 1000엔(홈페이지에서 예매 시 할인)/리프트 무료
WEB www.biwako-valley.com

2 봐도 봐도 신기한 물 속 도리이
시라히게 신사 白鬚神社

물 위에 서 있는 도리이로 유명한 일명 '흰 수염(白鬚) 신사'. 푸르고 잔잔한 비와코와 수평선에 걸쳐진 오키시마섬(沖島), 붉은색의 수중 도리이가 어우러진 신비로운 풍경이 여행자를 불러 모은다. 도리이 사이로 아침 해가 얼굴을 내밀 때 가장 아름다우며, 저녁노을로 붉게 물든 도리이의 모습도 황홀하다. 또 주말이나 특별 기간에는 일몰 후 조명을 비춰 독특한 분위기를 조성한다. 신사의 역사도 신비에 쌓여있는데, 대략 1900년 전 건너온 백제인들이 받들던 백수대명신(白鬚大明神)을 모신 것이 시작이라는 설이 있다. **MAP 450p**

GOOGLE MAPS 시라히게 신사(shirahige shrine)
ADD 215 Ukawa, Takashima-shi, Shiga-ken
OPEN 24시간
WALK JR 오미타카시마역(近江高島)에서 하나뿐인 출구로 나와 도보 약 40분/렌탈 자전거 약 15분/택시 약 5분

3 절이 물 위에 둥둥~
우키미도 浮御堂

헤이안 시대 히에이산의 한 승려가 밤마다 호수에 비치는 빛이 신기하여 그물을 던져봤더니 황금빛 아미타불이 나왔고, 이를 공양하기 위해 건물을 짓고 그 안에 1000체의 불상을 모셨다고 전해오는 절. 정식 명칭은 만게츠지(満月寺, 만월사)다. 경내에는 하이쿠의 대가 바쇼를 비롯한 문인들이 이곳의 절경을 감탄하며 지은 시를 새긴 시비가 5개 있다. MAP 450p

GOOGLE MAPS 우키미도(만게쓰지)
ADD 1-16 Honkatata, Otsu-shi
OPEN 08:00~17:00
PRICE 300엔
WALK JR 가타타역(堅田) 중앙 출구에서 도보 약 20분 또는 100번 버스를 타고 가타타데마치(堅田出町) 하차 후 도보 약 5분(토·일요일은 우키미도마에(浮御堂前) 하차 후 바로)

4 헤이안 시대부터 흐른 천연온천
오고토 온천 おごと温泉

교토에서 가장 가까운 온천이자 시가현 최대 규모의 온천. 이곳의 온천수는 수돗물을 일절 섞지 않은 무색투명한 알칼리성 원천만을 사용해 오랜 시간 몸을 담가도 피부가 촉촉하다. JR 오고토온센역에서 마을까지 투숙객 전용 무료 셔틀버스를 타고 10분 정도 달리면, 국도를 따라 삼삼오오 모여 있는 온천마을이 모습을 드러낸다. 근처 케이블 사카모토역에서 케이블카를 타고 히에이산과 엔랴쿠지를 둘러보기에도 좋은 위치. 1929년 문을 연 이곳의 터줏대감 유모토칸(湯元館)을 비롯해 10여 곳의 온천여관과 호텔이 있고, 입욕과 식사만 할 수 있는 당일 온천 패키지도 다양하다. MAP 450p

GOOGLE MAPS 오고토온센
ADD 1-4 Ogotokita, Otsu-shi, Shiga-ken
WALK JR 오고토온센역(おごと温泉)에서 내려 각 온천여관 및 호텔에서 운행하는 무료 셔틀버스를 타고 이동
WEB www.ogotoonsen.com

비와코가 내려다보이는 유모토칸의 노천 온천

인근의 제철 식재료로 만든 가이세키 요리가 제공된다.

5 일본 최장 케이블카를 타고 더 깊이, 더 높이!
엔랴쿠지 延暦寺

788년 지은 일본 3대 사찰 중 하나. '일본 불교의 어머니 산'이라 불리며 산 전체가 유네스코 세계유산으로 지정된 히에이산 정상에서 수많은 고승을 배출했다. 관광객들에게는 케이블 사카모토역에서 케이블 엔랴쿠지역까지 약 2km 거리를 케이블카 타고 올라간다는 점이 매력이다(11분 소요). 신선한 산 공기를 마시며 케이블 엔랴쿠지역에서 바라보는 비와코가 절경이다. MAP 450p

GOOGLE MAPS 엔랴쿠지
ADD 4220 Sakamotohonmachi, Otsu, Shiga-ken
OPEN 09:00~16:00/사카모토 케이블 08:00~17:30(12~2월 08:30~17:00)
PRICE 1000엔, 중·고등학생 600엔, 초등학생 300엔/보물관 별도/사카모토 케이블 1660엔
WALK 449p 참고
WEB 엔랴쿠지 www.hieizan.or.jp
사카모토 케이블 sakamoto-cable.jp

SPECIAL PAGE

교토 북서부 히든 플레이스
기노사키 온천 & 아마노하시다테

교토의 북동부에 비와코가 있다면, 북서부엔 예쁜 마을 풍경과 대게로 유명한 기노사키 온천, 일본 3경 중 하나인 아마노하시다테가 있다. JR 간사이 와이드 패스를 사용하면 효율적으로 다녀올 수 있다.

버드나무 아래, 유카타 한들한들
기노사키 온천 城崎温泉

1300년 역사를 지닌 온천 마을. 초록빛 버드나무 가로수길과 반짝이는 개천, 둥그런 석조 아치교가 여행자의 마음을 빼앗는다. 70개 이상 늘어선 료칸에서 프라이빗한 온천을 즐겨도 좋고, 마을 곳곳에 샘솟는 7개의 공중 욕탕 중 취향에 맞는 곳을 가도 좋다. 투숙객은 체크인부터 체크아웃 시간까지 모든 욕탕이 무료. 료칸에서 제공하는 유카타를 입고 거리를 걸으며 인증샷도 남겨보자. 시간 여유가 있다면 로프웨이를 타고 산에 올라 온천을 수호하는 사찰 온센지(温泉寺)를 둘러보고 멋진 전망을 감상하는 것도 추천. 버드나무길은 조명이 비추는 밤에도 아름다우며, 봄에는 벚꽃이, 겨울엔 새하얀 눈꽃이 피어난다.

GOOGLE MAPS 기노사키온센
ADD 78 Kinosakicho Yushima, Toyooka
OPEN 공중 욕탕 07:00~23:00(영업시간과 휴무일은 욕탕마다 다름)/로프웨이 09:00~17:00(공휴일을 제외한 매월 둘째·넷째 목요일 휴무)
PRICE 공중 욕탕 1곳당 800엔(3세~초등학생 400엔), 사토노유(さとの湯)는 900엔(3세~초등학생 450엔)/로프웨이 왕복 1200엔(6~11세 600엔)
WALK JR 교토역에서 특급 기노사키를 타고 기노사키온센역 하차 후 바로, 약 2시간 20분/JR 오사카역에서 JR 특급 고노토리를 타고 기노사키온센역 하차 후 바로, 약 2시간 40분
WEB visitkinosaki.com, 로프웨이 kinosaki-ropeway.jp

기노사키온센역

특급 고노토리

: WRITER'S PICK :

유용한 패스

7곳의 공중 욕탕과 로프웨이 이용료, 온센지 입장료, 식당과 상점 할인 등이 포함된 기노사키 MUST-VISITS PASS 3일권(3200엔)을 구매하면 온천을 100% 즐길 수 있다. 당일치기로 공중 욕탕만 즐기고 싶다면, 각 욕탕에서 판매하는 온천 1일 패스(1500엔, 3세~초등학생 750엔)를 이용하자. 국내 취급 여행사 또는 기노사키 관광 공식 홈페이지에서 판매한다.

바다와 하늘 사이 그 어디쯤

아마노하시다테 天橋立

마쓰시마(松島), 미야지마(宮島)와 함께 일본 3경으로 손꼽히는 곳. 남북 약 3.6km의 길고 좁다란 사주(砂洲)와 700여 그루의 소나무 숲이 절경이다. 무로마치 시대 화가 셋슈(雪舟, 1420~1506)가 그린 국보 <아마노하시다테도>에 나올 정도로 역사가 깊다. 남쪽에는 전망대 겸 테마파크 아마노하시다테 뷰랜드, 북쪽에는 또 다른 전망대 아마노하시다테 가사마쓰 공원이 있다.

GOOGLE MAPS 아마노하시다테
ADD Monju, Miyazu, Kyoto
OPEN 24시간
PRICE 무료(일부 시설 유료)
WALK JR 교토역에서 특급 하시다테를 타고 아마노하시다테역 하차, 약 2시간/JR 오사카역에서 특급 고노토리를 타고 후쿠치야마역(福知山) 하차, 특급 탄고 릴레이를 타고 아마노하시다테역 하차, 약 2시간 20분/JR 기노사키온센역에서 각역정차 또는 특급 고노토리를 타고 도요오카역(豊岡) 하차, 각역정차를 타고 아마노하시다테역 하차, 약 1시간 40분
WEB www.amanohashidate.jp

❶ 아마노하시다테 뷰랜드
天橋立ビューランド

아마노하시다테역 남쪽, 해발 약 130m 정상의 전망대 겸 테마파크. 모노레일이나 리프트를 타고 오르면, 전망대와 레스토랑부터 각종 놀이기구까지 즐길 수 있다. 전망대만 감상할 경우 40분~1시간 소요.

OPEN 09:00~17:30(계절에 따라 조금씩 다름)/모노레일 20분 간격 운행/리프트 상시 운행
PRICE 850엔, 6~11세 450엔(성인 1인당 영유아 1명 무료. 영유아 2명부터 6~11세 요금 적용)/리프트·모노레일 왕복 및 입장료 포함/놀이기구 별도(3세 이상 1대당 300엔~)
WEB www.viewland.jp

구름 한 점 없는 맑은 날, 가랑이 사이로 바라보면 바다가 아닌 하늘에 다리가 이어진 것처럼 보인다고 하여 많은 여행자가 시도한다. 무려 120여 년 전부터 전파된 방법.

❷ 아마노하시다테 가사마쓰 공원 天橋立傘松公園

아마노하시다테를 건너 북쪽에 있는 전망 공원. 케이블카나 리프트를 타고 정상에 오르면, 뷰랜드와는 또 다른 느낌의 전망을 감상할 수 있다.

OPEN 케이블카 09:00~18:00 (15분 간격 운행), 리프트 09:00~16:00(수시 운행, 12월 중순~2월 평일 휴무)
PRICE 왕복 800엔(6~11세 400엔)
WEB www.amano-hashidate.com/kasamatsu_park/

❸ 크루즈

아마노하시다테역 앞 선착장에서 출발해 가사마쓰 공원이 있는 북쪽의 이치노미야역(一宮)까지 배를 타고 풍경을 즐기는 방법도 있다. 편도 약 12분 소요.

OPEN 09:00~18:30(아마노하시다테역 출발 기준, 계절에 따라 다름)
PRICE 편도 800엔, 6~11세 400엔/왕복 1300엔, 6~11세 650엔/왕복+가사마쓰 공원 관광 세트권 2400엔

❹ 자전거

해변 소나무 숲길을 달리며 자연을 만끽해보자. 왕복 약 40분 소요되며, 아마노하시다테역 앞 대여소나 호텔에서 빌릴 수 있다. 2시간 400엔(이후 1시간당 200엔). 걸어서 간다면 편도 약 1시간 10분 소요.

+MORE+

일본인 듯 아닌 듯, 낯선 풍경
이네노후나야 伊根の舟屋

아마노하시다테에서 북동쪽으로 약 26km, 리아스식 해안선이 아름다운 이네(伊根)만에 자리한 마을. 1층은 선착장, 2층은 가정집인 후나야(舟屋) 230여 채가 늘어선 일본 유일의 수상 가옥 마을로, 전통적 건조물군 보존 지구로 지정돼 있다.

GOOGLE MAPS 이네노후나야
ADD 491 Hirata, Ine, Yoza District
WALK 아마노하시다테역 앞에서 가마뉴(蒲入)행 버스를 타고 이네(伊根) 하차, 약 1시간
WEB www.ine-kankou.jp

KOBE
神戸
IN KANSAI

고베 神戸

바다와 산으로 둘러싸인 고즈넉한 풍광 속에 유럽식 건축물과 세련된 쇼핑 거리, 스테이크집과 양과자점 등이 구석구석 여유롭게 자리 잡은 고베는 일본인들이 손꼽는 '살고 싶은 도시'다. 1868년 개항한 서일본 최초의 국제무역항이자, 요코하마와 함께 일본을 대표하는 미항인 고베의 밤바다를 산책하며 간사이 여행에서 가장 설레는 한때를 경험해보자.

Area Guide ❶

간사이 국제공항에서 고베 시내 가기

간사이 국제공항에서 고베로 가는 가장 빠르고 편리한 교통수단은 리무진 버스다.
고베의 중심인 산노미야까지 약 1시간 5분 소요된다.
공항에서 고속선 베이 셔틀을 이용하면 고베 공항에 내려서
모노레일 포트라이너로 갈아타며, 약 1시간 20분 소요된다.
공항에서 난카이 전철을 타면 오사카의 신이마미야역이나 난바역에서
한 차례 환승해 산노미야까지 2시간 정도 걸린다.

WEB www.kansai-airport.or.jp/kr/

간사이 국제공항

리무진 버스 편도 2200엔, 왕복 3700엔(30일간 유효)
1시간 5분~(제1터미널 기준. 제2터미널은 1시간 18분~) → **고베산노미야**

무료 셔틀버스 + 베이셔틀 + 무료 셔틀버스 + 포트라이너
편도 1880엔 / 1시간 20분~ → **산노미야역**

베스트 여행 시기

바다와 산이 가까워 기후변화의 폭이 크지 않은 고베는 일 년 내내 여행하기 좋은 도시다. 베스트 시즌은 날씨가 따뜻한 4~5월과 10~11월. 겨울에도 해수의 온도가 높은 편인 세토내해 덕분에 영하로 떨어지는 법이 없고, 눈이 쌓이지 않기 때문에 로맨틱한 연말 분위기를 쾌적하게 즐길 수 있다. 여름엔 한낮의 기온이 30°C를 웃돌 정도로 덥지만, 바닷바람이 불어오고 산이 가까운 덕분에 오사카나 교토보다는 덜 덥다.

고베 직행 No.1 이동수단, 리무진 버스

간사이 국제공항에서 약 70km 떨어진 고베까지 리무진 버스를 타면 1시간 5분 정도 걸린다. 제1 터미널 1층 출구 밖 6번 정류장이나 제2 터미널 1층 출구 밖 4번 정류장에서 출발해 산노미야의 고베 한큐 백화점 바로 옆에 도착한다. 롯코 아일랜드 경유편과 직행편으로 나뉘지만, 소요 시간이 10분 정도밖에 차이 나지 않으니 먼저 오는 버스에 탑승하면 된다. 버스가 도착하면 고베산노미야행(神戸三宮)인지 꼭 확인하고 탑승하자.

TIME 약 1시간 5분 소요(교통 상황에 따라 다름)/
제1 터미널 06:20~23:00,
제2 터미널 09:27~22:47/15~40분 간격 운행
PRICE 2200엔(6~11세 1100엔)
WEB www.kate.co.jp/kr/

제1 터미널 6번 정류장에 정차 중인 고베행 리무진 버스.
티켓은 자동판매기에서 고베산노미야행으로 구매한다.

바다를 가로지르는 고속선, 베이 셔틀 ベイ・シャトル

간사이 국제공항 옆 간사이 공항 부두에서 출발해 고베 공항 해상 액세스 터미널(神戸空港 海上アクセスターミナル)까지 30분 만에 주파하는 고속선이다. 단기 외국인 여행자용 할인권을 구매하면 리무진 버스보다 요금이 저렴하고, 바다를 가르는 재미까지 느낄 수 있다. 단, 고베의 중심인 산노미야에 도착하기까지 여러 번 갈아타야 한다. 이동 방법은 다음과 같다.

간사이 국제공항 제1 터미널(1층 출구 밖 12번 버스 정류장)/
제2 터미널 고속선 정류장 → 무료 셔틀버스(약 10분) →
간사이 공항 부두 → 베이 셔틀(약 30분) → 고베 터미널 →
무료 셔틀버스(약 5분) → 고베 공항 → 도보(약 5분) →
포트라이너(약 18분) → 산노미야역

TIME 총 1시간 20분 소요/제1 터미널 12번 버스 정류장 & 제2 터미널 고속선 정류장 06:20~23:50(부두 출발은 10분 후)/30분~1시간 간격 운행
PRICE 베이 셔틀 편도권 1880엔(6~11세 940엔)/
포트라이너(산노미야역 도착 기준) 편도권 340엔 (6~11세 170엔)/베이 셔틀+포트라이너 편도 세트권 1880엔(6~11세 940엔)/
간사이 국제공항 제1 터미널 티켓 카운터(1층 A출구 근처), 제2 터미널 티켓 카운터, 포트라이너 산노미야역, 베이 셔틀 공식 홈페이지에서 구매
WEB 베이 셔틀 www.kobe-access.jp/kor
간사이 국제공항 www.kansai-airport.or.jp/kr/access/ferry

베이 셔틀

포트라이너

+MORE+

베이 셔틀 할인 받기

베이 셔틀은 단기 외국인 여행자를 대상으로 상시 50% 이상 파격 할인 이벤트를 진행하고 있다. 할인권은 간사이 국제공항 제1 터미널 빌딩 1층의 티켓 카운터, 제2터미널 티켓 카운터및 고베 공항 카운터에서 여권 제시 후 구매하거나, 하단의 홈페이지를 통해 온라인 예약할 수 있다.

WEB www.kobe-access.jp/kor/info_visitors.php

Area Guide ❷

간사이 다른 도시에서 고베 가기

JR, 한큐·한신·긴테쓰 전철이 교차하는 고베는 오사카에서 20~30분, 교토에서 50분~1시간 10분 걸린다. 정차역은 여러 곳이지만, 가장 일반적인 종착지는 고베의 중심 (고베)산노미야역으로, JR, 한큐·한신 전철, 지하철이 거대한 지하상가로 연결돼 있어서 이동이 편리하다.

그 외 JR·한신 전철 모토마치역은 난킨마치와 구거류지와 가깝고, JR 고베역이나 한큐·한신 전철 고소쿠코베역은 고베 하버랜드와 가깝다.

산노미야는 '三宮', '三ノ宮', '三の宮' 등 다양하게 표기되지만, 모두 같은 곳이다.

오사카에서 고베 가기

● 우메다에서 고베 가기

오사카에서 고베로 가는 교통수단은 대부분 우메다에 집중돼 있다. 사철은 한큐·한신 전철 오사카우메다역을 이용하고, JR은 오사카역에서 탄다. 도착 역은 한큐·한신 전철 고베산노미야역, JR 산노미야역이다. 3개 역은 모두 지하로 연결된다.

HK 한큐 전철

330엔 / 간사이 레일웨이 패스 / 한큐 1day 패스 / 한큐·한신 1day 패스

27~33분

❶ 오사카우메다역 大阪梅田

8·9번 승강장

신카이치행(新開地),

고베산노미야행 등

고베선

특급(特急/Ltd. Exp.),

통근특급(通勤特急/Ltd. Exp.)

❷ 고베산노미야역 神戸三宮

HS 한신 전철

330엔 / 간사이 레일웨이 패스 / 한큐·한신 1day 패스

31~33분

❶ 오사카우메다역 大阪梅田

1~3번 승강장

(산요)히메지행((山陽)姫路) 등

한신 본선

특급(特急/Ltd. Exp.),

직통특급(直通特急/Ltd. Exp.)

❷ 고베산노미야역 神戸三宮

JR JR

460엔 / JR 간사이 패스 / JR 간사이 와이드 패스 / JR 간사이 미니 패스

21~27분

❶ 오사카역 大阪

5·6번 승강장

모든 행

고베선(도카이도·산요 본선)

신쾌속(新快速/Special Rapid),

쾌속(快速/Rapid)

❷ 산노미야역 三ノ宮

● 난바에서 고베 가기

난바에서 고베로 곧장 갈 때는 한신 전철을 이용한다. 오사카난바역에서 출발해 고베산노미야역에 도착한다.

HS 한신 전철

420엔 / 간사이 레일웨이 패스 / 한큐·한신 1day 패스

42~46분

❶ 오사카난바역 大阪難波

3번 승강장

고베산노미야행(神戸三宮)

한신 난바선

쾌속급행(快速急行/Rapid Exp.)

* 아마가사키역에서 종종 뒤쪽 4개 차량이 분리되는 경우가 있으니 반드시 앞칸에 탑승할 것

❷ 고베산노미야역 神戸三宮

+MORE+

긴테쓰 전철 타고 고베 가기

난바의 숙소가 한신 전철 노선이 아닌, 긴테쓰 전철 노선에 속한 긴테쓰닛폰바시역과 가깝다면 긴테쓰닛폰바시역을 이용하면 된다. 긴테쓰 전철은 한신 전철과 상호 직통운행하기 때문에 긴테쓰닛폰바시역은 물론 오사카우에혼마치역, 쓰루하시역 등 긴테쓰 전철 역이라면 어디든 고베산노미야역까지 환승 없이 한 번에 갈 수 있다.

교토에서 고베 가기

교토에서 고베까지는 한큐 전철이나 JR로 이동한다. 한큐 전철 이용 시 교토카와라마치역에서 출발해 주소역에서 1회 환승해야 하고, JR 이용 시 JR 교토역에서 출발해 JR 산노미야역에 내린다.

HK 한큐 전철

640엔 / 간사이 레일웨이 패스 한큐 1day 패스 한큐·한신 1day 패스

1시간 7~14분

❶ 교토카와라마치역 京都河原町

1·3번 승강장

오사카우메다행(大阪梅田)

교토선

특급(特急/Ltd. Exp.), **통근특급**(通勤特急/Ltd. Exp.), **쾌속급행**(快速急行/Rapid Exp.)

40분

❷ 주소역 十三

1번 승강장 / 신카이치행(新開地)

고베선

특급(特急/Ltd. Exp.), **통근특급**(通勤特急/Ltd. Exp.)

25분

❸ 고베산노미야역 神戸三宮

JR

1110엔 / JR 간사이 패스 JR 간사이 와이드 패스 JR 간사이 미니 패스

52분

❶ 교토역 京都

4~7번 승강장

히메지행(姫路) 등

고베선(도카이도·산요 본선)

쾌속(快速/Rapid), **신쾌속**(新快速/Special Rapid)

히메지행 신쾌속

❷ 산노미야역 三ノ宮

나라에서 고베 가기

긴테쓰나라역에서 출발하면 오사카를 거쳐 고베산노미야역까지 직행한다.

KT 긴테쓰 전철

1100엔 / 간사이 레일웨이 패스 긴테쓰 레일 패스 1·2일권

1시간 25분

❶ 긴테쓰나라역 近鉄奈良

1~4번 승강장

산노미야행(三宮) 또는 고베산노미야행(神戸三宮)

긴테쓰나라선 + 한신 난바선 + 한신 본선

쾌속급행(快速急行/Rapid Exp.)

* 오사카난바역부터 한신 전철이 상호 직통운행하여 고베산노미야역까지 환승 없이 갈 수 있다.

❷ 고베산노미야역 神戸三宮

+MORE+

JR로 나라에서 고베 가기

나라에서 고베까지 JR로 가려면 오사카역에서 한 번 갈아타야 한다. JR 나라역 2·3번 승강장에서 덴노지행 야마토지 쾌속을 타고 JR 오사카역에 도착한 후, 5·6번 고베선 승강장에서 모든 행 쾌속을 타면 JR 산노미야역 또는 JR 고베역에 닿는다. 총 1시간 25분, 1450엔.

고베의 주요 역

❶ JR 산노미야역

三ノ宮

교통의 요지 산노미야에서도 가장 중심에 선 역 건물이다. 승강장은 지상 2층에 있다. 서쪽 출구는 한큐 전철 고베산노미야역 동쪽 출구와 곧바로 연결된다.

❷ 한큐 전철 고베산노미야역

神戸三宮

JR 산노미야역 바로 서쪽에 인접해 있다. 역시 승강장은 지상 2층에 있다. 한큐 전철 고베선의 기·종착역이지만, 서쪽으로 이어지는 고베 고속전철 노선과 상호 직통운행하기 때문에 하버랜드와 가까운 고소쿠코베역까지 갈아타지 않고 곧장 이동할 수 있다.

❸ 한신 전철 고베산노미야역

神戸三宮

승강장은 지하 2층에 있고, 서쪽 출구로는 고베 한큐 백화점, 동쪽 출구로는 버스 터미널이 있는 민트 고베 쇼핑몰과 직결된다. 긴테쓰 전철과 상호 직통운행하여 긴테쓰 전철 오사카난바역~고베산노미야역, 긴테쓰 전철 긴테쓰나라역~고베산노미야역 구간을 환승 없이 이용할 수 있다.

❹ 포트라이너 산노미야역 三宮

고베 공항과 산노미야를 잇는 포트라이너의 기·종착역이다. JR 산노미야역의 남쪽에 있으며, 각 역에서 육교와 지하도로 연결된다.

❺ JR·한신 전철 모토마치역 元町

JR 산노미야역 또는 한신 전철 고베산노미야역에서 서쪽으로 1정거장이다. 난킨마치나 구거류지에 가려면 이곳에서 내리는 게 가깝다. JR 오사카역과도 환승 없이 연결된다.

❻ JR 고베역 神戸

JR로 엔터테인먼트와 야경 명소인 고베 하버랜드로 곧장 가고 싶을 때 이용한다. JR 산노미야역과는 신쾌속을 타고 1정거장이고, JR 오사카역과도 바로 연결된다. 한큐·한신 전철과 상호 직통운행하는 고베 고속전철 고소쿠코베역, 지하철 하버랜드역과 지하로 연결돼 있다.

❼ 고베 고속전철 고소쿠코베역 高速神戸

한큐·한신·산요·고베 전철과 상호 직통운행하는 고베 고속전철 역이다. 한큐·한신 전철 고베산노미야역과 2정거장, 한신 전철 모토마치역과 1정거장이며, 고베 하버랜드와는 도보 10~15분 거리다. 야경 감상 후 곧바로 오사카로 돌아올 때 편리하다.

Area Guide ❸

고베 시내 교통

고베 시내에는 여행자를 위한 시티 루프 버스와 포트 루프 버스, 롯코산·마야산에 갈 때 이용하는 시 버스, 시내 명소 및 아리마 온천을 오갈 때 이용하는 지하철, 고베 공항과 시내를 연결하는 포트라이너, 롯코 아일랜드와 시내를 연결하는 롯코 라이너 등의 교통수단이 있다. 시내 중심부 몇 군데만 둘러볼 예정이라면 걸어서도 충분히 다닐 수 있다.

버스

❶ 도심을 순환하는 관광 버스, 시티 루프 버스 City Loop Bus

주요 관광지 위주로 순회하는 클래식한 디자인의 버스다. JR 산노미야역, 구거류지, 난킨마치, 메리켄 파크 등 20여 개 정류장을 한 방향으로 순환하며 고베 시내 대부분 명소를 지나간다. 특히 고베 시가지의 양 끝인 고베 하버랜드와 기타노이진칸을 오갈 때 유용하며, 한국어 안내방송을 제공한다. 한 바퀴 도는 데 걸리는 시간은 약 1시간.

요금은 어느 정류장에서 탑승해도 같고, 3회 이상 탑승 시 고베 1-day 루프 버스 티켓을 사는 게 이득이다. 단, 이용객이 많은 극성수기에는 입석조차 힘들어 걸어가는 편이 빠를 수 있다는 점을 참고해서 계획을 세우자.

PRICE 300엔(초등학생 150엔, 1~5세는 보호자 1인당 2인 무료)
TIME 08:58~19:10/산노미야 센터가이 동쪽 출입구(한큐 백화점 건너편) 평일 출발 기준/15~20분 간격 운행
PASS 고베 1-day 루프 버스 티켓/
IC 카드·컨택리스 카드(VISA) 사용 가능
WEB www.shinkibus.co.jp/bus/

■ 시티 루프 버스 타는 방법

앞문으로 하차해 요금을 미리 내고 뒷문으로 내리는 방식이다. 탑승 시 IC 카드 또는 컨택리스 카드(VISA)는 앞문에 각각 설치된 단말기에 터치하고, 현금은 요금함에 넣는다. 지폐는 1000엔권만 사용 가능하니, 잔돈이 부족하면 요금함에 설치된 동전·지폐 교환기에서 바꾼다. 종이로 된 고베 1-day 루프 버스 티켓은 기사에게 보여주고, 모바일 티켓은 앞문 리더기에 스캔한다. 내려야 할 정류장이 다가오면 벨을 누르고 뒷문으로 내린다.

*컨택리스 카드(VISA)는 일일 상한 요금제(800엔)가 설정돼 있어서 3회 이상 탑승 시 고베 1-day 루프 버스 티켓과 같은 효과를 누릴 수 있다. 단, 다인승 결제 불가.

한국어를 지원하는 버스 내 모니터

❷ 역에서 베이 지역까지 빠르게, 포트 루프 버스 Port Loop Bus

JR 신고베역와 산노미야역부터 엔터테인먼트 시설이 밀집한 베이 지역을 연결하는 굴절버스. 산노미야에서 베이 지역으로 곧장 가고 싶을 때 시티 루프 버스 대신 이용하기 좋다. 메리켄 파크, 고베 포트 타워 등 14개 정류장에 정차하며, 이용 방법은 시티 루프 버스와 같다. 고베 1-day 루프 버스 티켓을 구매하면 시티 루프 버스를 포함해 무제한 탑승할 수 있다.

PRICE 230엔(초등학생 120엔, 1~5세는 보호자 1인당 2인 무료)
TIME 08:50~21:10/산노미야역 평일 출발 기준/20분 간격 운행
PASS 고베 1-day 루프 버스 티켓/IC 카드·컨택리스 카드(VISA) 사용 가능
WEB www.shinkibus.co.jp/bus/portloop/

■ 포트 루프 버스 타는 방법

시티 루프 버스와 달리 뒷문으로 승차해 앞문으로 내리며, 요금은 하차 시 앞문에서 낸다. 탑승 시 IC 카드 이용자는 뒷문 단말기에 터치하고, 컨택리스 카드(VISA)나 현금 이용자는 그대로 탑승한다. 그 외 요금 결제 방법은 시티 루프버스와 같으며, 컨택리스 카드(VISA) 일일 상한 요금제(800엔)도 똑같이 적용된다.

+MORE+

고베 1-day 루프 버스 티켓

고베 시내를 순환하는 시티 루프와 포트 루프 버스를 하루 3~4회 이상 타면 이득인 1일 승차권. 기타노이진칸의 일부 시설, 모자이크 대관람차, 선상 크루즈 등 관광시설 할인 혜택도 있다. 이용일에 해당하는 날짜 부분을 긁어서 기사에게 보여주는 스크래치식 승차권과 차량 리더기에 QR 코드를 스캔하는 모바일 승차권 2종류가 있다. 모바일 승차권은 모바일 앱 'RYDEPASS'에서 구매 가능. 2일권도 있다.

PRICE 800엔(6~11세 400엔)/2일권 1200엔(6~11세 600엔)
WHERE 차내(1일권은 운전기사에게 구매 가능), JR 산노미야역 남쪽 고베시 종합 인포메이션 센터, JR 신코베역 관광안내소, 신키 버스 고베 산노미야 버스 터미널, 모바일 앱 'RYDEPASS' 등

시티 루프 & 포트 루프 버스 노선도

❸ 때에 따라 이용하는, 시 버스 市バス

고베 시 버스는 노선과 정류장이 워낙 많고 복잡해서 여행자보다는 현지인이 주로 이용한다. 다만 시내 전 구간이 시티 루프 버스보다 저렴하므로 상황에 따라 탑승을 고려해볼 수 있다. 롯코산이나 마야산을 갈 때 이용하기 좋으며, 시내를 벗어나 외곽으로 나갈 때는 거리에 따라 추가 요금이 부과된다. 현금, IC 카드 사용 가능.

PRICE 230엔(6~11세 120엔, 1~5세는 보호자 1인당 2인 무료)
TIME 06:20~23:00경/노선마다 다름
PASS 고베 시 버스·지하철 1일 승차권 등

■ 시 버스 타는 방법

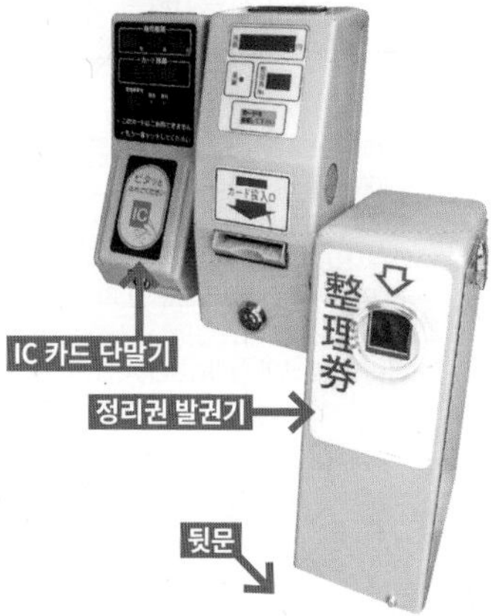

❶ 뒷문으로 승차한다. IC 카드는 단말기에 터치한다. 현금을 내고 원거리를 오가는 비고정 요금제 버스를 탈 땐 승차 계단 옆의 정리권 발권기에서 정리권(번호표)을 뽑는다.

❷ 모니터와 안내 방송을 확인하며 하차 전 벨을 누른다.

❸ 운전석 옆 요금함에 현금과 정리권(고정 요금제 버스는 생략)을 넣고 앞문으로 내린다. 잔돈이 부족하면, 요금함에 설치된 동전·지폐 교환기에서 잔돈을 바꿔서 낸다(지폐는 1000엔 권만 교환 가능). IC 카드 소지자는 카드 단말기에 카드를 터치한다.

지하철

고베 지하철은 세이신·야마테선(西神·山手線)과 가이간선(海岸線) 2개 주요 노선과 북쪽의 짧은 노선인 호쿠신선(北神線)으로 이루어져 있다. 세이신·야마테선 산노미야역과 가이간선 산노미야·하나도케이마에역은 JR 산노미야역, 한신·한큐 전철 고베산노미야역과 모두 지하도로 연결된다. 두 노선이 교차하는 환승역은 신나가타역이다. 시내에서는 이용할 일은 없지만, 산노미야 주변에서 교외 명소인 아리마 온천까지 갈 때 지하철을 탈 수 있다. IC 카드 및 컨택리스 카드(VISA) 사용 가능.

PRICE 1구간(~3km) 210엔, 2구간(3~7km) 240엔,
3구간(7~10km) 280엔/
*호쿠신선 1구간 280엔~
*6~11세는 성인 요금의 반값, 1~5세는 보호자 1인당 2인 무료
TIME 05:30~24:00경/노선마다 다름
PASS 간사이 레일웨이 패스, 고베 고베 시 버스·지하철 1일 승차권, 고베 지하철 1일 승차권, 고베 마치메구리 1Day 패스 등
WEB www.city.kobe.lg.jp

영어 화면이 지원되는
티켓 자동판매기

모노레일

포트라이너(ポートライナー)와 롯코라이너(六甲ライナー)는 각각 인공 섬 포트 아일랜드와 롯코 아일랜드로 가는 무인 모노레일로, 사철에 속한다. 포트라이너는 JR 산노미야역 2층에 있는 산노미야역에서 출발해 고베 공항으로 가고, 롯코라이너는 JR 산노미야역에서 3정거장 떨어진 JR 스미요시역에서 출발해 롯코 아일랜드로 향한다. 티켓 구매 방법은 지하철과 동일하다.

PRICE **포트라이너** 산노미야역 기준 1구간 210엔~(6~11세 100엔)/1일 승차권 710엔(6~11세 360엔)
롯코라이너 스미요시역 기준 1구간 201엔~(6~11세 100엔)/1일 승차권 550엔(6~11세 280엔)
TIME **포트라이너** 산노미야역 기준 05:40~24:15, **롯코라이너** 스미요시역 기준 05:57~24:26
PASS 간사이 레일웨이 패스, 포트라이너 1일 승차권, 롯코라이너 1일 승차권, 고베 마치메구리 1Day 패스 등
WEB www.knt-liner.co.jp

1981년 개통한 세계 최초의 무인 운행 모노레일, 포트라이너

바다를 향해 쭉 뻗은 레일을 따라 질주하는 즐거움을 맛볼 수 있다. 운전사가 없는 맨 앞자리를 노리자!

고베 지하철·철도·모노레일 노선도

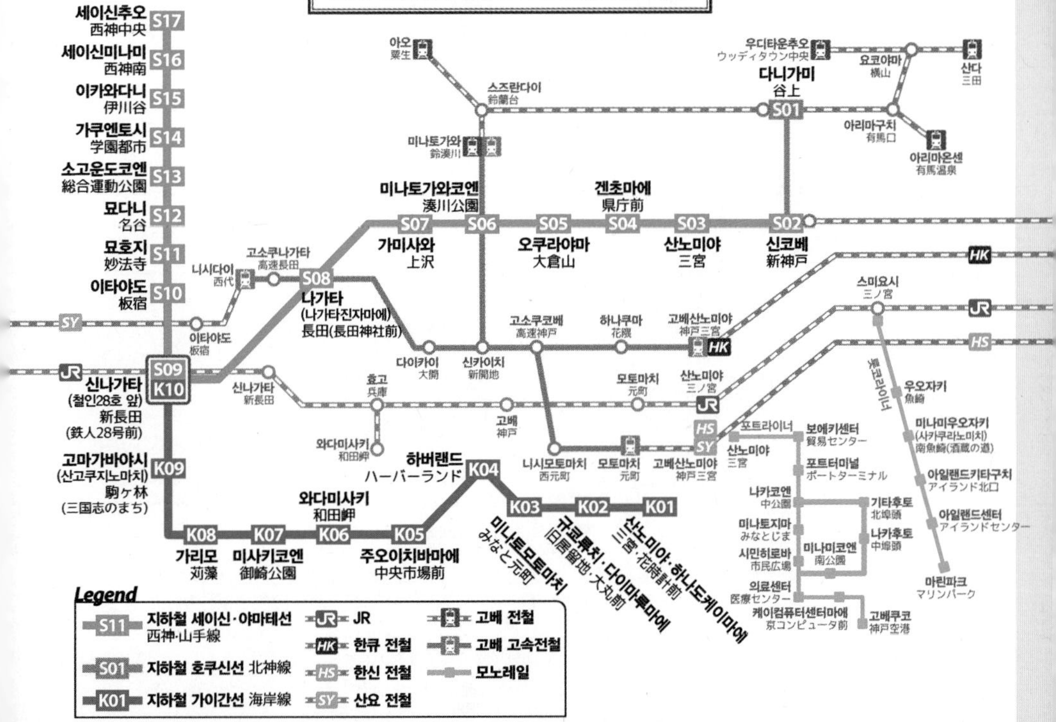

Area Guide ④

한눈에 보는 고베

아담한 항구도시 고베는 대부분 명소를 걸어서 둘러볼 수 있다. 북쪽에는 산, 남쪽에는 바다가 있어 저마다 다른 매력을 뽐내는 고베의 관광 지구들을 한눈에 쓱 살펴보자.

산노미야 & 모토마치

교통의 요지인 산노미야역을 중심으로 한 핵심 관광지구. 백화점과 옛 상점가, 세련된 잡화 & 커피 거리, 19세기 유럽풍 건축물들과 차이나타운이 자연스레 어우러진다.

베이 지역

고베항 서쪽의 엔터테인먼트 지구. 대형 쇼핑몰과 아쿠아리움, 호빵맨 박물관 등 다양한 즐길 거리와 더불어 일본을 대표하는 로맨틱한 야경 명소로 손꼽힌다.

기타노

클래식한 분위기의 카페와 빵집, 예쁜 잡화점, 19세기 서양식 주택단지들이 언덕을 따라 조르르 늘어선 낭만 지구!

Area Guide 4

고베 하이라이트 도장 깨기

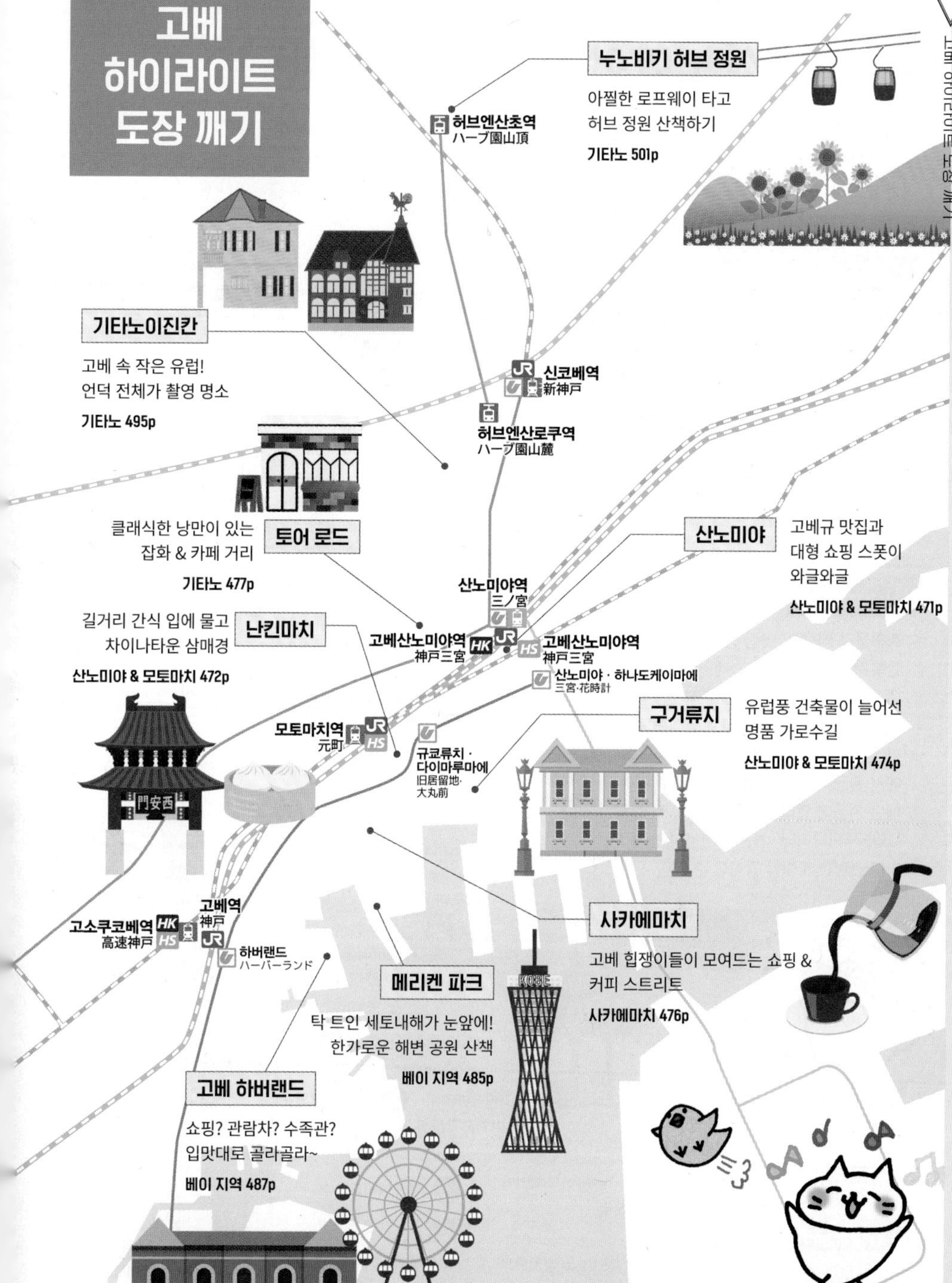

#Walk

가장 고베다운 여행법
산노미야三宮 & 모토마치元町

JR, 사철, 지하철 등 6개 노선이 교차하고, 각종 버스의 기점이 되는 산노미야는 고베 여행의 시작점이자, 가장 다채로운 고베의 매력을 품은 지구다. 150년 전 개항과 함께 세워진 유럽풍 건축물 사이사이로 오래된 상점가와 명품 거리가 교차하고, 대형 백화점과 이름난 베이커리, 차이나타운 등이 혼재하는 곳. 여기에 골목마다 들어선 감각적인 편집숍까지 가세한 이곳은 일본인들 사이에서도 워너비로 손꼽힌다.

Access

JR 산노미야역 또는 사철 한신·한큐 전철 고베산노미야역, 지하철 세이신·야마테선 산노미야역 앞이 모두 산노미야 일대다. 모토마치 지역은 JR·한신 전철 모토마치역에서 내리는 게 더 가깝지만, 역 간 거리가 1km 정도에 불과하고, 볼거리가 구석구석 이어지기 때문에 어느 역에 내리든 상관없이 둘러볼 수 있다.

Planning

쇼핑몰과 백화점, 맛집 등이 밀집한 도심 한복판이므로 날씨와 관계없이 일 년 내내 방문하기 좋다. 음력 설·추석 명절에는 차이나타운인 난킨마치에서 성대한 축제가 열려 볼거리가 다채롭지만, 전국 각지에서 관광객이 몰려들어 혼잡할 수 있다. 매년 겨울에 열리는 일본의 대표 빛 축제 '고베 루미나리에' 기간에 방문하면 거리마다 찬란한 불빛을 감상할 수 있다.

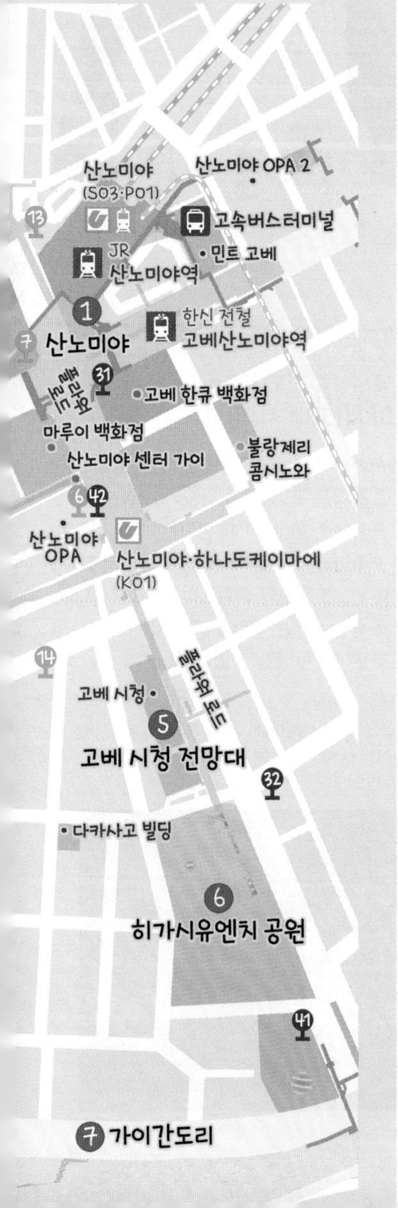

1 고베 여행의 즐거운 시작
산노미야 三宮

고베 교통의 중심지이자, 여행의 출발점. 남쪽으로 쭉 뻗은 플라워 로드 양옆으로 산노미야의 각 역들이 지하도로 연결된다. 한큐 백화점, 마루이 백화점, 산노미야 OPA, 산노미야 OPA 2, 아케이드 상점가 등 주요 쇼핑 시설과 유명 프랜차이즈 음식점이 가장 많다.
쇼핑 명소인 한큐 백화점은 지하 식품매장과 신관 4층의 잡화 쇼핑몰 로프트를 추천. 1층에 블루 보틀 커피가 입점해 있다. 트렌디한 맛집들을 방문하고 싶다면 한큐 전철 고베산노미야역 고가 밑, 고베 한큐빌딩 1층에 자리한 동서 약 100m 길이의 식당가 에키조(EKIZO)로 향하자. 고베 상점가 중 가장 활기 넘치는 산노미야 센터 가이(三宮センター街)에는 입구의 마루이 백화점을 시작으로 각종 생활잡화 브랜드와 패션 숍, 패스트푸드점이 몰려 있다. MAP ⑱-B

GOOGLE MAPS 고베산노미야역
WALK JR 산노미야역, 한신·한큐 전철 고베산노미야역, 지하철 산노미야·하나도케마에역 각 출구에서 바로

고베 한큐 백화점

민트 고베. 1층에 일본 전 지역을 연결하는 고속버스터미널이 있다.

산노미야 센터 가이

2

일본 최초의 아케이드 상점가

모토마치 상점가 元町商店街

에도 시대부터 번영한 상업 지구인 모토마치의 역사가 담긴 상점가다. JR·한신 전철 모토마치역에서 도보 3분 거리인 다이마루 백화점 앞 교차로에서 시작해 JR 고베역까지 1.2km가량 이어진다. 입구의 아치형 스테인드글라스 구조물이 상징으로, 140년 전통의 일본 아케이드 상점가의 시초 격이다. 오랜 세월 자리를 지켜온 노포를 비롯한 300여 곳의 상점이 여행자와 현지인을 반긴다. 남쪽에는 난킨마치가 형성돼 있다. **MAP ⑲-B**

GOOGLE MAPS 모토마치 상점가
OPEN 11:00~20:00/상점마다 다름
WALK JR·한신 전철 모토마치역 동쪽 출구로 나와 횡단보도를 건너 직진. 다이마루 백화점 맞은편
WEB kobe-motomachi.or.jp

지금이야 일본 어디서나 흔히 볼 수 있는 아케이드 상점가지만, 60여 년 전만 해도 이곳이 거의 유일했다고!

3

160여 년 역사의 본격 차이나타운

난킨마치(고베 차이나타운) 南京町

요코하마, 나가사키의 차이나타운과 더불어 '일본 3대 차이나타운'으로 꼽히는 곳. 붉은색 정자가 세워진 난킨마치 광장을 중심으로 300m가 채 안되는 메인 거리에 100여 개의 포장마차와 식당이 빽빽하게 들어서 있다. 대부분 만두, 면, 빵 위주의 중화요리를 판매하며, 걸으면서 가볍게 즐길 수 있는 간식거리도 많다. 지역이 작아서 20~30분이면 둘러볼 수 있다. **MAP ⑲-B**

GOOGLE MAPS 고베 난킨마치
WALK JR·한신 전철 모토마치역에서 도보 약 5분/한큐 전철 고베산노미야역 서쪽 출구로 나와 도보 약 10분
WEB www.nankinmachi.or.jp

홍등에 불이 켜지는 밤 풍경도 볼거리다.

다양한 길거리 간식을 구경하는 재미도 쏠쏠하다.

난킨마치의 추천 길거리 간식

이스트 로열 エストローヤル

바삭한 파이 반죽 안에 꽉 찬 슈크림빵으로 소문난 가게.

OPEN 10:00~18:30

고기만두가 메인인 중화 요릿집이지만, 최근 귀여운 곰과 고슴도치를 올린 참깨 당고로 인기 급상승 중!

OPEN 09:00~18:00 (토·일요일·공휴일 ~19:00)

덴시도 天獅堂

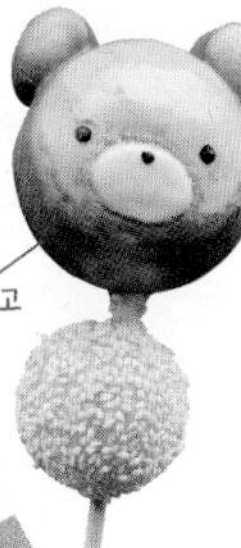

로쇼키 老祥記

1915년 오픈한 노포. 언제 가도 긴 행렬이 늘어선다. 센 불에 10분 정도 쪄낸 부타망(豚まん, 5개 600엔)이 명물이다.

OPEN 10:00~18:30(다 팔리면 영업 종료)

난킨마치의 입구인 장안문(長安門). 다이마루 백화점 맞은편에 있다.

타피오카와 젤리를 토핑한 안닌토후, 아이교쿠 젤리 (愛玉ゼリ, 450엔)

덴후쿠메이차 天福茗茶

보드랍고 탱글탱글한 식감의 중국식 푸딩 안닌토후(杏仁豆腐)와 차 전문점. 중국의 인기 프랜차이즈다.

OPEN 1층 숍 10:30~19:00, 카페 11:30~18:00(L.O.17:30)

윤윤 YUNYUN

중화요리 테이크아웃 전문점. 샤오룽바오의 밑면을 바삭하게 튀겨낸 야키쇼롱포(焼き小籠包, 3개 400엔)가 간판 메뉴다.

OPEN 11:00~18:00

④ 유럽 느낌 물씬 나는 가로수길
구거류지 旧居留地

19세기 후반 고베 개항과 함께 도로, 수도, 가스관까지 모두 유럽식으로 정비했던 외국인 거주 지구다. 현재는 1900년대 지은 서양식 건축물에 백화점, 명품 브랜드숍, 고급 레스토랑 등이 입점하면서 현대적인 모습으로 여행자를 맞이하고 있다. 난킨마치 장안문 맞은편 다이마루 백화점에서 동쪽의 고베 시청과 히가시유엔치 공원에 둘러싸여 있으며, 동서남북을 다 합쳐도 둘러보는 데 30분이면 충분한 작은 지구다. 바다를 향해 걷다 보면 자연스레 메리켄 파크, 고베 하버랜드와 연결된다. MAP ⑲-B

GOOGLE MAPS 다이마루 고베점
WALK JR·한신 전철 모토마치역 동쪽 출구로 나와 횡단보도를 건너 다이마루 백화점을 바라보며 직진
WEB www.kobe-kyoryuchi.com

구거류지의 상징인 다이마루 백화점

+MORE+

구거류지 근대 건축 답사기

■ 38번관 38番館
다이마루 백화점 남쪽 모퉁이에 있는 미국풍 르네상스 양식의 건물. 각종 명품 브랜드가 입점해 있다.
GOOGLE MAPS 구거류지 38번관

■ 15번관 15番館
유일하게 남은 구거류지 전성기 시절의 건축물. 미 영사관 건물로 지어져 현재는 카페로 쓰인다.
GOOGLE MAPS old kobe 15th hall

■ 쇼센미쓰이 빌딩 商船三井ビル
구거류지의 상징 중 하나. 1922년에 지어져 오사카 상선 고베 지점으로 사용됐다.
GOOGLE MAPS 쇼센미쓰이 빌딩

■ 고베 시립박물관 神戸市立博物館
1935년에 지은 은행 건물을 고대 그리스식 건축 양식으로 개조했다. 국보, 중요문화재 등을 소장하고 있다.
GOOGLE MAPS 고베시립박물관

■ 다카사고 빌딩 高砂ビル
1949년 건축된 오피스 빌딩. 초창기 건물 소유주였던 모자 제작사 다카사고 코미치의 모자 가게를 비롯해 편집숍, 바, 음악 살롱, 갤러리 등이 입주해 있다.
GOOGLE MAPS 다카사고 빌딩

5 무료 전망대에 올라볼까?
고베 시청 전망대 神戸市役所展望ロビー

고베 시청 24층에 마련된 무료 전망대다. 남쪽으로는 메리켄 파크, 포트 아일랜드 등이 내다보이며, 북쪽으로는 산노미야, 기타노이진칸, 고베시를 둘러싼 롯코산이 펼쳐진다. 일몰 30분 후부터 밤 11시까지는 고베시를 상징하는 3개의 마크가 롯코산 자락에서 불을 밝히는 진풍경도 감상할 수 있다. 1층 로비에서 전망대 전용 엘리베이터를 타고 올라간다. **MAP ⑲-B**

GOOGLE MAPS 고베 시청 전망대
ADD 6-5-1 Kanocho, Chuo Ward(초록색 고베 시청 로고 간판이 걸린 고층 빌딩)
OPEN 09:00~22:00(토·일요일·공휴일 10:00~)/ 12월 29일~1월 3일 및 설비 점검일 1일 휴무
PRICE 무료
WALK JR 산노미야역 또는 한큐·한신 고베산노미야역 각 출구로 나와 남쪽으로 도보 약 6분

: WRITER'S PICK :

고베 루미나리에

평소에는 한적하고 여유로운 가로수길인 구거류지와 히가시유엔치 공원, 그리고 메리켄 파크에서는 겨울마다 '빛의 축제' 고베 루미나리에(神戸ルミナリエ)가 열흘간 개최돼 일대를 온통 화려한 조명으로 수놓는다. 한신·아와지 대지진의 희생자를 기리기 위해 1996년부터 시작된 축제로, 매년 많은 관람객을 불러 모으며 도시 부흥에 힘쓰고 있다.

WEB www.feel-kobe.jp/kobe_luminarie

1995년 한신·아와지 대지진 추모 공간

6 고베 시민이 사랑하는 오픈 스페이스
히가시유엔치 공원 東遊園地

1875년 조성된 일본 최초의 서양식 공원. 2023년 재개장해 한층 쾌적해졌다. 공원 내에는 1995년 한신·아와지 대지진 때 시간이 그대로 멈춘 금빛 시계 조각상과 지진 희생자를 기리는 폭포 기념비가 있다. 폭포 기념비 지하 추모 공간에는 희생자의 이름을 새긴 돌이 있고 유리 천장 위로는 폭포수가 떨어져, 그 소리가 애처로움을 자아낸다. 고베 루미나리에의 시작점이기도 하다. **MAP ⑲-B**

GOOGLE MAPS 히가시유엔치
ADD 6 Chome Kanocho, Chuo Ward
OPEN 24시간 **PRICE** 무료
WALK 고베 시청 바로 옆

7 고베 힙쟁이들이 모이는 곳
사카에마치 栄恵町

고베만의 개성 가득한 앤티크 수공예 잡화점, 패션숍 등이 오밀조밀 모여 있는 컬처 지구다. 최근엔 '커피 스트리트'로도 주목받는 중. 유명 브랜드나 프랜차이즈 매장을 철저히 배제해 일반적인 쇼핑 스트리트보다 훨씬 유니크하다. 상점 수는 200곳이 넘지만, 오래된 건물 2~3층이나 후미진 골목에 작게 자리 잡아서 간판을 잘 살피면서 다녀야 거리의 진정한 매력을 느낄 수 있다. 지역의 중심축은 차이나타운 난킨마치 끝자락에서 동서로 펼쳐진 사카에마치도리와 이와 나란히 놓인 가이간도리(海岸通)다. 볼거리는 두 대로 사이에서 평행을 이루며 뻗어 있는 800m 길이의 좁은 골목, 오쓰나카도리(乙仲通)에 집중해 있다. 오쓰나카도리는 1920~1940년대 이곳을 활보하던 운송·물류업자들을 뜻하는 '오쓰나카상(乙仲さん)'에서 이름이 유래했다. MAP ⑲-B

GOOGLE MAPS 사카에마치 거리 고베
ADD 3-1-18 Sakaemachidori, Chuo Ward
WALK 지하철 가이간선 미나토모토마치역 출구에서 바로/JR 모토마치역 출구에서 남쪽으로 도보 약 8분/시티 루프 버스 난킨마치(차이나타운) 하차 후 바로

+MORE+

사카에마치 잡화 & 카페 TOP 3

■ 비보 바 ViVO, VA

일본과 북유럽산 수공예 잡화와 그릇, 식료품, 가구 등을 판매한다. 선별하는 브랜드와 제품이 모두 상당한 하이퀄리티를 자랑한다.

GOOGLE MAPS M5PQ+P3 고베
OPEN 11:00~19:30/부정기 휴무

■ 보이스 오브 커피 VOICE of COFFEE

사카에마치를 커피 스트리트로 이끈 곳. 원두 판매가 메인으로, 핸드드립 커피(테이크아웃)도 제공한다.

GOOGLE MAPS 보이스 오브 커피
OPEN 11:00~19:00/수요일 휴무

■ 포레토코 Poletoko

나무를 깎아 만든 조각품과 도장, 카드 홀더, 풍경(風磬) 등을 판매한다. 몇 번이나 다듬고 또 다듬어서 만든 핸드메이드 작품이라 동작과 표정 모두 제각각인 게 매력!

GOOGLE MAPS 포레토코
OPEN 11:00~18:30/수요일 휴무

귀여운 포레포레 동물 시리즈. '포레포레'는 스와힐리어로 '천천히'라는 뜻이다.

201년 창건됐다고 전해지는 신사 입구의 로몬

본전

8 1800년간 고베를 지켜왔다네
이쿠타 신사 生田神社

연인과의 사랑이나 원만한 부부관계를 관장하는 여신을 모시는 신사로, 일본 고대 역사서 <일본서기>에도 등장할 정도로 유서 깊은 곳이다. 1184년 전국 시대를 종결한 세키가하라 전투의 결전지 중 하나라서 신사의 에마(絵馬)에는 '승리의 신'으로 여겨지는 헤이안 시대 무장 다이라노 기요모리의 모습이 그려져 있다. 경내는 크지 않지만, 입구의 주홍빛 로몬(楼門, 루문)이 매우 화려하다. MAP ⑱-B

GOOGLE MAPS 이쿠타 신사
ADD 1-2-1 Shimoyamatedori, Chuo Ward
OPEN 09:00~17:00
PRICE 무료
WALK JR 산노미야역 및 한큐·한신 전철 고베산노미야역 각 출구로 나와 북쪽으로 도보 약 10분
WEB www.ikutajinja.or.jp

: WRITER'S PICK :

고기 러버들의 성지, 이쿠타 로드 Ikuta Road

고가철도가 있는 산노미야추오도리(三宮中央通り)부터 이쿠타 신사 앞까지 남북으로 이어진 길이 약 200m의 참배길이다. 거리 양쪽으로 고베의 내로라하는 고베규 스테이크 식당과 주점이 늘어서 있어 미식 여행자들이 즐겨 찾는다.

9 걷다 보면 어느새 기타노이진칸!
토어 로드 トアロード

산노미야·모토마치역의 중간 부근에서 기타노도리(北野通り)까지 남북으로 이어진 언덕길. 아기자기한 수입 잡화점, 앤티크숍, 카페 등이 양옆으로 늘어선 길을 따라 북쪽으로 올라가면 기타노이진칸과 이어진다. 개항 당시 남쪽 외국인 상업시설과 북쪽 외국인 주거지역을 잇는 중심 역할로 번성해 왔고, 1908년 거리 끝에 세워진 토어 호텔에서 이름이 유래했다고 전해진다. MAP ⑱-B

GOOGLE MAPS tor rd
ADD 3-1-15 Shimoyamatedori, Chuo Ward
WALK JR 산노미야역 및 한큐·한신 전철 고베산노미야역 각 출구로 나와 서쪽으로 도보 약 7분

눈앞에서 지글지글!

고베규 스테이크

고베에 가면 고베규를 먹어야 한다는 건 일본인의 '국룰'. 일본의 3대 와규 중 하나로 손꼽히는 최고급 고베규를 눈앞에서 지글지글 구워내는 일품 스테이크집을 소개한다.

첫 조각은 소금만 살짝 찍어 고기 본연의 맛을 제대로 느껴보자.

140년간 다져온 고베규 철학

모리야 본점 モーリヤ

정통 고베규 스테이크를 선보이는 노포 레스토랑. 차분한 분위기와 품격 있는 서비스를 자랑한다. 고기의 종류는 최고급 인증 마크를 받은 고베규(神戸牛), 고베규의 혈통을 이어받은 1세 미만의 어린 암소 겐센규(厳選牛) 2가지다. 런치 메뉴는 120g에 8020엔부터. 모든 스테이크 메뉴에는 샐러드, 구운 채소, 밥, 된장국, 채소절임 등이 곁들여진다. 저녁에는 고기 양과 세트 구성에 따라 가격이 조금 더 오른다. 홈페이지에서 한국어로 예약 가능(신용카드 선불 결제). **MAP ⑱-B**

GOOGLE MAPS 모리야 본점
ADD 2-1-17 Shimoyamatedori, Chuo Ward
OPEN 11:00~22:00(L.O.21:00)
WALK JR 산노미야역 서쪽 출구 및 한큐·한신 전철 고베산노미야역 각 출구로 나와 도보 약 3분
WEB www.mouriya.co.jp

전 좌석에서 셰프의 요리를 볼 수 있다.

원조라는 자부심으로 똘똘

스테이크 미소노 고베 본점 ステーキ みその

1945년 일본 최초로 철판 스테이크를 선보인 레스토랑이다. 고기의 종류는 순수 혈통 고베규와 일본산 최고급 흑소인 구로게와규(黒毛和牛) 2가지. 기본 B 런치(8250엔)는 A4 등급 구로게와규 안심 스테이크(100g), 샐러드, 구운 야채 3종, 밥, 된장국, 밑반찬, 커피가 나온다. 고베규 인증 마크를 획득한 최고급 등심 스테이크를 맛보려면 고베규 런치(150g, 2만3100엔)를 주문하자. 디너 코스로는 구로게와규(150g)가 1만7600엔부터, 고베규(150g)가 3만800엔부터다. **MAP ⑱-B**

GOOGLE MAPS 미소노 고베점
ADD 1-1-2 Shimoyamatedori, Chuo Ward
OPEN 11:30~14:30(L.O.13:30), 17:00~22:00(L.O.21:00) /연말연시 휴무
WALK JR 산노미야역 서쪽 출구 및 한큐 전철 고베산노미야역 서쪽 출구로 나와 도보 약 3분(건물 7·8층)
WEB www.misono.org

맛과 분위기, 서비스까지 다 잡았다!

스테이크 아오야마 ステーキアオヤマ

1963년 토어 로드에 문을 연 노포 맛집. 창업 때부터 사용한 25mm 두께의 두툼한 철판에 와규 스테이크를 촉촉하게 구워 낸다. 런치의 특선 와규 스테이크는 5610엔부터. 디너 타임의 대표 스테이크인 아오야마 특선 마야 코스(青山特選摩耶コース)는 9900엔(130g)으로, 최상급 구로게와규의 안심 또는 등심 스테이크에 두부, 구운 채소, 신선한 샐러드, 밥, 된장국, 채소절임 등이 곁들여진다. MAP ⑱-B

GOOGLE MAPS 고베 스테이크 아오야마
ADD 2-14-5 Shimoyamatedori, Chuo Ward
OPEN 12:00~14:00, 15:00~21:00/수요일(공휴일인 경우 그다음 날)·연말연시 휴무
WALK 토어 로드 입구에서 북쪽으로 도보 약 6분
WEB www.steakaoyama.net

스페셜 스테이크 런치

아들과 함께 운영 중인 창업자 셰프. 고베 관광 안내도 해드립니다!

: WRITER'S PICK :

일본의 3대 와규 和牛(일본 소) **중 하나, 고베규** 神戸牛

고베규란 고베가 속해 있는 효고현의 다지마(但馬)에서 자란 검은 씨숫소, 다지마 소의 혈통 중 일정 기준을 충족한 최고급 품질의 소고기를 말한다. 다지마 소는 안개가 많이 낀 자연 환경에서 높은 습도를 머금은 풀을 먹고 자라 육질이 부드럽고 지방이 많다. 스테이크에 사용하는 대표적인 부위는 설로인(등심 부위 중 채끝에 해당), 필레(안심), 럼프(우둔살) 등이며, 가게마다 부위를 일컫는 명칭이 조금씩 다르다. 레스토랑마다 인증 마크가 찍힌 고베규 외에도 고베시가 속한 효고현에서 사육한 넓은 의미의 고베규 브랜드를 사용한다.

고베규 스테이크 런치

싸고 푸짐하게 먹는 고베규

스테이크랜드 고베점 ステーキランド

적은 예산으로 스테이크를 먹고 싶을 때 가장 추천하는 곳이다. 점심에는 고베규를 3500엔(150g)부터, 저녁에는 7480엔(180g)부터 밥, 국, 샐러드, 구운 채소, 음료가 제공되는 세트 메뉴를 푸짐하게 즐길 수 있다. 단, 가격이 저렴한 대신 서비스의 질과 분위기를 기대하기는 어렵다. 한 블럭 떨어진 곳에 있는 고베칸점은 브레이크 타임(14:00~17:00)이 있다. MAP ⑱-B

고베점

고베칸 입구. 6층에 있다.

GOOGLE MAPS 스테이크랜드 고베점
ADD 1-8-2, Kitanagasadori, Chuo Ward
OPEN 11:00~21:00
WALK 한큐 전철 고베산노미야역 서쪽 개찰구로 나와 도보 약 1분
WEB steakland-kobe.jp

스테이크가 부럽지가 않어 ♪

소고기카츠 vs 소고기덮밥

서양식 육류 요리가 발달한 고베에서는 스테이크 말고도 다양한 소고기 요리를 맛볼 수 있다.

히레카츠레츠 히가시(東) 세트(100g 2800엔).
새우튀김, 샐러드, 수프, 밥을 곁들인
모토마치히가시점 한정 메뉴.

로스트 비프동

고베 경양식의 자존심

그릴 잇페이 모토마치히가시점 グリル一平

고베 경양식집 중 첫손에 꼽히는 곳. 1952년 문을 열고 4대째 레시피를 전수해온다. 시그니처 메뉴는 소고기 안심을 레어로 튀긴 히레카츠레츠(ヘレーカツレツ, 100g 2800엔~). 고기양은 적은 편인데, 밥양은 추가 요금 없이 소·중·대 중 선택할 수 있다. 진한 데미글라스소스가 일품인 오므라이스(1000엔)도 대표 메뉴다. 산노미야점보다 2019년 오픈한 모토마치히가시점의 대기 시간이 좀 더 짧다. **MAP ⑱-B**

GOOGLE MAPS 그릴 잇페이 모토마치히가시점
ADD 2-3-2, Motomachidori, Chuo Ward
OPEN 11:00~14:30, 17:00~20:00/목요일 휴무
WALK JR 모토마치역 서쪽 출구로 나와 도보 약 3분(모토마치 상점가 내 건물 지하 1층)
WEB grill-ippei.co.jp

오므라이스

고베를 대표하는 소고기덮밥집

레드록 본점 RedRock

야들야들한 소고기가 산처럼 쌓인 덮밥 비주얼로 유명한 곳. 고베에서 시작해 일본 전역에 지점을 뒀다. 레어로 구운 소고기 위에 산뜻하고 달콤한 간장소스, 마요네즈, 고춧가루, 날달걀 등을 얹어 먹는 로스트 비프동(보통 1500엔)과 육즙을 가득 머금은 스테이크 덮밥인 특선 스테이크동(보통 2000엔)이 대표 메뉴다. 고베에는 본점 외 산노미야역 동쪽에도 지점이 있으며, 오사카 아메무라점(203p)도 인기다. **MAP ⑱-B**

GOOGLE MAPS 레드락 본점
ADD 1-31-33 Kitanagasadori, Chuo Ward
OPEN 11:30~21:00
WALK 한큐 전철 고베산노미야역 서쪽 개찰구로 나와 도보 약 2분
WEB redrock-kobebeef.com

스테이크동

온갖 달콤한 것들의 도시

고베 빵 & 디저트

빵과 케이크의 도시인 고베에서는 내로라할 디저트 전문점이 줄을 잇는다. 개항 이후 영국인과 프랑스인이 하나둘 빵집을 개업하면서 빵 문화가 발달한 고베는 오늘날 일본에서 가장 빵과 케이크 전문점이 많고 소비율도 높은 도시로 손꼽힌다.

프랑스 정통 파티스리의 맛!

몽플류 Mont Plus

파리의 인기 디저트숍에서 오랜 경력을 쌓은 셰프 파티시에가 운영한다. 내로라하는 케이크 명가가 모두 모인 고베에서도 톱의 자리를 줄곧 놓치지 않는 곳. 유럽산 고급 재료를 아낌없이 사용한 20여 종의 케이크가 손님을 유혹하는데, 샴페인이나 과일주 등 알코올을 가미해 고급스러운 풍미의 케이크가 주 종목이다. 한쪽에는 테이블석(~16:00까지 주문)이 마련돼 있다. 케이크 1조각 500~600엔대. 음료 550엔~.

MAP ⑲-A

GOOGLE MAPS 몽플류
ADD 3-1-17 Kaigandori, Chuo Ward
OPEN 10:00~18:00(L.O.16:00)/화요일·월 2회 수요일 부정기 휴무
WALK 지하철 미나토모토마치역 2번 출구에서 도보 약 2분
WEB www.montplus.com

세계 초콜릿 챔피언의 가게

라브뉴 L'Avenue

고베에서 제일가는 초콜릿 전문점. 2009년 월드 초콜릿 마스터 대회에서 우승한 오너 파티시에가 만든 케이크와 구움 과자를 맛볼 수 있다. 세계 대회 우승을 안긴 주인공인 모드(Mode)는 3종의 초콜릿과 향긋한 헤이즐넛, 애프리콧을 첨가한 것으로, 진열하자마자 완판되기 일쑤다. 케이크 1조각 500~800엔대. 70m 거리에 2022년 오픈한 2호점 라브뉴 비스(bis)의 초콜릿 아이스크림도 인기다. MAP ⑱-B

GOOGLE MAPS 고베 라비뉴
ADD 3-7-3 Yamamotodori, Chuo Ward
OPEN 10:30~18:30/수요일 휴무(화요일 부정기 휴무)
WALK 토어 로드 호텔에서 북쪽으로 도보 4분/시티 루프 버스 기타노코보노마치(北野工房のまち) 하차 후 사거리에서 좌회전해 바로
WEB www.lavenue-hirai.com

무스 케이크와 플뢰르 드 루즈

밀크잼 한 병 업어가세요

파티스리 아키토 Patisserie Akito

달콤한 밀크잼과 케이크로 이름을 떨친 유명 파티시에 다나카 아키토의 양과자점이다. 효고현 목장에서 짠 우유를 2시간 동안 졸여 만든 캐러멜 맛 밀크잼(140g, 980엔)은 구움과자나 아이스크림과 환상 궁합. 테이블이 넉넉해 맛보고 가기에도 좋다. **MAP ⑲-A**

GOOGLE MAPS 파티세리 아키토
ADD 3-17-6 Motomachidori, Chuo Ward
OPEN 10:30~18:30(카페 L.O.18:00)/화요일(공휴일인 경우 그다음 날) 휴무
WALK JR·한신 전철 모토마치역 서쪽 출구로 나와 도보 약 5분
WEB kobe-akito.com

고베 '빵지순례'의 시작은 이곳부터

불랑제리 콤시노와 Boulangerie Comme Chinois

고베 빵집을 소개할 때 빼놓을 수 없는 곳. 60종 이상의 수준 높은 빵과 케이크를 선보이며, 점심(11:45~14:30)에는 파스타, 함박 스테이크, 카레 등도 선보인다. 점심 가격은 1760엔~. 빵을 고르기 전에 자리를 먼저 확보해야 하며, 1인 1음료가 원칙. **MAP ⑱-B**

GOOGLE MAPS 브란제리 콤 시노와
ADD 7-1-15 Gokodori, Chuo Ward(지하)
OPEN 08:00~17:00(카페 ~18:00)/월요일 휴무
WALK 지하철 산노미야·하나도케이마에역 3번 출구로 내려가자마자 오른쪽
WEB comme-chinois.com

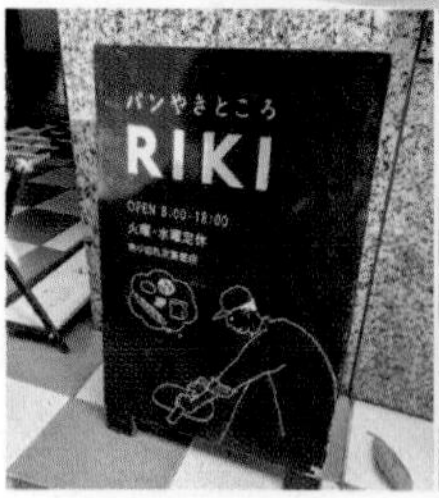

굽는 즉시 팔리는 소문의 빵집

베이커리 리키 パンやきどころ RIKI

제빵 고수들이 차고 넘치는 고베에서 2013년 오픈, 10년이 지나도록 인기가 식을 줄 모르는 빵집. 오픈런한 수십 명의 손님으로 시작해 하루 종일 긴 행렬이 늘어선다. 아침부터 저녁까지 쉴 새 없이 구워내는 200~300엔대 빵 종류는 무려 200종 이상! 매장 규모가 작아서 한 번에 6명씩만 입장해야 하는 불편함이 있지만, 기다린 보람은 그 이상이다. **MAP ⑲-A**

GOOGLE MAPS 베이커리 리키
ADD 2-7-4 Sakaemachidori, Chuo Ward
OPEN 08:00~18:00/화·수요일 휴무
WALK JR·한신 전철 모토마치역 서쪽 출구로 나와 도보 약 2분

08:30~11:30에 제공하는 조식 세트(1000엔~)도 인기!

고베 커피의 역사

니시무라 커피 나카야마테 본점

にしむら珈琲店

80여 년 전 3석 규모의 조촐한 회원제 카페로 시작한 고베 커피 문화의 선구자. 중후한 6층짜리 독일식 목조 건물이 멀리서도 눈에 띈다. 대표 메뉴인 오리지널 블렌드 커피(700엔)는 엄선한 원두 6종을 사용해 신맛과 쓴맛을 적절히 배합했고, 토스트나 디저트류의 수준도 매우 높다. 오래되어 반질반질한 마루와 목조 테이블, 정중한 서비스가 커피의 품격을 더하는 곳. 고베, 오사카 등 간사이 지역에 10여 곳의 지점이 있다. MAP ⑱-B

GOOGLE MAPS 니시무라 나카야마테 본점
ADD 1-26-3 Nakayamatedori, Chuo Ward
OPEN 08:30~23:00
WALK 이쿠타 신사에서 북쪽으로 도보 약 5분
WEB www.kobe-nishimura.jp

제빵계의 마이스터는 오늘도 진화 중

이스즈 베이커리 모토마치점

イスズベーカリー

1946년 창업한 빵집으로, 1998년 고베시로부터 빵 부문 최초로 '고베 마이스터' 인증을 받았다. 장시간 발효한 천연효모를 사용해 건강한 빵을 만들며, 무려 170여 종에 달하는 빵에 시즌별 신메뉴도 꾸준히 내놓는 부지런한 빵집이다. 빵은 1개당 보통 200~400엔대로, 대표 빵은 얇고 기다란 소시지를 담백한 빵에 돌돌 만 토레론. 양이 많다면 반 줄짜리를 사서 맛보자. 본점 포함 총 4곳의 매장 중 모토마치점의 규모가 가장 크다. MAP ⑲-B

GOOGLE MAPS 이스즈 베이커리 모토마치
ADD 1-11-18 Motomachidori, Chuo Ward
OPEN 08:00~21:00
WALK JR·한신 전철 모토마치역 동쪽 출구에서 도보 약 2분
WEB isuzu-bakery.jp

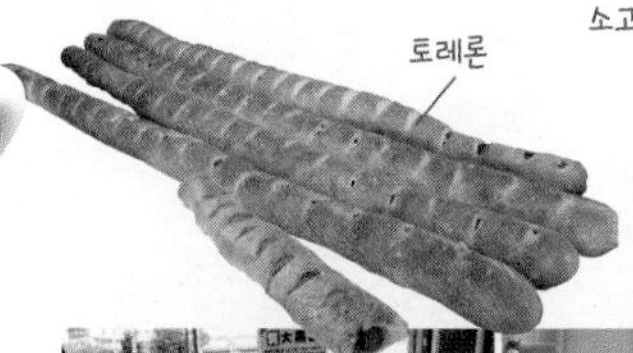

#Walk

항구도시의 매력이란 이런 것

베이 지역

고베의 사랑스러움이 꿀처럼 뚝뚝 떨어지는 해안 지구다. 새빨간 고베 포트 타워로 상징되는 메리켄 파크에서 시원한 바닷바람을 맞으며 해변공원의 여유를 만끽한 후, 고베에서 가장 액티브한 구역인 고베 하버랜드로 발걸음을 옮겨보자. 대형 쇼핑몰과 관람차, 호빵맨 박물관 등으로 한낮을 즐기고 나면, 간사이 최고의 야경 명소로 꼽히는 고베항의 불빛이 당신을 기다린다.

Access

JR·사철·지하철

- **JR 고베역, 한큐·한신 전철 고소쿠코고베역, 지하철 가이간선 하버랜드역:** 위의 역에서 내리면 바로 하버랜드다. 산노미야역에서 갈 때는 시티 루프 또는 포트 루프 버스를 타고 이동하며, 고베 포트 타워까지 15분 정도 소요된다. 산노미야역에서 베이 지역까지는 약 2km밖에 되지 않으므로, 천천히 시가지를 구경하면서 걸어가는 것도 좋은 방법이다.

Planning

일 년 내내 활기 넘치는 관광 지구이므로 연중 어느 때 방문하더라도 비슷한 분위기를 느낄 수 있다. 밤의 부둣가와 야경이 아름답기로 손꼽히는 곳이어서 한겨울에 가도 낭만적이다.

해변 극장을 표현한 조각품

1 해변공원만의 특별한 낮과 밤
메리켄 파크 メリケンパーク

개항 당시 무역 교류가 활발하던 메리켄 부두와 나카톳테(中突堤) 제방 사이의 바다를 메워 조성한 푸른빛의 해변공원이다. 고베 포트 타워, 고베 해양박물관·가와사키 월드, 고베항 지진 메모리얼 파크 등을 품에 안고 있으며, 밤이면 반짝이는 야경을 즐길 수 있다. 2017년 오픈과 동시에 메리켄 파크의 상징이 된 스타벅스 메리켄파크점(08:00~22:00/부정기 휴무)은 배와 항구를 모티프로 지은 건물이 인상적이며, 테이블에서 유리창을 통해 바라보는 메리켄 파크 전망 또한 아름답다. 참고로 메리켄이란 과거 '아메리칸'을 뜻하던 일본어다. **MAP ⑲-D**

GOOGLE MAPS 메리켄 공원
ADD 2 Hatobacho, Chuo Ward
OPEN 24시간
PRICE 무료
WALK 시티 루프 버스·포트 루프 버스 메리켄파크 하차 후 바로

고베 포트 타워와 스타벅스 메리켄 파크점

거대한 물고기 조각상 '피시 댄스'는 1987년 개항 120주년을, 'BE KOBE' 조형물은 2017년 개항 150주년을 맞이하며 세운 메리켄 파크의 명물!

② 지진, 그날의 기록
고베항 지진 메모리얼 파크
神戸港震災メモリアルパーク

1995년 한신·아와지 대지진 당시 엄청난 피해를 당한 방파제 일부를 파괴된 상태 그대로 보존한 공원이다. 지진 이후 71억엔의 자금을 지원받아 지진의 아픔과 재기를 후세에 전할 목적으로 만들었다. **MAP ⑲-D**

GOOGLE MAPS 고베항 지진 메모리얼 파크
OPEN 24시간 **PRICE** 무료
WALK 메리켄 파크 동쪽 끝

③ 심상치 않은 비주얼의 전망 타워
고베 포트 타워 神戸ポートタワー

고베의 상징인 높이 108m짜리 전망 타워. 3년간의 보수 공사를 끝으로 2024년 재개장했다. 총 5층 구조로 된 상부의 전망층은 고베의 풍경을 한층 시원하게 조망할 수 있는 옥상 전망대(5층에서 계단으로 연결), 5층은 실내 전망대, 4층은 빛으로 사랑을 표현한 테마 뮤지엄, 3층은 360° 회전하는 전망 카페 & 바, 1·2층은 기념품숍과 갤러리가 있다. 1~4층 구조의 저층 구역은 카페와 레스토랑, 기념품숍, 티켓 카운터가 있다. **MAP ⑲-C**

GOOGLE MAPS 고베 포트 타워
ADD 5-5 Hatobacho, Chuo Ward
OPEN 09:00~23:00(저층 카페 & 레스토랑 11:00~21:00, 저층 숍 10:00~20:00)
PRICE 전망층+옥상 전망대 1200엔(초등·중학생 500엔), 전망층 1000엔(초등·중학생 400엔)
WALK 시티 루프 버스·포트 루프 버스 포트 타워 앞 하차 후 바로/메리켄 파크 입구에서 도보 3분
WEB www.kobe-port-tower.com

하버랜드에서 바라본 고베 포트 타워와 고베 해양박물관

항구 도시 고베의 요모조모

4 고베 해양박물관·가와사키 월드
神戸海洋博物館·カワサキワールド

고베의 바다, 배, 항구를 테마로 한 박물관이다. 1층 로비에 들어서면 고베항 개항을 축하한 영국 군함 로드니 호의 거대 모형이 눈길을 끈다. 박물관 한쪽에는 일본 굴지의 중공업 회사인 가와사키 중공업의 기업 박물관 '가와사키 월드'가 있다. 100년의 기술로 제작된 신칸센, 헬리콥터, 모터사이클, 로봇 등이 전시돼 있다.

MAP ⑲-D

GOOGLE MAPS 고베 해양박물관
ADD 2-2 Hatobacho, Chuo Ward
OPEN 10:00~18:00/월요일(공휴일인 경우 그다음 날)·12월 29일~1월 3일 휴관
PRICE 900엔, 초등·중·고등학생 400엔
WALK 고베 포트 타워 옆
WEB www.kobe-maritime-museum.com

범선의 하얀 돛과 파도를 모티프로 만든 지붕. 밤에는 에메랄드빛 뿜뿜!

바다를 품은 엔터테인먼트 집합소

5 고베 하버랜드 神戸ハーバーランド

베이 지역의 즐길 거리와 먹거리가 한데 모인 곳이다. 메리켄 파크 서쪽 해안부터 JR 고베역까지 직선 거리 500m에 이르는 구간에 고베 최대의 쇼핑몰 우미에와 관람차, 선상 크루즈 콘체르토 선착장, 호빵맨 박물관 등이 들어섰다. 밤에는 흔들리는 노란 불빛을 따라 가스등 거리와 해변에 조성된 하버워크를 거닐어 보자. MAP ⑲-C

GOOGLE MAPS 고베 하버랜드
ADD 1 Higashikawasakicho
WALK 시티 루프 버스·포트 루프 버스 하버랜드 하차 후 바로/한큐·한신 전철 고소쿠코베역, JR 고베역, 지하철 가이간선 하버랜드역 각 출구로 나와 바로
WEB www.harborland.co.jp

모자이크동

사우스몰

2~3층의 목조 테라스.
휴식과 야경 감상 명당이다.

6 먹고, 즐기고, 쇼핑까지 한번에
고베 하버랜드 우미에 神戸ハーバーランド umie

하버랜드를 대표하는 대형 쇼핑몰이다. 각종 패션 잡화 브랜드가 입점한 노스몰과 사우스몰, 관람차와 호빵맨 박물관 등 즐길 거리와 기념품점 및 식당이 모인 모자이크동까지 총 3개 동으로 이뤄졌다. 2022년 리뉴얼 오픈과 동시에 노스몰 지하 1층에 들어선 '이온 스타일 우미에(AEON STYLE umie)'의 푸드코트와 식품매장이 새롭게 주목받고 있다. **MAP ⓳-C**

GOOGLE MAPS 고베 하버랜드 umie
ADD 1-7-2 Higashikawasakicho, Chuo Ward
OPEN 10:00~20:00(식당 11:00~22:00, 이온 스타일 우미에 09:00~21:30)
WALK JR 고베역 중앙 개찰구, 지하철 하버랜드 각 출구, 고베고속전철 고소쿠고베역 동쪽 개찰구로 나와 지하상가 듀오 고베를 따라 이동
WEB umie.jp

7 360도로 즐기는 고베
모자이크 대관람차
モザイク大観覧車

푸른 고베의 앞바다와 시가지 풍경을 약 50m 높이에서 내려다볼 수 있는 관람차다. 모자이크 쇼핑몰에 딸려 있어서 데이트 코스로 사랑받는 곳. 드문드문 사방이 투명 창으로 된 시스루 곤돌라도 섞여 있다. 탑승 소요 시간은 약 10분. 곤돌라 1대당 4인까지 탑승 가능. **MAP ⓳-C**

GOOGLE MAPS 모자이크 대관람차
ADD 고베 하버랜드 우미에 모자이크동 앞
OPEN 10:00~22:00/폐장 15분 전까지 입장권 판매
PRICE 3세 이상 800엔

박물관 앞을 순회하는 꼬마 열차.
10:00~16:00,
2층 입장권 제시 후 탑승.

8 어린이의 친구 우리 우리 호빵맨 ♪
호빵맨 박물관 神戸アンパンマンこどもミュージアム＆モール

호빵맨을 주제로 한 체험형 어린이 박물관. 각종 먹거리와 아기자기한 기념품을 판매하는 1층 쇼핑몰은 무료입장할 수 있으며, 이 중 잼 아저씨 빵 공장의 호빵맨 캐릭터 빵이 특히 인기다. 유료 관람 구역인 2층에는 볼 파크, 무지개 미끄럼틀, 탐험 랜드, 공연장 등 미취학 아동 수준에 맞춘 놀이 체험 시설이 꾸며져 있으며, 호빵맨과 악수하기, 인형극 등 다양한 이벤트가 열린다. 단, 2층은 사전 예약제(방문 7일 전부터 당일까지 홈페이지에서 예약)로 운영한다. **MAP ⑲-C**

GOOGLE MAPS 고베 호빵맨 박물관
ADD 모자이크 대관람차 옆
OPEN 10:00~18:00/시즌마다 다름/폐장 1시간 전까지 입장
PRICE 1층 무료입장/2층 1세 이상 2000~2500엔(초등학생 이하 기념품 제공)/입장 시 손등에 찍힌 스탬프를 보여주면 당일 재입관 가능
WEB kobe-anpanman.jp

먹기 아까운 비주얼의
호빵맨 캐릭터 빵!
480엔~

9 밤바다를 걸어봐요
하버워크 ハーバーウォーク

하버랜드 바닷가를 따라 한가로이 거닐기 좋은 산책로다. 빨간 벽돌 창고인 고베 렌가소코(神戸煉瓦倉庫)부터 에메랄드빛 구 고베항 신호소(旧神戸港信号所)까지 260m가량 이어진다. 널따란 목조 바닥, 로맨틱한 가스등 불빛, 군데군데 설치된 벤치 덕에 연인들이 즐겨 찾는다. 파도, 물고기, 갈매기 등 바다를 상징하는 그림자 조명이 밤의 낭만을 더한다. 1700개의 LED 조명으로 반짝이는 도개교 하넷코바시(はねっこ橋)도 야경 포인트다. **MAP ⑲-C**

GOOGLE MAPS 구 고베항 신호소
WALK 호빵맨 박물관과 모자이크 대관람차 남쪽

꽁냥꽁냥~
연인들의 속삭임이 들리는 곳

하넷코바시

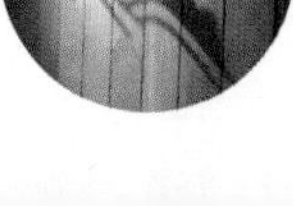

10 일 년 내내 일루미네이션 축제
가스등 거리 神戸ガス燈通り

어슴푸레한 가스등과 느티나무 가로수 110여 그루를 감싼 전구 10만 개가 반짝이는 로맨틱한 거리. 고베에서 가스등은 이른 개항을 알리는 상징적인 존재다. 점등 시간은 일몰~23:30(변동 가능). 특히 매일 20:00·21:00·22:00 정각 1분 전에 모든 가스등을 소등하고 정각에 재점등하는 환상적인 이벤트가 볼거리다. MAP ⑲-C

GOOGLE MAPS kobe gas light st
ADD 1-5-1 Higashikawasakicho, Chuo Ward 주변
WALK 고베 하버랜드 우미에 모자이크동에서 JR 고베역까지 이어지는 약 700m 구간의 가로수길

+MORE+

바다를 가른다! 고베 크루징

항구 도시 고베를 더욱 풍요롭게 즐기고 싶다면, 달콤한 크루즈 여행을 떠나보자. 하버랜드 내 총 3곳의 선착장에서 저마다 개성을 뽐내는 크루즈에 탑승할 수 있다. 티켓 예약 및 구매는 홈페이지 또는 전화, 당일 현장에서 결제한다.

■ **콘체르토** Concerto
라이브 연주를 감상하며 프렌치 코스 요리나 뷔페, 음료와 디저트를 즐길 수 있다.

PRICE 음료 1잔만 주문 시 2800엔, 디저트 4200엔~, 런치·디너 7700엔~(성인 요금 기준)
WEB thekobecruise.com

■ **고자부네 아타케마루** 御座船 安宅丸
에도 시대 범선 모양 유람선. 10:45~16:45 사이 매시 45분 출발한다.

PRICE 45분 코스 1600엔
(초등학생 800엔, 중·고등학생 1400엔)
WEB www.kobebayc.co.jp

■ **로열 프린세스** Royal Princess
간사이 최대 규모 크루즈. 10:15~16:15 사이 매시 15분 출발한다.

PRICE 1600엔
(초등학생 800엔, 중·고등학생 1400엔)
WEB www.kobebayc.co.jp

■ **보보** boh boh
귀엽고 아담한 크루즈. 60분 또는 90분간 고베항 주변을 돌 수 있다.

PRICE 60분 코스 1800엔, 90분 코스 2200엔(초등학생 각 900엔·1100엔, 중·고등학생·65세 이상 각 1500엔·1800엔)
WEB kobe-seabus.com

신개념 아쿠아리움, 아토아

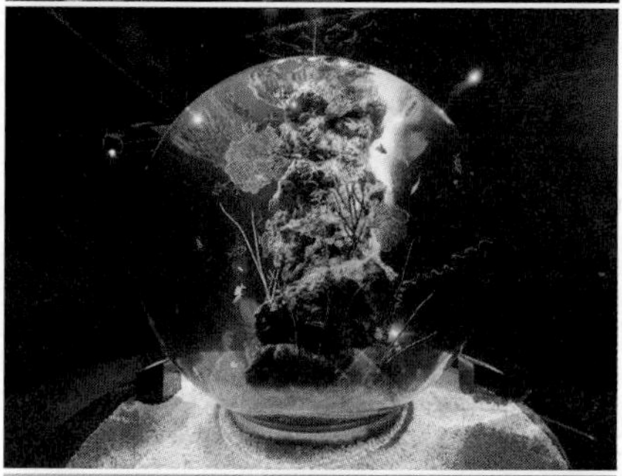

4층 전망대에서 바라본 메리켄 파크 풍경

11 베이 지역의 뉴 페이스!
고베 포트 뮤지엄
神戸ポートミュージアム

2021년 오픈한 4층 규모 복합 문화 시설. 해양생물과 자연, 예술이 조화를 이루는 아쿠아리움 아토아(atoa)와 고베 유명 베이커리 투스투스에서 오픈한 푸드홀 투스 마트(TOOTH MART)로 고베의 새로운 랜드마크가 됐다. 정령의 숲과 우주, 동굴 등의 테마로 꾸며진 감각적인 극장형 아쿠아리움에서 약 100종 3000마리의 해양생물을 관람한 뒤 1층 푸드홀에서 거대 수조와 간사이 뮤지션들의 라이브를 감상하며 고베의 미식을 탐닉해보자. 고베규 바비큐, 라멘, 경양식, 타코야키, 케이크 등 식사와 디저트를 즐길 수 있을뿐 아니라 와인 바, 타파스 바도 골고루 입점해 나이트 라이프까지 책임진다. **MAP ⑲-D**

GOOGLE MAPS 고베 포트 뮤지엄
ADD 7-2 Shinkocho
OPEN 아토아 10:00~19:00(폐장 30분 전까지 입장), 푸드홀 11:00~23:30
PRICE 아토아 2600엔, 초등학생 1500엔, 3세 이상 500엔
WALK 산노미야에서 포트 루프 버스를 타고 신코초 하차 후 바로
WEB kobe-port-museum.jp
아토아 atoa-kobe.jp

4층 정원에서 파는 카피바라 핫도그(780엔)

+MORE+

베이 지역의 2025년 신명소!
지라이언 아레나 고베 GLION ARENA KOBE

2025년 4월, 베이 지역에 오픈하는 복합 상업시설. 최신 영상·음향 시설과 최대 수용 규모 1만 명을 갖춘 대형 아레나, 드넓은 잔디 언덕이 펼쳐지는 해변 공원 돗테이 파크(TOTTEI PARK)가 고베 시민과 관광객의 새로운 놀이터가 될 전망이다. 고베의 인기 먹거리도 다수 입점 예정이니 체크해두자.

GOOGLE MAPS glion arena kobe
ADD 2-3 Shinkocho, Chuo Ward
WALK JR·지하철 산노미야역 또는 한큐·한신 전철 고베 산노미야역 각 출구에서 도보 약 20분/포트 루프 버스를 타고 키토마에(KIITO前) 하차 후 도보 약 4분
WEB www.totteikobe.jp/about_gilionarenakobe

돗테이 파크

체크 체크!

하버랜드 먹거리 근황

인기 쇼핑몰과 즐길 거리가 모여 있는 하버랜드에는 먹부림하기 좋은 식당과 카페가 줄을 잇는다.

말차 티라미수

말차 티라미수 거하게 한 잔

맛차 하우스 Maccha House

교토에 본점을 둔 말차 카페. 사케 잔으로 쓰이는 일본의 전통 목기 마스(升)에 담아 먹는 말차 티라미수(700엔)가 인기로, 우지의 고급 말차 브랜드 모리한(森半)의 말차가루와 마스카르포네 치즈를 사용해 부드럽고 진한 맛이 난다. 그 외 티라미수 크레페(869엔), 말차 파르페(1290엔), 말차 라테(704엔~)도 추천. 여름엔 말차 빙수가 맛있다. 교토, 오사카, 고베는 물론이고 싱가포르, 홍콩, 대만에도 진출했다. **MAP ⑲-C**

ADD 우미에 쇼핑몰 모자이크동 2층
OPEN 10:00~22:00

말차 파르페

스트로베리 휩 크림과 마카다미아너트, 1529엔

여기가 바로 하와이로구나!

에그스 앤 띵스 Eggs'n Things

하와이에 본점을 둔 브런치 레스토랑. 망고, 파파야, 파인애플, 코코넛 같은 열대 과일과 마카다미아너트, 휩크림을 아낌없이 올린 팬케이크를 비롯해 와플, 에그 베네딕트, 스테이크, 오믈렛 등 하와이언이 즐기는 푸짐하고 맛있는 로컬 푸드를 다양하게 맛볼 수 있다. 팬케이크와 치킨 데리야키, 과일 주스 등 아이들이 좋아하는 것들만 모은 키즈 메뉴도 가족 여행자들에겐 반갑다. **MAP ⑲-C**

ADD 우미에 쇼핑몰 모자이크동 2층
OPEN 09:00~22:00

아사이볼, 1595엔

귀염 터지는 항아리 푸딩

프란츠 Frantz

고베에서 탄생해 내놓는 제품마다 화제를 모으는 과자점이다. 하루 2만5000개 이상 팔리는 항아리 푸딩, 화이트 초콜릿 안에 급속 동결 건조한 딸기를 넣은 딸기 트뤼프, 반숙 치즈케이크 등이 인기 상품! 포장 상품의 경우 세금 제외 5000엔 이상 구매 시 면세 혜택이 있다. 편하게 앉아서 맛보고 싶다면 모자이크동 3층 프란츠 카페(11:00~19:00)를 찾아가자. **MAP ⑲-C**

ADD 우미에 쇼핑몰 모자이크동 2층
OPEN 10:00~20:00

감자칩의 이유 있는 변신

가루비 플러스 カルビープラス+

감자칩으로 유명한 일본 제과회사 가루비에서 선보이는 즉석 감자칩 전문점. 가루비의 효자 상품인 자가리코를 본뜬 포테리코 사라다와 고베점 한정 메뉴인 간장맛 감자칩, 홋카이도산 버터 감자칩 등 담백하고 짭조름한 감자칩의 진면목을 경험할 수 있다. 오사카 라라포트 엑스포 시티와 교토역 이세탄 백화점에도 지점이 있다.
MAP ⑲-C

ADD 우미에 쇼핑몰 모자이크동 2층
OPEN 10:00~20:00
(감자칩 ~18:00)

: WRITER'S PICK :

가볍게 즐기는 푸드코트

접근성이 좋은 식사 장소는 모자이크동에 입점한 식당들이지만, 좀 덜 붐비는 곳에서 부담 없는 가격으로 식사하고 싶다면 우미에 쇼핑몰 노스몰 4층에 있는 푸드코트를 추천한다. 라멘, 우동, 덮밥 분야의 간사이 인기 프랜차이즈 식당 10여 곳이 입점했다. 지하 1층에도 대형 식료품 매장과 식사 장소가 있다.

#Walk

언덕 위의 작은 유럽

기타노 北野

고베 시가지와 바다가 훤히 내려다보이는 아름다운 언덕 지구. 산노미야역에서 북쪽, 야트막한 기타노자카 언덕을 따라 천천히 오르면 기타노 관광의 중심인 기타노이진칸에 다다른다. 1868년 개항과 함께 고베에 온 외국인들이 형성한 서양식 주택단지로, 현재 남은 30채의 주택 중 16채는 내부를 공개하고 있다. 북쪽에는 아찔한 로프웨이 체험과 함께 탁 트인 전망을 감상할 수 있는 누노비키 허브 정원이 있다.

Access & Planning

기타노이진칸은 산노미야역에서 도보 15분 거리이며, 시티 루프 버스를 이용할 경우 기타노이진칸(北野異人館)에서 하차한다. 가파른 언덕 구석구석에 이진칸들이 자리하므로 편안한 신발은 필수. 한여름엔 꽤 무더우니 이진칸들의 오픈 시간에 맞춰 일찍 방문하거나 늦은 오후에 방문하는 게 좋다. 분위기만 간단하게 즐긴다면 도보 1시간 정도로 충분하지만, 이진칸들을 꼼꼼히 들여다보고 쇼핑과 식사까지 한다면 3시간 정도 걸린다.

1 언덕 위 낭만 지구
기타노이진칸 北野異人館

1900년대 초반 고베에 머물던 외국인들의 주택 이진칸(異人館, 이인관)이 즐비한 거리다. 로맨틱한 유럽풍 건축물과 가로수가 늘어선 기타노자카(北野坂) 언덕을 구경하며 오르다 보면 아담한 광장과 오브제, 잡화점, 카페, 주택이 늘어선 이진칸도리(異人館通り)가 나온다. 봄·여름의 싱그러운 꽃나무, 가을의 은행, 겨울의 크리스마스 장식이 언제 가도 기분을 들뜨게 하는 거리. 프랑스, 영국, 네덜란드, 오스트리아, 덴마크 등 유럽을 테마로 한 16곳의 이진칸에서 각국의 생활상을 둘러볼 수 있도록 내부를 공개하고 있다. 입장료를 내고 관람하는 대신, 카페와 레스토랑으로 개조한 이진칸에서 식사와 디저트를 즐기며 내부를 둘러보는 것도 좋은 방법이다. MAP ⑱-A

GOOGLE MAPS 기타노이진칸
ADD 3-10 Kitanocho, Chuo Ward
PRICE 이진칸 개별 입장권 400~1050엔, 공통 입장권은 496p 참고
WALK JR 산노미야역에서 북쪽으로 약 800m 직진/시티 루프 버스 기타노이진칸(北野異人館) 하차 후 바로
WEB 공식 www.kobeijinkan.com
패스 안내(한국어) kobe-ijinkan.net/md/kr/

전망 스폿 기타노텐만 신사(北野天満神社)

기타노 광장의 오브제, '코넷을 부는 휴일'

메인 거리인 기타노도리(北野通り)

기타노텐만 신사에서 바라본 전망. 바로 앞에 풍향계의 집이 보인다.

기타노이진칸 관람 팁

Tip. 1 시티 루프 버스를 활용하자

기타노 지역의 시티 루프 버스 정류장은 총 3개다. 걸어 다니기에도 충분한 지역이지만, 언덕이 꽤 가가팔라서 버스를 이용하는 게 체력적으로 유리하다. 고베 1-day 루프 버스 티켓을 제시하면 일부 이진칸 입장료를 할인받을 수 있다.

Tip. 2 관광안내소를 활용하자

기타노 광장에 있는 관광안내소에서 기타노 지역 지도를 얻거나, 고베 1-day 루프 버스 티켓 등을 구매할 수 있다(이진칸 입장권은 판매 안 함). 짐 보관소와 화장실도 있다.

ADD 3-10-20 Kitanocho, Chuo Ward
TEL 078-251-8360
OPEN 09:00~18:00(11~2월 ~17:00)/연말연시 휴관

Tip. 3 공통 입장권 vs 개별 입장권

여러 곳의 이진칸을 둘러보고 싶다면, 기타노이진칸 버스 정류장 근처에 있는 이진칸 티켓 플라자에서 할인 패스를 구매하거나, 일부 이진칸 입구에서 판매하는 공통 입장권을 사는 게 경제적이다. 시간 여유가 없거나 가격이 부담된다면 꼭 가고 싶은 1~3곳을 정해서 개별 입장권을 구매하자.

구분	해당 이진칸	요금
2관권	풍향계의 집, 연두의 집	650엔
3관권	향기의 집 네덜란드관, 덴마크관, 빈 오스트리아의 집	1300엔 (중·고등학생 1000엔, 초등학생 700엔)
기타노 7관 주유 패스	우로코의 집 & 전망 갤러리, 야마테 8번관, 언덕 위의 이진칸, 기타노 외국인 클럽(드레스 대여 포함), 영국관, 프랑스관, 벤의 집	3300엔 (초등학생 880엔)
야마노테 4관 패스	우로코의 집 & 전망 갤러리, 야마테 8번관, 기타노 외국인 클럽, 언덕 위의 이진칸	2200엔 (초등학생 550엔)
기타노도리 3관 패스	영국관, 프랑스관, 벤의 집	1540엔 (초등학생 330엔)

기타노 7관 주유 패스를 구매하면 스탬프 칸이 있는 수첩을 받을 수 있다.

고베 트릭아트 미술관 건물 아래의 이진칸 티켓 플라자

2 풍향계의 집(가자미도리노 야카타) 風見鶏の館

기타노이진칸의 랜드마크

1909년 독일인 무역상 코트프리트 토마스의 자택으로 쓰인 건물이다. 기타노에 남은 서양식 주택 가운데 유일한 벽돌 건물로, 국가 지정 중요문화재다. 뾰족하게 솟은 첨탑 위 수탉 풍향계는 기타노의 상징. 건물 안에는 곡선과 무늬에 초점을 맞춘 20세기 초 아르누보풍 가구가 많으니 눈여겨보자. 2025년 3월까지 보수 공사로 휴관. **MAP ⑱-A**

3 연두의 집 (모에기노 야카타) 萌黄の館

빨강머리 앤이 살 것 같네

판자를 덧붙여 만든 연둣빛 목조 건물. 1903년 미국 총영사 헌터 샤프의 저택으로 지은 국가 지정 중요문화재다. 2층 베란다에서 기타노 거리를 감상할 수 있다. 영화 <소년 H>의 배경지였다. **MAP ⑱-A**

OPEN 09:30~18:00/2월 셋째 수·목요일 휴관
PRICE 400엔, 고등학생 이하·65세 이상 무료/풍향계의 집 포함 2관권 650엔

4 향기의 집 네덜란드관 香りの家 オランダ館

네덜란드는 향기로 기억된다

네덜란드 총영사관으로 지은 목조 건물. 전 세계에서 몇 대 안 남은 네덜란드산 자동 연주 피아노가 있다. 네덜란드 전통 의상 체험(1인 2160엔), 향수 만들기(9ml, 3410엔~) 등이 준비돼 있다. **MAP ⑱-A**

OPEN 09:00~18:00(1·2월 ~17:00)
PRICE 700엔, 중·고등학생 500엔, 초등학생 300엔

5 덴마크관 デンマーク館

바이킹과 안데르센이 한자리에

덴마크 바이킹과 안데르센 박물관. 8~11세기 스칸디나비아에서 세계로 뻗어 나간 바이킹 선박을 1/2 크기로 복원한 전시품과 바이킹들의 도구 및 의상, 동화 작가 안데르센의 소장품 등을 볼 수 있다. **MAP ⑱-A**

OPEN 09:00~18:00 (1·2월 ~17:00)
PRICE 500엔, 초등학생 300엔

⑥ 모차르트의 발자국을 따라서
빈 오스트리아의 집
ウィーン・オーストリアの家

모차르트를 중심으로 한 오스트리아 테마관. 오스트리아 와인과 요리를 제공하는 가든 테라스는 데이트 명소로 손꼽힌다. 초콜릿숍에서 빈의 대표 디저트 임페리얼 토르테를 맛볼 수 있다. **MAP ⑱-A**

OPEN 09:00~18:00(1·2월 ~17:00)
PRICE 500엔, 초등학생 300엔

오스트리아 예술을 소개하는 모차르트의 방

외벽의 천연 슬레이트가 물고기 비늘처럼 보여 우로코(비늘)라는 이름이 붙었다.

피카소를 비롯해 수많은 예술가에게 영향을 끼친 마콘데 부족의 목조상

⑦ 로맨틱한 잔디정원과 미술관
우로코의 집 & 전망 갤러리
うろこの家 & 展望ギャラリー

기타노이진칸에서 대중에 최초로 공개한 건축물. 구거류지에 있던 것을 1905년 현 위치로 이축했다. 옛 모습을 완벽하게 보존한 국가 등록 유형문화재로, 바다 전망과 잔디 정원이 매우 아름답다. 갤러리에는 마이센, 로열 코펜하겐, 로열 우스터 등의 그릇 컬렉션이 있으며, 갤러리에는 마티스, 키슬링 등 근대 화가의 작품이 전시돼 있다. **MAP ⑱-A**

OPEN 09:30~18:00(10~3월 ~17:00)
PRICE 1100엔, 초등학생 220엔

⑧ 거장들의 미술품 탐닉
야마테 8번관
山手八番館

삐죽이 솟은 건물 3개가 이어진, 영국의 튜더 양식으로 지은 미술관. 렘브란트, 뒤러, 르누아르, 로댕 등 거장의 판화와 조각품, 탄자니아 마콘데 부족의 목조상, 앉으면 소원이 이뤄진다는 사탄의 의자 등이 있다. **MAP ⑱-A**

OPEN 09:30~18:00(10~3월 ~17:00)
PRICE 550엔, 초등학생 110엔

9 호화로운 19세기 사교 파티장
기타노 외국인 클럽
北野外国人倶楽部

구거류지에 있었던 외국인 사교장을 재현했다. 16~19세기 프랑스 귀족의 소품과 가구 등이 전시돼 있으며, 프리미엄 패스 소지 시 스튜디오에서 무료 드레스 대여 및 촬영 가능. **MAP ⑱-A**

OPEN 09:30~18:00(10~3월 ~17:00)
PRICE 550엔, 초등학생 110엔

10 파란 기와를 얹은 중국관
언덕 위의 이진칸 (구 중국 영사관)
坂の上の異人館(旧中国領事館)

구 중국 영사관 건물. 모든 가구와 장식을 중국에서 공수했다. 중국 명조~청조 시대의 미술품과 현대 수묵화 중 매화나무를 그린 왕청시(王成喜)의 <봄(春)>에 주목. **MAP ⑱-A**

OPEN 09:30~18:00(10~3월 ~17:00)
PRICE 550엔, 초등학생 110엔

11 봉주르, 파리!
고베 기타노 미술관
神戸北野美術館

1898년 지은 옛 미국 총영사관. 반 고흐, 로트레크 등 몽마르트 언덕을 빛낸 화가의 작품을 전시한다. 기타노 거리가 내려다보이는 카페 테라스에서 달콤한 와플과 파르페를 맛보며 파리의 낭만에 젖어보자. **MAP ⑱-A**

OPEN 휴관 중
PRICE 500엔, 초등학생 300엔

12 이진칸 유일의 무료 전시관
라인의 집(라인노 야카타)
ラインの館

1915년 지은 2층 규모 목조 건축물. 외벽의 돌출 창인 베이 윈도가 인상적이다. 1층은 매점과 포토 스폿, 2층은 다양한 전시 공간으로 활용한다. **MAP ⑱-A**

OPEN 09:00~18:00(폐장 15분 전까지 입장)/2·6월 셋째 목요일 휴관

13 희귀한 박제 전시장
벤의 집
ベンの家

1902년 구거류지의 외국인 상점을 이축해 영국 귀족 벤 앨리슨이 자택으로 사용했다. 벤이 사냥한 거대한 북극곰, 세계에서 가장 큰 말코손바닥사슴과 아메리카들소의 머리 등 박제 동물이 빽빽하게 진열돼 있다. **MAP ⑱-A**

OPEN 09:30~18:00(10~3월 ~17:00)
PRICE 550엔, 초등학생 110엔

14 예술품으로 가득찬 공간
프랑스관(요칸나가야)
仏蘭西館(洋館長屋)

정면 현관을 중심으로 건물 2개가 좌우 대칭을 이룬 목조 건물. 아르누보 유리 공예가인 에밀 갈레와 돔 형제의 공예품, 샤갈의 회화, 루이뷔통의 오래된 항해용 트렁크 등을 볼 수 있다. **MAP ⑱-A**

OPEN 09:30~18:00(10~3월 ~17:00)
PRICE 550엔, 초등학생 110엔

15 셜록 홈스로 변신해볼까?
영국관 英国館

1907년 미국 식민지 시대 콜로니얼 양식으로 지은 건물. 1층의 고풍스러운 바 카운터는 마호가니 원목으로 제작한 19세기 영국 귀족의 것. 셜록 홈스의 탐정 사무실로 꾸며진 2층에서 셜록의 옷을 입고 기념 촬영할 수 있다. **MAP ⑱-A**

OPEN 09:30~18:00(10~3월 ~17:00)
PRICE 750엔, 초등학생 100엔

16 고베 감성 충만한 트릭아트!
고베 트릭아트 이상한 영사관
神戸トリックアート 不思議な領事館

구 파나마 영사관 건물을 개조한 트릭아트 박물관. 위트 넘치는 명화 시리즈, 바닷속 물고기를 생생하게 재현한 물 없는 수족관 시리즈, 거대한 고베규를 짊어지거나 디저트를 손에 받아 들고 인증샷을 찍어보자. **MAP ⑱-A**

OPEN 09:30~18:00(10~3월 ~17:00)
PRICE 880엔, 초등학생 220엔

+MORE+

이진칸 구경과 휴식을 동시에!
이진칸 추천 가페

이진칸과 스벅의 만남
스타벅스 고베 기타노이진칸점 Starbucks

1907년 건축된 2층 목조 이진칸 건물에 입점한 스타벅스. 저마다의 분위기로 꾸민 7개의 방이 다양한 취향의 고객들에게 환영받는다. 창밖 풍경을 즐기려면 2층으로 올라가자. **MAP ⑱-A**

GOOGLE MAPS 스타벅스커피 고베 기타노이진칸점
OPEN 08:00~22:00/부정기 휴무

달콤한 밀푀유와 함께
무어 하우스 Moore House

고베 기타노 미술관 바로 옆에 있는 예쁜 카페. 콜로니얼 양식으로 지어진 2층짜리 옛 저택을 개조한 곳으로, 인기 디저트 메뉴는 밀푀유(1500엔)다. **MAP ⑱-A**

GOOGLE MAPS moore house kobe
OPEN 11:00~17:00/화요일 휴무

고베항이 내려다보이는 야경 포인트!

누노비키 폭포

17 아찔한 로프웨이 타고 향기의 나라로!

누노비키 허브 정원 布引ハーブ園

기타노이진칸 북동쪽에 자리한 일본 최대 규모의 허브 정원. 아찔한 로프웨이를 타고 전망대에 오르다 보면 박력 넘치는 누노비키 폭포, 탁 트인 고베 시내와 바다가 펼쳐진다. 허브향 가득한 정원은 60여 종의 장미가 심어진 로즈 심포니 가든, 유럽 시골마을을 닮은 프레그런트 가든, 100여 종의 허브가 전시된 허브 박물관, 가든 테라스 등 총 12개 테마로 꾸며졌다. 봄엔 허브 축제, 여름엔 라벤더·장미 축제, 가을엔 핼러윈 축제, 겨울엔 일루미네이션 축제 등 사계절 내내 풍성한 이벤트가 함께한다.

누노비키 허브 정원까지는 JR 신코베역과 연결된 로프웨이 허브엔산로쿠역(ハーブ園山麓)(기타노이진칸에서 북동쪽으로 도보 약 10분)에서 로프웨이를 타고 산 정상 허브엔산초역(ハーブ園山頂)까지 올라가야 한다. 이후 천천히 산 중턱 카제노오카추칸역(風の丘中間)까지 걸어 내려와 다시 로프웨이를 타고 하산한다. 빠르면 1시간, 늦어도 2시간 정도면 돌아볼 수 있다. **MAP ⓱ & ⓲-A**

GOOGLE MAPS 고베 누노비키 허브정원 로프웨이
ADD 1-4-3 Kitanocho, Chuo Ward
OPEN 로프웨이 09:30~16:45(계절에 따라 ~20:15), 허브 정원 10:00~17:00(계절에 따라 ~20:30)/ 로프웨이 점검 기간(2~3월 중)·악천후 시 휴무
PRICE 왕복 2000엔, 편도 1400엔/ 초등·중학생 왕복 1000엔, 편도 700엔/ 17:00 이후 1500엔, 초등·중학생 950엔(왕복권만 판매)
WALK 시티 루프 버스 고베누노비키허브엔로프웨이 하차 후 오른쪽 에스컬레이터를 타고 허브엔산로쿠역에서 로프웨이 탑승/ JR 신코베역과 직결된 ANA 크라운 플라자 호텔을 통과해 로프웨이 탑승
WEB www.kobeherb.com

허브 정원에 왔으니 상큼한 허브 티 한 잔! 오리지널 블렌드 허브 티 12종(1020엔)

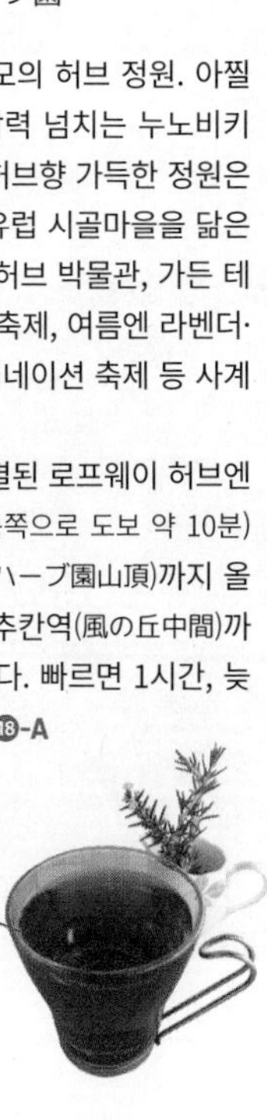

카제노오카추칸역 근처에서 맛볼 수 있는 우유 듬뿍 라벤더 소프트아이스크림 (400엔)

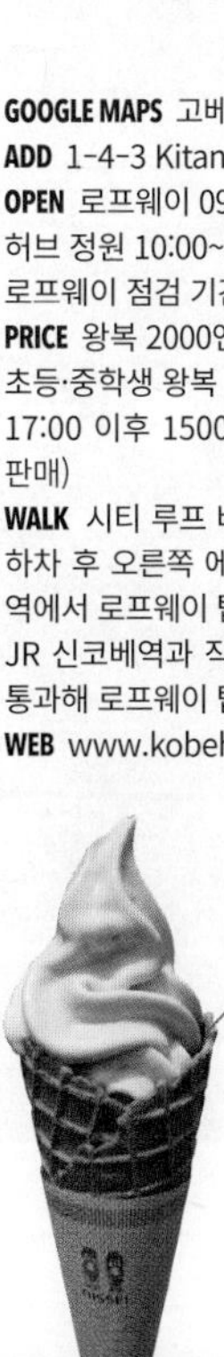

오늘은 산이다! 고베 2대 전망 포인트

롯코산 & 마야산

六甲山 & 麻耶山

ROKKOSAN
六甲山 & 麻耶山
IN KANSAI
MAYASAN

케이블카를 타고 싱그러운 산에 올라 반짝이는 고베 야경을 즐겨보자. 롯코산은 전망 명소뿐 아니라 목장과 오르골 박물관 등 즐길 거리가 다양하다. 롯코산에서 로프웨이를 타고 12분이면 아리마 온천에도 갈 수 있다는 사실! 마야산은 자연 그대로의 모습을 간직한 로맨틱한 야경과 트레킹 코스의 명소다.

롯코산으로 가는 법

고베나 오사카에서 롯코산으로 갈 땐 JR, 한큐 전철, 한신 전철을 타고 이동한 다음, 고베 시 버스로 환승해 롯코산 아래까지 이동한다. 산 아래에서 정상까지는 롯코 케이블카를 타고 올라가며, 산 곳곳에 자리한 명소를 둘러볼 때는 롯코 산조 버스를 이용한다. 케이블카가 차량 점검 등의 이유로 갑작스럽게 운행 중지될 경우엔 산 정상에 자리한 롯코산조역까지 버스(무료)로 대체해 이동한다. 운행 여부는 홈페이지에서 확인.

HK 한큐 전철 + 시 버스

기차 200엔 롯코·마야 레저 티켓(한큐판) 간사이 레일웨이 패스
버스 210엔 롯코·마야 레저 티켓(한큐판)
30분

❶ 고베산노미야역 神戸三宮
4번 승강장 / 오사카우메다행(大阪梅田) 고베선 각역정차(各駅停車/Local) 7분

❷ 롯코역 六甲
3번 출구로 나와 바로

❸ 한큐롯코 버스 정류장 阪急六甲
롯코케이블시타행(六甲ケーブル下) 16·26·106번 16분

HS 한신 전철 + 시 버스

기차 200엔 롯코·마야 레저 티켓(한신판) 간사이 레일웨이 패스
버스 210엔 롯코·마야 레저 티켓(한신판)
50분

❶ 고베산노미야역 神戸三宮
1번 승강장 / 오사카우메다행(大阪梅田) 한신 본선 직통특급(直通特急/Ltd. Exp.), 특급(特急/Ltd. Exp.) 6분

❷ 미카게역 御影
북쪽 출구(北口)로 나와 바로

❸ 한신미카게 버스 정류장 阪神御影
롯코케이블시타행(六甲ケーブル下) 16번 32분

JR + 시 버스

기차 170엔 JR 간사이 패스 JR 간사이 와이드·미니 패스
버스 210엔
30분

❶ 산노미야역 三ノ宮
1·2번 승강장 / 모든 행 고베선(도카이도·산요 본선) 쾌속(快速/Rapid) 4분 각역정차(普通/Local) 7분

❷ 롯코미치역 六甲道
북쪽 출구(北出口)로 나와 바로

❸ JR 롯코미치 버스 정류장 JR 六甲道(KFC 앞)
롯코케이블시타행(六甲ケーブル下) 16·106번 21분

❹ 롯코케이블시타 六甲ケーブル下 버스 정류장

모든 기차역을 거쳐 롯코케이블시타역으로 가는 16번 시 버스. 뒷문으로 타고 앞문으로 내린다.

롯코 케이블

편도 600엔(6~11세 300엔),
왕복 1100엔(6~11세 550엔)
롯코·마야 레저 티켓(한큐판 또는 한신판)
고베 관광 스마트 패스포트
10분

❺ 롯코케이블시타역 六甲ケーブル下
케이블카 10분
07:10~21:10/20분 간격 운행
WEB www.rokkosan.com/cable/rc

❻ 롯코산조역 六甲山上

롯코케이블시타역

길이 1.7km, 높이 493.3m를 약 10분만에 연결하는 롯코 케이블. 클래식과 레트로 2가지 타입이 있고, 내부는 계단식으로 돼 있다. 경치를 즐기기에도 그만!

+MORE+

오사카에서 롯코산 가기

고베에서 갈 때와 마찬가지로, JR 롯코미치역, 한큐 전철 롯코역, 한신 전철 미카게역에서 내린 후 시 버스로 갈아타고 이동한다.

■ **JR 오사카역**
고베선 5번 승강장에서 모든 행 쾌속 탑승, 롯코미치역 하차. 23분, 420엔

■ **한신 전철 오사카우메다역**
한신 본선 2번 승강장에서 산요히메지행 직통특급 또는 스마우라코엔행·히가시스마행 특급 탑승, 미카게역 하차. 26분, 320엔

■ **한큐 전철 오사카우메다역**
고베선 7~9번 승강장에서 특급 신카이치행 탑승, 니시노미야키타구치역 하차 후 고베산노미야역행 각역정차로 환승, 롯코역 하차. 총 28분, 330엔

마야산으로 가는 법

지카테쓰산노미야에키마에(지하철 산노미야역 앞) 정류장에서 18번 버스를 탄 후 마야케이블시타역에 내려 케이블카를 타고 올라간다. 롯코산에서는 롯코산조역에서 출발하는 롯코·마야 스카이 셔틀버스를 타고 이동한다.

시 버스 18번 탑승 → 약 30분 → 마야케이블시타(摩耶ケーブル下) **하차 →**
마야 케이블역(摩耶ケーブル駅)**에서 케이블카 탑승 → 약 5분 →**
산 중턱의 니지노에키역(虹の駅, 종점) **하차 → 산책로를 따라 도보 2분 →**
마야 로프웨이역(麻耶ロープウェー)**에서 로프웨이 탑승 → 약 5분 →**
호시노에키역(星の駅) **하차**

* 마야산 케이블카과 로프웨이 통합권 구매 시 편도 900엔(6~11세 450엔)/왕복 1560엔(6~11세 780엔)

* 날씨에 따라 운행 중지되는 경우도 있으니 이용 전 홈페이지를 확인한다.

마야 케이블·로프웨이(마야 뷰 라인)
TIME 10:00경~17:30경(금·토·일요일·공휴일과 7월 중순~8월 말 매일 ~20:30경)/ 9월~7월 중순 화요일 휴무
PASS 롯코·마야 레저 티켓
WEB koberope.jp

마야 케이블역 & 마야 케이블카

마야 로프웨이

: WRITER'S PICK :

롯코산 여행에 유용한 할인 패스

롯코산과 마야산 여행은 시 버스, 케이블카, 로프웨이, 산조버스 등 다양한 교통수단을 이용하고 관광 시설 입장료도 만만치 않기 때문에 패스로 다니는 것이 저렴하고 편리하다. 추천 패스는 외국인 관광객 전용 패스인 롯코산 투어리스트 패스로, 고베 시 버스~롯코산 구간과 케이블카, 롯코산 내 교통까지 1일간 무제한 이용할 수 있어서 이득이다. 마야산까지 돌아본다면 롯코·마야 레저 티켓을 추천. 고베 관광 스마트 패스포트를 활용하는 방법도 있다. 자세한 패스 정보는 106p와 하단의 홈페이지 참고.

WEB www.rokkosan.com/top/ticket/

+MORE+

마야산에서 오사카 가기

마야산에서 오사카로 간다면 마야 케이블역에 하차 후 버스 또는 JR을 타고 이동한다.

마야 케이블역에서 시 18번 버스 탑승 → 약 20분 → JR 롯코미치역 하차 후 모든 행 쾌속 탑승 → JR 오사카역 하차. 총 1시간, 630엔

마야 케이블역에서 도보 20분 → JR 오지코엔역(王子公園)에서 한큐 전철 오사카우메다행 탑승 → 오사카우메다역 하차. 총 50분, 330엔

롯코산·마야산 내 교통

지대가 험준한 롯코산은 산을 순회하는 전용 버스인 롯코산조 버스와 롯코·마야 스카이 셔틀버스로 돌아본다. 케이블카 롯코산조역 앞 정류장에서 출발하는데, 2개 버스의 노선이 서로 다르니 진행 방향을 잘 확인한 후 탑승한다. 버스 배차시간까지 고려해 롯코산을 둘러보려면, 3~4시간 이상 여유를 둬야 한다.

롯코산 관광안내

WEB www.rokkosan.com

■ 롯코산조 버스 六甲山上バス

롯코 가든 테라스(R07), 롯코 숲의 소리 뮤지엄(R04) 등 롯코산을 대표하는 동쪽 명소로 향한다. 롯코산조역 앞 1번 정류장에서 출발한다.

PRICE 170~260엔(6~11세 90~130엔)
TIME 롯코산조역발 08:15~20:35(로프웨이산초에키역행 막차 17:15/봄·가을 기준), 20분 간격 운행/시즌마다 다름

■ 롯코·마야 스카이 셔틀버스 六甲摩耶スカイシャトルバス

롯코산 목장(M06), 마야산 기쿠세이다이(M10) 등 서쪽 명소로 향한다. 롯코산조역 앞 2번 정류장에서 출발한다.

PRICE 230~580엔(6~11세 120~290엔)
TIME 롯코산조역발 09:45~17:05,
마야로프웨이산조에키역발 10:30~17:40/
37분~1시간 간격 운행/요일·시즌마다 다름

롯코산조역 앞에 정차한 롯코산조 버스

롯코·마야 스카이 셔틀버스.
두 가지 색의 버스가 다닌다.

롯코산조 버스 & 롯코·마야 스카이 셔틀버스 노선도

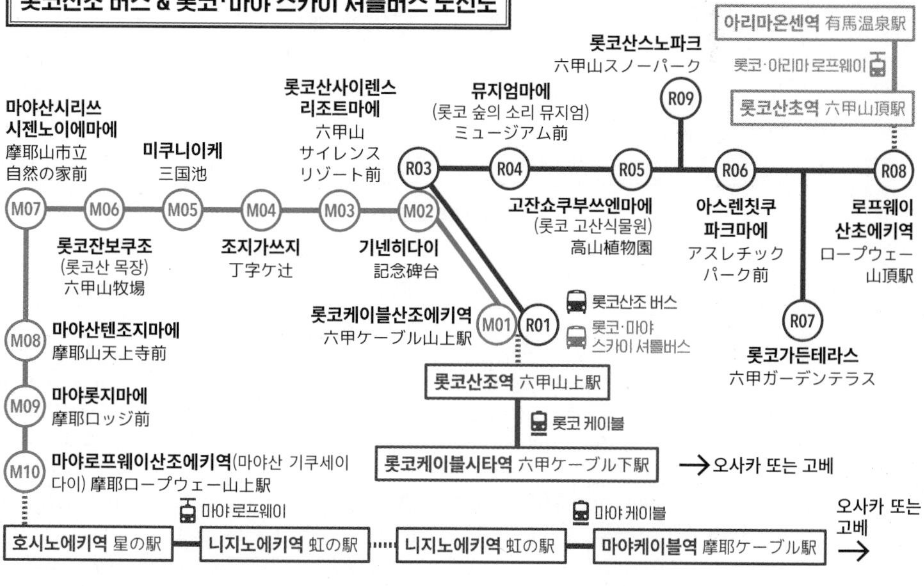

: WRITER'S PICK :

롯코산 추천 코스

롯코산을 제대로 즐기려면 넉넉히 하루를 잡아야 한다. 케이블카를 타고 롯코산조역에 내려서 건물 옥상의 롯코산 덴란다이 전망대부터 둘러본 후, 역 앞에서 롯코산조 버스를 타고 ❶ 롯코 숲의 소리 뮤지엄 ❷ 롯코 고산식물원 ❸ 롯코 가든 테라스 순서로 이동한다. 롯코 숲의 소리 뮤지엄과 롯코 가든 테라스 사이 거리는 편도 1.2km이므로 산책 삼아 걸어도 좋다. 롯코·아리마 로프웨이를 타고 12분 거리인 아리마온천을 왕복하면서 당일치기 온천을 즐길 수도 있다.

롯코산 & 마야산 추천 코스

마야산과 롯코산은 롯코·마야 스카이 셔틀버스로 오갈 수 있지만, 롯코 가든 테라스의 야경과 마야산 기쿠세이다이의 야경을 하루 만에 모두 보는 것은 배차 간격상 무리다. 따라서 롯코산과 마야산을 둘 다 가고 싶다면 ❶ 오전에 롯코산조역에 내려 롯코산조 버스를 타고 롯코산의 명소들을 둘러본 후 ❷ 롯코·마야 스카이 셔틀버스를 타고 롯코산 목장에 들렀다가 ❸ 마야산 기쿠세이다이 전망대에서 야경을 감상하는 순으로 이동하는 방법을 추천한다.

1 롯코산 여행의 시작점
롯코산 덴란다이 六甲山天覧台

롯코 케이블의 종점인 롯코산조역 옥상에 있는 해발 737.5m의 전망대다. 서쪽으로는 고베 시가지와 아카시 해협 대교, 정면으로는 롯코 아일랜드, 동쪽으로는 오사카 만의 전망이 펼쳐진다. 한쪽에는 작고 운치 있는 카페도 있다. 야경을 즐기기 좋은 시간대는 봄·가을 오후 6시, 여름 7시, 겨울 5시 이후다. MAP 506p

GOOGLE MAPS 롯코산 텐란다이 **ADD** Ichigatani-1-32, Rokkosancho
OPEN 07:10~21:00(카페 11:00~20:30, 금·토요일·공휴일 ~20:45)/여름 성수기에는 연장할 수 있음 **PRICE** 무료
WALK 롯코 케이블 롯코산조역에서 계단을 따라 올라가면 바로

길이가 7.8m에 달하는 자동연주 댄스 오르간

스위스 피에로 자동인형, 에쿠리반(エクリヴァン)

2 오늘은 '숲멍'하는 날!
롯코 숲의 소리 뮤지엄
(구 롯코 오르골 뮤지엄)
ROKKO森の音ミュージアム

수력 오르간이나 오르골 음악을 들으며 숲속 산책로를 거닐고, 카페 푸드도 즐길 수도 있는 뮤지엄. 내부에는 19세기 후반~20세기 초 유행한 유럽과 미국의 오르골과 자동연주 오르간이 전시돼 있다. 2층 콘서트 전시실에서 30분에 한 번씩 열리는 20분간의 공연이 압권. 벨기에산 세계 최대 자동연주 오르간의 박력 넘치는 연주를 중심으로 각종 대형 오르간과 자동연주 피아노 소리가 하모니를 이룬다. 관람을 마치면 예쁜 오르골숍으로 이어진다. MAP 506p

GOOGLE MAPS 롯코 오르골 뮤지엄
ADD Nada Ward, Rokkosancho, Kitarokko-4512-145
OPEN 10:00~17:00/폐장 30분 전까지 입장/목요일·12월 31일~1월 1일·부정기 휴무
PRICE 1500엔, 4세~초등학생 750엔/롯코 고산식물원 공통권 1900엔, 4세~초등학생 950엔
WALK 롯코산조 버스 뮤지아무마에(ミュージアム前) 하차
WEB www.rokkosan.com/museum

④ 롯코산 관광의 최대 하이라이트
롯코 가든 테라스 六甲ガーデンテラス

유럽의 작은 마을처럼 아기자기하게 꾸며진 곳에서 멋진 전망과 더불어 영국식 정원, 카페, 레스토랑, 기념품숍을 둘러볼 수 있다. 광장 겸 전망대, 유럽 고성을 본떠 만든 11m 높이의 전망탑 등 총 4군데의 전망대에 오르면 아카시 해협에서 오사카 히라노(平野)에 이르기까지 간사이의 전망이 시원스레 펼쳐진다. 겨울에 특히 낭만적으로, 10월 초~1월 초에는 커다란 트리와 반짝이는 조명이 환상적인 일루미네이션이 펼쳐지고, 11월 초부터 크리스마스까지는 크리스마스 마켓이 열린다. **MAP 506p**

GOOGLE MAPS 롯코 가든 테라스
ADD Gosukeyama-1877-9, Rokkosancho, Nada Ward
OPEN 09:00~21:00/계절·요일·상점마다 다름
PRICE 무료
WALK 롯코산조 버스 롯코가든테라스(六甲ガーデンテラス) 하차 후 바로/롯코 고산식물원에서 도보 약 20분(1.2km)
WEB www.rokkosan.com/gt/

⑤ 이런 전망대는 처음이야
롯코 시다레 六甲枝垂れ

롯코 가든 테라스보다 더 높은 곳에 자리한, 둥근 편백 프레임이 독특한 작은 전망대다. '시다레'란 버드나무 가지 등이 축 늘어진 모습을 뜻하는 말로, 롯코산에 우뚝 선 커다란 나무를 모티브로 한다. 여름에는 얼음과 바람을 이용한 냉풍을 쐴 수 있으며, 밤에는 LED 조명이 색색으로 변한다. **MAP 506p**

GOOGLE MAPS 롯코 시다레
OPEN 10:00~21:00/폐장 30분 전까지 입장/계절과 날씨에 따라 다름/목요일 휴무
PRICE 1000엔, 4세~초등학생 500엔
WALK 롯코 가든 테라스 뒤. 도보 약 2분

6 신선한 치즈와 우유가 나를 부르네
롯코산 목장 六甲山牧場

롯코산 목장의 우유로 만든 소프트아이스크림, 600엔

알프스산의 목장과 낙농 형태를 모델로 지은 규모 38만여 평의 목장. 180마리 양이 인도까지 점령한 채 한가로이 풀을 뜯고, 염소, 젖소, 말, 돼지, 토끼도 반기는 곳이다. 동서남북 4개 지역으로 나뉘는데, 스카이 셔틀버스가 정차하는 북쪽 목장으로 입장하여 빠르면 1시간, 레스토랑에서 여유롭게 치즈 요리(퐁뒤 세트 3300엔~)까지 즐긴다면 2시간 이상 소요된다. 치즈 제조 과정 견학, 양치기 개의 양 떼 몰이 쇼, 동물 먹이 주기 등 다양한 프로그램이 있으니, 방문 전 홈페이지를 확인해보자. **MAP 506p**

GOOGLE MAPS 롯코산 목장
ADD Nakaichiriyama-1-1 Rokkosancho, Nada Ward
OPEN 09:00~17:00/폐장 30분 전까지 입장/화요일(7월 중순~8월 말 무휴)·겨울철·연말연시 휴무
PRICE 600엔(12~2월 400엔), 초등·중학생 200엔
WALK 스카이 셔틀버스 마야로프웨이산조에키행(摩耶ロープウエー山上駅)을 타고 롯코잔보쿠조(六甲山牧場) 하차 후 바로
WEB www.rokkosan.net

7 손에 잡힐 듯 반짝이는 별천지
마야산 기쿠세이다이 摩耶山掬星台

카페 마야 뷰테라스 702의 케이크 세트, 800엔

일본 3대 야경 명소 중 하나로 손꼽히는 곳. 나머지 2곳인 하코다테산(函館山, 334m)과 이나사산(稲佐山, 333m)의 전망대보다 높은 700m 부근에 자리해 '천만 불짜리 야경'이라는 수식어가 따라붙는다. '손을 뻗으면 별을 잡을 수 있는 곳'이라는 뜻의 전망대 이름처럼 하늘과 맞닿아 있다. 마야 로프웨이를 타고 울창한 산세와 아득히 멀어지는 고베 시가지를 굽어보는 것도 놓칠 수 없는 묘미! 전망대와 카페 외에는 이렇다 할 시설이 없어, 원시림으로 뒤덮인 자연을 즐기며 한적하게 야경을 즐길 수 있다.
MAP 506p

GOOGLE MAPS 마야산 기쿠세이다이
ADD 2-2 Mayasancho, Nada Ward
OPEN 케이블 & 로프웨이 운행시간 내(첫차 10:00, 막차 17:30~21:00/계절·요일마다 다름)
PRICE 무료/케이블카 & 로프웨이 왕복 1560엔, 11세 이하 780엔/편도 900엔, 11세 이하 450엔
WALK 마야 로프웨이 호시노에키역(星の駅) 하차 후 바로/스카이 셔틀버스 마야로프웨이산조에키행(摩耶ロープウエー山上駅)을 타고 종점 하차
WEB koberope.jp

온천마을로 힐링하러 갑니다

아리마 온천

有馬温泉

ARIMA ONSEN
有馬温泉
IN KANSAI
DAY TRIP FROM KOBE

오사카・고베에서 버스 또는 열차로 30분~1시간 20분、에도 시대 일본 최고의 온천으로 불렸던 아리마 온천이 있다。산과 강으로 아늑하게 둘러싸인 마을 곳곳에선 뜨거운 연기가 모락모락 피어오르고、미로처럼 좁다란 골목길을 따라 오래된 목조 가옥과 상점이 어깨를 나란히 하는 곳。일본의 3대 고탕(古湯) 중 하나인 이곳에서 느긋이 쉬어가 보자。

아리마 온천으로 가는 법

고베에서 북쪽으로 20km, 오사카에서 40km 거리에 있는 아리마 온천은 열차와 직행버스로 30분~1시간 20분이면 도달한다. 고베에서 출발하는 버스는 고베 산노미야 버스터미널(민트 고베 쇼핑몰 1층)에서 탑승, 오사카에서 출발하는 버스는 한큐 고속버스 오사카 우메다 터미널(한큐 3번가 쇼핑몰 1층)에서 탑승한다. 홈페이지에서 온라인 예약(한국어) 가능. 열차는 여러 번 갈아타야 하지만, 환승 안내가 잘돼 있고 운행 간격도 짧아서 쉽게 이동할 수 있으며, 무거운 짐 없이 할인 패스를 활용해 당일치기 여행을 할 때 유용하다.

고베에서 전철 타고 아리마 온천 가기

지하철 + 고베 전철

690엔
간사이 레일웨이 패스
30분

❶ 지하철 산노미야역 三宮
1번 승강장
다니가미행(谷上)
세이신·야마테선
지하철 10분

❷ 다니가미역 谷上
3번 승강장 / 산다행(三田)
고베 전철 아리마선
준급행(準急/Semi Express)
11분

* 오전 6~8시에는 1·2번 승강장에서 탑승
* 아리마온센행 보통(普通/Local)은 아리마온센역까지 곧장 가는 대신 운행 편수가 적고 10~15분 더 소요된다.

한큐 전철 + 고베 전철

730엔 간사이 레일웨이 패스
아리마 온천 다이코노유 패키지 티켓
50분~1시간

❶ 고베산노미야역 神戸三宮
1·2번 승강장
신카이치행(新開地)
한큐 전철 고베 고속선
특급(特急/Ltd. Exp.),
통근특급(通特/Ltd. Exp.) 6~7분

산요히메지행(山陽姫路)
보통(각역정차)(普通/Local) 7분

한신 전철 + 고베 전철

730엔 간사이 레일웨이 패스
아리마 온천 다이코노유 패키지 티켓
50분~1시간

❶ 고베산노미야역 神戸三宮
3번 승강장
히메지행(姫路),
스마우라코엔행(須磨浦公園),
신카이치행(新開地)
한신 본선 + 고베 고속전철
(한신 전철과 공동운행)
직통특급(直通特急/Ltd. Exp.),
특급(特急/Ltd. Exp.) 7~9분

❷ 신카이치역 新開地
1·2번 승강장 / 산다행(三田) **고베 전철 고베 고속선 + 고베 전철 아리마선**
준급행(準急/Semi-Exp.), **급행**(急行/Exp.), **보통**(普通/Local) 35~40분
* 아리마온센행 준급(準急/Semi Exp.)·보통(普通/Local)은 아리마온센역까지 곧장 가는 대신 운행 편수가 적고 5~10분 더 소요된다.

❸ 아리마구치역 有馬口
철로 건너 반대편 승강장 / 아리마온센행(有馬温泉)
고베 전철 아리마선 보통(普通/Local) 4분(1정거장)

❹ 아리마온센역 有馬温泉

아리마온천역에 정차한 고베 전철 아리마선 보통 열차

고베에서 버스 타고 아리마 온천 가기

JR 고속버스 아리마 익스프레스호가 고베 산노미야 버스터미널(민트 고베 쇼핑몰 1층)에서 아리마 온천까지 간다. 08:50~15:40에 20분~1시간 간격으로 출발하며, 소요 시간은 30분, 요금은 편도 780엔. 온라인 예약 방법은 뒷페이지 참고.

WEB www.nishinihonjrbus.co.jp/trans/lp/arima/

롯코산에서 아리마 온천 가기

롯코·아리마 로프웨이
편도 1030엔, 왕복 1850엔
12분

❶ 롯코산초역 六甲山頂

로프웨이
09:30~17:10(여름은 21:30, 토·일요일·공휴일 연장 운행)/20분 간격 운행
WEB koberope.jp
* 롯코·아리마 로프웨이 롯코산초역(六甲山頂)은 롯코산의 전망 명소인 롯코 가든 테라스(508p)에서 도보 5분 거리에 있다. 롯코 케이블 롯코산조역(六甲山上)과는 다른 곳이니 주의.

❷ 로프웨이 아리마온센역 ロープウェー有馬温泉
* 아리마 온천 중심까지 도보 약 10분 소요

오사카에서 아리마 온천 가기

한큐 관광버스
1400엔
1시간

❶ 한큐 고속버스 오사카 우메다 터미널
阪急高速バス大阪梅田ターミナル

아리마온센행(有馬温泉)
고속버스(관광버스)
09:00~16:20/20분~1시간 간격 운행
WEB www.hankyubus.co.jp/highway

❷ 아리마온센 한큐 버스터미널
有馬温泉 阪急バスターミナル

+MORE+

고속버스 티켓 예약하기

아리마 온천과 오사카, 교토, 고베를 연결하는 고속버스 티켓은 매표소 또는 홈페이지를 통해 구매할 수 있다. 주말이나 숙소 체크인·아웃 시간에는 만석일 때가 많기 때문에 홈페이지 예약이 안전하며, 예약 시 이메일로 받은 바우처를 운전기사에게 보여주고 탑승한다.

WEB 한큐 버스 japanbusonline.com/ko(한국어)
JR 버스 www.kousokubus.net/JpnBus/han(한국어)

오사카에서 갈 때 유용한 할인 티켓

오사카·교토·고베~아리마온센 구간 왕복 열차표와 다이코노유(516p) 입장권이 포함된 '아리마 온천 다이코노유 패키지 티켓'을 활용하면 저렴하게 다녀올 수 있다. 자세한 정보는 107p 확인.

WEB www.hankyu.co.jp/ticket/otoku/008426.html

아리마 온천 주요 역 & 버스터미널

■ 고베 전철 아리마온센역
有馬温泉

한큐·한신 전철이 소유한 사철인 고베 전철은 아리마 온천을 오가는 유일한 열차다. 역에서 나와 200m 정도 걸어 올라가면 아리마 온천 중심가다.

■ 한큐 버스터미널
阪急バスターミナル

한큐 고속버스 오사카 우메다 터미널, 고베산노미야역, 교토역 등과 아리마 온천 사이를 왕복하는 한큐 고속버스가 이용한다. 아리마 온천 중심가에 있다.

■ JR 버스 정류장

고베, 오사카, 교토와 아리마 온천을 오가는 JR 익스프레스호가 정차한다(오사카는 운행 편수 매우 적음).

■ 롯코·아리마 로프웨이 아리마온센역

롯코산과 아리마 온천을 12분만에 연결하는 로프웨이가 정차해 당일치기로 양쪽을 오갈 때 유용하다.

: WRITER'S PICK :

코인 로커 & 관광안내소

캐리어 같은 큰 짐은 아리마온센역 출구 앞이나 한큐 버스터미널 내 코인 로커에 맡기자. 요금은 크기에 따라 400엔~. 관광안내소에도 코인 로커가 있지만, 작은 크기의 짐만 보관할 수 있다. 이용시간은 09:30~17:00. 관광안내소에서는 일반 관광 정보는 물론, 당일 온천과 식사를 제공하는 호텔 정보, JR 버스 예약 등을 안내받을 수 있다.

ADD 790-3 Arimacho, Kita Ward(아리마 온천 관광협회)
TEL 078-904-0708
WEB arima-onsen.com

아리마 온천, 어떻게 돌아다닐까?

아리마 온천 지역은 규모가 매우 작아서 별도의 교통수단 없이 걸어서 다닌다. 단, 좁은 언덕길이 많으니 편한 신발과 옷차림은 필수. 투숙객 전용 무료 셔틀버스를 운영하는 숙소도 있다.

1 느릿느릿 온천 골목 산책
유모토자카 湯本坂

좁고 비탈진 골목을 따라 기념품숍, 카페, 식당, 테이크아웃 간식집이 오밀조밀 모인 언덕이다. 예스러운 온천마을 풍광을 고스란히 간직하고 있는 곳. 한큐 버스터미널이 있는 골목 입구부터 롯코강(六甲川)에 이르기까지 600m가량 이어진다. 길 중간에는 대표 온천인 킨노유와 완구박물관 등의 볼거리가 있고, 길옆으로 구불구불하게 뻗은 작은 골목이나 계단을 오르면 온천이 샘솟는 원천이 자리한다. 길 한켠의 작은 수로에는 뜨거운 온천이 콸콸 흘러내린다. **MAP 513p**

GOOGLE MAPS 유모토자카
WALK 고베 전철 아리마온센역 개찰구 출구로 나와 오른쪽으로 도보 5분/한큐 버스터미널을 바라보고 오른쪽 길로 올라가면 바로 유모토자카다.

+MORE+

여기도, 저기도 맛있는 것 천국! 유모토자카 길거리 간식

와가시 공방 아리마 和菓子工房ありま

유모토자카 입구의 씬스틸러. 김이 모락모락 피어나는 찜통에서 갓 꺼낸 사케 만주 찐빵(1개, 100엔)이 명물!

GOOGLE MAPS wagashi koubou arima
OPEN 09:00~17:00

아리마 젤라테리아 스타지오네 Arima Gelateria Stagione

2019 젤라토 월드 투어 일본 선수권 우승자가 고향에 차린 젤라토집. 일본 최고의 젤라토 맛이 궁금하다면 이곳에 가보자.

GOOGLE MAPS arima gelateria stagione
OPEN 10:00~17:00/화·수요일 휴무

유노하나 혼포 湯の花堂本舗

아리마 탄산수로 만들어 바삭한 탄산 센베를 만들자마자 즉석에서 맛볼 수 있다(2장, 100엔). 이때 잊지 말아야 할 건 톡 쏘는 아리마 사이다!(1병, 270엔)

GOOGLE MAPS yunohana arima **OPEN** 10:00~17:00(토·일요일·공휴일 09:30~18:00)/화·수요일 휴무

다케나카 니쿠텐 竹中肉店

갓 튀겨낸 고로케 냄새를 그냥 지나치기 어렵다. 감자 고로케(170엔~)도 맛있지만, 멘치카츠(330엔)도 특급 간식이다.

GOOGLE MAPS 다케나카 니쿠텐 **OPEN** 09:30~17:00(토·일요일·공휴일 ~17:30)

입구에 있는 무료 음용대

2 촉촉하게 스며드는 황금빛 온천
킨노유(금탕) 金の湯

아리마 2대 온천수 중 하나인 황토색의 유황온천수, 킨센(金泉, 금천)을 즐길 수 있는 곳. 다량 함유된 철분이 공기와 맞닿으면서 산화해 흙탕물처럼 탁한 다갈색을 띤다. 바닷물보다 염도가 높아 피부에 얇은 막을 형성해 보습에 좋으며, 냉증·요통·혈액순환 장애 등에도 효과적이다. 남탕과 여탕 2곳으로 나뉜 욕탕은 작지만 매우 깔끔한 편이고, 이용 방법도 한국어로 적혀있다. 킨노유 앞에는 무료 족욕 시설과 음용대가 있다.

MAP 513p

GOOGLE MAPS 킨노유
ADD 833 Arimacho, Kita Ward
OPEN 08:00~22:00/폐장 30분 전까지 입장/매월 둘째·넷째 화요일(공휴일인 경우 그다음 날)·1월 1일 휴관
PRICE 650엔(토·일요일·공휴일·연말연시를 비롯한 연휴 기간 800엔), 초등학생 350엔/킨노유·긴노유 2관권 1200엔
WALK 한큐 버스터미널에서 유모토자카를 따라 40m쯤 올라가면 정면에 있다.
WEB arimaspa-kingin.jp

야외 무료 족욕 시설

6층 철도 모형관

4층 오토마타 장난감

3 오래되고 신비한 장난감 나라
아리마 완구박물관 有馬玩具博物館

일본 제과 회사 글리코의 과자 장난감 디자이너가 동료와 함께 만든 박물관. 일본과 유럽의 장난감 4000여 점을 소장하고 있다. 독일의 섬세한 전통 목제 인형과 유럽의 인기 장난감, 영국에서 탄생한 오토마타(기계장치를 통해 움직이는 인형)와 철도 모형 등을 관람할 수 있다. 1층은 뮤지엄숍, 3층은 부티크 호텔이 있다. MAP 513p

GOOGLE MAPS 아리마 완구박물관
ADD 797 Arimacho
OPEN 10:00~17:00
PRICE 1000엔, 3세~초등학생 500엔
WALK 킨노유 맞은편
WEB www.arima-toys.jp

4 스트레스를 확 날려주는 탄산 온천
긴노유(은탕) 銀の湯

킨센과 함께 아리마 온천을 대표하는 긴센(銀泉, 은천)을 체험할 수 있다. 긴센은 라듐과 탄산염이 함유된 투명한 온천수로, 모세혈관을 확장하고 혈액순환을 도와 신경통, 근육통, 관절염, 오십견에 효과적이다. 내부는 아담하지만 차분한 일본풍 인테리어가 돋보이며, 대욕장은 바위틈을 이용해 만든 이와부로(岩風呂) 욕탕으로 꾸몄다. MAP 513p

GOOGLE MAPS 긴노유
ADD 1039-1 Arimacho, Kita Ward, Kobe
OPEN 09:00~21:00/폐장 30분 전까지 입장/매월 첫째·셋째 화요일(공휴일인 경우 그다음 날)·1월 1일 휴관
PRICE 550엔(토·일요일·공휴일·연말연시를 비롯한 연휴 기간 700엔), 초등학생 300엔/킨노유·긴노유 2관권 1200엔
WALK 고베 전철 아리마온센역에서 도보 약 7분
WEB arimaspa-kingin.jp

5

아리마 온천 전망은 이곳에서

아리마 이나리 신사

有馬稲荷神社

아리마 온천과 롯코산 사이, 이바산(射場山) 중턱에 자리한 작은 신사. 아리마 온천 마을과 저 멀리 효고현 일대까지 내려다보이는 수려한 전망 덕분에 가파른 계단을 오른 수고가 아깝지 않다. 600~700년대 조메이·고토쿠 일왕 행렬이 이곳을 다녀갔을 때 만든 수호 신사다. MAP 513p

GOOGLE MAPS arima inari shrine
ADD 1745 Arimacho, Kita Ward
OPEN 24시간
WALK 긴노유에서 언덕을 따라 도보 약 5분

6

경쾌하게 떨어지는 2단 폭포

쓰쓰미가타키 폭포

鼓ヶ滝

마치 북을 치는 듯 경쾌한 폭포 소리가 들린다 하여 이름 붙은 2단 폭포다. 롯코산의 맑은 물이 떨어지는 모습과 시원한 소리에 기분이 절로 상쾌해지는 곳. 온천 마을에 온 김에 삼림욕하기에 제격이다. 로프웨이 아리마온센역과 매우 가깝다. MAP 513p

GOOGLE MAPS tsuzumigataki waterfall
ADD 1230 Arimacho, Kita Ward
OPEN 24시간
WALK 롯코·아리마 로프웨이 아리마온센역에서 도보 약 4분

7

아리마 온천 산책 & 단풍 명소

즈이호지 공원

瑞宝寺公園

이른 아침에 온천 마을을 고요히 산책하고 싶다면 이곳으로 향하자. 관직에서 물러나 아리마 온천에 별장을 짓고 머물렀던 도요토미 히데요시가, 이곳의 단풍은 온종일 봐도 질리지 않는다고 말한 데서 '히구라시노 니와(日暮の庭, 종일 정원)'라는 별칭이 붙은 단풍 명소다. MAP 513p

GOOGLE MAPS 즈이호지 공원
ADD 500-19 Arimacho, Kita Ward
OPEN 24시간
WALK 아리마 이나리 신사에서 동쪽으로 도보 약 11분

8

본격 일본식 온천 찜질방

다이코노유 太閤の湯

킨센과 긴센을 모두 즐길 수 있는 대형 온천 시설이다. 대욕장, 암반욕, 노천온천 등 다양한 컨셉의 온천이 있으며, 닥터피쉬 족욕 시설도 있다. 찜질방처럼 실내복과 손목밴드를 착용한 뒤 관내의 유료 시설을 이용하는 시스템이며, 널찍한 푸드코트도 갖췄다. MAP 513p

GOOGLE MAPS 다이코노유
ADD 292-2 Arima-cho, Kita Ward
OPEN 10:00~22:00/시설마다 다름/폐장 1시간 전까지 입장
PRICE 2750엔(초등학생 1239엔, 3~5세 440엔)/이용 시간에 따라 다름/토·일·공휴일 및 특정일은 추가 요금 있음/관내복·타올 이용료 포함/입욕세 75엔 별도(6세 이하 무료, 초등학생은 평일 무료)
WALK 고베 전철 아리마온센역에서 도보 약 10분
WEB www.taikounoyu.com

에도 시대풍으로 재현한 내부

대욕장의 한증막

소담스러운 온천 마을을 닮은

아리마 온천 맛집 & 카페

대부분의 관광객이 온천 여관과 호텔에서 아침과 저녁 식사를 해결하는 아리마 온천에서는 점심과 간식 타임을 공략한 맛집들이 기다리고 있다. 오래된 온천 마을의 기품이 느껴지는 식당과 카페를 찾아가 보자.

귀여운 찬합에 담긴 영양 만점
어린이 세트(6세 이하, 1000엔)

상자 안에 담긴 산해진미

하코 레스토랑 엔 Hacco restaurant enn

신발을 벗고 들어가는 아늑한 인테리어의 목조 단독 주택에서 정갈한 일본 가정식을 맛볼 수 있다. 인기 메뉴는 아침과 점심에 선보이는 유케무리 고젠(湯けむり御膳, 2530엔). 동그란 나무상자 안에 든 메인 3종 요리(돼지고기 된장구이, 간장소스 닭튀김, 삼치구이)를 비롯해 샐러드, 제철 채소 반찬 3종, 식전 사과 식초 등 총 11가지 음식을 내놓는데, 인근 농가에서 담근 된장과 홈메이드 소스, 지역 쌀을 사용하는 맛있는 건강식이다. 홈페이지 예약 가능(한국어). **MAP 513p**

GOOGLE MAPS Hacco restaurant enn
ADD 1030, Arimacho, Kita Ward
OPEN 08:30~14:00, 17:00~21:00
WALK 고베 전철 아리마온센역에서 도보 약 8분/한큐 버스터미널에서 도보 약 5분
WEB haccorestaurantenn.owst.jp

탄산 센베 티라미수

고급 디저트로 변신한 탄산 센베

미쓰모리 카페 Mitsumori Cafe

아리마 온천 탄산 센베 원조집, 미쓰모리 혼포(三津森本舗)에서 운영하는 카페. 레트로한 온천 마을 분위기를 닮은 진갈색 목조 인테리어 공간에서 탄산 센베를 활용한 각종 디저트를 즐겨보자. 꼭 맛봐야 할 디저트는 뭐니 뭐니 해도 탄산 센베 티라미수(600엔)! 탄산 센베 6장 사이에 고베 유명 로스터리 카페 히로(HIRO)의 커피, 마스카르포네 생크림, 바닐라 아이스크림을 겹겹이 넣어 풍부한 맛을 낸다. **MAP 513p**

GOOGLE MAPS Mitsumori Honpo
ADD 811 Arimacho, Kita Ward
OPEN 09:30~16:00
WALK 고베 전철 아리마온센역에서 도보 약 7분/한큐 버스터미널에서 도보 약 2분

탄산 센베와 팥앙금, 아이스크림을 조합한 와플 세트, 850엔

SPECIAL PAGE

일본 3대 고탕(古湯)

아리마 온천의 호텔 & 여관

아리마 온천은 대형 호텔부터 노포 여관(료칸)까지 30여 개의 개성 있는 숙박시설이 여행자를 맞이한다. 온천과 식사를 즐기며 하룻밤 묵는 것이 가장 여유롭겠지만, 점심 식사가 포함된 당일 온천 프로그램도 인기가 높다.

♨ 당일 온천 OK! 추천 여관 & 호텔 Best 5

효에코요카쿠 兵衛向陽閣

아리마온센을 주름잡는 대규모 노포 여관. 전망 좋은 3개의 탕은 모두 킨센 온천이다. 점심엔 카페 푸드, 저녁엔 고베규나 해산물 가이세키 요리, 뷔페 등을 제공한다. **MAP 513p**

GOOGLE MAPS 효에코요카쿠
ADD 1904 Arimacho, Kita Ward
PRICE 숙박 1인 2만5000엔~, 당일 온천+점심 식사 7920엔~
WALK 고베 전철 아리마온센역에서 도보 약 5분(셔틀버스 운행)
WEB www.hyoe.co.jp

도센고쇼보 陶泉御所坊

1191년 창업한 고급 노포 여관. 무로마치 막부 3대 쇼군 아시카가 요시미쓰가 머물었던 곳으로 알려졌다. 당일 식사 프로그램이 저렴하고 다양하다. **MAP 513p**

GOOGLE MAPS 토센고쇼보
ADD 858 Arimacho, Kita Ward
PRICE 숙박 1인 1만6400엔~, 당일 온천(입욕만) 2175엔
WALK 유모토자카 초입에서 유모토자카를 바라보고 오른쪽 골목. 도보 약 1분
WEB goshoboh.com

킨잔 欽山

이 일대에서 유일하게 미슐랭 별 1개를 받은 가이세키 요리를 선보인다. 늦은 조식 시간과 오후 12시 체크아웃도 장점. 중학생 이상만 숙박 가능(방학·연말연시 제외). **MAP 513p**

GOOGLE MAPS 호텔 킨잔
ADD 1302-4 Arimacho, Kita Ward
PRICE 숙박 1인 3만6800엔~, 당일 온천+점심 식사 8800엔~
WALK 고베 전철 아리마온센역에서 도보 약 4분
WEB www.kinzan.co.jp

겟코엔코로칸 月光園鴻朧館

아리마온센 중심지에서 살짝 떨어져 있어 한적함과 뛰어난 전망이 돋보이는 온천여관. 카이세키 요리 평이 좋다. **MAP 513p**

GOOGLE MAPS 겟코엔코로칸
ADD 318 Arimacho, Kita Ward
PRICE 숙박 1인 1만7380엔~, 당일 온천+점심 식사 8800엔~
WALK 킨노유를 바라보고 오른쪽 언덕으로 약 300m 직진. 도보 약 6분
WEB www.gekkoen.co.jp/kourokan

아리마 그랜드 호텔 有馬グランドホテル

전망 좋고 뷔페가 맛있기로 소문난 대형 호텔. 최상층의 킨센 온천, 수영장, 족욕탕, 사우나 등을 비투숙객도 예약 없이 이용할 수 있다. **MAP 513p**

GOOGLE MAPS 아리마 그랜드 호텔
ADD 1304-1 Arimacho, Kita Ward
PRICE 숙박 1인 1만9800엔~, 당일 온천+점심 식사 4500엔~
WALK 고베 전철 아리마온센역에서 도보 약 8분(셔틀버스 운행)
WEB www.arima-gh.jp

: WRITER'S PICK :

♨ 당일 온천+식사 즐기기

대중음식점이 적은 아리마 온천에선 숙박시설에 따라 당일 온천과 점심(또는 저녁) 식사를 패키지로 묶은 '히가에리(日帰り) 플랜'을 제공한다. 일정 시간 객실 이용이 가능한 곳도 있으니, 현지 관광안내소에 방문해 안내를 받아보자. 온라인 예약은 각 숙박시설 홈페이지 또는 일본 숙박 예약 사이트 자란넷, 라쿠텐트래블 등을 통해서만 가능. 국내 숙박 예약 사이트에서는 예약이 어렵다.

SPECIAL PAGE

담담한 호사
일본 온천 더 깊이 보기

화산 활동이 많은 일본은 전국에 공식 등록된 온천만 3000곳이 넘는 그야말로 '온천의 나라'다. 간사이를 여행할 때도 온천을 빼놓는다면 왠지 섭섭하다. 현지인처럼 제대로 온천을 즐기는 방법을 알아보자.

♨ 프라이빗하거나, 운치 있거나, 때론 친근하거나

수온이 25℃ 이상인 지하수를 일컫는 온천. 일본은 온천법에 따라 탄산, 유황 등의 19가지 성분 중 한 가지 이상을 충족할 때 온천으로 분류한다. 온천수를 즐기는 탕의 종류는 보통 세 가지로 나뉘며, 온천마을의 여관이나 호텔은 대개 이를 모두 갖추고 있다.

- **가시키리** 貸切 1~2시간 동안 통째로 탕을 빌려 프라이빗하게 즐기는 형태. 흔히 '가족탕'이라고 한다. 대체로 아담하게 꾸몄으며, 숙박 예약자에 한해 무료 또는 유료로 제공한다.
- **로텐부로** 露天風呂 일본 온천의 꽃인 노천 온천. 운치 있는 자연을 벗 삼아 시원함과 뜨끈함을 동시에 누릴 수 있다. 대개 남탕과 여탕이 따로 있다.
- **대욕장** 大浴場 대형 온천탕. 남탕과 여탕으로 나뉘며, 우리나라 대중목욕탕과 내부가 비슷하다. 단, 때를 미는 문화는 아니다.

가시키리

로텐부로

♨ 이대로 따라 하면 효과 만점! 입욕 순서

❶ 입구에서 벗은 신발을 신발장에 넣고 탈의실로 들어간다.

❷ 탈의실에서 옷을 벗어 옷장에 넣은 후, 수건 한 장을 가지고 탕에 들어간다. 수건을 유료로 대여하는 곳이 많으니 한 장쯤 미리 챙겨가는 게 좋다.

❸ 먼저 30초 정도 머리부터 전신에 물을 끼얹는다. 뜨거운 온천수로부터 심장을 보호하고 혈압이 급상승하는 것을 막기 위함이다. 사방에 물이 튀지 않도록 꼭 앉아서 하자.

❹ 반신욕을 즐기자. 10분 정도의 반신욕은 혈액순환을 돕고 온천 수온에 몸이 적응할 수 있게 해준다. 오랜 시간 입욕할 계획이라면 놓쳐선 안 될 단계다.

❺ 전신욕을 한다. 이때 머리카락이 길다면 온천수에 닿지 않도록 올려 묶는 것이 매너다. 일행이 있을 때는 소곤소곤 이야기한다.

❻ 입욕을 마친 후 의자와 세숫대야를 원래대로 정리한다. 탕을 나설 땐 수건으로 몸의 물기를 제거한다. 몸에서 물이 뚝뚝 떨어지는 채 탈의실로 이동하지 않는다.

SPECIAL PAGE

‘달콤살벌’한 백로의 성
히메지성姫路城

고베에서 열차로 약 1시간 거리에 있는 히메지엔 일본 최고의 성이라 여겨지는 히메지성이 있다. ‘백로의 성’이라 불릴 정도로 새하얗고 고고한 외관과 달리 내부는 적의 침입에 대비한 무기와 장치로 철저히 무장한 반전 매력을 지녔다. 주말과 공휴일엔 성의 중심인 다이텐슈 입장까지 1시간 정도 소요되니, 일정을 넉넉히 잡는 게 좋다.

400년 전 모습 그대로, 난공불락의 성

현존하는 일본의 성곽 건축물 중 최대 규모인 히메지성. 흰 외벽과 새의 날개 같은 지붕이 백로를 닮았다 하여 시라사키조(白鷺城, 백로성)라는 애칭이 있다. 본래 이 지방 호족이 소유하던 작은 성이었으나, 도쿠가와 이에야스의 사위 이케다 데루마사가 세키가하라 전투 승전 기념으로 성을 하사받고 나서 9년간 개축, 1601년에 지금의 모습이 됐다.

히메지성은 6층짜리 다이텐슈(大天守, 대천수)와 3층짜리 쇼텐슈(小天守, 소천수) 3개가 서로 연결돼 있으며, 그 주위를 해자와 높은 담이 둘러싸고 있다. 불에 강한 회반죽 외벽과 견고한 내부 구조 덕분에 400여 년간 옛 모습 그대로를 간직해 1993년 일본 최초로 유네스코 세계유산에 등재됐다. 제2차 세계대전 때 히메지 시민들이 새끼를 꼬아 숯으로 까맣게 칠한 뒤 다이텐슈를 덮어 미군의 공습을 피했다는 일화가 있다.

MAP 521p

GOOGLE MAPS 히메지성
ADD 68 Honmachi, Himeji
OPEN 09:00~17:00/폐장 1시간 전까지 입장/12월 29·30일 휴관
PRICE 1000엔, 초등·중·고등학생 300엔/코코엔 공통 관람권 1050엔, 초등·중·고등학생 360엔
WALK JR 히메지역 중앙 출구로 나와 도보 약 15분/산요·한신 전철 산요히메지역 2층 개찰구로 나와 도보 약 15분/JR 히메지역 북쪽 출구 앞에서 히메지성행 버스를 타고 약 5분
WEB www.city.himeji.lg.jp/castle

JR 히메지역에서 나오면 눈앞에 바로 펼쳐지는 히메지성의 풍경이 압권이다. 역에서 성 앞까지 오테마에도리(大手前通り)가 일직선으로 뻗어있다.

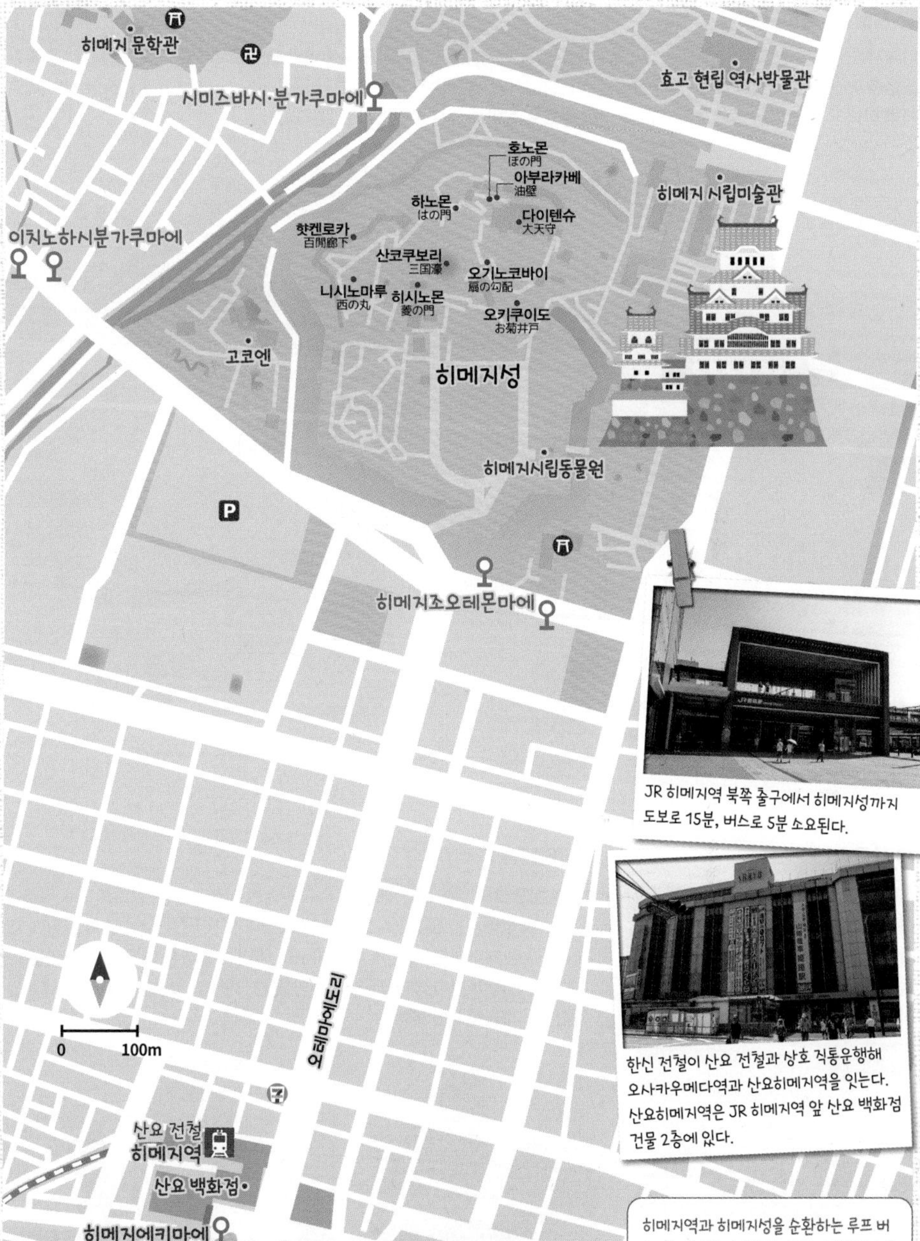

JR 히메지역 북쪽 출구에서 히메지성까지 도보로 15분, 버스로 5분 소요된다.

한신 전철이 산요 전철과 상호 직통운행해 오사카우메다역과 산요히메지역을 잇는다. 산요히메지역은 JR 히메지역 앞 산요 백화점 건물 2층에 있다.

히메지역과 히메지성을 순환하는 루프 버스. 클래식한 디자인의 버스는 현금만 사용 가능하고, 전기 버스는 현금·IC 카드·컨택리스 카드 모두 사용할 수 있다.

PRICE 210엔(6~11세 110엔)/평일 30분 간격, 토·일요일·공휴일 15분 간격 운행/12~2월 운휴

✲ 히메지성 하이라이트

히메지성은 적이 쉽게 침입하지 못하도록 파놓은 3중 해자, 간신히 허리를 숙여야만 들어갈 수 있는 작은 돌문, 적을 혼란스럽게 하기 위한 내리막길 등 적의 공격을 철통방어하기 위한 여러 비밀 장치가 곳곳에 도사린다. 적의 입장이 되어 미로처럼 이어진 길을 따라 둘러보자. 지도의 번호순으로 돌아볼 경우 1시간 정도 걸린다.

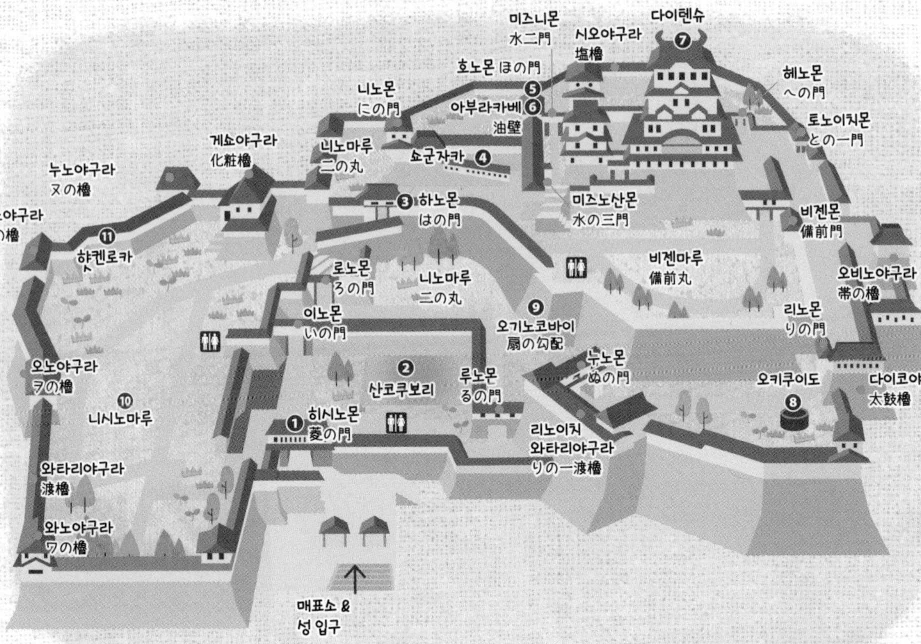

❷ 산코쿠보리 三國濠

히메지성의 포토 포인트로 손꼽히는 해자. 에도 시대에 하리마(播磨), 아와지(淡路), 비젠(備前) 3개국의 사람을 모아 만들었다 하여 '삼국 해자'라 이름 붙였다.

❼ 다이텐슈 大天守

히메지성 관람의 끝판왕인 중앙탑. 다이텐슈는 지하 1층~지상 6층으로 이루어져 있는데, 밖에서는 5층으로 보이게 해 쇼군이 있는 곳을 적이 알지 못하게 했다. 겉모습은 우아하지만, 높이 약 100m의 꼭대기 층까지 매우 좁고 가파른 나무 계단을 올라야 한다. 히메지 시내 전망을 감상한 후, 천천히 내려오면서 성안에 숨은 무기와 장치를 살펴보자.

다이텐슈 6층에서 바라본 히메지 시내 전망. 용마루 끝에는 성을 지키는 수호신, 상상 속의 동물 샤치호코(鯱)가 달려 있다.

⑩ 니시노마루 西の丸

1618년 오사카 여름 전투를 치른 히메지성 성주 혼다 다다마사(本多忠刻)가 도쿠가와 이에야스의 손녀 센히메(千姫)와 아들을 혼인시킨 후 지어줬던 어전 터. 지금은 이 중 햣켄로카만 남았다. 영화·드라마 속 단골 배경지다.

햐쿠닌잇슈를 즐기는 센히메 인형

⑪ 햣켄로카 百間廊下

센히메의 시녀들이 살던 건물. 300m가량의 긴 복도를 중심으로 작은 방들이 이어진다. 복도 끝 망루 게쇼야구라(化粧櫓, 화장로)에는 일본 전통 카드 게임 햐쿠닌잇슈(百人一首)를 즐기는 센히메가 재현돼 있다.

+MORE+

세계에서 가장 긴 현수교, 아카시 해협 대교 明石海峡大橋

고베와 아와지(淡路)섬을 잇는 길이 3911m의 대교. 히메지성을 오가는 길에 둘러보기 좋다. 1998년 개통한 다리 내부엔 스릴 넘치는 회유식 통로와 전망 라운지로 구성된 마이코 해상 프롬나드(舞子海上プロムナード)가 있다. 소나무 숲과 백사장이 갖춰진 마이코 공원은 산책 명소다.

GOOGLE MAPS 아카시 대교
ADD 2051 Higashimaikocho, Tarumi Ward
OPEN 마이코 해상 프롬나드 09:00~18:00(골든위크·여름방학 ~19:00)/폐장 30분 전까지 입장/마이코 공원 24시간
PRICE 공원 무료입장/마이코 해상 프롬나드 250엔, 70세 이상 100엔(토·일요일·공휴일 각각 300엔, 150엔)
WALK JR 마이코역 또는 산요·한신 전철 마이코코엔역 하차 후 도보 약 5분
WEB www.hyogo-park.or.jp/maiko

야경은 물론 일출·일몰 등 언제 가더라도 멋진 사진을 찍을 수 있다.

마이코 공원

마이코 해상 프롬나드

NARA
奈良
IN KANSAI

나라

奈良

나라는 순하디순한 사슴을 닮았다. 소란스러운 관광객들 틈에 섞여 있는 듯 없는 듯 거닐고, 전병 말곤 달리 욕심을 부리지 않는 나라 공원의 사슴들처럼 나라는 간사이 지방에서 가장 느긋하고 다정다감한 도시다. 낮은 산에 빙 둘러싸인 아늑한 분지, 1100여 마리의 야생 사슴들이 누비는 오래된 사찰과 신사, 시간이 멈춘 듯한 옛 거리 곳곳에는 한반도에서 건너간 우리 조상의 숨결이 깃들어 있어 더욱 뜻깊다.

Area Guide ❶

간사이 국제공항에서 나라 시내 가기

간사이 공항에서 나라까지는 약 80km로, 어떤 방법을 선택해도 1시간 30분 정도 걸린다. 간사이 레일웨이 패스나 JR 패스 등을 활용하려면, 간사이 국제공항 국제선 2층과 연결된 간사이공항역에서 JR이나 난카이 전철을 탄 뒤 오사카에서 한 차례 환승한다.

NK 난카이 전철 + KT 긴테쓰 전철

1650엔 / 간사이 레일웨이 패스
1시간 35분

❶ 간사이공항역 関西空港

1·2번 승강장 / 난바행(なんば)
교토선
난카이 공항선
공항급행(空港急行/Airport.Exp)
36분

❷ 난바역 なんば

도보 약 6분
*난카이 전철 난바역에서 내려 개찰구를 통과한 후 표지판을 따라 긴테쓰 전철 오사카난바역으로 이동한다.

❸ 오사카난바역 大阪難波

1·2번 승강장 / 나라행(奈良)
긴테쓰나라선
쾌속급행(快速急行/Rapid Exp.),
급행(急行/Exp.)
36분

❹ 긴테쓰나라역 近鉄奈良

긴테쓰나라선 쾌속급행

JR

1740엔 / JR 간사이 와이드 패스 JR 간사이 패스 JR 간사이 미니 패스
1시간 35분

❶ 간사이공항역 関西空港

3번 승강장
덴노지행(天王寺), 교바시행(京橋)
간사이 공항선
간사이 공항쾌속(関空快速/Kansai Airport Rapid)
50분

❷ 덴노지역 天王寺

16번 승강장
나라행(奈良), 기모행(加茂)
야마토지선
야마토지 쾌속(大和路快速/Yamatoji Rapid)
쾌속(快速/Rapid)
33분

❸ 나라역 奈良

JR 야마토지 쾌속

리무진 버스

2400엔
1시간 40분(JR 나라역 기준)

❶ 간사이 국제공항 関西空港

제2 터미널 1층 5번 정류장
제1 터미널 1층 9번 정류장
JR 나라역행(JR奈良)
공항 리무진 버스
1시간 40분

*제1 터미널 08:45~20:45, 제2 터미널 10:32~20:32/2~3시간 간격 운행

간사이 국제공항 제1 터미널 9번 정류장

❷ JR 나라역 奈良

나라행 리무진 버스

Area Guide ❷

간사이 다른 도시에서 나라 가기

오사카, 교토, 고베에서 나라로 이동할 땐 JR이나 사철을 이용한다. 오사카·교토에서 나라까지는 40~50분, 고베에서 나라까지는 1시간 20분 정도 소요된다.
나라 여행의 출발점인 JR 나라역과 긴테쓰나라역은 도보 약 15분 소요되는 꽤 먼 거리인 데다 장단점이 다르므로, 소지한 패스 유무에 따라 어느 쪽이 효율적인지 잘 살펴보고 선택하자.

오사카에서 나라 가기

KT 긴테쓰 전철

680엔 / 긴테쓰 레일 패스 1·2일권 / 간사이 레일웨이 패스

36~43분

❶ 오사카난바역 大阪難波

1·2번 승강장
나라행(奈良)

나라선
쾌속급행(快速急行/Rapid Exp.), **급행**(急行/Exp.)
36~38분

*긴테쓰닛폰바시역(近鉄日本橋)에서 출발할 경우 1번 승강장에서 나라행 쾌속급행 또는 급행을 탄다.

❷ 긴테쓰나라역 近鉄奈良

JR

820엔 / JR 간사이 패스 / JR 간사이 와이드 패스 / JR 간사이 미니 패스

50~57분

❶ 오사카역 大阪

1번 승강장
나라행(奈良), 가모행(加茂)

오사카칸조선 내선순환
(内回り, 우치마와리)
야마토지 쾌속(新快速/Special Rapid) 50분
구간쾌속(区快/Rapid) 57분

*운행 시간이 맞지 않을 땐 신이마미야역(新今宮) 또는 덴노지역(天王寺)에서 하차 후 야마토지 쾌속 나라행 또는 가모행으로 환승한다. 55분~1시간 소요

❷ 나라역 奈良

JR

510엔 / JR 간사이 패스 / JR 간사이 와이드 패스 / JR 간사이 미니 패스

33~37분

❶ 덴노지역 天王寺

16번 승강장
나라행(奈良), 가모행(加茂)

야마토지선
야마토지 쾌속(新快速/Special Rapid), **구간쾌속**(区快/Rapid), **쾌속**(快速/Rapid)
33~37분

❷ 나라역 奈良

JR

580엔 / JR 간사이 패스 / JR 간사이 와이드 패스 / JR 간사이 미니 패스
45~50분

❶ JR 난바역 JR難波

출퇴근 시간대 3·4번 승강장
(07:00~10:00경/17:00~24:00경)
나라행(奈良), 가모행(加茂)

야마토지선
쾌속(快速/Rapid)
45~50분

*JR 오사카역을 지나는 야마토지선과는 다른 노선임

그 외 시간대 1·2번 승강장
다카타행(高田), 오지행(王寺)

야마토지선
보통(각역정차/普通/Local)
6분

덴노지역 天王寺

16번 승강장
나라행(奈良), 가모행(加茂)
야마토지선 쾌속(快速/Rapid)
33분

❷ 나라역 奈良

+MORE+

쾌적한 이동 긴테쓰 특급

나라를 오가는 긴테쓰 특급(特急/Ltd. Exp.)은 쾌속급행·급행과 속도는 비슷하지만, 지정좌석제여서 편리하다. 기본 운임 외 특급권 요금 520엔이 추가되며, 유인 매표소, 매표소·승강장에 설치된 특급권 발권기, 온라인(www.ticket.kintetsu.co.jp/vs/en/e-ticket/)으로 구매 가능. 패스 소지자도 특급권은 따로 구매해야 한다.

교토에서 나라 가기

JR 교토역, 긴테쓰 전철 교토역, 교토 지하철 가라스마선 각 역에서 출발하는 3가지 방법이 있다. JR 교토역과 긴테쓰 전철 교토역은 한 건물에 있지만, 요금, 소요 시간, 종착역은 각기 다르다. 교토 지하철 가라스마선은 긴테쓰 전철과 상호 직통운행해 긴테쓰나라역까지 직행하나, 운행 간격이 일정치 않다.

KT 긴테쓰 전철

760엔 / 긴테쓰 레일 패스 1·2일권 / 간사이 레일웨이 패스

45~50분

① 교토역 京都

1~4번 승강장 / 나라행(奈良)

교토선

쾌속급행(快速急行/Rapid Exp.), **급행**(急行/Exp.)

*시간당 1~2회 운행

*1~4번 승강장에서 수시 운행하는 가시하라신구마에행 쾌속급행 또는 급행을 타고 야마토사이다이지역에서 하차, 1·2번 승강장에서 긴테쓰나라행 급행으로 갈아타도 된다. 전체 소요 시간은 환승 포함 약 1시간

② 긴테쓰나라역 近鉄奈良

JR

720엔 / JR 간사이 패스 / JR 간사이 와이드 패스 / JR 간사이 미니 패스

46분

① 교토역 京都

8~10번 승강장 / 나라행(奈良)

나라선

미야코지 쾌속(みやこ路快速/Miyakoji Rapid), **쾌속**(快速/Rapid)

*구간쾌속(区間快速), 보통(普通) 탑승 시 약 1시간 소요

② 나라역 奈良

지하철

760~1090엔 / 교토 지하철 1일권 / 교토 지하철·버스 1일권

41분~1시간 7분

① 가라스마선 각 역

긴테쓰나라행(近鉄奈良)

가라스마선

급행(急行/Exp.)

*열차에 탑승한 채로 긴테쓰 교토선 긴테쓰나라행과 상호 직통운행

*출발 역에 따라 요금, 소요 시간 다름(가라스마오이케역 출발 시 53분, 1020엔)/교토 시내 교통 패스 이용 시 다케다역 이후부터 추가 요금 발생

*시간당 1~2회 운행(평일 10:00~15:00, 19:00(주말 18:00) 이후 운행 안 함)

② 긴테쓰나라역 近鉄奈良

고베에서 나라 가기

고베에서 나라까지는 한신 전철이나 JR로 이동한다. JR은 오사카역에서 한 번 환승해야 한다.

HS 한신 전철

1100엔 / 간사이 레일웨이 패스

1시간 18분

① 고베산노미야역 神戸三宮

2번 승강장

긴테쓰나라행(近鉄奈良)

한신 본선+긴테쓰나라선

쾌속급행(快速急行/Rapid Exp.)

*열차에 탑승한 채로 긴테쓰나라선 긴테쓰나라행과 상호 직통운행

② 긴테쓰나라역 近鉄奈良

JR

1280엔 / JR 간사이 패스 / JR 간사이 와이드 패스 / JR 간사이 미니 패스

1시간 25분

① 산노미야역 三ノ宮

1·2번 승강장 / 모든행

고베선(도카이도·산요 본선)

신쾌속(新快速/Special Rapid), **쾌속**(快速/Rapid)

20~27분

② 오사카역 大阪

1번 승강장 / 나라행(奈良), 가모행(加茂)

오사카칸조선 내선순환(内回り, 우치마와리),

야마토지 쾌속(大和路快速/Yamatoji Rapid) 50분

구간쾌속(区快/Rapid) 57분

② 나라역 奈良

나라의 주요 역

❶ 긴테쓰 전철 긴테쓰나라역 近鉄奈良

나라의 핵심 명소가 모인 나라 공원이 코앞이다. 2번 출구로 나와 오른쪽으로 조금만 걸어 올라가면 나라 공원이고, 역 앞에는 버스 정류장도 밀집했다. JR 나라역과는 도보 15분 거리다.

❷ JR 나라역 奈良

관광지와 다소 멀리 떨어져 있지만 규모가 크고, 역 안에 푸드코트, 식당, 대형마트 등 편의시설이 많다. 출구는 동쪽과 서쪽 2곳으로, 시내 명소와 비교적 가까운 동쪽 출구 쪽에 대부분의 버스 정류장이 모여 있다.

베스트 여행 시기

나라를 여행하기 가장 좋은 시기는 자연의 싱그러움을 만끽할 수 있는 봄(3~5월)과 가을(9~11월)이다. 3월 초 도다이지 일대에서 열리는 슈니에(修二会) 축제 기간과 4월 초 벚꽃 시즌엔 일본 각지에서 관광객이 몰려오며, 5월에는 수학여행을 온 단체 관광객이 많아서 혼잡하다. 가을엔 선선하고 풍광이 아름다우며, 대부분의 관광객이 단풍 명소인 교토로 몰리기 때문에 비교적 여유롭게 여행할 수 있다. 여름(6~8월)은 무더운 대신 수컷 사슴의 뿔이 가장 멋진 시기이며, 8월에 열리는 야간 등불 축제인 등화회(燈花会)가 무척 볼만하다. 겨울(11~2월)은 1월에 열리는 와카쿠사산 축제를 제외하면 비수기여서 문을 닫는 곳이 많고 사슴 공원도 썰렁하지만, 조용한 분위기를 즐기고 싶다면 충분히 노려볼 만한 시기다.

Area Guide ❸ 나라 시내 교통

나라 공원 주변은 걸어서도 충분히 다닐 수 있다. 어린아이나 어르신과 함께라면 순환 버스를 적절히 활용하고, 기분전환을 하고 싶다면 자전거를 대여해보는 것도 좋다. 버스 이용 시엔 JR 나라역 동쪽·서쪽 출구 앞 버스 정류장에서 타거나 긴테쓰교토역 개찰구 주변 영어 안내 표지판을 확인한 뒤 목적지에 맞는 정류장이 있는 출구로 나가면 된다.

버스

❶ 고정 요금 순환 버스, 나라 시티 루프 버스 Nara City Loop Bus

나라 교통이 운영하는 노란색 버스로, 주요 역과 나라 공원 주변의 대표 관광지를 순환한다. 시계방향으로 도는 외부순환과 반시계방향으로 도는 내부순환으로 크게 나뉘는데, 어떤 걸 타도 긴테쓰나라역, JR 나라역, 나라 현청, 나라 국립박물관, 도다이지, 가스가 타이샤 등 주요 명소를 거친다.

PRICE 250엔(6~11세 130엔)/컨택리스 카드, IC 카드 사용 가능
TIME 긴테쓰나라역 기준 05:30~24:00경/10~15분 간격 운행/노선에 따라 다름
PASS 긴테쓰 레일 패스 1·2일권, 각종 나라 교통 버스 무제한 승차권

❷ 실속 있는 100엔 순환 버스, 구룻토 버스 ぐるっとバス

구간과 상관없이 1회 승차 요금이 100엔인 관광 전용 버스다. 총 3가지 루트 중 매일 운행하고 노선이 가장 긴 파란색의 오미야 거리 루트는 나라역과 공원 주변 명소는 물론, 헤이조 궁터와 사이다이지까지 매일 연결한다. 나머지 2개 루트는 주말에만 운행하는데, 빨간색의 나라 공원 루트는 나라역과 공원 일대를 집중적으로, 주황색의 와카쿠사산기슭 루트는 와카쿠사산 동부권을 돈다.

PRICE 100엔(초등학생 이하 무료)/IC 카드 이용 가능
TIME 오미야 거리 루트 09:00~17:00(30분 간격, 토·일요일·공휴일 15분 간격 운행), 나라 공원 루트 09:00~17:00, 와카쿠사산기슭 루트 10:20~17:00
PASS 긴테쓰 레일 패스 1·2일·Plus권 등
WEB www.nara-access-navi.com/route/

파란색 구룻토 버스는 나라 공원~헤이조 궁터~사이다이지를 순환한다.

❸ 고정 요금 구간 외까지 달리는 버스, 나라 교통 버스 奈良交通バス

나라 공원 주변은 물론 나라 교외로도 이동하며, 구간에 따라 요금이 달라지는 비고정 요금 버스다. 노선이 광범위하고 복잡한 데다 요금이 비싸서 여행자는 거의 이용할 일이 없지만, 나라 교통 버스 무제한 승차 혜택이 포함된 패스를 구매해 호류지나 아스카 등 원거리 명소까지 둘러볼 예정이라면 이용할 만하다. 패스는 JR 나라역 관광안내소, 긴테쓰나라역 관광안내소 등에서 구매할 수 있다.

PRICE 구간에 따라 250엔~/초등학생은 반값, 1~5세는 보호자 1인당 1인 무료/컨택리스 카드(일부 노선), IC 카드 사용 가능
TIME 긴테쓰나라역 기준 06:10~22:00경/10분~1시간 간격 운행
PASS 긴테쓰 레일 패스 1·2일권, 각종 나라 교통 버스 무제한 승차권
WEB www.narakotsu.co.jp/language/kr/pass.html

イチョウ

#Walk

사슴처럼 순둥순둥

나라 공원奈良公園 & 나라마치奈良町

1300여 년 전인 710~794년 동안 일본의 수도였던 나라는 옛 궁터와 거대한 사찰, 신사 등 풍성한 문화유산을 간직한 장소다. 특히 백제의 기술로 지은 사찰 등 우리 조상의 발자취가 남겨진 명소가 많아서 반갑다. 잔디 언덕을 자유롭게 뛰노는 귀여운 사슴들에 둘러싸여 나라 공원을 산책하고, 고민가 체험과 여유로운 식사를 즐길 수 있는 나라마치로 시간 여행을 떠나보자.

+MORE+

자전거 대여

긴테쓰나라역 주변에 자전거 대여점이 있다. 여권을 보여주고 간단한 신상 정보를 기입한 뒤 사용 방법과 주차장 이용법을 안내받으면 곧바로 이용할 수 있다.

■ **나라 자전거 센터**
奈良自転車センター

ADD 긴테쓰나라역 6번 출구에서 바로
TEL 0742-22-5475
OPEN 09:00~19:00/
12월 30일~1월 3일 휴무
PRICE 1일 1000엔(전동 자전거 1500엔)

1 온통 사슴, 사슴, 사슴
나라 공원 奈良公園

나라 공원을 빛나게 하는 건 언제나 사람들의 시선을 아랑곳하지 않고 유유히 지나가는 1100여 마리의 야생 사슴들이다. 천연기념물로 지정된 암수 사슴과 아기 사슴이 공원 입구부터 깊숙한 곳까지 관광객과 어울리며 사랑을 듬뿍 받는다. 나라에서 사슴은 가스가 타이샤(543p)의 신이 흰 사슴을 타고 내려왔다는 전설에 등장하는 귀한 존재로, 예부터 살생이 금지돼 지금처럼 많아졌다. 일본에서 가장 오래된 시가(詩歌)집 <만요슈(万葉集, 750년)>에도 이곳에 사슴이 살았다고 기록돼 있을 정도! 사슴은 주로 공원 잔디와 나무 열매를 먹고 자라며, 관광객은 동그란 사슴 센베만 먹이로 줄 수 있다.

공원에는 도다이지, 고후쿠지, 가스가 타이샤와 같은 주요 사찰과 신사, 나라 국립박물관과 잘 가꿔진 일본 정원 등이 곳곳에 사리 잡았다. 또 가스가산(春日山)과 와카쿠사산(若草山)을 병풍 삼아 드리워진 드넓은 녹지는 봄과 가을에 더없이 아름답다.

MAP ⑳-B·D

GOOGLE MAPS 나라 공원
ADD 30 Noboriojicho
OPEN 24시간
PRICE 무료
WALK 긴테쓰 전철 긴테쓰나라역 2번 출구로 나와 오른쪽으로 약 200m 직진/JR 나라역 동쪽 출구로 나와 횡단보도를 건너 왼쪽 대각선 방향으로 보이는 산조도리를 따라 약 900m 직진
WEB www3.pref.nara.jp/park/

공원 곳곳에서 판매하는 사슴 센베는 오직 쌀겨와 밀가루만 들어간 안전 간식! 1묶음(10장) 200엔

: WRITER'S PICK :

나라 공원 사슴 관찰 꿀팁

수컷의 뿔은 봄부터 자라나기 시작해 8월 중순 무렵 가장 멋지게 완성되고, 갓 태어난 귀여운 아기 사슴을 볼 수 있는 때는 5~8월이다. 단, 9~11월에는 수컷이 세력권 경쟁 탓에 공격적이 되고, 5~8월에는 아기 사슴을 보호하기 위해 어미 사슴이 방어적으로 바뀐다. 이때에는 함부로 만지지 말고 적당히 거리를 두는 게 좋다. 사슴 1마리당 하루 500g의 변을 보기 때문에 발밑도 잘 살피고 걸어야 하는데, 다행히 공원에 서식하는 40종 이상의 풍뎅이가 사슴 변을 수시로 분해한다.

동금당과 오중탑

국보관의 슈퍼 스타,
아수라상

2 어딜 둘러봐도 국보급 보물들
고후쿠지 興福寺

나라의 상징이자 일본에서 두 번째로 높은 오중탑이 있는 사찰이다. 1300년의 역사를 지닌 고찰로, 헤이안 시대 때 섭정 가문으로 전성기를 누린 후지와라(藤原) 일족과 왕족의 비호를 받으며 나라 시대 4대 사찰 중 하나로 이름을 드높였다. 과거 170여 채나 됐던 건물들은 전란과 화재로 대부분 소실돼 현재 10여개 만이 남았으나, 발에 채일 정도로 많은 국보 문화재를 소장하고 있어서 일본인에게는 '역사 공부의 성지'로 통한다. MAP ⑳-C

GOOGLE MAPS 고후쿠지
ADD 48 Noboriojicho
OPEN 09:00~17:00/폐장 15분 전까지 입장
PRICE **경내** 무료/**동금당** 300엔, 중·고등학생 200엔, 초등학생 100엔/**국보관** 700엔, 중·고등학생 600엔, 초등학생 300엔/**국보관·동금당 공통 관람권** 900엔, 중·고등학생 700엔, 초등학생 350엔/**중금당**(주콘도) 500엔, 중·고등학생 300엔, 초등학생 100엔
WALK 긴테쓰 전철 긴테쓰나라역 2번 출구에서 도보 약 5분/JR 나라역 동쪽 출구에서 도보 약 16분
WEB www.kohfukuji.com

+MORE+

고후쿠지의 보물 살펴보기

- **삼중탑·오중탑**: 삼중탑은 1143년에, 오중탑은 1426년에 재건되었다. 특히 높이 50m의 오중탑은 에도 시대 이전에 지은 탑 중에서는 교토 도지(東寺)의 오중탑 다음으로 높다. 730년에 처음 건립되었으나, 그 후 5번이나 전소되었다.
- **동금당**(東金堂): 726년 쇼무 일왕의 발원으로 창건한 국보 건축물로, 오중탑과 회랑으로 이어져 부부 화합의 성역으로 여겨지던 곳이다. 안에는 국보 및 중요문화재 불상 6체가 있다.
- **국보관**: 불상, 회화, 공예품 등 국보와 중요 문화재 2만여 점을 소장하고 있다. 그중 미묘한 표정을 한 3개의 얼굴과 6개의 팔이 균형을 이루는 아수라상(阿修羅像)은 고후쿠지가 자랑하는 최고의 보물이다.
- **남원당**(南円堂): 후지와라 일족이 세운 건물로, 안에는 본존을 비롯한 3체의 국보 불상이 모셔져 있다. 매년 10월 17일에만 일반에게 공개한다.

국보관

남원당

옥상 전망대

3 나라를 빼닮은 평화로운 휴식처
나라 공원 버스터미널 奈良公園バスタミナール

나라 현청 옆에 2019년 오픈한 관광 버스 터미널 겸 복합 상업 시설. 전통과 현대가 어우러진 건축미가 빼어난 3층 규모로, 서동과 동동 2개 동이 서로 연결돼 있다. 3층 옥상 전망대에서는 360° 파노라마로 펼쳐지는 평화로운 나라 시내 전경과 오중탑, 나라 공원을 한눈에 담을 수 있고, 스타벅스(동동 2층), 규카츠 전문점(서동 2층), 기모노 대여점(서동 2층)도 입점해 있으며, 나라 공원을 오고 가다가 화장실을 이용하기에도 좋다. **MAP ⑳-A**

GOOGLE MAPS 나라 공원 버스 터미널
ADD 76 Noboriojicho
OPEN 07:30~20:00/상점에 따라 다름, 10:00~19:00/계절마다 다름
WALK 나라 현청 맞은편

+MORE+

또 하나의 무료 전망 스폿

나라 공원 버스터미널의 바로 옆 건물인 나라 현청(奈良県庁)에도 무료 야외 전망대가 있다. 이렇다 할 관광 시설은 없지만, 나라 공원 버스터미널보다 높은 곳에서 탁 트인 전망을 즐길 수 있다. **MAP ⑳-A**

OPEN 08:30~17:30(토·일요일·공휴일 10:00~17:00)/계절마다 다름

전망대에서 바라본 고후쿠지 오중탑

4 일본 3대 박물관 중 하나
나라 국립박물관 奈良国立博物館

나라의 역사와 문화를 두루 살펴볼 수 있는 보물창고로, 도쿄와 교토 국립박물관과 함께 일본 3대 박물관으로 꼽힌다. 1800여 점의 불교미술품을 비롯해 전국의 사찰과 신사에서 기탁한 문화재 2000여 점을 소장하고 있다. 본관인 나라 불상관과 그 옆의 청동기관, 동쪽과 서쪽에 있는 신관까지 총 4개 건물로 이루어졌으며, 모두 지하 회랑으로 이어진다. 아스카 시대부터 가마쿠라 시대에 이르는 국보 불상을 전시한 나라 불상관은 1895년 지은 것으로, 건물 자체도 중요문화재로 지정돼 있다. **MAP ⑳-B**

GOOGLE MAPS 나라국립박물관
ADD 50 Noboriojicho
OPEN 09:30~17:00(계절에 따라 다름)/폐장 30분 전까지 입장/월요일(공휴일인 경우 그다음 날)·1월 1일 휴관
PRICE 700엔, 대학생 350엔(특별전은 요금 별도), 고등학생 이하·70세 이상 무료
WALK 나라 현청을 바라보고 오른쪽으로 도보 약 5분
WEB www.narahaku.go.jp

5 두 배로 예쁜 일본 정원
이스이엔 依水園

이스이엔의 후원. 배경으로 도다이지 남대문이 연못에 비추는 모습까지 고려한 차경정원이다.

네이라쿠 미술관

에도 시대에 지은 저택. 지붕 위에는 새를 쫓기 위한 조개껍데기가 반짝인다.

고후쿠지와 도다이지 사이에 있는 지천회유식 정원. 에도 시대 만들어진 전원과 메이지 시대 만들어진 후원으로 구성돼 있다. 전원은 소담스러운 초가지붕 저택과 아기자기한 연못이, 후원은 둥근 언덕과 꽃나무가 특징. 특히 후원의 차경정원은 와카쿠사산, 가스가산, 도다이지 등 정원의 바깥 풍경까지 안으로 끌어들인 특유의 아름다움을 선보인다. 우리나라를 비롯한 동아시아 고미술품을 소장한 네이라쿠(寧楽, 영락) 미술관도 있다. MAP ⑳-B

GOOGLE MAPS 의수원 영락미술관
ADD 74 Suimoncho
OPEN 09:30~16:30(4·5월 09:00~17:00)/폐장 30분 전까지 입장/화·수요일(공휴일인 경우 그다음 날)·12월 말~1월 중순·9월 말(연못 정비 기간) 휴관
PRICE 1200엔, 고등·대학생 500엔, 초등·중학생 300엔
WALK 나라 현청에서 도보 약 3분
WEB isuien.or.jp

6 무료입장이어서 반가운 일본 정원
요시키엔 吉城園

이스이엔 옆의 조그만 일본 정원이다. 에도 시대의 사찰을 메이지 시대 때 민간인이 소유하면서 현재의 건물과 정원이 만들어졌고, 나라현의 소유가 되면서 1984년부터 무료 개방됐다. 지형을 살린 건물과 일체가 되도록 만든 연못 정원, 다실이 있는 이끼 정원, 차꽃 정원을 감상할 수 있다. 봄에는 신록, 가을에는 단풍이 아름답다. MAP ⑳-B

GOOGLE MAPS 요시키엔(yoshikien garden)
ADD 60-1 Noborioji-cho
OPEN 09:00~17:00/폐장 30분 전까지 입장
PRICE 무료
WALK 이스이엔 정문을 바라보고 오른쪽에 바로

일본 불상 특유의 섬세함과는 대조적으로 대담하고 웅장한 조각미가 보는 이를 압도한다.

7 백제인이 빚은 세계 최대급 청동 불상
도다이지 東大寺

대불전인 다이부쓰덴 안에 높이 약 15m, 무게 약 450t에 이르는 세계 최대 규모의 청동 불상을 안치한 사찰이다. 752년 백제계 후손인 행기 스님이 일본 불교 200주년을 기념해 창건한 곳으로, 건축 당시 백제에서 건너온 기술자들의 주도 아래 당시 인구의 절반에 달하는 260만여 명의 인력이 전국에서 모여들어 건축했다. 이렇게 큰 불상을 세운 것은 불안정한 정국에 질병, 기근, 전란까지 겹치면서 부처의 힘으로 이를 타개하기 위해서였다고. 현재의 대불전은 두 차례 화재를 거쳐 1709년에 재건되었다. 복원된 건물은 원래 규모의 3분의 2에 불과하나, 현재까지 목조건축물로는 세계 최대 규모다.

다이부쓰덴 앞으로 쭉 뻗은 대리석 길과 길 위를 한가로이 가로지르는 사슴들, 다이부쓰덴을 비추는 커다란 연못이 매우 인상적이다. 다이부쓰덴을 바라보고 오른쪽 언덕길을 오르면 나라 시내가 훤히 내려다보이는 산가쓰도와 니가쓰도(542p)가 나온다. **MAP ⑳-B**

GOOGLE MAPS 도다이지
ADD 406-1 Zoshicho
OPEN 4~10월 07:30~17:30, 11~3월 08:00~17:00/도다이지 뮤지엄 09:30~17:30(11~3월 ~17:00)
PRICE 800엔, 초등학생 400엔/도다이지 뮤지엄 포함 공통 관람권 1200엔, 초등학생 600엔
WALK 긴테쓰 전철 긴테쓰나라역 2번 출구로 나와 도보 약 15분/JR 나라역·긴테쓰 전철 나라역에서 나라 시티 루프 버스를 타고 도다이지다이부쓰덴·가스가타이샤(東大寺大仏殿 · 春日大社) 하차 후 도보 약 5분
WEB www.todaiji.or.jp

청동 불상이 모셔진 다이부쓰덴

빈두로존자

+MORE+

대불 앞 믿거나 말거나~

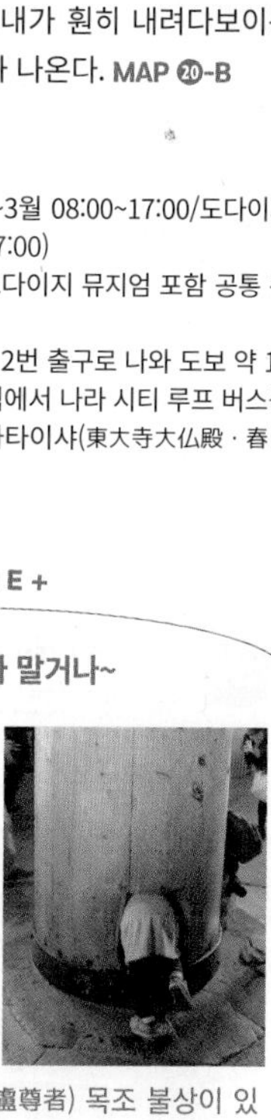

대불 앞에는 어린아이가 간신히 들어갈 수 있을 만큼 작고 네모난 구멍이 뚫린 기둥이 있다. 구멍은 대불의 콧구멍과 같은 크기. 이곳을 통과하면 무병식재한다는 믿음이 전해진다.
대불 입구에는 16나한 중 제1존자인 빈두로존자(賓頭盧尊者) 목조 불상이 있다. 불상을 쓰다듬고 자신의 아픈 부위를 만지면 말끔히 낫는다는 믿음이 전해진다.

세상에서 제일 큰

청동 불상을 보러 가자

Point. 1 **남대문**(난다이몬) 南大門

도다이지의 현관. 일본 최대 크기의 산문(山門)으로, 1203년 문 양쪽에 자리한 수호신상과 함께 지었다. 지금의 모습은 헤이안 시대에 태풍으로 무너져 가마쿠라 시대에 재건한 것.

목조 금강역사상 Point. 2

남대문 좌우에 놓인 국보 수호신상(인왕상). 각각 일본어로 '아(あ)'와 '응(ん)'으로 발음하는데, 이는 산스크리트어가 '아(阿)'로 시작해 '훔(吽, 일본어로는 응)'으로 끝나기 때문. 우주의 시작과 끝을 의미한다.

Point. 3 **도다이지 뮤지엄** 東大寺ミュージアム

도다이지 관련 불상, 조각, 회화, 공예품 등의 국보와 중요문화재를 전시하는 박물관이다. 박물관 앞에는 청동 불상의 손을 실제 크기로 재현한 조각상도 있어 대불의 어마어마한 크기를 가늠해볼 수 있다.

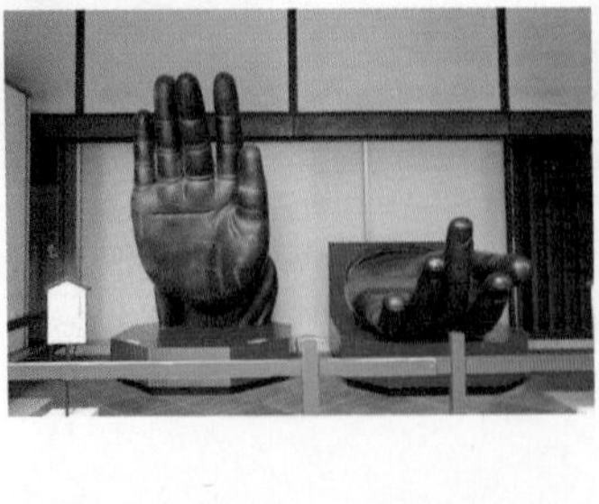

Point. 4 참배길

남대문에서 다이부쓰덴까지 이르는 대리석 길. 5열의 대리석 길 중 중앙의 1열이 인도산, 그 바깥쪽 2열이 중국산, 가장 바깥쪽 2열이 우리나라 것이다.

Point. 5 청동 등롱

다이부쓰덴 앞에서 볼 수 있다. 온화한 표정으로 악기를 연주하는 천녀, 용 등이 섬세하게 표현된 국보이니 놓치지 말고 살펴보자.

고쿠조 보살상

뇨이린칸논 관음상

Point. 6 다이부쓰덴(대불전) 大仏殿

'나라의 대불'이라 불리는 청동 불상이 모셔진 도다이지의 본전. 불상은 태양처럼 환한 빛을 비춰 깨달음을 전한다는 비로자나불(毘盧遮那佛)이며, 8세기 중엽 쇼무 일왕이 전국의 은과 구리 수백 톤을 녹여 만들었다. 화재와 지진으로 여러 번 소실되거나 훼손되었고, 현재의 것은 1692년에 창건 당시의 약 4분의 3 규모로 주조되었다. 대불 왼쪽에는 고쿠조(虛空蔵) 보살상이, 오른쪽에는 뇨이린칸논(如意輪観音) 관음상이 모셔져 있으며, 모두 18세기 에도 시대 목조 불상이다. 매년 8월 7일이면 대불 위로 120여 명이나 되는 사람들이 올라가 먼지를 닦아내는 대청소를 한다.

니가쓰도

산가쓰도

니가쓰도 부타이에서 바라본 도다이지 경내와 나라시 전경

8 도다이지 깊숙이 숨은 비경
산가쓰도 & 니가쓰도 三月堂 & 二月堂

도다이지 경내에 있는 2채의 당집. 다이부쓰덴보다 깊숙이 자리해 여행자의 발길이 드문 숨은 명소다. 산가쓰도는 도다이지 창건 이전인 729~733년에 지은, 도다이지에서 가장 오래된 건축물이다. 음력 3월이면 이곳에서 법화회가 열려 '삼월당'이라 부른다. 국보인 니가쓰도는 산가쓰도 위쪽 가파른 언덕에 놓인 2층짜리 당집으로, 음력 2월 보름간 열리는 대규모 법회인 슈니에(修二会, 수이회)가 유명해 '이월당'이란 이름이 붙었다. 니가쓰도 계단 양쪽에는 신도들이 기부한 액수에 따라 높낮이가 다른 돌기둥이 줄지어 있고, 본당 앞 넓은 무대 부타이(舞台)에서 바라보는 도다이지와 나라 시내 전경이 매우 아름답다. **MAP ⑳-B**

산가쓰도
GOOGLE MAPS 동대사 삼월딩
OPEN 08:30~16:00
PRICE 600엔, 초등학생 300엔
WALK 도다이지 다이부쓰덴 입구를 바라보고 오른쪽으로 도보 약 8분

니가쓰도
GOOGLE MAPS nigatsudo
OPEN 24시간
PRICE 무료
ADD 산가쓰도 뒤편 계단을 올라가면 바로

+MORE+

제주 오름을 닮은 와카쿠사산 若草山

산 전체가 거대한 잔디 언덕으로 이루어진 와카쿠사산은 삿갓을 엎어놓은 듯한 언덕 3개가 이어져 있어서 미카사(三笠, 삼립)산이라고도 한다. 곳곳에서 한가로이 풀을 뜯는 사슴을 볼 수 있고, 높이 342m 정상에서 굽어보는 나라 시내 전망이 탁월하다. 남쪽과 북쪽 두 군데로 이뤄진 등산로 입구에서 정상까지는 30~40분이 걸리며, 가파른 계단이 이어지므로 편한 신발과 생수는 필수. 중간중간 쉬어갈 수 있는 벤치가 있다. 매년 1월 넷째 토요일에는 산의 마른 풀을 모두 태우는 전통행사 야마야키(山焼き)가 개최되는데, 불꽃놀이와 함께 와카쿠사산이 활활 타오르는 모습이 장관이다. **MAP ⑳-B**

GOOGLE MAPS mount wakakusa base north gate(북쪽 입구)
OPEN 3월 셋째 토요일~12월 둘째 일요일 09:00~17:00
PRICE 150엔, 초등학생 80엔
WALK 나라 시티 루프 버스 다이부쓰가스가타이샤마에(大仏春日大社前) 하차 후 산기슭(북쪽 입구)까지 도보 약 10분/구룻토 버스 와카쿠사산기슭 루트를 타고 산기슭(북쪽 입구) 하차 후 바로/산가쓰도에서 도보 약 8분(북쪽 입구)
WEB narashikanko.or.jp/ko/spot/nature/wakakusayama

야마야키 축제

9 이끼 낀 석등을 따라 걷는 천 년 역사
가스가 타이샤 春日大社

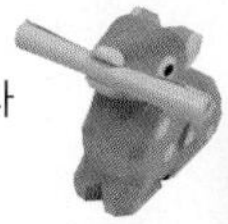

전국 3000여 개에 이르는 가스가 신사의 총본사다. 신사 초입부터 남문까지 이어지는 1.3km 길이의 참배길은 울창한 숲에 둘러싸여 한가로이 걷기 좋다. 양쪽으로 죽 늘어선 석등롱(石燈籠), 격자무늬 창과 주홍빛 기둥이 신사를 빙 두르는 회랑을 눈여겨보자. 남문과 회랑을 지나 참배소가 나타나고, 그 뒤로는 10m 높이의 나지막한 중문과 국보 본전이 자리한다. 중문 양쪽의 조등롱(釣燈籠)이 다닥다닥 달린 길고 좁은 건물 오로(御廊)가 화려함을 더한다. **MAP ⑳-D**

GOOGLE MAPS 가스가타이샤
OPEN 06:00~18:00(10~3월 06:30~17:00)/본전 08:30~16:30/국보전 10:00~17:00
PRICE 경내 무료/본전 앞 특별참배 500엔/국보전 500엔, 고등·대학생 300엔, 초등·중학생 200엔
WALK 도다이지 남대문에서 도보 약 15분/긴테쓰 전철 긴테쓰 나라역 2번 출구로 나와 도보 약 30분/구룻토 버스를 타고 가스가타이샤혼덴(春日大社本殿) 또는 가스가타이샤마에(春日大社前) 하차 후 도보 5~10분
WEB www.kasugataisha.or.jp

+MORE+

한밤의 만토로(万燈籠) 축제

신자들이 기부한 경내의 등롱은 모두 3000여 개. 12세기에 만들어진 등롱도 있다니, 신사가 얼마나 오랜 세월 사랑받아 왔는지 알 수 있다. 일본의 최대 명절인 세쓰분(節分, 2월 3일)과 오봉(お盆, 8월 14·15일)에는 3000여 개의 등롱이 일제히 불을 밝히는 만토로 축제가 열린다.

이끼 낀 석등롱이 늘어선 참배길

대롱대롱 매달린 조등롱

국보 본전으로 들어가는 중문. 768년 건립되었다.

만토로 축제

10 연못에 떠 있는 육각당
우키미도 浮見堂

노송나무 껍질로 만든 지붕이 고풍스러운 육각당. 사기이케(鷺池) 연못에 비친 모습이 매혹적이다. 7~9월 밤에 열리는 라이트업 이벤트 때는 도다이지, 고후쿠지와 함께 황금색으로 빛나는 환상적인 모습을 볼 수 있고, 8월 초부터 열흘간 열리는 등화회 기간 때는 연못에 촛불과 작은 배를 띄우는 캔들 라이팅 이벤트도 펼쳐진다. **MAP ⑳-D**

GOOGLE MAPS 우키미도
OPEN 24시간
PRICE 무료
WALK 나라 국립박물관에서 도보 약 8분/가스가 타이샤에서 도보 약 10분

+MORE+

궁녀의 원혼이 서린
우네메 신사 采女神社

사루사와 연못의 북서쪽에는 작은 신사가 하나 있다. 나라 시대 때 왕의 총애를 잃고 한탄하여 연못에 뛰어든 궁녀 우네메(采女)의 넋을 기리기 위해 지은 신사로, 샤덴(社殿, 사전)이 연못을 보지 못하도록 등을 보이고 서 있는 것이 독특하다. 매년 음력 8월 15일이면 가스가 타이샤의 신관이 커다란 꽃 부채를 실은 수레를 끌고 JR 나라역에서 신사까지 행진하며, 밤이면 연못을 빙 둘러 등불을 켜고 화려한 장식의 배 2척을 띄워 불쌍한 우네메의 원혼을 기린다.

사루사와 연못에 띄운 화려한 배

11 산조도리의 시작점
사루사와 연못(사루사와노이케) 猿沢池

나라 공원 고후쿠지 남쪽에 자리한 둘레 360m의 인공 연못이다. 라이트 업 한 밤이나 맑은 날 나무 사이로 보이는 고후쿠지의 5층탑이 연못에 반영된 모습은 도다이지의 대불과 더불어 나라를 대표하는 경관 중 하나로 꼽힌다. 흐드러진 버드나무와 잘 닦인 산책로, 바위 위에서 거북이가 등을 말리는 모습 등 한가로운 풍경도 마음을 평온하게 해준다. 매년 4월 17일 잉어 등을 방생하는 행사가 열린다. MAP ⑳-C

GOOGLE MAPS 사루사와 연못
OPEN 24시간
PRICE 무료
WALK 고후쿠지 바로 남쪽/우키미도에서 서쪽으로 도보 약 12분

12 나라 관광의 메인 스트리트
산조도리 三条通り

JR 나라역에서 나라 공원까지 동쪽으로 1km가량 이어지는 나라시의 메인 스트리트다. 관공서, 호텔, 기념품숍, 카페, 레스토랑, 관광안내소 등이 늘어서 현지인과 여행자가 뒤섞인다. 일요일과 공휴일에는 보행자 천국으로, 각종 축제가 열릴 때는 주요 퍼레이드 구간으로 탈바꿈해 사시사철 활기를 띤다. 산조도리에서 북쪽의 아케이드 상점가 골목으로 직진하면 긴테쓰나라역이, 남쪽의 모치이도노 상점가로 직진하면 나라마치의 역사적 지구가 자연스레 연결된다. MAP ⑳-C

GOOGLE MAPS sanjo dori st nara
WALK JR 나라역 동쪽 출구로 나와 종합 관광안내소 앞 횡단보도를 건너자마자 바로/긴테쓰 전철 긴테쓰나라역 2번 출구로 나와 오른쪽 아케이드 상점가로 진입, 상점가를 통과하자마자 바로

+MORE+

산조도리 명물 길거리 간식

■ 나카타니도 中谷堂

두 명의 남성이 엄청난 스피드와 박력, 찰떡 같은 호흡으로 떡방아를 찧는 재미난 광경이 눈앞에 펼쳐진다. 갓 만든 쫄깃한 찹쌀 쑥떡 요모기모치(よもぎ餅, 1개 200엔)가 명물. 10:00~18:00.

■ 다이부쓰 이치고 大仏いちご

나라산 고품종 왕딸기를 넣은 찹쌀떡(1개 300엔)을 맛볼 수 있다. 깜찍한 사슴 쿠키가 올려져 있어서 SNS에서도 인기. 11:00~18:00/부정기 휴무.

13 멋과 쉼이 있는 공간 시카사루키츠네 빌딩

鹿猿狐ビルヂング

나라에서 시작된 300년 역사의 수공예 잡화 브랜드 나카가와 마사시치 쇼텐(中川政七商店)이 2021년 오픈한 3층짜리 쇼핑몰. 1층엔 도쿄의 스페셜티 커피 전문점 사루타히코 커피(猿田彦珈琲)와 나라의 예쁜 공예품이 있고, 2층은 나카가와 마사시치 쇼텐의 오리지널 상품 3000점이 모인 나라 본점이 있다. 도쿄의 미슐랭 스키야키 전문점 키츠네(きつね)도 체크! 2층 창가에 마련된 의자에 앉아서 느긋하게 건축미를 감상하는 일도 즐겁다. MAP ⑳-C

GOOGLE MAPS 시카사루키츠네 빌딩
ADD 22 Ganriincho
OPEN 10:00~19:00
WALK 산조도리에서 남쪽으로 도보 약 1분

14 로컬들의 상점가 둘러보기 모치이도노 상점가(모치이도노 센터가이)

もちいど(餅飯殿)のセンター街

나라에서 가장 오래된 상점가. 식료품점, 잡화점, 전통 공예품점, 카페, 식당 등이 산조도리에서 남쪽으로 250m 가량 이어진다. '떡(餅, 모치)'과 '밥(飯, 이이)'을 뜻하는 정겨운 이름은 약 1100년 전 도다이지의 고승과 함께 뱀을 퇴치하러 나선 마을 사람들이 떡과 밥을 만들어 뱀에게 물린 사람들을 도왔다는 데서 유래했다. MAP ⑳-C

GOOGLE MAPS mochiido center town
ADD Nara-ken 630-8222
WALK 긴테쓰 전철 긴테쓰나라역 4번 출구로 나와 도보 약 6분

나카가와 마사시치 쇼텐
사루타 히코 커피
빌딩 이름은 '사슴, 원숭이, 여우'라는 뜻!

에도 시대 고민가가 늘어선 나라마치

15 동화마을처럼 아기자기한 거리
나라마치 奈良町

미로처럼 이어진 골목 구석구석, 오래된 민가가 어깨를 나란히 한 구시가지가 어린 시절 그림책을 펼친 듯 따스한 분위기다. 나라 시대에는 간고지 경내에 속해 있었고, 에도 시대에 상인들이 활보하는 마을로 번창한 거리에는 에도 시대부터 메이지 시대에 걸친 민가를 개조해 만든 카페와 레스토랑, 잡화점이 곳곳에 들어서 있다. **MAP ⑳-C**

GOOGLE MAPS naramachi
WALK 나라 공원 남쪽에 위치. 모치이도노 상점가와 시모미카도 상점가가 나라 공원과 나라마치의 역사적 지구를 연결한다.
WEB www.naramachiinfo.jp

: WRITER'S PICK :

나라마치 산책 포인트!
고민가 무료 체험

나라마치에는 관광객을 위해서 무료 개방된 고민가들이 있다. 지어진 지 100년이 넘은 일본식 주택 건축 양식과 정원 등을 둘러보며 쉬어갈 기회다.

나라마치 니기와이노 이에
奈良町にぎわいの家
OPEN 09:00~17:00/수요일(공휴일인 경우 오픈)

나라시 나라마치 코시노 이에
奈良市ならまち格子の家
OPEN 09:00~17:00/월요일(공휴일인 경우 그다음 날)·공휴일 다음 날·연말연시 휴무

나라마치 니기와이노 이에

16 나라마치의 중심
간고지 元興寺

나라마치의 구심점이자, 유네스코 세계유산에 등재된 사찰. 596년 아스카(飛鳥) 땅에 세워진 일본 최고(最古)의 사찰인 아스카데라(飛鳥寺, 비조사)를 710년의 헤이조(平城, 지금의 나라 지역) 천도에 따라 현재의 자리로 이전해오면서 간고지(元興寺, 원흥사)라는 이름으로 다시 지었다. 광대한 부지와 가람을 자랑했던 과거의 영광은 찾아볼 수 없으나, 국보 극락당과 선실에는 창건 당시 백제에서 파견된 기와 장인들이 만든 기와가 여전히 얹혀있다. **MAP ⑳-C**

GOOGLE MAPS 간고지
ADD 11 Chuincho
OPEN 09:00~17:00/폐장 30분 전까지 입장
PRICE 500엔(가을 특별전 기간 600엔), 중·고등학생 300엔, 초등학생 100엔
WALK 모치이도노 상점가 남쪽 끝지점에서 도보 약 5분/사루사와 연못에서 남쪽으로 도보 약 6분

극락당. 기와가 부여의 것과 매우 닮았다.

나라마치 공방

나라마치 공방 II

17 나라 디자이너의 작업 공간
나라마치 공방
ならまち工房

2층 규모 건물에 핸드메이드 액세서리점, 염색·유리 공예점, 앤티크 잡화점, 카페 등이 좁다란 통로를 따라 미로처럼 꾸며져 있다. 고민가를 개조한 세련된 외관이 단번에 눈길을 끄는 곳. 입구를 바라보고 바로 오른쪽에는 나라마치 공방III이 있고, 도보 1분 거리에 나라마치 공방 II가 있다. **MAP ⑳-C**

GOOGLE MAPS 나라마치 공방
ADD 11 Kunodocho
OPEN 11:00~17:00/상점마다 다름/월요일(공휴일인 경우 그다음 날) 휴무
WALK 간고지 동문으로 나와 우회전 후 작은 사거리에서 좌회전, 약 100m 직진 후 왼쪽. 도보 약 2분

18 오래된 다다미방에서 장난감 놀이
가라쿠리 오모차관
奈良町からくりおもちゃ館

에도 시대에 유행한 움직이는 목제 장난감인 가라쿠리 200점이 전시된 체험형 무료 박물관이다. 1890년대 저택을 개조한 박물관 내 다다미방에 앉아 실로 조종하는 자동인형을 자유롭게 가지고 놀 수 있다. 아이와 함께 온 가족 단위 여행객이라면, 오래된 일본 가옥에서 잠시 신발을 벗고 쉬었다 가기에 제격이다. **MAP ⑳-C**

GOOGLE MAPS 가라쿠리 오모차관
ADD 7 Inyocho
OPEN 09:00~17:00/수요일·12월 29일~1월 3일 휴관
PRICE 무료
WALK 모치이도노 상점가 남쪽 끝지점에서 도보 약 5분/간고지에서 서쪽으로 도보 약 6분
WEB karakuri-omochakan.jimdofree.com

따뜻한 분위기와 맛

나라의 소박한 한 그릇

나라의 밥집들은 대도시에선 좀처럼 느낄 수 없는 깔끔하고 소박한 멋과 맛이 있다. 나라를 대표하는 향토 음식점부터 고민가를 개조한 카페 겸 레스토랑까지, 나라에서만 누릴 수 있는 편안한 시간을 누려보자.

덴푸라 고젠

뷔페로 맘껏 즐기는 나라식 집밥

츠키히보시 月日星

나라현산 제철 반찬을 무제한 맛볼 수 있는 가정식 뷔페. 7년 연속 미슐랭 2스타를 획득한 가이세키 요리 전문점 무소안(夢窓庵)에서 2022년 오픈했다. 메뉴는 20종 이상의 야채절임과 갓 지은 쌀밥, 된장국, 향기로운 호지차를 부은 죽, 모나카로 구성됐으며, 가격은 1인당 1640엔(4~10세 900엔). 안쪽 정원에 분위기 좋은 야외 테이블이 있다. 주말에는 웨이팅 필수. 입구의 키오스크에서 주문 후 자리를 안내받는다. **MAP ⑳-B**

GOOGLE MAPS 츠키히보시
ADD 59-9 Noboriojicho
OPEN 11:00~16:00(L.O.15:30)/부정기 휴무
WALK 나라 국립박물관 맞은편

주걱으로 퍼먹는 따끈따끈 솥밥

가마메시 시즈카 공원점 志津香

1인용 솥에 다시마와 닭 육수로 지은 밥과 갖은 재료를 넣어 먹는 일본식 솥밥 가마메시(釜めし) 전문점. 창업 후 60년 간 나라 맛집으로 이름을 날렸다. 추천 메뉴는 새우, 게, 장어, 닭고기 등 7가지 재료를 넣은 솥밥에 모둠 튀김, 된장국, 야채절임을 곁들인 나라 덴푸라 정식(天ぷら定食, 2500엔). 그 외 시즌마다 여름엔 장어, 가을엔 밤, 겨울엔 굴 등 제철 식재료를 사용한 솥밥을 선보인다. 주먹밥과 튀김, 주스로 구성된 키즈 세트도 알차다. 위치는 공원점이 좋고, 분위기는 JR 나라역 근처에 지점(오미야점)이 좋다. **MAP ⑳-B**

GOOGLE MAPS 가마메시 시즈카 공원점
ADD 59-11 Noboriojicho, Nara, 630-8213 일본
OPEN 11:00~15:00(토·일요일 ~16:00)/화요일 휴무
WALK 츠키히보시 옆

왕새우튀김과 함박이라는 막강 조합

요쇼쿠하루 洋食春

120년 된 고민가를 개조한 경양식집. 대표 메뉴인 에비후라이 함바그 세트(エビフライハンバーグセット, 2400엔)는 나라현의 최상급 육류 브랜드 야마토(大和)소고기와 야마토 돼지고기를 갈아 만든 두툼한 함박스테이크와 커다란 왕새우튀김에 밥, 샐러드, 된장국이 곁들여진다. 가게에서 직접 만든 부드럽고 깊은 맛의 샐러드 드레싱도 일품. 도보 1분 거리에 오픈한 카페 하루(Cafe春)도 점심 메뉴인 새우 카레와 크림 고로케 정식으로 인기가 높으니, 함께 체크해두자. MAP ⑳-C

GOOGLE MAPS 요쇼쿠하루(카페 하루: MRGJ+RR 나라시)
ADD 14 Kunodocho(카페 하루: 3-1 Bishamoncho)
OPEN 11:00~15:30/화·수요일 휴무
WALK 나라마치 공방을 바라보고 오른쪽

에비후라이 함바그 세트

일본식 집밥의 정석

카나카나 カナカナ

건강하고 맛깔 나는 나라식 집밥을 맛볼 수 있는 곳. 고민가를 개조한 아늑한 다다미방에 앉아 편안하게 식사를 즐길 수 있다. 단, 평일에도 식사 때는 1시간 정도 기다려야 하니 도착하면 대기 리스트에 이름부터 올리자. 대표 메뉴는 아기자기하고 예쁜 그릇에 담은 메인 요리에 4가지 반찬과 밥, 된장국, 음료, 디저트를 세팅한 플레이트 정식 카나카나 고항(カナカナご飯, 1683엔). 반찬이 매일 바뀌며, 점심, 저녁 모두 같은 구성이다. 정식 메뉴 외에 새우·치킨 카레, 도리아 등 식사 메뉴(968엔~)도 맛있다. MAP ⑳-C

GOOGLE MAPS 카나카나
ADD 13 kunodocho
OPEN 11:00~19:00/월요일(공휴일인 경우 그다음 날) 휴무
WALK 나라마치 공방을 바라보고 바로 오른쪽

향긋한 나라 전통 감잎 초밥

이자사 유메자카 히로바점 ゐざさ

1921년 문을 연 감잎 초밥 전문점. 바다와 거리가 먼 나라에서는 생선의 부패를 막기 위해 고등어나 연어를 감잎으로 감싼 초밥 가키노하즈시(柿の葉寿司)가 발달했는데, 이곳에서는 감잎 초밥이 포함된 다양한 세트 메뉴(1480엔~)를 정석으로 맛볼 수 있다. 김밥과 우동, 주스로 구성된 키즈 세트도 있다. MAP ⑳-B

GOOGLE MAPS 이자사 유메카제 히로바
ADD 16 Kasuganocho
OPEN 11:00~17:00/월요일 휴무
WALK 나라 국립박물관 맞은편

나른한 오후 세 시의 달콤함
카페 & 디저트

따사로운 오후의 햇살과 푸르름으로 물든 나라의 카페들.
관광지를 살짝 벗어난 한적한 카페에서 즐기는 한때는 마치 시계를 거꾸로 돌린 듯 천천히 흐른다.

로컬들이 이곳을 좋아합니다
사쿠라 버거
さくらバーガー

현지인에게 입소문 제대로 난 수제버거 맛집이다. 소고기 100% 패티와 직접 만든 두툼한 베이컨이 든 푸짐한 햄버거를 맛볼 수 있다. 20여 종의 햄버거 중 이 집의 간판 메뉴는 폭신폭신한 빵 사이에 두툼한 소고기 패티와 베이컨, 신선한 양배추와 토마토, 피클 등이 든 사쿠라 버거(Sakura Burger, 1300엔). 여행자들은 잘 찾지 않는 긴테쓰나라역 북쪽 상점가 안에 있으며, 유모차를 끌고 온 가족 손님들도 즐겨 찾는 편안하고 정겨운 분위기다. 영어 메뉴 있음. **MAP ⑳-A**

GOOGLE MAPS 사쿠라 버거
ADD 6 Higashimuki, Kitamachi
OPEN 11:00~20:00(L.O.19:00)/수·목요일 휴무
WALK 긴테쓰 전철 긴테쓰나라역 1번 출구로 나와 도보 약 1분
WEB sakuraburger.com

치즈와 패티가 2장씩 든 사쿠라 치즈 W 패티 (1980엔)

사쿠라 버거

나라 스타일 스타벅스 순례
스타벅스 나라 사루사와이케점
Starbucks Coffee

2020년 사루사와 연못 앞에 문을 연 스타벅스. 나라의 상징인 고후쿠지 오중탑과 연못이 보이는 통유리창으로 따듯한 햇볕이 들어오고, 나라의 요시노산 고급 삼나무로 꾸민 외관과 내부 인테리어는 옛 건물 구조에 자연스럽게 녹아있다. 스타벅스는 2017년 코노이케 운동공원, 2019년 나라 공원 버스터미널, 2020년 나라 츠타야서점에 나라의 전통미를 살린 매장을 차례차례 오픈하면서 자리매김 중. 가장 멋지다고 평가받는 지점은 나라 공원 북쪽의 코노이케 운동공원점이지만, 일부러 가기에는 꽤 멀다. 마니아가 아니라면 사루사와 연못점 정도 방문을 추천. **MAP ⑳-C**

GOOGLE MAPS 스타벅스 사루사와
ADD 1 Taruicho, Nara
OPEN 08:00~21:00
WALK 긴테쓰 전철 긴테쓰나라역 2번 출구로 나와 도보 약 6분

말차 쉬폰 케이크

와라비모치와 생크림, 초콜릿, 고구마로 만든 보라색 몽블랑

부드럽고 진한 카페라테

고민가에서 분위기 있는 티 타임

야마토 차 카페 사라사

大和茶カフェ 茶樂茶 SARASA

나라현산 최고급 야마토 차를 즐길 수 있는 카페. 강우량이 풍부하고 밤낮의 기온 차가 큰 야마토 고원에서 딴 찻잎은 풍미가 깊고 단맛이 뛰어나다. 바석 6개뿐인 오붓한 공간에서 정중하게 대접받는 분위기로, 말차, 엽차, 호지차와 라테를 비롯해 유기농 허브와 야마토 차를 블렌딩한 차(858엔~)가 준비돼 있다. 마카롱, 경단, 몽블랑 등 디저트류(638엔~)의 수준도 높다. **MAP ⑳-C**

GOOGLE MAPS 야마토 차 카페 사라사
ADD 6-1 Kunodocho
OPEN 11:00~18:00/월요일·부정기 휴무
WALK 카나카나를 바라보고 왼쪽으로 50m

예쁜 찻잔에 담긴 야마토 차

여름(7~9월)에는 빙수를 맛볼 수 있다.

나라 로스터리 커피의 자존심

로쿠메이 커피

ROKUMEI COFFEE

나라를 빛내는 토종 로스터리 카페. 2018년 일본 커피 로스팅 챔피언십(JCRC)에서 우승한 로스터가 1974년부터 가족이 운영했던 킷사텐(喫茶店, 일본식 다방)을 리뉴얼 오픈했다. '사슴 울음소리'란 뜻의 가게 이름 로쿠메이(鹿鳴)는 사슴이 먹이를 찾으면 동료를 불러서 함께 먹는다는 데서 착안했는데, 'ROKUMEI COFFEE CO.'의 앞 글자를 각각 따면 이전 킷사텐 이름인 'ROCOCO'가 되기도 한다. 커피 1잔당 가격은 500~700엔대다. **MAP ⑳-C**

GOOGLE MAPS 로쿠메이 커피
ADD 31 Nishimikadocho, Nara
OPEN 08:00~18:00
WALK 긴테쓰나라역 4번 출구로 나와 도보 약 1분
WEB www.rococo-coffee.co.jp

SPECIAL PAGE

백제와 고구려의 숨결이 깃든 명찰

호류지 法隆寺

JR 나라역에서 10여 분 거리인 JR 호류지역에 도착하면, 일본 불교 문화를 꽃피운 호류지까지 도보 또는 버스로 갈 수 있다. 지금으로부터 1300년 전, 아스카 시대 때 건설되어 세계에서 가장 오래된 목조 건축물이자, 일본의 세계문화유산 1호 사찰인 호류지로 떠나보자.

GOOGLE MAPS 호류지
ADD 1-1 Horyuji, Sannai, Ikaruga
OPEN 08:00~17:00(11월 초~2월 중순 ~16:30)
PRICE 1500엔, 초등학생 750엔
WALK JR 호류지역에서 도보 약 20분 또는 72번 버스를 타고 나카미야테라마에(中宮寺前) 하차 후 도보 약 5분
WEB www.horyuji.or.jp

JR 호류지역

72번 버스

: WRITER'S PICK :

호류지는 어떤 곳?

일본 역사의 위대한 인물로 손꼽히는 쇼토쿠 태자(聖德太子)가 601~607년에 창건한 사찰이다. 쇼토쿠 태자는 어머니인 스이코(推古) 일왕을 도와 헌법을 제정하는 등 일본의 정치 체제를 다진 인물로, 일왕의 권위를 더욱 군건히 다지는 데 기여했다. 유난히 불심이 깊어서 오사카의 시텐노지를 비롯한 수많은 사찰을 지으며 불교를 보급했으며, 그중 호류지는 일본뿐 아니라 세계에서 가장 오래된 목조 건축물로 알려졌다.
호류지 경내는 크게 서쪽의 서원가람(西院伽藍)과 동쪽의 동원가람(東院伽藍)으로 나뉜다. 호류지 입구인 남대문을 지나 서원가람으로 들어서는 중문에 다다르면, 호류지의 대표 건축물인 금당과 오중탑, 승방인 동실(東室), 보물전시관 다이호조인(大宝蔵院) 등을 지나 동원가람 입구인 동대문에 도착한다. 동원가람에는 쇼토쿠 태자상을 안치한 유메도노(夢殿)이 있으며, 동원가람 옆에는 비구니의 절인 국보 건축물 주구지(中宮寺)가 있다.

● 호류지 한 바퀴 돌아보기

남대문

호류지의 정문. 이곳을 통과하면 130m가량 쭉 뻗은 참배길을 따라 서원가람의 입구인 중문에 다다른다.

오중탑

세계에서 가장 오래된 목조 건축물로, 호류지의 상징이다. 높이는 약 32m로 그리 높지 않으나 정교함이 돋보이며, 당시 모습 그대로 보존돼 있다. 1층에는 나라 시대 초기의 불교 소상(塑像, 점토로 만든 상)이 있다.

623년 만들어진 국보 석가삼존상

금당

호류지의 본존인 국보 석가삼존상을 비롯하여 약사여래좌상, 사천왕입상 등 국보 불상이 안치돼 있으며, 고구려 스님 담징이 그렸다고 알려진 금당벽화의 모사품을 볼 수 있다. 오중탑과 더불어 세계에서 가장 오래된 목조 건축물이다.

다이호조인

호류지의 보물관. 백제 기술자가 만든 것으로 알려진 국보 백제관음입상을 비롯한 다수의 불상을 소장한다.

주구지

쇼토쿠 태자의 어머니가 발원하여 창건된 비구니 사찰. 연못 위에 기둥을 세워 만든 대웅전이 우아함을 뽐내며, 본존인 보살반가상을 안치한다. 호류지 경내에는 속하지 않지만, 동원가람 바로 옆에 있어서 함께 둘러볼 수 있다.

OPEN 09:00~16:30(10월 1일~3월 20일 ~16:00)
PRICE 600엔, 초등학생 300엔
*호류지 입장권 제시 시 각각 500엔, 400엔, 250엔으로 할인

유메도노

동원가람 중심에 자리한 팔각당. 739년 쇼토쿠태자를 기리기 위해 지어졌다. '꿈의 궁전'이라는 독특한 이름은 쇼토쿠 태자의 꿈에 부처가 나타나 불경을 가르쳐주었다는 전설에서 유래했다. 쇼토쿠 태자상으로 알려진 본존 구세관음입상이 안치돼 있다.

Index

아

기호, 숫자, 알파벳

아라시야마

THIS IS
디스이즈오사카
OSAKA

THIS IS 디스이즈오사카 OSAKA MAP BOOK

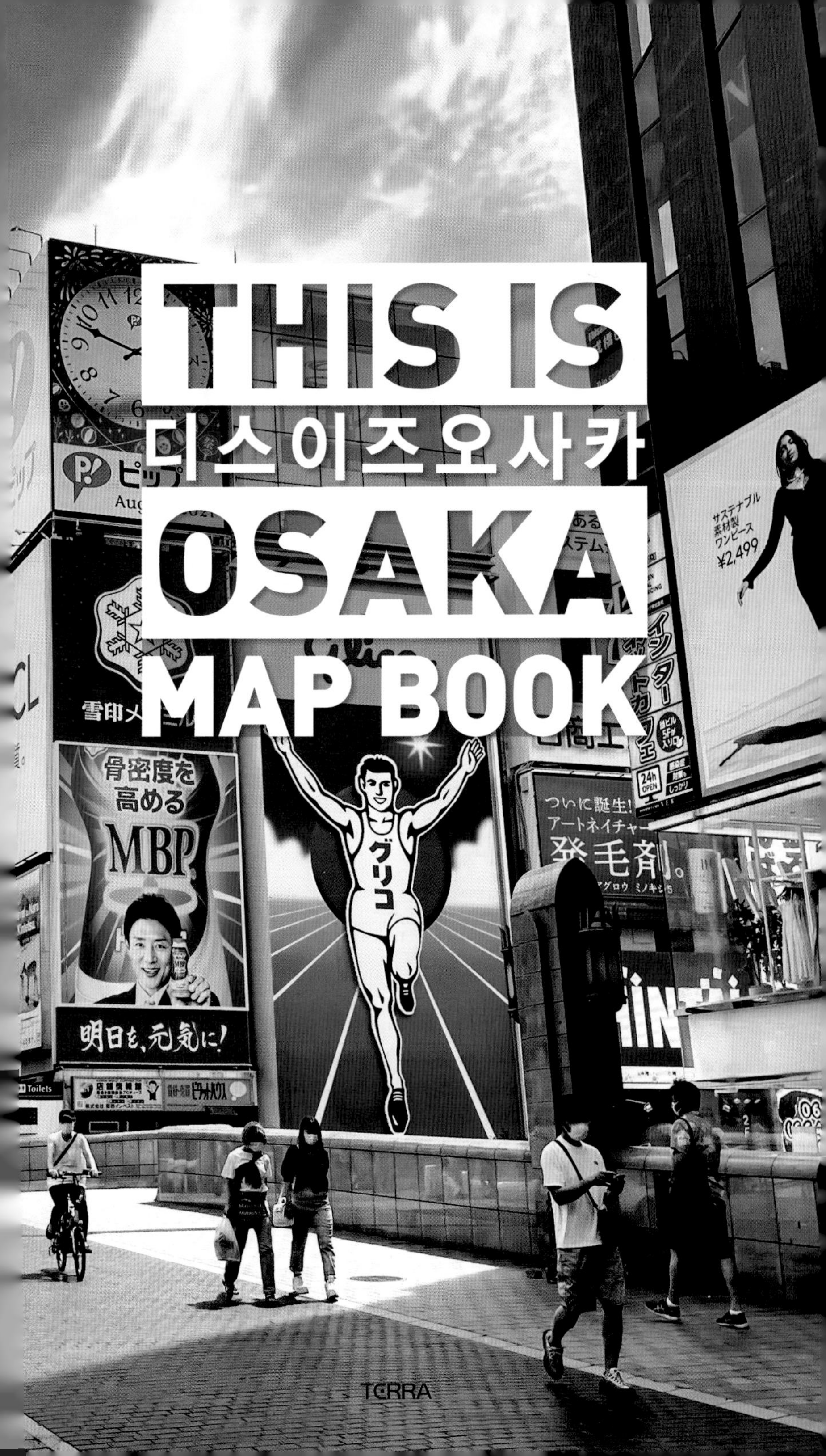

TERRA

THIS IS
디스이즈오사카
OSAKA
MAP BOOK

TERRA

이 책의 지도에 사용된 기호

- 관광 명소
- 상점
- 음식점
- 절
- 신사
- 숙박시설
- 온천
- 관광안내소
- 주차장
- 우체국
- 맥도날드
- 드럭스토어
- 공항
- 항구·선착장
- 버스터미널
- 버스 정류장
- 出2 中央口 기차역·지하철역 출구
- JR
- 한큐 전철
- 긴테쓰 전철
- 게이한 전철
- 한신 전철
- 난카이 전철
- 산요 전철
- 란덴(게이후쿠 전철)
- 기타 사철
- 로프웨이
- 케이블카
- 모노레일
- 오사카 지하철
- 오사카 모노레일
- 오사카 뉴트램
- 교토 지하철
- 고베 지하철

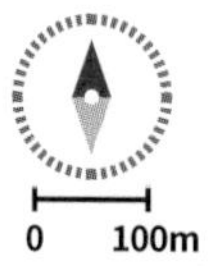

축척·방위표

MAP 1 오사카 전도
반파쿠 기념공원
万博記念公園
센리추오역
千里中央
반파쿠키넨코엔
万博記念公園
야마다역
山田
엑스포 시티
Expo City
미나미이바라키역
南茨木
아사히 맥주
스이타 공장
アサヒビール
吹田工場
스이타역
吹田
스이타역
吹田
에사카역
江坂
다이니치
大日
가도마시역
門真市
히나타노유
ひなたの湯
신오사카역
新大阪
map 2 기타(북)
덴진바시스지로쿠초메역
天神橋筋六丁目
오사카우메다역
大阪梅田
덴마역
天満
오사카역
大阪
오사카우메다역
大阪梅田
후쿠시마역
福島
오사카텐만구역
大阪天満宮
map 7 오사카성
요도야바시역
淀屋橋
나카노시마역
中之島
오사카조코엔역
大阪城公園
map 3 기타(남)
다니마치욘초메
谷町四丁目
모리노미야역
森ノ宮
신사이바시
心斎橋
map 4 미나미(북)
오사카난바역
大阪難波
JR난바역
JR 難波
쓰루하시역
鶴橋
난바역
なんば
map 5 미나미(남)
에비스초역
恵美須町
map 6 덴노지
덴노지역
天王寺
오사카아베노바시역
大阪阿部野橋
아베노역
阿倍野
덴가차야역
天下茶屋
쇼와초
昭和町
멘야 사이사이
麺屋彩々
히가시
덴가차야역
東天下茶屋
아베노세이메이 신사
安倍晴明神社
히메마쓰역
姫松
스미노에
スミノエ
스미요시
타이샤역
住吉大社
스미요시토리이마에역
住吉鳥居前
스미요시타이샤
住吉大社
노에코엔
之江公園
0
2km

A
MAP ❷ 기타(북)
나카쓰
中津(M15)
무기토 면
나카쓰역
中津
사이세카이뵤인젠
済生会病院前
호텔 한큐 인터내셔널
차야마치
茶屋町
마루젠 앤 준
Maruzen & J
누차야마치 플러스
NU Chayamachi プラス
누차야마치
NU Chayamachi
칸타로 스시(7F)
우메키타 플로어(6F)
산토리 위스키 하우스(2F)
우메다
梅田
한큐 3번가(북관)
阪急3番街
오사카 우메다역
大阪梅田
한큐 고속버스 오사카 우메다 터
阪急高速バス 大阪梅田ター
우메다 스카이 빌딩
梅田スカイビル
키지
그랜드 프론트 오사카
Grand Front Osaka
(북관)
우메키타 공원
うめきた公園
(노스 파크)
VS.
웬디스 퍼스트 키친
공항 리무진버스 호텔 한큐 레스파이어 오사카
인디안 카레
유니클로
오이시이모노 요코초(B1F)
링크스 우메다
Links Umeda
한큐 3번
阪急3番街
히츠마부시 빈초(7F)
신한큐 호텔
Hotel New Hankyu
공항 리무진버스 신한큐 호텔
新阪急ホテル
요도바시카메라 (멀티미디어 우메다)
ヨドバシカメラ
그랜드 프론트 오사카
Grand Front Osaka
(남관)
헵 파이
그랜드 그린 오사카
Grand Green Osaka
우메키타 광장
うめきた広場
신우메다 식당가
新梅田食道街
우메다
梅田
(M16)
하나다코
그루니
grenier
우메키타 공원
うめきた公園
(사우스 파크)
시티 베이커리 (우메키타 셀러 B1F)
바루치카(B2F)
노스 게이트 빌딩
루쿠아
JR 고속버스터미널
JR高速バスターミナル
루쿠아 1100
JR
오사카역
大阪
오사카 스테이션 시티
Osaka Station City
한큐 백화점
阪急うめだ本店
화이티우메다 (지하상가)
이노게이트 오사카
Inogate Osaka
에키 마르셰 오사카
다이마루 백화점
에키돈키 (돈키호테 오사카점)
사우스게이트 빌딩
한신 백화점
阪神梅田本店
HS
히가시
킷테 오사카
KITTE OSAKA
쓰카다(5F)
코무기노 메가미(4F)
우메요코(B1F)
우메다
梅田
오사카우메다역
大阪梅田
Hilton Plaza East
우메다 DT 타워
梅田DTタワー
공항 리무진버스 하비스 오사카
ハービス大阪
Hilton Plaza West
힐튼 오사카
Hilton Osaka
다이소(B2F)
쓰리피(B2F)
스탠더드 프로덕트(B2F)
오사카역 앞 제4 빌딩
大阪駅前第4
니시우메다
西梅田(Y11)
디아모르 오사카 (지하상가)
기타신치역
北新地
오사카역 앞 제1 빌딩
大阪駅前第1ビル
오사카역 앞 제2 빌딩
大阪駅前第2ビル
부도테이
ぶどう亭(B2F)
나니와스지
なにわ筋
후쿠시마
福島
반다
Banda
MAP 3
후쿠시마역
福島
Hotel Hanshin
C
야키니쿠마루 기타신치점
焼肉マル
도지마 지하센터 (지하상가)
기타신치
北新地
신치혼도리
新地本通

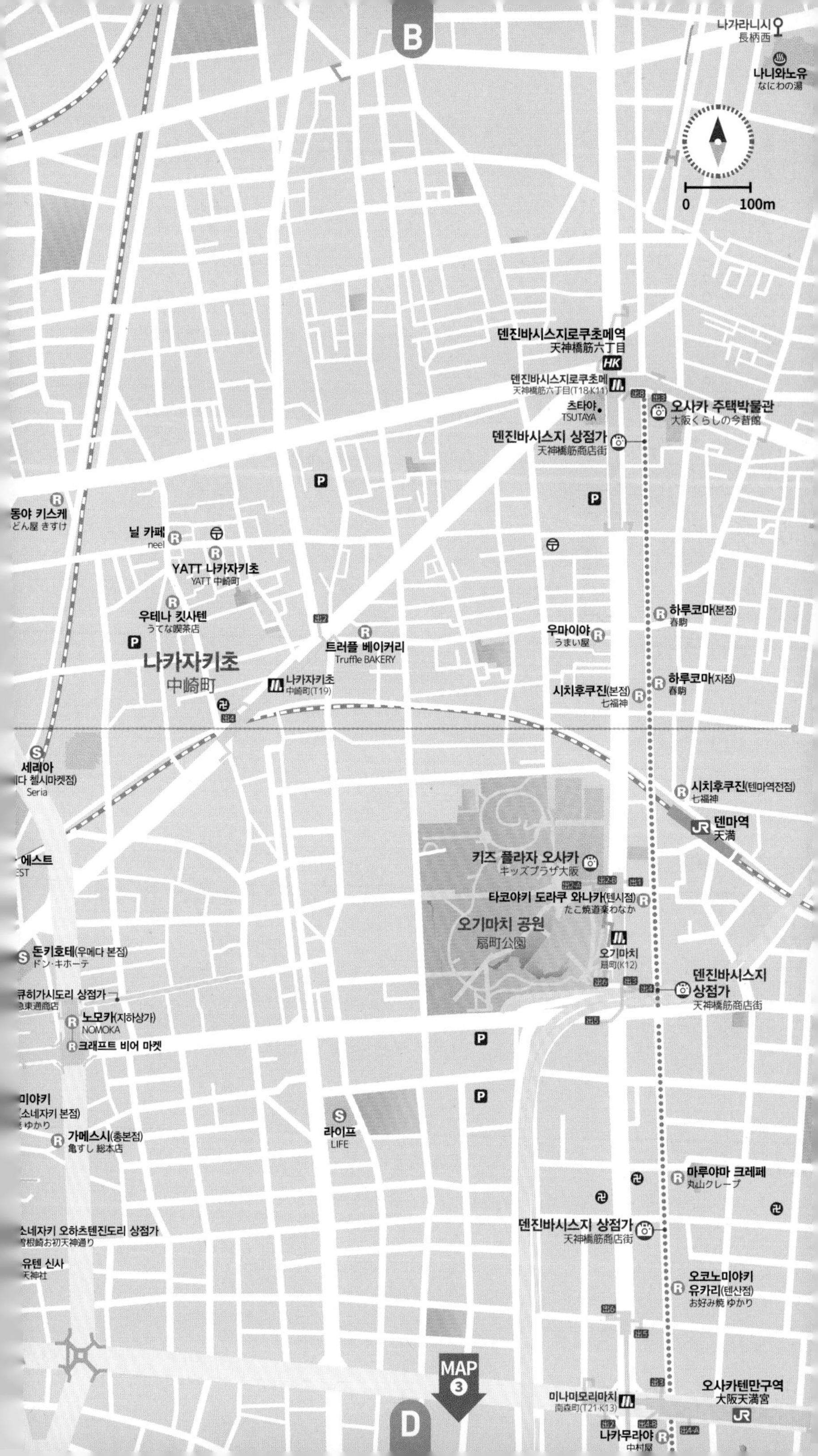
B
나가라니시
長柄西
나니와노유
なにわの湯
0
100m
덴진바시스지로쿠초메역
天神橋筋六丁目
HK
덴진바시스지로쿠초메
天神橋筋六丁目(T18·K11)
츠타야
TSUTAYA
오사카 주택박물관
大阪くらしの今昔館
덴진바시스지 상점가
天神橋筋商店街
동야 키스케
닐 카페
neel
YATT 나카자키초
YATT 中崎町
우테나 킷사텐
うてな喫茶店
나카자키초
中崎町
트러플 베이커리
Truffle BAKERY
나카자키초
中崎町(T19)
하루코마(본점)
春駒
우마이야
うまい屋
하루코마(지점)
春駒
시치후쿠진(본점)
七福神
세리아
Seria
시치후쿠진(텐마역전점)
七福神
덴마역
天満
에스트
키즈 플라자 오사카
キッズプラザ大阪
타코야키 도라쿠 와나카(텐시점)
たこ焼道楽わなか
오기마치 공원
扇町公園
오기마치
扇町(K12)
덴진바시스지
상점가
天神橋筋商店街
돈키호테(우메다 본점)
ドン・キホーテ
노모카(지하상가)
NOMOKA
크래프트 비어 마켓
가메스시(총본점)
亀すし 総本店
라이프
LIFE
마루야마 크레페
丸山クレープ
덴진바시스지 상점가
天神橋筋商店街
유텐 신사
오코노미야키
유카리(텐산점)
お好み焼 ゆかり
MAP
3
D
미나미모리마치
南森町(T21·K13)
오사카텐만구역
大阪天満宮
JR
나카무라야
中村屋

MAP 3 기타(남)
A
C
MAP 2
기타신치역
北新地
오사카역 앞 제1 빌딩
大阪駅前第1ビル
디아모르 오사카 (지하상가)
오사카역 앞 제2 빌딩
大阪駅前第2ビル
부도테이
ぶどう亭(B2F)
야키니쿠마루 기타신치점
焼肉マル
기타신치
北新地
신치혼도리
新地本通
도지마 지하센터 (지하상가)
반다
Banda
福島
후쿠시마역
福島
Hotel Hanshin
후쿠시마역
福島
신후쿠시마역
新福島
나니와스지
なにわ筋
ABC홀
나카노시마 리버 크루즈 후쿠시마(호타루마치) 선착장
福島(ほたるまち)港
나카노시마
中之島
오에바시역
大江橋
日本銀行
와타나베바시역
渡辺橋
나카노시마 페스티벌 시티
中之島フェスティバルシティ
구야무테이 나카노시마요칸
旧ヤム邸 中之島洋館
다이비루 본관
ダイビル本館
오사카 나카노시마 미술관
大阪中之島美術館
국립 국제 미술관
国立国際美術館
미츠이 가든 호텔 오사카 프레미어
나카노시마역
中之島
오사카 시립과학관
大阪市立科学館
히고바시
肥後橋(Y12)
요츠바시스지
四ツ橋筋
니시센바 공원
西船場公園
라멘 토리데
らーめん砦
레 프티트 파비요트
Les Petites Papillotes
다카무라 와인 & 커피 로스터스
タカムラ Wine & Coffee Roasters
세이이치로 니시조노
Seiichiro Nishizono
우쓰보 공원
靭公園
동원
東園
테니스 경기장
서원
西園
혼마치
本町(Y13·C16·M1
아와자
阿波座(C15·S13)

쓰유텐 신사
露天神社
B
MAP 2
오코노미야키 유카리(텐산점)
お好み焼 ゆかり
御堂筋
미나미모리마치
南森町(T21·K13)
오사카텐만구역
大阪天満宮
나카무라야
中村屋
오사카 텐만구
大阪天満宮
덴진바시스지 상점가
天神橋筋商店街
미도스지
御堂筋
오사카 시청
오사카 부립 나카노시마 도서관
大阪府立中之島図書館
오사카 시립 동양 도자기 미술관
大阪市立東洋陶磁美術館
나카노시마 어린이 책의 숲
Nakanoshima Children's Book Forest
오사카시 중앙공회당
大阪市中央公会堂
요도야바시 선착장
淀屋橋港
요도야바시역
淀屋橋
나니와바시역
なにわ橋
나카노시마 공원
中之島公園
요도야바시
淀屋橋(M17)
기타하마 레트로
北浜レトロ
기타하마
北浜
고칸
GOKAN
기타하마
北浜(K14)
다이와 로이넷 호텔 오사카 기타하마
시바카와 빌딩
芝川ビル
사카이스지
堺筋
신사이바시스지 북쪽 상점가
心斎橋筋商店街
아카짱혼포
사카이스지혼마치
堺筋本町(C17·K15)
신사이바시스지 북쪽 상점가
心斎橋筋商店街
D
0 100m

A
MAP 4 미나미(북)
와드 오모테나시 카페
Wad Omotenashi Cafe
오가닉 빌딩
オーガニックビル
미나미센바
南船場
요쓰바시스지 四ツ橋筋
나가호리도리 長堀通
니시오하시
西大橋
(N14)
나가호리도리 長堀通
なにわ筋
나니와스지
몬디알 카페 328 NY3
Mondial Kaffee 328 NY3
요쓰바시
四ツ橋
(M19·Y14·N15)
릴로 커피 로스터즈
LiLo Coffee Roasters
마제
maZe
요쓰바시스지 四ツ橋筋
신사이바시 오파 키레이
心斎橋オーパきれい
아메리카무라
アメリカ村
ar. 캔디 애플
ar. Candy Apples
고가류 본점
甲賀流本店
산카쿠
공원
三角公園
빅 스텝
Big Step
호리에 공원
堀江公園
호리에
堀江
카사 피코네
Casa Picone
더 굿랜드 마켓
The Goodland Market
なにわ筋
오렌지 스트리트
SORA
Supreme
오렌지 스트리트
타임리스 컴포트
Timeless Comfort
Go Ape
비오톱
Biotop
츠케멘 스즈메
つけ麺雀
레드록(아메리
RedRock
나니와스지
타코야키 도라쿠 와나
(아메리카무라점)
たこ焼道楽わなか
콜로니 by EQI
(신사이바시 아메무라점)
Colony by EQI
홋쿄쿠세
北極星
도톤보리강
道頓堀川
톤보리 리버크루즈
미나토마치 선착장
미나토마치 리버플레이스
港町リバープレイス
도톤보리
난바 하치
なんば Hatch
MAP 5
우라야(난바 본점)
八百屋とごはん うらや
C

B
신사이바시스지 북쪽 상점가
心斎橋筋商店街
오사카 농림회관
大阪農林会館
0
100m
미나미센바
南船場
미도스지
御堂筋
사카이스지
境筋
신사이바시
心斎橋(M19·Y14·N15)
크리스타 나가호리
(지하상가)
나가호리도리
長堀通
나가호리바시
長堀橋(K16·N16)
H&M
GAP
신사이바시스지 상점가
心斎橋筋商店街
파르코 신사이바시
PARCO 心斎橋
선 드럭
サンドラッグ
신사이바시
心斎橋
다이마루 백화점
大丸
다이마루 남관
쿠시카츠 다루마(신사이바시점)
串かつ だるま
파블로
PABLO
타코타코 킹
(스오마치 본점)
Takotako-king
GU
신사이바시스지 상점가
心斎橋筋商店街
쇼군 버거(신사이바시점)
Shogun Burger
Zoom In map 5 A, C
도톤보리
道頓堀
돈키호테(도톤보리점)
ドン・キホーテ
돈키호테
(미도스지점)
ドン・キホーテ
에비스바시
戎橋
톤보리 리버크루즈
다자에몬바시 선착장
츠루동탄
(소에몬초점)
つるとんたん
도톤보리강
원더크루즈
닛폰바시 선착장
道頓堀川
글리코 사인
グリコサイン
코나몬 뮤지엄
겐로쿠즈시
쿠시카츠 다루마
킨류 라멘 본점
가니도라쿠
도톤보리
道頓堀
구이다오레
타로
킨류 라멘
도톤보리점
스타벅스
우키요코지
浮世小路
에비스바시스지
상점가
호젠지 요코초
法善寺横丁
호젠지
法善寺
MAP
5
D

MAP 5 미나미(남)
A
난바 하치
なんば Hatch
MAP 4
우라야(난바 본점)
八百屋とごはん うらや
난바 OCAT
(도심 공항 터미널)
大阪シティエア
ターミナル
JR난바역
JR難波
호텔 몬테레이
그래스미어
오사카
카눌레 두 자퐁(사쿠라가와점)
CANELÉ du JAPON
오사카난바
大阪難
요쓰바시스지 四ツ橋筋
난바
なんば
(難波)
0
100m
Zoom In
주 오사카
대한민국 총영사관
신사이바시스지 상점가
心斎橋筋商店街
WEGO
러쉬
마쓰모토키요시
マツモトキヨシ
도톤보리
道頓堀
돈키호테
(도톤보리점)
ドン・キホーテ
이치란(도톤보리 본관)
一蘭
돈키호테(미도스지점)
ドン・キホーテ
글리코 사인
グリコサイン
에비스바시
戎橋
톤보리 리버크루즈
다자에몬바시 선착장
엔드류의 에그타르트
쿠시카츠 다루마(도톤보리점)
串かつ だるま
도톤보리 쿠쿠루
도톤보리
道頓堀
가니도라쿠
피봇 베이스
Pivot BASE
구이다오레
타로
신세카이 쿠시카츠 잇토쿠
킨류 라멘(도톤보리점)
미도스지
스타벅스
타코야키 주하치방(도톤보리점)
たこ焼十八番
다이키 수산 회전초밥
大起水産回転寿司
쿠라스시
(도톤보리점)
くら寿司
하리주
はり重
츠타야
Tsutaya
스시잔마이
すしざんまい
우키요코지
浮世小路
에비스바시스지
상점가
도톤보리 이마이
道頓堀今井
이치란(도톤보리 별관)
一蘭
호젠지 요코초 야키젠
法善寺横丁 やき然
아지노야
味乃家
호젠지 요코초
法善寺横丁
도톤보리
카도자
道頓堀角座
미즈노
美津の
御堂筋
호젠지
法善寺
쿠시카츠
다루마
(호젠지점)
串かつだるま
하나마루켄(호젠지점)
花丸軒
인디안 카레
(미나미점)
インデアンカレ
쿠시카츠
다루마
(난바 본점)
串かつだるま
회전초밥
초지로
廻転寿司 Chojiro
오카루
おかる
센니치마에 상점가
千日前商店街
크레프리 알시온
クレープリー・アルシオン
난바
なんば
(M20·S16·Y15)
난바워크 なんばWalk
(지하상가)
에비스바시스지
상점가
빅카메라
ビックカメラ
규카츠 모토무라
(난바미도스지점)
牛かつもと村
센니치마에 상점가
千日前商店街
C
리치몬드
난바 다이
다이코쿠초
大国町(M21)
쿠라스시
(난바모토마치점)
くら寿司

스타벅스
타로
도톤보리
B
우키요코지
浮世小路
에비스바시스지
상점가
호젠지 요코초
法善寺横丁
호젠지
法善寺
센니치마에
상점가
千日前商店街
MAP 4
사카이스지
境筋
미도스지
御堂筋
마루후쿠 커피
丸福珈琲店
야요이켄
(닛폰바시점)
やよい軒
난바
なんば
(M20·S16·Y15)
아마토 마에다
甘党 まえだ
긴테쓰닛폰바시역
近鉄日本橋
난바워크 なんばWalk
(지하상가)
닛폰바시
日本橋(S17·K17)
에비스바시스지
상점가
빅카메라
ビックカメラ
스시 사카바 사시스
(난바워크점)
すし酒場 さしす
센니치마에 상점가
千日前商店街
텐푸라 마키노
天ぷら定食まきの
구로몬 시장
黒門市場
Zoom In
551호라이
(에비스바시 본점)
551蓬莱
아카가키야(난바점)
赤垣屋 なんば店
앤드 &
and
이부키 코히텐
伊吹珈琲店
겐로쿠즈시(센니치마에점)
元禄寿司
우라난바
裏なんば
리쿠로 오지상노 미세
(난바 본점)
りくろーおじさんの店
타코야키 도라쿠 와나카
(쿠로몬시장점)
たこ焼道楽わなか
타코야키 도라쿠
와나카(난바점)
たこ焼道楽わなか
난바 오리엔탈 호텔
구로몬 산페이
黒門三平
오코노미야키 유카리
(센니치마에점)
お好み焼 ゆかり
에디온(난바 본점)
Edion
도라메요코초
虎目横丁
난바 마루이 OIOI
なんばマルイ
후랑쿠스
ふらんくす
난바난난(지하상가)
NAMBAなんなん
난바 난카이도리 상점가
なんば南海通商店街
타코야키
도라쿠 와나카
(센니치마에 본점)
たこ焼道楽わなか
오사카 야키통 센터
大阪焼トンセンター
뎃판 야로
鉄板野郎
난바 그랜드 가게쓰 극장
なんばグランド花月
오사카 다카시마야
大阪タカシマヤ
돈키호테
(난바센니치마에점)
ドン・キホーテ
우라난바
裏なんば
마구로야 쿠로긴
まぐろや黒銀
넥스트 시카쿠
next shikaku
카페 안논
Cafe Annon
돈카츠 킷초
とんかつ吉兆
난바
なんば
(難波)
스위소텔 난카이 오사카
(스위스 호텔)
센니치마에
도구야스지
상점가
千日前道具屋筋
商店街
난바 시티(본관)
なんば City
내추럴 키친 앤드(B1F)
난바역
なんば
Taito Station
지! 스토어
Geel Store
프레이저
레지던스
난카이 오사카
남코
Namco
난바 시티(남관)
なんば City
세리아(2F)
야마짱(1F)
텐푸라 다이키치(1F)
사키모토 베이커리 카페
Sakimoto Bakery Cafe
소프맵
ソフマップ
덴덴타운
でんでん
タウン
하카타 모츠나베 오오야마(6F)
쿠아아이나(6F)
키와미 돈카츠 카츠키(6F)
하브스(3F)
나카가와 마사시치 쇼텐(5F)
프랑프랑(5F)
빌리지 뱅가드(5F)
로프트(5F)
알펜 아웃도어(3·4F)
마쓰타케
喫茶 松竹
게이머스
Gamers
정글
Jungle
오타로드
オタロード
파크스
타워
난바
카니발 몰
난바 파크스
Namba Parks
なんばパークス
코토부키야
Kotobukiya
케이북스
난바 이치방칸
K-Books なんば壱番館
히어로 완구연구소
ヒーロー玩具研究所
보크스 오사카 쇼룸
ボークス大阪ショールーム
파크스 가든
애니메이트(1~2F)
라신반(3F)
멜론북스(4F)
덴덴타운
でんでんタウン
야마다 전기 LABI1
ヤマダ電機 LABI1
에키칸
Ekikan
조신 슈퍼 키즈랜드 본점
Joshin Super Kids Land
에비스초
恵比寿町(K18)
닛폰바시 종합 안내소
日本橋総合案内所
D

A
MAP 6 덴노지
에비스초
恵美須町(K18)
에비스초역
恵美須町
신세카이
新世界
쿠시카츠 다루마
(쓰텐카쿠점)
串かつ だるま(通天閣店)
쓰텐카쿠
通天閣
P
얏코
やっこ
가와치야 본점
かわち屋 本店
기후야 혼케
ぎふや本家
빌리켄 상
쿠시카츠 다루마
(도부쓰엔마에점)
串かつ だるま
(動物園前店)
입구
쿠시카츠 다루마(장장점)
串かつ だるま(ジャンジャン店)
장장요코초
じゃんじゃん横丁
메가 돈키호테
(신세카이점)
MEGAドン・キホーテ
신이마미야역
新今宮
NK
JR
텐구
てんぐ
야에카츠
八重勝
스파월드
スパワールド
신이마미야에키마에역
新今宮駅前
지하도
도부쓰엔마에
動物園前
(M22·K19)
덴노지 동물원
天王寺動物園
잇신지
一心寺
덴노지 공원
天王寺公園
오사카 시립미술관
大阪市立美術館
게이타쿠엔
慶沢園
입구
덴시바
てんしば
LUCIAS
아베노 큐스 몰
Abeno Q's Mall
그릴 마루요시(1F)
이마이케역
今池
C

B
극락정토의 정원
본방 정원
本坊庭園
본방
0
100m
석무대
강당
금당
오중탑
시텐노지
四天王寺
중문
세이레이인
아베통(아베치카 지하상가 B1F)
あべとん
야마짱(덴노지키타구치점)
やまちゃん
아베치카(지하상가)
あべちか
덴노지
天王寺
(M23·T27)
公園口
덴노지역
天王寺
덴노지 미오
天王寺MIO
오사카아베노바시역
大阪阿部野橋
KT
아베노 하루카스
あべのハルカス
하루카스 300(58~60F)
긴테쓰 백화점 본점(B2~14F)
오사카 메리어트 미야코 호텔
후프
Hoop
야마짱
(본점)
やまちゃん本店
야마짱(2호점)
やまちゃん
앤드
and
D

MAP 7 오사카성
A
B
OAP 선착장
OAP港
오사카텐만구역
大阪天満宮
오사카 텐만구
大阪天満宮
텐진바시스지 상점가
天神橋筋商店街
조폐박물관
造幣博物館
사쿠라노 토리누케 桜の通り抜け
교바시역
京橋
게이한 몰
京阪モール
교바시
京橋(N22)
교바시역
京橋
오사카조키타즈메역
大阪城北詰
호텔 몬테레이 라 수르 오사카
오사카비즈니스파크
大阪ビジネスパーク(N21)
나카노시마 공원
中之島公園
하치켄야하마 선착장
八軒家浜
덴마바시역
天満橋
덴마바시
天満橋(T22)
소토보리 (외호)
오사카성 공원
大阪城公園
아쿠아라이너 오사카조 선착장
大阪城港
교바시구치 출입구
오사카성 고자부네 놀잇배 선착장
大阪城御座船
고쿠라쿠교
오사카성 홀
야구장
조 테라스 오사카
아오야몬
엔쇼구라
우치보리 (내호)
각인석 광장
이누이야구라
영빈관
기타시키리몬
천수각
天守閣
니시노마루 정원
西の丸庭園
긴메스이 우물
매화숲
바이린
소토보리(외호)
태양 광장
오사카조코엔역
大阪城公園
소토보리 (외호)
도요토미 이시가키 (예정)
긴조
니시노마루 정원 입구
미라이자 오사카조
타임캡슐
센간야구라
다몬야구라
오사카 부청
大阪府庁
우에마치스지
上町筋
오사카성 공토장
다마쓰쿠리구치 출입구
사쿠라몬
오테몬
삼림 공원
슈도칸
이치반야구라
호코쿠 신사
오사카부 경찰본부
大阪府警察本部
소토보리(외호)
NHK
오사카 역사박물관
大阪歴史博物館
오사카성 음악당
다니마치욘초메
谷町四丁目(C18·T23)
피스 오사카
모리노미야 큐스 몰 베이스
もりのみや Qs Mall Base
모리노미야
森ノ宮
모리노미야역
森ノ宮
코요
Kohyo
나니와노미야토 공원
難波宮跡公園
마쓰야마치스지
松屋町筋
마쓰야마치 상점가
松屋町商店街
나가호리도리
長堀通
마쓰야마치
松屋町(N17)
다니마치로쿠초메
谷町六丁目(N18·T24)
다마쓰쿠리
玉造(N19)
다마쓰쿠리역
玉造
가라호리 상점가
空堀商店街
가라호리
空堀
쓰루하시
鶴橋
노베하시 쓰루하시
오하기노 탄바야
おはぎの丹波屋
쓰루하시 마구로 쇼쿠도
鶴橋まぐろ食堂
다니마치큐초메
谷町九丁目(S18·T25)
오사카우에혼마치역
大阪上本町
쓰루하시
鶴橋(S19)
스시긴
すしぎん
쓰루하시역
鶴橋
이쿠노 코리아타운
生野コリアタウン
0
200m

MAP 8 베이 지역

A
잇큐
一休
아이카와구치역
安治川口
유니버설 시티 워크 오사카
Universal City Walk Osaka
입구
유니버설시티역
ユニバーサルシティ
스누피™ 백로트 카페
Snoopy's Backlot Cafe
유니버설 포트 호텔
유니버설 스튜디오 재팬(USJ)
ユニバーサルスタジオジャパン
멜즈 드라이브 인
Mel's Drive In
캡틴 라인
유니버설시티포트 선착장
Captain Line
ユニバーサルシティポート
소라니와 온센
空庭温泉
사쿠라지마역
桜島
레고 랜드 디스커버리 센터(3F)
나니와 쿠이신보요코초(2F)
덴포잔 마켓플레이스
天保山マーケットプレース
덴포잔 대관람차
天保山大観覧車
유람선 산타마리아 선착장
サンタマリア
가이유칸
海遊館
캡틴 라인
가이유칸 니시하토바 선착장
Captain Line
海遊館西はとば
오사카코
大阪港(C11)
칫코멘 코보
築港麺工房
지라이언 뮤지엄
Glion Showroom
오사카 국제페리터미널
(오사카항)
大阪国際フェリーターミナル
코스모스퀘어
コスモスクエア(C10·P09)
트레이드센터마에
トレードセンター前(P10)
오사카부 사키시마 청사 전망대
大阪府咲洲庁舎展望台
아시아태평양
트레이드 센터
0
400m
포트타운니시
ポートタウン西(P11)
B
포트타운히가시
ポートタウン東(P12)

MAP 9 교토 전도
비와코
오하라
大原
기후네 신사
貴船神社
구라마역
鞍馬
기부네구치역
貴船口
니노세역
二ノ瀬
이치하라역
市原
니조성 & 교토 교엔
map 12
니켄차야역
二軒茶屋
교토세이카다이마에역
京都精華大前
기노역
木野
이와쿠라역
岩倉
미야케하치만역
三宅八幡
하치만마에역
八幡前
야세히에이잔구치역
八瀬比叡山口
루리코인
瑠璃光院
다카라가이케역
宝ケ池
슈가쿠인역
修学院
슈가쿠인리큐
修学院離宮
긴카쿠지
& 료안지
map 14
기타야마
北山
이치조지역
一乗寺
만슈인 몬제키
曼殊院門跡
케이분샤
恵文社
엔코지
圓光寺
이치조지
一乗寺
시센도
詩仙堂
아라시야마
& 사가노
map 15
료안지역
龍安寺
이마데가와
今出川
데마치야나기역
出町柳
도에이 우즈마사
에이가무라
東映太秦映画村
기타노하쿠바이초역
北野白梅町
map 13
사가아라시야마역
嵯峨嵐山
고류지
広隆寺
마루타마치
丸太町
도롯코사가역
トロッコ嵯峨
아라시야마역
嵐山
우즈마사코류지역
太秦広隆寺
니조역
二条
니조조마에
二条城前
산조역
三条
긴카쿠지 &
헤이안 신궁
아라시야마역
嵐山
교토카와라마치역
京都河原町
시조카와라마치
& 기온
map 11
기온시조역
祇園四条
시조오미야역
四条大宮
기요미즈데라
& 기온
map 10
니시오지역
西大路
교토역
京都
도지역
東寺
가쓰라역
桂
도후쿠지
東福寺
후시미이나리역
伏見稲荷
후시미 이나리 타이샤
伏見稲荷大社
이나리역
稲荷
교토역
map 16
0
2km
교토
京都
효고
兵庫
시가
滋賀
교토
京都市
미에
三重
오사카
大阪
나라
奈良
와카야마
和歌山
우지
닌텐도
뮤지엄
Nintendo
Museum
우지역
宇治
오구라역
小倉
우지역
宇治
JR 오구라역
JR 小倉

MAP ⑩ 기요미즈데라 & 기온
A
MAP ⑬
MAP ⑪
쇼렌인 몬제키
青蓮院門跡
기온 코모리
ぎをん 小森
신바시도리
新橋通
히가시오지도리
東大路通
지온인
知恩院
히키니쿠토 코메
挽肉と米
기온
祇園
삼문
카보차노 타네
かぼちゃのたね
요지야(기온 본점)
よーじや
시조도리
四条通
祇園
스타벅스
교센도
京煎堂
니시로몬
우쓰쿠시고젠샤
美御前社
야사카 신사
八坂神社
마루야마 공원
円山公園
하나미코지도리
花見小路通
카카오365
加加阿365
기온
祇園
(祇園)
이시이도리이(정문)
규카츠 교토 가츠규
(기온야사카점)
牛カツ 京都勝牛
히가시야마
東山
야사카 홀
弥栄会館
기온 코너
ギオンコーナー
미야코 오도리
都をどり
살롱 드 무게
Salon de Muge
엔토쿠인
圓徳院
고다이지
高台寺
네네노미치
ねねの道(寧寧之道)
히가시야마야스이
東山安井
야스이 콘피라궁
安井金比羅宮
이시베코지
石部小路
% 아라비카
アラビカ
동구리 공화국
니넨자카
産寧坂(三年坂)
야사카노토
八坂の塔
야사카도리
八坂通
치리멘 세공관
ちりめん細工館
스타벅스(니넨자카야사카차야점)
Starbucks
카사기야
かさぎ屋
기요미즈미치
清水道
松原通
마츠바라도리 松原通 (기요미즈자카 清水坂)
우메조노(기요미즈점)
梅園
요지야(기요미즈산넨자카점)
よーじや
이토켄 x 소우소우
Itoken x Sou·Sou
산넨자카
産寧坂(三年坂)
혼케니시오 야츠하시
本家西尾八ッ橋
0
100m
고조자카
五条坂
스미코구라시도
すみっコぐらし堂
말브랑슈
(기요미즈자카점)
Malebranche
기요미즈자카
清水坂
규카츠 교토 가츠규
(기요미즈고조자카점)
牛カツ 京都勝牛
차완자카
茶わん坂
니오몬
지슈 신사
地主神社
삼중탑
기요미즈데라
清水寺
부타이
오토와 폭포
포토 포인트
고조자카
五条坂
MAP ⑯
B

MAP 11 시조카와라마치 & 기온
A
MAP 12
혼케 오와리아 본점
本家 尾張屋
교토 국제 만화박물관
京都国際マンガミュージアム
무로마치도리
히가시노토인도리
다카쿠라도리
사카이마치도리
도미노코지도리
富小路通
烏丸御池
가라스마오이케
烏丸御池(K08·T13)
가라스마오이케
烏丸御池
야요이켄
(가라스마오이케점)
やよい軒
室町通
東洞院通
高倉通
堺町通
아네야코지도리
姉小路通
신푸칸(신풍관)
新風館
스타벅스
산조도리
三条通
산조도리
三条通
이노다 커피
(산조점)
イノダコーヒ
이노다 커피(본점)
イノダコーヒ
슌사이 이마리
旬菜 いまり
롯카쿠도리
六角通
시조카와라마치
四条河原町
다코야쿠시도리
蛸薬師通
우메조노 카페 & 갤러리
うめぞの Cafe & Gallery
교토 아트 센터
Kyoto Art Center
야키니쿠 히로 쇼텐
(가라스마니시키점)
焼肉 弘商店
더 시티 베이커리
The City Bakery
마루츠네 가마보코
丸常蒲鉾
콘나몬자
こんなもんじゃ
우오리키
魚力
니시키코지도리
錦小路通
니시키 시장
錦市場
센교키무라
鮮魚木村
미키케이란
三木鶏卵
다이마루 백화점
DAIMARU Kyoto
호텔 마이스테이스
교토 시조
시조도리
四条通り
가라스마역
烏丸
야요이켄
(시조카라스마점)
やよい軒
시조
四条(K09)
세이조이시이
成城石井(B2F)
오카페
Okaffe Kyoto
니가타 가츠동 타레카츠
(교토 본점)
新潟カツ丼タレカツ
붓코지
佛光寺
디앤디파트먼트 교토
D&Department Kyoto
멘야 이노이치 하나레
麺屋 猪一 離れ
0
100m
C

B
MAP 12
데라마치도리
寺町通
가와라마치도리
기야마치도리
木屋町通
교토시야쿠쇼마에
京都市役所前(T12)
데라마치 상점가
寺町商店街
도스이로
豆水楼
河原町通
기야마치도리
木屋町通
모리타야
(기야마치점)
モリタ屋
야요이켄
(가와라마치 산조점)
やよい軒
메다이 돈카츠 가츠쿠라
名代とんかつ かつくら
산조 명점가
三条名店街
스타벅스
산조도리
三条通
산조대교
三条大橋
산조역
三条
KH
산조게이한마에
三条京阪前D
산조게이한
三条京阪(T11)
C3
C2
산조도리
三条通
폰토초
先斗町
스시테츠
すしてつ
A3
A2
三条京阪前A1
신쿄고쿠 상점가
新京極商店街
쿠시야키 만텐
串焼き 満天
로프트
가와라마치도리
先斗町
가모강
鴨川
기야마치도리
河原町通
교토 발
Kyoto Bal
신쿄고쿠 상점가
新京極商店街
규카츠 교토 가츠규
(폰토초 본점)
牛カツ 京都勝牛
시조카와라마치
四条河原町
木屋町通
산지야
さんじゃ
규카츠 교토 가츠규
(카와라마치점)
牛カツ 京都勝牛
폰토초
다쓰미다이묘진
辰巳大明神
기온 코모리
ぎをん 小森
신바시도리
新橋通
MAP
시장
기야마치도리
木屋町通
다쓰미바시
巽橋
시라카와스지
白川筋
●애니메이트
●빌리지뱅가드
니시키 텐만구
錦天満宮
四条
河原町B2
히키니쿠토 코메
挽肉と米
코고쿠 스탠드
京極スタンド
四条
河原町B
四条
河原町C
소우 소우 타비
Sou·Sou 足袋
이소마츠
五十松
폰토초
先斗町
시조게이한마에
四条京阪前
기온
祇園
신쿄고쿠 상점가
新京極商店街
가와라마치 OPA
河原町OPA
四条河原町D
오멘
おめん
P
에이라쿠야
永楽屋
폿치리
ぽっちり
카보차노 타네
かぼちゃのたね
덴슈
天周
요지야(기온 본점)
よーじや
야사카 신사
八坂神社
기온시조역
祇園四条
四条
河原町A
HK
교토카와라마치역
京都河原町
시조대교
四条大橋
KH
시조도리
四条通り
교센도
京煎堂
祇園
다카시마야
교토점
京都高島屋
四条河原町E
소혼케
니신소바 마츠바
総本家 にしんそば 松葉
사료츠지리
(기온 본점)
茶寮都路里
하나미코지도리
花見小路通
후지이 다이마루
백화점
FUJII DAIMARU
에디온
四条 EDION
그릴 캐피탈
도요테이
河原町F~H
카카오365
加加阿365
굿 네이처 스테이션
Good Nature Station
데라마치도리
寺町通
기온 우오케야 우
祇をん う桶やう
기온
祇園(祇園)
규카츠 교토 가츠규
(기온야사카점)
牛カツ 京都勝牛
기야마치도리
木屋町通
이카리야 식당
イカリヤ食堂
하나미코지도리
花見小路通
야사카 홀
弥栄会館
기온 코너
ギオンコーナー
미야코 오도리
都をどり
겐닌지
建仁寺
MAP 10
河原町通
木屋町通
가모강
鴨川
가와라마치도리
기야마치도리
데라마치도리
寺町通
히가시야마야스
東山安
야스이 콘피라궁
安井金比羅宮
MAP 10
D
기요미즈미치
清水道

MAP 12 니조성 & 교토 교엔
A
B
0
200m
가모 미타라시차야
加茂みたらし茶屋
시모가모 신사
下鴨神社
가와이 신사
河合神社
신아오이 바시
新葵橋
데라마치도리
寺町通
구라마구치
鞍馬口(K05)
무로마치도리
室町通
쇼코쿠지
相国寺
윤동주 & 정지용 시비
예배당
클라크 기념관
이마데가와
今出川(K06)
烏丸今出川
도시샤 대학
同志社大学
도시샤 여자대학
同志社女子大学
同志社前
도시샤마에
야요이켄
(가라스마 이마데가와점)
やよい軒
烏丸今出川
세이메이 신사
晴明神社
이치조모도리바시 세이메이진자마에
一条戻橋·晴明神社前
이누이고몬
乾御門
입구
교토 고쇼
京都御所
입구
교토 교엔
京都御苑
센토 고쇼
仙洞御所
가와라마치 도리
河原町通
가모강
鴨川
진구마루타마치
神宮丸太町
마루타마치
丸太町(K07)
세이류엔
清流園
마루고텐
丸御殿
니조성
二条城
니조조마에
二条城前
니노마루고텐
二の丸御殿
니노마루 정원
二の丸庭園
히가시오테몬
東大手門
가라몬
唐門
신센엔
神泉苑
니조조마에
二条城前(T14)
니조도리
二条通
혼케 오와리야
本家 尾張屋
교토 국제 만화박물관
京都国際マンガミュージアム
烏丸御池
가라스마오이케
烏丸御池(K08·T13)
가라스마오이케
烏丸御池
교토시야쿠쇼마에
京都市役所前(T12)
기야마치도리
木屋町通
도스이로
豆水楼
규쿄도
鳩居堂
데라마치 상점가
寺町商店街
스마트 커피
スマート コーヒー
메다이 돈카츠 가츠쿠라
名代とんかつ かつくら
산조도리
三条通
데라마치 쿄고쿠 상점가
寺町京極商店街
산조명점가
三条名店街
신쿄고쿠 상점가
新京極商店街
폰토초
先斗町
스타벅스
이노다 커피(본점)
イノダコーヒ
이노다 커피 (산조점)
イノダコーヒ
슌사이 이마리
旬菜 いまり
MAP 11

A
MAP ⑬ 긴카쿠지 & 헤이안 신궁
교토 대학
京都大学
0
200m
모토다나카역
元田中
야나기역
나기역
교토 대학
京都大学
긴카쿠지미치
銀閣寺道
긴카쿠지마에
銀閣寺前
긴카쿠지(은각사)
銀閣寺
산도 参道
철학의 길
哲学の道
간논덴
観音殿
오멘
おめん
철학의 길
哲学の道
리버사이드 카페 그린 테라스
Riverside Cafe Green Terrace
호넨인
法然院
교토 대학
京都大学
신뇨도
真如堂
안라쿠지
安楽寺
신뇨도마에
真如堂前
철학의 길
哲学の道
오카자키 신사
岡崎神社
철학의 길
哲学の道
다이고쿠덴
신엔
뱟코로
소류로
헤이안 신궁
平安神宮
오텐몬
난젠지·에이칸도미치
南禅寺·永観堂道
에이칸도
永観堂(禅林寺)
오카자키 공원
岡崎公園
야마모토 멘조
山元麺蔵
롬 시어터
츠타야
니조도리
二条通
二条通
교토 부립도서관
京都府立図書館
대형 도리이
교토시 교세라 미술관
京都市京セラ美術館
교토 국립 근대미술관
京都国立近代美術館
오카자키코엔비주츠칸
·헤이안진구마에
岡崎公園美術館·平安神宮前
블루 보틀 커피 교토
Blue Bottle Coffee
난젠지
南禅寺
삼문
방장
수로각
난젠인
게아게 인클라인
(배 운반용 철길)
蹴上インクライン
산조도리
三条通
히가시야마
東山(T10)
산조도리
三条通
산조도리
三条通
네지리만포 터널
ねじりまんぽ
게아게
蹴上(T09)
MAP ⑩
B

MAP ⑭ 킨카쿠지 & 료안지

A
MAP 15 아라시야마 & 사가노
다이카쿠지
大覚寺
오자와이케
大沢池
다시노 넨부쓰지
野念仏寺
사가 도리이모토 보존지구
嵯峨鳥居本
기오지
祇王寺
세이료지
清涼寺
사가샤카도마에
嵯峨釈迦堂前
사가노
嵯峨野
니손인
二尊院
조잣코지
常寂光寺
사가아라시야마역
嵯峨嵐山
증기기관차
전시장
도롯코
사가역
トロッコ嵯峨
노노미야 신사
野宮神社
다이쇼 하나나
鯛匠 HANANA
아라시야마 메인 스트리트
아라시야마
嵐山
도롯코아라시야마역
トロッコ嵐山
덴류지
북문
치쿠린
(치쿠린노 코미치)
竹林の小径
히로카와
廣川
아라시야마 키주로
嵐山 喜重郎
란덴사가역
嵐電嵯峨
치쿠린(치쿠린노 코미치)
竹林の小径
오코치 산장 정원
大河内山荘庭園
호시노야 교토
星のや京都
가쓰라강
桂川
구리
소방장
덴류지
天龍寺
소겐치
대방장
법당
덴류지
입구
아라시야마
덴류지마에
嵐山天龍寺前
갸아테이
ぎゃあてい
아라시야마역
嵐山
아라시야마 공원 가메야마 지구
嵐山公園 亀山地区
아라시야마 쇼류엔
嵐山昇龍苑
아린코
抹茶クレープ ARINCO
팡토에스프레소토
(아라시야마 정원)
パンとエスプレッソと
嵐山庭園
아라시야마 유사이테이
嵐山祐斎亭
요시무라
よしむら
아라시야마
嵐山
% 아라비카
% Arabica
렌탈 사이클
교토
호즈가와 쿠다리
(호즈강 뱃놀이)
도착 지점
가쓰라강 桂川
도게쓰교
渡月橋
아라시야마코엔
嵐山公園
아라시야마 공원
나카노시마 지구
嵐山公園
후후노유
風風の湯
하나이카다
花筏
한큐아라시야마
에키마에
阪急嵐山駅前
호린지
法輪寺
아라시야마역
嵐山
0
100m
B

MAP 16 교토역
A
고조도리 五条通
고조도리 五条通
단바구치역
丹波口
0 200m
교토 도큐 호텔
입구
다이코로
니시혼간지마에
西本願寺前
아미다도
阿弥陀堂
입구
니시 혼간지
西本願寺
고에이도
御影堂
입구
히운카쿠
飛雲閣
입구
가라몬 (당문)
唐門
히가시 혼간지
東本願寺
고에이도
御影堂
아미다도
阿弥陀堂
가라스마나나조
烏丸七条
시치조도리 七条通
나나조오미야·교토스이조쿠칸마에
七条大宮·京都水族館前
시치조도리 七条通
시치조도리 七条通
교토 효토
京都 瓢斗
우메코지코엔·교토테츠도하쿠부츠칸마에
梅小路公園·京都鉄道博物館前
요도바시카메라
ヨドバシカメラ
교토 철도박물관
京都鉄道博物館
교토 아쿠아리움
京都水族館
우메코지 공원
梅小路公園
포르타
ポルタ Porta
(B1·2F & 1·2·11F)
교토 타워
京都タワー
교토에키마에
京都駅前
그릴 캐피탈 토요테이(B2F)
이세탄 백화점
伊勢丹(B2F~11F)
버스 티켓
교토 라멘코지(10F)
구라스 교토 스탠드
Kurasu Kyoto Stand
스카이 가든
중앙 출구
中央口
교토역 스카이웨이
술의 미술관
(교토역 하치조 출구점)
お酒の美術館
나카무라토키치
中村藤吉(3F)
교토역
京都
하치조도리 八条通
하치조도리 八条通
긴테쓰 명점가
미야코미치
近鉄名店街 みやこみち
하치조 출구
八条口
야요이켄
(교토역 하치조 출구점)
やよい軒
하치조도리
이비스 스타일스
교토 스테이션
이온몰 교토
AEON Mall Kyoto
간치인
観智院
도지
東寺
강당
금당
오중탑
도지역
東寺
구조
九条(K12)
0 200m
C

B
MAP 10
기요미즈미치
清水道
마쓰바라도리
가와라마치도리
河原町通
기요미즈고조역
清水五条
고조도리
五条通
기요미즈데라
清水寺
고조자카
五条坂
고조자카
五条坂
가모강
鴨川
공중 목욕탕
고조 몰
五条モール
도요쿠니 신사
豊国神社
귀무덤(미미즈카)
耳塚
쇼세이엔
渉成園
헤이세이 지신관
平成知新館
히가시야마나나조
東山七条
교토 가츠규
京都勝牛
시치조도리
七条通
나나조게이한마에
七条京阪前
시치조역
七条
하쿠부츠칸 산주산겐도마에
博物館三十三間堂前
교토 국립박물관
京都国立博物館
東山七条
산주산겐도
三十三間堂
치샤쿠인
智積院
혼케 다이이치아사히
本家 第一旭
교토 센추리 호텔
하치조도리
八条通
알몬트 호텔 교토
도후쿠지
東福寺
도후쿠지역
東福寺
가이산도
쓰텐교
도후쿠지
東福寺
삼문
D

MAP 17 고베 전도
A
B
0
1km
아리마구치역
有馬口
唐櫃台
大池
花山
다니가미역
谷上
아리마 온천
아리마온센역
有馬温泉
롯코산
롯코산
六甲山
롯코산초역
六甲山頂
롯코 시다레
六甲枝垂れ
롯코 가든 테라스
六甲ガーデンテラス
롯코 숲의 소리 뮤지엄
(구 롯코 오르골 뮤지엄)
ROKKO森の音ミュージアム
롯코
고산식물원
六甲高山植物園
롯코산조역
六甲山上
롯코산 덴란다이
六甲山天覧台
롯코산 목장
六甲山牧場
마야산
마야산 스카이뷰
摩耶山スカイビュー
마야산 기쿠세이다이
摩耶山掬星台
호시노에키역
星の駅
니지노에키역
虹の駅
롯코케이블시타역
六甲ケーブル下
마야케이블역
摩耶ケーブル
御影
롯코역
六甲
스미요시역
住吉
롯코미치역
六甲道
미카게역
石屋川
御影
住吉
우오자키
魚崎
마야역
摩耶
오지코엔역
王子公園
新在家
大石
灘
西灘
岩屋
南魚崎
허브엔산초역
ハーブ園山頂
누노비키 허브 정원
布引ハーブ園
신코베역
新神戸
허브엔산로구역
ハーブ園山麓
春日野道
春日野道
산노미야 &
기타노
map 18
산노미야역
三ノ宮
고베산노미야역
神戸三宮
県庁前
산노미야
三宮
산노미야·하나도케이마에
三宮·花時計
貿易センター
모토마치역
元町
花隈
大倉山
규쿄류치·
다이마루마에
旧居留地·
大丸前
みなと元町
고소쿠코베역
高速神戸
西元町
湊川
湊川公園
고베역
神戸
하버랜드
ハーバーランド
map 19
신카이치역
新開地
兵庫
中央市場前
和田岬
御崎公園
롯코 아일랜드
六甲アイランド
アイランド北口
아일랜드센터
アイランドセンター
マリンパーク
ポートターミナル
포트 아일랜드
ポートアイランド
모토마치 &
베이 지역
中公園
中埠頭
みなとじま
北埠頭
UCC 커피 박물관
UCCコーヒー博物館
市民広場
이케아
IKEA
미나미코엔
南公園
医療センター
京コンピュータ前
고베 공항 해상 액세스 터미널
神戸空港 海上アクセスターミナル
고베 공항
神戸空港
고베쿠코
神戸空港
효고
兵庫
교토
京都
시가
滋賀
오사카
大阪
미에
三重
고베
神戸市
나라
奈良
와카야마
和歌山

MAP 18
산노미야 & 기타노
A
B
누노비키 허브 정원
布引ハーブ園
허브엔산로쿠 로프웨이역
ハーブ園山麓
신코베
新神戸(S02)
신코베역 앞
新神戸駅前
고베 누노비키 허브엔/로프웨이
神戸布引ハーブ園ロープウェイ
기타노 외국인 클럽
北野外国人倶楽部
야마테 8번관
山手八番館
언덕 위의 이진칸
(구 중국 영사관)
坂の上の異人館
(旧中国領事館)
우로코의 집 & 전망 갤러리
うろこの家&展望ギャラリー
기타노이진칸
北野異人館
빈 오스트리아의 집
ウィーン·オーストリアの家
덴마크관
デンマーク館
향기의 집 네덜란드관
香りの家 オランダ館
기타노텐만 신사
北野天満神社
라인의 집
(라인노 야카타)
ラインの館
풍향계의 집
(가자미도리노 야카타)
風見鶏の館
고베 트릭아트 이상한 영사관
神戸トリックアート 不思議な領事館
고베 기타노 미술관
神戸北野美術館
무어 하우스
Moore House
기타노 광장
기타노이진칸 北野異人館
티켓 플라자
벤의 집
ベンの家
연두의 집
(모에기노 야카타)
萌黄の館
프랑스관(요칸나가야)
仏蘭西館(洋館長屋)
영국관
英国館
北野通
기타노도리
스타벅스
(고베 기타노이진칸점)
Starbucks
기타노자카
異人館通
이진칸도리
北野坂
이스즈 베이커리(본점)
イスズベーカリ
니시무라 커피
(기타노자카점)
にしむら珈琲店
기타노자카
기타노자카
北野坂
니시무라 커피
(나카야마테 본점)
にしむら珈琲店
라브뉴
L'Avenue
기타노 공방의 마을
北野工房のまち
기타노 공방의 마을(토어로드)
北野工房のまち
지하철 산노미야에키마에(남행)
地下鉄三宮駅前(南行)
니시무라 커피
にしむら珈琲店
산노미야
三宮(S03·P01)
고속버스터미널
이쿠타 신사
生田神社
산노미야 三宮(S03)
JR
산노미야역
三ノ宮
민트 고베
Mint 神戸
니시무라 커피
にしむら珈琲店
토어 로드
스테이크 아오야마
ステーキアオヤマ
스테이크 미소노(고베 본점)
ステーキ みその
HK
고베산노미야역
神戸三宮
지하철 산노미야에키마에(북행)
地下鉄三宮駅前(北行)
산노미야에키마에
三宮駅前
이쿠타 로드
스테이크랜드(고베점)
ステーキランド
토어 로드
トアロード
모리야(본점)
モーリヤ
산노미야
三宮
HS
고베산노미야역
神戸三宮
플라워로드
Ikuta Road
모리야(산노미야점)
마루이 백화점
神戸マルイ
토어 로드
이스즈 베이커리
(이쿠타로드점)
イスズベーカリ
레드록(본점)
RedRock
산노미야 센터 가이
三宮センター街
고베 한큐 백화점
神戸阪急
불랑제리 콤시노와(지하)
Boulangerie Comme Chinois
산노미야 센터가이 동쪽 출입구
三宮センター街東口
산노미야·하나도케이마에
三宮·花時計前(K01)
トアロード
0
100m
산노미야 센터 가이
三宮センター街
フラワーロード
레드록(모토마치점)
RedRock
MAP 19
시청 앞
市役所前
시청·히가시유엔치마에
市役所·東遊園地前
산노미야 센터 가이
三宮センター街
고베 시청
神戸市役所

MAP 19 모토마치 & 베이 지역

B
산노미야 센터 가이
三宮センター街
MAP 18
フラワーロード
레드록(모토마치점)
RedRock
산노미야 센터 가이
三宮センター街
14 시청 앞
市役所前
시청·히가시유엔치마에
市役所·東遊園地前
고베 시청
神戸市役所
32
모토마치역
元町
이스즈 베이커리
(모토마치점)
イスズベーカリー
규쿄류치 · 다이마루마에
旧居留地·大丸前(K02)
플라워로드
18 교마치스지
京町筋
고베 시청 전망대
神戸市役所展望ロビー
토마치
元町
모토마치 상점가
元町商店街
구거류지
旧居留地
다카사고 빌딩
高砂ビル
다이마루 백화점
大丸 Daimaru
이스트 로열
エストローヤル
15 모토마치 상점가(난킨마치 앞)
元町商店街
フラワーロード
덴시도
天獅堂
장안문
長安門
38번관
38番館
5 구거류지(시립박물관)
元旧居留地
히가시유엔치
공원
東遊園地
난킨마치
광장
윤윤
YUNYUN
4 난킨마치(차이나타운)
南京町
해영문
海榮門
사카에마치
栄恵町
15번관
15番館
고베 시립박물관
神戸市立博物館
41
히가시유엔치마에
東遊園地前
포레토코
Poletoko
乙仲通り
쇼센미쓰이 빌딩
商船三井ビル
가이간도리
海岸通
'피시 댄스'
35 16
메리켄파크
メリケンパーク
신코초
新港町
34 39
고베 포트 오아시스 앞 40
神戸ポートオアシス前
고베항 지진 메모리얼 파크
神戸港震災メモリアルパーク
오쿠라 고베
고베 포트 뮤지엄
神戸ポートミュージアム
해양박물관·
와사키 월드
物館·カワサキワールド
지라이언 아레나 고베(예정)
GLION ARENA KOBE
스타벅스
'BE KOBE'
메리켄 파크
メリケンパーク
나카톳테이 여객 터미널
中突堤旅客ターミナル
고베 메리켄 파크
오리엔탈 호텔
고베2
장
神戸2
0
100m
D

MAP 20 나라
A
나라 map 20
긴테쓰나라역
近鉄奈良
나라역
奈良
호류지
法隆寺
호류지역
法隆寺
0
2km
사쿠라 버거
さくらバーガー
아부라사카후나하시
쇼텐가이
油阪船橋商店街
긴테쓰나라에키
近鉄奈良駅
出1
出2
出6
겐초마에·
나라코엔버스터미널
県庁前·奈良公園バスターミナル
긴테쓰나라역
近鉄奈良
주존도
(중금당)
국보관
로쿠메이 커피
ROKUMEI COFFEE
산조도리
三条通り
고후쿠지
興福寺
삼중탑
난엔도
南円堂
산조도리
三条通り
JR나라에키니시구치
JR奈良駅西口
西口
東口
나라역
奈良
나라마치
奈良町
다이부쓰 이치고
大仏いちご
나카타니도
中谷堂
스타벅스
Starbucks Coffee
시카사루키츠네 빌딩
鹿猿狐ビルヂング
猿沢池
모치이도노
상점가
もちいどの
センター街
야스라기노미치
やすらぎの道
시모미카도 상점가
下御門商店街
나라마치
奈良町
간고지·나라마치
元興寺·ならまち
간고지
元興寺
나라마치
니기와이노 이에
奈良町にぎわいの家
야마토 차 카페
사라사
大和茶カフェ 茶樂茶 SARASA
가라쿠리 오모차관
からくりおもちゃ館
나라시 나라마치
코시노 이에
奈良市ならまち格子の家
Bus Legend
구룻토 버스 오미야 거리 루트
구룻토 버스 나라 공원 루트
구룻토 버스 와카쿠사산기슭 루트
* 나라 공원 루트와 와카쿠사산기슭 루트는
토·일요일·공휴일에만 운행
C

B
0
200m
쇼소인
正倉院
다이부쓰 연못
猿大仏池
니가쓰도
二月堂
와카쿠사산
若草山
다이부쓰덴
大仏殿
산가쓰도
三月堂
청동 등롱
도다이지
東大寺
다무케야마하치만·니가쓰도마에
手向山八幡宮·二月堂前
참배길
나라 공원
奈良公園
도다이지 뮤지엄
東大寺ミュージアム
네이라쿠
미술관
남대문(난다이몬)
요시키엔
吉城園
이스이엔
依水園
다이부쓰덴마에추샤조
大仏殿前駐車場
와카쿠사산로쿠
若草山麓
시즈카
(공원점)
志津香
츠키히보시
月日星
이자사(유메자카 히로바점)
ゐざさ
국립박물관
奈良国立博物館
도다이지다이부쓰덴·
코쿠리츠하쿠부쓰칸
東大寺大仏殿·国立博物館
도다이지다이부쓰덴·
가스가타이샤마에
東大寺大仏殿·春日大社前
나라가스가노
코쿠사이 포럼 이라카마에
奈良春日野
国際フォーラム甍前
가스가산
春日山
良公園
가스가타이샤혼덴
春日大社本殿
가스가 타이샤
春日大社
우키미도
浮見堂
사기이케
鷺池
다카바타케추샤조·우키미도
高畑駐車場·浮見堂
교토
京都
효고
兵庫
시가
滋賀
미에
三重
오사카
大阪
나라
奈良市
와카야마
和歌山
나라
奈良
D

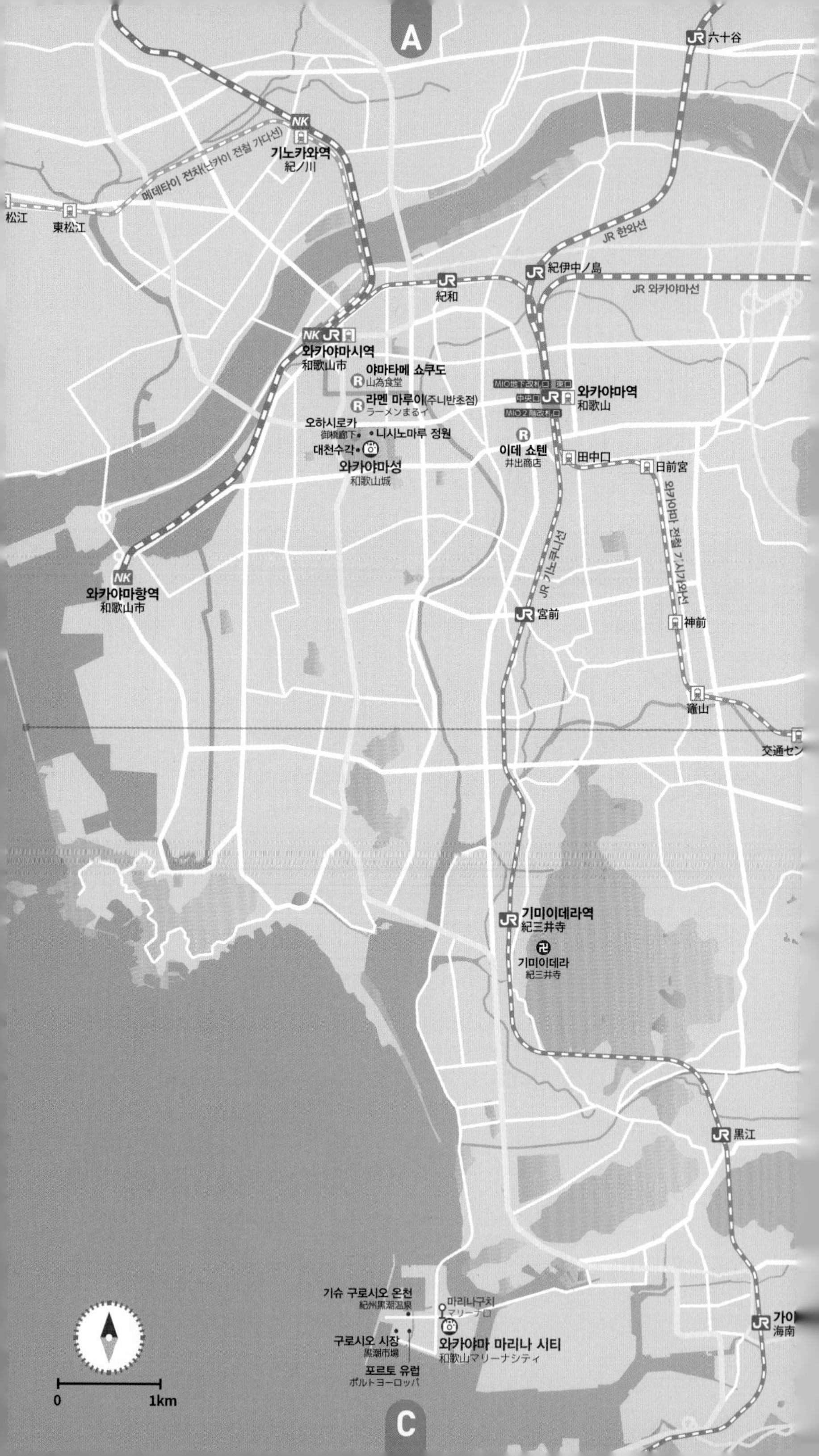
A
六十谷
기노카와역
紀ノ川
메데타이 전차(난카이 전철 가다선)
松江
東松江
JR 한와선
紀伊中ノ島
紀和
JR 와카야마선
와카야마시역
和歌山市
야마타메 쇼쿠도
山為食堂
라멘 마루이(주니반초점)
ラーメンまるイ
오하시로카
御橋廊下
니시노마루 정원
대천수각
와카야마성
和歌山城
MIO地下改札口
東口
中央口
와카야마역
和歌山
MIO 2階改札口
이데 쇼텐
井出商店
田中口
日前宮
와카야마 전철 기시가와선
JR 기노쿠니선
宮前
神前
竈山
交通セン
와카야마항역
和歌山市
기미이데라역
紀三井寺
기미이데라
紀三井寺
黒江
가이
海南
기슈 구로시오 온천
紀州黒潮温泉
마리나구치
マリーナロ
구로시오 시장
黒潮市場
와카야마 마리나 시티
和歌山マリーナシティ
포르토 유럽
ポルトヨーロッパ
0
1km
C

B
MAP 21 와카야마
JR 와카야마선
井ノ瀬
千旦
布施屋
紀伊小倉
船戸
甘露寺前
西山口
기시역
貴志駅
와카야마 전철 기시가와선
吉礼
伊太祈曽
山東
大池遊園
교토
京都
효고
兵庫
시가
滋賀
오사카
大阪
미에
三重
나라
奈良
와카야마
和歌山市
와카야마
和歌山
D

오사카 지하철 & 뉴트램·모노레일 노선도

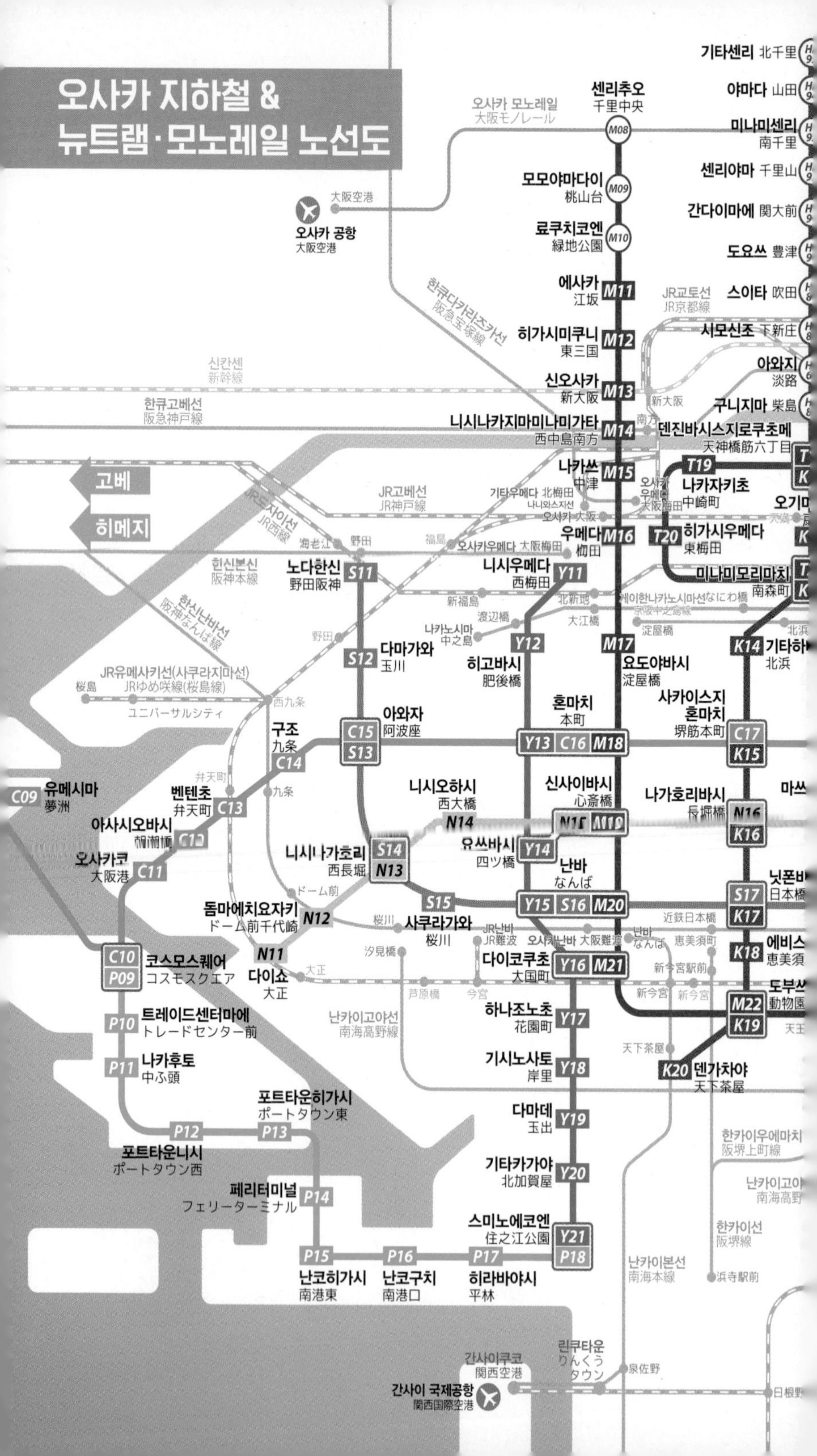

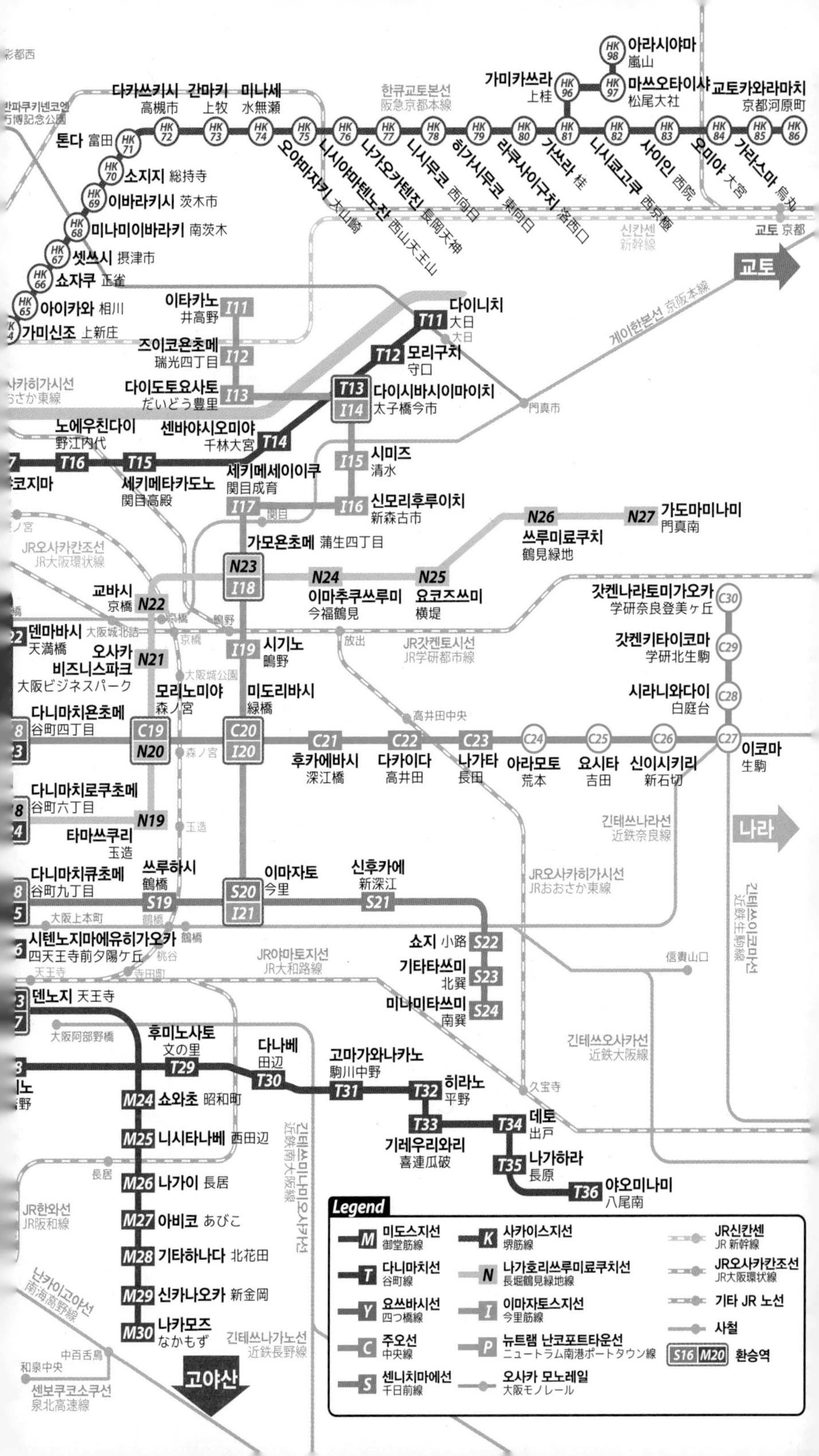

彩都西
한큐교토본선
阪急京都本線
HK98 아라시야마 嵐山
HK97 마쓰오타이샤 松尾大社
HK96 가미카쓰라 上桂
교토카와라마치 京都河原町
HK86
HK85
HK84
HK83 사이인 西院
HK82 니시쿄고쿠 西京極
HK81 가쓰라 桂
HK80 라쿠사이구치 洛西口
HK79 히가시무코 東向日
HK78 니시무코 西向日
HK77 나가오카텐진 長岡天神
HK76 니시야마텐노잔 西山天王山
HK75 오야마자키 大山崎
HK74 미나세 水無瀬
HK73 간마키 上牧
HK72 다카쓰키시 高槻市
HK71 톤다 富田
HK70 소지지 総持寺
HK69 이바라키시 茨木市
HK68 미나미이바라키 南茨木
HK67 셋쓰시 摂津市
HK66 쇼자쿠 正雀
HK65 아이카와 相川
가미신조 上新庄
오미야 大宮
가라스마 烏丸
반파쿠키넨코엔
万博記念公園
신칸센
新幹線
교토 京都
교토
게이한본선 京阪本線
I11 이타카노 井高野
I12 즈이코욘초메 瑞光四丁目
I13 다이도토요사토 だいどう豊里
T11 다이니치 大日
大日
T12 모리구치 守口
T13 I14 다이시바시이마이치 太子橋今市
門真市
오사카히가시선
おおさか東線
노에우친다이 野江内代
T14 센바야시오미야 千林大宮
T15 세키메타카도노 関目高殿
T16
세키메세이이쿠 関目成育
I15 시미즈 清水
I16 신모리후루이치 新森古市
I17
関目
가모욘초메 蒲生四丁目
N26 쓰루미료쿠치 鶴見緑地
N27 가도마미나미 門真南
JR오사카칸조선
JR大阪環状線
N23 I18
N24 이마추쿠쓰루미 今福鶴見
N25 요코즈쓰미 横堤
N22 교바시 京橋
京橋
鴫野
덴마바시 天満橋
大阪城北詰
N21 오사카 비즈니스파크 大阪ビジネスパーク
大阪城公園
I19 시기노 鴫野
放出
JR갓켄토시선
JR学研都市線
C30 갓켄나라토미가오카 学研奈良登美ヶ丘
C29 갓켄키타이코마 学研北生駒
C28 시라니와다이 白庭台
高井田中央
모리노미야 森ノ宮
미도리바시 緑橋
다니마치욘초메 谷町四丁目
C19 N20
森ノ宮
C20 I20
C21 후카에바시 深江橋
C22 다카이다 高井田
C23 나가타 長田
C24 아라모토 荒本
C25 요시타 吉田
C26 신이시키리 新石切
C27 이코마 生駒
다니마치로쿠초메 谷町六丁目
N19
타마쓰쿠리 玉造
玉造
긴테쓰나라선
近鉄奈良線
나라
JR오사카히가시선
JRおおさか東線
긴테쓰이코마선
近鉄生駒線
다니마치큐초메 谷町九丁目
쓰루하시 鶴橋
S19
大阪上本町
鶴橋
S20 I21 이마자토 今里
S21 신후카에 新深江
시텐노지마에유히가오카 四天王寺前夕陽ヶ丘
鶴橋
桃谷
寺田町
天王寺
JR야마토지선
JR大和路線
S22 쇼지 小路
S23 기타타쓰미 北巽
S24 미나미타쓰미 南巽
信貴山口
덴노지 天王寺
大阪阿部野橋
T29 후미노사토 文の里
T30 다나베 田辺
T31 고마가와나카노 駒川中野
T32 히라노 平野
T33 기레우리와리 喜連瓜破
T34 데토 出戸
T35 나가하라 長原
T36 야오미나미 八尾南
긴테쓰오사카선
近鉄大阪線
久宝寺
M24 쇼와초 昭和町
M25 니시타나베 西田辺
M26 나가이 長居
長居
M27 아비코 あびこ
M28 기타하나다 北花田
M29 신카나오카 新金岡
M30 나카모즈 なかもず
긴테쓰미나미오사카선
近鉄南大阪線
JR한와선
JR阪和線
난카이고야선
南海高野線
中百舌鳥
和泉中央
센보쿠코소쿠선
泉北高速線
긴테쓰나가노선
近鉄長野線
고야산
Legend
M 미도스지선 御堂筋線
T 다니마치선 谷町線
Y 요쓰바시선 四つ橋線
C 주오선 中央線
S 센니치마에선 千日前線
K 사카이스지선 堺筋線
N 나가호리쓰루미료쿠치선 長堀鶴見緑地線
I 이마자토스지선 今里筋線
P 뉴트램 난코포트타운선 ニュートラム南港ポートタウン線
오사카 모노레일 大阪モノレール
JR신칸센 JR 新幹線
JR오사카칸조선 JR大阪環状線
기타 JR 노선
사철
S16 M20 환승역

교토 지하철 & 철도 노선도

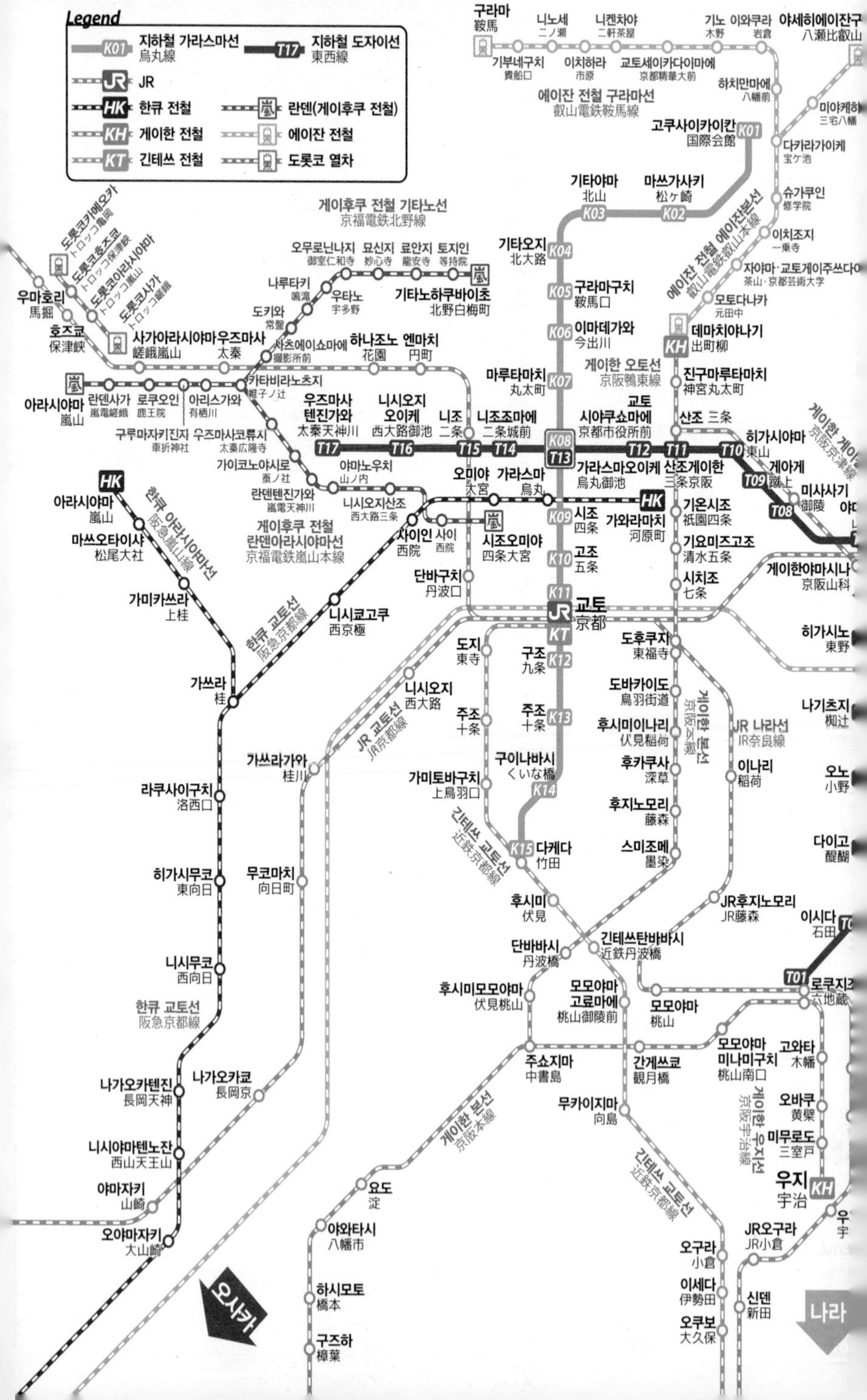
Legend
K01 지하철 가라스마선 烏丸線
T17 지하철 도자이선 東西線
JR
HK 한큐 전철
KH 게이한 전철
KT 긴테쓰 전철
란덴(게이후쿠 전철)
에이잔 전철
도롯코 열차
구라마 鞍馬
니노세 二ノ瀬
니켄차야 二軒茶屋
기노 木野
이와쿠라 岩倉
야세히에이잔구치 八瀬比叡山口
기부네구치 貴船口
이치하라 市原
교토세이카다이마에 京都精華大前
하치만마에 八幡前
에이잔 전철 구라마선 叡山電鉄鞍馬線
미야케하치만 三宅八幡
고쿠사이카이칸 国際会館
다카라가이케 宝ケ池
기타야마 北山
마쓰가사키 松ヶ崎
슈가쿠인 修学院
에이잔 전철 에이잔본선 叡山電鉄叡山本線
이치조지 一乗寺
게이후쿠 전철 기타노선 京福電鉄北野線
오무로닌나지 御室仁和寺
묘신지 妙心寺
료안지 龍安寺
도지인 等持院
기타오지 北大路
차야마·교토게이주쓰다이가쿠 茶山·京都芸術大学
도롯코카메오카 トロッコ亀岡
도롯코호즈쿄 トロッコ保津峡
도롯코아라시야마 トロッコ嵐山
도롯코사가 トロッコ嵯峨
나루타키 鳴滝
우타노 宇多野
기타노하쿠바이초 北野白梅町
구라마구치 鞍馬口
모토다나카 元田中
우마호리 馬堀
도키와 常盤
이마데가와 今出川
데마치야나기 出町柳
호즈쿄 保津峡
사가아라시야마 嵯峨嵐山
우즈마사 太秦
사쓰에이쇼마에 撮影所前
하나조노 花園
엔마치 円町
게이한 오토선 京阪鴨東線
마루타마치 丸太町
진구마루타마치 神宮丸太町
가타비라노쓰지 帷子ノ辻
아라시야마 嵐山
란덴사가 嵐電嵯峨
로쿠오인 鹿王院
아리스가와 有栖川
우즈마사 텐진가와 太秦天神川
니시오지 오이케 西大路御池
니조 二条
니조조마에 二条城前
교토 시야쿠쇼마에 京都市役所前
산조 三条
게이한 게이신선 京阪京津線
히가시야마 東山
구루마자키진자 車折神社
우즈마사코류지 太秦広隆寺
가이코노야시로 蚕ノ社
야마노우치 山ノ内
오미야 大宮
가라스마 烏丸
가라스마오이케 烏丸御池
산조게이한 三条京阪
게아게 蹴上
미사사기 御陵
HK
아라시야마 嵐山
한큐 아라시야마선 阪急嵐山線
란덴텐진가와 嵐電天神川
니시오지산조 西大路三条
시조 四条
가와라마치 河原町
기온시조 祇園四条
마쓰오타이샤 松尾大社
게이후쿠 전철 란덴아라시야마선 京福電鉄嵐山本線
사이인 西院
사이 西院
시조오미야 四条大宮
고조 五条
기요미즈고조 清水五条
게이한야마시나 京阪山科
단바구치 丹波口
시치조 七条
가미카쓰라 上桂
니시쿄고쿠 西京極
교토 京都
한큐 교토선 阪急京都線
도지 東寺
구조 九条
도후쿠지 東福寺
히가시노 東野
니시오지 西大路
가쓰라 桂
도바카이도 鳥羽街道
게이한 본선 京阪本線
주조 十条
주조 十条
후시미이나리 伏見稲荷
JR 나라선 JR奈良線
나기쓰지 椥辻
JR 교토선 JR京都線
가쓰라가와 桂川
구이나바시 くいな橋
후카쿠사 深草
이나리 稲荷
오노 小野
라쿠사이구치 洛西口
가미토바구치 上鳥羽口
후지노모리 藤森
다이고 醍醐
긴테쓰 교토선 近鉄京都線
다케다 竹田
스미조메 墨染
히가시무코 東向日
무코마치 向日町
후시미 伏見
JR후지노모리 JR藤森
이시다 石田
단바바시 丹波橋
긴테쓰탄바바시 近鉄丹波橋
니시무코 西向日
로쿠지조 六地蔵
후시미모모야마 伏見桃山
모모야마 고료마에 桃山御陵前
모모야마 桃山
한큐 교토선 阪急京都線
모모야마 미나미구치 桃山南口
고와타 木幡
주쇼지마 中書島
간게쓰쿄 観月橋
나가오카텐진 長岡天神
나가오카쿄 長岡京
게이한 우지선 京阪宇治線
오바쿠 黄檗
무카이지마 向島
게이한 본선 京阪本線
미무로도 三室戸
니시야마텐노잔 西山天王山
우지 宇治
야마자키 山崎
요도 淀
긴테쓰 교토선 近鉄京都線
오야마자키 大山崎
야와타시 八幡市
JR오구라 JR小倉
오구라 小倉
오사카
하시모토 橋本
이세다 伊勢田
신덴 新田
나라
구즈하 樟葉
오쿠보 大久保

고베 루프 버스 노선도

고베 지하철·철도·모노레일 노선도

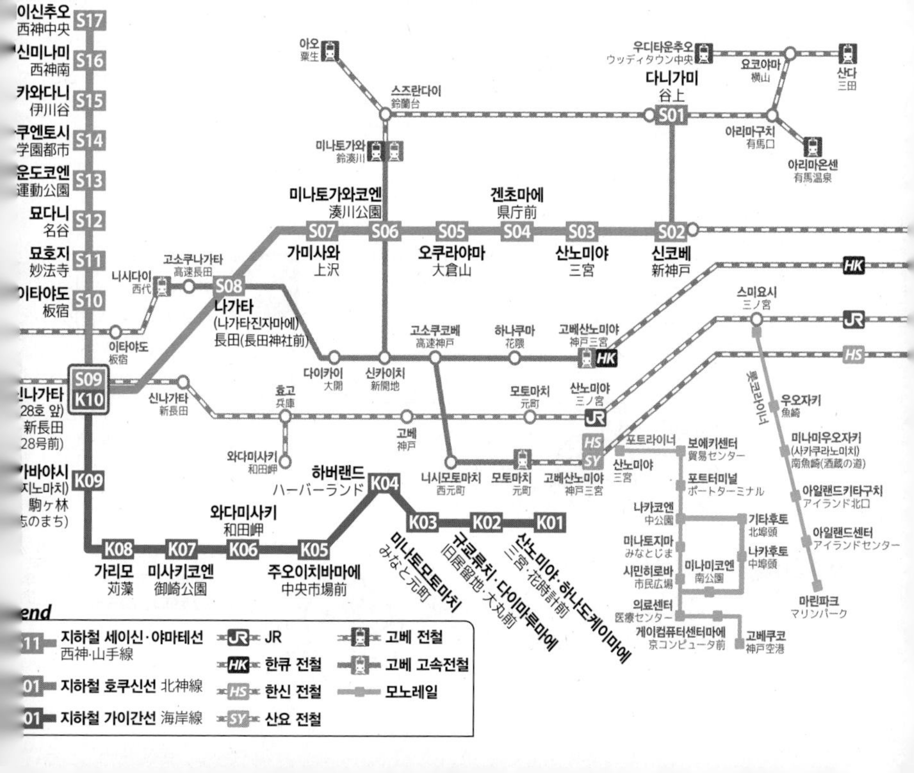

별별 일본어 회화

간사이 지역, 특히 오사카는 전 세계에서 한글 표지판, 한국어 안내 방송, 한국어 대응 직원이 가장 많은 곳이다. 그래도 굳이 불안하다면, 만에 하나의 응급 상황이 닥쳤을 때를 대비해 최소한의 일본어 정보를 습득하고 가자.

*★☆은 일본어 필요도를 표시한 것입니다.
*외래어 표기법을 따르는 대신 최대한 일본어 발음에 가깝게 표기했습니다.
어중에 붙은 '-'는 장음 표시입니다.

Step1 공항에서 ☆☆☆

간사이 국제공항의 중요 표지판은 모두 한국어와 영어가 병기돼 있다. 표지판만 잘 보고 따라가면 일본어를 사용할 일이 전혀 없다. 체크인하거나 출입국 심사 때 간혹 일본에 온 목적을 묻기도 하는데, 간단히 '투어' 또는 '비즈니스' 등 영어로 대답하면 된다.

Step 2 전철 안에서 ☆☆☆

공항에서 숙소로 가는 길. 전철 안 안내 방송과 모니터는 영어는 물론 한국어를 지원하는 것도 많다. 두 눈과 귀만 활짝 열면 근심은 뚝!

Step 3 길을 물을 때 ★★☆

전철을 빠져 나와 숙소로 향할 때 지도를 아무리 봐도 못 찾겠다면 일본인에게 길을 물을 수밖에 없다. 아무나 붙잡고 갑자기 말을 걸면 이상한 사람으로 오인당할 수 있으니, 최대한 정중하게 도움을 요청하자. 이때 일본어 몇 마디는 필요하다. 상대가 아무리 친절하게 응답한다고 해도 일본어로 답하면 알아듣기가 힘들므로, 스마트폰 번역 앱을 적극 활용하자. 근처에 'KOBAN'이라고 쓰인 파출소가 있다면 더욱 확실한 도움을 받을 수 있다.

오른쪽 **미기**(右)
왼쪽 **히다리**(左)

똑바로
맛스구
(まっすぐ)

길을 잃었습니다. 이 지도에서 여기는 어디입니까?
미치니 마요이마시타.
고노 치즈다또, 고코와 도코데스까?
(道に迷いました。この地図だと、ここはどこですか。)

실례합니다. 말씀 좀 묻겠습니다.
스미마셍. 쇼-쇼 오타즈네시마스.
(すみません。少々お尋ねします。)

버스 정류장
바스 노리바(バス乗り場)

Step 4 호텔에서 ★☆☆

호텔 서비스 카운터의 직원은 모두 영어가 가능하고, 요즘은 한국어를 잘하는 직원도 많다. 특별히 일본어를 해야 할 필요는 없으나, 체크인 전 보다 살갑게 카운터에 짐을 먼저 맡기고 싶다면 다음과 같이 말해보자.

체크인 전까지 짐을 맡겨도 될까요?
체크인마데 니모츠오 아즈케루 고토와 데키마스까?
(チェックインまで荷物を預けることはできますか。)

+MORE+

일본 여행에 꼭 필요한 앱

파파고 Papago

네이버에서 지원하는 번역 앱. 메뉴나 상품에 적힌 텍스트 번역은 물론, 녹음 즉시 양국의 언어가 자동 번역되는 대화 기능이 있어서 일본인과 원활하게 소통할 수 있다.

세이프티 팁스 Safety tips

일본정부관광국에서 지원하는 외국인 관광객용 재해 정보 앱. 지진이나 기상 정보, 의료기관, 긴급 연락처, 피난소 등을 한국어로 안내한다. 푸시 알림을 설정해두면 긴급 상황 발생 시 신속하게 전달받을 수 있다.

Step 5 식당에서 ★☆☆

번화가의 식당이라면 대부분 한국어 메뉴판이 있거나, 메뉴마다 사진이 첨부돼 있어 손가락으로 가리키기만 하면 끝이다. 다만, 변두리에 있는 식당이라면 약간의 일본어가 필요하다. 입장 시 대부분 식당 점원은 좌석 배정을 위해 '몇 분 오셨나요?'라는 뜻의 '난메이(난닌) 사마 데스까(何名(何人)さまですか)'라고 묻는다. 이때 손가락으로 간단히 인원수를 표시하면 된다.

한국어 메뉴판 있나요?
칸코쿠고 메뉴 아리마스까?
(韓国語メニューありますか。)

제일 인기 많은 메뉴가 무엇입니까?
베스토 메뉴와 난데스까?
(ベストメニューは何ですか。)
이치방 오스스메와 난데스까?
(一番お勧めは何ですか。)

계산해주세요.
오칸조 오네가이시마스.
(お勘定お願いします。)

잘 먹었습니다.
고치소-사마데시따.
(ご馳走様でした。)

Step 6 상점에서 ★☆☆

간단한 영어나 손가락으로 물건을 가리키는 것만으로도 상품을 사는 데 지장이 없다. 옷을 직접 입어보고 싶거나, 별도로 포장하고 싶다면 일본어를 익혀두는 게 좋다.

입어봐도 될까요?
시챠쿠 시떼모 이이데스까?
(試着してもいいですか。)

좀 더 큰 사이즈 있을까요?
못또 오-키이 사이즈와 아리마스까?
(もっと大きいサイズはありますか。)

좀 더 작은 사이즈 있을까요?
못또 치-사이 사이즈와 아리마스까?
(もっと小さいサイズはありますか。)

따로따로 포장해주세요.
베츠베츠니 츠츤데구다사이
(別々に包んでください。)

이거 주세요.
고레 구다사이
(これください。)

+MORE+

메뉴판 볼 때

단품 탄삔(単品)
정식 테-쇼쿠(定食, 메인 요리 외 밥, 국, 반찬이 곁들여진 메뉴)
밥 고항(ご飯) / **국** 시루(汁)
덮밥 동(丼), 주(重)
음료 포함 노미모노츠키(飲み物つき)
런치 란치(ランチ)
디너 디나(ディナー)
세트 셋또(セット)
디저트 데자-토(デザート)
세금 포함 제-코미(税込み)
세금 별도 제-베츠(税別)
오늘의 메뉴 히가와리(日替わり, 1~2주 또는 한 달 단위로 바뀌는 메뉴)
OO플레이트 프레-토(プレート, 큰 접시에 밥과 반찬이 한꺼번에 담긴 메뉴)

계산할 때

신용카드 크레짓또 카-도(クレジットカード)
현금 겡킨(現金)
거스름돈 오츠리(おつり)
영수증 레시-토(レシート)
*수기로 작성하는 영수증은 '료-슈-쇼(領収書)'라고 한다.

: WRITER'S PICK :

간사이식 인사말 '오-키니(おおきに)'와 '마이도(まいど)'

간사이 여행 중 식당이나 시장에서 계산할 때 '오-키니' 또는 '마이도'라는 말을 종종 듣게 된다. '오-키니'란 '대단히'라는 뜻으로 '대단히 고맙습니다'의 줄임말. '마이도'는 '매번'이라는 뜻으로 '매번 신세를 많이 집니다'의 줄임말이다.

Tip 1 약국에 갈 때 ★☆☆

현지에서 몸 상태가 좋지 않을 때 간단한 의약품은 약국이나 드럭스토어에서 살 수 있다.

+MORE+

약국에서 알아두면 좋은 단어

증상		물품	
콧물	하나미즈(鼻水)	**밴드**	반도에이도(バンドエイド)
기침	세키(咳)	**연고**	난코(軟膏)
발열	하츠네츠(発熱)	**감기약**	카제쿠스리(風邪薬)
두통	즈츠(頭痛)	**해열제**	게네츠자이(解熱剤)
복통	하라츠(腹通)	**소화제**	쇼카자이(消化剤)
치통	시츠(歯通)	**진통제**	이타미도메(痛み止め)
생리통	세-리츠(生理通)	**생리대**	나프킨(ナプキン)
소화불량	쇼-카후료(消化不良)	**렌즈 세척액**	콘타쿠토 센조-에키(コンタクト洗浄液)

Tip 2 위급 상황 발생 시 ★★★

신용카드를 잃어버렸을 때는 즉시 카드사에 분실 신고를 하자. 여권을 분실했다면 경찰서에 방문해 여권 분실 증명서를 발급받고, 재외공관을 찾아 여권을 재발급하거나 여행 증명서를 발급받는다. 스마트폰을 분실한 경우 여행자보험에 가입돼 있다면 가까운 파출소에서 도난 신고를 하고 증명서를 발급받아야 귀국 후 보험 혜택을 받을 수 있다. 기타 현지에서 겪게 되는 불편사항은 호텔 프런트에 도움을 요청하는 것이 가장 빠른 해결책일 수 있다. 도난, 분실 시 영사콜센터나 재외공관으로 연락하면 '신속 해외송금 지원제도'를 통해 국내 지인이 외교부 계좌로 입금한 돈(최대 US$3000)을 현지화로 전달받을 수 있다.

도와주세요!
다스케떼!
(助けて)

OO가 없어졌어요.
OO가 나쿠나리마시따.
(OOがなくなりました。)

일본어를 못 해요.
니홍고가 와카리마셍.
(日本語が分かりません。)

도둑맞았어요.
누스마레마시따.
(盗まれました。)

경찰서가 어디에요?
케-사츠와 도코데스까?
(警察はどこですか。)

경찰에 연락해주세요.
케-사츠니 렌라쿠시떼구다사이.
(警察に連絡してください。)

+MORE+

급할 때 바로 찾는 연락처

영사 콜센터

TEL 로밍 휴대폰 이용 시 +82-2-3210-0404(유료)
유선 전화 또는 휴대폰 이용 시
010-800-2100-0404(1304),
00531-82-0440(자동 콜렉트 콜)

APP 플레이스토어 또는 앱스토어에서 '영사콜센터' 검색 후 '영사콜센터 무료전화앱'을 설치하면 무료 상담전화 및 카카오톡 상담 가능

WEB 0404.go.kr

주오사카 대한민국 총영사관

ADD 2-3-4 Nishishinsaibashi Chuo-ku, Osaka

TEL 06-4256-2345/
오픈 시간 외 090-3050-0746

OPEN 09:00~16:00/토·일요일·우리나라 및 일본 공휴일 휴무

WALK 지하철 난바역 25번 출구에서 도보 약 4분/
신사이바시역 7번 출구에서 도보 약 5분

WEB overseas.mofa.go.kr/jp-osaka-ko/index.do

일본정부관광국 방일 여행자 콜센터

(연중무휴, 24시간 한국어 대응)

TEL 050-3816-2787

한국어 가능 병원 안내

WEB www.jnto.go.jp/emergency/kor/mi_guide.html

기타 현지 긴급 연락처

경찰 110(일본어)/03-3501-0110(영어)

화재·구급차 119 **해난사고** 118

THIS IS
디스이즈오사카
OSAK
MAP BOO
ASAHI
since
1889
OSAKA
NETFLIX
スーパー
SUPER
本場の味
かに道楽
ファイトイッパーツ!
EBISU BASHI-SUJI